Schottke

Vergütungsanspruch und Nachtragskalkulation gemäß §§ 1 und 2 VOB/B

Baubetriebswirtschaft und Baurecht

Vergütungsanspruch und Nachtragskalkulation
gemäß §§ 1 und 2 VOB/B

Lehrbuch mit einem interdisziplinären wissenschaftlichen Lösungsansatz
für die Nachtragskalkulation und Abrechnung von Bauprojekten

Herausgeber und Autor:
Prof. Dr.-Ing. Ralf Schottke

SEMINA Verlag

Bibliografische Information der Deutschen Nationalbibliothek

Die Deutsche Nationalbibliothek verzeichnet diese Publikation in der Deutschen Nationalbibliografie. Detaillierte bibliografische Daten sind im Internet über http://dnb.d-nb.de abrufbar.

ISBN 978-3-935158-10-7

1. Auflage 2009

© SEMINA Verlag GmbH, Am Berggarten 6, 31535 Neustadt a. Rbge
www.semina.de
verlag@semina.de

Druck und Bindung: Schlütersche Druck GmbH & Co. KG, Hans-Böckler-Str. 52, 30851 Langenhagen

Covergestaltung: Anna und Marek Konarski

Gewidmet

meiner Frau Annette

und

meinen Töchtern

Annika, Alessa und Mareike

Vorwort

Im Jahre 1994 begann ich ein Buch über Mehr- und Mindermengen zu schreiben. Nach eingehendem Studium der Literatur ergab sich, dass sehr widersprüchliche Berechnungsarten veröffentlicht worden sind. Da ich selbst zu dem damaligen Zeitpunkt keine Idee hatte, wie die Widersprüche aufgelöst werden könnten, wollte ich keine weitere Variante ohne grundlegenden Lösungsansatz für den gesamten § 2 VOB/B veröffentlichen.

In den Jahren 1994 bis ca. 1997 sind im Rahmen der Vertiefervorlesungen für Baubetriebler mit den Studierenden verschiedene Varianten bzgl. der Nachtragskalkulation entwickelt worden. Bei den verschiedenen Varianten wurde die erste Bezeichnung für eine Nachtragskalkulation „konsequent Neoklassisch" gewählt.

Die Eigenschaft „konsequent" ergab sich aus der Vorgehensweise, bei dem § 2 Nr. 3, 4, 5 und 6 VOB/B die Nachtragskalkulation mit gleichen Algorithmen vorzunehmen. Dies geschah dadurch, dass z. B. Wagnis und Gewinn bei Mehrmengen und zusätzlichen Leistungen sowie Leistungsänderungen mit Leistungserhöhungen gleich behandelt wurden. Bei Leistungsreduzierungen - also Mindermengen oder Leistungsänderungen mit Reduzierungen - entfielen zwangsläufig Wagnis und Gewinn.

Trotz der einheitlichen Vorgehensweise bei der Nachtragskalkulation war damit noch nicht das Problem der Gemeinkostenbilanz gelöst. Zwar war die Bilanz rechentechnisch möglich, aber noch zu umständlich und die baubegleitende Abrechnung der Grundpositionen sowie der Nachträge harmonierte nicht mit der Schlussrechnungsstellung. Der Zusammenhang zwischen Auftrags- und Nachtragskalkulation war nicht abschließend geklärt.

Vier Jahre später 1998 habe ich die Kosteneigenschaften als grundlegenden Maßstab für die Nachtragskalkulation eingeführt. Eigentlich war die Vorgehensweise längst in den Berechnungen der Vorlesungen verankert, aber nicht als Grundsatz bewusst erkannt.

Wahrscheinlich gehört auch der ständige Umgang mit einer Sache und die damit verbundene Verinnerlichung dazu, einen klassifizierenden Grundsatz hinter einer Vorgehensweise zu erkennen.

Seit 1998 stand das Grundprinzip (Kosteneigenschaften sind bei verschiedenen Anspruchstypen gleich zu behandeln) als möglicher Lösungsansatz fest. Es war so einfach und klar, dass es richtig sein musste.

Ab 1999 kam ein weiterer Aspekt hinzu. Es entstand die Auffassung, dass die Kosteneigenschaften der Auftragskalkulation des Bieters bei der Nachtragskalkulation fortzuschreiben sind.

Vor diesem Schritt war zwar die gleiche Kosteneigenschaft bei den verschiedenen Anspruchstypen Bestandteil der Nachtragskalkulation; es war aber nicht überprüft worden, ob die Kosteneigenschaften der Auftragskalkulation mit den Kosteneigenschaften der Nachtragskalkulation übereinstimmen.

Dadurch konnte es eintreten, dass in der Auftrags- und Nachtragskalkulation unterschiedliche Kosteneigenschaften für die gleiche Leistung verwendet wurden. Dieses Problem war nunmehr seit 1999 mit dem Grundsatz der einheitlichen Verwendung der Kosteneigenschaften bei der Auftrags- und Nachtragskalkulation behoben.

Im Anschluss daran entstand die praktische Umsetzungsrichtlinie, dass mengenabhängige Kosten der Auftragskalkulation bei der Nachtragskalkulation mengenabhängig bleiben, einmalige Kosten einmalig, umsatzbezogene Kosten umsatzbezogen und zeitbezogene Kosten zeitbezogen.

Die Entwicklung der praktischen Umsetzung hat gemeinsam mit verschiedenen Mitarbeitern der Deutschen Bahn AG etwa 3 Jahre (von 2002 bis 2005) gedauert. Hieran war insbesondere die Mitarbeiterin Dipl.-Ing. (FH) Nina Friedrichkeit beteiligt, der ich hier für die Unterstützung danken möchte. Die Literaturanalyse im Kap. 11 ist maßgeblich von Frau Friedrichkeit bearbeitet worden. Deshalb wird im Kap. 11 das Synonym „die Verfasser" verwendet.

Seit 2005 ist das System als Einheitliche Auftrags- und Nachtragskalkulation (ANKE) bei der Deutschen Bahn AG eingeführt. Für die juristische Begleitung der Umsetzung bei der Deutschen Bahn AG durch Professor Vygen und Rechtsanwalt Kraus sei hierbei ebenfalls gedankt. Die umfassende Anwendung in der Praxis wird voraussichtlich noch einige Jahre in Anspruch nehmen.

Ich wünsche den Lesern Durchhaltevermögen beim Lesen. Ich versichere, dass das Nachvollziehen weniger Zeit in Anspruch nehmen wird als die 11 Jahre (von 1994 bis 2005) Entwicklungszeit bis zur Ausführungsreife.

Neustadt, April 2009 Prof. Dr.-Ing. Ralf Schottke

Inhaltsverzeichnis

Abkürzungsverzeichnis

A+V	Abschreibung und Verzinsung
AG	Auftraggeber
AGK	Allgemeine Geschäftskosten
AGSN	Angebotssumme netto
Ak	Arbeitskräfte
AN	Auftragnehmer
ANKE	Einheitliche Auftrags- und Nachtragskalkulation
AS	Angebotssumme
AT	Arbeitstag(e)
BauR	Baurecht, Zeitschrift für das gesamte öffentliche und zivile Baurecht
BB	Der Betriebs-Berater, Zeitschrift
BGH	Bundesgerichtshof
BGHZ	Entscheidungen des Bundesgerichtshofs in Zivilsachen
BGK	Baustellengemeinkosten
BGL	Baugeräteliste
Bkl.	Bodenklasse
BMVBS	Bundesministerium für Verkehr, Bau und Stadtentwicklung
BVB	Besondere Vertragsbedingungen
bzgl.	bezüglich
DB AG	Deutsche Bahn AG
EFB	Ergänzende Formblätter (frühere Bezeichnung: Einheitsformblätter)
EKT	Einzelkosten der Teilleistungen
EP	Einheitspreis
FdK	Fortschreibung der Kosteneigenschaften
GK	Gemeinkosten
GML	Grundmittellohn
GoA	Geschäftsführung ohne Auftrag
GP	Gesamtpreis
HK	Herstellkosten

HLV	Hauptleistungsverzeichnis
HOAI	Honorarordnung für Architekten und Ingenieure
IBR	Immobilien- und Baurecht, Zeitschrift
i. M.	Im Mittel
KG	Kammergericht bzw. Kellergeschoss
KL	Kalkulationslohn
KML	Kalkulationsmittellohn
KOA	Kostenart
LV	Leistungsverzeichnis
ME	Mengeneinheit
ML	Mittellohn
Mon.	Monat(e)
NJW	Neue Juristische Wochenschrift
NU	Nachunternehmer
nuBGK	nicht umsatzbezogene Baustellengemeinkosten
nuGK	nicht umsatzbezogene Gemeinkosten
nuUGK	nicht umsatzbezogene Unternehmensbezogene Gemeinkosten
NWG	Niedersächsisches Wassergesetz
NZBau	Neue Zeitschrift für Baurecht und Vergaberecht
OG	Obergeschoss
OZ	Ordnungszahl
Rdn.	Randnummer
SK	Selbstkosten
SoKo	Sonstige Kosten
uBGK	umsatzbezogene Baustellengemeinkosten
uGK	umsatzbezogene Gemeinkosten
UGK	Umsatzbezogene Gemeinkosten, besser: Unternehmensbezogene Gemeinkosten
uUGK	umsatzbezogene Unternehmensbezogene Gemeinkosten
UK	Unterkante
VHB	Vergabe- und Vertragshandbuch für die Baumaßnahmen des Bundes

VOB   Vergabe- und Vertragsordnung für Bauleistungen

WuG   Wagnis und Gewinn

ZfBR   Zeitschrift für deutsches und internationales Bau- und Vergaberecht

ZIP   Zeitschrift für Wirtschaftsrecht

ZVB   Zusätzliche Vertragsbedingungen

Literaturverzeichnis

Bundesminister für Raumordnung, Bauwesen und Städtebau:
Schreiben vom 08.04.1986 an die Oberfinanzdirektionen und die Bundesbaudirektion zur Einführung der überarbeiteten EFB-Preis

Bundesministerium für Verkehr, Bau und Stadtentwicklung (Hrsg.):
Leitfaden zur Vergütung bei Nachträgen, Abschnitt 510 des VHB – Vergabe- und Vertragshandbuch für die Baumaßnahmen des Bundes, Ausgabe 2008

Daub/Piel/Soergel: Kommentar zur VOB Teil A, Bauverlag, Wiesbaden-Berlin 1981

Drees/Paul: Kalkulation von Baupreisen, 9. Aufl., Bauwerk-Verlag, Berlin 2006

Englert/Grauvogl/Maurer (Hrsg.): Handbuch des Baugrund- und Tiefbaurechts, 3. Aufl., Werner Verlag, Düsseldorf 2004

Englert/Motzke/Wirth (Hrsg.): Kommentar zum BGB-Bauvertragsrecht, Werner Verlag, Neuwied 2007

Franke/Kemper/Zanner/Grünhagen:
VOB-Kommentar – Bauvergaberecht Bauvertragsrecht Bauprozessrecht, 3. Aufl., Werner Verlag, Neuwied 2007

Ganten/Jagenburg/Motzke (Hrsg.):
Beck'scher VOB- und Vergaberechts-Kommentar – VOB Teil B – Allgemeine Vertragsbedingungen für die Ausführung von Bauleistungen, 2. Aufl., Verlag C. H. Beck, München 2008

Hauptverband der Deutschen Bauindustrie e. V./Zentralverband des Deutschen Baugewerbes e. V. (Hrsg.):
Kosten- und Leistungsrechnung der Bauunternehmen – KLR Bau, 7. Aufl., Bauverlag, Wiesbaden-Berlin 2001

Hauptverband der Deutschen Bauindustrie e. V. (Hrsg.):
BGL – Baugeräteliste 2001, Bauverlag, Wiesbaden-Berlin 2001

Heiermann/Riedl/Rusam: Handkommentar zur VOB, Teile A und B, 10. Aufl., Vieweg Verlag, Wiesbaden 2003

Ingenstau/Korbion: VOB Teile A und B – Kommentar, hrsg. von Locher/Vygen, 16. Aufl., Werner Verlag, Neuwied 2007

Irl: Bauzeitbehinderungen: Erstattungsfähigkeit von innerprozessualen Privatgutachterkosten, in: IBR 2006, 528

Jacob/Ring/Wolf: Freiberger Handbuch zum Baurecht, Deutscher Anwaltverlag, Bonn 2001

Kapellmann/Messerschmidt: VOB Teile A und B, 2. Aufl., Verlag C. H. Beck, München 2007

Kapellmann/Schiffers: Vergütung, Nachträge und Behinderungsfolgen beim Bauvertrag, Band 1, 5. Aufl., Werner Verlag, Neuwied 2006

Keil/Martinsen/Vahland/Fricke: Kostenrechnung für Bauingenieure, 11. Aufl., Werner Verlag, Köln 2008

Kleine-Möller/Merl (Hrsg.): Handbuch des privaten Baurechts, 3. Aufl., Verlag C. H. Beck, München 2005

Kniffka/Koeble: Kompendium des Baurechts, 3. Aufl., Verlag C. H. Beck, München 2008

Korbion/Mantscheff/Vygen (Hrsg.):
Honorarordnung für Architekten und Ingenieure, Kommentar, 6. Aufl., Verlag C. H. Beck 2004

Kuffer/Wirth: Handbuch des Fachanwalts Bau- und Architektenrecht, 2. Aufl., Luchterhand, Köln 2008

Langen/Schiffers:	Bauplanung und Bauausführung – Eine juristische, baubetriebliche und organisatorische Gesamtdarstellung der Baudurchführung einschließlich des Schlüsselfertigbaus, Werner Verlag, Düsseldorf 2005
Leimböck/Klaus/Hölkermann:	Baukalkulation und Projektcontrolling, 11. Aufl., Vieweg Verlag, Wiesbaden 2007
Leineweber:	Handbuch des Bauvertragsrechts, Nomos Verlagsgesellschaft, Baden-Baden 2000
Locher:	Das private Baurecht, 7. Aufl., Verlag C. H. Beck, München 2005
Locher/Koeble/Frik:	Kommentar zur HOAI, 9. Aufl., Werner Verlag, Neuwied 2006
Nicklisch/Weick:	Verdingungsordnung für Bauleistungen (VOB) Teil B, 3. Aufl., Verlag C. H. Beck, München 2005
Palandt:	Bürgerliches Gesetzbuch BGB, 66. Aufl., Verlag C. H. Beck, München 2007
Peters:	§§ 631-651, in: Staudinger, Kommentar zum BGB, Buch 2, Recht der Schuldverhältnisse, Verlag Sellier/de Gruyter, Berlin 2003
Reister:	Nachträge beim Bauvertrag, 2. Aufl., Werner Verlag, Köln 2007
Schottke:	VOB-gerechte Leistungsbeschreibung für den allgemeinen Tunnelvortrieb unter Berücksichtigung einer angemessenen Vergütung, Werner Verlag, Düsseldorf 1993
Schottke:	Änderung der Art und Weise der Ausführung als Folge einer Anordnung, in: Festschrift für Vygen, Werner Verlag, Düsseldorf 1999
Schottke:	Die Bedeutung des ungewöhnlichen Wagnisses bei der Nachtragskalkulation, in: Festschrift für Reinhold Thode, Verlag C. H. Beck, München 2005
Schottke:	Vertrags- und Nachtragscontrolling, in: Tagungsbericht zur 4. Interdisziplinären Norddeutschen Tagung für Baubetriebswirtschaft und Baurecht, SEMINA Verlag GmbH, Neustadt a. Rbge 2003
Schottke:	„learning by doing" – Baubetriebliche Aspekte, in: Tagungsbericht zur 6. Interdisziplinären Norddeutschen Tagung für Baubetriebswirtschaft und Baurecht, SEMINA Verlag GmbH, Neustadt a. Rbge 2006
Schottke:	Rechtlicher Regelungsbedarf im Falle von „learning by doing", in: Tagungsbericht zur 6. Interdisziplinären Norddeutschen Tagung für Baubetriebswirtschaft und Baurecht, SEMINA Verlag GmbH, Neustadt a. Rbge 2006
Schottke:	Varianten der Schätzung gemäß § 287 ZPO bei der haftungsausfüllenden Kausalität, in: Tagungsbericht zur 8. Interdisziplinären Tagung für Baubetriebswirtschaft und Baurecht, SEMINA Verlag GmbH, Neustadt a. Rbge 2007
Schottke:	Entwurfs-, Ausführungs- und Werkplanung aus baubetrieblicher Sicht, in: Tagungsbericht zur 9. Interdisziplinären Tagung für Baubetriebswirtschaft und Baurecht, SEMINA Verlag GmbH, Neustadt a. Rbge 2008
Schottke/Strehlke:	Ausschreibungs-, Vergabe-, Angebots- und Auftragsunterlagen – Anlagenband 1, SEMINA Verlag GmbH, Neustadt a. Rbge 2009
Schottke/Strehlke:	Nachtragsbeispiele, Mengenermittlung und Gemeinkostenbilanz – Anlagenband 2, SEMINA Verlag GmbH, Neustadt a. Rbge 2009
Schottke/Weikert:	Leitfaden zur „Einheitlichen Auftrags- und Nachtragskalkulation" bei der Deutschen Bahn AG; in: Tagungsbericht zur 6. Interdisziplinären Norddeutschen Tagung für Baubetriebswirtschaft und Baurecht, SEMINA Verlag GmbH, Neustadt a. Rbge 2006

Schottke/Wirth/Fischer:	Kommentar zur VOB/C DIN 18312 Untertagebau, in: Englert/Katzenbach/Motzke (Hrsg.): Beck'scher VOB-Kommentar, 2. Aufl., Verlag C. H. Beck, München 2008
Schulze-Hagen:	Zur Anwendung der §§ 1 Nr. 3, 2 Nr. 5 VOB/B einerseits und §§ 1 Nr. 4, 2 Nr. 6 VOB/B anderseits, in: Festschrift für Carl Soergel zum 70. Geburtstag, Verlag Ernst Vögel, Stamsried 1993
Strehlke:	Mischkalkulationen – eine baubetriebswirtschaftlich-juristische Analyse (baubetriebswirtschaftlicher Teil), in: Tagungsbericht zur 8. Interdisziplinären Tagung für Baubetriebswirtschaft und Baurecht, SEMINA Verlag GmbH, Neustadt a. Rbge 2007
Thode/Wirth/Kuffer (Hrsg.):	Praxishandbuch Architektenrecht, Verlag C. H. Beck, München 2004
Vygen:	Bauvertragsrecht nach VOB, 5. Aufl., Werner Verlag, Köln 2007
Vygen/Schubert/Lang:	Bauverzögerung und Leistungsänderung – Rechtliche und baubetriebliche Probleme und ihre Lösungen, 5. Aufl., Werner Verlag, Köln 2008
Wirth:	Darmstädter Baurechtshandbuch – Band 1: Privates Baurecht, 2. Aufl., Werner Verlag, Düsseldorf 2005
Werner/Pastor:	Der Bauprozess, 12. Aufl., Werner Verlag, Neuwied 2008

1.0   Einleitung

1.1   Erläuterung zu der Lehrbuchreihe

Die Lehrbuchreihe behandelt die Themen, die an der Schnittstelle zwischen Technik, Baubetriebswirtschaft und Baurecht klärungsbedürftig sind. Dieser Wissenschaftszweig hat sich seit den 60er Jahren des vorigen Jahrhunderts entwickelt und unter dem Oberbegriff Baubetrieb an den Universitäten und Fachhochschulen etabliert.

Sowohl für die Anwendung in der Praxis als auch für die wissenschaftliche Arbeit werden in der Baubetriebslehre widerspruchsfreie Begriffe benötigt, die zum einen die Kommunikation innerhalb des Fachgebiets der Baubetriebslehre ermöglichen und gleichermaßen mit der Betriebswirtschaftslehre und den baurechtlichen Anforderungen harmonieren. Ohne definierte Begriffe lassen sich keine weitreichenden Lösungsansätze entwickeln. Eine anwendungsorientierte Forschung setzt definierte Grundlagen voraus.

Mit diesem und den anderen Lehrbüchern soll ein wissenschaftlich qualifiziertes, aber gleichermaßen praxisorientiertes Gesamtwerk vorgestellt werden, das hinsichtlich Begriffsbildungen und methodischen Ansätzen grundsätzlicher Natur ist.

Dieses Buch behandelt Vergütungsansprüche und Nachtragskalkulationen. Mit diesem Thema wird begonnen, da der Verfasser in den Jahren von 1994 bis 2002 eine durchgängige Theorie für die Nachtragskalkulation entwickelt hat und diese Theorie gemeinsam mit der Mitarbeiterin des IBB – Institut für Baubetriebswirtschaft und Baurecht GmbH Frau Dipl.-Ing. (FH) N. Friedrichkeit und Mitarbeitern der Deutschen Bahn AG für die Deutsche Bahn AG in den Jahren 2002 bis 2005 anwendungsbezogen umgesetzt hat.

Die Kalkulation ist als solche die Grundlage für die Nachtragskalkulation und wird in dem nächsten Band der Lehrbuchreihe veröffentlicht. Insgesamt sind folgende weitere Bände zurzeit in Bearbeitung:

- Grundlagen der Baubetriebswirtschaft und des privaten Baurechts

- Rohbaukalkulation und Einführung in das Rechnungswesen

- Folgeband zu Vergütungsanspruch und Nachtragskalkulation gemäß §§ 1 und 2 VOB/B

- Funktionalverträge und Vermeidungshaftung

- Störung des Bauablaufs (Theorie)

- Störung des Bauablaufs (Praxisbeispiel)

Das Ziel ist die Entwicklung einer Lehrbuchreihe, die eine in sich schlüssige Darstellung des komplexen Fachgebiets Baubetriebswirtschaft und Baurecht beinhaltet.

Da bei einem anwendungsbezogenen und transdisziplinären Fachgebiet – wie der Baubetriebslehre – eine Person nicht gleichermaßen wissenschaftlich qualifiziert und praxisorientiert alle Gebiete abdecken kann, werden in einzelnen Bänden mehrere Autoren tätig sein. Diese Vorgehensweise dient dem ganzheitlichen Gedanken im Hinblick auf die Kombination von Erfahrung und Wissenschaft.

Durch die Herstellung des Bezugs zu einem Beispiel wird der ganzheitliche durchgängige Anspruch erfüllt. Das Beispiel wird in separaten Anlagenbänden veröffentlicht. Der Leser soll die Möglichkeit bekommen, eigenständig zu lernen und gleichermaßen bis an die Grenze der Wissenschaft geführt werden. Es wird ferner auf neue wissenschaftliche Entwicklungstendenzen eingegangen.

1.2   Zusammenhang zwischen diesem Band und den Kommentaren

Da es sich bei diesem Band um ein einführendes Lehrbuch in ein komplexes Thema handelt, wird auf zahlreiche Querverweise zu Kommentaren vorerst verzichtet. Die vorhandene Literatur, sowohl von Baubetrieblern als auch Juristen, ist widersprüchlich. Das Zitieren, Erläutern und Behandeln dieser Literatur wäre zu umfassend.

Da alle juristischen Kommentare nach Paragraphen sortiert sind, besteht kein Problem, die Fundstellen zu finden. Eine in sich schlüssige Rechtsprechung liegt zu dieser Problematik ebenfalls nur begrenzt vor. Die Baubetriebswirtschaft ist eine sehr junge Wissenschaft und dementsprechend gibt es für den Vergütungsbereich keine überschaubare in sich schlüssige Literatur.

1.3   Erforderliche juristische Kenntnisse des Bauleitungspersonals

Je nach Anspruchsgrund ergeben sich bei Bauobjekten andere Grundsätze für die Berechnung der Anspruchshöhe. Deshalb müssen die Verantwortlichen, die in der Bauleitung tätig sind, sowohl die Grundlagen für die Anspruchsvoraussetzungen als auch für die Berechnung der Anspruchshöhe kennen. Nur dann kann das Führungspersonal zum Zeitpunkt der Entstehung des Anspruchs so sachgerecht handeln, dass zu einem späteren Zeitpunkt ein ordnungsgemäßer juristischer und baubetriebswirtschaftlicher Nachweis erfolgen kann.

Das Bauleitungspersonal kann nicht täglich einen Juristen beratend hinzuziehen. Das juristische Tagesgeschäft muss von den Technikern erledigt werden. Ferner zeigt die tägliche Praxis, dass es für den Juristen, auch wenn er baubegleitend tätig ist, ohne baubetriebswirtschaftliche Kenntnisse schwierig ist, zu erkennen, welche wesentlichen Maßnahmen über die formalen Kriterien hinaus, insbesondere baubetriebswirtschaftlich zu treffen sind.

Die baubegleitende juristische Beratung ist somit ohne erschöpfende Kenntnis der Bauleitung bzgl. der baurechtlichen und baubetriebswirtschaftlichen Belange keine Lösung. Die Bauleitung muss das baurechtliche und baubetriebswirtschaftliche Tagesgeschäft alleine lösen und sollte nur in Problemfällen eine Spezialberatung benötigen. Das Erkennen des Beratungsbedarfs setzt aber minimale Kenntnisse voraus.

1.4   Begriffe: Auftraggeber, Auftragnehmer, Besteller und Hersteller

Seit der Schuldrechtsmodernisierung 2002 sind die bis dahin gängigen Begriffe wie Auftraggeber und Auftragnehmer in die Begriffe Besteller und Hersteller geändert worden. Da sowohl in der Literatur als auch im Sprachgebrauch die alten Begriffe weiterleben, werden sowohl die neuen als auch die alten Begriffe in dieser Veröffentlichung verwendet. Für die Begriffe Auftraggeber und Auftragnehmer werden die Abkürzungen AG und AN eingeführt. Die Bedeutung der alten und neuen Begriffe ist identisch.

1.5   Derzeit üblicher Nachweis der Anspruchshöhe

Bei VOB-Verträgen ist die Auftragskalkulation als Ausgangspunkt für die Fortschreibung von Wettbewerbspreisen zu verwenden. Dieser Grundsatz ist durch die Rechtsprechung gefestigt und wird in der juristischen und baubetriebswirtschaftlichen Literatur unwidersprochen vertreten.[1]

Die Rechtsprechung und die Baubetriebswirtschaftslehre haben bei Leistungsänderungen jedoch keine über den Leitsatz der Fortschreibung von Vertragspreisen hinausgehenden, tragfähigen Grundsätze entwickelt. Es gibt keine weitergehenden Regelungen für den Nachweis der Höhe von Nachträgen aus § 2 VOB/B. Die bisher in der Literatur beschriebenen Berechnungsmethoden zum Nachweis der Höhe variieren in vielerlei Hinsicht. Es besteht somit bei Auftraggebern und Auftragnehmern Unsicherheit bezüglich der Feststellung der angemessenen Höhe der Vergütung bei Leistungsstörungen.[2]

Als Folge der Unsicherheit führen die vorgenannten Punkte zu immer wiederkehrenden Streitfällen bezüglich der Anspruchshöhe, weil die unterschiedlichen Berechnungsansätze zu taktisch begründeten Anwendungen der Nachweismethoden jeweils aus Sicht des Nachtragstellers oder -prüfers führen. Hinzu kommt, dass die verschiedensten Möglichkeiten bestehen, einen Leistungsbeschrieb und dessen Vergütungsäquivalent zu vereinbaren. Diese Veröffentlichung beschränkt sich bezüglich der Lösungsansätze vorerst auf Einheitspreisverträge.

1.6   Vielfalt von Anspruchsgründen und Berechnungsmöglichkeiten

Bild 1 zeigt vier Möglichkeiten eines Vergütungsanspruchs für einen Nachtrag. Jeweils abhängig davon, welcher Anspruchsgrund vorliegt, sind verschiedene Berechnungsmethoden für den Einheitspreis (EP) denkbar und begründbar.

---

[1]   Vgl. BGH, Urt. v. 08.07.1999, VII ZR 237/98, BauR 1999, S. 1294; Kapellmann/Messerschmidt: VOB Teile A und B, 2007, § 2 VOB/B, Rdn. 137.

[2]   Leistungsstörungen beziehen sich auf gegenständliche Nachträge und Störungen des Bauablaufs. Es handelt sich um eine juristische Definition.

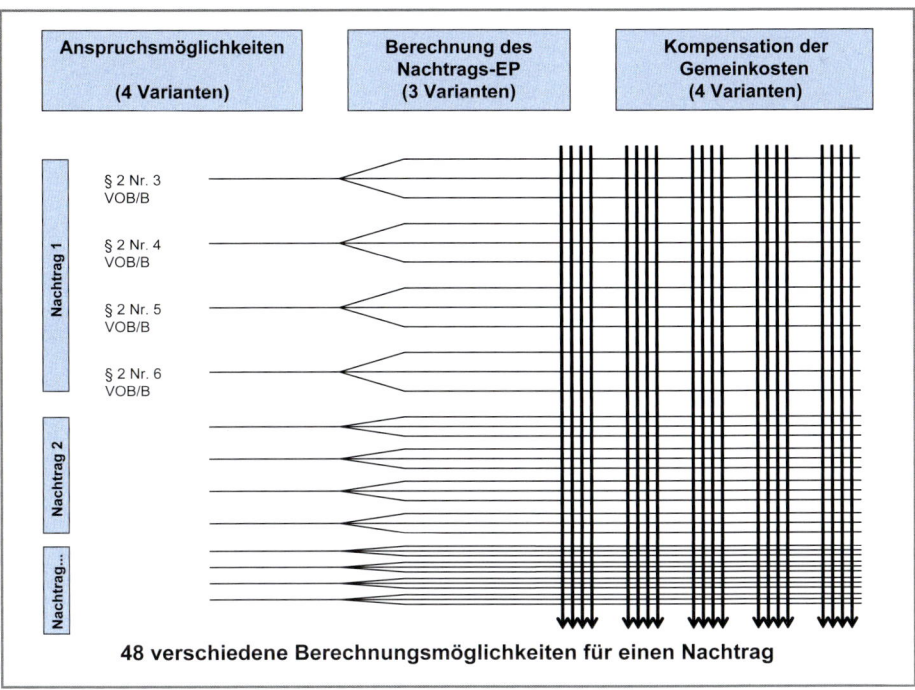

Bild 1: Verschiedene Berechnungsmethoden für die Anspruchshöhe eines Nachtrags

In Bild 1 sind im mittleren Bereich dementsprechend beispielhaft drei Varianten für die Berechnung der Nachtrags-einheitspreise aufgeführt. Die im Rahmen dieser Veröffentlichung durchgeführte Literaturanalyse wird zeigen, dass zurzeit die Anzahl der veröffentlichten Varianten zwischen 2 und 4 Varianten schwankt.

Soweit die einzelnen Nachträge selbst behandelt werden, ergibt sich die Problematik, dass die Art der Gemeinkosten-bilanz (GK-Bilanz), die im Zuge der Schlussrechnung gegebenenfalls durchzuführen ist, ebenfalls unterschiedlich vor-genommen werden kann. Die Autoren der analysierten Literatur haben jeweils ihre eigenen Berechnungsmethoden entwickelt und somit gemeinsam für die Vielfalt der Lösungsansätze gesorgt.

In Bild 1 sind für Nachtrag 1 im Ergebnis ca. 48^3 verschiedene Möglichkeiten dargestellt.

1.7 Lösungsansatz bezüglich des Nachweises der Anspruchshöhe bei VOB-Verträgen

Die fehlende einheitliche Leitlinie bezüglich der konkreten Ermittlung der Anspruchshöhe und die Vielzahl der derzeit kursierenden Lösungsansätze führen zu der Schlussfolgerung, dass Ordnungsbedarf besteht (vgl. Bild 1). Ziel dieser Veröffentlichung ist es, einen allgemeingültig verwendbaren Lösungsansatz vorzustellen.

Der Lösungsansatz muss drei Bedingungen erfüllen:

- Der Lösungsansatz muss einfach sein und von den Praktikern verstanden und gelebt werden können.

- Der Lösungsansatz muss mit rechtlichen Grundgedanken vereinbar sein, also sowohl einem baubetriebswirt-schaftlichen als auch einem baurechtlich begründbaren dogmatischen Ansatz folgen.

- Der Lösungsansatz muss auf alle Anspruchsmöglichkeiten des § 2 VOB/B anwendbar sein.

Bild 2 zeigt den Lösungsansatz. Es sollte auch für verschiedene Anspruchsmöglichkeiten nur eine Berechnungsvari-ante für die Einheitspreisberechnung und die Gemeinkostenbilanz geben.

Die Vielfalt der zurzeit veröffentlichten Varianten soll durch eine einheitliche Regelung ersetzt werden. Die Deut-sche Bahn AG hat die in dieser Veröffentlichung vorgestellte Methode anwendungsbezogen umgesetzt und seit dem 01.07.2005 verbindlich für alle Bauobjekte ab 1 Mio. € Auftragsvolumen eingeführt. Die Deutsche Bahn AG bezeichnet

---

3   4 (Anspruchsgründe) * 3 (Einheitspreisberechnungsvarianten) * 4 (Baustellengemeinkostenbilanzen) = 48 Möglichkeiten.

die Methode als „Einheitliche Auftrags- und Nachtragskalkulation", kurz auch ANKE genannt. Da sich diese Bezeichnung bereits verbreitet hat, wird sie im Folgenden ebenfalls benutzt.

Die anwendungsbezogene Umsetzung der wissenschaftlichen Methode ist von dem IBB – Institut für Baubetriebswirtschaft und Baurecht GmbH für die Deutsche Bahn AG entwickelt worden.

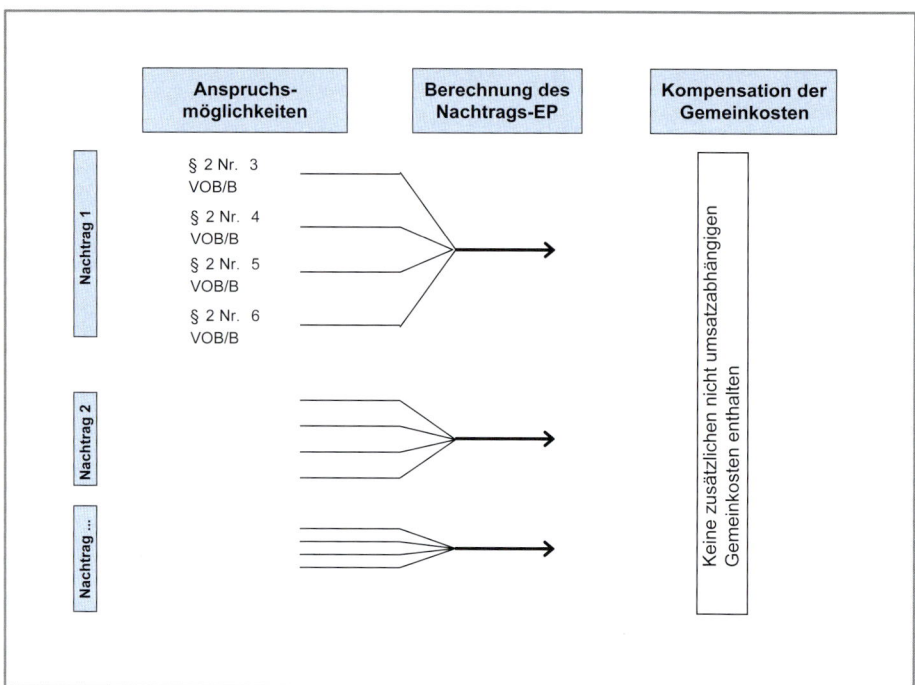

Bild 2:   Darstellung des Lösungsansatzes

1.8   Weitere Vorgehensweise

Da die Anspruchshöhe ohne Kenntnisse bzgl. des Anspruchsgrunds nicht geschlossen behandelt werden kann, wird
in einem ersten Schritt das Anordnungsrecht des AG bzgl. Leistungsänderungen gemäß § 1 VOB/B behandelt (Kap. 2
und 3). Dieses ist notwendig, weil die z. Zt. vorhandenen Regelungen in der VOB/B interpretierbar sind.

Die zurzeit bundesweit geführten Diskussionen zu dem Recht des AG, im Rahmen des § 1 VOB/B veränderte Bauumstände anordnen zu dürfen, verdeutlichen die ungeklärten Fragestellungen.

Nach der Klärung der Änderungsrechte des AG muss der Grundsatz – Fortschreibung von Wettbewerbspreisen – als
Ansatz in Abgrenzung zu den Regelungen des BGB dogmatisch erläutert werden.

Der § 2 VOB/B regelt, welche Vergütung der AG infolge seiner Änderungsrechte gemäß § 1 VOB/B zu leisten hat. Die
Nachtragskalkulation, die als Folge der Wahrnehmung der Änderungsrechte durch den AG erforderlich wird, kann nur
behandelt werden, wenn die einzelnen Leistungsänderungstypen des § 2 der VOB/B vorgestellt worden sind. Deshalb
erfolgt in dieser Veröffentlichung eine grundlegende Einführung in den § 2 VOB/B.

In der Literatur sind von verschiedenen Autoren sehr unterschiedliche Berechnungen bzgl. der Nachtragskalkulation
veröffentlicht worden. Als Ausgangspunkt wird deshalb eine ausführliche Literaturauswertung der zurzeit von namhaf-
ten Autoren veröffentlichten Berechnungsmethoden einzelner Ansprüche des § 2 VOB/B durchgeführt (Kap. 11).

Die Kompensation der Gemeinkostendeckung ist ein Problem, das von vielen Autoren angesprochen, aber nicht allgemeingültig und einheitlich gelöst worden ist. Deshalb wird nach der Literaturanalyse das Problem der Gemeinkostenbilanz ausführlich behandelt (Kap. 12).

Nach der Klärung der Problematik wird der wissenschaftliche Lösungsansatz für eine übergreifende Lösung des
Gesamtproblems – sowohl für Einzelkosten der Teilleistungen (EKT) als auch für Gemeinkosten (GK) – beschrieben
und dogmatisch begründet (Kap. 13).

1.9 Vorstellung des Beispielprojekts

1.9.1 Einleitung

Zur praxisnahen und durchgängig nachvollziehbaren Veranschaulichung von baubetrieblichen und baurechtlichen Themen wurde ein Beispielprojekt entwickelt, welches der gesamten Lehrbuchreihe zugrunde liegt.

Dieses Beispielprojekt beinhaltet ein komplettes Rohbauprojekt mit Teilen des Ausbaus (erweiterter Rohbau). Dem Leser soll durch die durchgehende Transparenz ein besseres ganzheitliches Verständnis ermöglicht werden.

Die zu dem Beispielprojekt gehörenden Unterlagen sind in Anlagenbänden zusammengefasst. Es wurde Wert darauf gelegt, dass die Einzelbände der Lehrbuchreihe auch ohne die Zuhilfenahme von den Anlagenbänden verständlich sind, um dem Leser eine größtmögliche Flexibilität in Bezug auf die Anschaffung und Verwendung einzelner Bände zu erhalten.

Sollte der Leser bei einzelnen Fragestellungen oder entsprechenden Interessenschwerpunkten einen tieferen Einblick in spezielle Themen (z. B. Kalkulation) erlangen wollen, so hat er unter Zuhilfenahme des jeweiligen Anlagenbands die Möglichkeit hierzu.

Die mit diesem Band veröffentlichten Anlagenbände gliedern sich wie folgt:

- Ausschreibungs-, Vergabe-, Angebots- und Auftragsunterlagen – Anlagenband 1
  ISBN 978-3-935158-11-4

- Nachtragsbeispiele, Mengenermittlung und Gemeinkostenbilanz – Anlagenband 2
  ISBN 978-3-935158-12-1

1.9.2 Allgemeine Baubeschreibung

Im folgenden Textteil ist zur Erläuterung des für die Lehrbuchreihe zugrunde gelegten Beispielprojekts ein Auszug aus der Allgemeinen Baubeschreibung enthalten.[4]

1. Bestand und Lage der Baumaßnahme

Auf dem Grundstück „Hauptstraße 17" soll ein Bürogebäude mit Tiefgarage errichtet werden. Das Grundstück wird durch bereits bebaute Flächen, den Stadtpark und die Hauptstraße begrenzt. Die Lage des Baugrundstücks kann dem Lageplan entnommen werden.

Die Zufahrt zum Baugelände ist über die Hauptstraße möglich. Über Nachbargrundstücke und den Stadtpark kann keine Zufahrt erfolgen. Die Nachbargrundstücke und das Gelände des Stadtparks sind nicht als Baustellengelände bzw. Baustelleneinrichtung nutzbar.

2. Ausführung

Es sollen ein Kellergeschoss und fünf Obergeschosse erstellt werden. Die Ausführung der Geschosse erfolgt in Stahlbeton-Skelettbauweise aus Ortbeton. Im Bereich des Kellergeschosses sind zwei Winkelstützwände zu erstellen, welche als Stahlbeton-Fertigteile zu liefern und einzubauen sind. Fundamente, Sohlplatten, Decken, Stützen, Wände und Unterzüge sind aus Stahlbeton in Ortbetonbauweise auszuführen.

Die innerhalb der einzelnen Geschosse liegenden Wände der Büro- und Besprechungsräume sind in Trockenbauweise zu erstellen. Die Decken sind als abgehängtes Deckensystem auszuführen.

Nach Abschluss der Roh- und Ausbauarbeiten wird das Baugrundstück mit dem zwischengelagerten Oberboden angefüllt und landschaftsarchitektonisch und gärtnerisch gestaltet.

---

[4]   Vgl. Schottke/Strehlke: Ausschreibungs-, Vergabe-, Angebots- und Auftragsunterlagen – Anlagenband 1, 2009, Kap. 1.1.1.

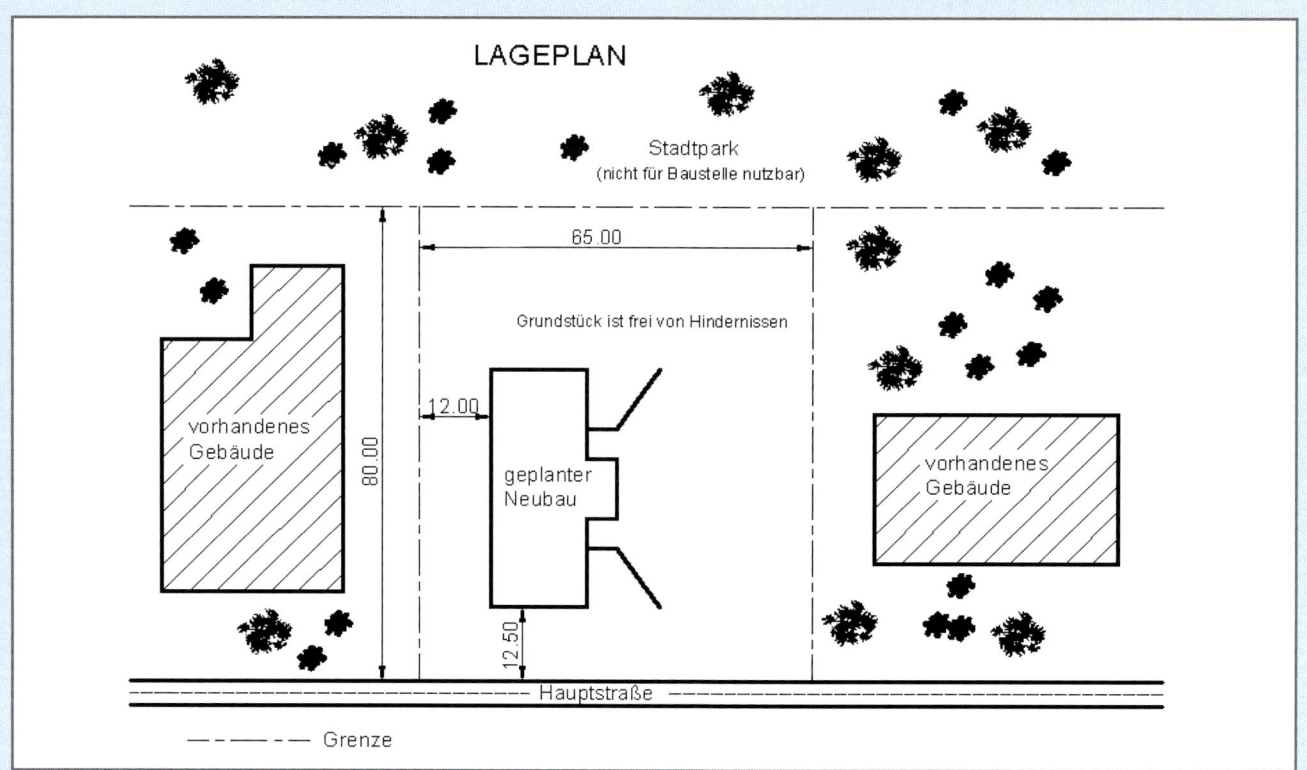

Bild 3:   Lageplan des Beispielprojekts Verwaltungshochhaus

3. Gesamtzweck und angestrebte Nutzung

Das Gebäude soll als Verwaltungshochhaus genutzt werden. In den fünf Obergeschossen sind überwiegend Büro- und Besprechungsräume und im Kellergeschoss ist ein Parkdeck vorgesehen.

4. Technische Beschreibung der Bauabläufe

Der abzutragende Oberboden und der anfallende überschüssige Baugrubenaushub ist außerhalb des Baugrundstücks auf Flächen zwischenzulagern, die der AN zu Verfügung zu stellen hat. Überschüssiger Boden, der nicht zum Verfüllen benötigt wird, geht in das Eigentum des AN über.

Die vorgenannten Maßnahmen sind vom Bieter in die Einheitspreise einzukalkulieren.

Das geologische Gutachten weist einen Grundwasserspiegel im Bereich des Baugrundstücks ca. 1,00 m unterhalb der geplanten Kellersohle auf.

Die im Bereich des Kellergeschosses auszuführenden Winkelstützwände bilden die Einfahrt für die Tiefgarage. Die Ausführung hat im Zuge der Erstellung des Rohbaus zu erfolgen.

Die Stahlbetonbauarbeiten für das Kellergeschoss und die aufgehenden Obergeschosse sind vom AN in Abstimmung mit dem AG und unter Einhaltung der in den Besonderen Vertragsbedingungen vereinbarten Ausführungsfristen auszuführen.

Der Ausbau und die technische Gebäudeausrüstung des Komplexes sind auf der Grundlage der geplanten Verwendung als Büro- und Verwaltungsgebäude auszuführen und sind in ihrer Ausführung der Nutzung entsprechend funktional zu gestalten.

Die Fassade soll als eine an den Rohbau angehängte Glas-Metall-Konstruktion ausgebildet werden und ist in der architektonischen Gestaltung den umliegenden Gebäuden anzupassen.

Weitere Regelungen finden sich in den Vorbemerkungen der jeweiligen Leistungsverzeichnisse entsprechend einer gewerkeweisen Vergabe gemäß § 4 VOB/A.

Die Bilder 4 und 5 zeigen das Beispielobjekt in perspektivischer Ansicht und den Grundriss des Erdgeschosses (EG). Weitere Planunterlagen sind dem Anlagenband 1 (Ausschreibungs-, Vergabe-, Angebots- und Auftragsunterlagen) zu entnehmen.

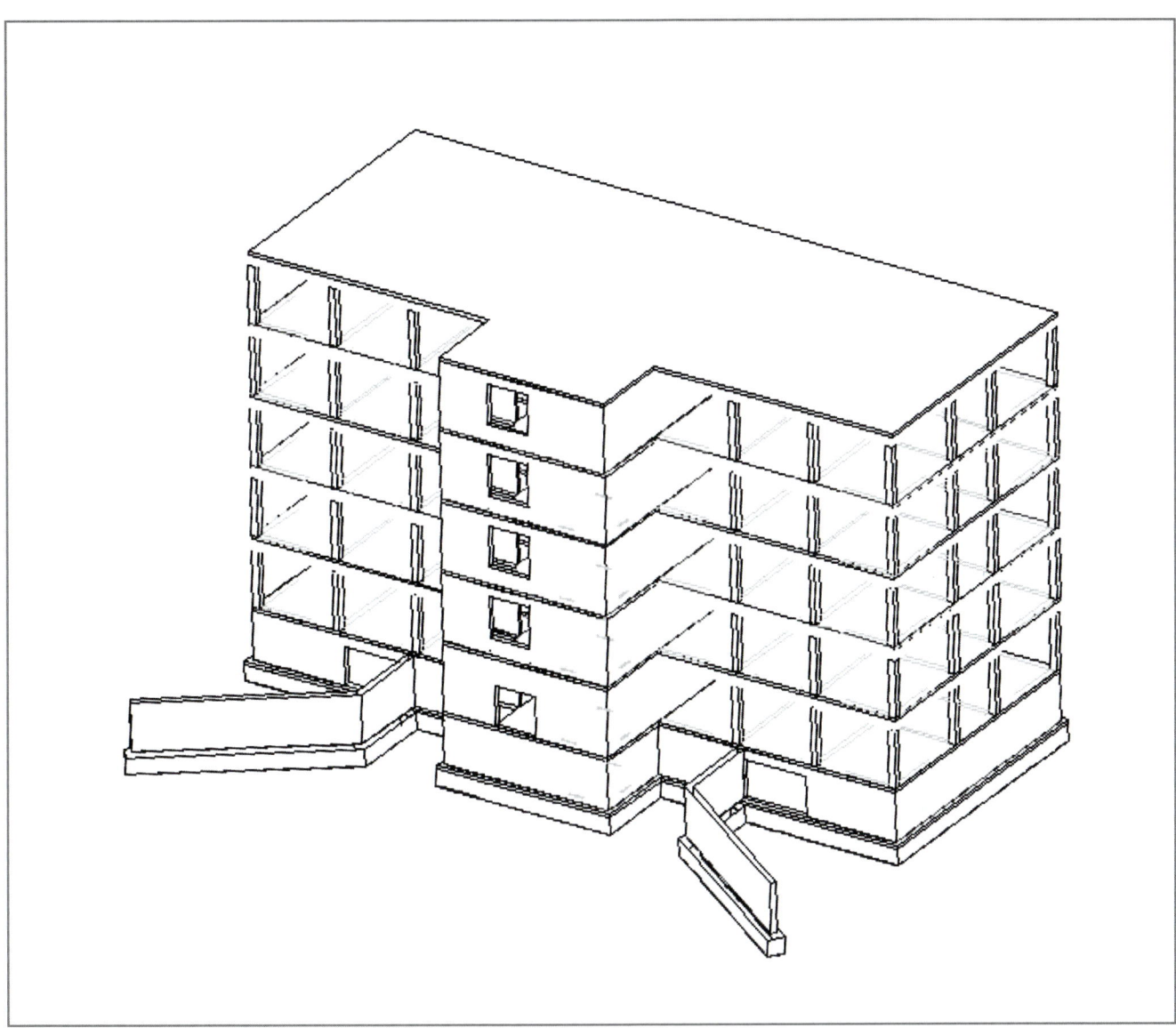

Bild 4:   Das Beispielobjekt

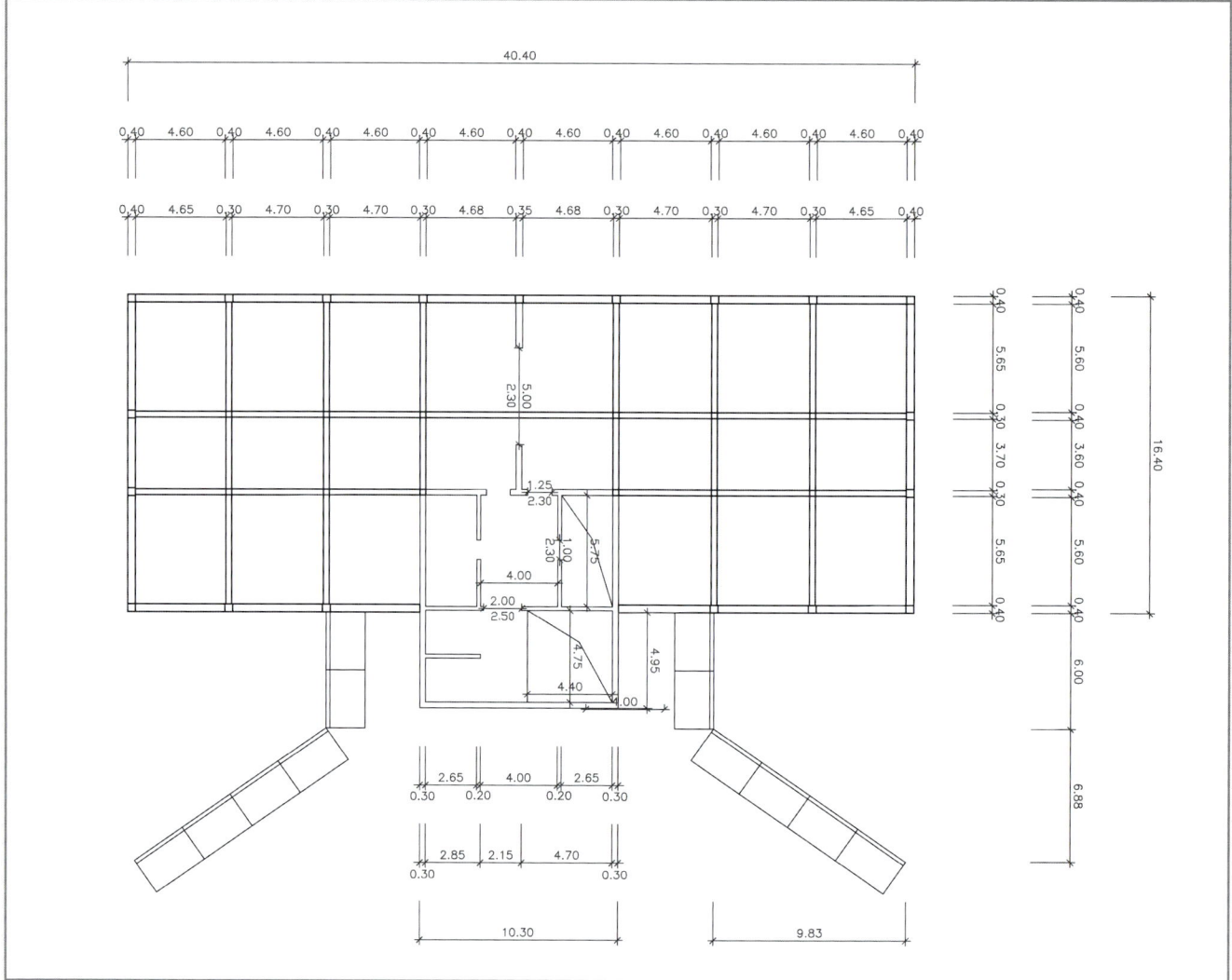

Bild 5:   Der Grundriss des Beispielobjekts

1.9.3   Gegenständliche Nachtragsbeispiele des Projekts

Bild 6 zeigt eine Übersicht aller angekündigten gegenständlichen Nachträge des Projekts, fortlaufend geordnet nach dem Zeitpunkt der Leistungserbringung. Gegenständliche Nachträge sind Nachträge, die auf einer Änderung des direkt vereinbarten geschuldeten Solls des Vertrags beruhen. Auf die Nachträge, die lediglich Bauumstände betreffen, wird im Kap. 9.0 eingegangen. Die vom AN geltend gemachten Anspruchsgrundlagen gemäß VOB/B sind angegeben. Wie der Tabelle zu entnehmen ist, handelt es sich hierbei größtenteils um Ansprüche infolge geänderter und zusätzlicher Leistungen gemäß § 2 Nr. 5 und 6 VOB/B.

(1)	(2)	(3)	(4)	(5)	(6)	(7)
		Berührt Bauumstände:		Ausführung:		
Nr.	Bezeichnung	Ja	Nein	Beginn	Ende	Anspruchsgrundlage gem. VOB/B
N 1	Findlinge im Baugrubenaushub		x	19.04.2007	19.04.2007	§ 2 Nr. 5
N 2	Veränderung der Bodenklasse Bkl. 3 - Bkl. 6-7		x	23.04.2007	24.04.2007	§ 2 Nr. 5
N 3	Schutz gegen Tagwasser		x	26.04.2007	26.04.2007	Nebenleistung → abgelehnt
N 4	Offene Wasserhaltung	x		27.04.2007	06.06.2007	§ 2 Nr. 5 i.V.m. Nr. 6
N 5	Stahlbetonwände KG C30/37 statt C20/25		x	26.06.2007	23.08.2007	§ 2 Nr. 5
N 6	Mehr- und Mindermengen/ Gemeinkostenbilanz		x			§ 2 Nr. 3

Bild 6:   Übersicht gegenständlicher Nachträge

Berühren die jeweiligen Nachträge die Bauzeit bzw. besteht die Notwendigkeit, diesen Tatbestand zu überprüfen, ist dieses in den Spalten 3 und 4 gekennzeichnet. In Bild 6 ist dies z. B. für den Nachtrag N 4 erfolgt. Vom AN ist in diesem Fall der kausale Zusammenhang zwischen Leistungsänderung und veränderten Bauumständen darzulegen.

Die Systematik eines ordnungsgemäßen Nachtragsangebots, daraus resultierende Schlussfolgerungen und Anwendungslösungen für die Baupraxis werden in einem weiteren Band der Lehrbuchreihe (Folgeband zu Vergütungsanspruch und Nachtragskalkulation gemäß §§ 1 und 2 VOB/B) dargestellt. Der inhaltliche Schwerpunkt dieser Veröffentlichung liegt in der theoretischen und praktischen Vorstellung der Einheitlichen Auftrags- und Nachtragskalkulation.

2.0   Baubetriebswirtschaftliche und baurechtliche Grundlagen

2.1   Bedeutung des baubetriebswirtschaftlichen Wissens für die tägliche Praxis

Leistungsänderungen führen in der Regel bei dem AG und AN zu Mehr- oder Minderkosten. Die Bauleitung des AN muss die Leistungsänderungen zeitnah erkennen, den Anspruch sichern, den Nachtrag für die veränderte Leistung aufstellen und gegenüber dem AG vertreten. Die Bauleitung des AG muss feststellen, ob der Anspruch berechtigt ist und ihn der Höhe nach prüfen.

Die Bauleitung vor Ort – sowohl des AG als auch des AN – trägt dementsprechend eine entscheidende Verantwortung. Die fundierte Sachkenntnis des Führungspersonals bzgl. der Vorgehensweise bei Leistungsänderungen ist als wesentliche Grundlage für die angemessene technische und vertragliche Abwicklung von Bauobjekten zu werten.

- Die Ingenieurbüros und Mitarbeiter der Auftraggeber werden im Sinne einer qualitativ guten Bauleitung zunehmend danach beurteilt werden, ob sie über genügend baurechtliche und baubetriebswirtschaftliche Fachkenntnisse verfügen, mittels derer die Managementaufgaben erfüllt werden können. Denn nur unter dieser Voraussetzung wird es einer Bauleitung möglich sein, Nachträge infolge Leistungsänderungen sachgerecht zu prüfen.

- Die Mitarbeiter bei den Bauunternehmungen werden zunehmend danach beurteilt werden, ob sie im Sinne der Ergebnisoptimierung bei gleichzeitigem Erhalt der Geschäftsbeziehung die berechtigten Forderungen des Herstellers sachlich fundiert vortragen können.

- Die Mitarbeiter bei den Bestellern sind zunehmend internen Prüfungsszenarien durch Revisionsabteilungen unterworfen und müssen dementsprechend ihre Vorgehensweise bei der Prüfung begründen können.

Das Bauen als solches kann nur dann geordnet ablaufen, wenn alle Mitarbeiter im Management Grundkenntnisse bzgl. der Nachtragskalkulation besitzen.

2.2   Trennung in Anspruchsgrund und Anspruchshöhe

Die Behandlung von Geldforderungen des Herstellers gegenüber dem Besteller infolge einer angeordneten Leistungsänderung – also von Nachträgen – beinhaltet jeweils zwei Gesichtspunkte: einen baurechtlichen Aspekt hinsichtlich der Anspruchsgrundlage und einen baubetriebswirtschaftlichen Aspekt hinsichtlich der Höhe der Ansprüche.

Die Anspruchsgrundlage ergibt sich im Wesentlichen aus der Feststellung einer Leistungsänderung und weiteren formalen rechtlichen Kriterien wie Vollmachtsfragen, Ankündigungsproblematik usw.

Das Erkennen einer veränderten Leistung setzt voraus, dass das Bauleitungspersonal befähigt ist, aus dem Vertrag abzuleiten, welche Leistung gemäß Vertrag geschuldet ist. Der Begriff der so genannten geschuldeten Soll-Leistung ist deshalb von erheblicher Bedeutung. Es handelt sich um den Leistungsumfang, den der AN im Rahmen des Vertrags in Äquivalenz zu der vereinbarten Vergütung schuldet.

Ferner bleibt zu klären, welche Grenzen die Anordnungsbefugnis des Bestellers bzgl. des Leistungsänderungsrechts beinhaltet und wie die Anspruchshöhe konkret nachzuweisen ist.

Ausgangspunkt für alle Betrachtungen zur Anspruchshöhe ist die Auftragskalkulation. Die ordnungsgemäße Kalkulation ist für den Unternehmer nicht nur eine grundlegende Voraussetzung für das Akquirieren von Aufträgen mit auskömmlichen Preisen, sondern auch für die angemessene Vergütung von Leistungsänderungen.

Die unterschiedlichen Ansprüche, die sich aus den Leistungsänderungen ergeben und gemäß § 2 VOB/B zu einem Vergütungsanspruch führen, können im Überblick wie folgt dargestellt werden:

- Nebenleistungen (§ 2 Nr. 1 VOB/B)

- Mehr- und Mindermengen (§ 2 Nr. 3 VOB/B)

- Wegfall von in sich abgeschlossenen Leistungen (§ 2 Nr. 4 VOB/B)

- Veränderungen vertraglich vereinbarter Leistungen (§ 2 Nr. 5 VOB/B)

- Zusätzliche Leistungen (§ 2 Nr. 6 VOB/B)

- Änderung der Pauschalvergütung (§ 2 Nr. 7 VOB/B)

2.0

- Geschäftsführung ohne Auftrag (§ 2 Nr. 8 VOB/B)

- Planung (§ 2 Nr. 9 VOB/B)

- Stundenlohnarbeiten (§ 2 Nr. 10 VOB/B)

Da neben dem Vergütungsanspruch der Schadenersatzanspruch von tragender Bedeutung für die tägliche Praxis ist und gleichermaßen die Beweislast ein Problem für den nachweispflichtigen Vertragspartner darstellt, werden diese beiden Themenbereiche sowie die Ansprüche aus § 642 BGB und § 4 Nr. 1 Abs. (4) VOB/B der Darstellung der §§ 1 und 2 der VOB/B vorangestellt.

Der Schwerpunkt dieser Veröffentlichung bleibt der Vergütungsanspruch. Sicherlich ist es notwendig, in Kurzform die wichtigsten Ansprüche bei denen der AN monetäre Forderungen geltend machen kann, vorzustellen, eine ausführliche Darstellung kann im Rahmen dieses Buchs nicht erfolgen und bleibt einer weiteren Veröffentlichung im Rahmen der Lehrbuchreihe vorbehalten. Bzgl. der Vorstellung der sonstigen monetären Ansprüche des BGB neben den Ansprüchen der VOB/B erfolgt lediglich eine Kurzdarstellung.

2.3 Abgrenzung des Vergütungsanspruchs von den sonstigen monetären Anspruchsmöglichkeiten

Bild 7 zeigt die wesentlichen vier Anspruchsgründe der VOB/B und des BGB, die zu monetären Forderungen führen. Der Anspruch infolge unberechtigter oder unzweckmäßiger Anordnung kann hinsichtlich der Bedeutung in der täglichen Praxis als eher nachrangig bezeichnet werden. Die drei anderen Anspruchsgründe sind dagegen von wesentlicher praktischer Bedeutung.

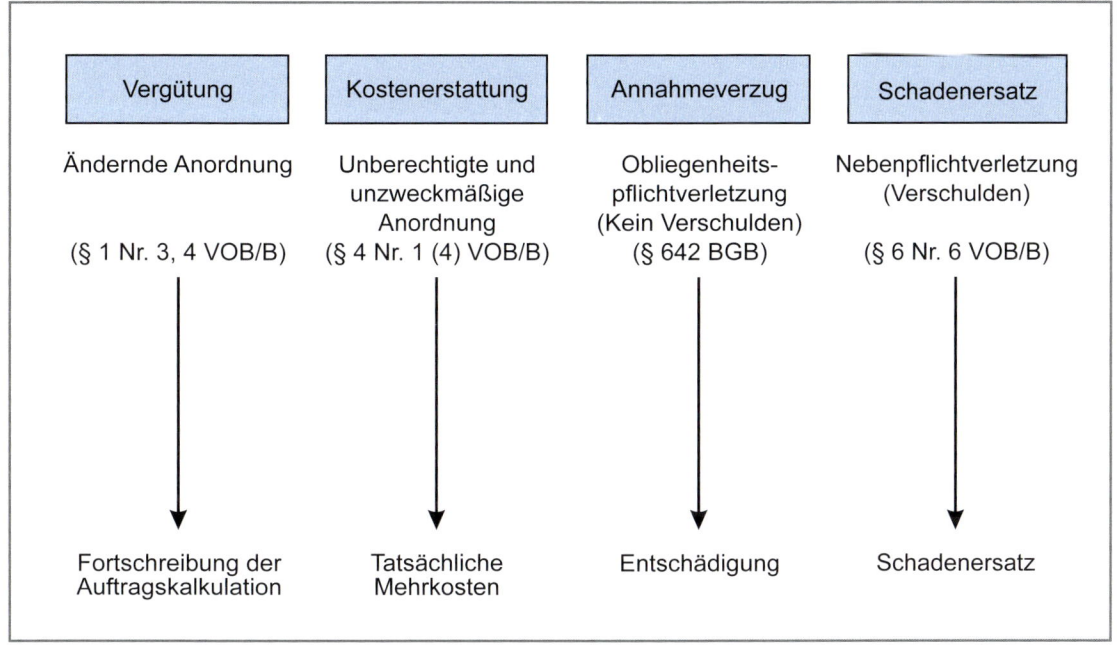

Bild 7:   Die vier wesentlichen monetären Anspruchstypen gemäß BGB und VOB/B bei Bauleistungen

Die einzelnen Ansprüche unterscheiden sich von der Anspruchsvoraussetzung her. Die Kenntnis des Anspruchsgrunds ist für die Techniker von entscheidender Bedeutung, damit der Nachweis der Anspruchshöhe richtig geführt werden kann. Der Anspruchsgrund ist demzufolge das Fundament für den Nachweis, stellt allerdings einen eher geringeren Teil des gesamten Nachweises dar.

Im Folgenden werden die in Bild 7 vorgestellten Anspruchsgründe kurz und übersichtlich erläutert. Die Behandlung ist nicht abschließend. Ausführliche Erläuterungen können der einschlägigen juristischen Literatur entnommen werden.[5]

---

[5]   Vgl. Kapellmann/Messerschmidt: VOB Teile A und B, 2007; Ingenstau/Korbion: VOB - Teile A und B - Kommentar, 2007.

2.4   Kurzbeschreibung der vier wesentlichen Anspruchstypen

2.4.1   Vergütungsanspruch gemäß §§ 1 und 2 VOB/B

Der Anspruch hat folgende Voraussetzungen:

- Der Auftraggeber hat eine Anordnung im Sinne von § 1 Nr. 3 und 4 VOB/B getroffen.

- Die Befolgung der Anordnung führt zu einem veränderten geschuldeten Bau-Soll.

- Das veränderte Bau-Soll berührt die Äquivalenz zwischen Bau-Soll und vertraglich vereinbarter Vergütung.

Rechtsfolge: Vergütungsanspruch gemäß § 2 VOB/B

2.4.2   Kostenerstattung gemäß § 4 Nr. 1 Abs. (4) Satz 2 VOB/B

Der Anspruch hat folgende Voraussetzungen:

- Der Auftraggeber hat eine unberechtigte oder unzweckmäßige Anordnung im Sinne des § 4 Nr. 1 Abs. (3) VOB/B getroffen.

- Der Auftragnehmer hat dagegen Bedenken erhoben.

- Der Auftraggeber verlangt trotz Bedenkenanmeldung die Ausführung.

- Die Befolgung der Anordnung führt adäquat kausal[6] zu einer ungerechtfertigten Erschwerung der Bauleistung. Das ist dann der Fall, wenn die Anordnung objektiv nicht erforderlich oder unzweckmäßig war und somit der zu ihrer Durchführung notwendige Aufwand des AN in technischer oder wirtschaftlicher Hinsicht bei vertragsgemäßer Durchführung der Leistung nicht angefallen wäre.

- Es müssen Mehrkosten entstanden sein. Das können Material-, Vorhalte- bzw. Lohnkosten sein, sofern diese nicht ganz unwesentlich sind.

Rechtsfolge: Anspruch auf Erstattung der Mehrkosten unabhängig von der bisherigen Preisvereinbarung und Kalkulation gemäß § 4 Nr. 1 Abs. (4) VOB/B.

2.4.3   Annahmeverzug gemäß § 642 BGB

Der Anspruch hat folgende Voraussetzungen:

- Der Auftragnehmer ist leistungsbereit und bietet seine Leistung an.

- Der Auftragnehmer muss seine Anzeigepflicht gemäß § 6 Nr. 1 VOB/B erfüllt haben. Diese Voraussetzung entfällt ausnahmsweise, wenn dem Auftraggeber die hindernden Umstände und ihre Wirkung offenkundig sind.

- Der Auftraggeber unterlässt eine Mitwirkungshandlung als Obliegenheitspflichtverletzung.

- Infolge der unterlassenen Mitwirkungshandlung gerät der Auftraggeber in Annahmeverzug.

Rechtsfolge: Vergütungsähnlicher Anspruch, wobei der Auftragnehmer die vereinbarte Vergütung darzulegen und zu den Einsparungen vorzutragen hat (Entschädigungsanspruch gemäß § 642 BGB).

2.4.4   Schadenersatz gemäß § 6 Nr. 6 VOB/B

Der Anspruch hat folgende Voraussetzungen:

- Es müssen hindernde Umstände vorliegen.

---

[6]   Der Begriff adäquat kausal ist ein juristischer Begriff, der die Pflicht des AN hinsichtlich der Darlegungsqualität der Kausalität kennzeichnet, Adäquanztheorie gemäß BGH-Urteil von 1951 (BGHZ 3, S. 261); vgl. auch Schottke: Varianten der Schätzung gemäß § 287 ZPO bei der haftungsausfüllenden Kausalität, 2007, S. 9 ff.

- Der Schaden muss adäquat kausal auf die hindernden Umstände zurückzuführen sein.

- Der Auftraggeber muss die hindernden Umstände zu vertreten, d. h. verschuldet haben. Hierzu genügt bereits einfache Fahrlässigkeit. Zur Geltendmachung entgangenen Gewinns muss der Auftraggeber allerdings vorsätzlich oder grob fahrlässig gehandelt haben.

- Der Auftragnehmer muss seine Anzeigepflicht gemäß § 6 Nr. 1 VOB/B erfüllt haben. Diese Voraussetzung entfällt ausnahmsweise, wenn dem Auftraggeber die hindernden Umstände und ihre Wirkung offenkundig sind.

Rechtsfolge: Schadenersatzanspruch gemäß § 6 Nr. 6 VOB/B

2.5 Ablaufschema für die Prüfung des Anspruchsgrunds bei einem Vergütungsanspruch

Bild 8 zeigt das Ablaufschema, das für die Prüfung des Anspruchsgrunds bei einem Vergütungsanspruch einzuhalten ist. Im Folgenden werden die einzelnen Schritte konzeptionell erläutert.

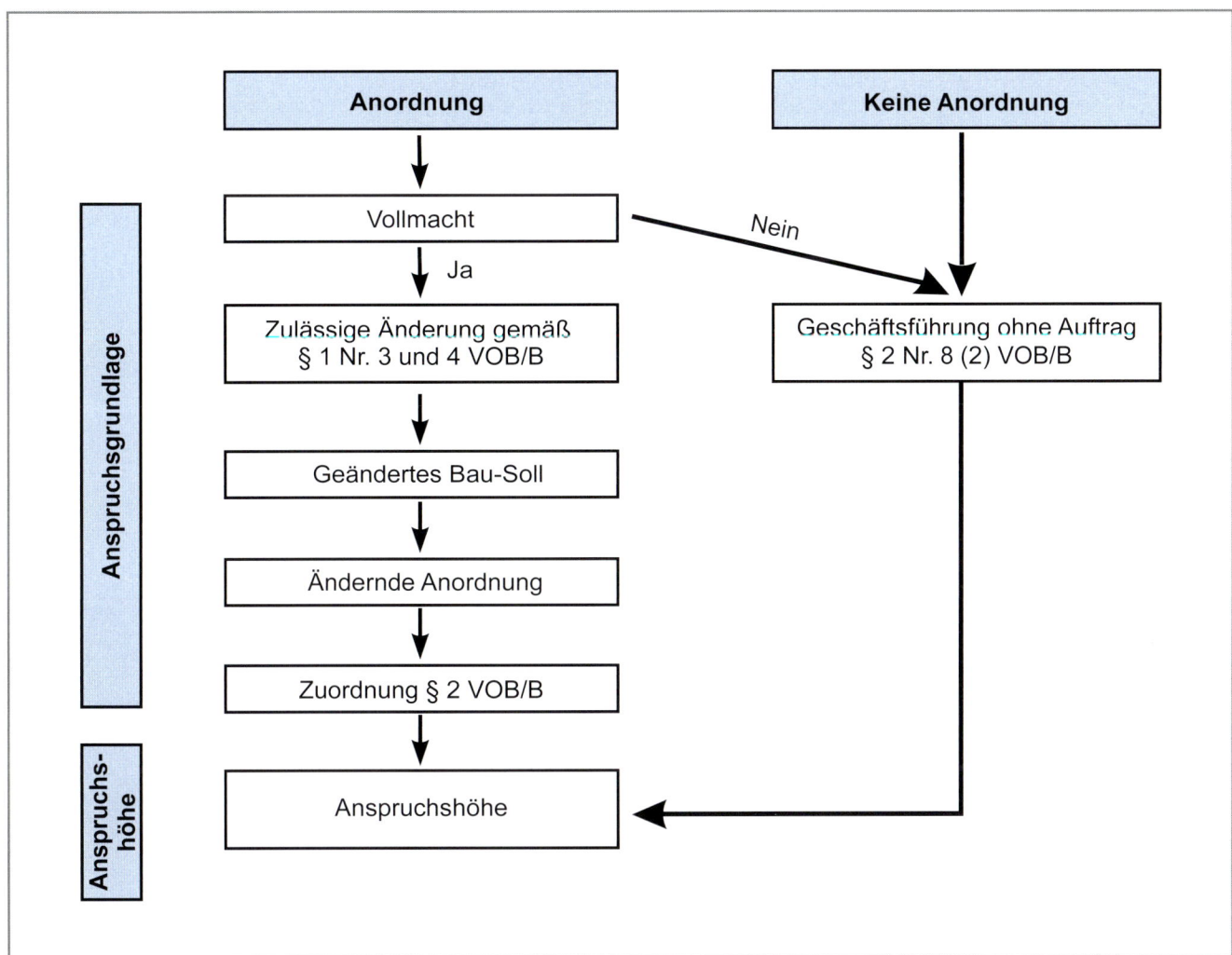

Bild 8: Systematische Abfolge der einzelnen rechtlichen Prüfschritte bei einer Leistungsänderung

Bevor auf die Leistungsänderungen selbst eingegangen wird, bleibt zu klären, ob überhaupt eine Anordnung erfolgt ist, die eine Leistungsänderung bewirkt hat. Alleine die Anordnung reicht aber nicht, weil gleichermaßen geprüft werden muss, ob derjenige, der angeordnet hat, zu der Anordnung im Rahmen des Vertragsverhältnisses zwischen Besteller und Hersteller befugt war. Es handelt sich somit um ein Vollmachts- bzw. Vertretungsmachtproblem.

Es ist naheliegend, dass die Erfüllungsgehilfen des Bestellers – also die Überwachenden bzw. Bauleitenden – nur unter bestimmten Bedingungen, eben nach Vollmachtskriterien, anordnen dürfen. Es ist deshalb nicht nur bedeutsam, dass angeordnet worden ist, sondern auch von wem die Anordnung getroffen worden ist.

Soweit vom Hersteller keine Anordnung des Bestellers oder eines vom Besteller Bevollmächtigten dargelegt werden kann, ist bzgl. der Leistung vom Hersteller eine Geschäftsführung ohne Auftrag erfolgt. Eine Vergütung steht dem Hersteller bei einer Geschäftsführung ohne Auftrag nur dann zu, wenn die Anspruchsgrundlagen gemäß § 2 Nr. 8 VOB/B oder gemäß BGB erfüllt sind.

Liegt eine ordnungsgemäße Anordnung durch eine hierzu bevollmächtigte Person vor, ist zu überprüfen, ob diese Anordnung gemäß § 1 Nr. 3 und 4 VOB/B vom AG ohne Zustimmung des AN getroffen werden darf. Soweit dies bestätigt wird, ist zu klären, ob die Anordnung das gemäß Vertrag geschuldete Bau-Soll geändert hat. Auf die Sonderfälle, bei denen durch eine Vertragsauslegung das Bau-Soll zu bestimmen ist, wird hier nicht näher eingegangen.

Abschließend ist der Umfang der Leistungsänderungsrechte des AG sowohl im BGB als auch in der VOB/B allerdings nicht geklärt. Auf Einzelheiten der Leistungsänderungsrechte gemäß VOB/B wird in Kap. 3.0 noch vertieft eingegangen.

Diese Fragestellung darf nicht überraschen, weil gemäß Werkvertragsrecht auf der Basis des BGB der Besteller bislang nicht das Recht hat, nach Vertragsschluss Änderungen ohne Zustimmung des AN anzuordnen. Das Ausmaß der einseitigen Änderungsbefugnis des AG und die damit verbundene Leistungspflicht des Herstellers ergeben sich – unabhängig von der VOB/B – aus dem § 315 BGB.

Die Darstellung in Bild 8 ist vereinfacht. Die Ausstiegssituationen – also Sachverhalte mit der Folge keines Anspruchs gemäß § 2 VOB/B – sind nicht berücksichtigt, ergeben sich aber zwangsläufig dann, wenn die Voraussetzungen für irgendeinen Zwischenschritt nicht erfüllt sind.

Wenn das Bau-Soll durch die Anordnung geändert worden ist, handelt es sich bei dieser Anordnung um eine ändernde Anordnung gemäß § 1 VOB/B. Damit ist die Anspruchsvoraussetzung für einen Vergütungsanspruch gegeben.

Beim Vorliegen einer ändernden Anordnung bleibt zu prüfen, um welchen Leistungsänderungstyp es sich gemäß § 2 VOB/B handelt.

Mit der Feststellung, welcher Leistungsänderungstyp gemäß § 2 VOB/B vorliegt, und der Prüfung, ob die formalen Anforderungen für den Anspruch des Leistungsänderungstyps erfüllt sind (z. B. Ankündigung gemäß § 2 VOB/B), ist die Anspruchsgrundlage – also der rechtliche Teil des Nachtrags – geklärt.

An die Klärung der Anspruchsgrundlage schließt sich die Ermittlung der Anspruchshöhe an.

Da die Leistungsänderungsrechte des AG gemäß § 1 Nr. 3 und 4 VOB/B in erheblichem Ausmaß von baubetriebswirtschaftlichen Belangen abhängen, wird dieser Aspekt im folgenden Kapitel ausführlicher behandelt.

Der Begriff Bau-Soll ist grundsätzlich als „unscharf" zu werten. Er kann zwei Sichtweisen enthalten:

1. Das Bau-Soll ist die Leistung, für die im konkreten Vertrag ein Vergütungsäquivalent festgelegt ist.

2. Das Bau-Soll ist die Leistung, die für die Erfüllung des Vertrags insgesamt erforderlich ist.

Insofern besteht der Unterschied darin, dass bei Sichtweise gemäß 2. auch jene Leistung vom Bau-Soll umfasst wird, für die im Vertrag noch kein Vergütungsäquivalent festgelegt ist.

3.0 Das Recht des Bestellers, einseitig Leistungsänderungen anzuordnen

3.1 Allgemeines

In der VOB, die gegenüber dem BGB speziell für Verträge entwickelt wurde, die Bauleistungen und deren Abwicklung beinhalten, ist das Recht des Bestellers, Leistungsänderungen bzw. zusätzliche Leistungen anzuordnen, in § 1 Nr. 3 und 4 VOB/B geregelt.

Das Recht des Bestellers, im Rahmen von VOB-Verträgen Leistungsänderungen anordnen zu dürfen, ist für die tägliche Baupraxis unabdingbar notwendig, weil ein Leistungsverweigerungsrecht des Herstellers volkswirtschaftlich gesehen zu Fehlentwicklungen führen würde. Der Hersteller könnte mit dem Hinweis, die verlangten zusätzlichen oder geänderten Leistungen nicht ausführen zu wollen, wenn der angebotene Preis nicht beauftragt werde, nahezu jeden Preis für die Leistungsänderung durchsetzen, weil der AG während der Produktion darauf angewiesen ist, dass der Hersteller zeitgerecht leistet.

Ein Leistungsänderungsrecht des Bestellers muss es demzufolge geben, allerdings muss auch die Grenze definiert werden, welche Leistung der Besteller noch verlangen darf und welche nicht. Es handelt sich um die Grenzen des Erweiterungsrechts bzgl. der vertraglich vereinbarten Leistung.

Die VOB unterscheidet hinsichtlich der Leistungsänderungen, die der Besteller verlangen darf, zwei wesentliche Bereiche:

1. Änderungen von Leistungen, die bereits als solche vertraglich vereinbart sind und für die ein Vergütungsäquivalent im Vertrag enthalten ist (§ 1 Nr. 3 VOB/B).

2. Das Verlangen von Leistungen, die zusätzlich zu den bereits vereinbarten Leistungen hinzukommen (§ 1 Nr. 4 VOB/B).

Vorerst wird nicht zwischen den beiden vorgenannten Aspekten unterschieden. Ob und inwieweit überhaupt eine Unterscheidung in den § 1 Nr. 3 und 4 VOB/B erforderlich und sinnvoll ist, wird in einem späteren Teil dieser Veröffentlichung diskutiert.

3.2 Ablaufschema für das Leistungsänderungsrecht des Bestellers (AG)

Im Folgenden wird dargelegt, unter welchen Voraussetzungen der Hersteller verpflichtet ist, die einseitig ändernde Anordnung auszuführen.

Bild 9 zeigt in einem Flussdiagramm die einzelnen Voraussetzungen, die zu einem einseitigen Änderungsrecht des Herstellers führen. Die derzeitig in der Literatur vertretenen unterschiedlichen Meinungen werden vorerst nicht dargestellt.

Im oberen Teil des Bilds 9 ist der Zusammenhang zwischen Leistung und Vergütung sowie der Leistungsänderung abgebildet. Durch einen ordnungsgemäßen Wettbewerb entsteht ein Gleichgewicht zwischen vereinbarter Leistung und der zugehörigen Vergütung.

Das Gleichgewicht zwischen Leistung und Vergütung kann durch eine ändernde Anordnung des Herstellers gemäß § 1 Nr. 3 und 4 VOB/B geändert werden. Die Leistungsänderung beinhaltet die Notwendigkeit, eine zu der Leistungsänderung äquivalente Vergütung zu bestimmen. Diese wird durch Fortschreibung der vereinbarten Vergütung ermittelt.

Bzgl. der Anordnung und deren Berechtigung ist in Bild 9 im unteren Teil bei der Anordnung zu beginnen.

3.3 Zur Vertragserfüllung erforderliche Leistungen

3.3.1 Fehlerkorrektur als Oberbegriff für ein einseitiges Änderungsrecht

Die im Bild 9 dargestellten Anordnungen sind darauf zu prüfen, ob sie gemäß § 315 BGB bzw. gemäß § 1 Nr. 3 und 4 VOB/B zulässig sind. Als Grundsatz, der juristisch zu beurteilen ist, wird die These formuliert, dass Anordnungen zur Korrektur der Fehler des Leistungsbeschriebs, die im Werkvertrag angelegt sind, vom AG einseitig getroffen werden dürfen.

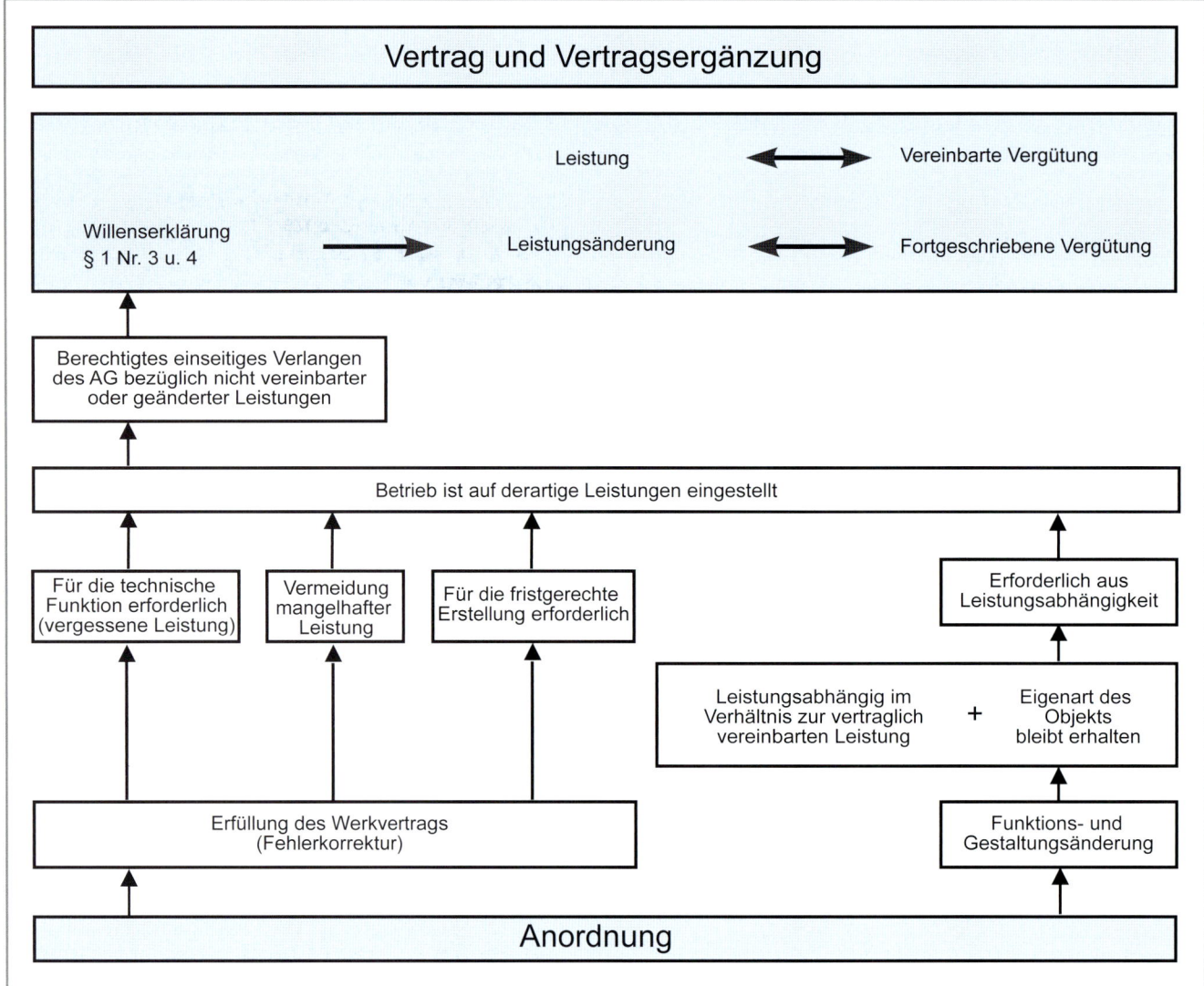

Bild 9:   Erweiterungsrechte des Bestellers bzgl. der vereinbarten Leistung

Als zentraler Aspekt gilt hierbei der Funktionsbegriff. Grundsätzlich muss geklärt werden, ob die Leistungspflicht des AN im Rahmen des geschlossenen Vertrags sich nur an der vertraglich geschuldeten Leistung, für die eine Vergütung vereinbart ist, orientiert oder an einen Leistungsbegriff im Sinne der Funktion zu knüpfen ist. Unter Funktion ist zu verstehen, dass die beauftragte Werkleistung komplett ist.

Es handelt sich um die Fragestellung, ob eine vergessene Leistung, die Herstellung der mangelfreien Leistung und die fristgerechte Erfüllung bei gleichbleibender Funktion vom AG einseitig angeordnet werden dürfen. Darf der AG einen fehlerhaften oder unvollständigen Leistungsbeschrieb im Sinne von Fehlerkorrektur einseitig korrigieren?

Wird dieses als solches bejaht, könnte das einseitige Recht auf Fehlerkorrektur sowohl für das BGB als auch für § 1 Nr. 3 und 4 VOB/B gelten. Bei einer derartigen Sichtweise wäre auch die AGB-Problematik einfacher zu lösen. Bezüglich der Funktionserfüllung wären VOB/B und BGB gleichgeschaltet. Die einzelnen möglichen Fehler des Leistungsbeschriebs werden nachfolgend vorgestellt.

3.3.2 Fehlerkorrektur durch einseitige Anordnungsbefugnis bzgl. der für die technische Funktion erforderlichen Leistungen

Die vergessenen Leistungen sind keine Folge einer Mangelbeseitigung oder Mangelvermeidung. Vergessene Leistungen sind im Gegensatz zu Gestaltungs- und Nutzungsänderungen für die Komplettheit bzw. eine Funktion des Werks erforderlich. Hinsichtlich der vergessenen Leistungen sind zwei verschiedene Typen zu unterscheiden, die für die technische Funktion erforderlich sind und die der AG einseitig anordnen darf:

1. Leistungen, die im Leistungsbeschrieb enthalten sind, für die jedoch keine Vergütung vereinbart ist.

2. Leistungen, die nicht im Leistungsbeschrieb enthalten sind und für die keine Vergütung vereinbart ist.

Auf eine weitere Variante wird hingewiesen. Es gibt auch Leistungen, die nicht im Leistungsbeschrieb aufgeführt sind, die aber dennoch für die vereinbarte Vergütung geschuldet sind. Bei derartigen Leistungen handelt es sich nicht um vergessene Leistungen, da sie für die Vergütung funktional oder als Nebenleistung geschuldet sind.

3.0

Soweit bei einem Bauwerk die Erstellung des Rohbaus und der Fassade Vertragsinhalt sind, aber ein Teil des Rohbaus nicht gemäß Vertrag geschuldet ist, dieser aber Voraussetzung für die Erstellung der Fassade ist, kann das Bauobjekt nur erstellt werden, wenn der AG die Befugnis hat, die Erstellung der vergessenen Leistung verlangen zu dürfen.

3.3.3   Vermeidung mangelhafter und vertragswidriger Leistungen durch zusätzliche oder geänderte Leistungen (BGB oder VOB/B)

Auf den ersten Blick könnte die Auffassung vertreten werden, dass es sich um den gleichen Fall wie bei der Fehlervermeidung gemäß vorigem Punkt handelt. Dieses ist aber nicht der Fall. Die Erforderlichkeit einer veränderten oder zusätzlichen Leistung ergibt sich hier, wenn ohne die zusätzliche oder geänderte Leistung eine mangelhafte oder vertragswidrige Leistung eintreten würde, also die gemäß Vertrag gewollte Funktion nicht erstellt werden könnte. Hieraus lässt sich eine technische Notwendigkeit für den Besteller ableiten, gemäß § 1 Nr. 3 und 4 VOB/B anordnen zu dürfen.

Veränderungen der Konstruktion infolge statischer Notwendigkeiten oder wärmetechnischer Erfordernisse gehören ebenfalls zur Vermeidung mangelhafter oder vertragswidriger Leistungen und führen zu einer Anordnungsberechtigung gemäß § 1 Nr. 3 und 4 VOB/B, weil nur durch diese Änderungen die gemäß Vertrag gewollte Funktion erfüllt werden kann.

Soweit sich beispielsweise erst nachträglich die Notwendigkeit einer Wannenausbildung gegen drückendes Grundwasser ergibt, kann der Besteller ebenfalls im Rahmen der VOB/B vom Hersteller die Ausführung verlangen, da es sich um eine technische Erforderlichkeit im Sinne einer ordnungsgemäßen mangelfreien Leistung handelt.

Der AG hat immer das Recht, eine mangelfreie Leistung verlangen zu dürfen. Im Umkehrschluss ergibt sich hieraus grundsätzlich ein einseitiges Anordnungsrecht.

Bei der Wannenausbildung ist aber diskutierbar, ob es sich um eine Anordnungsbefugnis gemäß § 1 Nr. 3 oder 4 VOB/B handelt. Unbestreitbar dürfte sein, dass der Hersteller bei technischen Notwendigkeiten im Sinne von Mangelvermeidung eine Leistungspflicht hat.

3.3.4   Erforderlichkeit der Leistung für die Einhaltung der Fristen

Grundsätzlich gilt, dass ein AN den Vertrag fristgerecht zu erfüllen hat. Soweit demzufolge der AN die Pflicht hat, die vorgenannten Leistungen aufgrund eines einseitigen Anordnungsrechts zu erbringen, stellt sich zwangsläufig die Frage, ob der AG auch das Recht hat, bzgl. der Fristen und Bauumstände Anordnungen zu treffen.

Wenn es sich lediglich um die Erfüllung des geschlossenen Werkvertrags und Anordnungen im Sinne einer Fehlerkorrektur handelt, müssten diese Anordnungsbefugnisse baubetriebswirtschaftlich bestehen. Eine andere Auffassung würde zu dem widersprüchlichen Ergebnis führen, dass ein AN zwar gegenständliche Leistungen ausführen muss, der AG aber keinen Einfluss darauf hat, wann und wie diese Leistungen zu erbringen sind.

Diese Fragestellung ist in der Fachwelt umstritten und wird im Kap. 9.0 diskutiert.

3.3.5   Abgrenzung zwischen BGB und VOB/B

Ob die Leistungspflicht des AN im Sinne von Fehlerkorrekturen identisch ist mit der Leistungspflicht des § 315 BGB oder aus anderen Bestimmungen des BGB abgeleitet werden kann, obliegt einer juristischen Würdigung. Grundsätzlich geht der Verfasser aber davon aus, dass auch gemäß BGB der Besteller ein einseitiges Änderungsrecht hat, wenn ohne dieses Änderungsrecht eine mangelhafte oder vertragswidrige Leistung entstehen würde.

Es handelt sich um eine Fehlerkorrektur des geschlossenen Vertrags. Ein Zuordnungsversuch zu § 1 Nr. 3 und 4 VOB/B erübrigt sich vorerst, solange nicht geklärt ist, welche Fehlerkorrekturen gemäß BGB zulässig sind.

Hier wäre bereits das grundlegende Problem dahingehend aufgeworfen, ob gemäß BGB der Funktionsbegriff entscheidend für die einseitige Anordnungsbefugnis des AG ist.

Nach Auffassung der Verfasser müsste erst das BGB geklärt werden, bevor die VOB/B, die auf das BGB aufsattelt, einer abschließenden Klärung zugeführt werden kann. Jedenfalls bietet das Instrument der Fehlerkorrektur einen juristischen dogmatischen Lösungsansatz sowohl für das BGB als auch für die VOB/B.

3.4   Zusätzliche und geänderte Leistungen infolge Funktions- oder Gestaltungsänderungen

3.4.1   Ökonomische und volkswirtschaftliche Notwendigkeit

Die Formulierung, der Hersteller müsse Leistungen ausführen, die zur Ausführung der vertraglichen Leistung erforderlich werden, ließe – auf den ersten Blick – die logische Schlussfolgerung zu, dass vom Architekten vorgesehene Leistungsänderungen, die funktionsändernder und/oder gestaltungsändernder Natur sind, nicht vom Hersteller ausgeführt werden müssen, wenn sie nicht für die technische Ausführung notwendig sind.

Eine derartige Schlussfolgerung ist baubetriebswirtschaftlich auszuschließen, da gestalterische und funktionelle Änderungen der Leistung nicht mehr nach Vertragsschluss vom Besteller durchgesetzt werden könnten. Dies wäre volkswirtschaftlich nicht sinnvoll. In den USA sind die Bauverträge überwiegend so ausgelegt, dass baubegleitend keine Änderungen möglich sind. Dies führt in den USA volkswirtschaftlich dazu, dass komplette Fabriken bereits bei der Abnahme veraltet sein können, weil baubegleitend keine Innovationen mehr vertraglich berücksichtigt werden können. Dieses Problem ist bereits erkannt worden und wird durch neue Vertragstypen „face to face" gemildert.

3.4.2   Begrenzung der Anordnungsbefugnis bzgl. gestalterischer und funktioneller Gesichtspunkte bei gravierenden Änderungen der Eigenart des Leistungsinhalts

Die Formulierung „zur Ausführung der vertraglichen Leistung erforderlich" ist demzufolge weiter auszulegen und umfasst auch gestalterische und funktionelle Belange. Ein Besteller muss die Möglichkeit haben, nach Vertragsschluss – z. B. im Hochbau – den Grundriss zu modifizieren oder auch Funktionen ändern zu können.

Funktionsänderungen und Gestaltungsänderungen sind zwar unterschiedliche Dinge aber baubetriebswirtschaftlich und juristisch gleich zu behandeln.

Eine Eingrenzung dieser Anordnungsberechtigung liegt sicherlich dann vor, wenn die gestalterischen Belange so gravierende Ausmaße erreichen, dass der Vertragsinhalt als solcher ein gänzlich neuer wird, sich also die Eigenart des Leistungsinhalts ändert.[7]

Gemäß Bild 9 wird deshalb das Gestaltungs- und Funktionsänderungsrecht des Bestellers dahingehend begrenzt, dass die Eigenart des Bauobjekts nicht verändert wird. Eine weitere Begrenzung kann sich daraus ergeben, dass eine Leistungsabhängigkeit zwischen der geänderten und der vertraglichen Leistung besteht und sich daraus die Notwendigkeit ergibt, dem Besteller das einseitige Änderungsrecht einzuräumen.

3.4.3   Einbeziehung der Leistungsabhängigkeit

Auch eine Leistung, z. B. ein Balkon im dritten Stock, der vom Besteller nach Vertragsschluss verlangt wird, die aber technisch hinsichtlich der Konstruktion und Statik nicht erforderlich ist, muss vom AN mit ausgeführt werden, weil eine Leistungsabhängigkeit besteht.

Es besteht eine ausführungstechnische Erforderlichkeit, die sich aus der Art und Weise der Ausführung ergibt. Bei dem Balkon handelt es sich um eine nicht vereinbarte Leistung und demzufolge um die Wahrnehmung einer Anordnungsbefugnis des Herstellers gemäß § 1 Nr. 4 VOB/B. Die Leistungsabhängigkeit ergibt sich daraus, dass der AG keinen dritten Rohbauer mit der Ausführung beauftragen kann.

---

[7]   Vgl. § 20 HOAI.

Eine weitere Fallgestaltung, die das Abgrenzungsproblem bzgl. der Leistungsabhängigkeit deutlich machen soll, ist das Verlangen des Bestellers, bei dem Rohbau eines Einfamilienhauses ebenfalls die Garage herzustellen, die ursprünglich nicht im Vertrag enthalten war.

3.0

Soweit die Garage technisch nur zusammen mit dem Haus hergestellt werden kann, hat der Hersteller diese Leistung mit zu erbringen, weil das Kriterium der Leistungsabhängigkeit erfüllt ist. Handelt es sich demgegenüber um eine vom Bauwerk getrennt herstellbare und allein stehende Garage, die der Besteller ohne Einbußen bei der Qualität der vertraglich vereinbarten Leistung und ohne die bereits erstellte Leistung zu berühren, auch später nach Fertigstellung des Hauses ausschreiben und vergeben kann, ist ein einseitiges Anordnungsrecht des Bestellers nicht gerechtfertigt.

Demgegenüber wäre es unzumutbar bzw. sogar unmöglich für den Besteller, bei Leistungsabhängigkeit einen anderen Unternehmer zu beauftragen. Zwei verschiedene Rohbauer, die an einem Einfamilienhaus arbeiten, sind nicht sinnvoll. Soweit das Kriterium der Leistungsabhängigkeit erfüllt ist, unterliegen Gestaltungsänderungen dem Änderungsrecht des Bestellers. Es handelt sich um eine Anordnungsbefugnis gemäß § 1 Nr. 3 und 4 VOB/B im Sinne der Erforderlichkeit.

Die Leistungsabhängigkeit und die Tatsache, dass die Eigenart des Bauwerks erhalten bleiben muss, sollten beide gemeinsam als Voraussetzung für die Gestaltungs- und Funktionsänderungsbefugnis des Bestellers gelten.

3.5 Leistungen, auf die der Betrieb eingerichtet ist

Der Besteller darf nur Leistungen verlangen, die der Betrieb des Herstellers ausführen kann. Wenn der Betrieb auf die Ausführung der verlangten Leistung nicht eingerichtet ist, kann der Hersteller die Ausführung der Leistung ablehnen. Von einem Unternehmen, das ausschließlich Rohbau betreibt, kann nicht verlangt werden, Tischlerarbeiten auszuführen.

Der klassische Generalunternehmer wird demgegenüber kein Weigerungsrecht haben, da die Natur des Generalunternehmers beinhaltet, alle Gewerke ausführen zu können. Dieser Grundsatz gilt für § 1 Nr. 3 und 4 VOB/B.

3.6 Begrenzung der Anordnungsbefugnis bzgl. veränderter Bauumstände durch die betriebsinternen Möglichkeiten

Die Fragestellung, ob der Betrieb darauf eingerichtet ist, Anordnungen bzgl. veränderter Bauumstände zu folgen, wird um die Frage zu erweitern sein, ob der AN zu Beschleunigungsmaßnahmen gezwungen werden kann, auf die er nicht eingerichtet ist.

Selbstverständlich wird noch zu diskutieren sein, ob der AG das Recht hat, Beschleunigungsmaßnahmen anzuordnen. Dieses Recht – soweit es vorhanden ist – wird aber zwangsläufig dadurch begrenzt, dass der AN nur solche Beschleunigungsmaßnahmen durchführen muss, die er aus dem eigenen Betrieb heraus auch bewirken kann. Damit wäre ein Missbrauch der Anordnungsbefugnis weitgehend ausgeschlossen.

Sicherlich muss der AN aber diese fehlende Möglichkeit seines Betriebs schlüssig darlegen. Die neuere Rechtsprechung geht davon aus, dass es sich bei dem VOB-Vertrag um einen Kooperationsvertrag handelt. Die vorgenannten Ausführungen basieren auf diesem Grundsatz.[8]

Soweit der VOB-Vertrag ein Kooperationsvertrag ist, kann es keine andere Schlussfolgerung geben, als die Möglichkeit, bzgl. der Bauumstände anordnen zu dürfen. Wie soll kooperiert werden, wenn der Vertrag keine kooperative Erweiterung vorsieht?

Eine Negierung der Anordnungsbefugnis des AG bzgl. Bauumständen und Fristen ließe keine Kooperation mehr zu, da der AG erpressbar würde. Auf die im Regelfall vorliegende Unmöglichkeit, die angemessene Vergütung zu berechnen, wenn es sich bzgl. der Beschleunigung um einen neuen Vertrag handelt, sei hingewiesen.

Bei einem neuen Vertrag gilt die übliche Vergütung und bei einer Vertragserweiterung der Grundsatz der Fortschreibung von Wettbewerbspreisen. Bei Kenntnis der Schwierigkeiten, überhaupt eine Störung des Bauablaufs nachwei-

---

[8] Vgl. BGH, Urt. v. 28.10.1999, VII ZR 393/98, NZBau 2000, S. 130 = BauR 2000, S. 409.

sen zu können, muss vermieden werden, dass auch noch verschiedene Arten des Nachweises der Höhe abgegrenzt und durchgeführt werden müssen.

Die Anordnungsbefugnis bzgl. Bauumständen als solche wird in der juristischen Fachwelt sehr umstritten diskutiert. Die Baubetriebler sind sich überwiegend einig, dass eine Anordnungsbefugnis des AG erforderlich ist.

Auf Einzelheiten der Anordnungsbefugnis, des Begriffs des Bauentwurfs und des Anspruchs aus einer anderen Anordnung gemäß § 2 Nr. 5 VOB/B wird im Kap. 9.0 ausführlich eingegangen.

3.7   Abgrenzung zwischen § 1 Nr. 3 und 4 VOB/B

3.7.1   Regelung gemäß Wortlaut in der VOB/B

Im § 1 Nr. 4 VOB/B wird die Formulierung gewählt: „Nicht vereinbarte Leistungen …. hat der Auftragnehmer auf Verlangen des Auftraggebers mit auszuführen,…". Insofern können mit der Formulierung im § 1 Nr. 3 VOB/B „Änderungen des Bauentwurfs anzuordnen, bleibt dem Auftraggeber vorbehalten" nur die gemäß Vertrag vereinbarten Leistungen gemeint sein. Eine andere Auslegung ist aufgrund des Wortlautes abwegig.

Eine unterschiedliche Auffassung ist einzig dahingehend möglich, welches denn eigentlich die vereinbarten Leistungen sind. Handelt es sich nur um die Leistungen für die eine Vergütung vereinbart ist, oder handelt sich auch um die Leistungspflicht für alle geplanten und erforderlichen Leistungen einschließlich derer, für die keine Vergütung vertraglich geregelt ist?

Der AG hat gemäß § 1 Nr. 3 oder § 1 Nr. 4 VOB/B ein Anordnungsrecht. Auf die Auswirkung dieser Abgrenzungsfrage bzgl. der Ankündigungspflicht gemäß § 2 Nr. 6 VOB/B sei nur hingewiesen. Dass die Regelungen des § 1 Nr. 3 und 4 VOB/B überholungsbedürftig sind, ist in der Fachwelt weitgehend unbestritten und ergibt sich auch aus nachfolgenden Ausführungen.

3.7.2   Verweigerungsrecht des AN bei Nichteinrichtung des Betriebs (§ 1 Nr. 3 und 4 VOB/B)

Wenn eine im Vertrag enthaltene Leistung so verändert wird, dass der Betrieb nicht darauf eingestellt ist, die veränderte Leistung auszuführen, muss der AN vergleichbar mit dem § 1 Nr. 4 VOB/B auch beim § 1 Nr. 3 VOB/B ein Verweigerungsrecht haben.

Eine Diskussion dahingehend, ob diese Befugnis nur für den § 1 Nr. 4 VOB/B oder auch für den § 1 Nr. 3 VOB/B gilt, ist demzufolge baubetriebswirtschaftlich nicht erforderlich, da aus praktischen Erwägungen die Befugnis auch für den § 1 Nr. 3 VOB/B gelten muss.

Insofern scheidet eine unterschiedliche Wertung der Weigerungsmöglichkeiten des AN aus. Gleichermaßen ist es deshalb unbedeutsam, ob eine ändernde Anordnungsbefugnis des AG dem § 1 Nr. 3 oder dem § 1 Nr. 4 VOB/B zugeordnet wird.

3.7.3   Trennung in Vertragserfüllung und Gestaltungsänderung ersetzt die alten § 1 Nr. 3 und 4 VOB/B

Eine Trennung in Gestaltungs- und Nutzungsänderung sowie die vollständige funktionsgerechte Vertragserfüllung des geschlossenen Vertrags ist weitreichender als die in der VOB/B vorgesehene Trennung nach vereinbarter und nicht vereinbarter Leistung.

Aus Bild 10 wird deutlich, dass die Abgrenzung zwischen § 1 Nr. 3 und 4 VOB/B eine andere ist als sich aus dem Begriff der Funktionserfüllung ergibt.

Bild 10 zeigt die Abgrenzung, die § 1 Nr. 3 und 4 VOB/B entspricht, aber bereits den Gedanken der Vertragserfüllung und der Gestaltungs- und Nutzungsänderung einbezieht. Diese Abgrenzung ist für die Beantwortung der Fragestellung erforderlich, an welcher Stelle der Grundsatz „Wettbewerbspreise sind fortzuschreiben" beendet sein könnte.

Der § 1 Nr. 3 VOB/B dient vorrangig der Funktionserfüllung während der § 1 Nr. 4 VOB/B sowohl der Funktionserfüllung als auch der Funktions- bzw. Gestaltungsänderung dienen kann.

3.0

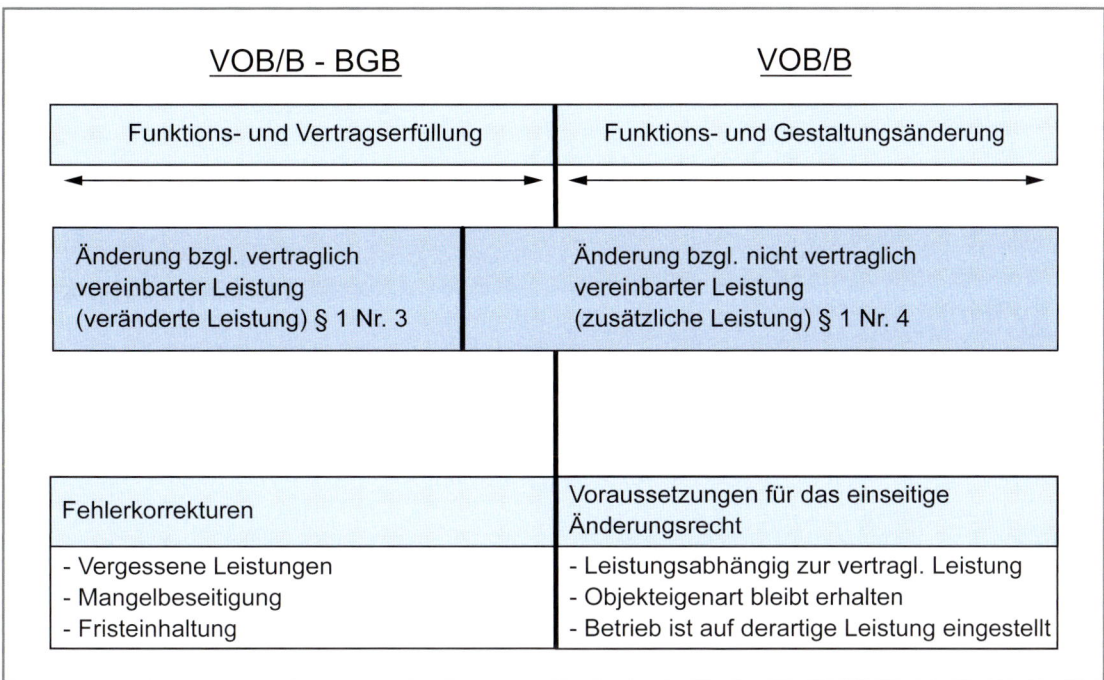

Bild 10: Funktionserfüllung und -änderung gemäß § 1 Nr. 3 und 4 VOB/B

Vergessene Leistungen, sind zusätzliche Leistungen gemäß § 1 Nr. 4 VOB/B, die im Leistungsverzeichnis vergessen worden sind, aber für die Erfüllung des Werkvertrags erforderlich sind.

Zumindest ist klarzustellen, dass der Bereich der Vertragserfüllung eng auszulegen ist. Die Wettbewerbspreise sind konsequent fortzuschreiben, während bei den Nutzungs- und Gestaltungsänderungen dieser Grundsatz zu hinterfragen ist.

Lösungsansätze können an dieser Stelle noch nicht vorgetragen werden. Es sollte aber deutlich geworden sein, dass aufgrund der durch die Rechtsprechung in den 90er Jahren entstandenen Diskussion zum Funktionalbegriff auch eine Neugestaltung des § 1 Nr. 3 und 4 VOB/B in Abgrenzung zum BGB erforderlich ist.[9]

Auf den Begriff des Bauentwurfs wird im Zusammenhang mit der anderen Anordnung gemäß § 2 Nr. 5 VOB/B im Kap. 9.0 noch separat eingegangen.

3.8 Neuer Vertrag – keine Leistungsänderung bzgl. des bestehenden Vertrags

Wenn der Besteller die gemäß Bild 9 beschriebenen Voraussetzungen nicht darlegen kann, besteht keine Änderungsbefugnis des Bestellers und damit auch keine Leistungspflicht des Herstellers.

Sicherlich hat der Hersteller ein Leistungsverweigerungsrecht, wenn der Besteller im Rahmen eines Bauvertrags, der den Rohbau eines Einfamilienhauses zum Inhalt hat, vom Hersteller den Bau eines weiteren Einfamilienhauses verlangt. Die Eigenart des Bauwerks wäre gänzlich geändert.

In einem derartigen Fall ist die Zustimmung des Herstellers unabdingbare Voraussetzung, da es sich nicht um eine Veränderung oder eine Erweiterung des vertraglich vereinbarten Werks handelt.

Es handelt sich in diesem Fall um eine Leistung im Rahmen eines neuen eigenständigen Vertrags gemäß § 1 Nr. 4 Satz 2 VOB/B. Bild 11 zeigt im rechten Teil die Schließung eines neuen Vertrags. Der neue Vertrag setzt eine übereinstimmende Willenserklärung voraus.

Ob es sich um einen gänzlich isolierten neuen Vertrag handelt oder um einen Vertrag auf der Grundlage des alten Vertrags ohne vereinbarte Vergütung ist eine bislang ungeklärte juristische Fragestellung.

---

[9] Vgl. Kapellmann/Messerschmidt: VOB Teile A und B, 2007, § 1 VOB/B, Rdn. 49 f.

Bild 11 zeigt bei dem neuen Vertrag verschiedene Vergütungsmöglichkeiten, die vereinbarte Vergütung und die übliche Vergütung. Die Taxe (Gebühr)[10] scheidet grundsätzlich aus, weil bei Bauleistungsverträgen die Vergütung dem Wettbewerb unterstellt wird und demzufolge keine Gebühr möglich ist.

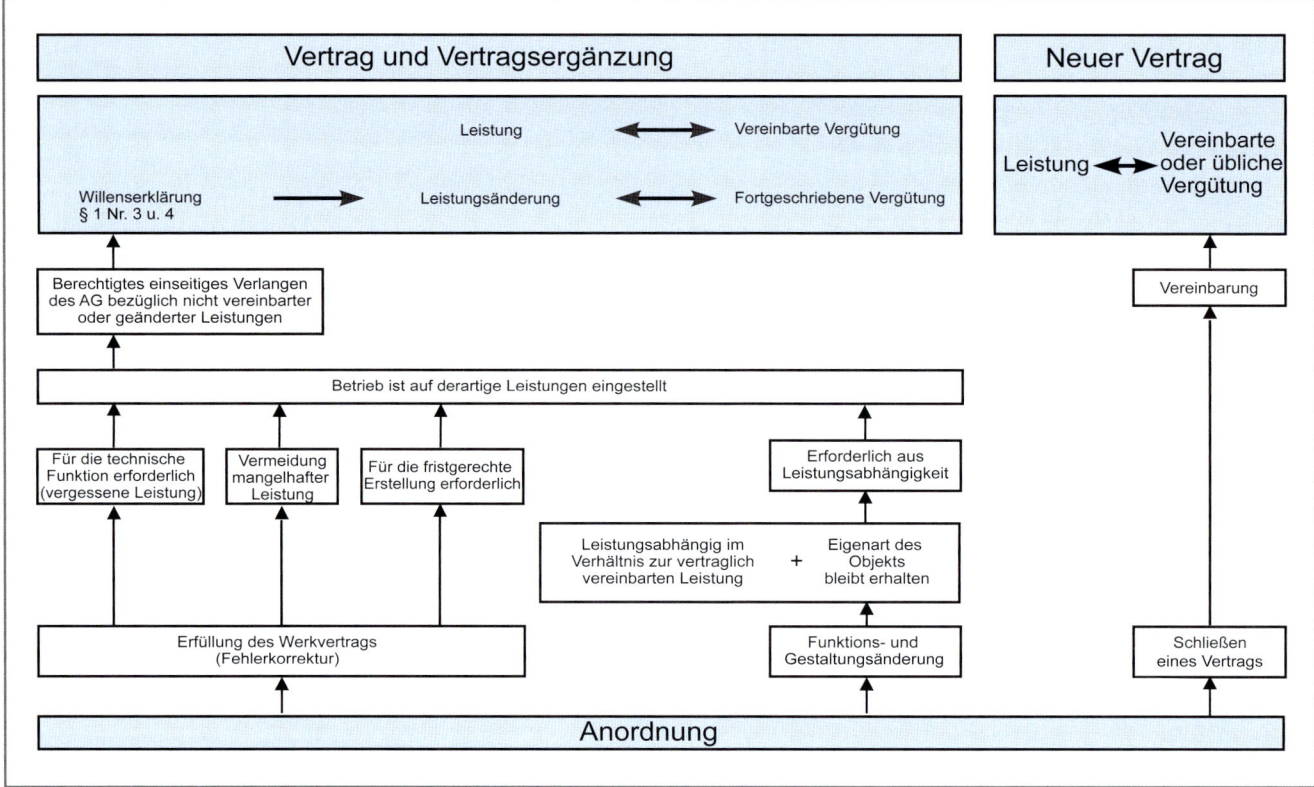

Bild 11:   Vertragsergänzung oder neuer Vertrag

Soweit der Besteller sein Änderungsrecht bzgl. der vereinbarten Leistung wahrnimmt, erhält der Hersteller eine fortgeschriebene Vergütung.

Je nach juristischen Voraussetzungen gelten somit verschiedene Vergütungssituationen, die die Handelnden vor Ort unabdingbar kennen müssen, damit zeitnah die richtige Entscheidung getroffen werden kann, bzw. die richtige Weichenstellung erfolgt.

Die einzelnen Vergütungsbegriffe werden im Kap. 5.3 noch detailliert erläutert.

3.9   Schlussbetrachtung zu dem einseitigen Änderungsrecht des Bestellers

Welche veränderte oder zusätzliche Leistung gemäß § 1 Nr. 3 und 4 VOB/B einseitig angeordnet werden darf, ist im Einzelfall zu betrachten. Bild 11 enthält eine Systematik, die eine Hilfestellung bei der Beurteilung sein kann.

Wenn der Besteller zusätzliche Leistungen verlangt, die der Hersteller unter Anwendung des § 1 Nr. 4 VOB/B ablehnen könnte, im Leistungsverzeichnis aber für vergleichbare Leistungen auskömmliche Preise vorhanden sind, erübrigen sich häufig rechtliche Erwägungen. Der Hersteller wird der Ausführung und Vergütung auf der Grundlage des auskömmlichen Preises zustimmen.

Problematisch wird es für den Hersteller, wenn der Besteller Leistungen verlangt, für die im Bauvertrag vergleichbare Leistungen mit relativ niedrigen Preisen vorhanden sind und der Besteller erwartet, dass die zusätzlichen Leistungen der Höhe nach auf der Grundlage des ursprünglich vereinbarten nicht auskömmlichen Preises vergütet werden.

---

10   Siehe auch S. 29.

In diesen Fällen wird der Hersteller die Frage, welche Leistungen von ihm verlangt werden können, zeitnah und intensiv verfolgen wollen und müssen.

Das gleiche Problem liegt vor, wenn es sich um veränderte Bauumstände und Beschleunigungsmaßnahmen handelt. Der Verfasser hält es für erforderlich, dass der AG auch bei veränderten und zusätzlichen Leistungen und daraus resultierenden veränderten Bauumständen Anordnungsbefugnisse bzgl. der Bauumstände hat.

Das Thema der veränderten Bauumstände wird in Kap. 9.0 ausführlich aufgegriffen.

Neu ist bei der in diesem Kapitel vorgestellten Systematik die Unterscheidung in Vertragserfüllung und Gestaltungsänderung. Diese neue Systematik ist für eine Weiterentwicklung der VOB/B unabdingbar erforderlich. Ob sich aus juristischen Erwägungen weitere Aspekte hinsichtlich der Systematik ergeben, ist eine Detailfrage. Die Notwendigkeit der Trennung in Gestaltungs- bzw. Nutzungsänderung und Vertrags- bzw. Funktionserfüllung wird hiervon nicht berührt.

3.0

4.0   Veränderte Preisermittlungsgrundlage als Voraussetzung für die Preisanpassung

4.1   Definition des Begriffs Preisermittlungsgrundlage

Die Preisermittlungsgrundlage ist nicht die Kalkulation an sich, sondern die Eingangsgröße, auf deren Grundlage kalkuliert wird. Der Begriff ist sehr weit zu fassen. Alles was Einfluss auf die Erbringung der Leistung gemäß Leistungsbeschrieb hat, ist Preisermittlungsgrundlage und damit Berechnungsgrundlage für die Vergütung. Ob der Bieter tatsächlich konkrete Ansätze für die Berechnung zugrunde gelegt hat, wird bei der Nachtragskalkulation bedeutend sein, ist aber vorerst bzgl. der Feststellung, was Preisermittlungsgrundlage ist, unbedeutend.

Sicherlich spielt es auf dem Weg zur Zahlenfindung, also bei der Kalkulation, eine Rolle, welche Preisermittlungsgrundlage der Kalkulator zugrunde legen musste. Hierüber gibt es häufig Streit. Musste der Bieter bereits bei der Preisfindung wissen und berücksichtigen, dass das Schlitzen für Elektroleitungen in der Praxis des Arztes tagsüber zu laut ist und nur morgens von 7:00 Uhr bis 9:00 Uhr und nachmittags ab 15:00 Uhr möglich ist? Was war hier Preisermittlungsgrundlage? Durfte der Bieter von der Möglichkeit ausgehen, den ganzen Tag zu arbeiten oder nur zu bestimmten Zeiten, wenn die Leistungsbeschreibung hierzu nichts vorgibt?

Wie ist es zu beurteilen, wenn ein Bieter den Füllsand für die Verfüllung einer Baugrube zu liefern hat und in der Leistungsbeschreibung die Menge mit 5.000 m³ angegeben ist, aber tatsächlich 10.000 m³ einzubauen sind? Der Bieter darf im Angebotsstadium z. B. davon ausgehen, dass der zu liefernde Boden für die ausgeschriebene Menge aus einer Sandgrube kommt, die 2 km von dem Einbauort entfernt ist. Dieses ist Bestandteil seiner Preisermittlungsgrundlage.

Nunmehr ist die Sandgrube bei 6.000 m³ erschöpft und der AN muss 4.000 m³ aus einer Sandgrube anfahren, die 10 km entfernt ist. Zwangsläufig erhöhen sich die Kosten. Da der Bieter davon ausgehen durfte, dass die Angaben im Leistungsverzeichnis richtig sind, war auch der Vordersatz – also die Mengenangabe – eine Preisermittlungsgrundlage.

Die 4.000 m³, die nunmehr 8 km weiter anzutransportieren sind, beinhalten zwangsläufig eine andere Preisermittlungsgrundlage als die ausgeschriebenen 5.000 m³, ohne dass sich die Leistung als solche – Einbauen von Füllsand – ändert. Dieses Beispiel zeigt, dass es sich bei dem Begriff der Preisermittlungsgrundlage um einen Grundbegriff handelt, der allen Ansprüchen des § 2 VOB/B zugrunde liegt.

Es ist unbedeutend, ob es sich um einen Anspruch gemäß § 2 Nr. 3, 4, 5, 6 oder 8 VOB/B handelt. Ausgangspunkt für die Nachtragskalkulation einer geänderten Leistung oder Mengenänderung ist immer die Preisermittlungsgrundlage der unveränderten Leistung.

Im Ausgangspunkt gilt, dass als Voraussetzung für die Erstellung der Angebots- bzw. Auftragskalkulation von einer Preisermittlungsgrundlage ausgegangen werden muss, die durch das vertraglich geschuldete Soll vorgegeben ist. Jede Änderung des Preises infolge ändernder Anordnungen setzt bei der unveränderten Preisermittlungsgrundlage an.

Der Begriff der Preisermittlungsgrundlage kann demzufolge wie folgt definiert werden:

> Die Preisermittlungsgrundlage ergibt sich aus den vertraglichen Leistungsanforderungen und sämtlichen Faktoren, welche unter Zugrundelegung der Leistungsanforderungen für die Preisfindung eine Rolle spielen.

Für die Feststellung der Preisermittlungsgrundlage ist bei der Auslegung einer Leistungsbeschreibung eben nicht nur der konkrete Wortlaut entscheidend, sondern es sind auch die Randbedingungen zu berücksichtigen, welche nicht konkret beschrieben sind, sich aber aus objektiver Sicht logisch ergeben. Die Bauumstände spielen hierbei ebenfalls eine entscheidende Rolle.

4.2   Verwendung des Begriffs der Preisermittlungsgrundlage in der VOB

Der Begriff der Preisermittlungsgrundlage wird nur im § 15 VOB/A konkret und im § 2 VOB/B sinngemäß verwendet.

- § 15 VOB/A:
  „Sind wesentliche Änderungen der Preisermittlungsgrundlagen zu erwarten, deren Eintritt oder Ausmaß ungewiss ist, so kann eine angemessene Änderung der Vergütung in den Verdingungsunterlagen vorgesehen werden."

4.0

- § 2 Nr. 5 VOB/B:
  „Werden durch Änderung des Bauentwurfs oder andere Anordnungen des Auftraggebers die Grundlagen des Preises für eine im Vertrag vorgesehene Leistung geändert, so ist ein neuer Preis unter Berücksichtigung der Mehr- oder Minderkosten zu vereinbaren."

- § 2 Nr. 6 Abs. (2) VOB/B:
  „Die Vergütung bestimmt sich nach den Grundlagen der Preisermittlung für die vertragliche Leistung und den besonderen Kosten der geforderten Leistung."

- § 2 Nr. 7 Abs. (1) Satz 3 VOB/B:
  „Für die Bemessung des Ausgleichs ist von den Grundlagen der Preisermittlung auszugehen."

4.3 Keine Unterscheidung der Begriffe Preisermittlungsgrundlage, Grundlagen der Preisermittlung oder Grundlagen des Preises

Eine Unterscheidung zwischen den Begriffen Preisermittlungsgrundlage, Grundlagen des Preises oder Grundlagen der Preisermittlung wird aufgrund fehlender Notwendigkeit nicht vorgenommen. Auch die Formulierung im § 2 VOB/B „Berücksichtigung der Mehr- oder Minderkosten" kann immer nur als Ausgangspunkt die Preisermittlungsgrundlage beinhalten.

Der Begriff der Preisermittlungsgrundlage ist für alle Vergütungsansprüche des § 2 VOB/B gleich. Die Preisermittlungsgrundlage bezieht sich auf die unveränderte Leistung und deren zugehörige Vergütung. Da sich jede Teilleistung ändern kann und sich alle Ansprüche gemäß § 2 Nr. 3–9 VOB/B auf eine Teilleistung beziehen können, gibt es nur eine Preisermittlungsgrundlage für eine Teilleistung, bzgl. derer eine Änderung eintreten kann.

Auf die Formulierung im § 2 Nr. 6 VOB/B bzgl. der „besonderen Kosten der geforderten Leistung" wird gesondert einzugehen sein. Dies ist aber ein separates Problem und steht auch nicht im Widerspruch zu der Preisermittlungsgrundlage, weil die besonderen Kosten erst im Zusammenhang mit einer ändernden Anordnung – also einer veränderten Preisermittlungsgrundlage – entstehen können und damit Bestandteil der Nachtragskalkulation werden.

Die Preisermittlungsgrundlage ist immer vorhanden, auch wenn keine Leistungsänderung vorliegt. Auf die Ausnahme der subjektiven Preisermittlungsgrundlage wird noch einzugehen sein (vgl. Kap. 9.5.4).

4.4 Zusammenhang zwischen Empfängerhorizont, Preisermittlungsgrundlage und Kalkulation

Der Kalkulator quantifiziert durch die Kalkulation ausgehend vom Empfängerhorizont die Preisermittlungsgrundlage. Die Quantifizierung der Preisermittlungsgrundlage durch eine monetäre Größe ergibt die eigentliche Kalkulation. Die Auswahl eines Geräts ergibt sich aus der Preisermittlungsgrundlage. Die monetäre Bewertung erfolgt in der Kalkulation.

Der Inhalt der Preisermittlungsgrundlage ist demzufolge abhängig vom objektiven Empfängerhorizont der Bieter. Einzelsichtweisen von Bietern sind bei der Feststellung des objektiven Empfängerhorizonts unbedeutend. Hieraus ergibt sich, dass dem Wortlaut der Leistungsbeschreibung und dem daraus erkennbaren objektiven Willen des Ausschreibenden eine besondere Bedeutung hinsichtlich der Preisermittlungsgrundlage und des Empfängerhorizonts zukommt.[11]

Der Empfängerhorizont des Kalkulators ergibt sich wie folgt:

> Der Empfängerhorizont des Kalkulators beinhaltet die Erkenntniserforderlichkeiten bzgl. der Randbedingungen der konkreten gemäß Vertrag zu erbringenden geschuldeten Soll-Leistung, die der Kalkulator bei der Preisfindung objektiv haben und berücksichtigen muss.

Bild 12 zeigt den Zusammenhang zwischen geschuldeter Soll-Leistung (Vertragsinhalt), Preisermittlungsgrundlage, Empfängerhorizont, Kalkulation und Vergütung.

---

[11] Vgl. BGH, Urt. v. 22.04.1993, VII ZR 118/92, BauR 1993, S. 595 = ZfBR 1993, S. 219; BGH-Urteil „Farbpalette" vom 11.11.1993, VII ZR 47/93, BauR 2/94, S. 237 = ZfBR 1994, S. 115; vgl. auch Kapellmann/Schiffers: Vergütung, Nachträge und Behinderungsfolgen beim Bauvertrag, Bd. 1, 2006, Rdn. 183, 188 ff., 210, 283 ff.

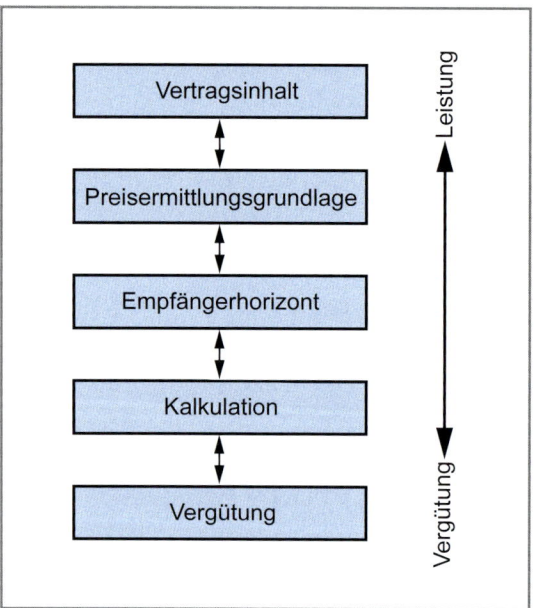

Bild 12:   Zusammenhang zwischen dem geschuldetem Soll und der Vergütung durch die Begriffe Preisermittlungsgrundlage, Empfängerhorizont, Kalkulation und Vergütung

4.5   Zusammenfassung

Der Begriff der Preisermittlungsgrundlage gilt für alle Ansprüche des § 2 VOB/B und ist die entscheidende Grundlage für die Preisanpassung. Der objektive Empfängerhorizont des Kalkulators ist der Maßstab für die Preisermittlungsgrundlage. Die ergebnisorientierte Umsetzung der Preisermittlungsgrundlage führt zur Kalkulation.

Wenn Leistungsänderungen gemäß § 2 VOB/B eintreten, wird überprüft, ob sich die Preisermittlungsgrundlage geändert hat. Ist dies der Fall, wird die Auftragskalkulation auf der Grundlage der veränderten Preisermittlungsgrundlage fortgeschrieben.

Die Preisermittlungsgrundlage ist somit ein Bindeglied zwischen der geschuldeten Soll-Leistung (Vertragsinhalt, für den ein Vergütungsäquivalent vereinbart ist) und der Vergütung und damit die Basis für die Nachtragskalkulation.

5.0 Grundsätze bzgl. der Ermittlung der Höhe der Vergütungsansprüche bei Leistungsänderungen

5.1 Vergütung als Fortschreibung von Wettbewerbspreisen

Da es sich bei VOB-Verträgen um Verträge handelt, die im Regelfall durch einen Wettbewerb zustande kommen, haben die tatsächlichen Kosten – von Ausnahmen abgesehen[12] – bei der Fortschreibung von Wettbewerbspreisen keine Bedeutung.

Inwieweit und in welchem Umfang durch vertragliche Regelungen von diesem Grundsatz abgewichen werden darf, unterliegt einer vertiefenden Betrachtung.

Prinzipiell kann festgestellt werden, dass durch den Wettbewerb eine Äquivalenz zwischen Leistung und Vergütung hergestellt wird. Unter Äquivalenz ist ein Gleichgewicht zu verstehen. Wenn der Besteller durch eine ändernde Anordnung in diese Äquivalenz eingreift, quasi das Gleichgewicht stört, stellt sich die Frage, wie dieses Gleichgewicht wieder hergestellt wird.

Die Leistungsänderung muss ebenfalls im Sinne der Äquivalenz vergütet werden. Dieses erfolgt durch die Feststellung der fortgeschriebenen Vergütung. Hinsichtlich der Preisfindung für Nachträge gilt der Grundsatz, dass die vertraglich vereinbarten Wettbewerbspreise bei Leistungsänderungen fortgeschrieben werden. Ist die Fortschreibung ordnungsgemäß erfolgt, handelt es sich um die fortgeschriebene bzw. richtige Vergütung.

Soweit der Besteller gemäß VOB/B das Recht hat, die veränderten bzw. zusätzlichen Leistungen zu verlangen, muss der AN sich deshalb an den niedrigen vorhandenen Preis binden lassen. Soweit der Hersteller einen guten Preis hat, ist ebenfalls der gute Preis fortzuschreiben.

Bild 13 zeigt die Herstellung des Gleichgewichts zwischen Leistungsänderung und zugehöriger Vergütung durch die fortgeschriebene Vergütung. Alle Leistungsänderungen sind beim VOB-Vertrag der Höhe nach durch Fortschreibung der vertraglich vereinbarten Preise zu ermitteln.

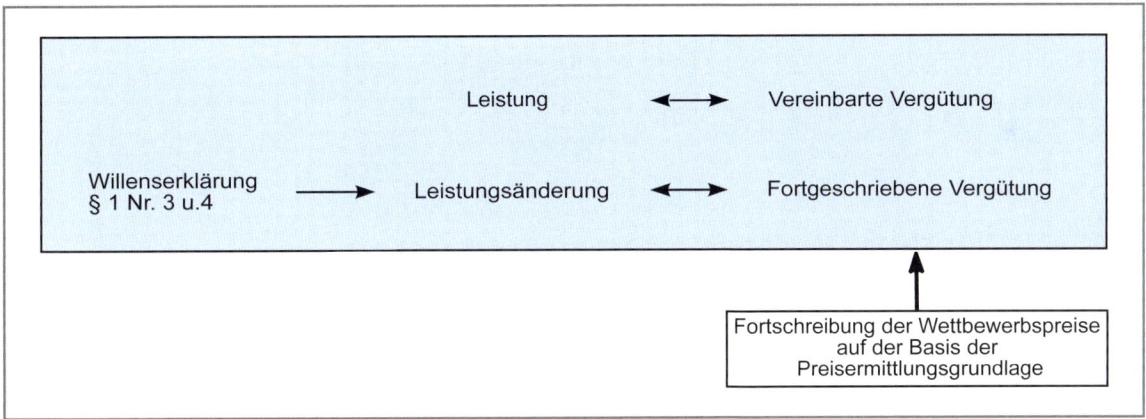

Bild 13:   Ermittlung der angemessenen Vergütung

5.2 Übliches Beispiel für die Fortschreibung von Wettbewerbspreisen

Das folgende Beispiel entspricht der üblichen Methodik für die Nachtragskalkulation (vgl. z. B. Leitfaden des Bundes zur Vergütung bei Nachträgen).[13]

Wenn im Vertrag ein Preis für Wandbeton vorhanden ist, muss der AN auch zusätzliche Wände zu diesem Preis ausführen, soweit die zusätzliche bzw. veränderte Leistung vergleichbar ist mit der in der LV-Position beschriebenen Leistung.

Soweit sich die Wand hinsichtlich der Betonqualität von einem C 20/25 auf einen C 30/37 ändert, ergeben sich die Nachtragspreise durch Übertragung vorhandener alter Preiselemente auf die neue Situation.

---

[12]   § 4 Nr. 1 Abs. (4) VOB/B.
[13]   Vgl. BMVBS: Leitfaden zur Vergütung bei Nachträgen, 2008, Ziffer 7.4.

Das folgende Beispiel zeigt die kalkulative Vorgehensweise. Es handelt sich um eine Wandposition ohne Schalung. Bild 14 zeigt die Kalkulation der EKT der Auftragskalkulation für Position 2.2.16. Bild 15 beinhaltet ausgehend von den EKT auf der Grundlage der Zuschlagssätze des Schlussblatts die Einheitspreisberechnung.

(1) Pos./Oz.	(2) Menge	(3) Einheit	(4) Leistungsbeschreibung	(5) Lohn Std.	(6) Lohn €	(7) sonstige Kosten €	(8) Geräte-kosten €	(9) Fremd-leistung €	(10) Lohn Std.	(11) Lohn €	(12) sonstige Kosten €	(13) Geräte-kosten €	(14) Fremd-leistung €	(15) Summe pro Einheit €	(16) Summe €
Projekt:			Nr.:	Kalkulationsmittellohn:	29,00									Blatt-Nr.:	
			Ausgangsdaten								Einzelkostenermittlung				
			Übertrag:												
2.2.16	68,00	m²	Beton der Kernwände d=20 cm, KG												
			Beton C 20/25 0,20 m³/m²												
			einbauen:	1,25	36,25				0,25	7,25					
			liefern:			64,00					12,80				
									0,25	7,25	12,80			20,05	
									17,00	493,04	870,40				1.363,44

Bild 14: Kalkulation der EKT für die ursprüngliche Ausführung der Kellerwand in C 20/25

Die Leistungsänderung besteht darin, dass der Besteller die Betonqualität ändert. Aus dem Beton C 20/25 wird ein Beton C 30/37. Dementsprechend erhöht sich der Lieferpreis um 4,00 € von 64,00 € auf 68,00 € je m³.

(1) Pos./Oz.	(2) Menge	(3) Einheit	(4) Leistungsbeschreibung	(5) Lohn Std.	(6) Lohn €	(7) sonstige Kosten €	(8) Geräte-kosten €	(9) Fremd-leistung €	(10) Lohn € 49,35%	(11) sonstige Kosten € 15,00%	(12) Geräte-kosten € 15,00%	(13) Fremd-leistung € 10,00%	(14) Angebots-summe €	(15) Gesamt-summe €
Projekt:			Nr.:	Kalkulationsmittellohn:	29,00								Blatt-Nr.:	
			Einzelkostenermittlung							Preisermittlung				
										mit Zuschlägen				
2.2.16	68,00	m²	Beton der Kernwände d= 20 cm, KG	0,25	7,25	12,80	0,00	0,00	10,83	14,72	0,00	0,00	25,55	1.737,40

Bild 15: Ermittlung des EP der ursprünglichen Ausführung der Kellerwand in C 20/25

Bild 16 enthält die Nachtragskalkulation für die EKT und Bild 17 die Einheitspreisberechnung mit Zuschlägen auf die EKT. Im Ergebnis bleiben alle Kostenbestandteile gleich, nur der Betonpreis wird an die Leistungsänderung angepasst.

(1) Pos./Oz.	(2) Menge	(3) Einheit	(4) Leistungsbeschreibung	(5) Lohn Std.	(6) Lohn €	(7) sonstige Kosten €	(8) Geräte-kosten €	(9) Fremd-leistung €	(10) Lohn Std.	(11) Lohn €	(12) sonstige Kosten €	(13) Geräte-kosten €	(14) Fremd-leistung €	(15) Summe pro Einheit €	(16) Summe €
Projekt:			Nr.:	Kalkulationsmittellohn:	29,00									Blatt-Nr.:	
			Ausgangsdaten								Einzelkostenermittlung				
			Übertrag:												
2.2.16	68,00	m²	Beton der Kernwände d=20 cm, KG												
			Beton C 30/37 0,20 m³/m²												
			einbauen:	1,25	36,25				0,25	7,25					
			liefern:			68,00					13,60				
									0,25	7,25	13,60			20,85	
									17,00	493,04	924,80				1.417,84

Bild 16: Kalkulation der EKT der geänderten Kellerwand in C 30/37

(1) Pos./Oz.	(2) Menge	(3) Einheit	(4) Leistungsbeschreibung	(5) Lohn Std.	(6) Lohn €	(7) sonstige Kosten €	(8) Geräte-kosten €	(9) Fremd-leistung €	(10) Lohn € 49,35%	(11) sonstige Kosten € 15,00%	(12) Geräte-kosten € 15,00%	(13) Fremd-leistung € 10,00%	(14) Angebots-summe €	(15) Gesamt-summe €
Projekt:			Nr.:	Kalkulationsmittellohn:	29,00								Blatt-Nr.:	
			Einzelkostenermittlung							Preisermittlung				
										mit Zuschlägen				
2.2.16	68,00	m²	Beton der Kernwände d= 20 cm, KG	0,25	7,25	13,60	0,00	0,00	10,83	15,64	0,00	0,00	26,47	1.799,96

Bild 17: Ermittlung des EP der geänderten Ausführung der Kellerwand in C 30/37

Die Kalkulationsstruktur der ursprünglichen Vertragspreise ist der entscheidende Ausgangspunkt für die Nachtrags-kalkulation. Die Bestandteile des alten Preises bleiben gänzlich erhalten, nur die kausal von der Leistungsänderung betroffenen Preisanteile werden unter Beibehaltung von Minder- bzw. Überkalkulationen fortgeschrieben.

5.3   Preisbegriffe gemäß BGB und VOB/B

Im Zusammenhang mit dem Prinzip „Fortschreibung der Wettbewerbspreise" werden in der VOB/B Begriffe wie „Grund-lagen des Preises" (§ 2 Nr. 5 VOB/B) oder „Grundlagen der Preisermittlung" (§ 2 Nr. 6 Abs. (2) VOB/B) verwendet.

Es stellt sich die Frage, welcher Unterschied zwischen der fortgeschriebenen Vergütung und den Vergütungsbegriffen des BGB besteht. Da das Zusammenspiel zwischen VOB und BGB deutlich abgegrenzt werden muss, werden im Fol-genden die einzelnen Begriffe vorgestellt, die bzgl. der Preisfindung bedeutsam sind.

Bild 18 zeigt die Preisbegriffe gemäß BGB und VOB/B.

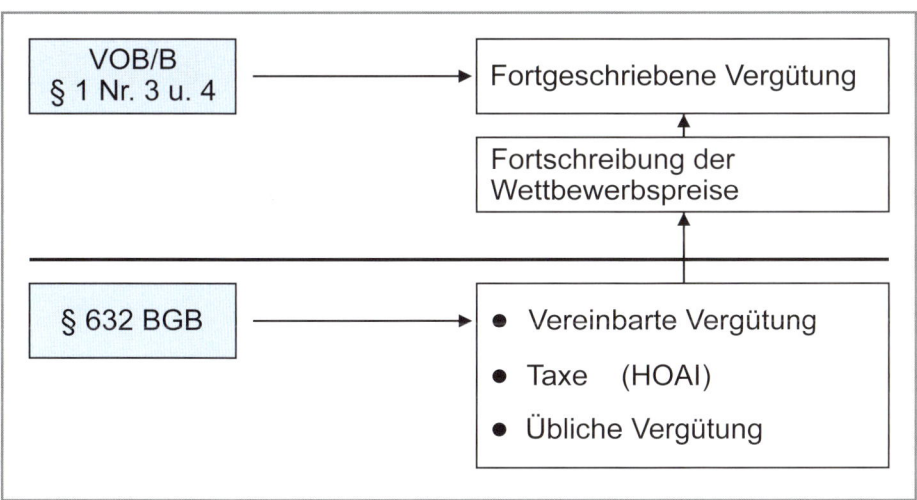

Bild 18:   Vergütung gemäß VOB und BGB

Der Begriff der vereinbarten Vergütung meint die Vergütung, die gemäß Vertrag vereinbart ist. Bzgl. der Taxe handelt es sich um eine Gebühr. Für die Taxifahrt muss der erfolgreich Transportierte eine Gebühr entrichten, die in einer Gebührenordnung verankert ist. Die Gebührenordnung lässt grundsätzlich keinen Freiraum für Verhandlungen. Es ist unerheblich, welche Qualität und welches Alter das Transportmittel, also das Fahrzeug hat.

Im Baubereich werden Planungsleistungen nach einer Gebühr bezahlt, die sich aus der Honorarordnung für Architek-ten und Ingenieure (HOAI) ergibt.

Die übliche Vergütung ist die Vergütung, die üblicherweise in der Region für die zu beurteilende Leistung vergütet wird. Es handelt sich um eine objektive, vom konkreten Objekt losgelöste Größe.[14] Die Ermittlung der Höhe der üblichen Vergütung gestaltet sich häufig schwierig, weil für die Feststellung zahlreiche statistische Unterlagen zur Verfügung stehen müssten, die aber oft aus unterschiedlichen Gründen nicht zur Verfügung stehen. Auch wenn umfangreiche Unterlagen vorliegen, ist die sich aus der statistischen Auswertung ergebende Leistung häufig nicht identisch mit der zu beurteilenden Leistung.

Die Tatsache, dass gemäß VOB/B der AG die vertraglich vereinbarte Leistung ändern bzw. zusätzliche Leistungen verlangen darf, bewirkt, dass für die neue Leistung ein Vergütungsäquivalent zu ermitteln ist. Die VOB/B stützt sich hierbei nicht auf die übliche Vergütung des BGB, sondern sieht vor, dass die sogenannte fortgeschriebene Vergütung der Anspruchshöhe zugrunde gelegt wird.

---

[14]   Vgl. Peters: §§ 631–651, 2003, § 632 , Rdn. 38; vgl. auch BGH, Urt. v. 29.09.1969, VII ZR 108/67, BB 1969, S. 1413 = NJW 1970, S. 699.

Bei der „angemessenen" Vergütung handelt es sich um eine Beschreibung im Sinne von „richtig sein", nicht um eine feststehende Eigenschaft. Sowohl die übliche Vergütung als auch die vereinbarte Vergütung sind dann angemessen, wenn sie inhaltlich richtig verwendet werden.

Im Ergebnis bleibt festzustellen, dass das BGB keine fortgeschriebene Vergütung kennt, sondern es sich hierbei um eine Sonderregelung der VOB/B handelt. Soweit allerdings – diese Sonderfälle gibt es – die fortgeschriebene Vergütung der VOB nicht gilt, ist das BGB mit der üblichen Vergütung anzuwenden.

5.4   Vorlage der Auftrags- und Nachtragskalkulation durch den Bieter bzw. Hersteller

Die Anwendung des Grundsatzes – Fortschreibung der Wettbewerbspreise – bei der Ermittlung der Vergütung von Nachträgen setzt voraus, dass dem Besteller die Zusammensetzung der Wettbewerbspreise bekannt ist. Die Auftragskalkulation beinhaltet die Zusammensetzung der Wettbewerbspreise.

In der Praxis wird die Kalkulation häufig erst dann vorgelegt, wenn die Leistungsänderung bekannt ist. Es besteht dann die Gefahr, dass der Hersteller – soweit dem Besteller die Zusammensetzung der Preise nicht bei Auftragserteilung bekannt war – die Kalkulation so gestaltet, dass die Bereiche, bei denen Leistungsänderungen aufgetreten sind, als besonders auskömmlich kalkuliert dargestellt werden. Hierdurch führt die Fortschreibung der Preisermittlungsgrundlage zu hohen, bzw. aufgrund der nachträglichen und wissentlichen „Anpassung" der Auftragskalkulation, zu überhöhten Nachtragsforderungen.

Die öffentlichen Auftraggeber haben deshalb, mit dem Ziel, die Kenntnis bzgl. der Preiszusammensetzung bereits zum Zeitpunkt des Vertragsschlusses zu erlangen, die ergänzenden Formblätter (EFB)[15] entwickelt. Die EFB sind ein Beispiel für die Möglichkeit eines Bestellers, sich bereits vor Vertragsschluss Informationen über die Preiszusammensetzung zu verschaffen und hierdurch bei Nachtragsverhandlungen eine Beurteilungsgrundlage zu haben.

Als detailliertere Grundlage im Vergleich zu den EFB ist die komplette Kalkulation zu werten. Je nach Größe des Objekts ist es deshalb durchaus üblich, die Kalkulation verschlossen hinterlegen zu lassen und – soweit erforderlich – bei Nachtragsverhandlungen gemeinsam Einsicht in die Unterlage zu nehmen.

Es ist kein Widerspruch, sowohl die EFB als auch die komplette Auftragskalkulation hinterlegen zu lassen. Mit den EFB kann lediglich die Gliederung des Angebots und der abgefragten Einheitspreise nachvollzogen werden. Soweit die Nachtragskalkulation Bezug auf die EKT der Grundpositionen des Hauptvertrags nimmt, muss die Auftragskalkulation geöffnet werden.

Die EFB des Bundes werden im Kap. 7.0 vorgestellt.

5.5   Begründung für den Grundsatz „Fortschreibung der Wettbewerbspreise" bei Nachträgen

5.5.1   Mögliche Varianten der Vergütung bei Leistungsänderungen

Prinzipiell gäbe es auch die Möglichkeit, die Höhe von Nachträgen durch tatsächliche Ist-Kosten festzustellen. Es ist auf den ersten Blick nicht einsehbar, weshalb die VOB den Weg beschritten hat, bei Nachträgen Wettbewerbspreise fortzuschreiben.

Im Folgenden wird untersucht, weshalb die Fortschreibung der Wettbewerbspreise die einzige Methode ist, Nachträge der Höhe nach sachgerecht zu ermitteln.

Für die Ermittlung der Höhe gibt es drei Möglichkeiten:

1. Fortschreibung des vertraglich vereinbarten Preises,

2. Vergütung der tatsächlich durch die Leistungsänderung entstandenen Kosten,

3. Vergütung des üblichen Preises für die Leistungsänderung unabhängig vom speziellen Vertrag.

Eine Vergütung der Ist-Kosten scheidet grundsätzlich aus, weil das BGB dieses nicht vorsieht. Für die Beurteilung, welche Vorgehensweise die Richtige ist, erfolgt unter Ausschluss der Ist-Kosten eine vergleichende Betrachtung zwi-

---

[15]   Vgl. BMVBS: VHB – Vergabe- und Vertragshandbuch für die Baumaßnahmen des Bundes, Ausgabe 2008.

schen fortgeschriebener Vergütung und üblicher Vergütung. Eine Einbeziehung der Ist-Kosten wird nicht durchgeführt, weil es sich bei den Ist-Kosten nur um eine Variante der üblichen Kosten handeln kann. Die Ist-Kosten werden zugrunde gelegt, wenn sie den üblichen Kosten entsprechen.

5.5.2   Gleiche Methodik für Erschwernisse und Erleichterungen

Eine Methode, mittels derer das Vergütungsäquivalent für eine Leistungsänderung berechnet wird, muss gleichermaßen für Erleichterungen und Erschwernisse gelten. Dieser Grundsatz ist unabdingbar, weil innerhalb einer Teilleistung Leistungserweiterungen und Leistungsreduzierungen eintreten können. Dieses ist in der Praxis ein tägliches Problem. Es gibt nahezu keine Nachtragsverhandlung, bei der nicht parallel über beides verhandelt wird. Der AN trägt die Erschwernisse vor und der AG trägt vor, aus welchen Gründen Erleichterungen eingetreten sind. Der Bodenaushub kann schwieriger werden, während der AG auf einen verkürzten Transportweg verweist.

In vielen praktischen Fällen ist es so, dass ein getrennter Nachweis für eine Leistungserhöhung und -reduzierung nicht möglich ist. Die gleiche Teilleistung kann sowohl von Erleichterungen als auch von Erschwernissen betroffen sein. Dann muss kalkulativ beides in einem Rechengang berücksichtigt werden. Innerhalb eines Rechengangs muss die gleiche Methodik angewendet werden.

Die gleichermaßen anzuwendende Methode für Leistungsmehrungen und -minderungen ist demzufolge Ausgangsbedingung für die vergleichende Betrachtung von fortgeschriebener und üblicher Vergütung.

5.5.3   Fallgestaltung

Bild 19 zeigt auf der Basis zweier Vertragssituationen die Konsequenzen verschiedener Vorgehensweisen. Die Variante der Ist-Kosten ist in Bild 19 nicht enthalten, weil es sich um eine Untervariante der üblichen Kosten handelt. Es wird ein Vergleich zwischen der Variante „Fortschreibung von Wettbewerbspreisen" mit der Variante „Vergütung durch übliche Preise" durchgeführt.

	Rohrleitung	Kalkulierter Preis	Üblicher Preis
Erschwernis			
Vertragliche Leistung	30 cm	30,00 €/m	60,00 €/m
Leistungsänderung (Erschwernis)	80 cm	80,00 €/m	160,00 €/m
Erleichterung			
Vertragliche Leistung	80 cm	80,00 €/m	160,00 €/m
Leistungsänderung (Erleichterung)	30 cm	30,00 €/m	60,00 €/m

Bild 19:   Fortschreibung von Wettbewerbspreisen im Vergleich zur Fortschreibung von üblichen Preisen

Ferner enthält Bild 19 neben der Trennung in kalkulierte und übliche Preise eine weitere Unterscheidung bzgl. folgender zwei Änderungsvarianten:

1. Erschwernis: Herstellen einer Rohrleitung mit 30 cm Durchmesser zu einem Preis von 30,00 €/m. Änderung des Rohrdurchmessers auf 80 cm mit entsprechender Vergütung bei Fortschreibung der Wettbewerbspreise in Höhe von 80,00 €/m. Soweit von einem üblichen Preis für ein 30 cm Rohr in Höhe von 60 €/m ausgegangen wird, beträgt der übliche Preis für ein 80 cm Rohr 160 €/m.
    Hinweis: Es wird vereinfachend von einem proportionalen Verhältnis zwischen Rohrdurchmesser und Preis ausgegangen.

2. Erleichterung: Herstellen einer Rohrleitung mit 80 cm Durchmesser zu einem Preis von 80,00 €/m. Änderung des Rohrdurchmessers auf 30 cm. Vergütungshöhe 30,00 €/m. Der übliche Preis für das 80 cm Rohr in Höhe von 160 €/m reduziert sich auf 60 €/m für ein Rohr mit 30 cm,
    Hinweis: Es wird vereinfachend von einem proportionalen Verhältnis zwischen Rohrdurchmesser und Preis ausgegangen.

5.5.4 Vergleichende Untersuchung: Fortschreibung der Wettbewerbspreise und Fortschreibung der üblichen Vergütung

5.5.4.1 Nachtragsberechnung auf der Grundlage der Fortschreibung der Wettbewerbspreise

Der Vertragspreis in Bild 19 beträgt für das Rohr mit einem Durchmesser von 30 cm 30,00 €/m. Grundsätzlich hat der AN 1,00 €/cm (Durchmesser) und m (Rohrlänge) kalkuliert. Es handelt sich demzufolge um eine Minderkalkulation, da ein ortsüblicher Preis 60,00 € bzw. 2,00 €/cm und m betragen hätte.

Unter Beibehaltung eines kalkulierten Preises von 1,00 €/cm und m bewirkt eine Veränderung des Rohrdurchmessers von 30 cm auf 80 cm bei Fortschreibung des Wettbewerbspreises einen Gesamtpreis von 80,00 €/m Rohr. Hierbei wird die Minderkalkulation fortgeschrieben.

Soweit der umgekehrte Fall betrachtet wird, bei dem 80 cm Rohrdurchmesser für 80,00 €/m vereinbart sind, reduziert sich der Preis infolge der Leistungsänderung von 80 cm auf 30 cm auf 30,00 €/m.

5.5.4.2 Nachtragskalkulation auf der Grundlage üblicher Preise

In Bild 20 ist gegenüber Bild 19 die Variante blau eingefügt, aus der sich die Vergütung des Rohrs ergibt, wenn die Leistungsänderung nach üblichen Preisen bewertet wird.

Bei der Bewertung der Leistungsänderung mit dem üblichen Preis ergeben sich zwangsläufig andere Nachtragspreise als bei der fortgeschriebenen Vergütung. Die Änderung des Rohrdurchmessers von 30 cm auf 80 cm beinhaltet eine Veränderung des Rohrdurchmessers von 50 cm. Bei Bewertung der Änderung mit dem üblichen Preis in Höhe von 2,00 €/cm und m ergeben sich 100,00 €/m zusätzlich zum vereinbarten Preis, wenn die veränderte Leistung mit üblichen Preisen bewertet wird.

Insgesamt beträgt der Preis für das geänderte Rohr 130,00 €/m. Die Differenz zu dem üblichen Preis für das Rohr zu 160,00 €/m in einer Größenordnung von 30,00 €/m ergibt sich daraus, dass die Minderkalkulation bzgl. des 30 cm Rohrs in einer Größenordnung von 30,00 €/m nicht vergütbar ist. Es handelt sich um die vertragliche Leistung, deren Vergütung unveränderlich ist.

Soweit der Fall der Leistungsreduzierung betrachtet wird, zeigt sich, dass der Vertragspreis von 80,00 €/m um 100,00 € zu reduzieren ist, weil eben die Leistungsänderung mit dem üblichen Preis in Höhe von 100,00 €/m[16] zu bewerten ist. Es ergibt sich gemäß Bild 20 ein Gesamtpreis von - 20,00 €/m.

Der AN müsste, obwohl eine Leistung (30 cm Rohrleitung) erbracht wird, an den Besteller als Folge der Leistungsreduzierung eine Rückvergütung in Höhe von 20 €/m durchführen. Dieses Ergebnis ist als nicht sachgerecht zu verwerfen.

Die Höhe des Anspruchs durch Fortschreibung des üblichen Preises zu ermitteln, ist bei einer Erschwernis grundsätzlich betriebswirtschaftlich machbar. Bei einer Erleichterung ist die Bewertung der Leistungsänderung mit üblichen Preisen methodisch nicht sachgerecht. Es müsste eine Leistungsreduzierung mit üblichen Preisen bewertet werden.

---

[16]   100,00 € = 2,00 €/cm * 50 cm.

5.0

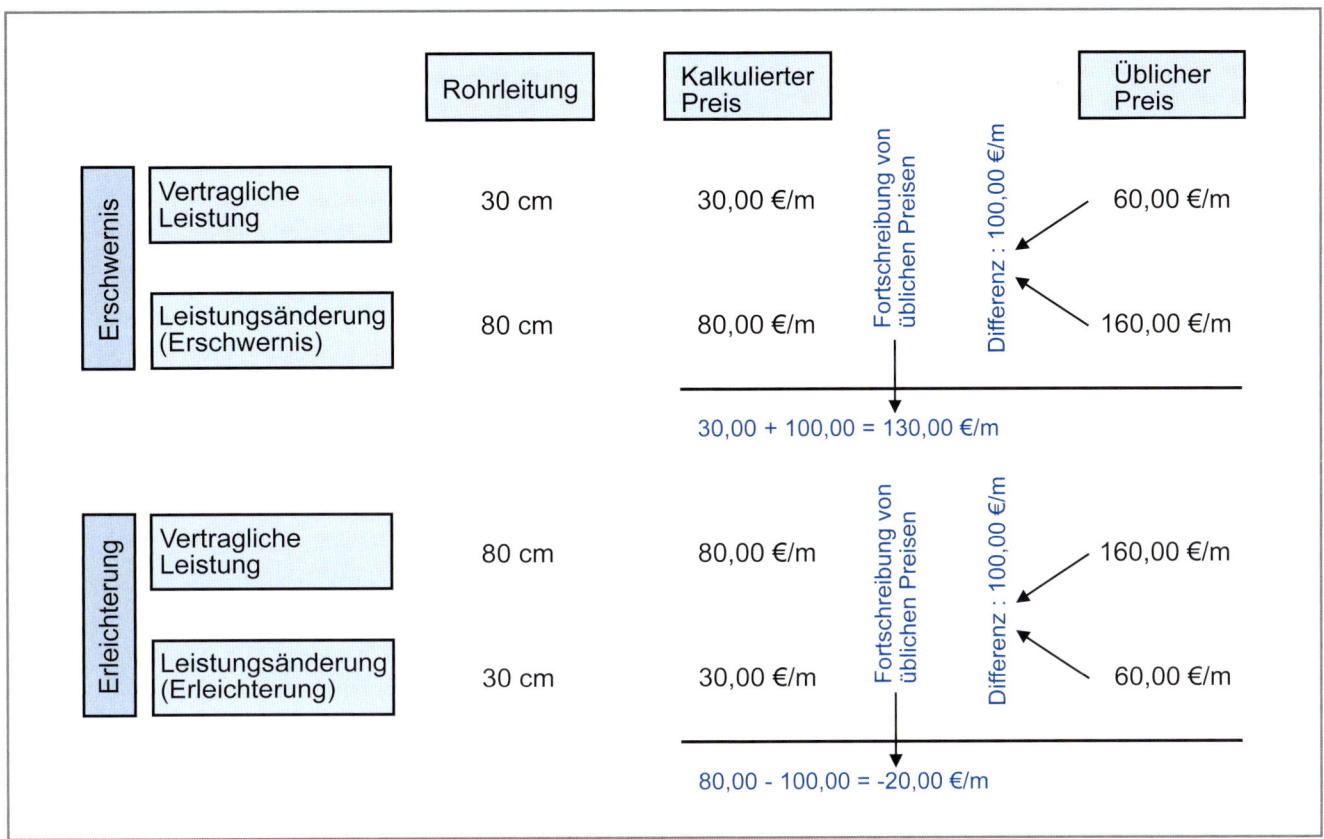

Bild 20:   Fortschreibung der Auftragskalkulation oder der üblichen Preise

Wenn sich beispielsweise eine Betonwand von 35 cm Stärke auf 30 cm Stärke reduziert, müsste für die 5 cm Reduktion der übliche Preis herangezogen werden. Für die Materialkosten ist eine derartige Vorgehensweise grundsätzlich als machbar zu werten. Wenn aber die Lohn- und Gerätekosten betroffen sind, müsste festgestellt werden, wie hoch die Reduktion der üblichen Aufwandswerte ist.

Dieser reduzierte übliche Aufwandswert wäre dann mit dem üblichen Kalkulationsmittellohn zu multiplizieren. Da die Nachtragskalkulation als solche bei gleicher Methodik schon schwierig genug ist, verbietet sich eine derartige Vorgehensweise unabhängig von negativen Preisen. Die Nachtragskalkulation würde noch komplizierter werden.

Die Methode „Bewertung der Leistungsänderung mit üblichen Preisen" versagt somit bei Erleichterungen und erfüllt damit nicht die Ausgangsbedingung, methodisch sowohl für Leistungsmehrungen, als auch -minderungen gelten zu müssen.

5.5.5   Fortschreibung von Wettbewerbspreisen bei Minder- und Überkalkulationen

Bei Vergütungsansprüchen gemäß § 2 VOB/B ist keine andere Vorgehensweise als die Fortschreibung von Wettbewerbspreisen möglich. Der Zusammenhang zwischen Vertrag und Leistungsänderung wird aus Bild 21 deutlich.

Bild 21 zeigt in graphischer Darstellung den Zusammenhang zwischen Vertragspreis und Nachtragspreis sowie die Auswirkungen von Über- und Minderkalkulationen. Bei der Minderkalkulation verliert der AN den minderkalkulierten Betrag zuerst bei dem Hauptauftrag und ein zweites Mal bei der Fortschreibung.

In Bild 21 ist die Nachtragshöhe hellblau markiert und der Verlust/Gewinn je nachdem, ob es sich um eine Minder- oder Überkalkulation handelt, dunkelblau.

Bei der Überkalkulation hat der AN den Vorteil eines guten Preises nicht nur bei dem Hauptauftrag, sondern ein zweites Mal bei der Fortschreibung.

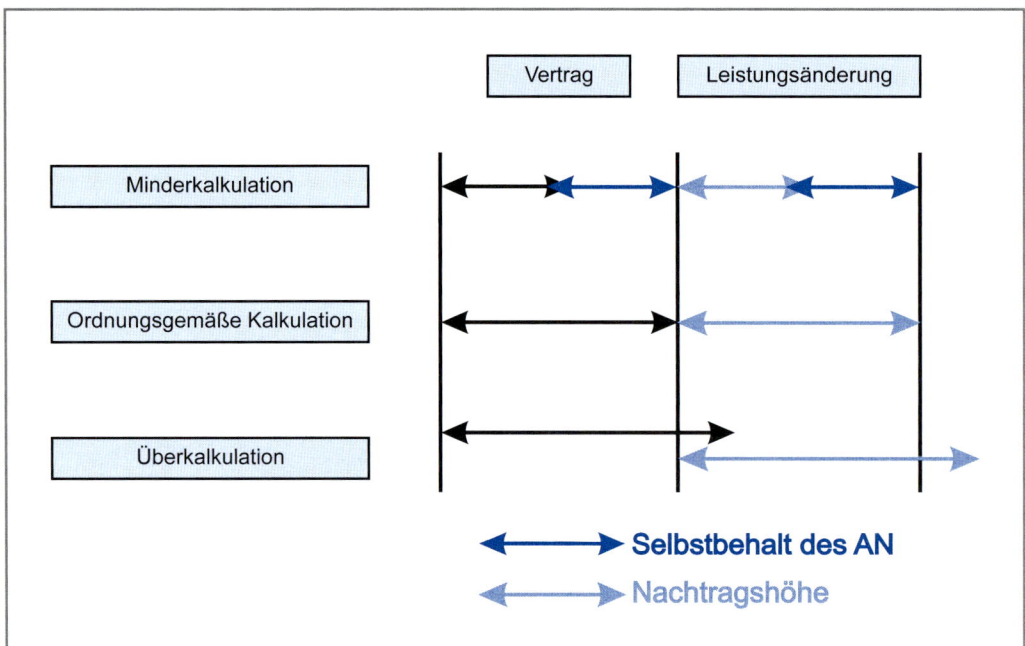

Bild 21:   Grundsätzliche Vorgehensweise bei der Fortschreibung von Wettbewerbspreisen

Minderkalkulationen bewirken, dass die Ist-Kosten bei einer Erschwernis größer sind als der fortgeschriebene Wert. Überkalkulationen bewirken bei einer Erschwernis, dass der fortgeschriebene Wert größer ist als der Ist-Wert:

„Guter Preis bleibt guter Preis und schlechter Preis bleibt schlechter Preis."

5.6   Zusammenfassung

Der Grundsatz „Fortschreibung von Wettbewerbspreisen" ist aus der Betriebswirtschaft heraus die einzige Vorgehensweise, die für alle Fallgestaltungen einen Lösungsansatz darstellt. Dieser Grundsatz ist auf alle Vergütungsansprüche anzuwenden. In Bild 21 ist dieser Grundsatz prinzipiell dargestellt.

Leistungsreduzierungen und Leistungsmehrungen müssen methodisch gleich behandelt werden. Im Zusammenhang mit Leistungsreduzierungen (Mindermengen) und Leistungserhöhungen (Mehrmengen) wird dieser Grundsatz maßgebliche Bedeutung erhalten.

Für die Berechnung muss grundsätzlich die Auftragskalkulation vorliegen. Die übliche Vergütung und Taxe spielen bei Bauleistungen – von Ausnahmen abgesehen – keine Rolle.

6.0 Veränderte Leistung, veränderte Preisermittlungsgrundlage und veränderte Vergütung

6.1 Einleitung und Abgrenzung

Äquivalenz ist ein Gleichgewicht. Insofern gibt es bei einem ordnungsgemäßen Wettbewerb und einer ordnungsgemäßen Auftragskalkulation eine Äquivalenz zwischen vereinbarter Leistung der zugehörigen Preisermittlungsgrundlage und der Auftragskalkulation.

Das Ziel muss sein, dass auch eine Äquivalenz zwischen veränderter Leistung, veränderter Preisermittlungsgrundlage und der Nachtragskalkulation eintritt. Ferner muss bei der Nachtragskalkulation berücksichtigt werden, dass die Auftragskalkulation fortgeschrieben wird.

Äquivalenz hat eine andere Bedeutung als Kausalität. Bei der Kausalität muss ein inhaltlicher Zusammenhang hergestellt werden, während bei der Äquivalenz ein Gleichgewicht festgestellt wird.

Das Wort Äquivalenz macht bereits deutlich, dass es nicht um die Kausalität zwischen ursprünglicher und veränderter Preisermittlungsgrundlage geht, sondern um die Äquivalenz zwischen veränderter Leistung und der veränderten Preisermittlungsgrundlage.

Wenn eine Kausalität zwischen verändertem Baugrund und veränderter Preisermittlungsgrundlage nachgewiesen werden müsste, gäbe es in den Fällen keine Nachträge infolge Baugrundänderung mehr, bei denen ein derartiger technischer Kausalitätsnachweis im wissenschaftlichen Sinne nicht möglich ist.

Insofern muss in einem ersten Schritt geklärt werden, ob z. B. bei verändertem Baugrund überhaupt eine Darlegungspflicht dahingehend besteht, in welcher Art der veränderte Baugrund kausal die veränderte Preisermittlungsgrundlage bewirkt hat oder ob nicht der Nachweis einer Plausibilität reicht.

Zwar können und sollen technische Zusammenhänge nicht ignoriert werden, es muss aber vernünftig und wirklichkeitsnah mit den technischen Zusammenhängen umgegangen werden, wenn es an der wissenschaftlichen Beweisbarkeit mangelt.

Dass es sich hierbei um ein grundsätzliches Problem handelt, soll an einem Beispiel deutlich gemacht werden.

6.2 Beispiel für den nicht möglichen Nachweis der Kausalität

Es wird bei einem Baugrubenaushub Bodenklasse 6 an Stelle von Bodenklasse 5 angetroffen. Für die erfolgreiche Ausführung werden vereinbarungsgemäß andere Geräte eingesetzt, mit denen die angetroffene Bodenklasse 6 erfolgreich bewältigt werden kann. Eine mangelhafte Ausführung liegt nicht vor.

Der Anspruchsgrund ergibt sich aus der Änderung des Baugrunds. Worin besteht die veränderte Preisermittlungsgrundlage, von der bei der Nachtragskalkulation auszugehen ist?

Die veränderte Preisermittlungsgrundlage kann nur darin bestehen, dass sich andere Randbedingungen hinsichtlich der Verfahrenstechnik und der Kapazitätsplanung ergeben. Wie soll der AN im Sinne der Kausalität nachweisen, dass die veränderte Bodenbeschaffenheit genau diese Veränderungen notwendig gemacht hat? Ein derartiger Kausalitätsnachweis ist häufig nicht möglich. Die veränderte Verfahrenstechnik und Kapazitätsplanung kann als sinnvoll, logisch oder plausibel bezeichnet werden. Eine wissenschaftlich-technisch begründete Kausalität kann aber nicht eindeutig/absolut nachgewiesen werden.

Es liegen in der Praxis häufig sogar Fälle vor, bei denen die Vertragspartner unwirtschaftliche Geräte oder Verfahren wählen müssen, weil zeitnah keine andere Lösung möglich ist. Auch diese Fälle sind nur erklär- und begründbar, aber nicht hinsichtlich der Kausalität beweisbar.

Bedeutsam wird die Wirtschaftlichkeit der gewählten Verfahrenstechnik und des Geräteeinsatzes dann, wenn die ausgeführten Maßnahmen nicht vereinbart sind und der AN begründen muss, weshalb er diese Maßnahmen und keine anderen gewählt hat.

Im Gesetz ist hierfür bereits der Begriff des mutmaßlichen Willens bei der Geschäftsführung ohne Auftrag (GoA) kreiert worden. Dieser Begriff kann auf nicht beweisbare kausale Zusammenhänge übertragen werden, ist hierbei allerdings kein Bestandteil des Anspruchsgrunds – wie bei der GoA – sondern Bestandteil des Nachweises der Höhe.

Eine technische Kausalität zwischen veränderter Leistung und veränderter Preisermittlungsgrundlage kann und braucht nicht nachgewiesen zu werden. Es reicht je nach Fallgestaltung eine Begründung im Sinne von Plausibilität.

6.3   Regelungen in der VOB/C zu vor Ort vereinbarten Maßnahmen

Die Maßnahmen, die die Beteiligten vor Ort gemeinsam festlegen und welche den Erfolg herbeiführen, sind vereinbart und verändern die ursprüngliche Preisermittlungsgrundlage. Ein Kausalitätsnachweis ist überflüssig, weil das, was die Beteiligten zur Problembehebung erfolgreich vereinbaren, eben die veränderte Preisermittlungsgrundlage darstellt.[17]

Die Feststellung, dass die vor Ort von den Vertragspartnern vereinbarten Maßnahmen Besondere Leistungen sind, ohne dass die Kausalitäten dargelegt werden müssen, ergibt sich aus folgenden Beispielen der VOB/C:

- DIN 18309 (Ausgabe 2002):
  „3.1.4 Der Auftragnehmer hat während der Ausführung seiner Arbeiten darauf zu achten, ob Verhältnisse vorliegen oder zu erwarten sind, die den Erfolg beeinträchtigen, der durch die Einpressarbeiten erreicht werden soll. Solche Verhältnisse hat er dem Auftraggeber unverzüglich schriftlich mitzuteilen. Die zu treffenden Maßnahmen sind Besondere Leistungen (siehe Abschnitt 4.2.1)."

- DIN 18312 (Ausgabe 2002):
  „3.3.5 Werden bei der Herstellung der Hohlräume von der Leistungsbeschreibung abweichende Gebirgsverhältnisse angetroffen und ist die Ausführung der Leistung in der vorgesehenen Weise nicht mehr möglich oder treten Umstände ein, durch die das vereinbarte Ausbruchsollprofil nicht eingehalten werden kann, ist der Auftraggeber unverzüglich darüber zu unterrichten. Die zu treffenden Maßnahmen sind Besondere Leistungen (siehe Abschnitt 4.2.1)."[18]

- DIN 18313 (Ausgabe 2002):
  „3.4.3 Treten unvermutete Verluste an stützender Flüssigkeit auf, z. B. infolge Ausfließens aus dem Schlitz in unterirdische Hohlräume, sind die erforderlichen Sicherungsmaßnahmen unverzüglich zu treffen. Die weiteren Maßnahmen sind gemeinsam festzulegen. Die getroffenen und die weiteren Maßnahmen einschließlich des Ersetzens der stützenden Flüssigkeit, soweit sie nicht vom Auftragnehmer zu vertreten sind, sind Besondere Leistungen (siehe Abschnitt 4.2.1)."

- DIN 18319 (Ausgabe 2002):
  „3.2.2 Die Art der Beseitigung von Steinen, die im Hinblick auf den Vortriebsdurchmesser ein Hindernis darstellen, ist gemeinsam festzulegen. Die zu treffenden Maßnahmen sind Besondere Leistungen (siehe Abschnitt 4.2.1)."

Ein Kausalitätsnachweis wird in keinem dieser Fälle verlangt. Dieses ist auch richtig, weil ein Kausalitätsnachweis hier grundsätzlich nicht möglich ist.

Der AG ordnet eine veränderte Leistung an. Er muss nicht begründen, weshalb er die ändernde Anordnung trifft, sondern nur eindeutig die Zulässigkeit der Änderungsanordnung gemäß § 1 VOB/B darlegen.

Wenn zwischen vereinbarter Leistung und veränderter Leistung von dem AG keine Kausalität dargelegt werden muss, besteht vorerst auch kein direkter Anlass, von dem AN einen Kausalitätsnachweis zu verlangen, weshalb sich die veränderte Preisermittlungsgrundlage durch die ändernde Anordnung des AG aus der unveränderten Preisermittlungsgrundlage kausal ableiten lässt. Diese Begründung allein ist allerdings nicht abschließend, weil z. B. bei verändertem Baugrund der Zusammenhang zwischen ursprünglicher und veränderter Preisermittlungsgrundlage (Verfahrenstechnik) vom AN durchaus darzulegen ist. Insofern werden Einzelfälle zu diskutieren sein.

Da dieses Problem allgemeingültigen Charakter hat, sind in der VOB/C hierfür bereits Regelungen getroffen worden. Die von den Vertragspartnern vereinbarten Maßnahmen sind geänderte oder zusätzliche Leistungen und zu vergüten. Kausalitätsnachweise bzgl. der veränderten Preisermittlungsgrundlagen entfallen.

Die Vergütung wird an die vereinbarten Maßnahmen gekoppelt.

---

[17]   Vgl. Schottke: Rechtlicher Regelungsbedarf im Falle von „learning by doing", 2006, S. 71 f.
[18]   Schottke/Wirth/Fischer: Kommentar zur VOB/C DIN 18312 Untertagebau, 2008, S. 709 und Rdn. 90.

Von der Feststellung der veränderten Preisermittlungsgrundlage muss die Nachtragskalkulation getrennt werden. Die Feststellung der angemessenen Preisermittlungsgrundlage und deren Auftragskalkulation sowie die veränderte Preisermittlungsgrundlage sind die Voraussetzung für die Fortschreibung der Auftragskalkulation.

Hinsichtlich der Vergütung muss selbstverständlich geklärt werden, ob mit dem gemäß Kalkulation angenommenen Verfahren der Erfolg hätte herbeigeführt werden können. Erst wenn dieses überprüft worden ist, also bekannt ist, mit welchen Maßnahmen der Vertrag hätte erfüllt werden können, können die kalkulierten Ressourcen angemessen fortgeschrieben werden.

6.0

Die Feststellung jener Technik, mit der die unveränderte Leistung hätte erfolgreich hergestellt werden können, ist die entscheidende Ausgangsgröße für die Feststellung der dazu äquivalenten veränderten Vergütung.

Die veränderte äquivalente Vergütung ergibt sich aus den vereinbarten veränderten technischen Maßnahmen und den ordnungsgemäß fortgeschriebenen Auftragskalkulationsdaten.

6.4 Nachweisschritte bzgl. der veränderten und unveränderten Preisermittlungsgrundlage

Bei dem Nachweis der berechtigten Anspruchshöhe ist die zu der veränderten Leistung äquivalente Preisermittlungsgrundlage festzustellen. Da die Preisermittlungsgrundlage fortzuschreiben ist, müssen die unveränderte und die veränderte Preisermittlungsgrundlage ermittelt werden. Hierfür sind folgende technisch-baubetrieblichen Fragen zu beantworten und juristisch zu bewerten:

a) Welche Preisermittlungsgrundlage war für die Erbringung der Vertragsleistung angemessen?

b) Welche veränderte Preisermittlungsgrundlage muss der Nachtragskalkulation zugrunde gelegt werden?

Es ist aufgrund praktischer Gegebenheiten grundsätzlich nicht möglich, eine Kausalität nachzuweisen. Es ist nach Auffassung des Verfassers auch nicht erforderlich, weil es nicht um Kausalitäten sondern um Äquivalenzen geht. Warum soll bei veränderten Leistungen eine Kausalität nachgewiesen werden, wenn bei unveränderten Leistungen zwischen Leistung und Vergütung auch nur eine Äquivalenz durch einen Wettbewerb hergestellt wird?

6.5 Nachweisschritte einer Nachtragskalkulation

Folgende Nachweisschritte sind für die Feststellung der berechtigten Nachtragshöhe zu führen, wenn die Preisermittlungsgrundlage für die unveränderte und veränderte Leistung festgestellt worden ist.

Feststellung der angemessenen Ressourcen der unveränderten Preisermittlungsgrundlage:

1. Feststellung der kalkulierten Ressourcen, die der Kalkulator bzgl. der betroffenen Positionen der Kalkulation zugrunde gelegt hat.

2. Beurteilung der Angemessenheit der kalkulierten Ressourcen und Kalkulationsansätze als Grundlage für die angemessene Fortschreibung der Ressourcen.

Feststellung der veränderten Ressourcen der veränderten Preisermittlungsgrundlage und deren Bewertung:

3. Feststellung der infolge der veränderten Preisermittlungsgrundlage veränderten Ressourcen und Kalkulationsansätze.

4. Bewertung der veränderten Ressourcen mit Preisansätzen der Auftragskalkulation oder der veränderten Kalkulationsansätze.

Die Feststellung der veränderten und unveränderten Preisermittlungsgrundlage ist Ausgangsvoraussetzung für die Nachtragskalkulation. Die Schritte 1 und 2 gehören zu der unveränderten Preisermittlungsgrundlage. Sie beinhalten die Feststellung und Überprüfung der kalkulierten Ressourcen.

Die Schritte 3 und 4 dienen folgerichtig der Ermittlung der berechtigten Nachtragshöhe.

6.6   Zusammenhang zwischen veränderter Preisermittlungsgrundlage und Nachtragskalkulation

Bild 22 zeigt den systematischen Zusammenhang zwischen veränderter Preisermittlungsgrundlage und Nachtragskalkulation. Die im vorigen Kapitel aufgeführten Nachweisschritte sind hierbei getrennt nach Preisermittlungsgrundlage und Kalkulation dargestellt.

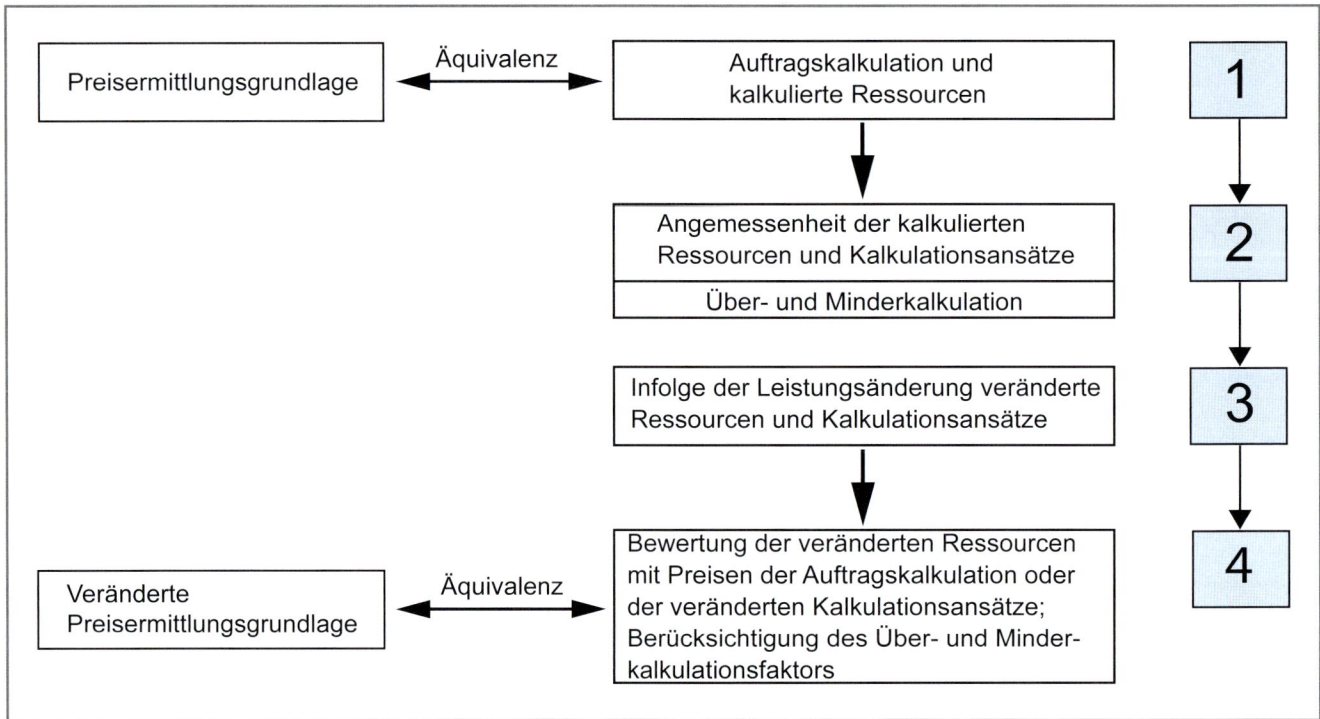

Bild 22:   Baubetriebswirtschaftliche Nachweisschritte einer Nachtragskalkulation

Die in Bild 22 dargestellten vier Prüfschritte sind für eine ordnungsgemäße Nachtragskalkulation immer durchzuführen. Schritt 1, 3 und 4 sind selbsterklärend. Für das Verständnis der Über- und Minderkalkulationsfaktoren muss der Schritt 2 erläutert werden.

6.7   Feststellung der Über- und Minderkalkulation (Schritt 2 der Nachtragskalkulation)

Die Über- und Minderkalkulation wird ermittelt aus dem Verhältnis der tatsächlich kalkulierten Ressourcen zu den eigentlich zu kalkulierenden Ressourcen, die bei unveränderter Leistung zum Erfolg geführt hätten.

Bei der Nachtragskalkulation mit den veränderten Ressourcen ist dieser Faktor wieder zu berücksichtigen. Gewinne und Verluste, die der AN ohne Leistungsänderung erfahren hätte, müssen bei der Nachtragskalkulation fortgeschrieben werden.

Die Prüfung der Angemessenheit beschränkt sich auf jene Ressourcen, die geändert werden müssen. Bei den nicht anzupassenden Ressourcen erfolgt die Fortschreibung auf der Grundlage der Kalkulation. Der Grundsatz „Schlechter Preis bleibt schlechter Preis und guter Preis bleibt guter Preis" wird hierdurch automatisch eingehalten.

Bei Prüfschritt zwei bzgl. der anzupassenden Preise kann das Ergebnis der Überprüfung in drei Varianten aufgeteilt werden:

1. Der Preis ist angemessen.

2. Der Preis ist zu niedrig.

3. Der Preis ist zu hoch.

Soweit der kalkulierte Preis angemessen ist, beträgt der Minder- oder Überkalkulationsfaktor genau 1,0. Wenn der Preis zu niedrig ist, ergibt sich ein Minderkalkulationsfaktor (< 1,0), und wenn der Preis zu hoch, ist ergibt sich ein Überkalkulationsfaktor (> 1,0).

6.8 Zusammenfassung und Darstellung des Gesamtzusammenhangs

Insofern müssen – soweit Minder- und Überkalkulationen vorliegen – in Einzelfällen Minder- und Überkalkulationsfaktoren ermittelt werden, mittels derer die Minder- und Überkalkulationen bei dem Nachweis der berechtigten Nachtragshöhe gemäß Schritt 4 berücksichtigt werden können. Die Über- und Minderkalkulationsfaktoren ergeben sich aus Schritt 2 der Systematik in den Bildern 22 und 23.

6.0

Bild 23 zeigt den systematischen Zusammenhang zwischen der Leistung, der Preisermittlungsgrundlage sowie der Kalkulation.

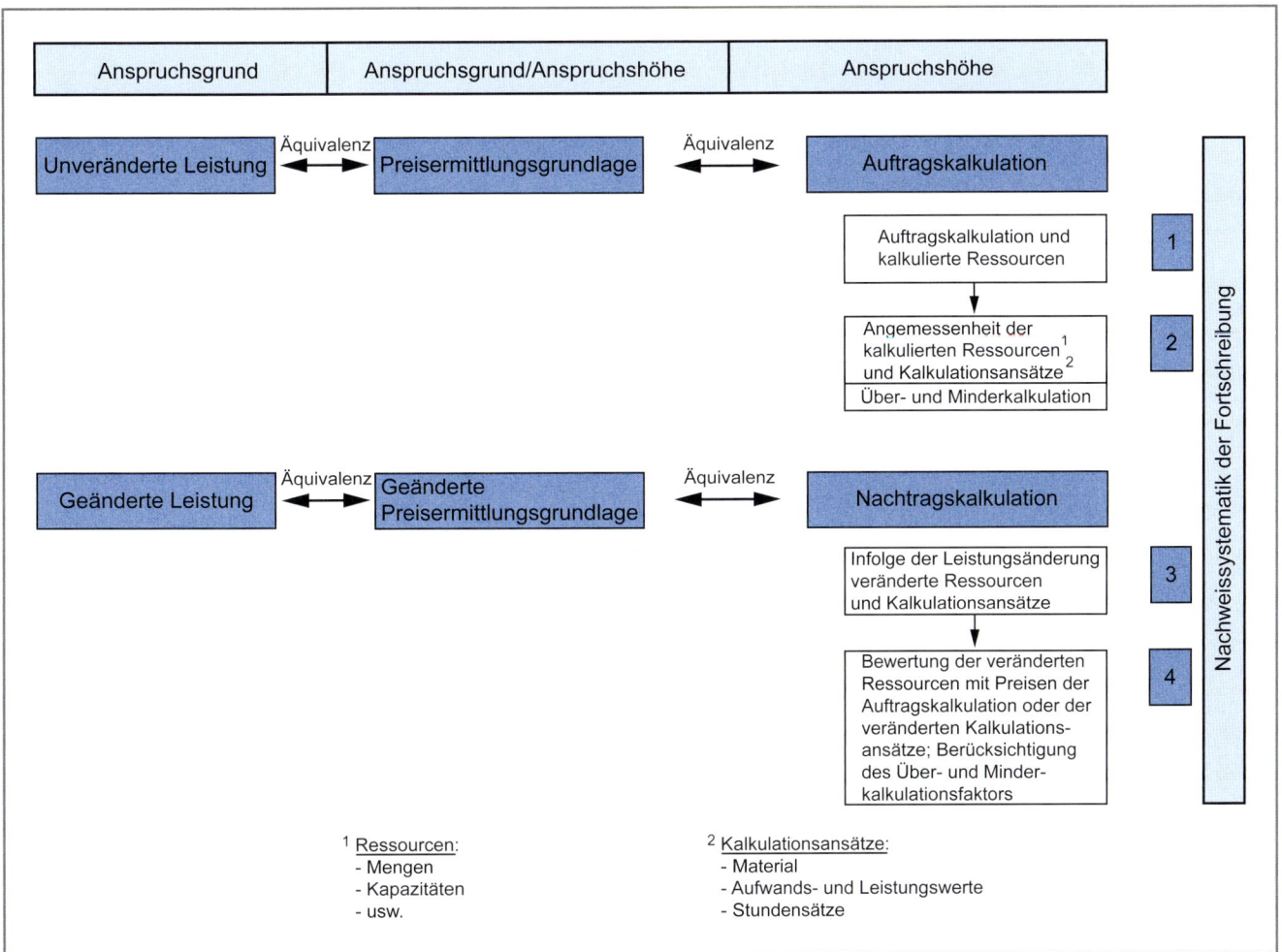

Bild 23: Baubetriebswirtschaftliche Nachweisschritte einer Nachtragskalkulation

Es ist bzgl. des Zusammenhangs zwischen geänderter Leistung und geänderter Preisermittlungsgrundlage keine Kausalität sondern die Äquivalenz nachzuweisen.

Die vorgestellten vier Nachweisschritte bzgl. der Nachtragskalkulation sind wissenschaftlich unabdingbar erforderlich. Die baupraktischen Erfordernisse werden aber bei Bagatellfällen keinen Nachweis dieser Qualität sinnvoll und möglich machen. Es werden geringere Anforderungen zulässig sein müssen.

7.0   Formblätter des Bundesministeriums für Verkehr, Bau und Stadtentwicklung (BMVBS)

7.1   EFB als Bestandteil des Vergabe- und Vertragshandbuchs

Die EFB sind Bestandteil des Vergabe- und Vertragshandbuchs für die Baumaßnahmen des Bundes (VHB), das vom Bundesministerium für Verkehr, Bau und Stadtentwicklung herausgegeben wird.

Das VHB enthält u. a. Richtlinien, Verdingungsmuster, Formblätter und allgemeine Vorschriften für die Vergabe von Bauaufträgen und deren Abwicklung. Es wurde ursprünglich mit Erlass vom 14.12.1973 eingeführt und seitdem mehrfach durch eine Bund-Länder-Arbeitsgruppe überarbeitet. Das Vergabe- und Vertragshandbuch des Bundes stellt eine interne Dienstanweisung für öffentliche Auftraggeber dar, welche auch von den Ländern und Gemeinden weitgehend übernommen wurde und sich in den fast 35 Jahren seines Bestehens zu einer wichtigen Basis für die Vorbereitung und Abwicklung von Bauverträgen entwickelt hat. Als Grundlage für die weiteren Betrachtungen wird hier die Ausgabe 2008 verwendet.[19]

Die im VHB enthaltenen Formblätter sind u. a. als „e-Formulare" per Download über die Homepage des Bundesministeriums für Verkehr, Bau und Stadtentwicklung erhältlich.[20] Im Zusammenhang mit der Preisermittlung sind hier insbesondere die Formblätter 221 (Preisermittlung bei Zuschlagskalkulation, vgl. Bilder 24 und 25), 222 (Preisermittlung bei Kalkulation über die Endsumme, vgl. Bilder 26 und 27) und 223 (Aufgliederung der Einheitspreise, vgl. Bild 28)[21] von Interesse, welche im Folgenden näher vorgestellt und erläutert werden.

Die Formblätter 221 bzw. 222 sind gemäß der Richtlinien zu 211 „Aufforderung zur Abgabe eines Angebots" (VHB, Abschnitt 2) seitens der ausschreibenden Stelle den Vergabeunterlagen beizufügen, wenn die voraussichtliche Angebotssumme mehr als 50.000 € betragen wird.

Das Formblatt 223 ist gemäß der Richtlinien zu 211 ebenfalls dann beizufügen, wenn die voraussichtliche Angebotssumme mehr als 50.000 € betragen wird. In diesem Fall sind die aufzugliedernden Teilleistungen seitens der ausschreibenden Stelle so vorzugeben, dass sich die für die Angebotssumme maßgebenden Kalkulationsbestandteile beurteilen lassen. Wenn die voraussichtliche Angebotssumme mehr als 100.000 € betragen wird, sind zur Aufgliederung der Einheitspreise alle Teilleistungen vorzugeben.[22]

7.2   Begründung für die Einführung und Zielsetzung der EFB

Die Formblätter wurden seit Bestehen des VHB mehrfach überarbeitet, wobei die grundsätzliche Zielsetzung, die mit ihrer Einführung beabsichtigt wurde, weiterhin gilt:

Die Formblätter 221 bis 223 dienen insbesondere der Beurteilung der Angemessenheit der Angebotspreise[23] und somit einer sachgerechten Wertung nach § 25 VOB/A. Außerdem können sie Aufschlüsse über die Preisermittlungsgrundlage bei Nachtragsvereinbarungen gemäß § 2 VOB/B geben und sollen die Bieter zu einer ordnungsgemäßen Preisermittlung anhalten.[24]

Die Formblätter 221 bis 223 beinhalten Informationen über die Kalkulation und ermöglichen damit die Erstellung und Prüfung der Nachtragskalkulation.

Insgesamt können drei Zielsetzungen genannt werden, die mit den EFB verfolgt werden:

1. Prüfung der Angebote auf Angemessenheit (bei öffentlichen Bestellern gemäß § 25 Nr. 3 VOB/A)

2. Aufstellen und Prüfen von Nachträgen

3. Motivation der Auftragnehmer zu einem ordnungsgemäßen Rechnungswesen

Insbesondere Punkt 3 vermittelt den Eindruck, als handele es sich bei den EFB um eine ausschließliche Schöpfung der AG-Vertreter und -Verbände. Dieses ist nicht der Fall.

---

[19]   BMVBS: VHB – Vergabe- und Vertragshandbuch für die Baumaßnahmen des Bundes, Ausgabe 2008.
[20]   www.bmvbs.de.
[21]   Vgl. auch Schottke/Strehlke: Ausschreibungs-, Vergabe-, Angebots- und Auftragsunterlagen – Anlagenband 1, 2009, Kap. 1.3.2.
[22]   Vgl. BMVBS: VHB – Vergabe- und Vertragshandbuch für die Baumaßnahmen des Bundes, 2008, Abschnitt 2, Richtlinien zu 223.
[23]   Vgl. BMVBS: VHB – Vergabe- und Vertragshandbuch für die Baumaßnahmen des Bundes, 2008, Abschnitt 2, Richtlinien zu 211, Ziffer 1.
[24]   Siehe auch Schreiben des Bundesministers für Raumordnung, Bauwesen und Städtebau vom 08.04.1986 an die Oberfinanzdirektionen und die Bundesbaudirektion zur Einführung der überarbeiteten EFB-Preis.

Die Verbände der Hersteller haben – zumindest 1986 – akzeptiert, dass ein ordnungsgemäßes Rechnungswesen für den Hersteller von entscheidender Bedeutung ist und dass die EFB eine Möglichkeit darstellen, den Hersteller zu veranlassen, gegebenenfalls das vorhandene Rechnungswesen den Erfordernissen anzupassen.

Im Ergebnis bleibt festzuhalten, dass der Hersteller, der Nachträge prüfbar einreichen will, die Zusammensetzung der Einheitspreise offenlegen und daraus seinen Anspruch der Höhe nach darlegen muss. Hierfür sind die EFB oder ein vergleichbarer Nachweis eine unabdingbare Voraussetzung. Die Zielsetzung der EFB wird im Folgenden in Form von Auszügen aus dem Schreiben des Bundesministers für Raumordnung, Bauwesen und Städtebau vom 08.04.1986 verdeutlicht:

7.0

„I. Neufassung der Formblätter EFB-Preis:

1. Hiermit führe ich die Formblätter EFB-Preis 1 a, 1 b und 1 Ausbau sowie EFB-Preis 2 (Fassung 1986) ein. Sie ersetzen die bisherigen EFB-Preis 1 (1978) und Preis 2 (1975) des VHB.
    Die Neufassung der EFB-Preis ist notwendig, weil die bisher verwendeten Formblätter keine ausreichende Aufschlüsselung der Preise zuließen und für eine Preisermittlung mittels Zuschlagskalkulation nicht geeignet waren.

    Mit den neuen Formblättern sollen aussagekräftige Grundlagen für die Beurteilung der Angemessenheit der Preise und damit für eine sachgerechtere Wertung geschaffen werden. Zugleich sollen die Bieter zu einer ordnungsgemäßen Preisermittlung angehalten werden.
    Über die Erfahrungen mit den neuen EFB-Preis, insbesondere hinsichtlich der Wertgrenzen bitte ich mir zum 01.04.1989 zu berichten.

2. Die Formblätter EFB-Preis 1 sehen eine Aufgliederung in Einzelkosten der Teilleistungen, Baustellengemeinkosten, Allgemeine Geschäftskosten, sowie Wagnis und Gewinn vor. Die Bieter haben anzugeben, wie und in welcher Höhe Baustellengemeinkosten, Allgemeine Geschäftskosten, Wagnis und Gewinn auf die Einzelkosten für Löhne, Stoffe, Geräte und Nachunternehmer umgelegt werden.

    In den EFB-Preis 1 a und 1 Ausbau werden die umzulegenden Kosten (Baustellengemeinkosten, Allgemeine Geschäftskosten, Wagnis und Gewinn) als aufgrund von Erfahrungswerten ermittelte Zuschläge objektbezogen ausgewiesen und den Lohn- und Stoffkosten – ggf. auch den Gerätekosten und Nachunternehmerleistungen – zugerechnet (Preisermittlung bei Zuschlagskalkulation).

    Beim EFB-Preis 1 a und 1 b ist der Kalkulationslohn, beim EFB-Preis 1 Ausbau der Mittellohn oder der Kalkulationslohn Bezugsgröße für die Lohnkosten.

    Im EFB-Preis 1 b werden die Gemeinkostenbeträge für die jeweils anzubietenden Bauleistung besonders ermittelt und umgelegt (Preisermittlung bei Kalkulation über die Endsumme).

    Das EFB-Preis 2 wurde den in den EFB-Preis 1 aufgeführten Kostenarten angeglichen; dementsprechend werden in Spalte 8 die Nachunternehmerleistungen aufgeführt.

3. Die EFB-Preis sind den Verdingungsunterlagen beizufügen, wenn die Angebotssumme bei Leistungen des Bauhauptgewerbes mehr als 250.000,-- DM, bei Ausbauleistungen voraussichtlich mehr als 100.000 DM betragen wird. Bei der Vergabe von Leistungen des Bauhauptgewerbes sind in der Regel die EFB-Preis 1 a, 1 b und 2, bei allen anderen Leistungen in der Regel die EFB-Preis 1 Ausbau und 2 beizufügen. Soweit es zur Beurteilung der Angemessenheit der Angebotspreise – z. B. wegen der Eigenart der Leistung – im Einzelfall erforderlich ist, können die EFB-Preis auch bei geringeren Angebotssummen angefordert werden.

    Bei Leistungen des Bauhauptgewerbes bleibt es dem Bieter überlassen, ob er das Formblatt EFB-Preis 1 a oder 1 b entsprechend der in seinem Betrieb üblichen Kalkulationsmethode einreicht.

4. Die EFB-Preis werden nicht Vertragsbestandteil, da im Vertrag nur die Preise, nicht aber die Art ihres Zustandekommens und insbesondere nicht die einzelnen Preisbestandteile vereinbart werden. Sie sind aber wesentliche Grundlage für die Beurteilung des Angebots bei der Wertung nach § 25 VOB/A (vgl. auch Nr. 1 der VHB-Richtlinie zu § 25 VOB/A). Außerdem können sie Aufschlüsse über die Preisermittlungsgrundlagen bei Preisvereinbarungen nach § 2 Nr. 3, 5 und 6 VOB/B bieten (vgl. Nr. 3 der VHB-Richtlinie zu § 2 VOB/B und Leitfaden für die Berechnung der Vergütung bei Nachtragsvereinbarungen nach § 2 VOB/B).

221
(Preisermittlung bei Zuschlagskalkulation)

Bieter	Vergabenummer	Datum

Baumaßnahme

Angebot für

Angaben zur Kalkulation mit vorbestimmten Zuschlägen

1	Angaben über den Verrechnungslohn	Zuschlag %	€/h
1.1	**Mittellohn ML** einschl. Lohnzulagen u. Lohnerhöhung, wenn keine Lohngleitklausel vereinbart wird		
1.2	**Lohnzusatzkosten** Sozialkosten, Soziallöhne und lohnbezogene Kosten, als Zuschlag auf **ML**		
1.3	**Lohnnebenkosten** Auslösungen, Fahrgelder, als Zuschlag auf **ML**		
1.4	**Kalkulationslohn KL** (Summe 1.1 bis 1.3)		
1.5	**Zuschlag auf Kalkulationslohn** (aus Zeile 2.4, Spalte 1)		
1.6	**Verrechnungslohn VL** (Summe 1.4 und 1.5, VL im Formblatt 223 berücksichtigen)		

2	Zuschläge auf die Einzelkosten der Teilleistungen = unmittelbare Herstellungskosten					
		Zuschläge in % auf				
		Lohn	Stoffkosten	Geräte-kosten	Sonstige Kosten	Nachunter-nehmer-leistungen
2.1	**Baustellengemeinkosten**					
2.2	**Allgemeine Geschäftskosten**					
2.3	**Wagnis und Gewinn**					
2.4	**Gesamtzuschläge**					

Bild 24: Formblatt 221 (Preisermittlung bei Zuschlagskalkulation), S. 1

221
(Preisermittlung bei Zuschlagskalkulation)

7.0

3.	Ermittlung der Angebotssumme	Einzelkosten der Teil-leistungen = unmittel-bare Herstellungskos-ten €	Gesamt-zuschläge gem. 2.4 %	Angebotssumme €
3.1	**Eigene Lohnkosten** Verrechnungslohn (1.6) x Gesamtstunden			
	x			
3.2	**Stoffkosten** (einschl. Kosten für Hilfsstoffe)			
3.3	**Gerätekosten** (einschließlich Kosten für Energie und Betriebs-stoffe)			
3.4	**Sonstige Kosten** (vom Bieter zu erläutern)			
3.5	**Nachunternehmerleistungen** [1]			
	Angebotssumme ohne Umsatzsteuer			

eventuelle Erläuterungen des Bieters:

___

[1] Auf Verlangen sind für diese Leistungen die Angaben zur Kalkulation der(s) Nachunternehmer(s) dem Auftraggeber vorzu-legen.

© VHB   VHB - Bund - Ausgabe 2008   Seite 2 von 2

Bild 25:   Formblatt 221 (Preisermittlung bei Zuschlagskalkulation), S. 2

222

(Preisermittlung bei Kalkulation über die Endsumme)

Bieter	Vergabenummer	Datum
Baumaßnahme		
Angebot für		

Angaben zur Kalkulation über die Endsumme

1.	Angaben über den Verrechnungslohn			Lohn €/h
1.1	Mittellohn ML einschl. Lohnzulagen u. Lohnerhöhung, wenn keine Lohngleitklausel vereinbart wird			
1.2	Lohnzusatzkosten Sozialkosten, Soziallöhne und lohnbezogene Kosten			
1.3	**Lohnnebenkosten** Auslösungen, Fahrgelder			
1.4	**Kalkulationslohn KL** (Summe 1.1 bis 1.3)			

Berechnung des Verrechnungslohnes nach Ermittlung der Angebotssumme (vgl. Blatt 2)

1.5	**Umlage auf Lohn** (Kalkulationslohn x v.H. Umlage aus 2.1)	€/h	v.H.	
1.6	**Verrechnungslohn VL** (Summe 1.4 und 1.5)			

eventuelle Erläuterungen des Bieters:

Bild 26:   Formblatt 222 (Preisermittlung bei Kalkulation über die Endsumme), S. 1

222

(Preisermittlung bei Kalkulation über die Endsumme)

Ermittlung der Angebotssumme		Betrag €	Gesamt €		Umlage Summe 3 auf die Einzelkosten für die Ermittlung der EH-Preise	
					%	€
2	Einzelkosten der Teilleistungen = unmittelbare Herstellungskosten					
2.1	Eigene Lohnkosten					
	Kalkulationslohn (1.4) x Gesamtstunden: x			x		
2.2	Stoffkosten (einschl. Kosten für Hilfsstoffe)			x		
2.3	Gerätekosten (einschl. Kosten für Energie und Betriebsstoffe)			x		
2.4	Sonstige Kosten (Vom Bieter zu erläutern)			x		
2.5	Nachunternehmerleistungen [1]			x		
Einzelkosten der Teilleistungen (Summe 2)					noch zu verteilen	

Zusammensetzung der Umlagesummen	Umlage gesamt (€)	Anteil BGK (€)	Anteil AGK (€)	Anteil W+G (€)
2.1 eigene Lohnkosten				
2.2 Stoffkosten				
2.3 Gerätekosten				
2.4 Sonstige Kosten				
2.5 Nachunternehmerleistungen				

3	Baustellengemeinkosten, Allgemeine Geschäftskosten, Wagnis und Gewinn		
3.1	Baustellengemeinkosten (soweit hierfür keine besonderen Ansätze im Leistungsverzeichnis vorgesehen sind		
3.1.1	Lohnkosten einschließlich Hilfslöhne		
	Bei Angebotssummen unter 5 Mio € : Angabe des Betrages		
	Bei Angebotssummen über 5 Mio € : Kalkulationslohn (1.4) x Gesamtstunden: x		
3.1.2	Gehaltskosten für Bauleitung, Abrechnung Vermessung usw.		
3.1.3	Vorhalten u. Reparatur der Geräte u. Ausrüstungen, Energieverbrauch, Werkzeuge u. Kleingeräte, Materialkosten f. Baustelleneinrichtung		
3.1.4	An- u. Abtransport der Geräte u. Ausrüstungen, Hilfsstoffe, Pachten usw.		
3.1.5	Sonderkosten der Baustelle, wie techn. Ausführungsbearbeitung, objektbezogene Versicherungen usw.		
Baustellengemeinkosten (Summe 3.1)			
3.2	Allgemeine Geschäftskosten (Summe 3.2)		
3.3	Wagnis und Gewinn (Summe 3.3)		
Umlage auf die Einzelkosten (Summe 3)			
Angebotssumme ohne Umsatzsteuer (Summe 2 und 3)			

---

[1]   Auf Verlangen sind für diese Leistungen die Angaben zur Kalkulation der(s) Nachunternehmer(s) dem Auftraggeber vorzulegen.

© VHB   VHB - Bund - Ausgabe 2008   Seite 2 von 2

Bild 27:   Formblatt 222 (Preisermittlung bei Kalkulation über die Endsumme), S. 2

223
(Aufgliederung der Einheitspreise)

Bieter	Vergabenummer	Datum
Baumaßnahme		
Angebot für		

Aufgliederung der Einheitspreise

OZ des LV [1]	Kurzbezeichnung d. Teilleistung [1]	Menge [1]	Mengen-einheit [1]	Zeitan-satz [2]	Teilkosten einschl. Zuschläge in € (ohne Umsatzsteuer) je Mengeneinheit [2]				Angebotener Einheitspreis (Sp. 6+7+8+9)
					Löhne [2, 3]	Stoffe [2]	Geräte [2, 4]	Sonstiges [2]	
1	2	3	4	5	6	7	8	9	10

[1] Wird vom Auftraggeber vorgegeben.
[2] Ist bei allen Teilleistungen anzugeben, unabhängig davon ob sie der Auftragnehmer oder ein Nachunternehmer erbringen wird.
[3] Sofern der zugrunde gelegte Verrechnungslohn nicht mit den Angaben in den Formblättern 221 oder 222 übereinstimmt, hat der Bieter dies offenzulegen.
[4] Für Gerätekosten einschl. der Betriebsstoffkosten, soweit diese den Einzelkosten der angegebenen Ordnungszahlen zuge-rechnet worden sind.

© VHB   VHB - Bund - Ausgabe 2008   Seite 1 von 1

Bild 28:   Formblatt 223 (Aufgliederung der Einheitspreise)

7.0

5. Wegen der Bedeutung, die die EFB-Preis für die Beurteilung der Angebote haben, muß das Bauamt darauf hinwirken, daß die Bieter die angeforderten Formblätter mit dem Angebot einreichen.

   Die Bieter werden in Nr. 2.7 des EVM(B)BB darauf hingewiesen, daß die Nichtabgabe der EFB-Preis dazu führen kann, daß das Angebot nicht berücksichtigt wird. (Bis zum Neudruck der EVM wird dies auf den Formblättern vermerkt.)

   Wird durch das Fehlen der angeforderten Formblätter eine ordnungsgemäße und zutreffende Wertung behindert oder vereitelt, ist das Angebot nach § 24 Nr. 2 VOB/A unberücksichtigt zu lassen.

   Bei Zweifeln an der Schlüssigkeit oder Richtigkeit der Angaben der EFB-Preis soll das Bauamt bei Erörterungen gemäß § 24 VOB/A Klärung herbeiführen und nötigenfalls die Berichtigung unschlüssiger oder unzutreffender Ansätze in den Formblättern verlangen.

   Eine solche Berichtigung ist nach § 24 VOB/A zulässig, weil sie der Aufklärung über das Angebot und die Angemessenheit der Preise dient. Sie darf jedoch nicht zu einer Änderung der Preise führen."

Es ist festzustellen, dass zunehmend auch private Auftraggeber den Sinn und Zweck der EFB erkennen und diese auch gezielt einsetzen. Der Besteller ist ohne Kenntnis der Kalkulation des Herstellers zwangsläufig der Gefahr ausgesetzt, dass der Hersteller in Kenntnis der Leistungsänderungen die Auftragskalkulation so nachweist, dass die Nachträge für ihn günstig ausfallen.

Auch im Nachunternehmerbereich ergibt sich daraus zunehmend eine allgemeine Tendenz, die EFB oder gleichwertige Unterlagen einzusetzen. Folgend werden die derzeit gültigen EFB mit Bezug auf das vorliegende Beispielprojekt erläutert.

7.3 Inhalt der Formblätter 221 bis 223

7.3.1 Formblätter 221 und 222

Bei den ergänzenden Formblättern des Vergabe- und Vertragshandbuchs werden Kalkulationen mit vorbestimmten Zuschlägen und Kalkulationen über die Endsumme unterschieden. Je nachdem, welche Kalkulationsmethode der Bieter angewendet hat, sind die Angaben zur Kalkulation entweder im Formblatt 221 (Preisermittlung bei Zuschlagskalkulation) oder im Formblatt 222 (Preisermittlung bei Kalkulation über die Endsumme) vorzunehmen.

Sowohl aus dem Formblatt 221 als auch aus dem Formblatt 222 können folgende Elemente der Preisermittlung objektbezogen entnommen werden:

- Zusammensetzung des Verrechnungslohns

- Kalkulierte Gesamtstunden (eigene Lohnkosten)

- EKT-Summen bzgl. eigener Lohnkosten, Stoffkosten, Gerätekosten, Sonstiger Kosten und Nachunternehmerleistungen

- Zuschlagssätze auf EKT Lohnkosten, EKT Stoffkosten, EKT Gerätekosten, EKT Sonstige Kosten und EKT Nachunternehmerleistungen

- Jeweilige Gesamtbeträge der Lohnkosten (EKT + Umlage auf EKT), der Stoffkosten (EKT + Umlage auf EKT), der Gerätekosten (EKT + Umlage auf EKT), der Sonstigen Kosten (EKT + Umlage auf EKT) und der Nachunternehmerleistungen (EKT + Umlage auf EKT)

- Angebotssumme (ohne Umsatzsteuer)

- Aufgliederung der Gesamtzuschläge bzw. Umlagesummen für die einzelnen Kostenarten in BGK-Anteil, AGK-Anteil und WuG-Anteil

Aus dem Formblatt 222 sind als weitere Angabe eine grobe Aufgliederung der Baustellengemeinkosten (BGK), die BGK-Summe, die Summe der Allgemeinen Geschäftskosten (AGK), die Summe aus Wagnis und Gewinn (WuG) sowie der Gesamt-Umlagebetrag auf die EKT abzulesen.

Das Vergabe- und Vertragshandbuch sieht vor, dass das ausgefüllte Formblatt 221 bzw. 222 – je nach Kennzeichnung im Formblatt 211 (Aufforderung zur Abgabe eines Angebots) – entweder mit dem Angebot abzugeben oder ab Verlangen der Vergabestelle innerhalb von sieben Kalendertagen vorzulegen ist. Die Nichtabgabe der in den Ausschreibungsunterlagen geforderten Erklärungen nach den Formblättern 221 bzw. 222 führt dabei gemäß einem BGH-Urt. v. 07.06.05 zwingend zum Ausschluss von der Wertung.[25]

Das Formblatt 221 beinhaltet Angaben zur Kalkulation mit vorbestimmten Zuschlägen. In der Baubranche ist eine Zuschlagskalkulation – entweder als Kalkulation über die Endsumme oder als Kalkulation mit vorbestimmten Zuschlägen – üblich. In größeren Firmen und/oder für komplexe Bauvorhaben wird dabei überwiegend die Kalkulation über die Endsumme praktiziert, da diese eine genauere Kalkulation ermöglicht. Durch den inzwischen sehr weit verbreiteten Einsatz verschiedener Kalkulationsprogramme ist der Vorteil der Kalkulation mit vorbestimmten Zuschlägen – die vereinfachte Berechnung – als gering einzustufen.

Da jedoch sowohl Kalkulationen über die Endsumme als auch Kalkulationen mit vorbestimmten Zuschlägen zulässig sind, gibt es neben dem Formblatt 221 (Preisermittlung bei Zuschlagskalkulation) auch das Formblatt 222 (Preisermittlung bei Kalkulation über die Endsumme). Nachfolgend wird erläutert, wie diese Formblätter auszufüllen sind.

7.3.2   Formblatt 221 (Preisermittlung bei Zuschlagskalkulation)

Das Formblatt 221 besteht aus zwei Seiten (vgl. Bild 24 und Bild 25). Auf der ersten Seite sind neben der genauen Bezeichnung der Baumaßnahme Angaben zum Verrechnungslohn vorzunehmen (Block 1) und die Zuschläge auf die Einzelkosten der Teilleistungen aufzuschlüsseln (Block 2). Auf der zweiten Seite ist die Ermittlung der Angebotssumme darzustellen (Block 3), außerdem ist Raum für eventuelle Erläuterungen des Bieters.

Im Block 1 „Angaben über den Verrechnungslohn" ist darzulegen, mit welchem Mittellohn kalkuliert wurde (Zeile 1.1 des Formblatts 221) und in welcher Höhe Lohnzusatzkosten (Zeile 1.2) bzw. Lohnnebenkosten (Zeile 1.3) berechnet wurden. Des Weiteren ist der Kalkulationslohn, der sich aus dem Mittellohn, den Lohnzusatzkosten und den Lohnnebenkosten zusammensetzt, anzugeben (Zeile 1.4) sowie der Zuschlag auf den Kalkulationslohn (Zeile 1.5). Der Kalkulationslohn bildet zusammen mit dem Zuschlag den Verrechnungslohn (Zeile 1.6).

Im Block 2 „Zuschläge auf die Einzelkosten der Teilleistungen = unmittelbare Herstellungskosten" sind die verwendeten prozentualen Gemeinkostenzuschläge aufzuschlüsseln. Hierbei ist für die vorgegebenen Kostenarten „Lohn", „Stoffkosten", „Gerätekosten", „Sonstige Kosten" und „Nachunternehmerleistungen" jeweils ein Zuschlagssatz für Baustellengemeinkosten, ein Zuschlagssatz für Allgemeine Geschäftskosten, ein Zuschlagssatz für Wagnis und Gewinn sowie ein Gesamtzuschlagssatz anzugeben. Problematisch ist hierbei neben der vorgeschriebenen Gliederung in fünf Kostenarten (der Bieter könnte ja ggf. andere als diese fünf Kostenarten für seine Kalkulation verwenden) auch die Unterscheidung der Zuschläge in Baustellengemeinkosten, Allgemeine Geschäftskosten sowie Wagnis und Gewinn.

Da bei betriebswirtschaftlich korrekter Vorgehensweise die Allgemeinen Geschäftskosten sowie Wagnis und Gewinn nicht nur als Zuschlag auf die EKT sondern auch als Zuschlag auf die BGK ermittelt werden (vgl. auch Abschnitt 15.0), ist die gemäß dem Formblatt 221 vorzunehmende Aufgliederung der Zuschläge äußerst missverständlich und führt in der Praxis häufig zu Widersprüchen und Fehlberechnungen.

Die Angabe des Zuschlags für Baustellengemeinkosten unter Punkt 2.1 des Formblatts 221 mag eine gewisse Berechtigung haben, eine sinnvolle Verwendung der unter 2.2 und 2.3 anzugebenden Zuschläge für Allgemeine Geschäftskosten sowie Wagnis und Gewinn ist jedoch fragwürdig. In Kalkulationsprogrammen werden die Zuschlagssätze für AGK sowie WuG i. d. R. auf Grundlage der Angebotssumme netto (AGSN) ausgewiesen oder in Relation zu den Herstellkosten (Umlagebasis sind also EKT und BGK zusammen). Eine einfache Übernahme der im Kalkulationsprogramm ausgewiesenen Zuschläge in das Formblatt führt zu falschen Ergebnissen. Die Zuschlagssätze müssen erst umgerechnet werden, um eine vollständige, schlüssige und rechnerisch richtige Angabe im Formblatt zu ermöglichen.

Für die betriebswirtschaftlich korrekte Kalkulation und/oder Prüfung von Nachträgen ist – anders als im Formblatt 221 abgefragt – die Angabe der AGK- und WuG-Zuschläge in Bezug auf die Herstellkosten (Umlagebasis EKT und BGK statt Umlagebasis nur EKT) wesentlich aussagekräftiger und sinnvoller. Diese Zuschläge könnten dann nämlich

---

[25]   BGH, Urt. v. 07.06.2005, X ZR 19/02; vgl. auch Bay ObLG, Beschluss vom 28.12.1999 und VK Schleswig-Holstein, Beschluss vom 31.01.2006, UK-SH 33/05.

ohne weitere Umrechnungen verwendet werden, außerdem sind sie aus den meisten Kalkulationsprogrammen direkt abzulesen.

Eine betriebswirtschaftliche Umrechnung der Zuschlagssätze auf die im Einheitlichen Formblatt abgefragte Basis der Einzelkosten der Teilleistungen ist dennoch möglich, wenn auch recht kompliziert. Die Umrechnung wird nachfolgend anhand der Beispielkalkulation erläutert.

Aus dem Schlussblatt der Kalkulation ergeben sich folgende Angaben, welche für die Ermittlung der abgefragten Zuschläge zugrunde gelegt werden:

7.0

- $\sum$ EKT Lohnkosten: 513.651,70 €

- $\sum$ EKT Sonstige Kosten: 229.652,44 €

- $\sum$ EKT Gerätekosten: 207.473,87 €

- $\sum$ EKT Fremdleistungen: 528.463,70 €

- Zuschlagssatz auf EKT Lohn (Angabe auf Basis der EKT): 49,35 %

- Zuschlagssatz auf EKT Sonstige Kosten (Angabe auf Basis der EKT): 15,00 %

- Zuschlagssatz auf EKT Gerätekosten (Angabe auf Basis der EKT): 15,00 %

- Zuschlagssatz auf EKT Fremdleistungen (Angabe auf Basis der EKT): 10,00 %

- Zuschlagssatz für Allgemeine Geschäftskosten (Angabe auf Basis der AGSN, jedoch nur für Eigenleistungen): 7,50 %

- Zuschlagssatz für Allgemeine Geschäftskosten (Angabe auf Basis der AGSN, jedoch nur für Fremdleistungen): 5,50 %

- Zuschlagssatz für Wagnis und Gewinn (Angabe auf Basis der AGSN): 1,50 %

Mit Kenntnis dieser Angaben können die im Formblatt 221 abgefragten Zuschlagssätze wie in Bild 29 bis 32 dargestellt ermittelt werden.

Um beispielsweise die im Formblatt abgefragten Zuschlagssätze für die Lohnkosten angeben zu können, sind zunächst die insgesamt auf die EKT Lohn umgelegten Gemeinkosten zu ermitteln. Diese ergeben sich aus den EKT Lohn multipliziert mit dem kostenspezifischen Zuschlagssatz (vgl. Bild 29, Zeile 2).

Diese Gemeinkostenumlage bildet zusammen mit den EKT den Lohn-Anteil an der AGSN (vgl. Bild 29, Zeile 3). Mit diesem Anteil an der AGSN können die auf den Lohn umgelegten AGK und WuG ermittelt werden. Sie ergeben sich aus den (auf die Basis AGSN bezogenen) Zuschlagssätzen multipliziert mit dem Lohn-Anteil an der AGSN (vgl. Bild 29, Zeilen 4 und 5).

Da die Gemeinkostenumlage insgesamt aus BGK, AGK und WuG besteht, können jetzt die BGK als Differenz aus der in Zeile 2 ermittelten Gemeinkostenumlage und den in den Zeilen 4 und 5 ermittelten AGK sowie WuG berechnet werden (vgl. Bild 29, Zeile 7). Aus den so errechneten Einzelbeträgen resultieren die in das Formblatt einzutragenden Zuschlagssätze. Durch das „In-Verhältnis-Setzen" des in Zeile 7 ermittelten BGK-Betrags mit der EKT-Summe aus Zeile 1 ergibt sich der Zuschlagsfaktor für die BGK. Zeile 4 und Zeile 1 bilden den Zuschlagsfaktor für die AGK und die Zeilen 5 und 1 ergeben den Zuschlagsfaktor für WuG. Die in Bild 30 bis 32 dargestellte Berechnung der Zuschläge für die übrigen Kostenarten erfolgt analog.

Im Block 3 „Ermittlung der Angebotssumme" ist darzustellen, aus welchen Kostenartensummen sich die Angebotssumme zusammensetzt. Hierzu ist zunächst unter Punkt 3.1 „Eigene Lohnkosten" anzugeben, wie hoch der Kalkulationslohn ist und wie viele Lohnstunden insgesamt kalkuliert wurden. Des Weiteren ist die Summe der Lohn-EKT, der Zuschlagssatz auf Lohn-EKT sowie der Gesamtbetrag der Lohnkosten (EKT + Umlage auf EKT) darzustellen. Analog dazu sind unter 3.2 bis 3.5 für die Stoffkosten, die Gerätekosten, die Sonstigen Kosten und die Nachunternehmerleistungen die jeweiligen EKT-Summen, die Zuschlagssätze sowie die Gesamtbeträge (jeweilige Summe zzgl. der Umlage auf die EKT) anzugeben. Die Angebotssumme (ohne Umsatzsteuer) ist ebenfalls im Block 3 anzugeben.

(1) $\sum$ EKT Lohn gem. Schlussblatt:		513.651,70 €
(2) Gemeinkostenumlage auf $\sum$ EKT Lohn:	513.651,70 € * 49,35 % =	253.512,16 €
(3) Lohn-Anteil an der Angebotssumme netto:	513.651,70 € + 253.512,16 € =	767.163,86 €
(4) AGK auf Lohn:	767.163,86 € * 7,50 % =	57.537,29 €
(5) WuG auf Lohn:	767.163,86 € * 1,50 % =	11.507,46 €
(6) AGK + WuG auf Lohn:	57.537,29 € + 11.507,46 € =	69.044,75 €
(7) BGK auf Lohn:	253.512,16 € - 69.044,75 € =	184.467,21 €

Zuschlagssätze auf EKT-Basis:

(8) BGK-Zuschlag $= \dfrac{184.467,21\ €}{513.651,70\ €} = 35{,}912\ \%$

(9) AGK-Zuschlag $= \dfrac{57.537,29\ €}{513.651,70\ €} = 11{,}201\ \%$

(10) WuG-Zuschlag $= \dfrac{11.507,46\ €}{513.651,70\ €} = 2{,}240\ \%$

Bild 29: Ermittlung der Zuschläge auf EKT gemäß Formblatt 221 (Lohnkosten)

(1) $\sum$ EKT Sonstige Kosten gem. Schlussblatt:		229.652,44 €
(2) Gemeinkostenumlage auf $\sum$ EKT SoKo:	229.652,44 € * 15,00 % =	34.447,87 €
(3) SoKo-Anteil an der Angebotssumme netto:	229.652,44 € + 34.447,87 € =	264.100,31 €
(4) AGK auf Sonstige Kosten:	264.100,31 € * 7,50 % =	19.807,52 €
(5) WuG auf Sonstige Kosten:	264.100,31 € * 1,50 % =	3.961,50 €
(6) AGK + WuG auf Sonstige Kosten:	19.807,52 € + 3.961,50 € =	23.769,03 €
(7) BGK auf Sonstige Kosten:	34.447,87 € - 23.769,03 € =	10.678,84 €

Zuschlagssätze auf EKT-Basis:

(8) BGK-Zuschlag $= \dfrac{10.678,84\ €}{229.652,44\ €} = 4{,}650\ \%$

(9) AGK-Zuschlag $= \dfrac{19.807,52\ €}{229.652,44\ €} = 8{,}625\ \%$

(10) WuG-Zuschlag $= \dfrac{3.961,50\ €}{229.652,44\ €} = 1{,}725\ \%$

Bild 30: Ermittlung der Zuschläge auf EKT gemäß Formblatt 221 (Sonstige Kosten)

(1) ∑ EKT Gerätekosten gem. Schlussblatt:		207.473,87 €
(2) Gemeinkostenumlage auf ∑ EKT Geräte:	207.473,87 € * 15,00 % =	31.121,08 €
(3) Geräte-Anteil an der Angebotssumme netto:	207.473,87 € + 31.121,08 € =	238.594,95 €
(4) AGK auf Gerätekosten:	238.594,95 € * 7,50 % =	17.894,62 €
(5) WuG auf Gerätekosten:	238.594,95 € * 1,50 % =	3.578,92 €
(6) AGK + WuG auf Gerätekosten:	17.894,62 € + 3.578,92 € =	21.473,55 €
(7) BGK auf Gerätekosten:	31.121,08 € - 21.473,55 € =	9.647,53 €

Zuschlagssätze auf EKT-Basis:

$$(8) \ \text{BGK-Zuschlag} = \frac{9.647,53 \ €}{207.473,87 \ €} = 4,650 \ \%$$

$$(9) \ \text{AGK-Zuschlag} = \frac{17.894,62 \ €}{207.473,87 \ €} = 8,625 \ \%$$

$$(10) \ \text{WuG-Zuschlag} = \frac{3.578,92 \ €}{207.473,87 \ €} = 1,725 \ \%$$

Bild 31: Ermittlung der Zuschläge auf EKT gemäß Formblatt 221 (Gerätekosten)

(1) ∑ EKT Fremdleistungskosten gem. Schlussblatt:		528.463,70 €
(2) Gemeinkostenumlage auf ∑ EKT Fremdl.:	528.463,70 € * 10,00 % =	52.846,37 €
(3) Fremdl.-Anteil an der Angebotssumme netto:	528.463,70 € + 52.846,37 € =	581.310,07 €
(4) AGK auf Fremdleistungskosten:	581.310,07 € * 5,50 % =	31.972,05 €
(5) WuG auf Fremdleistungskosten:	581.310,07 € * 1,50 % =	8.719,65 €
(6) AGK + WuG auf Fremdleistungskosten:	31.972,05 € + 8.719,65 € =	40.691,70 €
(7) BGK auf Fremdleistungskosten:	52.846,37 € - 40.691,70 € =	12.154,67 €

Zuschlagssätze auf EKT-Basis:

$$(8) \ \text{BGK-Zuschlag} = \frac{12.154,67 \ €}{528.463,70 \ €} = 2,300 \ \%$$

$$(9) \ \text{AGK-Zuschlag} = \frac{31.972,05 \ €}{528.463,70 \ €} = 6,050 \ \%$$

$$(10) \ \text{WuG-Zuschlag} = \frac{8.719,65 \ €}{528.463,70 \ €} = 1,650 \ \%$$

Bild 32: Ermittlung der Zuschläge auf EKT gemäß Formblatt 221 (Fremdleistungskosten)

Das gemäß der Beispielkalkulation ausgefüllte Formblatt 221 ist in den Bildern 33 und 34 dargestellt.[26]

---

[26] Vgl. auch Schottke/Strehlke: Ausschreibungs-, Vergabe-, Angebots- und Auftragsunterlagen – Anlagenband 1, 2009, Kap. 3.2.

221

(Preisermittlung bei Zuschlagskalkulation)

Bieter	Vergabenummer	Datum

Baumaßnahme

Neubau Verwaltungshochhaus

Angebot für

Angaben zur Kalkulation mit vorbestimmten Zuschlägen

1	Angaben über den Verrechnungslohn	Zuschlag %	€/h
1.1	**Mittellohn ML** einschl. Lohnzulagen u. Lohnerhöhung, wenn keine Lohngleitklausel vereinbart wird		14,41
1.2	**Lohnzusatzkosten** Sozialkosten, Soziallöhne und lohnbezogene Kosten, als Zuschlag auf **ML**		12,58
1.3	**Lohnnebenkosten** Auslösungen, Fahrgelder, als Zuschlag auf **ML**		2,01
1.4	**Kalkulationslohn KL** (Summe 1.1 bis 1.3)		29,00
1.5	**Zuschlag auf Kalkulationslohn** (aus Zeile 2.4, Spalte 1)	49,35	14,31
1.6	**Verrechnungslohn VL** (Summe 1.4 und 1.5, VL im Formblatt 223 berücksichtigen)		43,31

2   Zuschläge auf die Einzelkosten der Teilleistungen = unmittelbare Herstellungskosten

2		Zuschläge in % auf				
		Lohn	Stoffkosten	Geräte- kosten	Sonstige Kos- ten	Nachunter- nehmer- leistungen
2.1	**Baustellengemeinkosten**	35,912	–	4,650	4,650	2,30
2.2	**Allgemeine Geschäftskos- ten**	11,201	–	8,625	8,625	6,05
2.3	**Wagnis und Gewinn**	2,240	–	1,725	1,725	1,65
2.4	**Gesamtzuschläge**	49,35	–	15,00	15,00	10,00

Bild 33:   Ausgefülltes Formblatt 221 (Preisermittlung bei Zuschlagskalkulation), S. 1

221

(Preisermittlung bei Zuschlagskalkulation)

3.	Ermittlung der Angebotssumme			
		Einzelkosten der Teilleistungen = unmittelbare Herstellungskosten €	Gesamtzuschläge gem. 2.4 %	Angebotssumme €
3.1	**Eigene Lohnkosten** Verrechnungslohn (1.6) x Gesamtstunden			
	43,31 x *17.712,13*			*767.163,85*
3.2	**Stoffkosten** (einschl. Kosten für Hilfsstoffe)	–	–	–
3.3	**Gerätekosten** (einschließlich Kosten für Energie und Betriebsstoffe)	*207.473,87*	*15,00*	*238.594,95*
3.4	**Sonstige Kosten** (vom Bieter zu erläutern)	*229.652,44*	*15,00*	*264.100,31*
3.5	**Nachunternehmerleistungen** [1]	*528.463,70*	*10,00*	*581.310,07*
	Angebotssumme ohne Umsatzsteuer			*1.851.169,18*

eventuelle Erläuterungen des Bieters:

Die Kostenart "Sonstige Kosten" umfasst sämtliche Herstellkosten, die nicht den Kategorien Lohnkosten, Gerätekosten oder Nachunternehmerleistungen zuzuordnen sind.

---

[1] **Auf Verlangen sind für diese Leistungen die Angaben zur Kalkulation der(s) Nachunternehmer(s) dem Auftraggeber vorzulegen.**

Bild 34: Ausgefülltes Formblatt 221 (Preisermittlung bei Zuschlagskalkulation), S. 2

7.3.3   Formblatt 222 (Preisermittlung bei Kalkulation über die Endsumme)

Das Formblatt 222 besteht ebenfalls aus zwei Seiten (vgl. Bild 26 und Bild 27). Auf der ersten Seite sind neben der genauen Bezeichnung der Baumaßnahme Angaben zum Verrechnungslohn vorzunehmen (Block 1), außerdem ist Raum für eventuelle Erläuterungen des Bieters. Auf der zweiten Seite ist die Ermittlung der Angebotssumme darzustellen (Block 2), die Zusammensetzung der Umlagesummen (Block 2) und der Baustellengemeinkosten aufzuschlüsseln (Block 3) und die Summe der umgelegten AGK sowie von Wagnis und Gewinn anzugeben (Block 3).

Im Block 1 „Angaben über den Verrechnungslohn" ist darzulegen, mit welchem Mittellohn kalkuliert wurde (Zeile 1.1 des Formblatts 222) und in welcher Höhe Lohnzusatzkosten (Zeile 1.2) bzw. Lohnnebenkosten (Zeile 1.3) berechnet wurden. Des Weiteren ist der Kalkulationslohn, der sich aus dem Mittellohn, den Lohnzusatzkosten und den Lohnnebenkosten zusammensetzt, anzugeben (Zeile 1.4) sowie die Umlage auf den Lohn (Zeile 1.5). Der Kalkulationslohn bildet zusammen mit der Umlage den Verrechnungslohn (Zeile 1.6).

Im Block 2 „Ermittlung der Angebotssumme" ist dazustellen, aus welchen Kostenartensummen sich die Angebotssumme zusammensetzt. Hierzu sind zunächst unter Punkt 2.1 „Eigene Lohnkosten" die Höhe des Verrechnungslohns und die Anzahl der kalkulierten Lohnstunden einzutragen. Des Weiteren sind die Summe der Lohn-EKT, der Zuschlagssatz auf Lohn-EKT sowie der Umlagebetrag auf die Lohnkosten anzugeben. Der Umlagebetrag ist darüber hinaus in einen Anteil BGK, einen Anteil AGK und einen Anteil WuG aufzuteilen. Analog dazu sind unter 2.2 bis 2.5 für die Stoffkosten, die Gerätekosten, die Sonstigen Kosten und die Nachunternehmerleistungen die jeweiligen EKT-Summen, Zuschlagssätze sowie Umlagebeträge anzugeben. Die Angebotssumme (ohne Umsatzsteuer) ist ebenfalls – wie auch der Gesamtumlagebetrag – im Block 2 anzugeben.

Im Block 3 „Baustellengemeinkosten, Allgemeine Geschäftskosten, Wagnis und Gewinn" sind zunächst die Baustellengemeinkosten aufzuschlüsseln. Hierbei sind die enthaltenen Lohnkosten einschl. Hilfslöhnen (Zeile 3.1.1), die Gehaltskosten für Bauleitung, Abrechnung, Vermessung usw. (Zeile 3.1.2), Vorhalten und Reparatur der Geräte und Ausrüstungen, Energieverbrauch, Werkzeuge und Kleingeräte sowie Materialkosten für Baustelleneinrichtung (Zeile 3.1.3), An- und Abtransport der Geräte u. Ausrüstungen, Hilfsstoffe, Pachten usw. (Zeile 3.1.4) sowie Sonderkosten der Baustelle (Zeile 3.1.5) anzugeben. Außerdem sind die in der Angebotssumme enthaltenen Beträge für Allgemeine Geschäftskosten (Zeile 3.2) und für Wagnis und Gewinn (Zeile 3.3) darzustellen. Des Weiteren ist im Block 3 der Gesamtumlagebetrag (aus BGK + AGK + WuG) und die Angebotssumme ohne Umsatzsteuer einzutragen.

Hinsichtlich der Aufgliederung der Baustellengemeinkosten enthält das Formblatt 222 den Hinweis, dass diese nur dann aufzuführen sind, soweit für die BGK keine besonderen Ansätze im Leistungsverzeichnis vorgesehen sind. Es können sich jedoch auch dahingehend Missverständnisse ergeben, wenn Gemeinkostenansätze beispielsweise direkt als Bestandteil des Mittellohns kalkuliert wurden, z. B. wenn der Bieter Kleingeräte und Werkzeuge in seinen Kalkulationsmittellohn eingerechnet hat. Der dafür gewählte Ansatz dürfte dann sicherlich nicht in Block 3 aufgeführt werden.

Das gemäß der Beispielkalkulation ausgefüllte Formblatt 222 ist in den Bildern 35 und 36 dargestellt.[27]

7.3.4   Formblatt 223 (Aufgliederung der Einheitspreise)

Das Formblatt 223 (vgl. Bild 28) dient der kostenartenbezogenen Aufgliederung der Einheitspreise und gilt sowohl für Kalkulationen mit vorbestimmten Zuschlägen als auch für Kalkulationen über die Endsumme.

Gemäß der Vorgaben des VHB (Richtlinien zu 223) ist mit dem Formblatt 223 entweder die Aufgliederung der – von der Vergabestellen zu benennenden – wichtigsten Einheitspreise[28] oder aller Einheitspreise[29] anzufordern. Das Vergabe- und Vertragshandbuch sieht vor, dass das ausgefüllte Formblatt 223 auf Verlangen der Vergabestelle innerhalb von sieben Kalendertagen vorzulegen ist.

Für vom Auftraggeber bzw. der ausschreibenden Stelle vorgegebene Teilleistungen (Spalten 1 und 2 des Formblatts 223) ist jeweils die Menge (Spalte 3), Mengeneinheit (Spalte 34) sowie der kalkulierte Zeitansatz (Spalte 5) anzugeben. Des Weiteren sind für die einzelnen Teilleistungen die je Mengeneinheit kalkulierten Teilkosten einschl. Zuschlägen in Löhne (Spalte 6), Stoffe (Spalte 7) Geräte (Spalte 8) und Sonstiges (Spalte 9) aufzugliedern und der Einheitspreis ist anzugeben (Spalte 10).

---

[27]   Vgl. auch Schottke/Strehlke: Ausschreibungs-, Vergabe-, Angebots- und Auftragsunterlagen – Anlagenband 1, 2009, Kap. 3.2.
[28]   Bei erwarteten Angebotssummen über 50.000 €.
[29]   Bei erwarteten Angebotssummen über 100.000 €.

Die im Formblatt 223 geforderten Angaben sind nicht nur für Eigenleistungen zu vorzunehmen, sondern auch dann wenn Leistungen von Nachunternehmern erbracht werden sollen.

Die Nichtabgabe des Formblatts 223 kann ebenfalls gemäß § 25 Nr. 1 Abs. 1b VOB/A zum Ausschluss des Bieters führen.

Das gemäß der Beispielkalkulation ausgefüllte 223 ist in Bild 37 dargestellt.[30]

7.4 Flexible Verwendung von Kostenarten

Mittlerweile wurde bei den Formblättern 221 bis 222 eine Ergänzung bzw. Erweiterung um eine Kostenart vorgenommen (von 4 auf 5 Kostenarten). Somit erfolgt bei der Ermittlung der Angebotssumme eine Aufgliederung der EKT in die Kostenarten „Löhne", „Stoffe", „Gerätekosten", „Sonstige Kosten" und „Nachunternehmerleistungen". Das Formblatt 223 sieht dagegen nur vier Kostenarten vor.

Der in der heutigen Zeit in der Bauwirtschaft vorhandenen, weitaus umfangreicheren Unterscheidung und Einteilung in unterschiedliche Kostenarten wird diese Aufgliederung in fünf Kostenarten nicht gerecht. Eine weitere Anpassung unter Berücksichtigung der bauwirtschaftlichen Gegebenheiten ist erforderlich.

Die Formblätter sollen für Transparenz sorgen und nicht weitere Unklarheiten beim Übertragen der Wertansätze aus der Kalkulation bewirken. Es macht wenig Sinn, acht Kostenarten einer Auftragskalkulation auf vier bzw. fünf Kostenarten in den Formblättern zu reduzieren, wenn hierdurch erneuter Erläuterungsbedarf entsteht. Ferner ist eine Trennung in die Formblätter 221 und 222 überflüssig, weil es sich nicht um unterschiedliche Kalkulationsmethoden handelt.

Die Methode ist identisch. Die beiden Verfahren unterscheiden sich nur darin, dass bei der Kalkulation über die Endsumme die Baustellengemeinkosten objektbezogen ermittelt werden und bei der Kalkulation mit vorausbestimmten Zuschlägen nicht objektbezogen, sondern – wenn überhaupt – unternehmensbezogen.

7.5 Zusammenfassung

Die Zielsetzung, den Grundsatz „Fortschreibung von Wettbewerbspreisen" auch bei Nachträgen erfüllen zu können, ist auf der Basis der Formblätter 221 bis 223 nur teilweise möglich. Die inhaltliche Analyse hat gezeigt, dass trotz diverser Überarbeitungen weiterhin Verbesserungen der Formblätter erforderlich sind.

---

[30] Vgl. auch Schottke/Strehlke: Ausschreibungs-, Vergabe-, Angebots- und Auftragsunterlagen – Anlagenband 1, 2009, Kap. 3.2.

222

(Preisermittlung bei Kalkulation über die Endsumme)

Bieter	Vergabenummer	Datum

Baumaßnahme
Neubau Verwaltungshochhaus

Angebot für

Angaben zur Kalkulation über die Endsumme

1.	**Angaben über den Verrechnungslohn**	Lohn €/h
1.1	Mittellohn ML einschl. Lohnzulagen u. Lohnerhöhung, wenn keine Lohngleitklausel vereinbart wird	*14,41*
1.2	Lohnzusatzkosten Sozialkosten, Soziallöhne und lohnbezogene Kosten	*12,58*
1.3	**Lohnnebenkosten** Auslösungen, Fahrgelder	*2,01*
1.4	**Kalkulationslohn KL** (Summe 1.1 bis 1.3)	*29,00*

Berechnung des Verrechnungslohnes nach Ermittlung der Angebotssumme (vgl. Blatt 2)

1.5	**Umlage auf Lohn** (Kalkulationslohn x v.H. Umlage aus 2.1)	€/h *29,00*	v.H. *49,35*	*14,31*
1.6	**Verrechnungslohn VL** (Summe 1.4 und 1.5)			*43,31*

eventuelle Erläuterungen des Bieters:

Die Kostenart "Sonstige Kosten" umfasst sämtliche Herstellkosten, die nicht den Kategorien Lohnkosten,

Gerätekosten oder Nachunternehmerleistungen zuzuordnen sind.

Bild 35:   Ausgefülltes Formblatt 222 (Preisermittlung bei Kalkulation über die Endsumme), S. 1

222

(Preisermittlung bei Kalkulation über die Endsumme)

Ermittlung der Angebotssumme		Betrag €	Gesamt €		Umlage Summe 3 auf die Einzelkosten für die Ermittlung der EH-Preise	
					%	€
2	**Einzelkosten der Teilleistungen = unmittelbare Herstellungskosten**					
2.1	**Eigene Lohnkosten**					
	Kalkulationslohn (1.4)　x　Gesamtstunden:　29,00 × 17.712,13	513.651,70		x	49,35	253.512,16
2.2	**Stoffkosten** (einschl. Kosten für Hilfsstoffe)	/		x		
2.3	**Gerätekosten** (einschl. Kosten für Energie und Betriebsstoffe)	207.473,87		x	15,00	31.121,08
2.4	**Sonstige Kosten** (Vom Bieter zu erläutern)	229.652,44		x	15,00	34.447,87
2.5	**Nachunternehmerleistungen** [1]	528.463,70		x	10,00	52.846,37
Einzelkosten der Teilleistungen (Summe 2)			1.479.271,70		noch zu verteilen	371.927,48

Zusammensetzung der Umlagesummen

	Umlage gesamt (€)	Anteil BGK (€)	Anteil AGK (€)	Anteil W+G (€)
2.1 eigene Lohnkosten	253.512,16	184.467,41	57.537,29	11.507,46
2.2 Stoffkosten	/	/	/	/
2.3 Gerätekosten	31.121,08	9.647,53	17.894,62	3.578,92
2.4 Sonstige Kosten	34.447,87	10.678,84	19.807,52	3.961,50
2.5 Nachunternehmerleistungen	52.846,37	12.154,67	31.972,05	8.719,65

		Betrag €	Gesamt €
3	**Baustellengemeinkosten, Allgemeine Geschäftskosten, Wagnis und Gewinn**		
3.1	**Baustellengemeinkosten** (soweit hierfür keine besonderen Ansätze im Leistungsverzeichnis vorgesehen sind		
3.1.1	Lohnkosten einschließlich Hilfslöhne		
	Bei Angebotssummen unter 5 Mio € : Angabe des Betrages	1.450,00	
	Bei Angebotssummen über 5 Mio € : Kalkulationslohn (1.4) x Gesamtstunden:　x		
3.1.2	Gehaltskosten für Bauleitung, Abrechnung Vermessung usw.	154.225,06	
3.1.3	Vorhalten u. Reparatur der Geräte u. Ausrüstungen, Energieverbrauch, Werkzeuge u. Kleingeräte, Materialkosten f. Baustelleneinrichtung	39.937,00	
3.1.4	An- u. Abtransport der Geräte u. Ausrüstungen, Hilfsstoffe, Pachten usw.		
3.1.5	Sonderkosten der Baustelle, wie techn. Ausführungsbearbeitung, objektbezogene Versicherungen usw.	21.075,00	
Baustellengemeinkosten (Summe 3.1)			216.687,06
3.2	**Allgemeine Geschäftskosten (Summe 3.2)**		127.472,88
3.3	**Wagnis und Gewinn (Summe 3.3)**		27.767,54
Umlage auf die Einzelkosten (Summe 3)			371.927,48
Angebotssumme ohne Umsatzsteuer (Summe 2 und 3)			1.851.169,18

7.0

---

[1] Auf Verlangen sind für diese Leistungen die Angaben zur Kalkulation der(s) Nachunternehmer(s) dem Auftraggeber vorzulegen.

Bild 36:　Ausgefülltes Formblatt 222 (Preisermittlung bei Kalkulation über die Endsumme), S. 2

223

(Aufgliederung der Einheitspreise)

Bieter	Vergabenummer	Datum

Baumaßnahme

Neubau Verwaltungshochhaus

Angebot für

Aufgliederung der Einheitspreise

OZ des LV [1]	Kurzbezeichnung d. Teilleistung [1]	Menge [1]	Men-gen-einheit [1]	Zeitan-satz [2]	Teilkosten einschl. Zuschläge in € (ohne Umsatzsteuer) je Mengeneinheit [2]				Angebotener Einheitspreis (Sp. 6+7+8+9)
					Löhne [2,3]	Stoffe [2]	Geräte [2,4]	Sonstiges [2]	
1	2	3	4	5	6	7	8	9	10
2.1.03	Baugrubenaushub	6.000	m³	0,067	2,91	2,01	2,79	–	7,71
2.2.06	Beton der Bodenplatte	750	m²	0,098	4,25	14,72	–	1,77	20,74
2.2.10	Beton der Wände d=40, KG	290	m²	0,4	17,32	29,44	–	–	46,76
2.2.33	Beton der Unterzüge 30/60, EG - 4. OG	721	m	0,225	9,75	13,24	–	–	22,99
2.2.37	Beton der Deckenpl., d=20, EG - 4. OG	3.568	m²	0,130	5,63	14,72	–	1,77	22,12
2.2.38	Schalung der Decken-platten, EG - 4. OG	2.863	m²	0,65	28,15	4,60	–	2,30	35,05
2.2.51	Liefern und Verlegen von Stabstahl	100.000	kg	0,001	0,94	–	–	–	0,94

[1] Wird vom Auftraggeber vorgegeben.

[2] Ist bei allen Teilleistungen anzugeben, unabhängig davon ob sie der Auftragnehmer oder ein Nachunternehmer erbringen wird.

[3] Sofern der zugrunde gelegte Verrechnungslohn nicht mit den Angaben in den Formblättern 221 oder 222 übereinstimmt, hat der Bieter dies offenzulegen.

[4] Für Gerätekosten einschl. der Betriebsstoffkosten, soweit diese den Einzelkosten der angegebenen Ordnungszahlen zuge-rechnet worden sind.

© V·H·B   VHB - Bund - Ausgabe 2008   Seite 1 von 1

Bild 37:   Ausgefülltes Formblatt 223 (Aufgliederung der Einheitspreise)

8.0 Anspruchsgründe gemäß § 2 VOB/B

8.1 Überblick und Abgrenzung der unterschiedlichen Leistungsänderungen gemäß § 2 VOB/B

Nachdem die Leistungsänderungsrechte des Bestellers und die Notwendigkeit der Fortschreibung der Wettbewerbspreise behandelt worden sind, werden die Leistungsänderungstypen gemäß § 2 VOB/B erläutert.

Die VOB geht gemäß § 2 Nr. 2 VOB/B von dem Regelfall aus, dass Einheitspreisverträge geschlossen werden. Der § 2 Nr. 2 VOB/B lautet wie folgt:

> Die Vergütung wird nach den vertraglichen Einheitspreisen und den tatsächlich ausgeführten Leistungen berechnet, wenn keine andere Berechnungsart (z. B. durch Pauschalsumme, nach Stundenlohnsätzen, nach Selbstkosten) vereinbart ist.

8.0

Beim Einheitspreisvertrag sind vier grundsätzliche Leistungsänderungsarten zu unterscheiden (vgl. Bild 38).

Warum es vier Leistungsänderungstypen gibt und nicht nur drei Typen, ist auf den ersten Blick unverständlich, weil sich die jährlich in der Bundesrepublik Deutschland zu verhandelnden Nachträge in Höhe von ca. 20 bis 30 Milliarden € in drei Kategorien unterteilen lassen: Die Leistung kann sich vergrößern, verkleinern oder verändern. Warum die VOB/B vier Leistungsänderungstypen regelt, bedarf der näheren Erläuterung.

Art der Leistungsänderung	Anspruchsgrund	Anspruchshöhe	VOB - Regelung
1. Veränderung der Mengen	Mehr- und Mindermengen	Fortschreibung der Auftragskalkulation	§ 2 Nr. 3 VOB/B
2. Wegfall von Leistungen	Selbstübernahme Herausnahme von Leistungen	Vergütung minus Einsparung und anderweitigem Erwerb	§ 2 Nr. 4 § 8 Nr. 1 VOB/B
3. Veränderte Leistungen	Veränderung vertraglich vereinbarter Leistungen	Fortschreibung der Auftragskalkulation	§ 2 Nr. 5 VOB/B
4. Zusätzliche Leistungen	Leistungen, die nicht im Vertrag enthalten waren	Fortschreibung der Auftragskalkulation	§ 2 Nr. 6 VOB/B

Bild 38: Leistungsänderungstypen gemäß § 2 VOB/B

Im folgenden Kapitel werden die einzelnen Leistungsänderungsarten an einem durchgängigen Beispiel einzeln vorgestellt und daran anschließend im Vergleich zwischen Einheitspreisvertrag und Pauschalvertrag mit den unterschiedlichen Anspruchsmöglichkeiten erläutert.

8.2 Mehr- und Mindermengen (§ 2 Nr. 3 VOB/B)

8.2.1 Baubegleitende Planung als Ursache für das Verschätzen bei den Vordersätzen

Prinzipiell enthält die VOB/B mit dem § 2 Nr. 3 VOB/B eine vertragliche Regelung, die bei Mehr- und Mindermengen über 10 % im Vergleich zur vertraglich vereinbarten Menge eine Veränderung des Einheitspreises ermöglicht.

Das BGB enthält eine derartige Regelung nicht.

Die in der Praxis auftretenden größeren Abweichungen über 10 % haben die Ursache darin, dass die Ausführungsplanung vor der Aufstellung des Leistungsverzeichnisses (LV) häufig nicht abgeschlossen ist.

§ 2 Nr. 3 Absätze (1), (2) und (3) VOB/B:

(1) Weicht die ausgeführte Menge der unter einem Einheitspreis erfassten Leistung oder Teilleistung um nicht mehr als 10 v. H. von dem im Vertrag vorgesehenen Umfang ab, so gilt der vertragliche Einheitspreis.

(2) Für die über 10 v. H. hinausgehende Überschreitung des Mengenansatzes ist auf Verlangen ein neuer Preis unter Berücksichtigung der Mehr- oder Minderkosten zu vereinbaren.

(3) Bei einer über 10 v. H. hinausgehenden Unterschreitung des Mengenansatzes ist auf Verlangen der Einheitspreis für die tatsächlich ausgeführte Menge der Leistung oder Teilleistung zu erhöhen, soweit der Auftragnehmer nicht durch Erhöhung der Mengen bei anderen Ordnungszahlen (Positionen) oder in anderer Weise einen Ausgleich erhält. Die Erhöhung des Einheitspreises soll im Wesentlichen dem Mehrbetrag entsprechen, der sich durch Verteilung der Baustelleneinrichtungs- und Baustellengemeinkosten und der Allgemeinen Geschäftskosten auf die verringerte Menge ergibt. Die Umsatzsteuer wird entsprechend dem neuen Preis vergütet.

Gegen die Ausschreibung ohne abgeschlossene Ausführungsplanung kann vieles eingewendet werden. Praxis ist aber, dass durch eine baubegleitende Planung häufig frühere Fertigstellungstermine erreicht und demzufolge auch betriebswirtschaftliche und volkswirtschaftliche Argumente für die baubegleitende Planung angeführt werden können. Dieser positive Aspekt gilt allerdings nur dann, wenn der Besteller rechtzeitig plant und keine baubegleitenden Behinderungen der Bauausführung durch fehlende Planunterlagen eintreten.

Ferner bleibt darauf hinzuweisen, dass es insbesondere im Zusammenhang mit dem Baugrund (z. B. Erdbau, Ertüchtigungen, Tunnelbau und Altlasten) Gewerke gibt, bei denen vor Ausführungsbeginn keine Ausführungsplanung möglich ist.[31] Die Konsequenz daraus, dass vor der Auftragserteilung keine Ausführungsplanung erstellt werden kann, ist eine baubegleitende Ausführungsplanung.

Im Zusammenhang mit der baubegleitenden Ausführungsplanung ist im Sprachgebrauch die Bezeichnung „learning by doing" entwickelt worden. Der Begriff des „learning by doing" und die daraus resultierende Notwendigkeit einer neuen DIN-Norm in der VOB/C ist im 6. Tagungsbericht der Interdisziplinären Norddeutschen Tagung für Baubetriebswirtschaft und Baurecht veröffentlicht worden.[32]

Das Ergebnis einer baubegleitenden Konkretisierung der Leistungsinhalte bewirkt, dass im Regelfall die ausgeführten Mengen nicht zwischen 90 % und 110 % liegen, weil erst bei größerer Planungsschärfe – nach Auftragserteilung – die Mengen genauer als zum Zeitpunkt der Ausschreibung festgestellt werden können.

Wenn die Ausführungsplanung erst nach Auftragserteilung erstellt wird, sind die regelmäßig auftretenden Mengenänderungen erfahrungsgemäß größer als 10 %. Aufgrund dieser Tatsache ist die Mehr- und Mindermengenregelung der VOB zunehmend in das Blickfeld der Besteller und Hersteller gelangt.

8.2.2   Abgrenzung der Mehr- und Mindermengenprobleme von Leistungsänderungen

Es werden in der Praxis häufig Fallgestaltungen als Mehr- und Mindermengen betrachtet, die als Ursache eine veränderte Leistung beinhalten und damit hinsichtlich der Anspruchsgrundlage keine Mehr- und Mindermengen darstellen, sondern als veränderte oder zusätzliche Leistung einzustufen sind. Diese Problematik soll an einem Beispiel aufgezeigt werden.

Bild 39 zeigt einen einfachen Stahlbetongrundriss. Das zugehörige Leistungsverzeichnis enthält 5 m³ Beton C 20/25. Abgerechnet werden 7 m³. Der Grundriss hat sich nicht geändert. Aus Bild 39 ergibt sich demzufolge eine Mehrmenge von 2 m³. Der Ersteller des LV hat sich in der Menge um 2 m³ verschätzt. Eine Mehrmenge liegt vor, weil bei unverändertem Grundriss 2 m³ mehr abgerechnet werden als ausgeschrieben. Der Bauentwurf ist unverändert geblieben.

Bei verändertem Bauentwurf bzw. veränderter Planungsgrundlage handelt es sich demgegenüber nicht um eine Mengenänderung gemäß § 2 Nr. 3 VOB/B, sondern um eine Änderung des Leistungsinhalts.

Die Voraussetzung für eine Änderung des Bauentwurfs ist die Anordnung eines Bevollmächtigten. Soweit eine Anordnung vorliegt, handelt es sich nicht um eine Mengenänderung im Sinne von § 2 Nr. 3 VOB/B. Der Eingriff in den Leistungsinhalt bewirkt immer einen Anspruch nach den § 2 Nr. 4, 5 oder 6 VOB/B.

---

[31]   Vgl. Schottke: VOB-gerechte Leistungsbeschreibung für den allgemeinen Tunnelvortrieb unter Berücksichtigung einer angemessenen Vergütung, 1993, S. 42 ff.; Schottke: Entwurfs-, Ausführungs- und Werkplanung aus baubetrieblicher Sicht, 2008, S. 12 ff.
[32]   Vgl. Schottke: „learning by doing" – Baubetriebliche Aspekte, 2006, S. 4 ff.

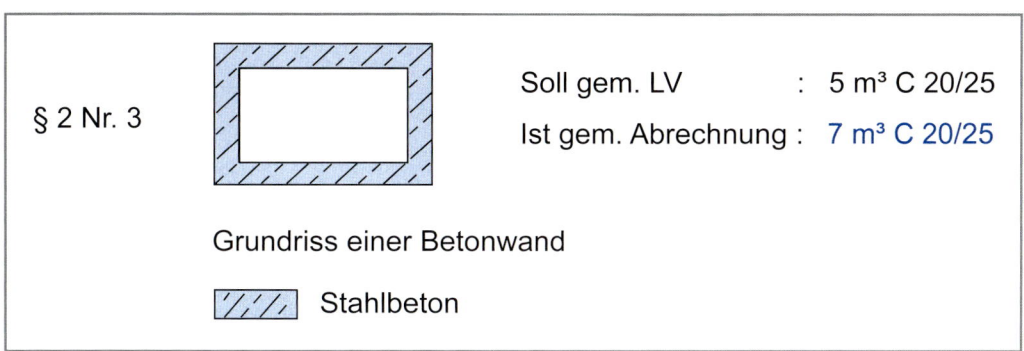

§ 2 Nr. 3

Soll gem. LV : 5 m³ C 20/25

Ist gem. Abrechnung : 7 m³ C 20/25

Grundriss einer Betonwand

▨ Stahlbeton

8.0

Bild 39: Beispiel für eine Mehrmenge

Ansprüche gemäß § 2 Nr. 3 VOB/B liegen nur dann vor, wenn die Mengenänderungen sich ausschließlich aus einem Verschätzen bei den Vordersätzen der Mengen ergeben. Ändernde Anordnungen bewirken prinzipiell keine Mengenänderungen im Sinne von § 2 Nr. 3 VOB/B.

Soweit der Besteller eine zusätzliche Wand (vgl. Bild 52) anordnet, die nach vorhandenen Einheitspreisen für Beton, Schalung und Bewehrung abgerechnet wird, handelt es sich um eine zusätzliche Leistung gemäß § 2 Nr. 6 VOB/B und nicht um eine Mehrmenge gemäß § 2 Nr. 3 Abs. (2) VOB/B.

Die Abrechnung einer zusätzlichen oder geänderten Leistung nach vorhandenen Positionen führt häufig zu der falschen Schlussfolgerung, es handele sich um eine Mehrmenge. Bei der Abrechnung nach vorhandenen Positionen handelt es sich um die Fortschreibung der Wettbewerbspreise, also um den Nachweis der Anspruchshöhe, der von der Anspruchsgrundlage zu trennen ist. Die Tatsache, dass zufällig eine Position für die Abrechnung vorhanden ist, gehört zur Anspruchshöhe nicht zum Anspruchsgrund.

Die Anspruchsgrundlage als solche ergibt sich entweder aus dem Verschätzen bei der Mengenermittlung (§ 2 Nr. 3 VOB/B) oder dem Eingriff in den Leistungsinhalt (§ 2 Nr. 4, 5, 6 VOB/B). Die Tatsache, dass für die Abrechnung einer zusätzlichen Leistung eine vorhandene Position herangezogen wird, hat mit dem Anspruchsgrund nichts zu tun und kann eindeutig und zweifelsfrei der Anspruchshöhe zugeordnet werden.

8.2.3 Preisanpassungsmöglichkeiten gemäß § 2 Nr. 3 VOB/B

Gemäß § 2 Nr. 3 Abs. (1) VOB/B bleiben die Preise zwischen 90 % und 110 % unverändert. Die Absätze 2 und 3 des § 2 Nr. 3 VOB/B befassen sich mit der über 10 v. H. hinausgehenden Über- bzw. Unterschreitung des Mengenansatzes. Falls größere Mengenabweichungen als 10 % auftreten, kann jeder der Vertragspartner eine Anpassung des Preises gemäß § 2 Nr. 3 VOB/B verlangen.

Die Mehr- und Mindermengenregelung gemäß § 2 Nr. 3 Abs. (2) bis (4) VOB/B – also die Preisanpassung – wird nur dann angewendet, wenn einer der Vertragspartner es verlangt und die eingetretene Mengenänderung größer als 10 % ist. Soweit demzufolge keiner der Vertragspartner eine Anpassung der Preise fordert, bleibt es auch bei Mengenabweichungen über 10 % bei dem vertraglich vereinbarten Einheitspreis. Die Abrechnung erfolgt dann ohne Anwendung des § 2 Nr. 3 VOB/B.

Bild 40 zeigt die Möglichkeiten einer Preisanpassung gemäß § 2 Nr. 3 VOB/B. Bei einer Mengenmehrung kann sowohl eine Erhöhung als auch Verringerung des Einheitspreises eintreten. Bei Mengenminderungen ist gemäß VOB/B nur eine Erhöhung des Preises vorgesehen.

Ferner muss bereits hier darauf hingewiesen werden, dass der Grundsatz „Fortschreibung der Wettbewerbspreise" auch bei der Anpassung der Preise infolge Mengenänderungen gilt. Zur Erinnerung:

„Guter Preis bleibt guter Preis und schlechter Preis bleibt schlechter Preis."

Mehr- und Mindermengen	Anspruchsgrund	Anspruchshöhe
§ 2 Nr. 3 (1) VOB/B	90 % ≤ Menge ≤ 110 %	Keine Preisänderung
§ 2 Nr. 3 (2) VOB/B	Mehrmenge > 110 %	Erhöhung oder Verringerung des Einheitspreises
§ 2 Nr. 3 (3) VOB/B	Mindermenge < 90 %	Nur Erhöhung des Einheitspreises

Bild 40:   Ansprüche gemäß § 2 Nr. 3 VOB/B

Ferner muss die Mengenänderung ursächlich die Preisermittlungsgrundlage des Einheitspreises berühren, damit eine Preisanpassung erfolgen kann.

Das im Kap. 4.1 vorgestellte Beispiel mit der ausgeschriebenen Menge von 5.000 m³, einer Mengenmehrung auf 10.000 m³ und der veränderten Transportentfernung für 4.000 m³ Füllboden macht diesen Zusammenhang deutlich. Preisermittlungsgrundlage war eine Transportentfernung von 2 km. Die Mehrmengen über 5.500 m³ sind potentiell gemäß § 2 Nr. 3 Abs. (3) VOB/B preisanpassungsmöglich. Da erst die Mehrmengen über 6.000 m³ ursächlich von der veränderten Preisermittlungsgrundlage – Erhöhung der Transportentfernung von 2 auf 10 km – betroffen sind, erfolgt auch erst ab 6.000 m³ eine Preisanpassung der EKT.

Es sei hier abschließend festgestellt, dass keine Leistungsänderung vorliegt, sondern lediglich eine veränderte Preisermittlungsgrundlage infolge einer Mehrmenge. Die VOB/B beinhaltet mit dem § 2 Nr. 3 VOB/B bereits eine Regelung, die anspruchstechnisch an eine veränderte Preisermittlungsgrundlage anknüpft, ohne dass eine Vertragsinhaltsänderung vorliegt.

Wenn demzufolge durch die Mengenänderung einer Teilleistung die Preisermittlungsgrundlage einer anderen Teilleistung berührt wird, besteht als Sekundärfolge der Mengenänderung ein Vergütungsanspruch bzgl. der Teilleistung, deren Preisermittlungsgrundlage geändert wurde. Die Mengenänderung kann demzufolge als andere Anordnung gewertet werden. Im Zusammenhang mit der anderen Anordnung gemäß § 2 Nr. 5 VOB/B wird dieser Aspekt nochmals aufgegriffen.

Die Berührung der Preisermittlungsgrundlage gilt erst ab 6.000 m³ für 4.000 m³.[33] Hinsichtlich der Höhe des Anspruchs besteht lediglich durch die Regelung des § 2 Nr. 3 Abs. (1) VOB/B bis 110 % ein Unterschied bei der Berechnung der Nachtragshöhe. Bei Ansprüchen gemäß § 2 Nr. 5 oder 6 VOB/B erfolgt die Anpassungsmöglichkeit ohne Einschränkungen.

Bild 41 zeigt die einzelnen Anspruchsmöglichkeiten gemäß § 2 Nr. 3 VOB/B mit der Unterscheidung, ob die Einzelkosten der Teilleistungen einer Position oder die Gemeinkostendeckung zu betrachten sind.

Im Folgenden werden die in Bild 41 dargestellten einzelnen Anspruchsvoraussetzungen gemäß § 2 Nr. 3 VOB/B vorgestellt und erläutert.

8.2.4   Positionsweise Betrachtung oder Gemeinkostenbilanz

Wenn der AN nur für einzelne Positionen infolge Mindermengen eine Erhöhung des Einheitspreises verlangt, erfolgt eine positionsweise Betrachtung gemäß § 2 Nr. 3 Abs. (2) und (3) VOB/B.

---

[33]   Erhöhung von 6.000 m³ auf 10.000 m³.

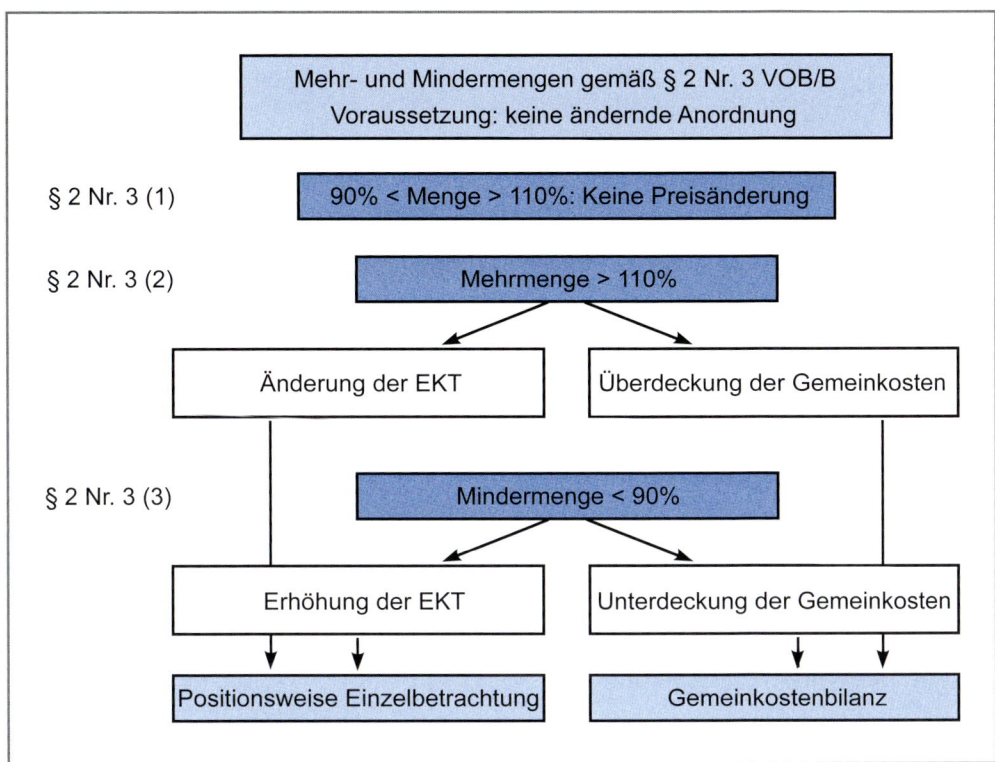

Bild 41:   Anspruchsmöglichkeiten gemäß § 2 Nr. 3 VOB/B

Die in der Praxis häufigste Fallgestaltung beinhaltet ein Verlangen des AG und des AN auf Anpassung der Preise sowohl für Minder- als auch für Mehrmengen infolge Gemeinkostenüber- oder -unterdeckung. In diesen Fällen muss eine Gemeinkostenbilanz für alle Mehr- und Mindermengen durchgeführt werden. Es kann für die Gemeinkosten keine Einzelbetrachtung je Position, sondern nur eine kombinierte Betrachtung der Absätze 2 und 3 des § 2 Nr. 3 VOB/B erfolgen.

Eine Ausnahme hiervon liegt vor, wenn der AN speziell für einzelne Positionen oder eine Positionsgruppe Gemeinkosten kalkuliert hat. In diesem Fall kann die Gemeinkostenbilanz auf diese Teilbereiche beschränkt werden. Dieser Fall ist aber eher selten.

Prinzipiell sind demzufolge zwei übergeordnete Fallgestaltungen zu unterscheiden, die wiederum gemischt auftreten können:

1. Einer der beiden Vertragspartner verlangt nur für eine Position eine Anpassung des Positionspreises (Einzelfallbetrachtung):
    a) Einzelkosten der Teilleistungen werden verändert (vgl. Bild 41)
    b) Gemeinkosten der Baustelle werden positionsweise verändert (vgl. Bild 41)

2. Es handelt sich um eine Gemeinkostendeckungsproblematik, die eine Gemeinkostenbilanz für das gesamte Objekt erfordert.

Der linke Bereich in Bild 41 beinhaltet die Einzelanpassung von definierten Positionen, während der rechte Bereich die Gemeinkostenbilanz betrifft. Prinzipiell können auch beide Fälle auftreten. Eine oder mehrere Positionen ändern sich bzgl. der EKT und einer der Vertragspartner verlangt eine BGK-Bilanz.

8.2.5   Positionsweise Behandlung von Mehr- und Mindermengen

8.2.5.1   Bei Mindermengen keine Reduzierung des Einheitspreises

Die Mehr- und Mindermengen unterscheiden sich dahingehend, dass sich bei einer Mehrmenge der Einheitspreis sowohl erhöhen als auch verringern kann, während bei einer Mindermenge nur eine Erhöhung vorgesehen ist. Die

VOB/B wählt bei der Mehrmenge die Formulierung „Mehr- oder Minderkosten".[34] Eine Reduzierung des Einheitspreises infolge Mindermengen ist gemäß VOB/B ausgeschlossen.

Auf den ersten Blick könnte der Eindruck entstehen, solche Fallgestaltungen – Reduzierung der Menge mit der Folge eines reduzierten Preises – gäbe es nicht. Dieser Eindruck ist allerdings falsch. Auf einzelne Beispiele wird noch eingegangen.

8.2.5.2 Anpassung der Einzelkosten der Teilleistungen bei Mehr- und Mindermengen

Es werden fünf Fallgestaltungen unterschieden:

Mehrmengen:

1. Mehrmengen verändern die Preisermittlungsgrundlage im Sinne einer Erschwernis bzw. Kapazitätserhöhung und bewirken eine Erhöhung des Einheitspreises.

2. Im Einheitspreis enthaltene einmalige Kosten bewirken eine Reduktion des Einheitspreises bei Mehrmengen.

3. Infolge der Mehrmenge entsteht beispielsweise eine bessere Ausnutzung des Einarbeitungseffekts mit der Folge einer Erleichterung und damit verbunden einer Reduktion des Einheitspreises.

Mindermengen:

4. Im Einheitspreis enthaltene einmalige Kosten bewirken eine Erhöhung des Einheitspreises bei Mindermengen.

5. Infolge Mindermengen entsteht z. B. eine schlechtere Ausnutzung des Einarbeitungseffekts mit der Folge der Erhöhung der Einzelkosten der Teilleistungen und einer Erhöhung des Einheitspreises.

8.2.5.3 Beispiele zu der Anpassung der Einzelkosten der Teilleistungen bei Mehr- und Mindermengen

Fallgestaltung 1:

Das klassische Beispiel für Fall 1 ist die Mehrmenge bei dem Erdbau (vgl. Kap. 4.1).

Im Zuge eines Baugrubenaushubs mit 5.000 m³ Soll-Menge ergibt sich eine Mehrmenge von 5.000 m³. Der AN hat ebenfalls die Verfüllung im Auftrag. 6.000 m³ kann der AN aus einer eigenen Kiesgrube in naher Entfernung von 2 km holen. Die Mehrmenge von 4.000 m³ muss der AN von einer 10 km entfernten Kiesgrube antransportieren.

Die Einbauleistung vor Ort ändert sich nicht. Hat der AN einen Anspruch auf Anpassung des Preises wegen Mengenüberschreitung über 110 %?

Bei der Kalkulation der Leistungsposition durfte davon ausgegangen werden, dass ein Transport von der Deponie in 2 km Entfernung Preisermittlungsgrundlage für die 5.000 m³ ausgeschriebene Leistung ist. Bis 110 % Leistungsmenge – also 5.500 m³ – ist der Auftragnehmer an die Preisermittlungsgrundlage und die daraus resultierende Kalkulation gebunden.

Soweit die Mehrmenge über 110 % die Preisermittlungsgrundlage verändert, kann eine Anpassung der Preisermittlungsgrundlage und daraus folgend der Kalkulation und des Preises erfolgen. Entscheidend ist aber, dass die Mehrmenge über 110 % ursächlich die veränderte Preisermittlungsgrundlage bewirkt. Soweit die Ursächlichkeit nachgewiesen ist, muss der Wettbewerbspreis auf der Grundlage der veränderten Preisermittlungsgrundlage fortgeschrieben werden.

Deshalb kann für die Erhöhung der Entfernung von 2 km auf 10 km eine Preisanpassung der Transportkosten vom AN verlangt werden. Hierbei sind aber die Preiselemente des Einheitspreises wie Kosten des LKW, Kalkulationsmittellohn, Zuschlagssätze für AGK usw. fortzuschreiben.

Die Besonderheit des soeben vorgetragenen Falls im Zusammenhang mit dem § 2 Nr. 3 VOB/B besteht demzufolge darin, dass sich als Folge der Mehrmenge nicht der geschuldete Erfolg ändert, sondern die Art und Weise der Her-

---

[34] Vgl. § 2 Nr. 3 Abs. (3) VOB/B.

beiführung des Erfolgs, also die Bauumstände. Im System des § 2 VOB/B sind demzufolge die veränderten Bauumstände infolge veränderter Preisermittlungsgrundlage bereits angelegt.

Als Beispiel für o. g. Fallgestaltungen 2 und 4 kann Folgendes gelten, wenn der Gerätetransport für eine Erdbauposition in den Einheitspreisen enthalten ist:

Fallgestaltung 2:

Die Mengen erhöhen sich. Der AG verlangt eine Reduktion des Einheitspreises wegen zu hoher Deckung einmaliger Transportkosten.

Fallgestaltung 4:

Die Mengen verringern sich. Der AN verlangt eine Erhöhung des Einheitspreises wegen unterdeckter Transportkosten.

Die Transportkosten sind in diesem Beispiel einmalige Kosten, die bei der Kalkulation auf die ausgeschriebene Soll-Menge umgelegt werden. Wenn sich die tatsächliche Ausführungsmenge vergrößert, ergibt sich bei der Abrechnung eine zu große Vergütung bzgl. der einmaligen Kosten.

Der AG verlangt bei einer Verdoppelung der Mengen deshalb zu Recht eine Reduzierung des Einheitspreises, weil durch Mehrmengen eine Überdeckung der einmaligen Transportkosten eingetreten ist.

Bei einer Verringerung der Mengen tritt eine Unterdeckung der einmaligen Kosten ein. Es handelt sich bei Fall 4 um den spiegelbildlichen Fall zu der Mehrmenge gemäß Fall 2.

Fallgestaltungen 3 und 5:

Fall 3 und 5 sind die in der Praxis kritischen Fälle, weil der ursächliche Nachweis des Vorhandenseins eines Einarbeitungseffekts schwierig ist. Wenn ein AG bei Mehrmengen das Verlangen bzgl. einer Reduzierung wegen besserer Nutzung des Einarbeitungseffekts stellt, wird der AN im Regelfall Erschwernisse vortragen, die derartige Einarbeitungseffekte ausgleichen.

Das Verlangen des AN auf Erhöhung des Einheitspreises scheitert häufig an der schlüssigen Darlegung des Einarbeitungseffekts. Hierfür ist ein Nachweis mit Hilfe einer aussagekräftigen Dokumentation erforderlich, die den Einarbeitungseffekt bzw. deren Wegfall nachweisen lässt. Sehr häufig endet das Verfahren dahingehend, dass keine Änderung des Einheitspreises infolge Mehr- oder Mindermengen erfolgt.

Es gilt jedenfalls, dass der § 2 Nr. 3 VOB/B zweifelsfrei einen gestörten Bauablauf infolge Mengenänderungen als Regelungsinhalt umfasst.

Die fünf vorgenannten Fallgestaltungen sind um eine sechste, nicht zulässige, Variante zu ergänzen.

8.2.5.4   Nicht zulässige Verringerung des Einheitspreises aber Kompensation bei Mengenminderungen

Es ist bereits darauf hingewiesen worden, dass bei Mengenminderungen gemäß § 2 Nr. 3 VOB/B nur eine Erhöhung des Einheitspreises zulässig ist. Im Zusammenhang mit einer Erhöhung des Einheitspreises infolge Gemeinkostenunterdeckung kann eine Reduzierung der EKT einhergehen. Soweit im Gesamtergebnis eine Erhöhung des Einheitspreises vorliegt, müsste die Verringerung der EKT zulässig sein.

Eine Verringerung der EKT kann z. B. dadurch eintreten, dass sich die einmaligen Kosten in einer Position als Folge der Mengenminderung reduzieren. Wenn infolge der Mengenreduzierungen ein Gerät weniger benötigt wird und damit an Stelle von zwei Gerätetransporten nur noch ein Gerätetransport erforderlich ist, würde sich bei einer Mengenreduzierung von 100 % auf 70 % der Einheitspreis als Folge der Mengenminderung reduzieren.

Soweit die Reduktion der EKT kleiner ist als die Erhöhung durch unterdeckte Gemeinkosten, ergäbe sich insgesamt noch eine Erhöhung des Einheitspreises. Dieser Fall entspricht noch den Kriterien der VOB/B und müsste demzufolge zulässig sein.

Eine absolute Reduzierung des Einheitspreises ist gemäß § 2 Nr. 3 Abs. (3) VOB/B unzulässig. Der Grundsatz der Kompensation müsste allerdings erhalten bleiben. Voraussetzung bleibt aber, dass die Kompensation den Einheitspreis nicht reduziert.

8.2.6   Erstellung einer Gemeinkostenbilanz

8.2.6.1   Grundsatz: Bilanz für alle Positionen

Nachdem die Einzelanpassung des Einheitspreises behandelt worden ist, wird die Gemeinkostenbilanz vorgestellt. Auf der rechten Seite in Bild 41 ist die Gemeinkostenbilanz dargestellt.

Wie bereits vorgetragen, wird die Preisanpassung gemäß § 2 Nr. 3 VOB/B nur angewendet, wenn einer der Vertragspartner dieses verlangt. Während sich bzgl. der EKT grundsätzlich eine Einzelbehandlung für jede Teilleistung anbietet und auch möglich ist, wird das Verlangen des AG auf Verringerung eines Einheitspreises infolge überdeckter Gemeinkosten grundsätzlich bewirken, dass der AN ein Verlangen auf Erhöhung der Einheitspreise bei Mindermengen infolge unterdeckter Gemeinkosten vorträgt.

Im Ergebnis muss der AN eine Gemeinkostenbilanz für alle Teilleistungen erstellen.

8.2.6.2   Aufgliederung eines Einheitspreises im Vergleich zu der Angebotsstruktur

Voraussetzung für die Erstellung einer Gemeinkostenbilanz ist die Kenntnis bzgl. der Gemeinkostendeckung der einzelnen Positionen.

Bild 42 zeigt die Aufteilung von Einheitspreisen zweier Einzelpositionen und dem Angebotspreis in die einzelnen Einzelkosten- und die Gemeinkostenanteile. Es ist erkennbar, dass die Position 1 im Vergleich zu der Angebotsstruktur einen höheren Gemeinkostenanteil hat und die Position 2 einen kleineren Anteil.

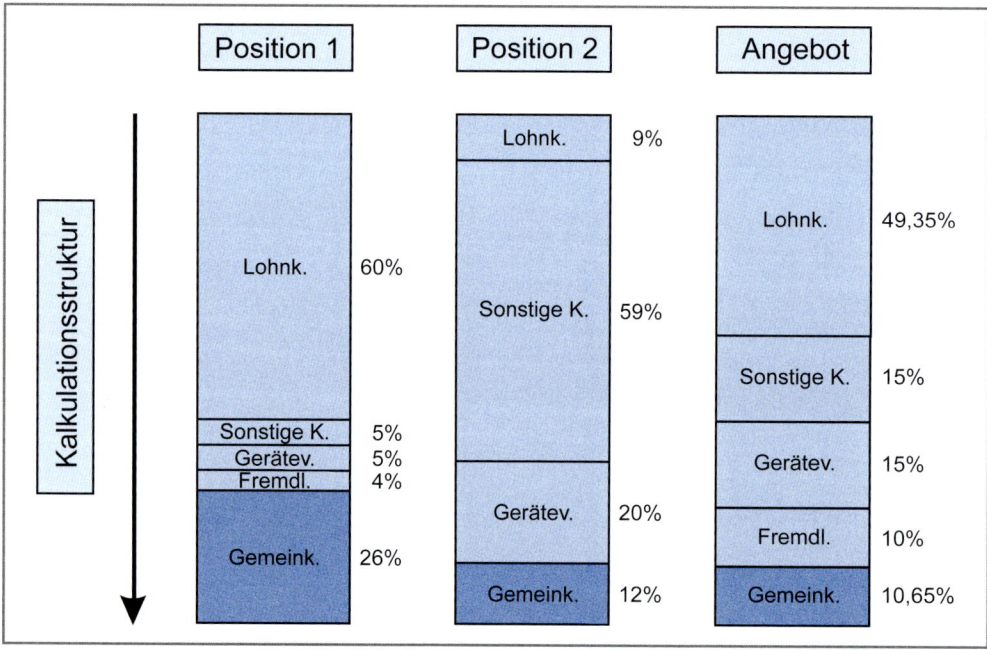

Bild 42:   Aufgliederung des Gesamtangebots im Vergleich zu zwei Beispielpositionen

Diese unterschiedlichen Anteile an Gemeinkosten der einzelnen Positionen gegenüber der Angebotsstruktur haben die Ursachen darin, dass die einzelnen Kostenarten im Regelfall mit unterschiedlichen Zuschlagssätzen beaufschlagt werden. Bei dem Beispielvorhaben sind die einzelnen Kostenarten gemäß Schlussblatt und EFB wie folgt bezuschlagt worden:[35]

---

[35]   Vgl. Schottke/Strehlke: Ausschreibungs-, Vergabe-, Angebots- und Auftragsunterlagen – Anlagenband 1, 2009, Kap. 2.2.2.

- Lohnkosten: 49,35 %

- Sonstige Kosten: 15,00 %

- Gerätevorhaltekosten: 15,00 %

- Fremdleistungen: 10,00 %

Da der Lohn höher beaufschlagt worden ist als die Sonstigen Kosten, beinhaltet eine Position mit überwiegend Lohnanteil einen höheren Deckungsgrad an Gemeinkosten als eine Position mit überwiegend Sonstigen bzw. Materialkosten.

Aus diesem Beispiel wird auch deutlich, weshalb nahezu ausnahmslos eine Betrachtung über den Umsatz nicht zum Ziel führt. Es muss für jede Position die Gliederung in die einzelnen Kostenarten bekannt sein. Nur unter diesen Voraussetzungen ist eine Gemeinkostenbilanz gemäß § 2 Nr. 3 VOB/B konkret berechenbar und damit möglich.

Dreisatzrechnungen über den Umsatz im Sinne einer Schätzung können nur dann zulässig sein, wenn ein Missverhältnis zwischen Aufwand und Ergebnis besteht.

8.2.6.3   Gemeinkosten innerhalb des Einheitspreises als einmalige projektbezogene Kosten

Bild 43 zeigt den Zusammenhang zwischen Einzelkosten der Teilleistungen und Gemeinkosten.

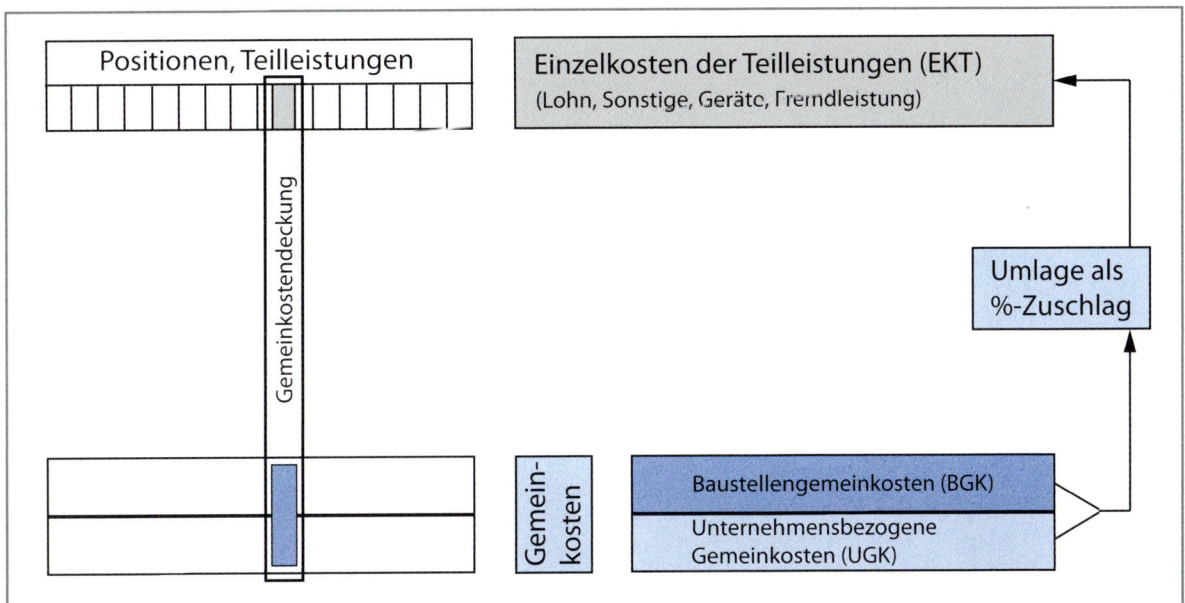

Bild 43:   Aufgliederung eines Einheitspreises in EKT, BGK und UGK

Die Angebotssumme netto setzt sich aus EKT, BGK und Unternehmensbezogenen Gemeinkosten[36] (UGK) zusammen. Die Baustellengemeinkosten und die Unternehmensbezogenen Gemeinkosten werden in der Regel prozentual auf die Einzelkosten der Teilleistungen umgelegt. Hieraus ergeben sich die Zuschlagssätze auf die Einzelkosten der Teilleistungen. Somit kann jede Position anteilig Baustellengemeinkosten und Unternehmensbezogene Gemeinkosten tragen. Diese Größe wird als Gemeinkostendeckung bezeichnet. Bild 43 zeigt im linken Bereich unten die Gemeinkostendeckung einer Position.

Es ist erkennbar, dass die Gemeinkosten begrifflich in BGK und UGK unterschieden werden können.

Eine gegenüber der geplanten Soll-Menge veränderte Abrechnungsmenge bewirkt zwangsläufig eine Über- oder Unterdeckung der einmaligen Gemeinkosten.

---

[36]   Auch umsatzbezogene Gemeinkosten genannt.

8.2.6.4   Berechnungsmethodik bzgl. der Gemeinkostenbilanz

Bild 44 enthält die Berechnungsmethodik, die im Einzelnen erläutert wird. Die Ordinate (Y-Achse) zeigt je nach betrachteter Gerade Erlöse oder kalkulierten Kosten. Die Abszisse (X-Achse) zeigt die geplanten und die abgerechneten Mengen. Wenn die ausgeschriebenen Mengen tatsächlich zu 100 % ausgeführt worden sind, sind auch die einmalig kalkulierten Kosten gedeckt. Bei Über- oder Unterschreitung der tatsächlich ausgeführten Mengen im Vergleich zu den ausgeschriebenen Mengen tritt zwangsläufig eine Unter- bzw. Überdeckung der einmaligen Kosten ein.

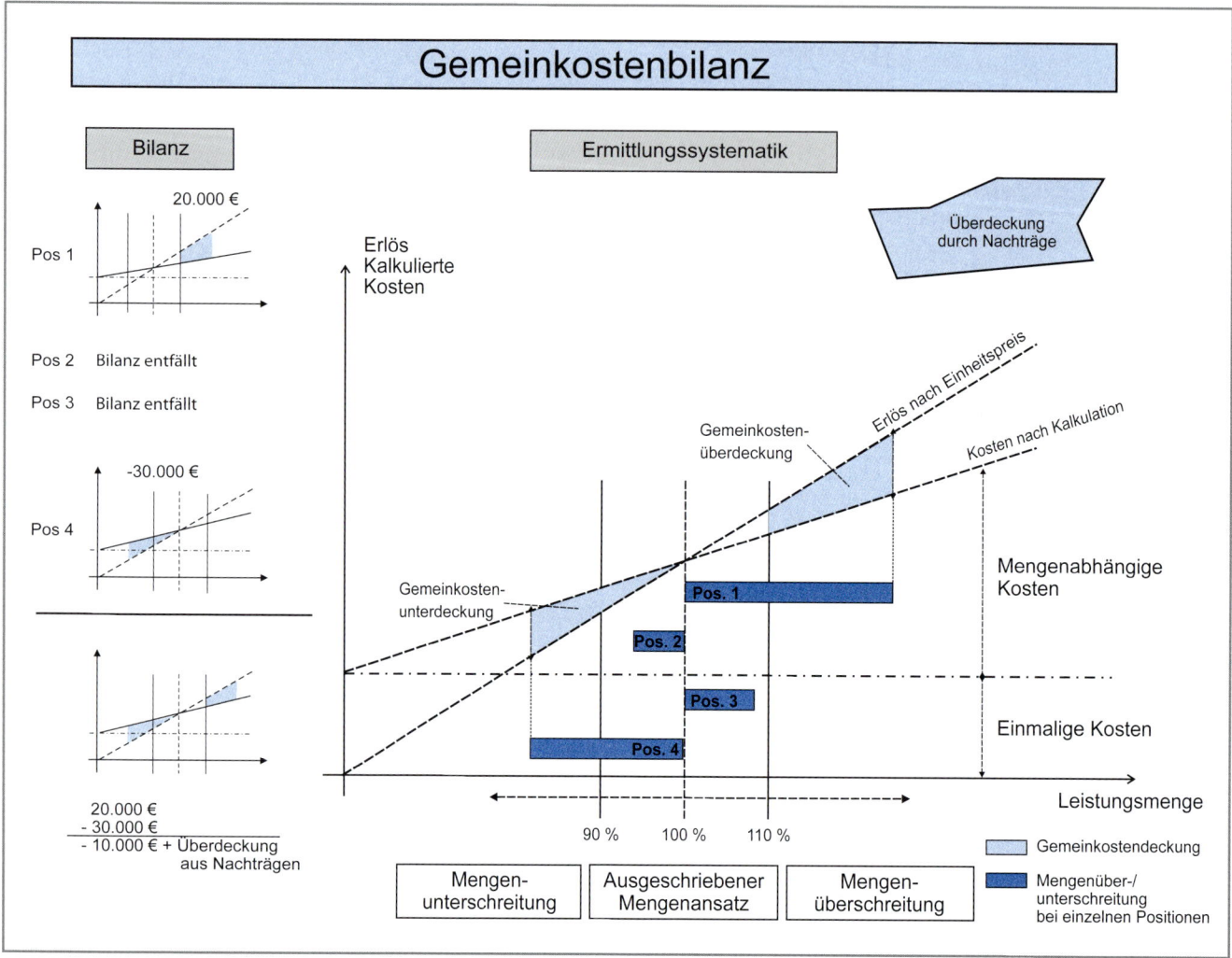

Bild 44:   Grundprinzip bzgl. der Gemeinkostenbilanz

Insofern muss die Berechnungsmethodik dazu dienen, die Überdeckung der einmaligen Gemeinkosten den unterdeckten einmaligen Gemeinkosten gegenüberzustellen. Die sich hieraus ergebende Differenz ist entsprechend zu vergüten.

Der einmalige Anteil ist erst gedeckt, wenn 100 % der im Leistungsverzeichnis enthaltenen Mengen ausgeführt und abgerechnet sind. In Bild 44 wird dieses durch die Dreiecke zwischen der Erlösgeraden und der Kostengeraden ausgedrückt. Die Erlösgerade berücksichtigt, dass für jede geleistete Teilleistung eine Vergütung erfolgt, während die kalkulierte Kostensituation beinhaltet, dass die einmaligen Gemeinkosten immer unabhängig von der Menge anfallen und erst gedeckt sind, wenn die im Leistungsverzeichnis geplanten und enthaltenen 100 % ausgeführt worden sind.

Betrachtet werden in einem ersten Schritt die Positionen 1, 2, 3 und 4. Da die Positionen 2 und 3 innerhalb der 10 % Grenze liegen, erfolgt keine Anpassung der Einheitspreise. Es gilt § 2 Nr. 3 Abs. (1) VOB/B. Juristisch ist eine Anpassung nicht vorgesehen und damit nicht zulässig. Insofern verbleiben nur die Positionen 1 und 4, für die eine Ausgleichsberechnung durchzuführen ist.

Aus Bild 44 ist weiter erkennbar, dass die Unterdeckung der einmaligen Gemeinkosten (hellblaue Fläche) aus der Differenz zwischen geplanter Menge (100 %) und tatsächlich ausgeführter Menge berechnet wird. Die Überdeckung der einmaligen Gemeinkosten (hellblaue Fläche) wird aus den Mehrmengen über 110 % ermittelt. Insofern bleibt zu klären, weshalb bei der Berechnung der Über- und Unterdeckung unterschiedliche Kriterien angewendet werden.

8.2.6.5 Keine Berücksichtigung der Mengen zwischen 100 und 110 % in der Bilanz

Aufgrund eines BGH-Urteils von 1986[37] ist eine Unterdeckung von Gemeinkosten unter 100 % mit einer Überdeckung über 110 % auszugleichen. Die Überdeckung, die sich aus den Mengen zwischen 100 % und 110 % ergibt, wird nicht in die Bilanz einbezogen. Bzgl. des Gemeinkostenausgleichs wird dieses Vorgehen damit begründet, dass der abgerechnete Preis zwischen 100 % und 110 % nicht mehr für die Ausgleichsberechnung zur Verfügung steht, weil dieser Preis nicht mehr verändert werden darf.

Dieser Begründung kann prinzipiell gefolgt werden. Allerdings bleibt es unverständlich, dass nicht zwischen der Veränderung eines Preises und der Kompensation unterschieden worden ist. Wenn die Gemeinkosten zwischen 100 % und 110 % nur eine Erhöhung der Preise unter 90 % verhindern, ändern sich dadurch die Preise zwischen 100 % und 110 % nicht, die Mengen zwischen 100 % und 110 % werden aber zur Kompensation herangezogen.

Dieser Aspekt ist offensichtlich bei der Urteilsfindung vernachlässigt worden. Dennoch hält der Verfasser das Ergebnis für richtig, weil in der Regel der AG die Mengenermittlung für das Leistungsverzeichnis erstellt hat und bei einer Anwendung des § 2 Nr. 3 VOB/B dieser begrenzte Nachteil des AG durchaus als fairer Ausgleich gewertet werden kann. Der AG ist durch die nicht zutreffende Schätzung der Mengen der Verursacher der Notwendigkeit der Bilanzerstellung und muss den sich hieraus ergebenden Nachteil hinnehmen.

8.2.6.6 Wirtschaftliches Risiko aus nicht möglicher Einheitspreisanpassung infolge Mengenänderungen zwischen 90 % und 110 %

8.2.6.6.1 Allgemeines

Soweit baubetriebswirtschaftlich die Frage zu beantworten ist, welches direkte Risiko sich aus der fehlenden Möglichkeit der Einheitspreisanpassung zwischen 90 % und 110 % für die einzelnen Vertragsbeteiligten ergibt, lässt sich Folgendes feststellen:

Bezüglich der Einzelkosten der Teilleistungen kann grundsätzlich davon ausgegangen werden, dass die Mengenänderungen unter 10 % die Kostenstruktur nicht ändern und somit auch kein Risiko bzw. ein vernachlässigbares Risiko darstellen. Soweit dieses nicht zutrifft, muss der Bieter das Risiko durch Verschiebung der Einzelkosten der Teilleistungen z. B. in eine Pauschale vermeiden. Hierbei handelt es sich um eine baubetriebswirtschaftlich berechtigte Verschiebung, wenn er die juristische Risikozuordnung zulässig kalkulativ ausgleicht.[38]

Hinsichtlich der Gemeinkosten muss davon ausgegangen werden, dass bei Mindermengen eine Unterdeckung der einmaligen projektbezogenen Gemeinkosten und bei Mehrmengen eine Überdeckung der anfallenden Gemeinkosten eintritt. Das sich daraus ergebende wirtschaftliche Risiko kann beispielhaft wie folgt eingeschätzt werden:

Wenn sich eine Position von 100 % gemäß Ausschreibung geplanter Menge auf 91 % bei der Abrechnung reduziert, fehlt dem AN eine Vergütung in Höhe von 9 % der Mengen und damit bezüglich dieser 9 % die Vergütung der Gemeinkostendeckung. Bei einem angenommenen Anteil der Gemeinkosten in Höhe von 25 % am Gesamtangebot ergäbe sich eine auf diese Position bezogene Unterdeckung von ca. 2,25 %.[39]

Soweit sich demzufolge alle Positionen von 100 % auf 91 % reduzieren, würde der AN insgesamt bezogen auf den Gesamtauftrag 2,25 % durch Mindermengen an Gemeinkostendeckung verlieren. Das Gleiche gilt bei Mehrmengen von 100 % auf 109 % für die Überdeckung, die der AN zu viel erhält und die vom AG nicht erfolgreich zurückverlangt werden können.

Aufgrund dieses Beispiels wird auch deutlich, dass es bei dem § 2 Nr. 3 VOB/B nicht um eine einseitige Risikoverlagerung vom AG auf den AN oder umgekehrt handelt, sondern nur um eine vereinfachende Regelung, die verhindern

---

37   Vgl. BGH, Urt. v. 18.12.1986, VII ZR 39/86.
38   Vgl. Strehlke: Mischkalkulationen – eine baubetriebswirtschaftlich-juristische Analyse (baubetriebswirtschaftlicher Teil), 2007, S. 120 ff.
39   9,00 % * 0,25 = 2,25 %.

soll, dass wegen unbedeutender Mengenänderungen mit vernachlässigbaren wirtschaftlichen Folgen, Einheitspreis-anpassungen erforderlich werden.

Eine Unter- oder Überdeckung der Gemeinkosten in einer Größenordnung von ca. 2 % bezogen auf das Gesamtvolumen, welche nur in Extremfällen eintreten kann, ist als angemessen zu betrachten, demzufolge ist auch eine derartige Geschäftsbedingung (§ 2 Nr. 3 Abs. (1) VOB/B), die dieses Risiko zulässt, als baubetriebswirtschaftlich zulässig zu bewerten.

Im Regelfall wird davon auszugehen sein, dass sich eben Über- und Unterdeckungen der Gemeinkosten ausgleichen, so dass sich wirtschaftliche Folgen tatsächlich eher im Promillebereich bewegen.

8.2.6.6.2   Berechnungsbeispiel für die Gemeinkostendeckungsproblematik zwischen 90 und 110 %

Für das der Lehrbuchreihe zugrunde gelegte Beispielprojekt ist eine Gemeinkostenberechnung durchgeführt worden.

Aus dem abschließenden Aufmaß für das Beispiel ergeben sich die in den Bildern 45, 46 und 47 dargestellten ausgeführten Mengen der hauptvertraglichen Leistungen. Das Ziel besteht darin, zu berechnen, welches konkrete Risiko sich durch die Unveränderbarkeit der Preise zwischen 90 % und 110 % bzgl. der Gemeinkosten verwirklicht hat. In den Bildern 45, 46 und 47 sind die Positionen hellblau markiert, die zwischen 90 und 110 % abgerechnet worden sind. Das etwas dunklere blau markiert die Positionen mit Mehrmengen > 110 % und Mindermengen < 90 %, für die gemäß § 2 Nr. 3 VOB/B die Einheitspreise anzupassen sind. Die Vorgehensweise wird in einem gesonderten Kapitel erläutert (vgl. Kap. 17.0 und 18.0).

Anhand der Auswertung in Bild 47 wird deutlich, dass selbst bei Auftragssummen von ca. 2 Mio. € nur eine vergleichsweise geringfügige Abweichung der Gemeinkostendeckung bei den Positionen zwischen 90 % und 110 % entsteht. In diesem Fall liegt eine Überdeckung von nuGK[40] in Höhe von 1.182,96 € vor. Das Risiko liegt im Promillebereich. Diese Problematik wird im Kap. 19.2 vertieft behandelt. Bei diesem Beispiel sind bereits die Kosteneigenschaften rechentechnisch berücksichtigt worden.

8.2.6.7   Bauzeitverlängerungsanspruch des AN infolge einzelner Mehrmengen oder mehrerer Teilleistungen mit Mehrmengen

Hinsichtlich der Ermittlung der Bauzeitverlängerung bzgl. der Fristen und des monetären Ausgleichs der Fristen muss auf einen weiteren Band der Lehrbuchreihe „Störung des Bauablaufs" verwiesen werden, der zurzeit vorbereitet wird.

Es kann bereits hier im Sinne eines Leitsatzes festgestellt werden, dass immer unabhängig von irgendwelchen Einzelansprüchen auf Bauzeitverlängerung infolge von Mehrmengen eine Gemeinkostenbilanz für den Fall der unveränderten Fristen zu erstellen ist.

Der Zwang adäquat kausal nachzuweisen, dass Teilleistungen die Bauzeit berühren und die Berechnung der konkreten Auswirkungen, bewirkt die Notwendigkeit, die wirtschaftliche Situation der gleich gebliebenen Bauzeit in einem ersten Schritt zu behandeln. Dieses ist Voraussetzung dafür, die Veränderung bemessen zu können.

Monetäre Ansprüche infolge Bauzeitverlängerung können deshalb nur bei der vertraglich vereinbarten Frist ansetzen. Insofern ist erst zu klären, welche Vergütung bzgl. der Gemeinkosten für den unveränderten Fall zu erfolgen hat. Daran anschließend kann isoliert der Anspruch infolge Verlängerung behandelt werden.

---

40   nuGK = nicht umsatzbezogene Gemeinkosten, vgl. Kap. 15.4.

8.0

Pos.	Text	Soll-Menge	Ist-Menge		EKT	BGK-Anteil aus GP (nuGK)	uGK	EP vor Anwendung § 2 Nr. 3	Ist-Abrechnungssumme vor Anwendung § 2 Nr. 3	Abrechnungssumme Soll	nuGK-Überdeckung aus Mengen 100 % - bis 110 %[1]	nuGK-Unterdeckung aus Mengen 90 % bis 100 %[1]
1	2	3	4	5	6	7	8 = 9*uGK %	9	10 = 4*9	11 = 3*9	12 = (4-3)*7	13 = (3-4)*7
	Hauptvertragsleistungen:											
01	**Baustelleneinrichtung**											
01.01	**Baustelleneinrichtung**											
1.1.01	Baustelle einrichten	1,00	1,00	psch.	55.300,00 €	8.236,47 €	7.031,58 €	70.568,05 €	70.568,05 €	70.568,05 €	0,00 €	0,00 €
1.1.02	Baustelleneinrichtung vorhalten	11,00	11,00	Mon.	14.040,90 €	1.997,70 €	1.774,99 €	17.813,59 €	195.949,49 €	195.949,49 €	0,00 €	0,00 €
1.1.03	Baustelle räumen	1,00	1,00	psch.	27.730,50 €	3.811,66 €	3.490,77 €	35.032,93 €	35.032,93 €	35.032,93 €	0,00 €	0,00 €
2	**Rohbauarbeiten**											
2.1	**Erdarbeiten**											
2.1.01	Oberboden entfernen	900,00	990,00	m³	9,46 €	0,74 €	0,97 €	11,17 €	11.058,30 €	10.053,00 €	66,37 €	0,00 €
2.1.01a	Mehrmenge zu Pos. 2.1.01	0,00	570,00	m³	9,46 €	0,00 €	0,89 €		6.366,90 €		0,00 €	0,00 €
2.1.02	Altern. Pos. Anlegen von Oberbodenmieten	0,00	0,00	m³	8,66 €	0,67 €	1,02 €	10,35 €	0,00 €		0,00 €	0,00 €
2.1.03	Baugrubenaushub	6000,00	4316,97	m³	6,13 €	0,81 €	0,77 €	7,71 €	33.283,84 €	46.260,00 €	0,00 €	5,13 €
2.1.04	Verfüllung	2100,00	1205,51	m³	26,39 €	4,39 €	3,16 €	33,94 €	40.915,01 €	71.274,00 €	0,00 €	0,00 €
2.1.05	Schottertragschicht	20,00	17,86	m³	34,62 €	4,92 €	3,88 €	43,42 €	775,48 €	868,40 €	0,00 €	0,00 €
2.2	**Stahlbetonarbeiten**											
2.2.01	Sauberkeitsschicht, d= 5 cm	800,00	851,55	m²	6,92 €	1,35 €	0,92 €	9,19 €	7.825,70 €	7.352,00 €	69,81 €	0,00 €
2.2.02	Beton der Streifenfundamente	170,00	165,42	m³	87,20 €	10,26 €	10,79 €	108,25 €	17.906,72 €	18.402,50 €	0,00 €	47,01 €
2.2.03	Schalung der Streifenfundamente	340,00	340,40	m²	23,85 €	6,67 €	3,38 €	33,90 €	11.539,56 €	11.526,00 €	2,67 €	0,00 €
2.2.04	Beton der Einzelfundamente	63,00	62,50	m³	87,20 €	10,26 €	10,79 €	108,25 €	6.765,63 €	6.819,75 €	0,00 €	5,13 €
2.2.05	Schalung der Einzelfundamente	100,00	100,00	m²	23,85 €	6,67 €	3,38 €	33,90 €	3.390,00 €	3.390,00 €	0,00 €	0,00 €
2.2.06	Beton der Bodenplatte	750,00	750,96	m²	17,18 €	1,49 €	2,07 €	20,74 €	15.574,91 €	15.555,00 €	1,43 €	0,00 €
2.2.07	Schalung der Bodenplatte	25,00	25,18	m²	11,00 €	3,08 €	1,56 €	15,64 €	393,82 €	391,00 €	0,55 €	0,00 €
2.2.08	Beton der Stützen 30/30 KG	30,00	30,00	m	12,29 €	2,45 €	1,63 €	16,37 €	491,10 €	491,10 €	0,00 €	0,00 €
2.2.09	Schalung der Stützen 30/30 KG	36,00	36,00	m²	47,65 €	13,80 €	6,80 €	68,25 €	2.457,00 €	2.457,00 €	0,00 €	0,00 €
2.2.10	Beton der Wände d= 40 KG	290,00	288,50	m²	37,20 €	4,90 €	4,66 €	46,76 €	13.490,26 €	13.560,40 €	0,00 €	7,35 €
2.2.11	Schalung der Wände d= 40 KG	570,00	572,35	m²	28,30 €	7,28 €	3,94 €	39,52 €	22.619,27 €	22.526,40 €	17,11 €	0,00 €
2.2.12	Beton der Wände d= 35 KG	17,00	18,50	m²	32,55 €	4,29 €	4,08 €	40,92 €	757,02 €	695,64 €	6,44 €	0,00 €
2.2.13	Schalung der Wände d= 35 KG	35,00	34,90	m²	28,30 €	7,28 €	3,94 €	39,52 €	1.379,25 €	1.383,20 €	0,00 €	0,73 €
2.2.14	Beton der Kernwände d= 30 KG	117,00	120,23	m²	29,64 €	4,28 €	3,75 €	37,67 €	4.529,06 €	4.407,39 €	13,81 €	0,00 €
2.2.15	Schalung der Kernwände d= 30 KG	235,00	240,91	m²	31,20 €	8,28 €	4,37 €	43,85 €	10.563,90 €	10.304,75 €	48,94 €	0,00 €
2.2.16	Beton der Kernwände d= 20 KG	68,00	67,72	m²	20,05 €	2,95 €	2,55 €	25,55 €	1.730,25 €	1.737,40 €	0,00 €	0,83 €
2.2.17	Schalung der Kernwände d= 20 KG	135,00	134,88	m²	31,20 €	8,28 €	4,37 €	43,85 €	5.914,49 €	5.919,75 €	0,00 €	0,99 €
2.2.18	Beton der Unterzüge 30/70 KG	145,00	144,25	m	21,05 €	3,11 €	2,67 €	26,83 €	3.870,23 €	3.890,35 €	0,00 €	2,33 €
2.2.19	Schalung der Unterzüge 30/70 KG	245,00	245,23	m²	52,50 €	15,31 €	7,51 €	75,32 €	18.470,72 €	18.453,40 €	3,52 €	0,00 €
2.2.20	Beton der Kellerdecke d= 20	714,00	673,23	m²	16,86 €	1,85 €	2,07 €	20,78 €	13.989,72 €	14.836,92 €	0,00 €	75,40 €

Mengenänderungen zwischen 90 % und 110 %

[1] inklusive Abweichungen aus Rundungsroutinen

Bild 45: Abrechnungsmengen und Gemeinkostendeckung hauptvertraglicher Leistungen zwischen 90–110 % (S. 1)

Pos.	Text	Soll-Menge	Ist-Menge		EKT	BGK-Anteil aus GP (nuGK)	uGK	EP vor Anwendung § 2 Nr. 3	Ist-Abrechnungssumme vor Anwendung § 2 Nr. 3	Abrechnungssumme Soll	nuGK-Überdeckung aus Mengen 100 % - bis 110 %	nuGK-Unterdeckung aus Mengen 90 % bis 100 %
1	2	3	4	5	6	7	$8 = 9 \cdot uGK\ \%$	9	$10 = 4 \cdot 9$	$11 = 3 \cdot 9$	$12 = (4-3) \cdot 7$	$13 = (3-4) \cdot 7$
	Hauptvertragsleistungen:											
2.2.21	Schalung der Kellerdecke	573,00	574,04	m²	24,85 €	6,71 €	3,49 €	35,05 €	20.120,10 €	20.083,65 €	6,98 €	0,00 €
2.2.22	Randschalung Deckenplatte KG	124,00	122,50	m	11,00 €	3,08 €	1,56 €	15,64 €	1.915,90 €	1.939,36 €	0,00 €	4,62 €
2.2.23	Beton der Stützen 30/30 EG - 4.OG	205,00	205,00	m	12,29 €	2,45 €	1,63 €	16,37 €	3.355,85 €	3.355,85 €	0,00 €	0,00 €
2.2.24	Schalung der Stützen 30/30 EG - 4.OG	246,00	246,00	m²	47,65 €	13,80 €	6,80 €	68,25 €	16.789,50 €	16.789,50 €	0,00 €	0,00 €
2.2.25	Beton der Stützen 40/40 EG - 4.OG	390,00	389,50	m	19,52 €	3,57 €	2,55 €	25,64 €	9.986,78 €	9.999,60 €	0,00 €	1,78 €
2.2.26	Schalung der Stützen 40/40 EG - 4.OG	623,00	623,20	m²	44,75 €	12,79 €	6,37 €	63,91 €	39.828,71 €	39.815,93 €	2,56 €	0,00 €
2.2.27	Beton der Wände d= 35 EG - 4.OG	204,00	203,98	m²	32,55 €	4,29 €	4,08 €	40,92 €	8.346,86 €	8.347,68 €	0,00 €	0,09 €
2.2.28	Schalung der Wände d= 35 EG - 4.OG	396,00	395,65	m²	31,20 €	8,28 €	4,37 €	43,85 €	17.349,25 €	17.364,60 €	0,00 €	2,90 €
2.2.29	Beton der Kernwände d= 30 EG - 4.OG	777,00	810,98	m²	29,64 €	4,28 €	3,75 €	37,67 €	30.549,43 €	29.269,59 €	145,29 €	0,00 €
2.2.30	Schalung der Kernwände d= 30 EG - 4.OG	1558,00	1608,63	m²	34,10 €	9,28 €	4,80 €	48,18 €	77.503,55 €	75.064,44 €	469,76 €	0,00 €
2.2.31	Beton der Kernwände d= 20 EG - 4.OG	434,00	470,88	m²	20,05 €	2,95 €	2,55 €	25,55 €	12.030,98 €	11.088,70 €	108,95 €	0,00 €
2.2.32	Schalung der Kernwände d= 20 EG - 4.OG	932,00	937,85	m²	34,10 €	9,28 €	4,80 €	48,18 €	45.185,61 €	44.903,76 €	54,28 €	0,00 €
2.2.33	Beton der Unterzüge 30/60 EG - 4.OG	721,00	721,25	m	18,05 €	2,65 €	2,29 €	22,99 €	16.581,54 €	16.575,79 €	0,66 €	0,00 €
2.2.34	Schalung der Unterzüge 30/60 EG - 4.OG	1090,00	1081,88	m²	46,70 €	13,31 €	6,64 €	66,65 €	72.107,30 €	72.648,50 €	0,00 €	108,07 €
2.2.35	Beton der Unterzüge 40/60 EG - 4.OG	470,00	470,00	m	24,06 €	3,54 €	3,06 €	30,66 €	14.410,20 €	14.410,20 €	0,00 €	0,00 €
2.2.36	Schalung der Unterzüge 40/60 EG - 4.OG	752,00	752,00	m²	48,15 €	13,81 €	6,86 €	68,82 €	51.752,64 €	51.752,64 €	0,00 €	0,00 €
2.2.37	Beton der Deckenplatten d= 20 EG - 4.OG	3568,00	3366,14	m²	18,11 €	1,81 €	2,20 €	22,12 €	74.459,02 €	78.924,16 €	0,00 €	364,54 €
2.2.38	Schalung der Deckenplatten EG - 4.OG	2863,00	2870,18	m²	24,85 €	6,71 €	3,49 €	35,05 €	100.599,81 €	100.348,15 €	48,16 €	0,00 €
2.2.39	Randschalung der Deckenplatte EG - 4.OG	618,00	612,50	m	11,00 €	3,08 €	1,56 €	15,64 €	9.579,50 €	9.665,52 €	0,00 €	16,95 €
2.2.40	Beton der Treppenlaufplatten	70,00	72,29	m²	27,18 €	5,81 €	3,65 €	36,64 €	2.648,71 €	2.564,80 €	13,30 €	0,00 €
2.2.41	Beton der Treppenpodeste	22,00	24,20	m²	24,57 €	4,91 €	3,26 €	32,74 €	792,31 €	720,28 €	10,80 €	0,00 €
2.2.41a	Mehrmenge zu Pos. 2.2.41	0,00	9,19	m²	24,57 €	0,00 €	2,72 €		300,88 €		0,00 €	0,00 €
2.2.42	Beton der aufgesattelten Stufen	160,00	125,00	Stck.	3,72 €	0,79 €	0,50 €	5,01 €	626,25 €	801,60 €	0,00 €	0,00 €
2.2.43	Schalung der Treppen u. Zwischenpodeste	140,00	154,00	m²	84,00 €	25,39 €	12,11 €	121,50 €	18.711,00 €	17.010,00 €	355,51 €	0,00 €
2.2.43a	Mehrmenge zu Pos. 2.2.43	0,00	40,32	m²	84,00 €	0,00 €	9,30 €		4.898,88 €		0,00 €	0,00 €
2.2.44	Beton der Kernwände Dachaufbau d= 30	160,00	160,20	m²	29,64 €	4,28 €	3,75 €	37,67 €	6.034,73 €	6.027,20 €	0,86 €	0,00 €
2.2.45	Schalung der Kernwände Dachaufbau d= 30	320,00	316,30	m²	34,10 €	9,28 €	4,80 €	48,18 €	15.239,33 €	15.417,60 €	0,00 €	34,33 €
2.2.46	Beton der Kernwände Dachaufbau d= 20	106,00	94,18	m²	20,05 €	2,96 €	2,54 €	25,55 €	2.406,30 €	2.708,30 €	0,00 €	0,00 €
2.2.47	Schalung der Kernwände Dachaufbau d= 20	190,00	186,39	m²	34,10 €	9,28 €	4,80 €	48,18 €	8.980,27 €	9.154,20 €	0,00 €	33,50 €
2.2.48	Beton der Deckenplatte Dachaufbau	117,00	116,39	m²	16,57 €	1,75 €	2,03 €	20,35 €	2.368,54 €	2.380,95 €	0,00 €	1,07 €
2.2.49	Schalung der Deckenplatte Dachaufbau	110,00	99,55	m²	24,85 €	6,71 €	3,49 €	35,05 €	3.489,23 €	3.855,50 €	0,00 €	70,09 €
2.2.50	Randschalung der Deckenplatte Dachaufbau	43,00	43,20	m	11,00 €	3,08 €	1,56 €	15,64 €	675,65 €	672,52 €	0,62 €	0,00 €
2.2.51	Liefern und Verlegen von Stabstahl	100000,00	108064,41	kg	0,85 €	0,02 €	0,07 €	0,94 €	101.580,55 €	94.000,00 €	122,06 €	0,00 €
2.2.52	Liefern und Verlegen von Mattenstahl	90000,00	99000,00	kg	0,90 €	0,01 €	0,08 €	0,99 €	98.010,00 €	89.100,00 €	100,38 €	0,00 €
2.2.52a	Mehrmenge zu Pos. 2.2.52	0,00	49775,24	kg	0,90 €	0,00 €	0,08 €		49.277,49 €		0,00 €	0,00 €

¹⁾ inklusive Abweichungen aus Rundungsroutinen

Mengenänderungen zwischen 90 % und 110 %

Bild 46:   Abrechnungsmengen und Gemeinkostendeckung hauptvertraglicher Leistungen zwischen 90–110 % (S. 2)

8.0

Pos.	Text	Soll-Menge	Ist-Menge		EKT	BGK-Anteil aus GP (nuGK)	uGK	EP vor Anwendung § 2 Nr. 3	Ist-Abrechnungssumme vor Anwendung § 2 Nr. 3	Abrechnungssumme Soll	nuGK-Überdeckung aus Mengen 100 % - bis 110 %[1]	nuGK-Unterdeckung aus Mengen 90 % bis 100 %[1]
1	2	3	4	5	6	7	8 = 9*uGK %	9	10 = 4*9	11 = 3*9	12 = (4-3)*7	13 = (3-4)*7
	Hauptvertragsleistungen:											
2.2.53	Wandaussparung 400/230	2,00	2,00	Stck.	423,36 €	128,00 €	61,02 €	612,38 €	1.224,76 €	1.224,76 €	0,00 €	0,00 €
2.2.54	Wandaussparung 500/230	1,00	1,00	Stck.	429,25 €	129,76 €	61,87 €	620,88 €	620,88 €	620,88 €	0,00 €	0,00 €
2.2.55	Wandaussparung 100/230	14,00	14,00	Stck.	110,88 €	33,52 €	15,98 €	160,38 €	2.245,32 €	2.245,32 €	0,00 €	0,00 €
2.2.56	Wandaussparung 200/230	7,00	7,00	Stck.	226,80 €	68,57 €	32,69 €	328,06 €	2.296,42 €	2.296,42 €	0,00 €	0,00 €
2.2.57	Wandaussparung 250/250	6,00	6,00	Stck.	252,00 €	76,19 €	36,32 €	364,51 €	2.187,06 €	2.187,06 €	0,00 €	0,00 €
2.2.58	Wandaussparung 180/250	14,00	14,00	Stck.	216,72 €	65,52 €	31,24 €	313,48 €	4.388,72 €	4.388,72 €	0,00 €	0,00 €
2.2.59	Einbau Rohrhülsen d= 10/l= 30 in Unterzüge	235,00	249,00	Stck.	9,81 €	2,59 €	1,37 €	13,77 €	3.428,73 €	3.235,95 €	36,23 €	0,00 €
2.2.60	Deckenaussparung 195/200	5,00	5,00	Stck.	132,72 €	40,13 €	19,13 €	191,98 €	959,90 €	959,90 €	0,00 €	0,00 €
2.2.61	Deckenaussparung 150/250	1,00	1,00	Stck.	134,40 €	40,64 €	19,37 €	194,41 €	194,41 €	194,41 €	0,00 €	0,00 €
2.2.62	Ankerplatten 20/20/2,5 Dachbereich	56,00	57,00	Stck.	24,73 €	5,36 €	3,33 €	33,42 €	1.904,94 €	1.871,52 €	5,36 €	0,00 €
2.2.63	Ankerplatten 20/25/2,5 Dachbereich	16,00	15,00	Stck.	32,74 €	6,54 €	4,35 €	43,63 €	654,45 €	698,08 €	0,00 €	6,54 €
2.2.64	Bed. Pos. Halfenschiene in Schacht	0,00	0,00	m	17,82 €	3,77 €	2,39 €	23,98 €	0,00 €	0,00 €		0,00 €
02.03	**Fertigteile**											
2.3.01	Winkelstützwände	14,00	12,00	Stck.	553,88 €	22,80 €	52,86 €	629,54 €	7.554,48 €	8.813,56 €	0,00 €	0,00 €
03	**Ausbauarbeiten**											
03.01	**Trockenbau**											
3.1.01	Gipskartonwände d= 12,5 cm, doppelt beplankt	1310,00	918,75	m²	49,76 €	0,62 €	4,36 €	54,74 €	50.292,38 €	71.709,40 €	0,00 €	0,00 €
3.1.02	Bürowandsystem mit Oberlichtern und Türen	767,50	844,25	m²	167,45 €	2,08 €	14,67 €	184,20 €	155.510,85 €	141.373,50 €	159,63 €	0,00 €
3.1.02a	Mehrmenge zu Pos. 3.1.02	0,00	60,10	m²	167,45 €	0,00 €	14,49 €		11.070,42 €		0,00 €	0,00 €
3.1.03	WC-Trennwandsystem mit Türen etc.	20,00	20,00	Stck.	947,13 €	11,74 €	82,97 €	1.041,84 €	20.836,80 €	20.836,80 €	0,00 €	0,00 €
3.1.04	MF-Decke	1070,00	1177,00	m²	25,12 €	0,31 €	2,20 €	27,63 €	32.520,51 €	29.564,10 €	33,11 €	0,00 €
3.1.04a	Mehrmenge zu Pos. 3.1.04	0,00	61,09	m²	25,12 €	0,00 €	2,17 €		1.687,92 €		0,00 €	0,00 €
3.1.05	Flur-Decke	550,00	542,98	m²	37,58 €	0,47 €	3,29 €	41,34 €	22.446,79 €	22.737,00 €	0,00 €	3,28 €
3.1.06	Deckensystem Metallic	970,00	1067,00	m²	55,63 €	0,69 €	4,87 €	61,19 €	65.289,73 €	59.354,30 €	66,61 €	0,00 €
3.1.06a	Mehrmenge zu Pos. 3.1.06	0,00	54,28	m²	55,63 €	0,00 €	4,81 €		3.321,39 €		0,00 €	0,00 €
3.1.07	GK-Decke einlagig	330,00	293,96	m²	33,40 €	0,41 €	2,93 €	36,74 €	10.800,09 €	12.124,20 €	0,00 €	0,00 €
3.1.08	Zulage Feuchtraum	95,00	92,49	m²	41,24 €	0,51 €	3,61 €	45,36 €	4.195,35 €	4.309,20 €	0,00 €	1,27 €
								Summen:	**1.901.733,53 €**	**1.851.492,68 €**	**1.971,76 €**	**788,81 €**

nuGK-Über-/ bzw. Unterdeckung aus Unterdeckung aus Ausführungsmengen von Hauptvertragsleistungen
zwischen 90 % - 110 %

1.182,96 €	0,00 €

¹⁾ inklusive Abweichungen aus Rundungsroutinen

Mengenänderungen zwischen 90 % und 110 %

Bild 47: Abrechnungsmengen und Gemeinkostendeckung hauptvertraglicher Leistungen zwischen 90–110 % (S. 3)

8.2.7   Behandlung von Nullmengen

Die in der Praxis häufig auftretende Nullmenge ist nach herrschender baurechtlicher Auffassung und Rechtsprechung eine Teilkündigung. Die erforderliche Schriftform der Teilkündigung kann gemäß herrschender Auffassung bei einer Nullmenge aufgrund konkludenten Verhaltens der Vertragspartner entfallen.

Diese Auffassung in der Rechtsprechung kann als außergewöhnlich bezeichnet werden. Die Begründung hierfür ist eine baubetriebswirtschaftliche und lautet wie folgt:

> Würde die Nullmenge als Mindermenge auf Null behandelt, könnte der Einheitspreis zwar erhöht werden, dies würde aber nichts nützen, weil die Menge Null multipliziert mit dem erhöhten Einheitspreis wieder Null ergäbe.

Diese Lösung ist nach Auffassung des Verfassers nicht sachgerecht. Die mathematische Begründung kann wohl nicht befriedigend als Begründung herhalten, weil diese Sichtweise insbesondere bei Pauschalverträgen zu einer Kürzung des Pauschalvertrags und damit zu falschen Ergebnissen führt, wenn die Reduktion der Menge auf Null eben eine Folge des Verschätzens des Vordersatzes auf Null darstellt. Dieses wird der Regelfall sein.

Der Verfasser ist der Überzeugung, dass es sich bei einer Nullmenge um eine Mindermenge handelt. Im Rahmen der Berechnung der Gemeinkostenbilanz geht der Verfasser davon aus, dass Nullmengen wie Mindermengen berechnet werden. Dieses muss auch der Standardfall sein.

Dass die Annahme der Teilkündigung bei Mindermengen auf Null nach Überzeugung des Verfassers aus baubetriebswirtschaftlicher Sicht nicht sinnvoll ist, wird im Zusammenhang mit dem eigenständigen Band der Lehrbuchreihe zum Pauschalvertrag behandelt und ausführlich begründet.

In Kurzform sei schon vorweggenommen, dass eine Teilkündigung nur eine Reduktion der Funktion des Gebäudes sein kann. Fehler, die die Ursache in der Planung oder beim Umsetzen der Planung in die Leistungsbeschreibung bzw. in der Gestaltung eines Leistungsverzeichnisses haben, können keine Teilkündigung bewirken. Wenn demzufolge ein Leistungsverzeichnis mehr Leistungen als in der Planung enthält und diese deshalb wegfallen, handelt es sich zwangsläufig nicht um eine Teilkündigung, weil der AG nicht das Bauwerk als solches ändert, sondern nur eine Fehlerkorrektur des Leistungsverzeichnisses im Sinne von Verschätzen bei den Vordersätzen vornimmt.

Um eine Harmonisierung der Berechnungsmethoden zu bewirken, wird die Nullmenge von der baubetriebswirtschaftlichen Seite so behandelt, wie eine Mindermenge. Einheitliche Nachweise sind nur unter Berücksichtigung einer gleichen methodischen Vorgehensweise – Fortschreibung von Wettbewerbspreisen – möglich.

Durch diese Vorgehensweise bleibt prinzipiell die Möglichkeit, auch den Nachweis gemäß § 8 Nr. 1 VOB/B zu führen, wenn einer der Vertragspartner dies verlangt. Es sollte sich aber um Einzelfallregelungen handeln.

An diesem Beispiel wird deutlich, dass die Baubetriebswirtschaft häufig eine Voraussetzung für die richtige baurechtliche Umsetzung darstellt.

8.2.8   Behandlung von Alternativpositionen

Grundsätzlich gilt, dass Alternativpositionen bei Auftragserteilung zu bestellen sind und die entsprechenden Grundpositionen ersetzen. Die nicht beauftragte Alternativposition oder die Grundposition spielt keine Rolle mehr, wird quasi als nicht mehr existent betrachtet.

Die Formulierung „Alternativ" muss demzufolge als abschließend betrachtet werden. Es ist baubetriebswirtschaftlich nur dann zulässig, in einem Leistungsverzeichnis nur für eine Teilmenge der Grundposition eine Alternative vorzusehen, wenn mit der Wahl der Alternative die Menge der Grundposition bekannt ist. Hiermit wird vermieden, dass hinsichtlich der Gemeinkostendeckung bei gleichzeitiger Berücksichtigung von Grund- und Alternativposition und der Anwendung des § 2 Nr. 3 VOB/B ein zu hoher einmaliger Gemeinkostenanteil vergütet wird.

Bei dem später vorgestellten Beispiel zur Berechnung der Über- und Unterdeckungen wird ein gegebenenfalls doppelter Ansatz der Mengen bei Grund- und Alternativpositionen zu Ungunsten des AG angenommen. Fehler im Leistungsverzeichnis müssen im Zweifelsfall zu Lasten dessen gehen, der die Fehler verursacht hat.

8.2.9 Behandlung von Eventualpositionen bzw. Bedarfspositionen

Eventualpositionen enthalten grundsätzlich keine einmaligen Gemeinkosten, wenn ordnungsgemäß kalkuliert worden ist. Insofern erübrigt sich bzgl. der Unter- oder Überdeckung der einmaligen Gemeinkosten eine Bilanz, weil Mengenänderungen nicht zu einer Über- oder Unterdeckung der einmaligen Gemeinkosten führen können, wenn ordnungsgemäß kalkuliert worden ist.

Es bleibt die Frage zu klären, ob der AG, wenn aufgrund unzulässiger Kalkulationsweise bei den Eventualpositionen eine Überdeckung der einmaligen Gemeinkosten entsteht, eine Reduktion bzgl. der geänderten Menge verlangen kann. Dieses ist zu bejahen. Im Gegenzug wird aber der AN bei Mengenminderungen keine Unterdeckung der einmaligen Gemeinkosten geltend machen können, wenn er unzulässigerweise einmalige Gemeinkosten eingerechnet hat.

Eine positionsweise Betrachtung bzgl. der Einzelkosten der Teilleistungen als Folge einer Mengenänderung kann eintreten. Ebenfalls sind in Einzelfällen Auswirkungen auf die Bauzeit denkbar. Insofern gelten die Regelungen des § 2 Nr. 3 VOB/B durchaus auch für die Eventualpositionen, weil eben auch bei den Eventualpositionen ein Verschätzen vorliegen kann.[41]

Ein Sonderfall liegt vor, wenn der AG durch ein falsches Leistungsverzeichnis eine ordnungsgemäße Kalkulation verhindert. Diese Fälle können ohne juristische Beurteilung – Erkennbarkeit – baubetriebswirtschaftlich in dieser Veröffentlichung nicht mehr behandelt werden, weil hierbei gegebenenfalls auch Schadenersatzgesichtspunkte eine Rolle spielen können.

8.2.10 Ausgleich der Gemeinkostendeckung auf andere Weise

8.2.10.1 Fallgestaltungen

Der bereits zitierte § 2 Nr. 3 Abs. (3) VOB/B beinhaltet die Regelung, dass eine Erhöhung des Einheitspreises davon abhängt, ob der AN „in anderer Weise einen Ausgleich erhält". Diese andere Weise kann eine Mehrmenge, eine Bauzeitverkürzung oder die bereits mit der Abrechnung erfolgte Vergütung von Baustellengemeinkosten durch Nachträge sein.

Im Folgenden werden die einzelnen Fallgestaltungen diskutiert.

8.2.10.2 Mehrmengen

Die Tatsache, dass der Ausgleich der Unterdeckung der Baustellengemeinkosten aus Mindermengen durch Überdeckung der Baustellengemeinkosten aus Mehrmengen erfolgen muss, dürfte unstrittig sein. Auf entsprechende Einschränkungen bei der Berechnung – keine Anrechnung der Überdeckung bzgl. Mehrmengen zwischen 100 % und 110 % – ist bereits eingegangen worden (vgl. Kap. 8.2.6.5).

8.2.10.3 Verkürzte Bauzeit – Kompensation

Die Variante der verkürzten Bauzeit ist durchaus denkbar. Zwar kennt die VOB/B keine Verkürzung der Bauzeit und demzufolge auch keine Reduzierung der Baustellengemeinkosten infolge verkürzter Bauzeit in Verbindung mit einer Reduzierung der Abrechnungssumme; es ist aber durchaus sinnvoll und baubetriebswirtschaftlich vertretbar, wenn eine Erhöhung der Einheitspreise bei verkürzter Bauzeit verwehrt wird. Hierdurch wird der Kompensationsgedanke einbezogen. Die Verwehrung einer Erhöhung der Schlussrechnungssumme hat eine andere Qualität als die Kürzung einer Schlussrechnungssumme.

Wenn durch die Mindermenge selbst kausal bedingt eine verringerte Bauzeit und damit verbunden eine Reduzierung der Baustellengemeinkosten verbunden ist, stellt sich zu Recht die Frage, ob eine derartige Reduzierung eine andere Erhöhung ausgleichen kann, also einen Ausgleich in anderer Weise darstellt. Im Ergebnis erfolgt auch keine Reduzierung, sondern es wird einer Erhöhung nicht stattgegeben, weil die Äquivalenz zwischen Vergütung und erbrachter Leistung hergestellt ist.

Der Kompensationsgedanke rückt in den Vordergrund.

---

[41] Vgl. Kapellmann/Messerschmidt: VOB Teile A und B, 2007, § 2 VOB/B, Rdn. 160 ff.

8.2.10.4   Kausal bedingte Mindermengen aus Nachträgen

Grundsätzlich wird in der Abrechnung von Bauobjekten folgender Aspekt völlig vernachlässigt:

Wenn eine Betonwand mit 20 cm Stärke und einer bestimmten Betongüte nach einer bestimmten Position im Leistungsverzeichnis abgerechnet werden sollte und nunmehr baubegleitend, aus welchen Gründen auch immer, eine 30 cm Betonwand hergestellt werden muss, löst der Wegfall der 20 cm Wand eine Mindermenge aus, die anspruchstechnisch zu dem Nachtrag gehört.

Es handelt sich um einen Anspruch gemäß § 2 Nr. 5 oder 6 VOB/B, weil der AG nachträglich in die Leistung eingreift. Ein Problem des § 2 Nr. 3 VOB/B liegt nicht vor, weil es sich bei dem Wechsel von 20 cm auf 30 cm Wandstärke nicht um ein Verschätzen des Vordersatzes handelt, sondern i. d. R. um eine ändernde Anordnung des AG bzw. seines Bevollmächtigten.

Insofern kann festgehalten werden, dass die Leistungsänderung eine verringerte Menge bei der Grundposition 20 cm Wandbeton bewirkt.

Soweit der § 2 Nr. 3 VOB/B gänzlich isoliert betrachtet und tatsächlich angenommen würde, dass Nachträge nicht bei der Gemeinkostenbetrachtung berücksichtigt werden müssen, würde bei einer derartigen Fallgestaltung der AN die Gemeinkosten doppelt erhalten: einmal über den Nachtrag und das zweite Mal bei der Einheitspreisanpassung gemäß § 2 Nr. 3 Abs. (3) VOB/B.

Alleine die Tatsache, dass durch eine veränderte Leistung Mindermengen ausgelöst werden, reicht aus, um deutlich zu machen, dass die Gemeinkostenbilanz im § 2 Nr. 3 VOB/B nicht isoliert behandelbar ist. Es darf nicht sein, dass der AN für den Nachtrag – die 30 cm Wand – gesonderte Baustellengemeinkosten und über die Mindermengenregelung – für die Grundposition „20 cm Wandbeton" – nochmals BGK erhält. Es würde sich um eine Doppelvergütung handeln.

Nachträge müssen demnach in die Gemeinkostenbilanz einbezogen werden.

8.2.10.5   Zusätzliche BGK bei Kausalitätsnachweis

Jedoch besteht die Möglichkeit, im Einzelfall bei einer durch die Leistungsänderung ursächlich hervorgerufenen Erhöhung von Baustellengemeinkosten diese Erhöhung gegenüber den für die ursprüngliche Situation kalkulierten Kosten konkret nachzuweisen.

Im Falle eines solchen Einzelnachweises sind dann auch für die Nachträge entsprechend nachgewiesene Gemeinkosten der Baustelle isoliert zu vergüten. Eigentlich handelt es sich bei den konkret durch eine Leistungsänderung verursachten Gemeinkosten der Baustelle um Einzelkosten der Teilleistungen, weil die Kosten konkret dem Nachtrag und der Teilleistung zugeordnet werden können.

Es muss sich aber eindeutig um zusätzliche Ressourcen handeln, die nicht bereits kalkuliert worden sind.

8.2.10.6   Gemeinkostenbilanz unter Einbeziehung der Nachträge systemimmanent erforderlich

Es stellt sich die Frage, ob für den Fall, dass der AN nachweisen kann, dass durch die Nachträge keine Mindermengen entstanden sind, eine Einbeziehung der Nachträge in die Gemeinkostenbilanz entfallen kann.

Der Verfasser ist der Überzeugung, dass grundsätzlich immer eine komplette Gemeinkostenbilanz durchgeführt werden muss, weil es sich bei den Gemeinkosten eben um Kosten des jeweiligen kompletten Projekts handelt, die projektbezogen anfallen. Es kann nur auf der Projektebene unter Einbeziehung aller Nachträge und der Abrechnung der Leistungsänderungen beurteilt werden, ob sich die Projektkosten geändert haben oder nicht.

Nur in begründeten Ausnahmefällen kann wegen eines Missverhältnisses zwischen Aufwand und Ergebnis auf die Bilanz verzichtet werden.

8.2.10.7 Zusammenfassung zu der Gemeinkostendeckung auf andere Weise

Grundsätzlich sind die Gemeinkostendeckungen aller Nachträge und aller Mengenänderungen im Rahmen der Schlussrechnungsstellung eines Projekts in die Gemeinkostenbilanz einzubeziehen. Die Gemeinkostenbilanz wird demzufolge auf der Projektebene unter Einbeziehung aller Gemeinkostendeckungen durchgeführt. Es handelt sich um eine ganzheitliche Betrachtung.

Der Grundgedanke ist hierbei, dass der AN die einmaligen Gemeinkosten in der Größenordnung vergütet bekommt, wie sie in der Auftragskalkulation enthalten sind. Insofern wird die Gemeinkostenbilanz von dem Kompensationsgedanken der einmaligen Gemeinkosten beherrscht.

Die einzige Ausnahme sind zusätzliche BGK, die kausal bedingt nur durch einen Nachtrag ausgelöst werden und nicht in der Auftragskalkulation des Hauptauftrags enthalten sein mussten, also zusätzlich hinzugetreten sind.

8.0

8.2.11 Schlussbetrachtung zu Mengenänderungen

In diesem Kapitel sind die Grundsätze vorgestellt worden, die für eine Anwendung des § 2 Nr. 3 VOB/B eingehalten werden müssen. Auf die Darstellung berechnungstechnischer Eigenarten ist verzichtet worden, weil aufgrund der zahlreichen Varianten bzgl. der Berechnung in der Literatur keine übersichtliche Darstellung mehr möglich gewesen wäre.

Eine überschaubare Darstellung der Berechnung kann nur auf der Grundlage eines definierten Lösungsansatzes erfolgen.

Das Beispiel für die Mehr- und Mindermengenberechnung wird auf der Grundlage des dann im Kap. 13.0 vorgestellten Lösungsansatzes im Kap. 17.0 vorgestellt.

8.3 Eigenübernahme von Leistungen und Kündigung gemäß § 2 Nr. 4 VOB/B, § 8 Nr. 1 VOB/B

8.3.1 Eigenübernahme von Leistungen durch den Besteller

Soweit der AG vertraglich vereinbarte Leistungen selbst übernimmt, handelt es sich um eine Eigenübernahme.

---

§ 2 Nr. 4 VOB/B:

Werden im Vertrag ausbedungene Leistungen des Auftragnehmers vom Auftraggeber selbst übernommen (z. B. Lieferung von Bau-, Bauhilfs- und Betriebsstoffen), so gilt, wenn nichts anderes vereinbart wird, § 8 Nr. 1 Abs. (2) entsprechend.

Voraussetzung für die Anwendung des § 2 Nr. 4 VOB/B ist, dass der Besteller die Leistung selbst ausführt. Fallgestaltungen, bei denen eine Leistung völlig entfällt oder der Besteller die Leistung einem Dritten überträgt, sind als Teilkündigung gemäß § 8 Nr. 1 VOB/B zu werten und setzen gemäß § 8 Nr. 5 VOB/B eine schriftliche Kündigung voraus. Der § 2 Nr. 4 VOB/B findet keine Anwendung auf diese Fälle, weil die Leistung nicht vom AG selbst übernommen wird.

Der Fall der echten Eigenübernahme dahingehend, dass der Besteller die Leistung persönlich übernimmt, wird sich im Wesentlichen auf den privaten Besteller beschränken, wenn der Besteller z. B. beim Einfamilienhausbau wegen beabsichtigter Kosteneinsparung das Schlafzimmer selbst tapeziert oder die Terrasse selbst fliest. Als problematischer erweist sich bereits der Generalunternehmer, der einem Nachunternehmer eine Leistung kündigt und einer eigenen Tochterfirma überträgt. Derartige Vorgehensweisen dürften vorbehaltlich einer juristischen Würdigung wohl nicht mit dem § 2 Nr. 4 VOB/B gemeint sein. Für derartige Fälle müsste § 8 VOB/B gelten.

Der komplette Wegfall von Leistungen – also die endgültige Nichtausführung – kann ebenfalls kein Fall des § 2 Nr. 4 VOB/B sein, weil der Wegfall keine Selbstübernahme darstellt. Der Wegfall von Leistungen ist demzufolge ausschließlich ein Fall des § 8 VOB/B. Bei näherer Betrachtung stellt sich heraus, dass die Fälle des § 2 Nr. 4 VOB/B äußerst selten vorkommen. Die Mindermenge auf Null kann eben alleine deshalb keine Selbstübernahme durch den Besteller gemäß § 2 Nr. 4 VOB/B sein, weil keine Ausführung erfolgt. Wenn nicht ausgeführt wird, kann es sich nicht um eine Selbstübernahme handeln.

Hinsichtlich des Nachweises der Anspruchshöhe gelten für die Eigenübernahme und die Teilkündigung die gleichen Voraussetzungen wie gemäß § 8 Nr. 1 Abs. (2) VOB/B. Der Unterschied zwischen § 8 Nr. 1 VOB/B und § 2 Nr. 4 VOB/B beschränkt sich auf die Notwendigkeit der Schriftform bei der Teilkündigung und die Fälle der zulässigen Anwendung.

Ob gemäß § 8 Nr. 1 VOB/B überhaupt eine Teilkündigung nicht abnahmefähiger Leistungen zulässig ist, ist nach wie vor juristisch nicht geklärt.

8.3.2   Eigenübernahme von Lieferungen durch den Besteller

Die Eigenübernahme von Lieferungen durch den Besteller ist offensichtlich auch dann gewollt, wenn der Besteller die Baustoffe nicht selbst herstellt, sondern nur einkauft. Diese Unterscheidung dürfte auch deshalb gerechtfertigt sein, weil bei einer Selbstübernahme einer Leistung durch den Besteller dieser ebenfalls die Baustoffe einkaufen muss.

An dieser Stelle ist die Regelung des § 2 Nr. 4 wiederum praxisgerecht, weil es dem Besteller erlaubt sein muss, insbesondere bei Baustoffen selbst zu liefern. Der Werkvertrag gemäß BGB beinhaltet die Lieferung des Baustoffs durch den AG. Insofern muss dem AG die Möglichkeit eingeräumt werden, auf die Natur des Werkvertrags bei Baustofflieferungen zurückzugreifen.

Wichtig ist in diesen Fällen allerdings, dass keine „Rosinenpolitik" des AG dahingehend zulässig sein darf, dass Baustoffe oder Leistungen mit guten Preisen herausgenommen werden, um den Gewinn selbst zu erzielen. Auf weitere Einzelheiten wird im Zusammenhang mit der Ermittlung der Anspruchshöhe eingegangen. Die Abgrenzung zwischen Lieferant und Nachunternehmer kann sich ebenfalls als problematisch darstellen.

8.3.3   Baubetriebswirtschaftliche Berechnung der Anspruchshöhe

8.3.3.1   Grundsatz bzgl. der Berechnung der Anspruchshöhe

Da bei einer freien Kündigung gemäß § 2 Nr. 4 oder § 8 Nr. 1 VOB/B der Besteller den Umfang des Bauwerks reduziert, ohne dass der Hersteller eine Ursache gesetzt hat, die den AG veranlasst bzw. berechtigt hat, zu kündigen, gilt der Grundsatz, dass der Hersteller hinsichtlich der Anspruchshöhe wirtschaftlich so gestellt werden muss, als hätte er den Vertrag erfüllt.

Dieser allgemeine Grundsatz ist von den Schöpfern des BGB und der VOB in ein anwendungsbezogenes Rezept umgesetzt worden, das gemäß § 8 Nr. 1 Abs. (2) VOB/B wie folgt lautet:

> Dem Auftragnehmer steht die vereinbarte Vergütung zu. Er muss sich jedoch anrechnen lassen, was er infolge der Aufhebung des Vertrags an Kosten erspart oder durch anderweitige Verwendung seiner Arbeitskraft und seines Betriebs erwirbt oder zu erwerben böswillig unterlässt (§ 649 BGB).

Es stellt sich die Frage, ob mit der vereinbarten Vergütung die Vergütung der erbrachten Leistung gemeint ist, oder auch die Vergütung des gekündigten Leistungsteils. Unzweifelhaft umfasst der Begriff vereinbarte Vergütung die gesamte Leistung, also auch den gekündigten Teil. Dem Hersteller steht somit die gesamte vereinbarte Vergütung zu. Es muss allerdings der Anteil abgezogen werden, der infolge der Kündigung eingespart oder durch anderweitigen Erwerb erwirtschaftet worden ist.

Ein anderweitiger Erwerb ist in vielerlei Hinsicht möglich. Insbesondere bei den Lohn- und Gerätekosten, die in einem gekündigten Teil enthalten sind, liegt im Regelfall ein anderweitiger Erwerb vor, weil der Hersteller sein Personal oder seine Geräte bei der Herstellung anderer Leistungen des gleichen Objekts oder bei einem anderen Objekt einsetzen wird.

Soweit der Hersteller es böswillig unterlässt, einen anderweitigen Erwerb vorzunehmen, gelten die kalkulierten Kosten als eingespart.

8.3.3.2 Einsparungen durch Aufhebung des Vertrags

Unter dem Begriff Einsparung ist zu verstehen, dass keine Kosten für Leistungsteile des gekündigten Leistungsbereichs mehr entstehen. Diese Kosten sind von der Vergütung abzuziehen. Der Gewinn, der vom AN bei Vertragserfüllung eingetreten wäre, bleibt dem gekündigten AN insofern erhalten. Bei Verlusten hat eine Kompensation mit Gewinnen zu erfolgen. Dieser Fall kann sowohl bei der freien Kündigung gemäß § 8 Nr. 1 VOB/B eintreten als auch bei einem Fall gemäß § 2 Nr. 4 VOB/B.

Der Gekündigte muss bzgl. der Produktionsmittel für den gekündigten Teil neu disponieren. Die sich aus der veränderten Disposition ergebende wirtschaftliche Situation ist mit der Situation zu vergleichen, die sich ohne Kündigung eingestellt hätte.

Eine Einsparung tritt im Regelfall bei den Materialkosten ein, wenn der AN die Lieferverträge noch nicht geschlossen hat, oder der Lieferant bzgl. des Materials keine Kündigungsforderungen geltend macht. Bei den Lohnkosten tritt nur dann eine Einsparung ein, wenn der AN sein Personal entlässt und nach der Entlassung keine Kosten mehr entstehen und damit eingespart worden sind.

Der Einsatz des Personals auf einer anderen Baustelle ist keine Einsparung, da die Kosten des Personals nicht eingespart werden, sondern immer noch vorhanden sind. Bei diesen Fällen handelt es sich um einen anderweitigen Erwerb.

8.3.3.3 Anderweitiger Erwerb

Die Kosten für die Produktionsfaktoren entstehen weiter, durch den Einsatz der Produktionsfaktoren an anderer Stelle können aber anderweitige Erlöse erwirtschaftet werden.

Bei einer gänzlichen Kündigung des Vertrags kommt der anderweitige Erwerb durch so genannte Füllaufträge in Frage, während bei Teilkündigungen gemäß § 2 Nr. 4 VOB/B auch anderweitiger Erwerb durch Einsatz des Personals bei der Leistungserbringung von Hauptvertragsleistungen oder auch Nachtragsleistungen bzgl. des bestehenden Vertrags vorliegen kann.

Im Rahmen dieser Veröffentlichung werden Grundsätze und vereinfachte Beispiele behandelt. Eine ausführliche weitergehende Erläuterung bzgl. der Vorgehensweise bei Kündigungen kann dem Tagungsbericht zur 5. Interdisziplinären Norddeutschen Tagung für Baubetriebswirtschaft und Baurecht[42] entnommen werden.

8.3.3.4 Beispiel für die Berechnung der Anspruchshöhe – Teilkündigung Betonlieferung

Dass die Berechnung der Anspruchshöhe infolge Kündigung grundlegend anders erfolgt, als bei Nachträgen, die nach dem Grundsatz der Fortschreibung der Wettbewerbspreise nachgewiesen werden, soll an folgendem Beispiel aufgezeigt werden.

Bild 48 enthält den Grundriss, der bereits der Erläuterung der Voraussetzungen für den Anspruchsgrund bei Mengenänderungen gedient hat.

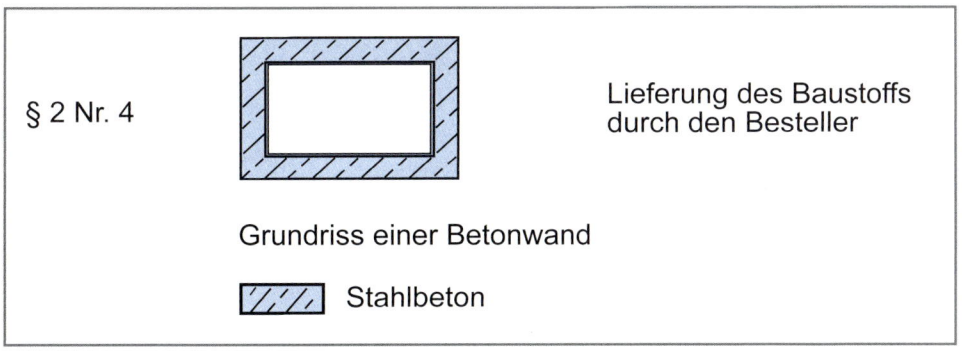

Bild 48:   Grundriss einer Betonwand

---

42   Vgl. Schottke: Nachweis der Anspruchshöhe bei gekündigtem Einheitspreisvertrag, 2004, S. 104 ff.

Dem AG liegt die Kalkulation des AN vor. Der AN hat ohne Gemeinkostenzuschläge 80,00 €/m³ für die Betonlieferung kalkuliert. Anlässlich eines Anrufs bei einem Betonlieferanten erfährt der Besteller, dass er den Beton selbst für 55,00 €/m³ direkt bei dem Lieferanten einkaufen kann.

Der AG kündigt die Lieferung gemäß § 2 Nr. 4 VOB/B und geht davon aus, dass er nunmehr 25,00 €/m³ also die Differenz zwischen 80,00 und 55,00 €/m³ Beton gespart hat. Dieser Gedanke wäre richtig, wenn bei der Teilkündigung die Anspruchshöhe so nachgewiesen würde wie bei Nachträgen.

Bei Anwendung des Grundsatzes „Fortschreibung von Wettbewerbspreisen" wäre die Auffassung des AG richtig, weil die Herausnahme der Leistung eine Herausnahme der kalkulierten Vergütung für die herausgenommene Leistung zur Folge hätte. Wenn aus der Vergütung 80,00 €/m³ für die Kalkulation der Betonlieferung herausgenommen werden, der AG aber nur 55,00 €/m³ selbst an Kosten hat, würde er 25,00 €/m³ einsparen. Dieses kann nicht das gewollte objektive Ergebnis sein.

Folgende Vorgehensweise ist demgegenüber durch die Regelung im § 8 Nr. 1 Abs. (2) VOB/B richtig:

Der AN weist dem AG nach, dass er aufgrund der aktuellen Marktlage den Beton für 45,00 €/m³ hätte einkaufen können. Die Vergütung des AN je m³ ergibt sich wie folgt:

Der Verlust des AG beträgt 10,00 €/m³, da der AN 10,00 €/m³ weniger für den Beton – nicht 55,00 €/m³ sondern 45,00 €/m³ – bezahlt hätte als der AG.

8.3.3.5   Zusammenfassung zur Berechnung der Anspruchshöhe

Die gegenüber Nachträgen veränderte Vorgehensweise für den Nachweis der Kündigungsansprüche verhindert demzufolge die Möglichkeit einer „Rosinenpolitik" durch den AG. Der wirtschaftliche Vorteil, der sich auch ohne Kündigung eingestellt hätte, bleibt bei dem AN. Dies entspricht dem praktizierten Rechtsgrundsatz im Sinne „pacta sunt servanda".[43]

Bei dem vorliegenden Beispiel – Eigenlieferung des Betons – handelt es sich bei dem Hersteller um eine Einsparung durch Wegfall einer Ausgabe. Dieses gilt allerdings nur, soweit die Bestellung nicht schon erfolgt ist und der Lieferant des Herstellers keine Forderungen aus Kündigung geltend macht. Die berechtigten Forderungen des Betonlieferanten an den Hersteller würden als nicht eingespart gelten. Dieser Fall würde eine Reduzierung der Einsparung bewirken.

Bei Anwendung des Grundsatzes „Fortschreibung der Wettbewerbspreise" hätte der Besteller 25,00 €/m³ verdient, da der gute Einkaufspreis zu 80,00 €/m³ vom Einheitspreis hätte abgezogen werden müssen und aufgrund der tatsächlichen Kosten des AG in Höhe von 55 €/m³ die 25 €/m³ als Verdienst des AG verblieben wären. Die Anwendung des § 8 Nr. 1 Abs. (2) VOB/B bewirkt jedoch tatsächlich einen Verlust des AG in Höhe von 10,00 €/m³.[44]

An diesem Beispiel wird auch deutlich, wie wichtig die Sonderregelung des § 8 Nr. 1 Abs. (2) VOB/B ist. Es wird eine mögliche einseitige Vorteilsnahme des Bestellers vermieden, der bei guten Preisen durch das Kündigungsrecht dem AN die Gewinne abnehmen möchte.

Allerdings bereitet die Abgrenzung zwischen Mindermengen gemäß § 2 Nr. 3 Abs. (2) VOB/B, Eigenübernahme gemäß § 2 Nr. 4 VOB/B, Teilkündigung gemäß § 8 Nr. 1 VOB/B und verminderter Leistung gemäß § 2 Nr. 5 VOB/B immer noch Schwierigkeiten, auf die in einem eigenständigen Kündigungsband der Lehrbuchreihe eingegangen wird.

Die Praxis zeigt, dass die Abgrenzung der Anspruchsgrundlagen nicht immer eindeutig möglich ist. Dieses Thema ist bislang auch nicht erschöpfend diskutiert und einer einheitlichen Lösung zugeführt worden.

8.3.4   Schlussbetrachtung zur Teilkündigung

Die vorgenommenen Untersuchungen haben ergeben, dass die Teilkündigung in wesentlich weniger Fällen in der Praxis vorkommt, als nach weit verbreitender Auffassung derzeit vertreten und gelebt wird.

---

[43]   Verträge sind einzuhalten.
[44]   55,00 €/m³ (Kosten des AG) – 45,00 €/m³ (Kosten des AN) = 10,00 €/m³.

Wirtschaftliche Situation des AN mit Kündigung:

Vertraglich vereinbarte Vergütung	80,00 €
Abzüglich Einsparungen des AN	- 45,00 €
Gewinn gemäß § 8 Nr. 1 VOB/B:	35,00 €

Wirtschaftliche Situation des AG mit Kündigung:

Vergütung gemäß § 8 Nr. 1 VOB/B s. o.	35,00 €
Einkauf Beton	+ 55,00 €
Gesamtkosten des AG:	90,00 €

Vergleich der Wirtschaftlichen Situationen des AG mit und ohne Kündigung:

Kosten des AG durch Kündigung	90,00 €
Ohne Kündigung – vertraglich vereinbarte Vergütung	- 80,00 €
Verlust des AG:	10,00 €

8.0

Die Beschränkung des § 2 Nr. 4 VOB/B auf die Selbstübernahme führt zur begrenzten Anwendungsmöglichkeit. Ob eine Teilkündigung gemäß § 8 Nr. 1 VOB/B überhaupt zulässig ist und wenn für welchen Umfang, ist bislang ungeklärt. Der Hinweis in § 8 Nr. 3 VOB/B auf das Kündigungsrecht des AG bzgl. in sich abgeschlossener Leistungen (vgl. § 12 Nr. 2 VOB/B – rechtsgeschäftliche Teilabnahme) weist darauf hin, dass eine Teilkündigung gemäß § 8 Nr. 1 VOB/B auf teilabnahmefähige Leistungen im Sinne von § 12 Nr. 2 VOB/B beschränkt sein müsste.

Insofern würde der § 2 Nr. 4 VOB/B im Sinne der Verbraucherfreundlichkeit gegenüber einer engen Auslegung gemäß § 8 Nr. 1 VOB/B dem Verbraucher bei Selbstübernahme eine Kündigung ermöglichen. Ferner entfällt bei dem § 2 Nr. 4 VOB/B das Erfordernis der Schriftlichkeit.

Bild 49 zeigt eine prinzipielle Darstellung hinsichtlich der Abgrenzung zwischen § 2 Nr. 4 VOB/B und § 8 Nr. 1 VOB/B.

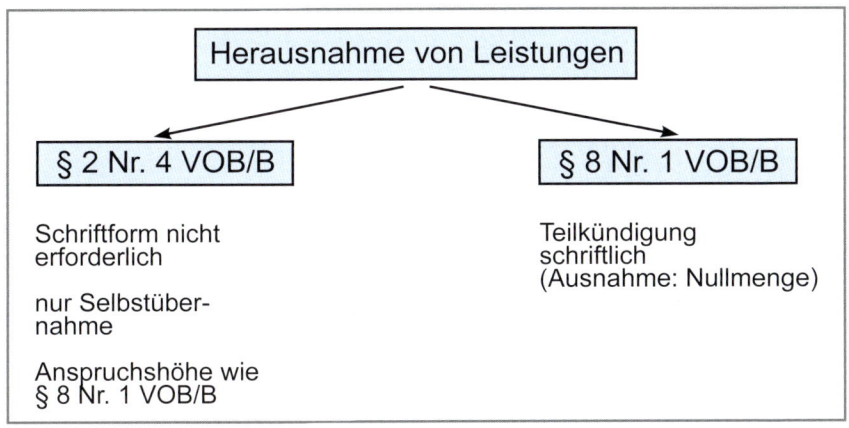

Bild 49:   Überblick über die Systematik des § 2 Nr. 4 VOB/B

8.4   Veränderung von Leistungen (§ 2 Nr. 5 VOB/B)

8.4.1   Grundsatz – veränderte vereinbarte Leistung

Nachdem bereits die Mehr- und Mindermenge (§ 2 Nr. 3 VOB/B) sowie die Eigenübernahme einer Leistung und die Teilkündigung (§ 2 Nr. 4 VOB/B) behandelt wurden, bleiben noch zwei Fallgestaltungen von Leistungsänderungen: die Veränderung einer Leistung (§ 2 Nr. 5 VOB/B) und das Hinzukommen einer Leistung (§ 2 Nr. 6 VOB/B). Der § 2 Nr. 5 VOB/B korrespondiert mit dem § 1 Nr. 3 VOB/B und der § 2 Nr. 6 VOB/B mit dem § 1 Nr. 4 VOB/B.

Voraussetzung für die Anwendung des § 2 Nr. 5 VOB/B ist eine ändernde Anordnung in dem Sinn, dass eine bereits vertraglich vereinbarte Leistung durch eine Anordnung des Bestellers geändert wird.

§ 2 Nr. 5 VOB/B:

Werden durch Änderung des Bauentwurfs oder andere Anordnungen des Auftraggebers die Grundlagen des Preises für eine im Vertrag vorgesehene Leistung geändert, so ist ein neuer Preis unter Berücksichtigung der Mehr- oder Minderkosten zu vereinbaren. Die Vereinbarung soll vor der Ausführung getroffen werden.

Wenn die gemäß Bild 50 vertraglich vereinbarte Herstellung der Wand in Beton von der Qualität C 20/25 auf eine andere Festigkeitsklasse z. B. C 30/37 verändert wird, handelt es sich um eine veränderte Leistung gemäß § 2 Nr. 5 VOB/B. Der vereinbarte Umfang der Leistung bleibt gleich, es ändert sich lediglich die Qualität.

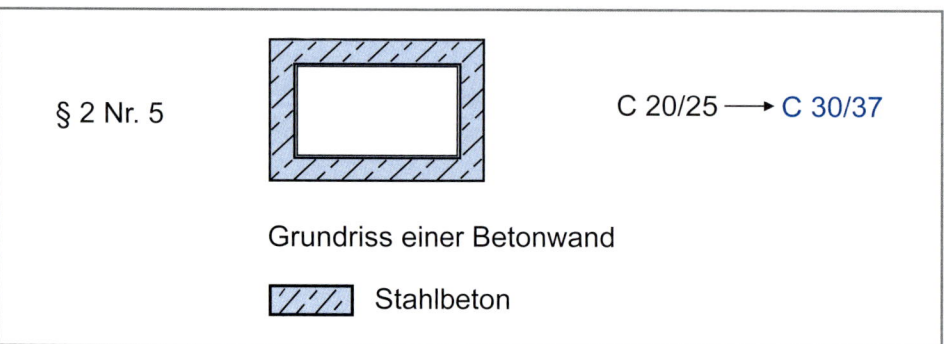

Bild 50:   Änderung der Betongüte einer Betonwand

8.4.2   Anspruchshöhe

Voraussetzung für den Nachweis der Höhe ist eine veränderte Preisermittlungsgrundlage. Dieser Gesichtspunkt ist erfüllt, da ein anderer Beton angeordnet worden ist. Der geänderte Beton bewirkt die veränderte Preisermittlungsgrundlage. Die geänderte Leistung und die geänderte Preisermittlungsgrundlage sind in diesem Fall identisch.[45]

Die Kalkulation der veränderten Leistung ist in Bild 16 dargestellt. Die Zuschlagssätze, die in der Nachtragskalkulation in Bild 17 enthalten sind, sind identisch mit den Zuschlagssätzen der Auftragskalkulation gemäß Schlussblatt.[46]

Die sonstigen Kosten werden sowohl im Nachtrag als auch in der Auftragskalkulation mit 15 % beaufschlagt.

Der Einheitspreis ergibt sich gemäß Berechnung in Bild 17 zu 26,47 €/m².

Bei der vorgenommenen Betrachtung handelt es sich allerdings um eine sehr stark vereinfachte nahezu simplifizierte Darstellung. Im Zuge der Vorstellung des neuen Lösungsansatzes bei der Einheitlichen Auftrags- und Nachtragskalkulation wird sich das vorgenannte Beispiel auch hinsichtlich der Berechnung verändern. Die in Bild 17 vorgenommene Berechnung entspricht der zurzeit herrschenden Auffassung und dem aktuellen Stand des Leitfadens des Bundes.[47]

8.4.3   Veränderte Bauumstände in Abgrenzung zu veränderten gegenständlichen Leistungen

Der § 2 Nr. 5 VOB/B enthält nicht nur eine Vergütungsregelung für gegenständliche Änderungen der vertraglich vereinbarten Leistung. Die Veränderung der Art und Weise der Ausführung, die auf eine Anordnung des Bestellers zurückgeht und nachweislich – dieses muss der Hersteller schlüssig darlegen – auch die Preisermittlungsgrundlage berührt, ist vom Anspruch her ebenfalls dem § 2 Nr. 5 VOB/B zuzuordnen (vgl. Bild 51).

Die Anordnungen, die eine veränderte Art und Weise der Ausführung bewirken, die mit dem Bauentwurf vertraglich vereinbart ist, lösen einen Vergütungsanspruch gemäß § 2 Nr. 5 VOB/B aus.

---

[45]   Definition des Begriffs Preisermittlungsgrundlage vgl. Kap. 4.0.
[46]   Vgl. Schottke/Strehlke: Ausschreibungs-, Vergabe-, Angebots- und Auftragsunterlagen – Anlagenband 1, 2009, z. B. Kap. 2.2.2.
[47]   Vgl. BMVBS: Leitfaden zur Vergütung bei Nachträgen, 2008.

Beispiel:

Wenn die Elektrikerarbeiten für die Erweiterung einer Arztpraxis vom Hersteller fristgerecht begonnen werden und der Besteller mit dem Hinweis, dass während seiner laufenden Patientenbetreuung wegen Lärm keine Arbeiten durchgeführt werden dürfen, die Anordnung trifft, die Arbeiten einzustellen und die zukünftigen Arbeitszeiten auf 7:00 Uhr bis 9:00 Uhr und 17:00 Uhr bis 20:00 Uhr zu beschränken, liegt eine andere Anordnung vor. Aus welchem § der VOB sich die andere Anordnung ableiten lässt, wird zu diskutieren sein.

Hinsichtlich der veränderten Art und Weise der Ausführung und der Zuordnung zu § 2 Nr. 5 VOB/B gibt es allerdings unterschiedliche Auffassungen. Ob ein derartiger Anspruch sich überhaupt dem § 2 Nr. 5 VOB/B zuordnen lässt und wie der Nachweis der Höhe zu erfolgen hat und ob es sich um einen veränderten Bauentwurf handelt oder ob es sich um eine andere Anordnung handelt, ist eine grundsätzliche Frage.

8.0

Da die andere Anordnung gemäß § 2 Nr. 5 VOB/B ein zentrales, zurzeit heftig diskutiertes Thema darstellt, wird im Kap. 9.0 dieser Veröffentlichung dieses Thema nochmals detailliert behandelt und ein abschließender Lösungsansatz vorgestellt.

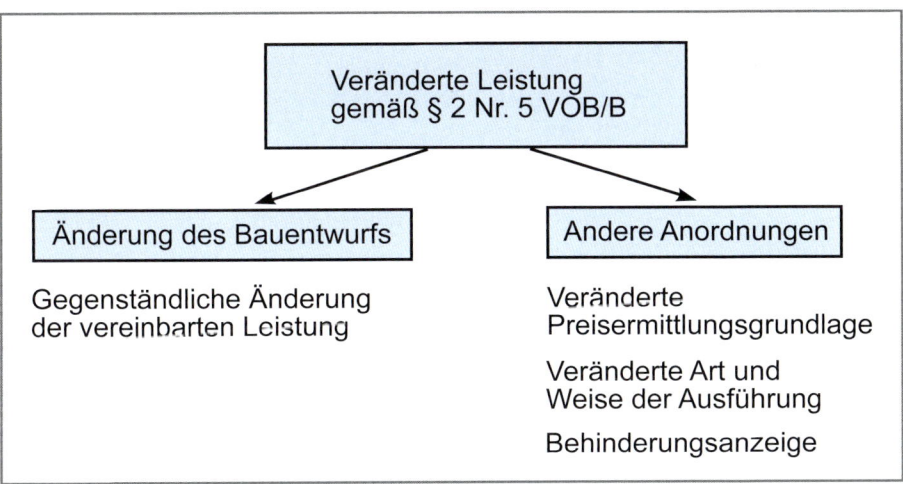

Bild 51:   Überblick über die Systematik des § 2 Nr. 5 VOB/B

8.5   Zusätzliche Leistungen (§ 2 Nr. 6 VOB/B)

8.5.1   Grundsatz

Wenn zu der bereits vertraglich vereinbarten Leistung eine Leistung zusätzlich hinzutritt, handelt es sich um eine zusätzliche Leistung gemäß § 1 Nr. 4 VOB/B in Verbindung mit § 2 Nr. 6 VOB/B.

§ 2 Nr. 6 VOB/B

(1) Wird eine im Vertrag nicht vorgesehene Leistung gefordert, so hat der Auftragnehmer Anspruch auf besondere Vergütung. Er muss jedoch den Anspruch dem Auftraggeber ankündigen, bevor er mit der Ausführung der Leistung beginnt.

(2) Die Vergütung bestimmt sich nach den Grundlagen der Preisermittlung für die vertragliche Leistung und den besonderen Kosten der geforderten Leistung. Sie ist möglichst vor Beginn der Ausführung zu vereinbaren.

Bild 52 enthält den Stahlbetongrundriss mit einer zusätzlichen Wand (hellblau), die hinsichtlich der Leistung identisch mit den sonstigen Wänden des Grundrisses ist. Ferner wird die eine Wand stärker (hellgrau).

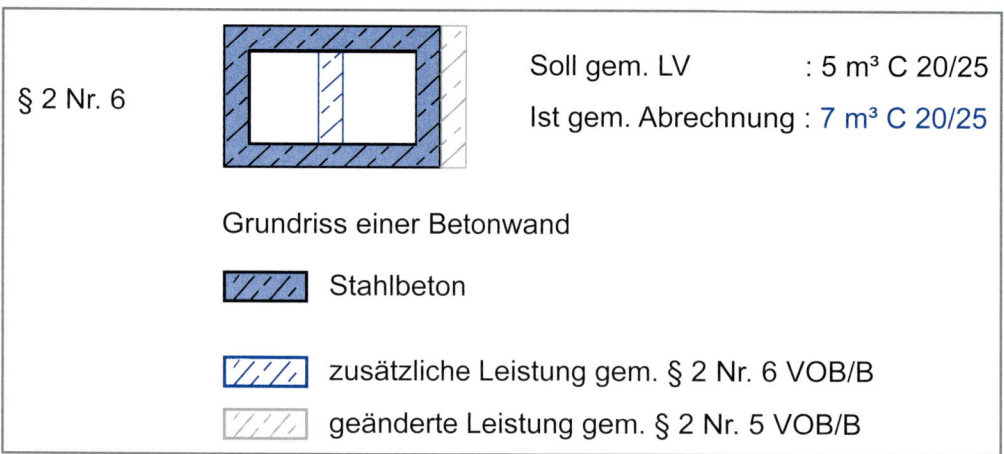

Bild 52:   Grundriss einer zusätzlichen und dickeren Betonwand

Während bei der zusätzlichen Wand eindeutig ist, dass es sich um einen Anspruch gemäß § 2 Nr. 6 VOB/B handelt, ist bei der Verdickung der Wand durchaus diskutierbar, ob es sich um die Änderung einer vereinbarten Leistung oder um eine zusätzliche Leistung handelt. Zwar ist die Verdickung selbst nicht vereinbart gewesen, es wirkt aber etwas widersinnig, die Verdickung selbst als zusätzliche Leistung zu betrachten.

Die Abgrenzungsprobleme sollen nicht abschließend geklärt werden. Als Ergebnis steht schon hier fest, dass bei dem Nachweis der Anspruchshöhe keine Unterscheidung zwischen den einzelnen Ansprüchen getätigt werden sollte, weil dies den Konflikt der Zuordnung der Anspruchsgründe nur verstärken würde.

Ob der Anspruch nunmehr § 2 Nr. 5 oder 6 VOB/B zuzuordnen ist, ist demnach im Regelfall unbedeutend, wenn der Nachweis der Höhe identisch ist. Der einzige Unterschied aus den beiden möglichen Anspruchsvoraussetzungen ergibt sich aus der Ankündigungspflicht des AN bei dem § 2 Nr. 6 VOB/B, die bei dem § 2 Nr. 5 VOB/B nicht vorgesehen ist.

Im Ergebnis wird bereits hier aus praktischen Erwägungen empfohlen, die Unterscheidung in § 2 Nr. 5 und 6 VOB/B abzuschaffen und die Ankündigungsverpflichtung für alle Fälle von Mehrforderungen des AN einzuführen. Wenn der AN Mehrforderungen hat, müsste er verpflichtet sein, dieses dem AG mitzuteilen, damit der AG reagieren kann.

8.5.2   Abrechnung nach vorhandenen Positionen bewirkt keine Mehrmenge gemäß § 2 Nr. 3 VOB/B

Eine Nachtragskalkulation für die zusätzliche Wand erübrigt sich im vorliegenden Fall, weil im Leistungsverzeichnis für die Wand eine identische Position vorhanden ist.

Auch wenn die zusätzliche Leistung vom Leistungsinhalt völlig identisch ist mit der Wandposition des Leistungsverzeichnisses und auch deshalb unter der Wandposition des Leistungsverzeichnisses abgerechnet wird, handelt es sich nicht um eine Mehrmenge, weil die Wand nicht vertraglich vereinbart war und zusätzlich dazugekommen ist.

Die Tatsache, dass eine zusätzliche Leistung unter einer Leistungsposition abgerechnet wird, ist Zufall und ergibt sich aus dem Grundsatz, dass die Wettbewerbspreise fortgeschrieben werden müssen. Demzufolge gilt bei einer Nachtragskalkulation der Grundsatz, dass zuerst im vorhandenen Leistungsverzeichnis überprüft werden muss, ob eine Position vorhanden ist, die vom Leistungsbild her der zusätzlichen Leistung entspricht. Ist dies der Fall, wird diese Position für die Abrechnung der zusätzlichen oder auch veränderten Leistung herangezogen.

Ist eine Position im Leistungsverzeichnis vorhanden, die der veränderten oder zusätzlichen Leistung ähnlich ist, muss die ähnliche Position an die veränderte oder zusätzliche Leistung angepasst werden. In diesem Fall ist eine Nachtragskalkulation erforderlich. Die einzelnen Preiselemente der anzupassenden Position werden in die Nachtragskalkulation übernommen. Die Problematik einer erheblichen Minder- oder Überkalkulation bei der Grundposition ist bereits im Kap. 5.5.5 erläutert worden.

Im Kap. 19.0 dieser Veröffentlichung wird ausführlich auf die Abgrenzungsproblematik zwischen Nachtrag und Hauptauftrag eingegangen und dieses Problem nochmals detailliert aufgegriffen.

8.5.3 Ankündigungsverpflichtung

Als weiterer wesentlicher Aspekt im Hinblick auf die Anspruchsgrundlage ist die Ankündigungsverpflichtung des Herstellers vor Beginn der Ausführung zu nennen. Die Höhe des Anspruchs muss vom Hersteller in der Ankündigung nicht beziffert werden. Sicherlich ist es ratsam, dem Besteller auch die Höhe des Anspruchs mitzuteilen. Dies ist aber keine Anspruchsvoraussetzung.

Die Ankündigungsverpflichtung soll den Besteller vor Kosten schützen, mit denen er nicht gerechnet hat. Er soll in die Lage versetzt werden, soweit er erfährt, dass eine seiner Anordnungen zu Mehrkosten führt, gegebenenfalls auf die zusätzliche Leistung zu verzichten. Die Ankündigungsverpflichtung wird deshalb auch „Überraschungsklausel" genannt.

8.0

8.5.4 Entfall der Ankündigungsverpflichtung

Aufgrund eines BGH-Urteils vom 23.05.1996[48] ist die Ankündigungsverpflichtung gemäß § 2 Nr. 6 VOB/B erheblich entschärft worden. In Bild 53 ist der wesentliche Zusammenhang dargestellt. Wenn trotz Hinweispflicht der Besteller sowieso nicht auf die Leistung verzichten kann, weil die zusätzliche Leistung ohnehin erforderlich ist, wird die fehlende Ankündigung nicht zum Wegfall des Anspruchs führen:[49]

> „Ein Verlust des Vergütungsanspruchs bei fehlender Ankündigung sei danach nicht gerechtfertigt, wenn und soweit die Ankündigung im konkreten Fall für den Schutz des AG entbehrlich und daher ohne Funktion sei. Das sei der Fall, wenn der AG bei Anordnung der Zusatzleistung von ihrer Entgeltlichkeit ausging oder ausgehen musste, ihm nach Lage der Dinge keine Alternative zur sofortigen Ausführung der Leistung durch den AN blieb, die rechtzeitige Ankündigung die Lage des AG nicht verbessert, die Versäumung der Ankündigung ausnahmsweise entschuldigt ist."

Ferner gibt es noch die Fallgestaltung, dass der Besteller aufgrund der Art und des Umfangs der zusätzlichen Leistung deren Ausführung nicht ohne Vergütung erwarten konnte.

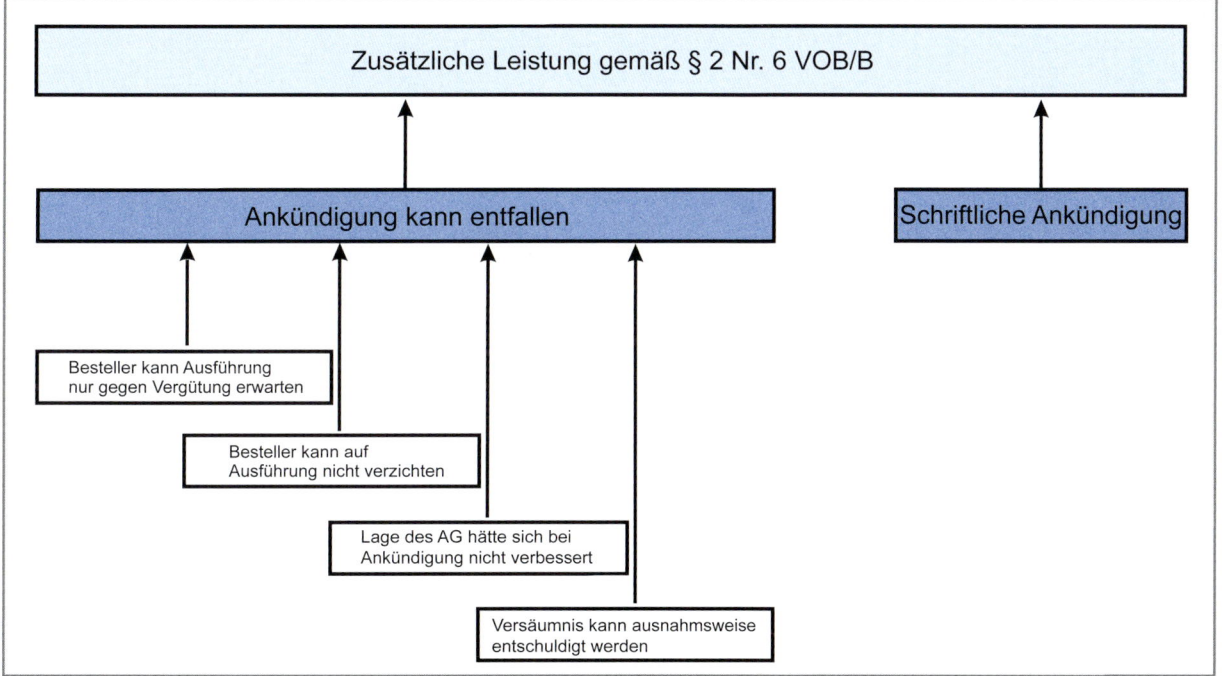

Bild 53:   Ankündigungspflichten

---

48   Vgl. BGH, Urt. v. 23.05.1996, VII ZR 245/94, BB 1996, S. 2062 = NJW 1996, S. 2158 = ZfBR 1996, S. 269 = ZIP 1996, S. 1220.
49   Vgl. Ihrl: Bauzeitbehinderungen: Erstattungsfähigkeit von innerprozessualen Privatgutachterkosten, IBR 2006, S. 528.

8.5.5   Anspruchshöhe

8.5.5.1   Identische Fortschreibungsmethode bei § 2 Nr. 5 und 6 VOB/B

Sowohl bei dem § 2 Nr. 5 VOB/B als auch bei dem § 2 Nr. 6 VOB/B gilt der Grundsatz, dass die Nachtragspreise aus den vertraglich vereinbarten Preisen abzuleiten sind. Bei zusätzlichen Leistungen könnte – auf den ersten Blick – die Schlussfolgerung gezogen werden, dass eine Fortschreibung der Wettbewerbspreise nicht möglich ist, weil es sich um eine gänzlich neue Leistung handelt. Dieser Fall kann aber alleine ausgehend von dem Wortlaut des § 2 Nr. 6 VOB/B ausgeschlossen werden. Die Formulierung im § 2 Nr. 6 Abs. (2) VOB/B „Die Vergütung bestimmt sich nach den Grundlagen der Preisermittlung für die vertragliche Leistung und den besonderen Kosten der geforderten Leistung" beinhaltet unmissverständlich als Ausgangspunkt die Preisermittlungsgrundlage der vertraglichen Leistung.

Bei differenzierter Betrachtung ergibt sich zwangsläufig, dass eine Fortschreibung ursprünglicher Preiselemente bzw. Ermittlungsmethoden immer möglich ist. Zuschlagssätze, der Kalkulationsmittellohn oder andere Preiselemente können ohne Ausnahme in die Nachträge übernommen werden. Zeitansätze sowie Materialanteile sind gegebenenfalls modifiziert fortzuschreiben. Diese Vorgehensweise ist identisch mit dem § 2 Nr. 5 VOB/B.

8.5.5.2   Besondere Kosten kein Grund für unterschiedliche Vorgehensweise

Aus dem konkreten Einzelfall ergibt sich, welche vorhandenen Preisermittlungsgrundlagen bei einer zusätzlichen Leistung übernommen werden können und welche Anteile neu sind. Dieses ist aber kein Spezialfall des § 2 Nr. 6 VOB/B, sondern eine Fallgestaltung, die völlig identisch bei dem § 2 Nr. 5 VOB/B auftreten kann.

Als Beispiel sei der Fall genannt, dass aus einer vertraglich vereinbarten Kalksandsteinwand eine Natursteinwand wird. Ein direkter kalkulativer Bezug zwischen Kalksandsteinwand und Natursteinwand ist nicht herstellbar. Ob es sich bei der Natursteinwand demzufolge um eine veränderte oder zusätzliche Leistung handelt, sollte für die Nachtragskalkulation belanglos sein.

Die teilweise verbreitete Ansicht, dass zusätzliche Leistungen grundsätzlich neu kalkuliert werden dürfen, verbietet sich schon allein aus dem Gesichtspunkt, dass Ansprüche nach § 2 Nr. 5 und 6 VOB/B häufig schwer vom Anspruchsgrund her zu trennen sind. Aus praktischen Erwägungen dürften keine unterschiedlichen Berechnungsmethoden befürwortet werden. Die unzutreffende Ansicht, dass zusätzliche Leistungen neu kalkuliert werden könnten, mag auch daran liegen, dass bei einem neuen Vertrag ebenfalls neu kalkuliert werden kann bzw. die übliche Vergütung gilt.

> **Beispiel:**
>
> Der Rohbauer erhält den Auftrag, einen Außenkamin mit einem Klinker zu mauern, der ursprünglich nicht im Vertrag enthalten war und für den auch kein Preis vorliegt. Der Nachtragspreis wird sich aus dem üblichen Einkaufspreis des Klinkers, der im Regelfall dem tatsächlichen Einkaufspreis entspricht, den neuen Zeitansätzen für das Mauern, aber aus den Zuschlagssätzen und dem Kalkulationsmittellohn gemäß Auftragskalkulation ergeben.

Soweit die Kalkulation des sonstigen Mauerwerks eine Minder- oder Überkalkulation beinhaltet, sind differenzierte Betrachtungen erforderlich, dieser Sonderfall wird vorerst zurückgestellt. In dem Folgeband zu „Vergütungsanspruch und Nachtragskalkulation gemäß §§ 1 und 2 VOB/B" erfolgt eine ausführliche Diskussion bzgl. der Ermittlung von Über- und Minderkalkulationsfaktoren.

8.6   Schlussbetrachtung zu § 2 Nr. 5 und 6 VOB/B

Eine Unterscheidung in die Ansprüche gemäß § 2 Nr. 5 und 6 VOB/B sollte nicht erfolgen, weil bislang keine dogmatisch und praktisch akzeptierbaren Unterscheidungskriterien vorliegen. Die Ankündigungsverpflichtung sollte für beide Ansprüche gelten.

Insofern sollten auch keine Unterschiede bzgl. des Nachweises der Höhe bestehen. Der zu entwickelnde Lösungsansatz muss eine Vereinheitlichung sein. Im Übrigen gilt diese Feststellung auch für den § 2 Nr. 3 VOB/B. Hinsichtlich der besonderen Kosten einer veränderten oder zusätzlichen Leistung besteht keine Notwendigkeit der Unterscheidung, weil besondere Kosten sowohl bei einer veränderten als auch bei einer zusätzlichen Leistung auftreten können.

8.7 Der Pauschalvertrag gemäß § 2 Nr. 7 VOB/B

8.7.1 Grundsatz – Pauschalvertrag ist eine Abrechnungsvereinbarung

Bei dem Pauschalvertrag erübrigt sich die Feststellung der ausgeführten Mengen durch Aufmaß, weil beide Vertragspartner sich durch die Pauschale auf die Vergütung der Soll-Mengen multipliziert mit den Einheitspreisen geeinigt haben. Es wird keine Abrechnung auf der Grundlage von Ist-Mengen durchgeführt. Mit der Vereinbarung der Pauschalen vereinbaren die Vertragspartner somit, nicht mehr nach Ist-Mengen abrechnen zu wollen.

Es bleibt unberücksichtigt, wenn baubegleitend Mehr- oder Mindermengen eintreten. Die Pauschalvergütung ändert sich nicht. Die Leistung wird, insgesamt unabhängig davon ob sich baubegleitend Mengenänderungen ergeben, in der Höhe der Pauschale vergütet.

§ 2 Nr. 7 VOB/B:

(1) Ist als Vergütung der Leistung eine Pauschalsumme vereinbart, so bleibt die Vergütung unverändert. Weicht jedoch die ausgeführte Leistung von der vertraglich vorgesehenen Leistung so erheblich ab, dass ein Festhalten an der Pauschalsumme nicht zumutbar ist (§ 313 BGB), so ist auf Verlangen ein Ausgleich unter Berücksichtigung der Mehr- oder Minderkosten zu gewähren. Für die Bemessung des Ausgleichs ist von den Grundlagen der Preisermittlung auszugehen.

(2) Die Regelungen der Nr. 4, 5 und 6 gelten auch bei Vereinbarung einer Pauschalsumme.

Der Pauschalvertrag ist eine Abrechnungsvereinbarung dahingehend, dass beide Vertragspartner nicht mehr nach Ist-Mengen sondern nach Soll-Mengen abrechnen wollen.

Die Pauschalvereinbarung beinhaltet von der Grundeigenschaft her somit nicht, dass der Hersteller eine Leistung schuldet, die nicht im Leistungsverzeichnis aufgeführt wird. Es handelt sich bei der Abrechnungsvereinbarung nicht um eine einseitige Risikoverlagerung zu Ungunsten eines der Vertragspartner.

Da die VOB/B grundsätzlich davon ausgeht, dass eine Ausschreibung hinsichtlich der Qualität den Anforderungen gemäß § 9 VOB/A entspricht, bezieht sich die Pauschalvereinbarung vorerst nur auf die Abrechnung bzw. Vergütungsseite. Eine Pauschalierung der Leistung ist gemäß VOB/A und VOB/B nicht beabsichtigt.

8.7.2 Pauschalierung der Leistung ausgeklammert

Soweit die Ausschreibung nicht § 9 VOB/A entspricht, beinhaltet die Pauschalvereinbarung gegebenenfalls auch eine Pauschalierung der Leistung, d. h. vergessene oder funktionale Leistungselemente im Leistungsverzeichnis sind für die Vergütung vom AN geschuldet. Diese Sonderfälle werden vorerst zurückgestellt. Hierbei handelt es sich um die Pauschalierung einer Leistung und nicht um eine Abrechnungsvereinbarung bzgl. der Vergütungsseite.

Die weiteren Betrachtungen beschränken sich deshalb auf Verträge, die auf der Grundlage klassischer Leistungsbeschreibungen gemäß § 9 VOB/A geschlossen werden. Die Problematik der Pauschalierung der Leistung wird in dem Folgeband zu „Vergütungsanspruch und Nachtragskalkulation gemäß §§ 1 und 2 VOB/B" behandelt.

8.7.3 Nachträge bei dem Pauschalvertrag

8.7.3.1 Vergütbare und nicht vergütbare Leistungsänderungen beim Pauschalvertrag

Soweit ein Pauschalvertrag vereinbart ist, schließt dies nicht aus, dass berechtigte Nachträge entstehen können. Bild 54 zeigt einen Überblick über die einzelnen Leistungsänderungsmöglichkeiten des § 2 VOB/B und deren Gültigkeit bei einem Pauschalvertrag.

Mit der Zielsetzung, die Abgrenzung der einzelnen Ansprüche deutlicher zu machen, sind mittels Beispielen in den vorigen Kapiteln bereits die verschiedenen Ansprüche einzeln behandelt worden. Nunmehr gilt es die Frage zu klären, welche Ansprüche bei einer Pauschalvereinbarung entfallen bzw. erhalten bleiben.

Bild 54 zeigt die vier gemäß § 2 VOB/B vorhandenen Ansprüche, die bereits behandelt worden sind. Bei einem Pauschalvertrag gilt gemäß § 2 Nr. 7 (2) VOB/B, dass Nr. 4, 5 und 6 auch bei Vereinbarung einer Pauschale angewendet werden.

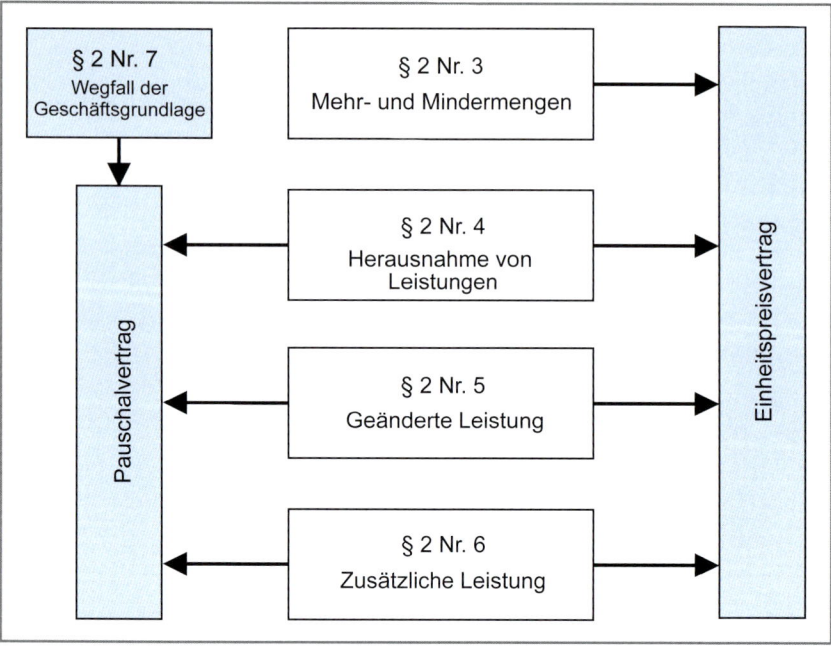

Bild 54:   Überblick über die einzelnen Leistungsänderungen des § 2 VOB/B und deren Gültigkeit abhängig vom Vertragstyp

Die Nr. 4, 5 und 6 bleiben demzufolge auch bei einer Pauschalsumme erhalten. Da aber beim Pauschalvertrag grundsätzlich keine Abrechnung nach Ist-Mengen mehr durchgeführt wird, ist eine Anwendung des § 2 Nr. 3 VOB/B wegen des Verzichts auf die Abrechnung nach Ist-Mengen demzufolge überflüssig.

Es entfällt bei einem Pauschalvertrag in Abgrenzung zum Einheitspreisvertrag nur die Abrechnung nach Ist-Mengen und damit die Anpassung der Preise gemäß § 2 Nr. 3 VOB/B. Die Abgrenzung, wann eine Mehr- und Mindermenge gemäß § 2 Nr. 3 VOB/B vorliegt und wann es sich um einen Anspruchsgrund nach Nr. 4, 5 und 6 handelt, ist demzufolge insbesondere bei einem Pauschalvertrag von Bedeutung.

8.7.3.2   Qualitative Beispiele zu den einzelnen Leistungsänderungstypen gemäß § 2 VOB/B

Bild 55 enthält das Grundrissbeispiel, das bereits bei den behandelten einzelnen Leistungsänderungstypen der Erläuterung gedient hat, sowie einen Vergleich der Nachtragsansprüche bei einem Einheitspreis- und Pauschalvertrag. Der Wegfall der Geschäftsgrundlage, der bei dem Pauschalvertrag den § 2 Nr. 3 VOB/B ersetzt, wird noch erläutert.

Der Grundsatz, wie die einzelnen Anspruchstypen unterschieden werden können, soll durch ein weiteres Beispiel aus dem Bereich des Ausbaus verdeutlicht werden.

Beispiel:

Ein Werkvertrag für Fliesenlegerarbeiten enthält unter u. a. folgende Positionen (Kurztext):

Pos. 3:	10 m² Fliesen K 1 liefern und verlegen, Flur	50,00 €/m²	500,00 €
Pos. 4:	4 m² Fliesen K 2 liefern und verlegen, Bad	60,00 €/m²	240,00 €
Pauschal			740,00 €

Der AG hat ein Leistungsverzeichnis erstellt und der Bieter ein Angebot eingereicht. Der Auftrag ist als Pauschale erteilt worden. Im Zuge der Vertragserfüllung und Abrechnung ergeben sich folgende Mengen- und Leistungsänderungen.

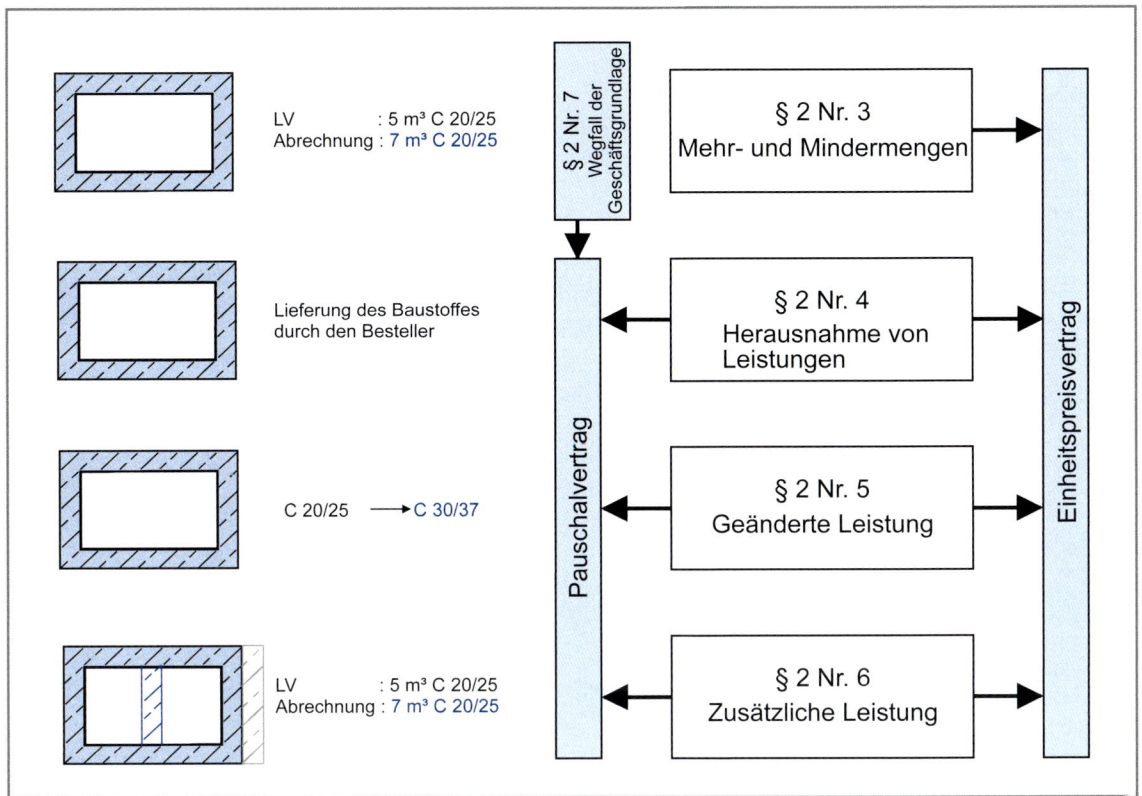

Bild 55:   Zusammenfassung der Vergütungsansprüche

a) Mindermenge (§ 2 Nr. 3 VOB/B)

Der Flur hat die Abmessungen 6 m * 1 m. An den Abmessungen wird bei der Ausführung gegenüber der Ausschreibung nichts geändert. Abgerechnet werden korrekterweise bei Position 3 die 10 m². Es handelt sich um eine klassische Mindermenge von 10 auf 6 m², weil keine ändernde Anordnung, sondern ausschließlich ein Verschätzen des Vordersatzes vorliegt. Wenn wie bei dieser Fallgestaltung eine Pauschale vereinbart ist, hat der Hersteller eben den Vorteil, dass er 10 m² vergütet bekommt, aber nur 6 m² herzustellen braucht.

b) Herausnahme einer Leistung (§ 2 Nr. 4 VOB/B)

Der AG beschließt, das Bad selbst zu fliesen. Es handelt sich um eine klassische Selbstübernahme durch den AG.

c) Veränderung einer vereinbarten Leistung (§ 2 Nr. 5 VOB/B)

Der AG möchte die Fliesen des Flurs nicht parallel zu den Wänden, sondern diagonal verlegt haben. Es handelt sich um eine veränderte Leistung, weil das Verlegen der Fliesen als solches zwar vereinbart ist, aber keine diagonale Verlegung. Die diagonale Verlegung ist aufwendiger als die zur Wand parallele Verlegung.

d) Zusätzliche Leistung (§ 2 Nr. 6 VOB/B)

Der AG ordnet an, den Flur nicht in einer Größe von 6 m * 1 m sondern 6 m * 2 m herstellen zulassen. Der AN muss dementsprechend zusätzlich 6 m² Fliesen verlegen, die vorher nicht vereinbart waren. Die zusätzlichen 6 m² werden gesondert vergütet.

Abrechnung:

Es wird nunmehr die Pauschale abgerechnet. Die Position 4 entfällt wegen Teilkündigung. Hinsichtlich des Entfalls der Position 4 wird davon ausgegangen, dass eine komplette Einsparung bzw. anderweitiger Erwerb vorliegt. Position 3.1 muss mit 6 m² abgerechnet werden. Aufgrund der Überkalkulation ergibt sich ein Faktor von 10/6. Das Gleiche gilt für die zusätzliche Leistung gemäß Position N 3.2. Der AN erhält gemäß Mengenänderung (Fall 1) 4 m² mehr vergütet als bei einem Einheitspreisvertrag. Zusätzlich werden die 6 m² für die zusätzliche Leistung vergütet, weil die zusätzliche Leistung hinzukommt. Insgesamt werden also 16 m² abgerechnet.

Pauschale:	740,00 €
Pos 4: entfällt	- 240,00 €
Pos N. 3.1: Veränderte Leistung (Diagonalverlegung) 6 m² * 10/6[50] * 10 €[51]=	100,00 €
Pos N. 3.2: Zusätzl. Leistung 6 * 1m * 10/6 (incl. Diagonalverlegung)	600,00 €[52]
Abrechnungssumme:	1.200,00 €

Erläuterung zum Beispiel:

Die Fallgestaltung gemäß Position 3.1 wird – soweit keine Pauschale vereinbart ist – häufig mit einer Mehrmenge verwechselt. Die zusätzliche Leistung wird üblicherweise bei Anwendung des Grundsatzes, dass Wettbewerbspreise fortzuschreiben sind, nach der Position 3 abgerechnet. Für die zusätzliche Leistung ist noch eine Zulage wegen Diagonalverlegung zu vergüten. Insofern handelt es sich bei der Diagonalverlegung bzgl. des Flurs 1m * 6m um eine veränderte Leistung und bzgl. der zusätzlichen Leistung ist die Diagonalverlegung Bestandteil der zusätzlichen Leistung.

Bei einer Pauschalvereinbarung führt die Mengenminderung auf 6 m² nicht zu einer veränderten Vergütung, während die Ansprüche gemäß § 2 Nr. 4, 5 und 6 VOB/B nachtragsfähig sind. Hieraus ergibt sich, dass der AG nunmehr bei einem Pauschalvertrag 1.200 € zu vergüten hat, während bei einem Einheitspreisvertrag 720 €[53] vergütet worden wären. Der große Unterschied ergibt sich aus dem Überkalkulationsfaktor.

Bereits dieses vereinfachte Beispiel macht deutlich, dass der Pauschalvertrag in der Abrechnung sehr kompliziert wird, wenn mehrere Änderungen kombiniert auftreten.

Die Problematik der unklaren Leistungsbeschreibung im Zusammenhang mit Pauschalverträgen und bei kombinierten Planungs- und Bauleistungsverträgen wird noch gesondert zu betrachten sein und ist nicht Inhalt dieses Buchs.

Da in den Bildern 54 und 55 bei dem Pauschalvertrag auf den Wegfall der Geschäftsgrundlage verwiesen wird, soll hierzu eine kurze erläuternde Geschichte vorgetragen werden.

8.7.4   Wegfall der Geschäftsgrundlage gemäß § 2 Nr. 7 VOB/B

Der Wegfall der Geschäftsgrundlage ist ein Rechtsinstitut des § 242 BGB (Treu und Glauben), das grobe Ungerechtigkeiten verhindern soll, wenn eine Berechnung nach Soll-Mengen im Vergleich zu einer Abrechnung nach Ist-Mengen zu einer erheblichen Störung der Äquivalenz zwischen Leistung und Vergütung führt.

Hinsichtlich der Anwendung dieses Rechtsinstitutes bei dem § 2 Nr. 7 VOB/B gibt es Besonderheiten. Der § 2 Nr. 7 VOB/B wendet den Wegfall der Geschäftsgrundlage ausschließlich auf die Menge an. Der Preis für die Einheit bleibt erhalten, auch wenn ein Wegfall der Geschäftsgrundlage vorliegt. Dieses ist eine konsequente Fortsetzung des Grundsatzes, dass Wettbewerbspreise fortzuschreiben sind.

Der Wegfall der Geschäftsgrundlage geht auf die Rechtsprechung der 20er Jahre des letzten Jahrhunderts zurück.

Folgende Entstehungsgeschichte zum Wegfall der Geschäftsgrundlage ist sinngemäß aus den Vorlesungen von Prof. Korbion entnommen:[54]

---

[50]   Überkalkulationsfaktor 10 m² (Soll-Menge) / 6 m² (Ist-Menge) = 1,66.
[51]   Zulage wegen Diagonalverlegung.
[52]   500,00 € + 100,00 € = 600,00 €.
[53]   12 m² * 50,00 €/m² + 12 m² * 10,00 €/m²= 720,00 €/m².
[54]   Die Geschichte stammt sinngemäß von Herrn Prof. Korbion, der am Schluss dieser Geschichte noch bildhaft umschrieb, dass ein Wegfall der Geschäftsgrundlage eben nur dann vorläge, wenn eine ältere Dame, die mit Juristerei und Bauen nichts am Hut habe, nach Erzählen des persönlichen Falls spontan in Tränen ausbrechen würde. Diejenigen, die Herrn Prof. Korbion noch erleben durften, werden ihn bei dieser kleinen Geschichte vor Augen haben.

Der Gründer der gleichnamigen Aktiengesellschaft Herr Holzmann hatte vor dem 1. Weltkrieg eine Villa gebaut und hierfür einen Kredit aufgenommen. Als die Inflation nach Beendigung des ersten Weltkrieges bewirkte, dass ein Ei auf dem Markt eine Million Reichsmark kostete, kam Herr Holzmann auf die Idee, dass für die Rückzahlung des Kredites nunmehr ein günstiger Zeitpunkt vorläge.

Die Kredit gebende Bank war verständlicherweise von diesem Ansinnen nicht begeistert. Die Problematik landete schließlich vor dem Deutschen Reichsgericht. Da das Deutsche Reichsgericht im Hinblick auf das Vertrauen in die Währung auch die Verantwortung hat, das Vertrauen in die Währung zu erhalten, hätte das Urteil eigentlich lauten müssen: Mark bleibt gleich Mark, auch wenn besondere Umstände – die Inflation – eine Wertveränderung der Mark beinhalten.

Das Vertrauen in die Währung ist ein zentrales Fundament für das Funktionieren unserer Wirtschaft, weil Geld als solches ausschließlich vom Vertrauen derjenigen lebt, die Geld als Tauschmittel verwenden. Geld ist nicht existent, also etwas Imaginäres. Bei Verlust des Vertrauens in ein Tauschmittel bricht ein Wirtschaftssystem unweigerlich zusammen.

Insofern hatte das Deutsche Reichsgericht im Zusammenhang mit diesem Urteil eine große Verantwortung. Dass ein Urteil, das die Kreditrückzahlung von Herrn Holzmann als zulässig erklären würde, nicht unbedingt sinnvoll war, dürfte genauso klar sein, wie die Notwendigkeit, den Grundsatz Mark ist gleich Mark zu erhalten. Es handelte sich um eine Zwickmühle, die das Reichsgericht aufzulösen hatte.

Das Reichsgericht hat demzufolge ein neues Rechtsinstitut geschaffen, das sich Wegfall der Geschäftsgrundlage nennt. Der Vertrag bleibt erhalten, lediglich bzgl. der Äquivalenz zwischen Leistung und Vergütung liegt eine Störung vor, die es an die veränderten Umstände anzupassen gilt. Dieses Urteil hatte zur Folge, dass Herr Holzmann zwar den Kredit zurückzahlen durfte, aber nicht mit Inflationsgeld sondern dem realen Wert. Herr Holzmann hatte den Prozess verloren, der Vertrag blieb dennoch erhalten.

Wenn demzufolge Umstände eintreten, die für beide Vertragspartner völlig unvorhersehbar sind, liegt ein Fall des Wegfalls der Geschäftsgrundlage vor. Vertiefende weitere Betrachtungen obliegen juristischer Sichtweisen. Die erzählende Form ist juristisch mit Sicherheit nicht erschöpfend, soll aber für die am Bau tätigen Nichtjuristen eine Hilfe sein, mit diesem Instrument umzugehen.

8.0

Hinsichtlich der praktischen Anwendung dürfte aus der Darstellung des Ursprungs dieser Rechtsprechung deutlich geworden sein, dass die Voraussetzungen für ein Vorliegen eines derartigen Anspruchs sehr groß sind. Die Rechtsprechung geht derzeit davon aus, dass frühestens ab 20 % Änderung des Auftragsvolumens infolge Mengenänderungen ein derartiger Fall vorliegen könnte.

Eine derartige Grenze ist aber bislang vom BGH nicht bestätigt worden und wird wohl auch nicht bestätigt werden, weil es sich bei dem Wegfall der Geschäftsgrundlage um Einzelfälle handelt, die grundsätzlich keine Verallgemeinerung im absoluten Sinne zulassen.

Jedenfalls kann festgestellt werden, dass der Wegfall der Geschäftsgrundlage gemäß § 2 Nr. 7 VOB/B kein Instrument für die tägliche Praxis ist. Ein unsicherer Anspruch nach § 2 Nr. 5 VOB/B wird für die AN im Regelfall erfolgversprechender sein als der Vortrag eines Wegfalls der Geschäftsgrundlage, weil jeder Kenner der Materie einen Vortrag des Wegfalls der Geschäftsgrundlage unter der Überschrift sehen wird, dass den Vortragenden nichts anderes Überzeugendes eingefallen ist.

8.8 Nebenleistungen und Besondere Leistungen gemäß VOB/B und C

Der Begriff der Nebenleistung ist im § 2 Nr. 1 VOB/B verankert:

Durch die vereinbarten Preise werden alle Leistungen abgegolten, die nach der Leistungsbeschreibung, den Besonderen Vertragsbedingungen, den Zusätzlichen Vertragsbedingungen, den Zusätzlichen Technischen Vertragsbedingungen, den Allgemeinen Technischen Vertragsbedingungen für Bauleistungen und der gewerblichen Verkehrssitte zur vertraglichen Leistung gehören.

Zur gewerblichen Verkehrssitte gehören die Leistungen, die im Teil C der VOB unter Nebenleistungen (Punkt 4.1) aufgeführt sind.

Beispielhaft wird das Einrichten und Räumen der Baustelle gemäß DIN 18299 4.1.1 aufgeführt oder das Sichern der Arbeiten gegen Niederschlagswasser, mit dem normalerweise gerechnet werden muss (DIN 18299 4.1.10).

Eine Besondere Leistung ist keine Nebenleistung und dementsprechend gesondert zu vergüten. Eine Besondere Leistung kann demzufolge eine geänderte Leistung oder auch eine zusätzliche Leistung sein.[55]

Im Teil C werden somit auf der Grundlage von technischen Randbedingungen Unterscheidungen vorgenommen, die aber aufgrund des jeweils speziell geschlossenen Vertrags wiederum den Anspruchsgründen des § 2 VOB/B zuzuordnen sind.

8.9   Sonderregelung des § 2 Nr. 8 VOB/B

Die VOB/B regelt in § 2 Nr. 8 Abs. (2) S. 2 einen Sonderfall der Geschäftsführung ohne Auftrag (GoA). Für ohne Auftrag oder unter eigenmächtiger Abweichung vom Auftrag ausgeführte Bauleistungen steht dem Auftragnehmer ein Vergütungsanspruch zu, wenn diese Leistung zur Erfüllung des Vertrags notwendig war, dem mutmaßlichen Willen des Auftraggebers entsprach und ihm unverzüglich angezeigt wurde.

Der mutmaßliche Wille des Geschäftsherrn ist derjenige, den er aus der nachträglichen Sicht eines objektiven Beobachters zum Zeitpunkt der Übernahme des Geschäfts geäußert hätte. Entspricht die Ausführung der nicht bestellten Bauleistung objektiv seinem Interesse, kann hieraus auf den mutmaßlichen Willen geschlossen werden.

Bild 56 zeigt, dass alle drei Voraussetzungen für den Anspruch gelten müssen.

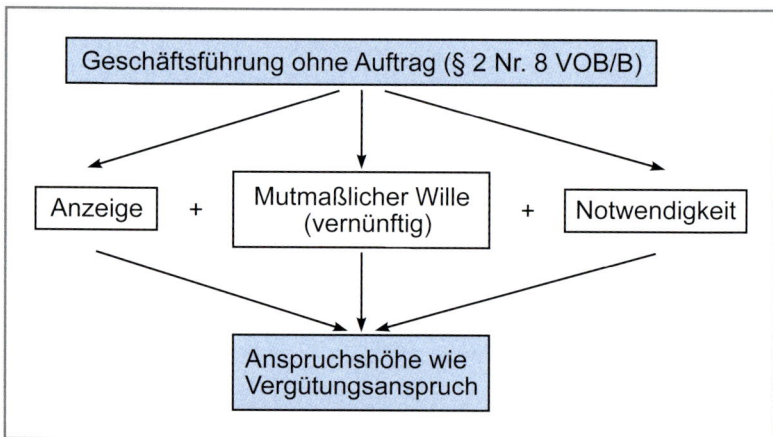

Bild 56:   Geschäftsführung ohne Auftrag

Die unverzügliche Anzeige nach § 2 Nr. 8 Abs. (2) VOB/B ist Anspruchsvoraussetzung. Unterbleibt sie, entfällt der Vergütungsanspruch.

Unverzüglich bedeutet ohne schuldhaftes Zögern, so dass sie zum frühestmöglichen Zeitpunkt erfolgen muss. Deshalb reicht die Anzeige nach der Ausführung oder auch nach ihrem Beginn nicht, wenn eine frühere Anzeige möglich war, z. B. als der Unternehmer den Entschluss zur Ausführung fasste. Hieran scheitert in der Praxis häufig der Anspruch aus § 2 Nr. 8 Abs. (2) S. 2 VOB/B, da die Anzeige unterlassen wird oder erst verspätet erfolgt.

Bis zur Einführung des § 2 Nr. 8 Abs. (3) VOB/B im Juni 1996 waren die Vorschriften des BGB über die GoA nicht neben § 2 Nr. 8 VOB/B anwendbar, sofern die VOB/B als Ganzes vereinbart war.[56] Seitdem bleibt kaum ein Anwendungsbereich für diese Sonderregelung, weil bei Nichtvorliegen der verschärften Voraussetzungen stets auf die allgemeine GoA des BGB zurückgegriffen werden kann.

---

[55]   Vgl. Schottke/Wirth/Fischer: Kommentar zur VOB/C DIN 18312 Untertagebau, 2008, Rdn. 94 ff.
[56]   Vgl. BGH, Urt. v. 31.01.1991, VII ZR 291/88, BauR 1991, S. 331 u. 334.

8.10   Planung im Rahmen eines VOB-Vertrags

Soweit der Besteller Planungsleistungen vom Hersteller im Rahmen des Bauleistungsvertrags verlangt, hat der Besteller diese gemäß § 2 Nr. 9 VOB/B zu vergüten. Nach der Rechtsprechung kann davon ausgegangen werden, dass die HOAI nicht bei Bauleistungsverträgen angewendet wird.[57] Insofern gilt auch für Planungsleistungen im Rahmen von VOB-Verträgen der Grundsatz, dass die Auftragskalkulation fortzuschreiben ist.

Soweit die Auftragskalkulation keine Planungsleistungen enthält, stellt sich die Frage, ob der Betrieb auf derartige Leistungen eingestellt ist und soweit dies der Fall ist, wie die zusätzliche Planungsleistung berechnet wird.

Grundsätzlich wird es zulässig sein, sich hinsichtlich der Ermittlung der Anspruchshöhe an der HOAI zu orientieren. Rechtliche Regelungen der HOAI, z. B. § 5 Nr. 4 HOAI, der erforderlich macht, dass vor der Erbringung der Planungsleistung das Honorar vereinbart sein muss, gelten nicht bei einem erweiterten VOB-Vertrag.

Die HOAI käme insofern nur als Berechnungsgrundlage der Kalkulation zur Anwendung.

8.0

8.11   Stundenlohnarbeiten gemäß § 2 Nr. 10 VOB/B

Gemäß § 2 Nr. 10 VOB/B werden Stundenlohnarbeiten nur vergütet, wenn sie vorher vereinbart worden sind. In der Literatur gibt es unterschiedliche Auffassungen, welche Art von Vereinbarung dies sein soll.[58]

Ist mit der Vereinbarung gemeint, dass bei angehängten Stundenlohnarbeiten an ein Leistungsverzeichnis der Besteller nunmehr einseitig Stundenlohnarbeiten anordnen darf? Ist also nur die Vereinbarung gemeint, die Stundenlöhne in den Vertrag aufzunehmen? Oder ist für die Vergütung von Stundenlohnarbeiten immer eine separate konkrete Vereinbarung notwendig, weil die Aufnahme in den Vertrag nur als Option zu werten ist, im Falle der Notwendigkeit der Stundenlohnarbeiten schon einen Preis vereinbart zu haben?

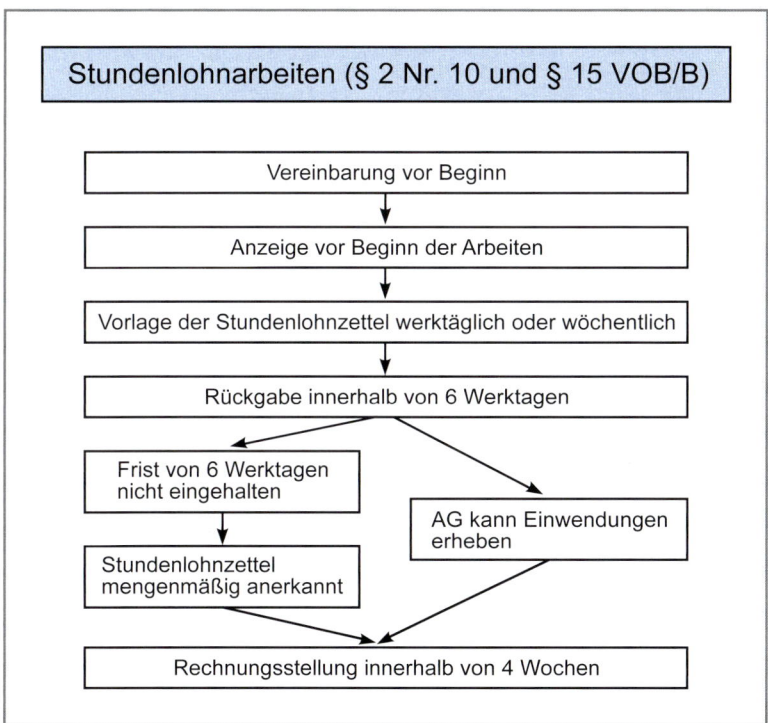

Bild 57:   Ablaufdiagramm zum ordnungsgemäßen Vorgehen bei Stundenlohnarbeiten

57   Vgl. BGH, Urt. v. 17.09.1987, VII ZR 166/86, BauR 1987, S. 702; vgl. auch Kapellmann/Messerschmidt: VOB Teile A und B, 2007, § 2 VOB/B, Rdn. 315.
58   Vgl. Kapellmann/Messerschmidt: VOB Teile A und B, 2007, § 2 VOB/B, Rdn. 319.

Es gilt der Grundsatz, dass der Nachtrag, also die Leistungsänderung mit der Vergütung nach Einheitspreisen immer Vorrang vor dem Stundenlohn haben muss.[59] Insofern ist auch naheliegend, dass für die Ausführung von Stundenlohnarbeiten die Zustimmung des Herstellers im Einzelfall notwendig ist, da er zwar leistungsverpflichtet ist, aber immer einen Nachtrag einreichen kann, wenn die Sachlage dies zulässt.

Es muss davon ausgegangen werden, dass jeweils eine konkrete Vereinbarung für eine zu bestimmende Leistung erforderlich ist. Soweit die Vereinbarung gemäß § 2 Nr. 10 VOB/B für eine konkrete Leistung erfolgt ist, gelten die einzelnen Schritte des § 15 VOB/B.

Bild 57 zeigt die einzelnen Pflichten, die die Vertragspartner Zug um Zug zu erfüllen haben.

Es bedarf einer konkreten Vereinbarung bzgl. der Stundenlohnarbeiten vor Beginn der Stundenlohnarbeiten. Die Vereinbarenden müssen hierzu berechtigt sein. Insofern handelt es sich im Hinblick auf die Vereinbarung um ein Vollmachtsproblem.

Damit der Besteller die Möglichkeit zur Kontrolle der geleisteten Stunden hat, muss der Hersteller den Beginn der Stundenlohnarbeiten anzeigen und unverzüglich – also täglich oder wöchentlich – die Stundenlohnzettel beim Besteller einreichen.[60] Ob die Stundenlohnzettel täglich oder wöchentlich einzureichen sind, ergibt sich im Regelfall aus den Zusätzlichen oder Besonderen Vertragsbedingungen (ZVB oder BVB) des konkreten Vertrags.

Bei kleinen Baustellen, die vom Besteller nicht ständig, sondern z. B. im Zweitagesabstand überwacht werden, wird die tägliche Übergabe der Stundenlohnzettel nicht möglich sein.

Der Besteller kann nach der Übergabe Einwendungen geltend machen, muss aber dem Hersteller innerhalb von 6 Werktagen die korrigierten Stundenlohnzettel mit seinen Einwendungen zurückgeben.

Hieraus wird deutlich, dass die zeitnahe Abhandlung der gegenseitigen Pflichten zwischen Besteller und Hersteller bei einem VOB-Vertrag gewollt ist. Deshalb gilt ein Stundenlohnzettel, der nicht innerhalb von 6 Werktagen vom Besteller an den Hersteller zurückgegeben wird, als mengenmäßig anerkannt.

Es handelt sich aber nur um eine mengenmäßige Anerkennung, die Einwendungen des Bestellers dahingehend, dass die Leistungen schon gemäß Vertrag geschuldet sind – also rechtliche Einwendungen – nicht ausschließt.

Ferner hat der AG das Recht auf Einwendungen, wenn die Mengenangabe falsch ist.

Der AN soll gemäß § 15 Nr. 4 VOB/B mindestens alle vier Wochen eine Stundenlohnrechnung stellen.

---

[59]   Vgl. Kapellmann/Messerschmidt: VOB Teile A und B, 2007, § 2 VOB/B, Rdn. 319.
[60]   Vgl. § 15 Nr. 3 VOB/B.

9.0 Die andere Anordnung gemäß § 2 Nr. 5 VOB/B

9.1 Änderungsbefugnis bzgl. der Art und Weise der Ausführung gemäß §§ 1 Nr. 3 und 4 sowie 4 Nr. 1 Abs. (4) VOB/B

9.1.1 Einleitung

Es ist bereits darauf hingewiesen worden, dass die Frage, ob ein Besteller überhaupt das Recht hat, gemäß § 1 Nr. 3 und 4 VOB/B veränderte Bauumstände anzuordnen, zurzeit bundesweit diskutiert wird. Generell stellt sich aber die Frage, ob dieses eigentlich diskutierbar ist, wenn die Art und Weise der Ausführung im Vertrag verankert ist, also Vertragsbestandteil ist. Dieses ergibt sich aus dem Wortlaut des § 1 Nr. 3 VOB/B (vgl. Kap. 3.7.1). Auf Einzelheiten wird in diesem Kapitel noch eingegangen. Es wird geklärt, unter welchen Voraussetzungen bei einer nicht vereinbarten Art und Weise der Ausführung Lösungsansätze entwickelt werden könnten.

Die in der Literatur vielfach diskutierte Frage, ob sich das Änderungsrecht bzgl. der Art und Weise der Ausführung aus § 1 Nr. 3 oder § 4 Nr. 1. Abs. (3) VOB/B ergibt, muss abschließend einer juristischen Diskussion überlassen bleiben.[61] Mit dieser Veröffentlichung werden baubetriebswirtschaftliche Grundgedanken und Lösungsansätze vorgestellt.

9.1.2 Änderungsbefugnis bzgl. der Bauumstände aus § 4 Nr. 1 VOB/B

Der § 4 Nr. 1 VOB/B beinhaltet unterschiedliche Anordnungen:

1. Gemäß § 4 Nr. 1 Abs. (3) VOB/B kann der AG unter Wahrung des Leitungsrechts gemäß § 4 Nr. 2 VOB/B Anordnungen zur vertragsgemäßen Ausführung, also auch zum Bauablauf treffen.

2. Gemäß § 4 Nr. 1 Abs. (4) VOB/B kann der AG auch dann, wenn der AN die Anordnung gemäß § 4 Nr. 1 Abs. (3) VOB/B für unzweckmäßig oder unberechtigt hält, die Ausführung vom AN verlangen.

Die Anordnung gemäß § 4 Nr. 1 Abs. (4) ist demzufolge eine Sekundärfolge der Anordnungen aus § 4 Nr. 1 Abs. (3) VOB/B. Eine unzweckmäßige Anordnung kann z. B. darin bestehen, dass der AG in unzweckmäßiger Weise in die Verfahrenstechnik eingreift und hierdurch Erschwernisse bewirkt, welche zu Mehrkosten führen.

Wenn der AG trotz Bedenkenanmeldung des AN gemäß § 4 Nr. 3 VOB/B bzgl. der Anordnung des AG nach § 4 Nr. 1 Abs. (4) VOB/B eine Ausführung verlangt, handelt es sich um eine unzweckmäßige bzw. unberechtigte Anordnung des AG. Voraussetzung ist, dass Bedenken angemeldet worden sind.

§ 4 Nr. 1 Abs. (4) ist demzufolge kein Ersatz für eine Anordnungsbefugnis aus § 1 Nr. 3 und 4 VOB/B oder § 4 Nr. 1 Abs. (3) VOB/B, sondern nur eine Folge daraus, dass der AG bzgl. des Bauablaufs unter Wahrung des Leitungsrechts gemäß § 4 Nr. 2 VOB/B eine Anordnung zum Bauablauf trifft.

9.1.3 Unzweckmäßige und unberechtigte Anordnung als Folge der §§ 1 Nr. 3 und 4 sowie 4 Nr. 1 Abs. (3) VOB/B

Der § 4 Nr. 1 Abs. (4) VOB/B kann demzufolge eine Folge einer ändernden Anordnung aus § 1 Nr. 3 und 4 VOB/B oder § 4 Nr. 1 Abs. (3) VOB/B sein. Auch eine Anordnung, die den Vertragsinhalt ändert, kann unzweckmäßig oder unberechtigt sein. Dieser Grundsatz ergibt sich daraus, dass alle Anordnungen, die unzweckmäßig oder unberechtigt sind, gemäß § 4 Nr. 1 Abs. (4) VOB/B zu behandeln sind.

Dass § 4 Nr. 1 Abs. (4) VOB/B sich auch auf die Art und Weise der Ausführung bezieht, ergibt sich aus dem Wortlaut des § 4 Nr. 3 VOB/B. Insofern bleibt unverständlich, weshalb aus juristischen Kreisen die Meinung geäußert wird, dass die Art und Weise der Ausführung von dem § 4 Nr. 1 Abs. (4) VOB/B nicht betroffen ist.

> „Hat der Auftragnehmer Bedenken gegen die vorgesehene Art der Ausführung (auch wegen der Sicherung gegen Unfallgefahren), gegen die Güte der vom Auftraggeber gelieferten Stoffe..." § 4 Nr. 3 VOB/B

[61] Vgl. Vygen/Schubert/Lang: Bauverzögerung und Leistungsänderung – Rechtliche und baubetriebliche Probleme und ihre Lösungen, 2008, Rdn. 162 ff., 168 ff., 173 ff.; Schulze-Hagen: Zur Anwendung der §§ 1 Nr. 3, 2 Nr. 5 VOB/B einerseits und §§ 1 Nr. 4, 2 Nr. 6 VOB/B anderseits, 1993, S. 259 ff., S. 263 ff.; Heiermann/Riedl/Rusam: Handkommentar zur VOB, Teile A und B, 2003, § 2 Nr. 5, Rdn. 110 ff.

Die Sicherung gegen Unfallgefahren sind zweifelsfrei Bauumstände (z. B. spezielle Gerüste oder Umleitungsmaßnahmen bei Erd- und Straßenbaumaßnahmen).

Insofern handelt es sich bzgl. des § 4 Nr. 1 Abs. (1), (2), (3), (4) VOB/B um ergänzende Anordnungen, die im Regelfall keine Leistungsänderung bewirken. Im Falle der Absätze 1, 2 und 3 sind dies Hinweis- und Kontrollrechte bzgl. der ordnungsgemäßen Ausführung ohne die Folge von Leistungsänderungen. Da zwangsläufig der Hinweis auch ein unzulässiger Hinweis sein kann und damit gegen § 4 Nr. 2 VOB/B verstoßen kann, regelt der § 4 Nr. 1 Abs. (4) VOB/B zwei wesentliche Fälle:

1. Anordnungen, die das Leitungsrecht des AN gemäß § 4 Nr. 2 VOB/B berühren und gegen die der AN gemäß § 4 Nr. 3 VOB/B Bedenken angemeldet hat und die deshalb unzweckmäßig bzw. unberechtigt sind.

2. Anordnungen des AG, die trotz Bedenkenanmeldung gemäß § 4 Nr. 3 VOB/B eine mangelhafte gegenständliche Ausführung bewirkten und demzufolge unberechtigt waren.

Auch bei Fall 2 handelt es sich nicht um eine Leistungsänderung, weil im Ergebnis die mangelhafte Leistung, die als Folge der unberechtigten Anordnung eintritt, auf Kosten des AG beseitigt werden muss. Die Herstellung der mangelfreien Leistung nach Beseitigung der mangelhaften Leistung ist eine Inanspruchnahme des Anordnungsrechts aus § 1 Nr. 3 und 4 VOB/B oder einfach Vertragserfüllung.

Auf eine weitere Fallgestaltung wird bereits hier hingewiesen. Die Anordnung gemäß § 4 Nr. 1 Abs. (3) VOB/B kann eine andere Anordnung gemäß § 2 Nr. 5 VOB/B sein. Auf die Anordnungen gemäß § 4 Nr. 1 Abs. (3) VOB/B, die andere Anordnungen sein können, wird noch in diesem Kapitel einzugehen sein.

9.1.4   Änderungsrecht aus § 1 Nr. 3 und 4 VOB/B als Fehler- und Erweiterungskorrektur des geschlossenen Vertrags

Bei dem Änderungsrecht gemäß § 1 Nr. 3 und 4 VOB/B handelt es sich (vgl. Kap. 3.3) um Fehlerkorrekturen der Leistungsbeschreibung und Gestaltungsänderungen, die deshalb zweckmäßig sind, weil die Vertragserfüllung zu gewährleisten ist oder angemessene Gestaltungsänderungen vom AG bewirkt werden sollen. Ferner kann es sich um Korrekturen handeln, die sich erst baubegleitend aus anderen Umständen ergeben.

Die wesentliche Abgrenzung zu dem § 4 Nr. 1 Abs. (4) VOB/B besteht darin, dass die Änderungsanordnungen gemäß § 1 Nr. 3 und 4 VOB/B auf eine Änderung der vertraglich vereinbarten Leistung abzielen. Dass die Korrektur des geschlossenen Vertrags hinsichtlich Mängelvermeidung und einer unvollständigen sowie falschen Leistungsbeschreibung zweckmäßig ist, dürfte nicht diskutierbar sein. Zwangsläufig müssen auch falsche oder unwirtschaftliche Bauabläufe vom AG korrigiert werden können.

Insofern kann ein im Vertrag fehlerhaft oder unzweckmäßig angelegter Bauablauf vom AG durch die Anwendung des § 1 Nr. 3 und 4 VOB/B korrigiert werden. Dass eine Anordnung, die aus einem ungeeigneten Bauablauf einen geeigneten macht, zweckmäßig ist, dürfte unbestritten sein.

9.1.5   Andere Anordnung gemäß § 2 Nr. 5 VOB/B und Anordnungsbefugnis gemäß § 4 Nr. 1 Abs. (3) VOB/B

Soweit das Anordnungsrecht bzgl. veränderter Bauumstände (andere Anordnung) juristisch aus dem § 4 Nr. 1 Abs. (3) VOB/B hergeleitet wird, sollte geklärt werden, dass es sich im Ergebnis um einen Vergütungsanspruch gemäß § 2 Nr. 5 VOB/B handelt. Es wäre sehr praxisfremd, wenn bei dem Nachweis der Höhe von den tatsächlichen Mehrkosten gemäß § 4 Nr. 1 Abs. (4) VOB/B ausgegangen werden müsste, obwohl es sich lediglich um Anordnungen handelt, die der zweckmäßigen vertragsgemäßen Ausführung dienen.

Der § 4 Nr. 1 Abs. (4) VOB/B kann nur zur Anwendung kommen, wenn es sich um unzweckmäßige und unberechtigte Anordnungen handelt. Es kann gemäß § 4 Nr. 1 Abs. (3) VOB/B demgegenüber aber durchaus zweckmäßige und unzweckmäßige Anordnungen zum Bauablauf geben. Die zweckmäßigen Anordnungen sind andere Anordnungen, während die unzweckmäßigen und unberechtigten Anordnungen dem Szenario des § 4 Nr. 1 Abs. (4) VOB/B unterliegen.

Die Anwendung des § 4 Nr. 1 Abs. (4) VOB/B darf nur die Ausnahme im o. g. Sinne sein, wenn eine Anordnung unzweckmäßig oder unberechtigt war.

9.1.6 Abgrenzungsprobleme bei dem Anspruchsgrund kombiniert mit unterschiedlichen Nachweisen bzgl. der Anspruchshöhe

Es sei darauf hingewiesen, dass bei Verlassen des Grundsatzes (es handelt sich um einen Vergütungsanspruch gemäß § 2 VOB/B) der Lösungsansatz im Ergebnis immer als baubetriebswirtschaftlich schwierig bezeichnet werden muss, weil unterschiedliche Nachweisqualitäten und -methoden bei der Höhe nur in Ausnahmefällen praktisch umsetzbar sind.

Gegenständliche Nachträge, Bauumstände-Nachträge und Beschleunigungsnachträge sind im Regelfall derartig eng verknüpft, dass nur künstliche Abgrenzungen möglich sind. Die künstlichen Abgrenzungen bewirken aber, dass unter Bezugnahme auf die Realität unterschiedliche Methoden zusätzliche Probleme verursachen, weil eben unterschiedliche Methoden zu unterschiedlichen Ergebnissen führen.

Abgrenzungsprobleme bei dem Anspruchsgrund mit der Folge eines gleich hohen Vergütungsanspruchs sind wesentlich einfacher zu lösen als Abgrenzungsprobleme bei dem Anspruchsgrund mit unterschiedlichen Methoden bzgl. der Ermittlung der Anspruchshöhe. Der Sonderfall der unzweckmäßigen oder unberechtigten Anordnung dürfte in aller Regel durch sorgfältige Dokumentation zu lösen sein.

9.1.7 Abgrenzung zwischen vertraglich vereinbarten und nicht vertraglich vereinbarten Bauumständen

Insofern bleibt in einem ersten Schritt zu klären, ob es eine schlüssige Begründung für die Existenz einer ändernden Anordnung bzgl. der veränderten Art und Weise der Ausführung gibt oder nicht. Die andere Anordnung wird im Anschluss daran behandelt. Es sei bereits hier darauf hingewiesen, dass der Bund im Leitfaden mit Stand 2008 die Anordnungsbefugnis des AG aus dem § 4 Nr. 1 VOB/B mit einem Vergütungsanspruch nach § 2 Nr. 5 VOB/B herleitet.

Das Änderungsrecht des AG gemäß § 1 Nr. 3 und 4 VOB/B betrifft Leistungen, die für die Erstellung des Objekts erforderlich sind und auf die der Betrieb eingestellt ist. Es ist aber nicht abschließend geklärt, ob die Änderungsbefugnis auch direkt – unabhängig von gegenständlichen Leistungsänderungen – das Recht beinhaltet, eine veränderte Art und Weise der Ausführung anzuordnen.

Der Zusammenhang zwischen der anderen Anordnung gemäß § 2 Nr. 5 VOB/B und den Änderungsbefugnissen des § 1 Nr. 3 und 4 VOB/B als auch die Klärung, welchen Charakter eine ändernde Anordnung hat, ist bislang nicht abschließend erfolgt. Sowohl die spezielle Änderungsbefugnis bzgl. veränderter Bauumstände als auch der sich daraus ergebende Anspruch aus § 2 Nr. 5 VOB/B wird in diesem Kapitel behandelt.

Ob sich die Anordnungsbefugnis des AG bzgl. der Bauumstände auch aus § 4 Nr. 1 VOB/B ergeben könnte, wird der juristischen Diskussion überlassen. Die Zielrichtung sollte darin bestehen, hinsichtlich des Nachweises der Höhe im Bereich der §§ 1 und 2 VOB/B zu bleiben. Jede andere Lösung ist schlechter oder ein Einzelfall.

Innerhalb der §§ 1 und 2 VOB/B sind die Fälle schwierig, bei denen die Art und Weise der Ausführung zwar nicht vertraglich vereinbart sind, der Bieter oder AN aber dennoch geklärt hat, von welcher Preisermittlungsgrundlage er ausgeht.

Im Ergebnis müssen in einem ersten Schritt die vertraglich vereinbarten Bauumstände von den nicht vertraglich vereinbarten Bauumständen getrennt werden. Bzgl. der vertraglich vereinbarten Leistungen, die Zwischenbauzustände beinhalten und Maßnahmen zur Baustelleneinrichtung – also vertraglich vereinbarter Bauumstände – hat der AG im Rahmen seiner Anordnungsbefugnis gemäß § 1 Nr. 3 und 4 VOB/B zwangsläufig auch Änderungsbefugnisse. Diese Fälle brauchen nicht diskutiert zu werden.

Insofern wird in diesem Kapitel vorrangig zu klären sein, wie mit den nicht vertraglich vereinbarten Bauumständen umzugehen ist.

9.1.8 Einstellung des Betriebs auf die angeordnete Art und Weise der Ausführung

Die Grundlagen der Änderungsbefugnis sind ausführlich im Kap. 3.0 behandelt worden. Hinsichtlich der Art und Weise der Ausführung ist die Möglichkeit des Auftragnehmers, der Anordnung Folge zu leisten, bedeutsam. Der Betrieb muss darauf eingestellt sein. Dieses Erfordernis ist im § 1 Nr. 4 VOB/B geregelt.

Eine Diskussion dahingehend, ob diese Abgrenzung nur für den § 1 Nr. 4 VOB/B oder auch für den § 1 Nr. 3 VOB/B gilt, ist baubetriebswirtschaftlich überflüssig, da aus praktischen Erfordernissen die Abgrenzung sowieso auch für den § 1 Nr. 3 VOB/B gelten muss.

Wenn eine im Vertrag enthaltene Leistung so verändert wird, dass der Betrieb nicht darauf eingestellt ist, die veränderte Leistung auszuführen, muss der AN vergleichbar mit dem § 1 Nr. 4 VOB/B auch beim § 1 Nr. 3 VOB/B ein Verweigerungsrecht haben.

Insofern scheidet eine unterschiedliche Wertung der Weigerungsmöglichkeiten des AN aus. Gleichermaßen ist es unbedeutsam, ob eine ändernde Anordnungsbefugnis des AG dem § 1 Nr. 3 oder dem § 1 Nr. 4 VOB/B zugeordnet wird, weil die Termine und die Art und Weise der Ausführung immer das komplette Objekt betreffen und im Regelfall bei Änderungen sowieso nicht gänzlich getrennt bzw. isoliert betrachtet werden können.

Auch aus diesem Gesichtspunkt heraus lässt sich kein Unterschied zwischen § 1 Nr. 3 und § 1 Nr. 4 VOB/B herleiten.

9.2   Zum Begriff des Bauentwurfs

9.2.1   Der Bauentwurf gemäß HOAI

Eine Besonderheit innerhalb des § 1 Nr. 3 VOB/B ist der Begriff des Bauentwurfs. Bevor auf die zurzeit laufende Diskussion der Juristen hinsichtlich des Bauentwurfbegriffs Bezug genommen wird, soll der allgemeingültige Planungsbegriff als solcher beleuchtet werden, damit die Problematik deutlich wird.

In der VOB wird hinsichtlich der Änderungsbefugnis im § 1 Nr. 3 VOB/B der Begriff „Bauentwurf" verwendet. Dieser Begriff entspringt einem bestimmten Planungszustand, der dem Planungsergebnis der Leistungsphase „Entwurfsplanung" des § 15 Abs. 2 Nr. 3 HOAI entspricht. Es handelt sich bei der Entwurfsplanung um die endgültige Lösung der Planungsaufgabe. Der Bauentwurf ist das Ergebnis der Leistungsphase 3, also der Entwurfsplanungsphase.[62]

Die Entwurfsplanung gemäß HOAI umfasst Grundleistungen und Besondere Leistungen. Der Umfang der Grundleistungen beinhaltet gemäß § 2 Abs. 2 HOAI jene Leistungen, die zur ordnungsgemäßen Erfüllung eines Auftrags notwendig sind. Dass zu einer ordnungsgemäßen endgültigen planerischen Lösung immer auch die Art und Weise der Ausführung sowie die Fristen gehören müssen, ist ein baubetriebswirtschaftlicher Grundsatz.

9.2.2   Die Art und Weise der Ausführung als Planungsinhalt der Leistungsphase 3 der HOAI

Die Berücksichtigung der Art und Weise der Ausführung ergibt sich häufig schon aus der Pflicht des Planers, hoheitliche Belange zu berücksichtigen und die öffentlich-rechtliche Genehmigung herbeizuführen. Der Schutz der Umwelt und der Natur und die sich daraus ergebenden Bauverfahren oder organisatorischen Abläufe dienen der Herbeiführung des gegenständlichen Werkerfolgs, sind aber keine gegenständlichen Leistungen und damit kein Inhalt des endgültigen gegenständlichen Werkerfolgs, sondern gehen in das Bauwerk ein oder dienen der Herbeiführung des Erfolgs. Sie sind Bauumstand.

Sie müssen aber im Rahmen einer Baugenehmigung oder eines Planfeststellungsverfahrens geklärt werden, gehören also unabdingbar zum Planungsinhalt des Bauentwurfs.

Im Tunnelbau ist die komplette Neue Österreichische Tunnelbauweise bzw. Spritzbetonbauweise nur ein Hilfsmittel, das eigentliche Bauwerk herzustellen, also eine Art und Weise der Ausführung.

Ca. 80 % der Leistungen, die den Tunnelbau betreffen, beinhalten Bauumstände, die lediglich dazu dienen, die Beton-Innenschale herzustellen. Der Vortrieb mit Herstellung der vorläufigen Sicherung ist ein Bauzustand, der statisch kein Bestandteil des endgültigen Bauwerks ist, sondern ein Mittel zum Zweck darstellt, den Erfolg – einen Hohlraum – herbeizuführen. Lässt sich ernsthaft darüber diskutieren, ob der AG Anordnungsbefugnisse bzgl. der Art und Weise des Vortriebs hat?

Besonders deutlich wird die ganze Problematik bei der Herstellung einer Baugrube mit einer Böschung. Der vertraglich geschuldete Erfolg ist ein Luftraum begrenzt durch Boden, der nicht einstürzt. Der abschnittsweise Erdaushub

---

62   Vgl. Schottke: Entwurfs-, Ausführungs- und Werkplanung aus baubetrieblicher Sicht, 2008, S. 12 ff.

und die Einteilung in Bodenklassen gemäß DIN 18300 VOB/C haben alle nichts mit dem Erfolg – Herstellung eines Luftkörpers begrenzt durch eine Böschung – zu tun, sondern sind ein temporärer Zwischenzustand bzw. bauumständebezogenes Hilfsmittel, um den Erfolg herbeizuführen. Von diesen Leistungen bleibt nur Luft und Bodenabtrag übrig.

Ob der AG die Beseitigung einer anderen Bodenklasse anordnen darf, ist wohl nicht diskutierbar. Die Bodenklasse wird aber nach deren Beseitigung durch Luft ersetzt, repräsentiert also nur einen Bauumstand.

9.2.3   Bauumstand als Weg zum Erfolg

Wie gehen Juristen mit dem Weg zum Erfolg, mit den Bauumständen um? Ein Leistungsbeschrieb muss den Weg zum Erfolg beinhalten und nicht nur den endgültigen Erfolg. Zwischenstufen müssen leistungsmäßig beschrieben werden.[63] Anders sind die Anforderungen gemäß § 9 VOB/A nicht erfüllbar. Zwischenstufen sind aber immer bauumständebedingt.

Selbstverständlich muss ein AG auch das Recht haben, z. B. bzgl. der Baustelleneinrichtung, die nicht gegenständlich geschuldetes Bau-Soll ist, Anordnungen zu treffen. Beispielsweise muss der AG anordnen dürfen, ob ein Container an eine andere Stelle gestellt wird oder nicht.

Die Baustelleneinrichtung und -räumung als solche stellt ebenfalls ein Hilfsmittel dar, das nicht Inhalt der körperlichen gegenständlichen Leistung ist, gehört aber zweifelsohne hinsichtlich der Bereitstellungsplanung auch zum Bauentwurf.

9.2.4   Enggefasster (HOAI) und weitgefasster Begriff (VOB/B) bzgl. des Bauentwurfs

Insoweit beinhaltet der Begriff des Bauentwurfs aus der HOAI auch verfahrenstechnische und handelnde Belange. Dieses überrascht keineswegs, da die Leistungsphasen der HOAI selbst handelnde Elemente darstellen, welche dabei helfen, das Bauwerk entstehen zu lassen.

Ob alle Formen hinsichtlich der Art und Weise der Ausführung und hinsichtlich der Fristen von dem Begriff des Bauentwurfs umfasst werden – insbesondere im Hinblick auf baubetriebswirtschaftlich-juristische Auswirkungen – wird zu diskutieren sein.

Dass der Begriff des Bauentwurfs in der VOB/B noch weiter zu fassen ist, als der Begriff in der HOAI wird von allen Autoren, die sich mit der Thematik befassen, gleich gesehen. Gemeint ist in der VOB/B mit dem Begriff des Bauentwurfs eigentlich die vertraglich vereinbarte Leistung. Dies ergibt sich durch die Abgrenzung zum § 1 Nr. 4 VOB/B, welcher für nicht vereinbarte Leistungen gilt. Soweit der Begriff des Bauentwurfs im Sinne der vereinbarten Leistung verstanden wird, sind auch Verfahrenstechniken, die Baustelleneinrichtung und -räumung Bestandteile des Bauentwurfs.

Der Begriff des Bauentwurfs in der HOAI ist technisch-planerisch und baubetrieblich orientiert. Der Begriff des Bauentwurfs in der VOB/B ist gegenüber der HOAI um den vertraglichen Aspekt erweitert. Bei der VOB/B treten insbesondere die planerischen Inhalte der Leistungsphase 6 HOAI zu dem Bauentwurf hinzu.

9.2.5   Schlussbetrachtung zum Bauentwurfsbegriff

Das Problem im Zusammenhang mit dem Begriff des Bauentwurfs ist, dass ein Begriff, der planerisch-technisch geprägt ist, nicht bzw. nur begrenzt geeignet ist, vertragliche, baubetriebswirtschaftliche und rechtliche Belange zu regeln.[64] Der Bauentwurf ist ein Planungszustand, der erst durch die Erstellung einer Leistungsbeschreibung und den zugehörigen Verdingungsunterlagen in einen Vertrag überführt wird.

Diese weiteren Schritte bewirken zwangsläufig, dass weitere Elemente Vertragsbestandteil werden, die dem planerischen Begriff des Bauentwurfs nicht zwangsläufig zugeordnet werden müssen bzw. können, z. B. die Baustellenein-

---

63   Vgl. Schottke: Vertrags- und Nachtragscontrolling, 2003, S. 56 ff.
64   Vgl. Schulze-Hagen: Zur Anwendung der §§ 1 Nr. 3, 2 Nr. 5 VOB/B einerseits und §§ 1 Nr. 4, 2 Nr. 6 VOB/B andererseits, 1993, S. 263 ff.; Schottke: VOB-gerechte Leistungsbeschreibung für den allgemeinen Tunnelvortrieb unter Berücksichtigung einer angemessenen Vergütung, 1993, S. 45 ff.; Schottke: Entwurfs-, Ausführungs- und Werkplanung aus baubetrieblicher Sicht, 2008, S. 5 ff.

richtung. Gemäß HOAI muss der Planer sich im Regelfall hierzu erst in der Leistungsphase 6 Gedanken machen, wenn die Leistungsbeschreibung erstellt wird.

Im Ergebnis gilt nach Meinung des Verfassers folgender Leitsatz:

> Der Bauentwurf gemäß HOAI enthält unabdingbar auch handelnde Elemente bzgl. Verfahrenstechnik, Bauabläufen etc., die den Bauumständen zuzurechnen sind. Durch die Notwendigkeit, in der Leistungsphase 6 eine Leistungsbeschreibung zu erstellen, treten zu dem Bauentwurf gemäß Leistungsphase 3 weitere Elemente der Bauumstände hinzu.

Für das spätere Grundverständnis bzgl. der Anordnungsbefugnisse und den Nachweis eines gestörten Bauablaufs ist eine weitere baubetriebliche, begriffliche Unterscheidung bedeutsam.

Eine ausführliche Diskussion der Planungsbegriffe Entwurfsplanung, Ausführungsplanung und Werkplanung kann dem Tagungsbericht zur 9. Interdisziplinären Tagung für Baubetriebswirtschaft und Baurecht entnommen werden.[65]

9.3   Die Art und Weise der Ausführung und die vereinbarte Leistung gemäß § 1 Nr. 3 und 4 VOB/B

9.3.1   Unterscheidung in die Art und Weise der Ausführung (Bauumstände) und Fristen

Begrifflich ist es wichtig, zwischen Fristen und der Art und Weise der Ausführung zu unterscheiden. Die Art und Weise der Ausführung ist der entscheidende Ausgangspunkt für die Definition einer Frist. Durch die Art und Weise der Ausführung wird eine Handlung definiert. Diese Handlung kann auch ein Erdaushub sein oder irgendeine andere vertraglich vom AN geschuldete Leistung.

Eine Frist markiert die Eckpunkte einer Handlung oder mehrerer Handlungen dahingehend, ob diese zu einem bestimmten Zeitpunkt beendet sein sollen. Bei den Fristen sind wiederum solche Fristen zu unterscheiden, welche sich auf einzelne Vorgänge einer Handlung, mehrere Vorgänge einer Handlung oder auf die Gesamtfrist beziehen. Dieser baubetriebswirtschaftliche Tatbestand wird im juristischen Bereich durch die Definition von Einzelfristen und Gesamtfristen aufgegriffen (§ 5 Nr. 1 VOB/B).

Eine ändernde Anordnung setzt voraus, dass eine im Vertrag vereinbarte Leistung geändert wird. Wenn etwas nicht vertraglich vereinbart ist, kann es durch eine Anordnung nicht geändert werden. Die wesentliche Fragestellung besteht also darin, ob die Frist oder die Art und Weise der Ausführung oder beides vertraglich vereinbart worden ist oder nicht.

9.3.2   Sekundärfolgen gegenständlicher Leistungsänderungen

Auf ein weiteres grundsätzliches Problem muss deshalb hingewiesen werden. Wie muss eine veränderte gegenständliche Leistung bewertet werden, die als Folge eine veränderte Art und Weise der Ausführung bewirkt? Würde die Anordnungsbefugnis gemäß § 1 Nr. 3 VOB/B die Veränderung einer vertraglich vereinbarten Art und Weise der Ausführung nicht beinhalten, dürfte auch die ändernde Anordnung bzgl. einer gegenständlichen Leistung, welche als Folge eine veränderte Art und Weise der Ausführung bewirkt, nicht von der Anordnungsbefugnis des § 1 Nr. 3 VOB/B umfasst sein.

Denkbare Lösungsansätze dahingehend, dass die Änderungsbefugnis sich in derartigen Fällen auf die Leistungsänderungen beschränkt und die Fristenfolgen bzw. die veränderte Art und Weise der Ausführung einem Schadenersatz entsprechend zu behandeln sind, ist aus folgender Überlegung heraus nicht machbar.

Der AG könnte den AN einseitig zu Leistungen mit gravierenden wirtschaftlichen Folgen verpflichten, ohne dass dies bei fehlender Möglichkeit des AN, ein Verschulden des AG nachzuweisen, zu einer Pflicht des AG führen würde, die wirtschaftlichen Folgen auszugleichen.

Eine derartige Regelungslücke darf nicht entstehen und deshalb auch nicht erzeugt werden. Eine dogmatische Begründung, die derartige Regelungslücken bewirkt, ist keine taugliche dogmatische Begründung.

---

[65]   Vgl. Schottke: Entwurfs-, Ausführungs- und Werkplanung aus baubetrieblicher Sicht, 2008, S. 5 ff.

Bei der gegenständlichen Leistungsänderung mit Folgen für die Art und Weise der Ausführung ist somit kein anderer Grundsatz als die Änderungsbefugnis bzgl. der Art und Weise möglich.

> **Leitsatz:**
>
> Soweit die Primäränderung geklärt ist, besteht automatisch ein Anspruch bzgl. der Sekundärauswirkungen auch dann, wenn es sich bei den Sekundärfolgen um veränderte Bauumstände und veränderte Fristen handelt.

Auch für diesen Fall wird im Folgenden eine dogmatische Begründung geliefert, die bislang von den Juristen nicht berücksichtigt werden konnte, weil die baubetriebswirtschaftliche Grundlage, die Preisermittlungsgrundlage, nicht geklärt war.

9.0

9.3.3   Konsequenzen aus der Begriffsdefinition des Bauentwurfs

Da der Begriff des Bauentwurfs auch die Belange hinsichtlich der Art und Weise der Ausführung beinhaltet, ergibt sich auch zwangsläufig gemäß § 1 Nr. 3 VOB/B ein Änderungsrecht des AG bzgl. der Art und Weise der Ausführung. Die Termine sind Schlusspunkt und Ergebnis der Art und Weise der Ausführung und unterliegen demnach ebenfalls der Änderungsbefugnis.

Zu unterscheiden ist allerdings, ob sich die Änderungsbefugnis nur auf die konkret im Vertrag geregelte Art und Weise der Ausführung bezieht oder ob sie sich auch auf jene Art und Weise der Ausführung erstreckt, welche sich aus dem Vertrag ableiten lässt, quasi um eine Art und Weise der Ausführung, die sich mittelbar aus dem Vertrag ergibt.

Die baubetriebswirtschaftliche Notwendigkeit, die Anordnungsbefugnis auch auf jene Art und Weise der Ausführung auszudehnen, die nicht konkret vertraglich vereinbart ist, lässt sich aus einem Beispiel ableiten:

Der Bieter hat mit seinem Angebot einen Terminplan vorgelegt, welcher aber kein Vertragsbestandteil geworden ist. Aus technischen Gründen ergibt sich nach Vertragsschluss die Notwendigkeit, mit einem anderen Bauteil zu beginnen, als der Bieter dies in seinem übergebenen Terminplan vorgesehen hat.

Grundsätzlich muss der AG – obwohl der Terminplan kein Vertragsbestandteil ist – die Möglichkeit haben, eine Anordnung bzgl. der Art und Weise der Ausführung zu treffen, wenn dies für die Ausführung erforderlich ist. Gleichermaßen muss aber die Anordnung des AG, mit einem anderen als im Terminplan angegebenen Bauteil zu beginnen, dann zu einem Vergütungsanspruch des AN führen, wenn diese Anordnung wirtschaftliche Folgen beim AN auslöst, welche ohne die Anordnung nicht eingetreten wären.

Wenn beispielsweise der Kran schon beim ersten Bauteil aufgebaut wurde und als Folge der Anordnung, mit einem anderen Bauteil zu beginnen, der Umbau des Krans notwendig wird, ergeben sich direkte wirtschaftliche Folgen aus der Anordnung des AG. Die Verschiebung von Arbeiten in den Winter wäre eine vergleichbare Fallgestaltung.

Wenn demzufolge der AG sein Anordnungsrecht gemäß § 1 Nr. 3, 4 bzw. § 4 Nr. 1 VOB/B bzgl. einer Art und Weise der Ausführung wahrnimmt, welche nicht vertraglich vereinbart ist, sich aber mittelbar aus dem Vertrag ergibt, muss im § 2 VOB/B auch eine entsprechende Vergütungsregel vorgesehen sein.

Die andere Variante, dass der AG auf die Zustimmung des AN angewiesen ist, um seine veränderte Art und Weise der Ausführung verwirklichen zu können, dürfte als abwegig auszuschließen sein, weil der AG bzgl. der Vergütung erpressbar würde. Es muss demzufolge ein Änderungsrecht des AG geben.

9.4   Abgrenzung der anderen und der ändernden Anordnungen

9.4.1   Unterscheidung in Anordnungen, die den Vertragsinhalt unmittelbar und mittelbar ändern

Im Kap. 2.5 ist dargestellt worden, welche Voraussetzungen für das Vorliegen einer ändernden Anordnung vorliegen müssen. Direkt geklärt ist damit, dass vertraglich vereinbarte Bauumstände, die der AG im Rahmen seines Änderungsrechts gemäß § 1 Nr. 3 und 4 VOB/B ändert, durch eine ändernde Anordnung verändert worden sind.

Zwangsläufig stellt sich aber die Frage, wie mit Anordnungen umzugehen ist, die keine unmittelbar im Vertrag vereinbarte Leistung ändern, aber wirtschaftliche Folgen bei dem AN im Sinne von Störungen des Bauablaufs auslösen. Es handelt sich hierbei eben nicht um eine ändernde Anordnung, sondern um eine andere Anordnung gemäß § 2 Nr. 5 VOB/B.

Die Anwendung des Begriffs der anderen Anordnung gemäß § 2 Nr. 5 VOB/B setzt somit voraus, dass sich die Art und Weise der Ausführung zwar eindeutig aus dem Vertrag ergibt bzw. zumindest aus dem Vertrag objektiv ableitbar ist, aber kein direkter Vertragsinhalt ist.[66]

Das Vorliegen einer ändernden Anordnung schließt eine andere Anordnung aus. Es handelt sich um Alternativen. Wenn eine ändernde Anordnung nachweisbar ist, weil eine Anordnung einen Vertragsinhalt ändert, handelt es sich um eine ändernde Anordnung. Die andere Anordnung kann nur vorliegen, wenn eben keine direkt im Vertrag vereinbarte Leistung geändert wird.

Hinsichtlich der Anordnung und des daraus erwachsenden Anspruchs sind demzufolge zwei wesentliche Fallgestaltungen zu unterscheiden:

1. Die Anordnung führt zu einer Änderung des vertraglich vereinbarten Leistungsinhalts. Hierzu gehören die konkret vertraglich vereinbarte Art und Weise der Ausführung sowie die vereinbarten Fristen.[67]

2. Soweit die Anordnung zu einer Änderung der Art und Weise der Ausführung führt, welche nicht konkret sondern mittelbar als Vertragsbestandteil vereinbart ist, aber sich eindeutig aus dem Vertrag ergibt, handelt es sich um eine andere Anordnung gemäß § 2 Nr. 5 VOB/B.[68]

Die vorgenannte Unterscheidung ist wesentlich, weil die Rechtsprechung des BGH bislang auch bei einer vertraglich vereinbarten Frist, die durch eine Anordnung geändert worden ist, nicht von einer ändernden Anordnung gemäß § 2 Nr. 5 VOB/B ausgeht.

9.4.2   Beispiele zu anderen Anordnungen

1. Wenn für einen Baugrubenaushub 20.000 m³ Aushub der Bodenklasse 3–5 zu leisten sind, kein Grundwasser ansteht und aufgrund des Bodengutachtens keine weiteren Erschwernisse erkennbar sind, aber im Zuge des Baugrubenaushubs ein Findlingsgrab von archäologischem Wert gefunden wird, treten bzgl. des Baugrubenaushubs Minderleistungen durch die Beseitigung des Findlingsgrabs ein. Eine ändernde Anordnung bzgl. der Beseitigung des Findlingsgrabs liegt vor, aber keine Anordnung bzgl. des veränderten Baugrubenaushubs, der als Folge der Beseitigung des Findlingsgrabs verändert worden ist. Ist die zusätzliche Leistung – Beseitigung des Findlingsgrabs – eine andere Anordnung bzgl. der Sekundärfolge „Störung des Baugrubenaushubs"? Wie wird dieses Problem gelöst? Eine ändernde Anordnung bzgl. des Baugrubenaushubs liegt nicht vor. Für den veränderten Aushub liegt gar keine Anordnung vor. Es handelt sich um eine Sekundärfolge aus der ändernden Anordnung bzgl. des Findlingsgrabs. Eine ändernde Anordnung löst als Folge eine andere Anordnung bzgl. einer anderen Teilleistung aus.

2. Ein Arzt beauftragt einen Elektriker, Leitungen für die Erweiterung der Praxis zu legen. Der Elektriker beginnt mit den Schlitzarbeiten in den Wänden. Hierauf ordnet der Arzt an, die Arbeiten einzustellen und genehmigt die Arbeiten von 7:00 Uhr morgens bis 9:00 Uhr und ab 17:00 Uhr nachmittags. Eine ändernde Anordnung liegt nicht vor, weil keine Arbeitszeiten vertraglich vereinbart sind. Es handelt sich demzufolge nicht um eine ändernde Anordnung, sondern um eine andere Anordnung.

3. Der Bieter reicht mit seinem Angebot einen Terminplan ein, der nicht Vertragsbestandteil wird. Der AG ordnet nach Baustelleneinrichtung einen Bauablauf an, der dem Terminplan widerspricht, aber keine Änderung des Bauwerks, sondern lediglich einen veränderten Bauablauf beinhaltet. Es handelt sich nicht um eine ändernde Anordnung, weil der Terminplan kein Vertragsbestandteil ist. Zwar ordnet der AG an, es entstehen auch wirtschaftliche Folgen, dennoch handelt es sich nicht um eine ändernde Anordnung. Es handelt sich um eine andere Anordnung.

---

[66]   Vgl. Schottke: Änderung der Art und Weise der Ausführung als Folge einer Anordnung, 1999, S. 267 ff.
[67]   Vgl. Kapellmann/Schiffers: Vergütung, Nachträge und Behinderungsfolgen beim Bauvertrag, Bd. 1, 2006, Rdn. 711 ff.; Heiermann/Riedl/Rusam: Handkommentar zur VOB, Teile A und B, 2003, Rdn. 110; Schottke: VOB-gerechte Leistungsbeschreibung für den allgemeinen Tunnelvortrieb unter Berücksichtigung einer angemessenen Vergütung, 1993, S. 56.
[68]   Vgl. Vygen/Schubert/Lang: Bauverzögerung und Leistungsänderung, 2008, Rdn. 173–187; Schottke: VOB-gerechte Leistungsbeschreibung für den allgemeinen Tunnelvortrieb unter Berücksichtigung einer angemessenen Vergütung, 1993, S. 59–63.

Die vorgenannten drei Beispiele sollen das Problem deutlich machen. Die andere Anordnung im System des § 2 VOB/B muss etwas anderes sein als die ändernde Anordnung. Die Unterscheidung ergibt sich daraus, dass bei einer ändernden Anordnung eine Änderung vertraglich vereinbarter Bauumstände vorliegt. Bei einer anderen Anordnung werden keine vertraglich vereinbarten Bauumstände geändert, sondern es wird durch eine Anordnung eine Preisermittlungsgrundlage geändert, aber keine vertraglich vereinbarte Leistung.

9.4.3 Anspruchsvoraussetzung bei einer anderen und einer ändernden Anordnung gemäß § 2 Nr. 5 VOB/B

Bild 58 zeigt in einem Diagramm die Entstehung des Anspruchs. Wenn eine konkret im Vertrag vereinbarte Leistung geändert wird, bewirkt dies eine ändernde Anordnung. Ist dies nicht der Fall, liegt eine andere Anordnung vor. Bzgl. dieser anderen Anordnung gibt es zwei wesentliche Möglichkeiten:

1. Die andere Anordnung des AG zielt im Sinne von § 4 Nr. 1 (3) VOB/B nur darauf ab, den Vertrag zu erfüllen.

2. Die andere Anordnung berührt die Preisermittlungsgrundlage einer vertraglich vereinbarten Leistungen.

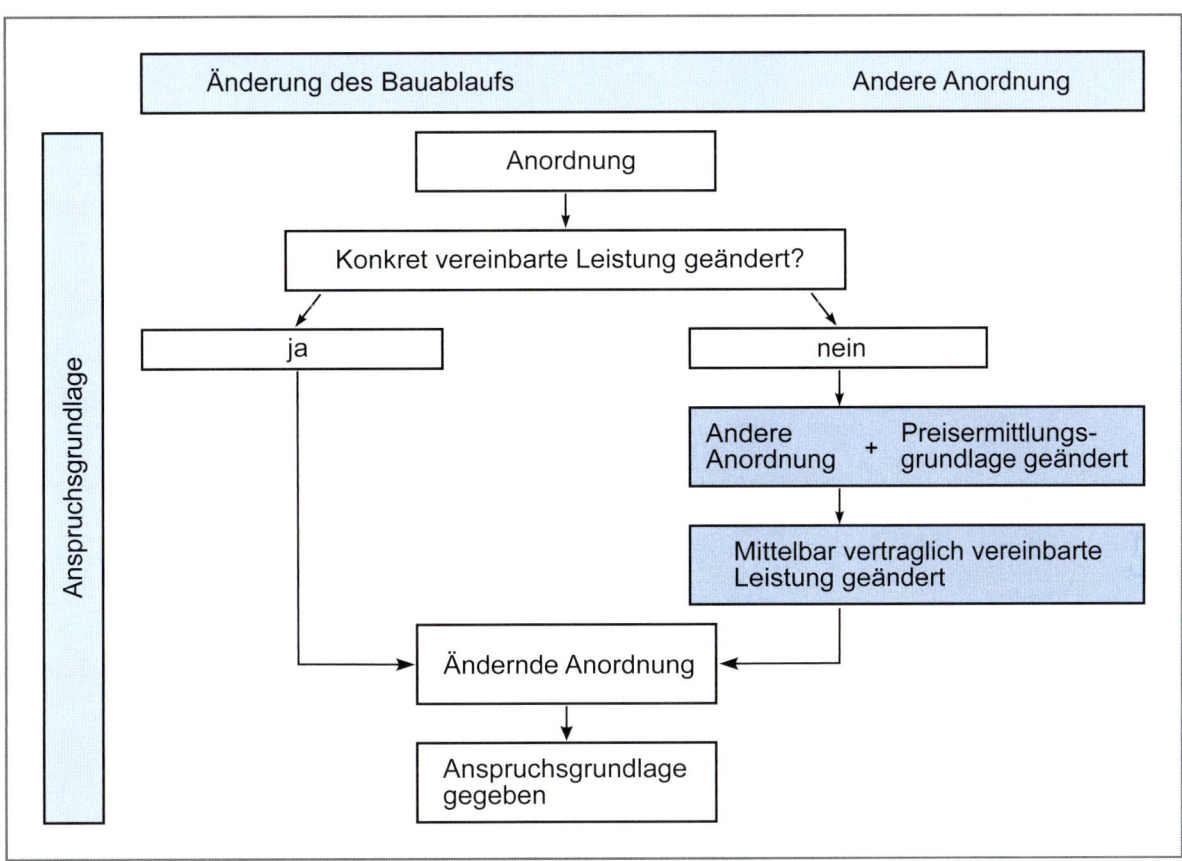

Bild 58:   Anspruch gemäß § 2 Nr. 5 VOB/B

Der Fall 1, dass der AG lediglich die Erfüllung des Vertrags einfordert, muss nicht weiter untersucht werden. Juristisch gesehen dürfte es sich nur um einen Hinweis handeln, weil der AG die Erfüllung des Vertrags eigentlich nicht anzuordnen braucht. Der AN ist hierzu sowieso verpflichtet.

Der Fall 2 ist hierbei wesentlich bedeutsamer. Wenn die andere Anordnung des AG die Preisermittlungsgrundlage verändert, ergeben sich Ansprüche. Der Begriff der Preisermittlungsgrundlage ist bereits in Kap. 4.0 ausführlich behandelt worden.

Im linken Teil des Bild 58 ist die ändernde Anordnung dargestellt. Bild 58 beinhaltet im rechten Teil des Bilds den Fall, dass die Preisermittlungsgrundlage berührt wird und damit ein Vergütungsanspruch gemäß § 2 Nr. 5 VOB/B entsteht. Erst das Hinzutreten der veränderten Preisermittlungsgrundlage zu der anderen Anordnung bewirkt eine ändernde Anordnung.

Ferner muss – dieses bezieht sich aber auf den Nachweis der Höhe und nicht auf den Anspruchsgrund – die Voraussetzung erfüllt sein, dass als Folge der anderen Anordnung die Preisermittlungsgrundlage derart verändert worden ist, dass tatsächlich nachweisbar eine Situation eingetreten ist, welche zu Mehr- oder Minderkosten geführt hat.[69.]

Die Preisermittlungsgrundlage erfüllt somit im Zusammenhang mit Ansprüchen aus § 2 Nr. 5 VOB/B eine Doppelfunktion. Zum einen ist sie erforderlich, um die Anspruchsvoraussetzung festzustellen und zum anderen ist sie erforderlich, um die Anspruchshöhe zu ermitteln.

9.4.4   Der Zusammenhang zwischen der Preisermittlungsgrundlage und dem vereinbarten Vertragsinhalt

Bild 59 zeigt den Zusammenhang zwischen dem Vertragsinhalt, der Preisermittlungsgrundlage und der Art und Weise der Ausführung. Es müssen im Hinblick auf baubetriebswirtschaftlich juristische Problemstellungen drei verschiedene Formen der Art und Weise der Ausführung unterschieden werden:

1. Die Art und Weise der Ausführung, die vertraglich vereinbart ist und demzufolge auch unmittelbar eine Preisermittlungsgrundlage darstellt.

2. Die Art und Weise der Ausführung, die nicht direkt vertraglich vereinbart ist, sich aber aus dem Vertrag ableiten lässt und demzufolge kein Vertragsbestandteil aber Preisermittlungsgrundlage ist.

3. Die Art und Weise der Ausführung, die nicht direkt vertraglich vereinbart ist und sich auch nicht aus dem Vertrag ableiten lässt und demzufolge keine Preisermittlungsgrundlage ist.

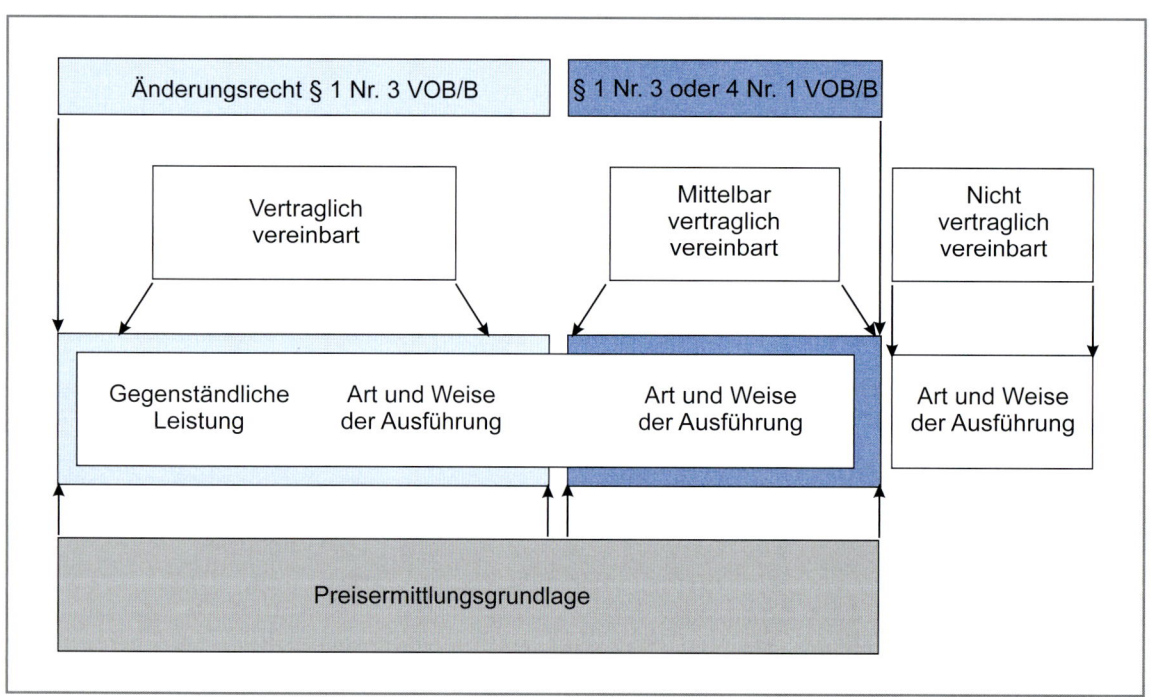

Bild 59:   Die Preisermittlungsgrundlage im Zusammenhang mit der vertraglich vereinbarten Leistung

Bereits hier wird eine Unterscheidung deutlich. Eine vertraglich vereinbarte Art und Weise der Ausführung wird durch eine ändernde Anordnung gemäß § 1 VOB/B geändert. Die andere Anordnung ist eben keine ändernde Anordnung, weil sie sich nicht auf eine vertraglich vereinbarte Leistung bezieht. Sie bezieht sich auf die Preisermittlungsgrundlage.

Die Preisermittlungsgrundlage kann gemäß Bild 59 verschiedenen vertraglichen Niveaubereichen zugeordnet werden:

---

69   Vgl. Schottke: VOB-gerechte Leistungsbeschreibung für den allgemeinen Tunnelvortrieb unter Berücksichtigung einer angemessenen Vergütung, 1993, S. 61 f.

1. Die unmittelbar vertraglich vereinbarte Art und Weise der Ausführung wird durch eine ändernde Anordnung gemäß § 1 Nr. 3 und 4 VOB/B verändert und berührt damit auch die Preisermittlungsgrundlage, die der geänderten Leistung zugrunde liegt. Es liegt ein Vergütungsanspruch vor.

2. Die Preisermittlungsgrundlage wird durch eine andere Anordnung gemäß § 2 Nr. 5 VOB/B verändert. Die Preisermittlungsgrundlage ist nicht Vertragsbestandteil. Das Zusammenwirken einer anderen Anordnung und einer dadurch veränderten Preisermittlungsgrundlage führt ebenfalls zu einer ändernden Anordnung. Es liegt ein Vergütungsanspruch vor.

3. Dagegen bewirkt eine andere Anordnung gemäß § 2 Nr. 5 VOB/B, die eine Art und Weise der Ausführung ändert, die nicht Preisermittlungsgrundlage ist, auch keine Veränderung des mittelbaren Vertragsinhalts und damit auch keinen Anspruch des AN. Ein Vergütungsanspruch entfällt.

Aus Bild 59 ergibt sich, dass die Art und Weise der Ausführung vertraglich vereinbart sein kann oder sich mittelbar aus dem Vertrag ergibt, also Preisermittlungsgrundlage ist.

Nachdem die Anspruchsvoraussetzungen des § 2 Nr. 5 VOB/B im Zusammenhang mit der Preisermittlungsgrundlage geklärt worden bzw. Lösungsvorschläge unterbreitet worden sind, stellt sich die Frage, welche verschiedene Arten von Preisermittlungsgrundlagen es gibt.

Die erste Unterscheidung ist dadurch erfolgt, dass es Preisermittlungsgrundlagen bzgl. der Art und Weise der Ausführung gibt, die sich direkt aus dem Vertrag ergeben und Preisermittlungsgrundlagen, die nicht Vertragsbestandteil sind. Es bleibt zu klären, welche Arten von Preisermittlungsgrundlagen baubetriebswirtschaftlich zu unterscheiden sind.

9.4.5 Mehrmenge und andere Anordnung bewirken veränderte Preisermittlungsgrundlage

Bild 60 zeigt den Zusammenhang zwischen der Mehrmenge gemäß § 2 Nr. 3 VOB/B und der anderen Anordnung. Soweit nicht der Vertragsinhalt sondern die Preisermittlungsgrundlage geändert wird, entsteht auf der Grundlage der anderen Anordnung gemäß § 2 Nr. 5 VOB/B ein Vergütungsanspruch.

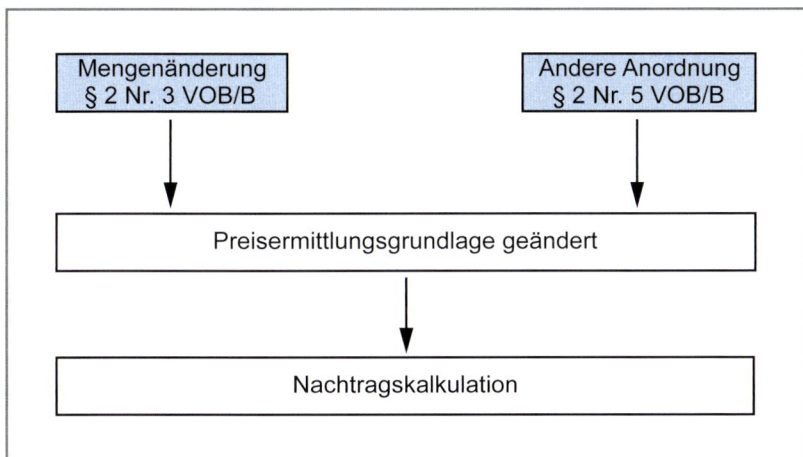

Bild 60: Mengenänderung und andere Anordnung bewirken veränderte Preisermittlungsgrundlage

Dieser Anspruch ist direkt vergleichbar mit dem Anspruch gemäß § 2 Nr. 3 VOB/B. Bei dem § 2 Nr. 3 VOB/B wird der Anspruch durch eine Mengenänderung ausgelöst und bei dem § 2 Nr. 5 VOB/B durch eine andere Anordnung. Voraussetzung ist aber, dass die Mengenänderung die Preisermittlungsgrundlage der Teilleistung berührt. Eine Mehrmenge, die die Preisermittlungsgrundlage oder eine andere Anordnung, die die Preisermittlungsgrundlage berührt, haben die gleichen Auswirkungen.

9.5 Verschiedene Arten von Preisermittlungsgrundlagen hinsichtlich der inneren Eigenschaften

9.5.1 Überblick

Die folgende Unterscheidung der Preisermittlungsgrundlagen ergibt sich aus der Eigenschaft der Preisermittlungsgrundlage selbst und nicht aus der Zuordnung zum Vertrag. Es handelt sich um normative Begriffsdefinitionen.

• Die objektive Preisermittlungsgrundlage

• Die originäre Preisermittlungsgrundlage

• Die subjektive Preisermittlungsgrundlage

Bild 61 zeigt die einzelnen Arten der Preisermittlungsgrundlagen. Im Folgenden werden die Preisermittlungsgrundlagentypen beschrieben.

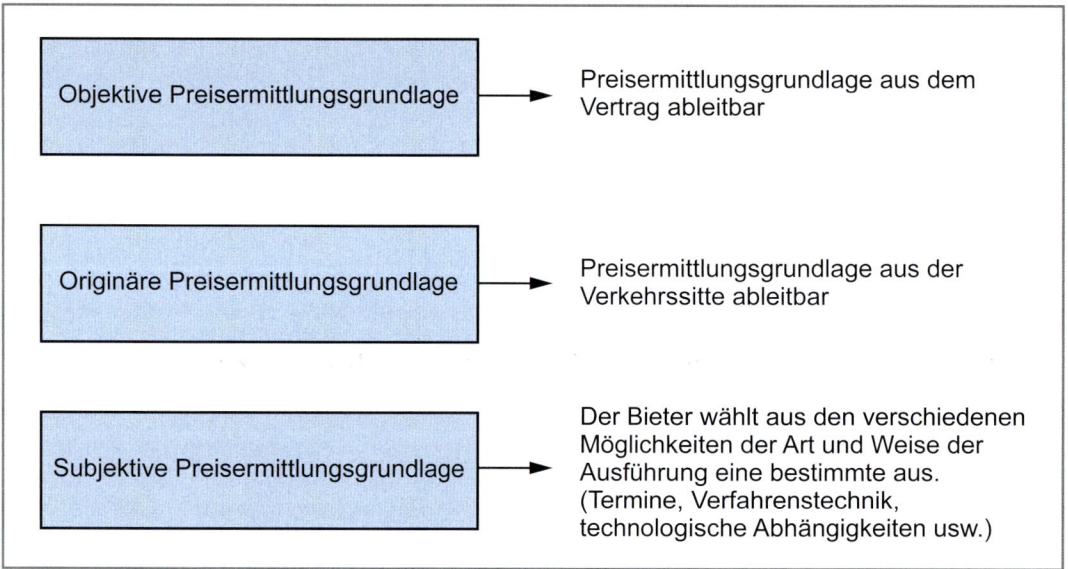

Bild 61:   Objektive, originäre und subjektive Preisermittlungsgrundlagen

9.5.2 Objektive Preisermittlungsgrundlage

Eine objektive Preisermittlungsgrundlage liegt vor, wenn sie zu einer vertraglichen Leistung gehört und sich diese Preisermittlungsgrundlage unmittelbar aus dem Vertrag ableiten lässt.[70] Als Beispiel soll ein gestörter Baugrubenaushub dienen (vgl. Kap. 9.4.2).

Wenn für einen Baugrubenaushub 20.000 m³ Aushub der Bodenklasse 3–5 zu leisten sind, kein Grundwasser ansteht und aufgrund des Bodengutachtens keine weiteren Erschwernisse erkennbar sind, aber im Zuge des Baugrubenaushubs ein Findlingsgrab von archäologischem Wert gefunden wird, bleibt über die Folgen zu diskutieren.

Es kann davon ausgegangen werden, dass durch das Findlingsgrab Mehrkosten für die Beseitigung des Findlingsgrabs selbst entstehen, die gemäß § 4 Nr. 9 VOB/B im Zusammenspiel mit § 2 Nr. 6 VOB/B vergütet werden.

Wie ist aber der gestörte Baugrubenaushub zu beurteilen, für den gegebenenfalls andere kleinere Geräte eingesetzt werden müssen und bei dem infolge der kleineren Geräte Mehrkosten entstehen? Die Frage, ob hier ein Vergütungsanspruch gegeben sein könnte, hängt von der Preisermittlungsgrundlage ab.

Wenn im Sinne des objektiven Empfängerhorizonts (vgl. Kap. 4.4) alle Bieter davon ausgehen konnten, dass der Baugrubenaushub in einem Zuge ausgeführt werden kann, durfte auf der Grundlage dieser Ausgangsbasis kalkuliert werden. „Aushub in einem Zuge" ist Preisermittlungsgrundlage und wirkt sich direkt auf die Leistungswerte der Auftragskalkulation aus. „Aushub in einem Zuge" ist aber kein Vertragsbestandteil.

---

70   Vgl. Schottke: Änderung der Art und Weise der Ausführung als Folge einer Anordnung, 1999, S. 267 ff.

Es handelt sich bei der Annahme – Aushub in einem Zuge – nicht um eine konkrete vertragliche Regelung, sondern um eine indirekte Folge des Vertragsinhalts, die eben nicht dem konkreten Wortlaut entnommen werden kann.

Gemäß Bild 61 handelt es sich um die Preisermittlungsgrundlage, welche direkt einer vertraglich vereinbarten Leistung zugeordnet werden kann.

Ein Vergütungsanspruch würde sich im Sinne von § 2 Nr. 5 VOB/B ergeben, da durch die Beseitigung des Findlingsgrabs die Preisermittlungsgrundlage des Baugrubenaushubs geändert wurde. Die veränderte Preisermittlungsgrundlage des Baugrubenaushubs ist bei dieser Fallgestaltung quasi eine Sekundärfolge des Anspruchs aus § 2 Nr. 6 VOB/B.

Die objektive Preisermittlungsgrundlage lässt sich demzufolge direkt aus den vereinbarten Leistungen des Vertrags ableiten.

9.0

9.5.3   Originäre Preisermittlungsgrundlage

Die originäre Preisermittlungsgrundlage lässt sich aus der Verkehrssitte ableiten. Das Beispiel mit dem Elektriker in Kap. 9.4.2 beruht auf der Verkehrssitte. Soweit der Elektriker in der Angebotsphase davon ausgehen durfte, dass er ohne Unterbrechung nach normalen Arbeitszeiten arbeiten kann, war dies wegen der Verkehrssitte Preisermittlungsgrundlage.

Die originäre Preisermittlungsgrundlage beruht demzufolge darauf, dass ein Bieter ohne Hinweis in der Leistungsbeschreibung davon ausgehen darf, dass nach Verkehrssitte produziert werden kann.

Diese Auffassung entspricht auch § 9 VOB/A. Erschwernisse muss der Ausschreibende in der Leistungsbeschreibung aufnehmen, damit eine ordnungsgemäße Kalkulation möglich ist. Im Umkehrschluss darf der Bieter von der Verkehrssitte ausgehen, wenn nichts in der Leistungsbeschreibung steht bzw. sich hieraus ableiten lässt.

9.5.4   Subjektive Preisermittlungsgrundlage

Die subjektive Preisermittlungsgrundlage ergibt sich daraus, dass die Leistungsbeschreibung dem Bieter verschiedene Möglichkeiten lässt, seinen Produktionsprozess zu gestalten. Insofern handelt es sich um die Wahl der Verfahrens- und Gerätetechnik sowie organisatorische Randbedingungen auf der Grundlage der Gerätetechnik und die sich daraus ergebende Terminplanung.

Der AN darf zwar im Rahmen des § 4 Nr. 2 VOB/B sein Leitungsrecht wahrnehmen, der AG darf aber auch – soweit das Prinzip der Zweckmäßigkeit erfüllt ist – das gewählte Produktionsverfahren des Bieters bzw. AN durch eine andere Anordnung verändern.

Als prägnantes Beispiel sei ein Terminplan genannt, der vom Bieter mit seinem Angebot eingereicht und nicht Vertragsbestandteil wird (vgl. Kap. 9.4.2). Der AG ordnet nach Baustelleneinrichtung einen Bauablauf an, der dem Terminplan widerspricht, aber keine Änderung des Bauwerks, sondern lediglich einen veränderten Bauablauf beinhaltet.

Ein Terminplan, der nicht Vertragsbestandteil ist, aber vom Bieter oder gegebenenfalls vom AN vor Baubeginn vorgelegt wurde, ist eine Preisermittlungsgrundlage und führt folgerichtig zu einem Anspruch des AN, wenn der AG eine andere Anordnung trifft, welche den Terminplan und damit die Preisermittlungsgrundlage ändert. Voraussetzung ist weiterhin, dass die andere Anordnung wirtschaftliche Folgen ausgelöst hat.

Jede andere Sichtweise würde dazu führen, dass die AG die Terminpläne nicht mehr zum Vertragsbestandteil erklären und damit die wirtschaftlichen Folgen aus eigenen Entscheidungen ohne Konsequenzen bei dem AN belassen könnten. Dieses würde dem Grundprinzip widersprechen, dass derjenige der das Risiko beherrschen kann, es auch tragen muss.

Bereits hier wird die Bedeutung der Arbeitsvorbereitung des Bieters deutlich. Je besser die Arbeitsvorbereitung ist, umso eindeutiger ist auch die subjektive Preisermittlungsgrundlage.

9.6 Wirkungsweisen der Preisermittlungsgrundlage auf die Arbeitsvorbereitung und daraus resultierende Kooperationsaspekte

9.6.1 Vermeidung des Störungspotentials durch Kooperationspflichten

Die Pflicht des AN oder Bieters, seine Preisermittlungsgrundlage zu klären, sollte zu der Gegenverpflichtung des AG führen, frühzeitig zu prüfen, ob die vom AN oder Bieter gewählte Preisermittlungsgrundlage hinsichtlich der Mitwirkungspflichten des AG erfüllbar ist. Insofern kann die Preisermittlungsgrundlage zweierlei bewirken:

- Definition eines Zeitpunkts, der die Bindung von Rechtspflichten des AG bewirkt

- Grundlage für die Beurteilung der Veränderung der Preisermittlungsgrundlage

Die Klärung der Preisermittlungsgrundlage dient demzufolge neben der Anspruchsgrundlage für Vergütungsansprüche der Vermeidung des Störungspotentials. Beide Vertragspartner haben auf der Basis der Preisermittlungsgrundlage ein weiteres Mittel für die Klärung ihrer Pflichten und können sich auf einen rationellen Bauablauf einstellen.

Die Frage, ob die Beteiligten alles zu tun haben, um einen gestörten Bauablauf zu vermeiden, dürfte nicht wirklich diskutierbar sein. Jeder gestörte Bauablauf beinhaltet einen volkswirtschaftlichen Schaden, den es mit allen ökonomischen und baurechtlichen Mitteln zu vermeiden gilt.

Die Frage, ob eine unverbindliche Frist aus einem Terminplan zu einer Pflichtverletzung des AG führen kann oder führt, ist nicht abschließend juristisch geklärt und würde an dieser Stelle zu weit vom eigentlichen Thema wegführen. Es würde das Leitungsrecht des AN gemäß § 4 Nr. 2 VOB/B und die Pufferdiskussion gemeinsam mit einer juristischen Würdigung diskutiert werden müssen. Dieses soll nicht hier sondern in den Bänden der Lehrbuchreihe zu „Störung des Bauablaufs" geschehen.

Der Begriff der Preisermittlungsgrundlage ist ein Bindeglied zwischen Anspruchsgrund und Anspruchshöhe und damit auch Sinnbild der Verbindung zwischen Baurecht und Baubetriebswirtschaft. Erst die Auseinandersetzung der Baurechtler mit diesem Begriff wird die Problematik der veränderten Bauumstände einer abschließenden Lösung zuführen.

9.6.2 Klärungszeitpunkt bzgl. der subjektiven Preisermittlungsgrundlage

Die Klärung der Preisermittlungsgrundlage durch den Bieter bzw. AN bereits vor Eintritt und Kenntnis der Veränderungen ist von zentraler Bedeutung für die Anspruchsgrundlage, weil der AG nicht der Willkür des AN ausgeliefert sein darf, aus einer Fülle von denkbaren Preisermittlungsgrundlagen diejenige auswählen zu können, die ihm in der rückwirkenden Darstellung und in Kenntnis der Änderung als besonders günstig erscheint.

Die Methode der rückwirkenden Klärung ist bereits bei verschiedenen Großprojekten von AN mit wechselndem Erfolg ausprobiert worden.

Deshalb gilt der Leitsatz, dass die Preisermittlungsgrundlage spätestens vor Ausführungsbeginn geklärt sein muss. Subjektive Preisermittlungsgrundlagen, die der AN bzw. Bieter nachträglich vorträgt, welche er aber nicht dem AG im Vorfeld vorgetragen hat, werden als nicht existent betrachtet und führen zu einem Verlust des Anspruchs des AN.

Dies gilt nur für die subjektive aber nicht für die originäre und objektive Preisermittlungsgrundlage. Die subjektive Preisermittlungsgrundlage muss wegen Beeinflussbarkeit durch den AN spätestens vor der Ausführung geklärt sein, während die objektive und originäre Preisermittlungsgrundlage nicht von einem Klärungszeitpunkt abhängig sind. Die objektive und originäre Preisermittlungsgrundlage sind vom AN nicht beeinflussbar und stehen mit Vertragsschluss fest.

9.6.3 Informationsrechte des AG und daraus erwachsende Rechtspflichten (Kooperationspflichten des AG)

Der AG hat ein Informations- und Koordinierungsrecht bzgl. der Art und Weise der Ausführung. Er muss seine Koordinierungspflichten wahrnehmen können. Dieses ist nur möglich, wenn der AG bzgl. der Bauumstände, die der AN plant, rechtzeitig informiert wird.

Insofern wird auch juristisch zu diskutieren sein, in welchem Ausmaß der AG auch Mitwirkungspflichten zu erfüllen hat, die sich aus den mittelbaren Preisermittlungsgrundlagen ergeben. Die Obliegenheitspflichten bzw. Nebenpflichten gemäß BGB werden hierbei eine wesentliche Rolle spielen.

Pflichtverletzungen können aber nur entstehen, wenn der AG eine Möglichkeit hat, diese Pflichtverletzung in Kenntnis der Preisermittlungsgrundlage zu vermeiden. Nur dann ist seinen Kontroll- und Informationsinteressen Genüge getan. Die Rechtzeitigkeit der Mitteilungsverpflichtung der Preisermittlungsgrundlage durch den AN orientiert sich deshalb an der Vermeidungsmöglichkeit der Pflichtverletzung.

Wenn auch andere Verfahren und Abläufe denkbar sind, als vom AN im Nachhinein vorgetragen werden, der Bieter bzw. AN also seine gewollte bzw. subjektive Preisermittlungsgrundlage nicht rechtzeitig dargestellt hat, entfällt trotz anderer Anordnung ein Anspruch gemäß § 2 Nr. 5 VOB/B. Der AN kann eine geänderte Preisermittlungsgrundlage wegen fehlender Soll-Preisermittlungsgrundlage nicht darlegen.

9.0

9.7 Die andere Anordnung im System des § 2 VOB/B

Hier sei angemerkt, dass somit alle Ansprüche aus § 2 Nr. 3–10 VOB/B, welche die Preisermittlungsgrundlage anderer Teilleistungen berühren, ebenfalls eine andere Anordnung darstellen. Es handelt sich quasi um Sekundärfolgen. Da die andere Anordnung in Verbindung mit der Preisermittlungsgrundlage die Sekundärfolgen regelt, ergibt sich daraus adäquat die Notwendigkeit, für die andere Anordnung eine eigenständige Nummer im § 2 VOB/B einzuführen.

Die Mengenänderung gemäß § 2 Nr. 3 VOB/B bzw. die gegenständliche Leistungsänderung aus § 2 Nr. 5 VOB/B oder aus § 2 Nr. 6 VOB/B können als andere Anordnung gewertet werden, wenn durch sie die Preisermittlungsgrundlage einer anderen Teilleistung berührt wird. Ob sich das Anordnungsrecht aus § 1 Nr. 3 und 4 oder § 4 Nr. 1 VOB/B ergibt, sei dahingestellt. Nicht geklärt ist die juristische Dogmatik, die dieser Auffassung zugrunde gelegt werden kann.

Soweit die Juristen zu dem Ergebnis kommen, dass auch eine Handlung im Werkvertragsrecht als Leistungselement zu werten ist, wird das hier vorgestellte Modell diskutiert werden müssen.

9.8 Zusammenfassung zu der anderen Anordnung gemäß § 2 Nr. 5 VOB/B

9.8.1 Ausgangsvoraussetzungen

1. Es gibt vertraglich vereinbarte Bauumstände und mittelbar vertraglich vereinbarte Bauumstände.

2. Die Änderungsbefugnis gemäß § 1 Nr. 3 und 4 VOB/B betrifft die vertraglich vereinbarten Bauumstände.

3. Die mittelbar vertraglich vereinbarten Bauumstände lassen sich als Preisermittlungsgrundlage aus dem Leistungsbeschrieb, der Verkehrssitte bzw. dem Angebot des AN herleiten.

4. Die andere Anordnung weicht von der ändernden Anordnung dahingehend ab, dass keine vertraglich vereinbarte Leistung geändert wird.

5. Hinsichtlich des Anspruchsgrunds muss bei der anderen Anordnung eine veränderte Preisermittlungsgrundlage zu der anderen Anordnung hinzutreten, damit aus der anderen Anordnung eine ändernde Anordnung wird.

6. Bauumstände werden unterschieden in die Handlung und die die Handlung begrenzenden Fristen.

7. Hinsichtlich der Arten der Preisermittlungsgrundlagen sind eine objektive, originäre und subjektive Preisermittlungsgrundlage zu unterscheiden.

8. Die subjektive Preisermittlungsgrundlage kann Kooperationspflichten der Vertragspartner bewirken und damit Störungspotential vermeiden.

9. Die andere Anordnung regelt im Zusammenspiel mit den Ansprüchen aus den § 2 Nr. 3–10 VOB/B die Sekundärfolgen im Zusammenhang mit den Bauumständen.

9.8.2   Zusammenhang zwischen § 1 Nr. 3 und 4 sowie § 4 Nr. 1 VOB/B

Bild 62 zeigt den Zusammenhang zwischen den §§ 1 und 4 VOB/B. Gemäß Bild 62 müssen zwei wesentliche Bereiche unterschieden werden:

1.   Die ändernden Anordnungen gemäß § 1 VOB/B, die vertraglich vereinbarte Bauumstände betreffen

2.   Die anderen Anordnungen gemäß § 4 VOB/B, die nicht vereinbarte aber mittelbare Bauumstände betreffen

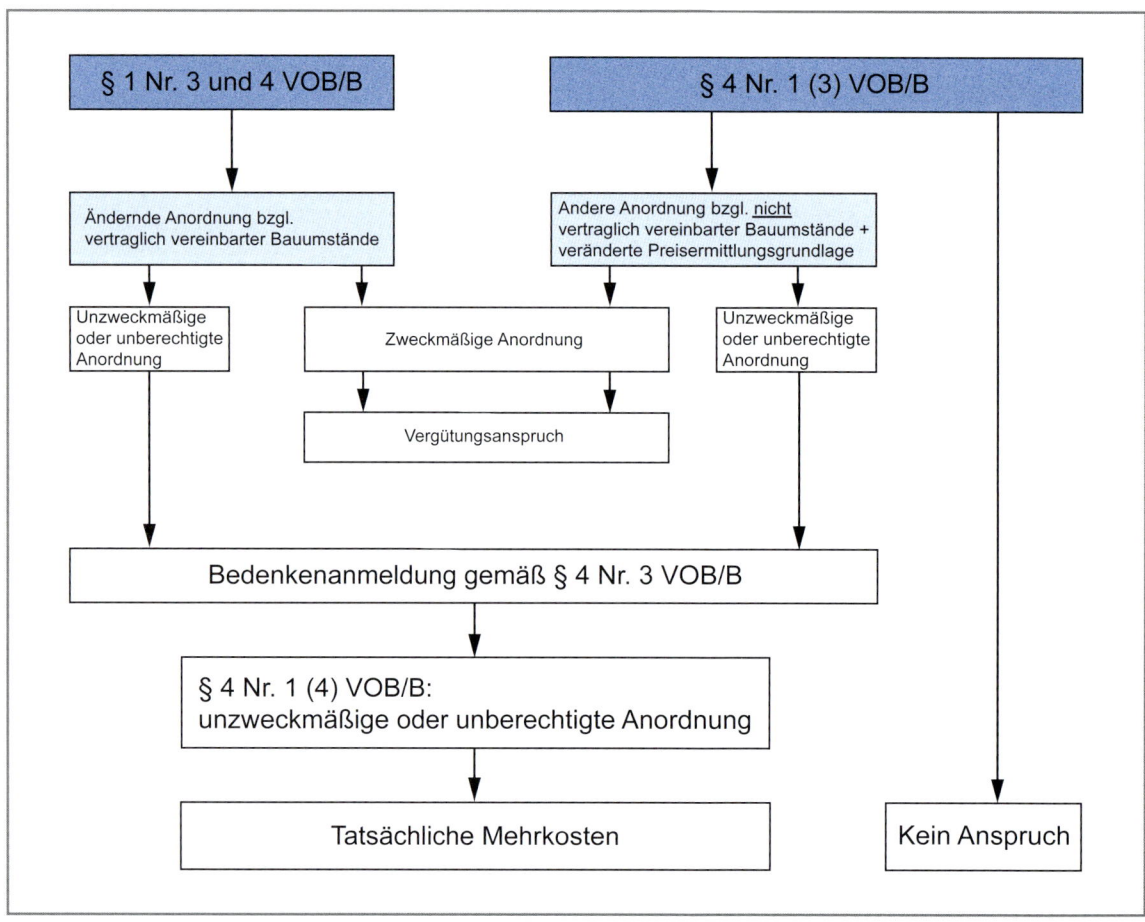

Bild 62:   Anordnungen gemäß § 1 Nr. 3 und 4 sowie § 4 Nr. 1 Abs. (3) und (4) VOB/B

Die Anordnungen gemäß § 4 VOB/B, die keine Preisermittlungsgrundlage berühren, bedürfen keiner weiteren Betrachtung, weil keine Ansprüche entstehen können. Es handelt sich um die Anordnungen, die der AG im Zuge der Ausführung für die ordnungsgemäße Ausführung treffen darf. Hierbei ist besonders auf § 4 Nr. 1 Abs. (3) VOB/B zu verwei-
sen, der dem AG das Recht einräumt, unter Wahrung des Leitungsrechts gemäß § 4 Nr. 2 VOB/B Anordnungen zum
Bauablauf zu treffen. Hierbei handelt es sich um Anordnungen, die lediglich für Ordnung auf der Baustelle sorgen.

Die anderen Anordnungen, die die Preisermittlungsgrundlage berühren, bewirken in Verbindung mit der veränderten
Preisermittlungsgrundlage einen Anspruch. Je nach Art der anderen Anordnung müssen zwei Anspruchstypen unterschieden werden:

1.   Zweckmäßige Anordnungen

2.   Unberechtigte und unzweckmäßige Anordnungen

Die zweckmäßige andere Anordnung, die die Preisermittlungsgrundlage berührt, bewirkt einen Vergütungsanspruch
nach § 2 Nr. 5 VOB/B.

Die unzweckmäßige oder unberechtigte andere Anordnung gemäß § 4 Nr. 1 Abs. (3) VOB/B bewirkt, soweit der AN
gemäß § 4 Nr. 3 VOB/B Bedenken angemeldet hat, einen Anspruch gemäß § 4 Nr. 1 Abs. (4) VOB/B.

Es ist hierbei unbedeutend, ob vertraglich vereinbarte oder mittelbar vertraglich vereinbarte Bauumstände berührt werden.

9.8.3 Förderung der Kooperation

Die Sorge verschiedener Juristen, dass sich aus der anderen Anordnung gemäß § 2 Nr. 5 VOB/B volkswirtschaftliche Schäden ergeben könnten, ist nicht berechtigt. Es ist eher umgekehrt. Mit der anderen Anordnung und der Kombination mit der Preisermittlungsgrundlage lassen sich Störungen vermeiden, der Kooperationsgedanke der VOB/B wird gefördert.

Die Bieter sind gut beraten, wenn sie der Arbeitsvorbereitung bereits in der Angebotsphase bzw. spätestens nach Auftragsvergabe und vor Baubeginn mehr Aufmerksamkeit schenken, weil die ordnungsgemäße Arbeitsvorbereitung insbesondere für die Klärung der subjektiven Preisermittlungsgrundlage von erheblicher Bedeutung ist.

9.0

Auch die AG haben – soweit der Bieter eine gründliche Arbeitsvorbereitung liefert – eine taugliche Grundlage, um klären zu können, ob die vom Bieter vorgesehene Art und Weise der Ausführung ebenfalls dem Willen und Interessen des AG entspricht. Der AG kann z. B. die Planung der Planung zu einem frühestmöglichen Zeitpunkt auf die Belange der Bauausführung abstimmen.

Gravierende volkswirtschaftliche Schäden werden hierdurch vermieden, weil das Maß an Improvisation, welche bei den Baufirmen und den AG immer noch zu stark verbreitet ist, minimiert wird. Das Baurecht kann hier im Zusammenspiel mit der Baubetriebswirtschaft eine positive Steuerungsfunktion einnehmen.

10.0   Problemanalyse und Vorgehensweise bei der Literaturanalyse

10.1   Allgemeine Problemstellung und Bearbeitung der Literaturanalyse

In der Bauwirtschaft, sowohl auf der AG-Seite als auch AN-Seite, besteht hinsichtlich der korrekten und systematisch einheitlichen Nachtragsberechnung erhebliche Unsicherheit. Zwar einigen sich erfreulicherweise die Parteien meist auf der Vernunftebene, eine nachvollziehbare einheitliche Regelung für die Nachtragsberechnung existiert allerdings nicht.

Diese Behauptung soll auf der Grundlage einer umfassenden Literaturanalyse verifiziert werden. Als Eingang in die Literaturanalyse wird an einem kleinen, überschaubaren Beispiel der Widerspruch innerhalb der bisherigen Regelungen dargestellt. Daran anschließend wird die detaillierte Literaturanalyse durchgeführt, die den Ordnungsbedarf abschließend belegen wird.

Die Literaturanalyse ist maßgeblich von der Mitarbeiterin des IBB – Institut für Baubetriebswirtschaft und Baurecht GmbH Frau Dipl.-Ing. (FH) Nina Friedrichkeit im Rahmen eines Ingenieurauftrags für die Deutsche Bahn AG im Zeitraum von 2001 bis 2005 erarbeitet worden und war Grundlage für die anwendungsbezogene Umsetzung der „Einheitlichen Auftrags- und Nachtragskalkulation" (ANKE) bei der DB AG. Die DB AG hat das System am 01.07.2005 für alle Bauaufträge über 1 Mio. € Vergabesumme eingeführt.

Da die Literaturanalyse insofern hinsichtlich der Systematik und der Realisierung von zwei Personen durchgeführt worden ist – bzgl. der Systematik durch Prof. Dr.-Ing. Ralf Schottke und bzgl. der Umsetzung durch Dipl.-Ing. (FH) Nina Friedrichkeit – wird im Folgenden jeweils die Bezeichnung „die Verfasser" verwendet.

10.2   Problemstellung dargestellt an einem Beispiel

10.2.1   Vorstellung des Beispiels

Anhand des folgenden Beispiels soll aufgezeigt werden, dass die Anspruchshöhe bei Nachträgen abhängig von der Berechnungsmethode variiert.

Der Anspruchsgrund bei dem Beispiel ist eine Mindermenge gemäß § 2 Nr. 3 Abs. (3) VOB/B. Es geht ausschließlich um die Berechnungsart.

Ein Auftragsvolumen in Höhe von 1.000.000,00 € reduziert sich infolge Mindermengen auf 800.000,00 €. Der Auftragnehmer trägt vor, dass eine Unterdeckung der Gemeinkosten vorliege. In der Angebotssumme (netto) sind 10 % Unternehmensbezogene Gemeinkosten sowie 15 % Baustellengemeinkosten enthalten.

Welchen monetären Anspruch hat der Auftragnehmer infolge der Reduzierung?

Eine eindeutige Beantwortung dieser Frage ist nur dann möglich, wenn die Berechnungsmethode bezüglich der Gemeinkosten eindeutig definiert und festgelegt ist. In der Literatur bestehen sehr unterschiedliche Auffassungen bezüglich der zu verwendenden Berechnungsmethode. Insbesondere die Fragestellung, ob die Unternehmensbezogenen Gemeinkosten die Kosteneigenschaft einmalig oder umsatzbezogen haben, ist für die Anspruchshöhe entscheidend.

Auf die Veröffentlichungen zu der sogenannten Geschäftskostenunterdeckung wird im Rahmen dieser Veröffentlichung nicht eingegangen. Es kann jedoch festgestellt werden, dass die Zuordnung von Kosteneigenschaften und deren Fortschreibung ein entscheidendes Kriterium bei der Problemlösung darstellen werden.

Die folgenden Lösungsvarianten des Mengenänderungsproblems sind Gesamtbetrachtungen, die juristisch und baubetriebswirtschaftlich nicht als Nachweis gelten, da hierfür Einzelnachweise bis in die einzelnen Positionen erforderlich wären. Es handelt sich um die Darstellung prinzipieller Vorgehensweisen.

10.2.2   Lösungsvariante I

Die gesamten kalkulierten Gemeinkosten bei einer solchen Fallgestaltung als einmalig anzusehen und entsprechend zu berechnen, ist weit verbreitet. Dem Auftragnehmer stünden dann 25 % der verringerten Leistung als Unterdeckungsausgleich für die Unternehmensbezogenen Gemeinkosten und für die Baustellengemeinkosten zu. Er hätte dementsprechend einen Anspruch auf Vergütung der Gemeinkosten in Höhe von 50.000,00 €.[71]

10.2.3 Lösungsvariante II

Die Anspruchshöhe des Auftragnehmers infolge der Minderung lässt sich auch unter Beachtung der Kosteneigenschaften ermitteln. Unternehmensbezogene Gemeinkosten wären dann nicht als einmalige Kosten, sondern umsatzbezogen zu behandeln. Die Baustellengemeinkosten werden somit als einmalig, die Unternehmensbezogenen Gemeinkosten als umsatzbezogen betrachtet.

Dem Auftragnehmer stünden dann als Ausgleich für die einmaligen Baustellengemeinkosten 15 %[72] der reduzierten 200.000,00 €[73] zu, also 30.000,00 €.[74] Daneben hätte der Auftragnehmer einen Anspruch, die Unternehmensbezogenen Gemeinkosten (11,11 %)[75] auf die Leistungserhöhung von 30.000,00 €, also 3.333,33 € zu erhalten.[76] Im Ganzen erhielte der Auftragnehmer bei dieser Berechnungsmethode demnach 33.333,33 € als Ausgleich für die Minderung und somit 16.666,67 € weniger als bei der zuvor genannten Variante. Dieses ist auf die tatsächlich umsatzbezogene Behandlung der Umsatzbezogenen bzw. Unternehmensbezogenen Gemeinkosten zurückzuführen.

10.0

10.2.4 Widersprüchliche Lösungen

An diesem Beispiel wird bereits das Problem deutlich: Die untersuchten Autoren gehen von unterschiedlichen Kosteneigenschaften bei der Fortschreibung der Wettbewerbspreise aus und kommen deshalb zu unterschiedlichen Ergebnissen. Hintergrund bzw. Ursache hierfür ist die Orientierung an juristischen Sichtweisen und traditionellen Rechenalgorithmen. Die Kosteneigenschaften sind bislang nicht als maßgebende Orientierungs- und Klassifizierungsgröße erkannt bzw. berücksichtigt worden.

Im folgenden Kapitel wird ein Literaturvergleich bzgl. der Ermittlungsmethode bei Mehr- und Mindermengen gemäß § 2 Nr. 3 VOB/B und über alle Ansprüche gemäß § 2 Nr. 4–6 VOB/B vorgestellt. Hieraus werden die fehlende Orientierung an Kosteneigenschaften und der Ordnungsbedarf deutlich.

10.3 Darstellung der Widersprüche auf der Grundlage einer ausführlichen Literaturanalyse

10.3.1 Methodik bzgl. der Literaturanalyse

Mit dem Ziel, die Ursachen für die wesentlichen Unterschiede zu verdeutlichen, erfolgt die Literaturanalyse. Bei der Literaturanalyse müssen zwei Bereiche definiert werden, damit ein Vergleich erfolgen kann:

- Die zu vergleichenden Anspruchstypen

- Die Art des Vergleichs

Die Berechnungsmethode, also der Rechenalgorithmus, den die betrachteten Autoren zugrunde legen, wird in dieser Veröffentlichung nachvollzogen und dargestellt.

10.3.2 Festlegung der zu vergleichenden Anspruchstypen

Folgende Aufstellung zeigt die zu vergleichenden Bereiche:

---

[71] 1.000.000,00 € - 800.000,00 € = 200.000,00 € Reduzierung.
      25 % * 200.000,00 € = 50.000,00 € (Gemeinkosten).
[72] 15 % also 150.000 € sind als Gemeinkosten der Baustelle bei 1 Mio. € Auftragsvolumen kalkuliert worden.
[73] 1 Mio. € Auftragsvolumen - 800.000 € Abrechnungsvolumen = 200.000 € Mindermengenvolumen.
[74] 15 % * 200.000,00 € = 30.000,00 €.
[75] Da sich die 10 % auf die Basis Angebotssumme (netto) beziehen, sind diese zunächst auf die Herstellkostenbasis umzurechnen:
      10 % / (1 - 10 %) = 11,11 %.
[76] 11,11 % * 30.000,00 € = 3.333,33 €.

- Mengenänderungen infolge Mehrmengen

- Mengenänderungen infolge Mindermengen

- Teilkündigungen

- Geänderte Leistungen mit Erschwernis

- Geänderte Leistungen mit Erleichterung

- Zusätzliche Leistungen

- Alternativpositionen mit Erschwernis

- Alternativpositionen mit Erleichterung

- Eventualpositionen

Bild 63 zeigt die zu vergleichenden Bereiche und die Autoren, die in die Literaturanalyse einbezogen worden sind.

Autoren	§ 2 Nr. 3		§ 2 Nr. 4	§ 2 Nr. 5		§ 2 Nr. 6	Alternativpositionen		Eventual-positionen
	Mehr-mengen	Minder-mengen	Teil-kündigungen	erhöhter Aufwand	reduzierter Aufwand	Zusätzliche Leistungen	erhöhter Aufwand	reduzierter Aufwand	
Kapellmann/Schiffers									
Leimböck/Klaus/Hölkermann									
Drees/Paul									
Keil/Martinsen/Vahland/Fricke									
Reister									
BMVBS									

Bild 63:   Systematik für die Literaturanalyse

10.3.3   Vergleich auf der Grundlage der Kosteneigenschaften

Der Vergleich erfolgt auf der Grundlage von Kosteneigenschaften, welche die Autoren bei der Berechnung der Nachtragshöhe zugrunde gelegt haben. Die Kosteneigenschaften können wie folgt definiert werden:

Einmalige Kosten

fallen nur einmal bezogen auf das Projekt an und stehen unabhängig von Umsatz, Ausführungsmenge oder Bauzeit des Projekts in ihrer Höhe fest, wie z. B. Transportkosten oder Kosten für das Aufstellen von Baucontainern.

Mengenabhängige Kosten

erhöhen bzw. verringern sich mit der Ausführungsmenge, sind aber nicht direkt vom Umsatz oder der Bauzeit beeinflusst, sie sind also in Bezug auf die Mengeneinheit konstant kalkuliert. Es handelt sich somit um einmalige Kosten je Mengeneinheit.

Mengen- und zeitabhängige Kosten

sind sowohl von der Ausführungsmenge als auch von der Ausführungszeit direkt abhängig. So wachsen sie mit zunehmender Ausführungszeit, wie auch mit zunehmender Ausführungsmenge, wie z. B. Vorhaltekosten der Schalung. Durch die Zuordnung der eigentlich naturgemäß zeitabhängigen Kosten zu den EKT eines Einheitspreises wird den zeitabhängigen Kosten die vorrangige Eigenschaft mengenabhängig zu eigen. Bei einer Vorhalteposition mit der Mengeneinheit Monate oder Stunden sind die Kosteneigenschaften – mengenabhängig und zeitabhängig – gleichgeschaltet.

Zeitabhängige Kosten

sind ausschließlich von der Ausführungszeit direkt abhängig, nicht jedoch von der Ausführungsmenge oder vom Umsatz, wie z. B. Vorhaltekosten für die Baustelleneinrichtung oder die Kosten für einen Bauleiter, haben aber bezüglich der unveränderten Bauzeit einmaligen Charakter. Die Eigenschaft zeitabhängig tritt vorerst solange hinter der Eigenschaft einmalig zurück, bis die Eigenschaft zeitabhängig durch konkrete Anspruchsgründe betroffen ist. Ohne Bauzeitänderung bleibt die Eigenschaft einmalig erhalten. Die Eigenschaft einmalig ergibt sich aus dem Rechenalgorithmus. Erst durch die Veränderung der Bauzeit tritt die Eigenschaft zeitabhängig in Erscheinung und ist als solche auch zu berücksichtigen.

 Umsatzbezogene Kosten

variieren je nachdem ob mehr oder weniger Umsatz erzielt wurde. Sie sind auf den Umsatz bezogen und von diesem direkt abhängig kalkuliert. Es besteht kein rechentechnischer Bezug zu der Ausführungsmenge oder der Ausführungszeit. Die Umsatzbezogenheit ist keine Kosteneigenschaft, die den Kosten naturgemäß per Entstehung anhaftet, sondern eine Eigenschaft, die per Definition festgelegt wird.

10.0

Bild 64 zeigt beispielhaft für die Kalkulation bei Mengenänderungen eine Übersicht, die nicht die Rechenergebnisse gegenüberstellt, sondern die Kosteneigenschaften, welche die einzelnen Autoren bei der Berechnung zugrunde legen. Die vergleichende Betrachtung zeigt die unterschiedlichen Vorgehensweisen.

Aus der von den Autoren angewandten Rechenmethodik lässt sich nicht immer eindeutig nur eine Kosteneigenschaft ableiten. Teilweise sind bei der jeweiligen Rechenmethodik zwei unterschiedliche Kosteneigenschaften interpretierbar. In diesen Fällen wurden hier jeweils beide möglichen Kosteneigenschaften gleichzeitig dargestellt.

10.4 Zusammenfassung

Auffällig ist, dass kein Autor bzgl. der Gemeinkosten eine für verschiedene Anspruchsarten einheitliche Kosteneigenschaft annimmt. Zum einen wird Wagnis und Gewinn unterschiedlich gehandhabt und zum anderen wird generell bei der Umsatzverringerung eine andere Kosteneigenschaft als bei der Umsatzerhöhung zugrunde gelegt.

Einheitlich wird gemäß Bild 64 der Gewinn bei der Mindermenge als einmalig angesehen, in dem Sinne, dass dem Auftragnehmer immer der kalkulierte Gewinn zusteht, wenn sich etwas ändert.

Es ist zwar im Einzelfall – insbesondere juristisch – durchaus begründbar, dass der Gewinn als einmalig definiert wird, weil die auftragsbezogene Sichtweise dominiert. In diesem Punkt sind sich alle Autoren einig. Es wird auch nicht bestritten, dass diese Sichtweise grundsätzlich logisch und auch verträglich mit juristischen Sichtweisen ist, allerdings muss darauf hingewiesen werden, dass bei der Gesamtbetrachtung der Ansprüche – also § 2 VOB/B und darüber hinaus noch in Verbindung mit Störung des Bauablaufs und der Kündigung – eine Überzahlung und Vernachlässigung des anderweitigen Erwerbs die Folge ist. Soweit ein Nachtrag selbst kausal bedingt eine Mindermenge auslöst, würde der Gewinn gegebenenfalls zweimal vergütet werden, einmal über den Nachtrag und ein zweites Mal über die Mindermenge.

Offensichtlich soll nach Auffassung zahlreicher Autoren der Gewinn bei Mindermengen immer vergütet werden und darüber hinaus bei Mehrmengen und Nachträgen zusätzlich, da bei Umsatzerhöhung dem Gewinn umsatzbezogene Eigenschaften zugeordnet werden.

Soweit eine Kompensation durchgeführt werden soll, muss allerdings bei allen Ansprüchen von einer gleichen Behandlung der Kosteneigenschaften ausgegangen werden, weil nur zwischen Gleichem kompensiert werden kann.

Warum die Autoren bei der Nachtragskalkulation teilweise andere Kosteneigenschaften zugrunde legen, als sich aus der Auftragskalkulationen ergeben, wird in der Literatur nicht abschließend diskutiert. Wenn der Gewinn in den Schlussblättern eindeutig den umsatzbezogenen Gemeinkosten zugeordnet ist, gibt es keinen Grund, bei der Fortschreibung von der Kalkulation abzuweichen. Warum wird diese Kosteneigenschaft dogmatisch geändert, obwohl der Kalkulator diese Absicht nicht deutlich gemacht hat?

Der situative tatsächliche Aspekt sollte Vorrang vor normativen Regelungen haben, die nur neue Probleme verursachen. Wenn der Kalkulator dem Gewinn einmaligen Charakter zuordnen will, möge er das tun. Dann wird die Kosteneigenschaft einmalig auch immer bei allen Ansprüchen des § 2 VOB/B fortgeschrieben.

Die vorliegende Vielfalt der unterschiedlichen Auffassungen ist wohl darin begründet, dass die Kosteneigenschaft als Grundlage für die Nachtragskalkulation als oberstes Klassifizierungsmerkmal noch nicht erkannt worden ist.

	EKT	BGK	AGK auf EKT	AGK auf BGK	Wagnis auf EKT	Wagnis auf BGK	Gewinn auf EKT	Gewinn auf BGK	EP in €/m³
(1) Kapellmann/Schiffers (Mehrmenge)	◺	▭	◺ %	◺	◺ %	◺	◺ %	◺	95,99
(2) Kapellmann/Schiffers (Mindermenge)	◺	▭	▭	▭	▭	▭	▭	▭	122,99
(3) Leimböck/Klaus/Hölkermann (Mehrmenge)	◺	▭	%	%	%	%	%	%	95,82
(4) Leimböck/Klaus/Hölkermann (Mindermenge)	◺	▭	▭	▭	▭	▭	▭	▭	122,99
(5) Drees/Paul (Mehrmenge)	◺	▭	%	%	%	%	%	%	95,82
(6) Drees/Paul (Mindermenge)	◺	▭	▭	▭	%	▭	▭	▭	122,31
(7) Keil/Martinsen/Vahland/Fricke (Mehrmenge)	◺	▭+◺	%	%	%	%	%	%	95,82
(8) Keil/Martinsen/Vahland/Fricke (Mindermenge)	◺	▭	▭	▭	%	▭	▭	▭	122,31
(9) Reister (Mehrmenge)	◺	▭	%	%	%	%	%	%	95,82
(10) Reister (Mindermenge)	◺	▭	▭	▭	▭	▭	▭	▭	122,99
(11) BMVBS (Mehrmenge)	◺	▭	◺	◺	◺	◺	◺	◺	96,94
(12) BMVBS (Mindermenge)	◺	▭	▭	▭	◺	◺	▭	▭	122,23

Bild 64:   Vergleichende Betrachtung der Kosteneigenschaften bei der Kalkulation von Mengenänderungen gemäß § 2 Nr. 3 VOB/B

11.0   Literaturanalyse

11.1   Exkurs betriebswirtschaftlich-ordnungsgemäße Kalkulation – Zusammensetzung eines Einheitspreises

Zum besseren Verständnis der nachfolgenden Erläuterungen des Literaturvergleichs soll kurz eine Erläuterung der allgemein üblichen Vorgehensweise bei der Kalkulation sowie der daraus resultierenden Zusammensetzung eines Einheitspreises vorangestellt werden.

Betriebswirtschaftlich betrachtet, setzt sich der durch die sogenannte Kostenträgerrechnung ermittelte Angebotspreis wie in Bild 65 dargestellt zusammen.

Bei der im Baubereich gebräuchlichsten Form der Kalkulation, der so genannten „Kalkulation über die Endsumme", welche auch dem Beispiel zugrunde liegt, werden zunächst für das Bauobjekt die Einzelkosten der Teilleistung der jeweiligen Leistungspositionen ermittelt.

Des Weiteren werden die Baustellengemeinkosten für das Bauobjekt insgesamt (die Baustelle) kalkuliert.

11.0

Die Summe der Einzelkosten der Teilleistungen und die Baustellengemeinkosten ergeben zusammen die so genannten Herstellkosten (HK).

Diese Herstellkosten werden dann üblicherweise mit den Unternehmensbezogenen Gemeinkosten (Allgemeine Geschäftskosten, Wagnis und Gewinn) bezuschlagt. Die Unternehmensbezogenen Gemeinkosten werden somit sowohl bezogen auf die Einzelkosten der Teilleistungen als auch auf die Baustellengemeinkosten kalkuliert. In dem Beispiel werden 1,5 % Wagnis und Gewinn sowie 7,5 % bzw. 5,5 % (Eigenleistungen/Fremdleistungen) Allgemeine Geschäftskosten angesetzt. Hierbei ist zu beachten, dass sich diese Prozentangaben auf die Angebotssumme netto und nicht auf die Einzelkosten oder Herstellkosten als Basis beziehen.

Fertigungs- und Materialeinzelkosten (hier: EKT)
+ Fertigungs- und Materialgemeinkosten (hier: BGK)
_____

= Herstellkosten (HK)

Herstellkosten
+ Verwaltungs- und Vertriebskosten (hier: AGK)
_____

= Selbstkosten (SK)

Selbstkosten
+ Wagnis- und Gewinnzuschlag
_____

= Angebotspreis netto

Angebotspreis netto
+ Umsatzsteuer
_____

= Angebotspreis brutto

Bild 65:   Kalkulation über die Endsumme

Diese Zusammensetzung ist auch im Bild 66 dargestellt.

Die so ermittelten Gemeinkosten werden dann üblicherweise insgesamt nach einem bestimmten Verteilschlüssel auf die einzelnen Leistungspositionen umgelegt.

In dem Beispiel werden auf die Lohn-EKT 49,35 % Zuschlag als Gemeinkostenumlage verteilt, auf die Geräte-EKT ebenso wie auf Sonstige-EKT 15 % und auf Fremdleistungs-EKT 10 %. In diesen Zuschlagssätzen sind jeweils Baustellengemeinkosten, Allgemeine Geschäftskosten sowie Wagnis und Gewinn enthalten.

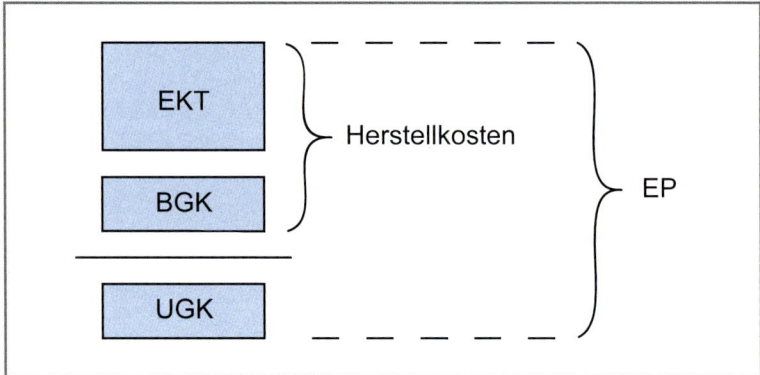

Bild 66:   Zusammensetzung des Einheitspreises

Je nachdem aus welchen Kostenarten sich der Einheitspreis zusammensetzt, können somit unterschiedliche Gemein-kostenanteile im Einheitspreis enthalten sein. Durch die unterschiedlich hohen Zuschlagssätze enthält z. B. ein Einheitspreis von 10,00 €, der sich nur aus Lohnkosten zusammensetzt, 3,30 €[77] an Gemeinkosten, während ein Einheitspreis, der sich bei gleicher Höhe nur aus Fremdleistungskosten zusammensetzt, nur 0,91 €[78] an Gemeinkosten enthält.

11.2   Untersuchungsgegenstand

11.2.1   Aufbau der Analyse

Anhand einer Beispielposition wird untersucht, inwiefern sich die verschiedenen in der Literatur derzeit vorhandenen baubetriebswirtschaftlichen Meinungen hinsichtlich der Kalkulation von Nachtragsleistungen unter Fortschreibung der ursprünglichen Wettbewerbspreise unterscheiden. In diese Untersuchung werden folgende Autoren mit ihren Veröffentlichungen einbezogen:

*   Kapellmann/Schiffers: Vergütung, Nachträge und Behinderungsfolgen beim Bauvertrag, Band 1: Einheitspreisvertrag, 5. Auflage, Werner-Verlag, Neuwied 2006

*   Leimböck/Klaus/Hölkermann: Baukalkulation und Projektcontrolling, 11. Auflage, Vieweg Verlag, Wiesbaden 2007

*   Drees/Paul: Kalkulation von Baupreisen, 9. Auflage, Bauwerk-Verlag, Berlin 2006

*   Keil/Martinsen/Vahland/Fricke: Kostenrechnung für Bauingenieure, 11. Auflage, Werner Verlag, Köln 2008

*   Bundesministerium für Verkehr, Bau- und Stadtentwicklung: Leitfaden zur Vergütung bei Nachträgen, Abschnitt 510 des VHB – Vergabe- und Vertragshandbuch für die Baumaßnahmen des Bundes, Ausgabe 2008

*   Reister: Nachträge beim Bauvertrag, 2. Auflage, Werner Verlag, Köln 2007

Der Vergleich erfolgt auf Basis von konkreten Einheitspreisermittlungen, die auf der Grundlage der in den o. g. Werken veröffentlichten Thesen und Berechnungen durchgeführt werden. Es werden dabei insbesondere folgende Kalkulationen betrachtet:

*   Mehrmengen gemäß § 2 Nr. 3 Abs. 2 VOB/B

*   Mindermengen gemäß § 2 Nr. 3 Abs. 3 VOB/B

*   Teilgekündigte Leistungen gemäß § 2 Nr. 4 VOB/B

*   Geänderte Leistungen mit einem gegenüber der ursprünglichen Leistung erhöhten Aufwand gemäß § 2 Nr. 5 VOB/B

---

[77]   10,00 € = 149,35 % → 100 % = 6,70 € (EKT) → 49,35 % = 3,30 €.
[78]   10,00 € = 110,00 % → 100 % = 9,09 € (EKT) → 10,00 % = 0,91 €.

- Geänderte Leistungen mit einem gegenüber der ursprünglichen Leistung verringerten Aufwand gemäß § 2 Nr. 5 VOB/B

- Zusätzliche Leistungen gemäß § 2 Nr. 6 VOB/B

Außerdem wird untersucht, wie die zitierten Autoren Eventual- und Alternativpositionen kalkulieren.

Die jeweiligen Darstellungen und Bezeichnungen der nachfolgenden Vergleichsberechnungen erfolgen angelehnt an die von den zitierten Autoren gewählte Darstellungsform, um die zugrunde gelegten Angaben der Autoren möglichst authentisch zu verwenden.

Die nachfolgende Analyse beinhaltet zwangsläufig Wiederholungen. Insofern reicht es grundsätzlich aus, die Analyse eines Autors und die Zusammenfassung im Kap. 11.10 zu lesen.

11.2.2 Zugrunde liegende Beispielposition

11.0

Die Beispielposition, die dem Vergleich zugrunde liegt, lautet wie folgt (vgl. Bild 67):

Pos.	Menge	ME	Kurztext	EP	GP
2.2.02	170,00	m³	Beton der Streifenfundamente	108,25 €	18.402,50 €

Bild 67:   Beispielposition

Aus der Auftragskalkulation des AN ergibt sich, dass sich der Einheitspreis dieser Position aus 87,20 € Einzelkosten der Teilleistung und 21,05 € Gemeinkosten zusammensetzt (vgl. Bild 68).

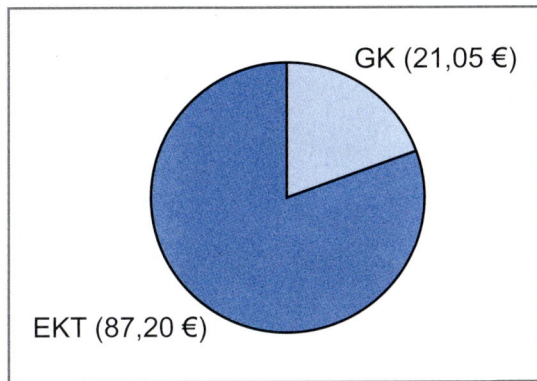

Bild 68:   Zusammensetzung des Einheitspreises

Die Einzelkosten der Teilleistung gliedern sich in 23,20 € Lohnkosten und 64,00 € Sonstige Kosten. Die Zuschlagssätze betragen nach Angaben des AN 49,35 % auf Lohnkosten, 15 % auf Gerätekosten, 15 % auf Sonstige Kosten und 10 % auf Fremdleistungen. Die ausgewählte Beispielposition ist auf zwei Kostenarten beschränkt, damit die Übersicht gewahrt bleibt.

Gemäß dem Schlussblatt zur Auftragskalkulation beträgt der Anteil der Allgemeinen Geschäftskosten bzgl. der Eigenleistungen 7,5 % der Auftragssumme und bzgl. der Fremdleistungen 5,5 % der Auftragssumme, der Anteil des Wagnisses 1,0 % der Auftragssumme und der Anteil des Gewinns 0,5 % der Auftragssumme.

Diese vereinfachte Beispielposition wird – in z. T. abgewandelter Form – durchgängig für die Analyse zugrunde gelegt.

Da es bei dieser Untersuchung im Wesentlichen um die Darstellung der unterschiedlichen Vorgehensweisen zur Ermittlung der Anspruchshöhen geht, wird auf die jeweiligen Anspruchsgrundlagen an dieser Stelle nicht detaillierter eingegangen.

11.2.3   Kalkulative Zusammensetzung der Gemeinkosten der Beispielposition

Im Zusammenhang mit der Behandlung der über 10 % hinausgehenden Mengenminderung befassen sich Kapellmann/ Schiffers mit dem „Kalkulationsaufbau des Auftragnehmers", aus welchem sich auch die für die nachfolgenden Analysen zugrunde zu legende Zusammensetzung des Einheitspreises ergibt.[79]

Hinsichtlich der kalkulativen Zusammensetzung der Gemeinkosten der Beispielposition ist festzustellen, dass die von Kapellmann/Schiffers vorgenommene nachträgliche Aufteilung in Baustellengemeinkosten, Allgemeine Geschäftskosten, Wagnis und Gewinn nicht die übliche Kalkulationssystematik berücksichtigt. Über eine Rückwärtsrechnung auf der Grundlage der EFB wird die durchschnittliche Gemeinkostenverteilung ermittelt.

Einzelkosten der Teilleistung	87,20 €/m³
Baustellengemeinkosten	12,26 €/m³
Allgemeine Geschäftskosten	7,22 €/m³
Wagnis und Gewinn	1,57 €/m³
Einheitspreis	108,25 €/m³

Bild 69:   Zusammensetzung des Einheitspreises Kapellmann/Schiffers

Bei Kapellmann/Schiffers werden die im Einheitspreis enthaltenen Gemeinkostenanteile (BGK, AGK, WuG) mit Hilfe ihrer prozentualen Anteile aus dem Gesamtumlagebetrag – also entsprechend ihrem Verhältnis im Schlussblatt – aufgeschlüsselt.[80] Die Besonderheit bei Kapellmann/Schiffers besteht also darin, dass die Unternehmensbezogenen Gemeinkosten nicht proportional zu dem Einheitspreis angenommen werden.

Inwiefern die von Kapellmann/Schiffers gewählte Methode in der Praxis dennoch sinnvolle Anwendung finden kann, z. B. wenn – aus welchen Gründen auch immer – keine näheren Angaben zur Kalkulation vorliegen sollten, wird hier nicht näher geprüft.

Wie sich die im Einheitspreis enthaltenen Gemeinkosten betragsmäßig zusammensetzen, wird bei Leimböck/Klaus/ Hölkermann nicht direkt dargestellt. Es ist jedoch erkennbar, dass die Berechnungsbeispiele von Leimböck/Klaus/ Hölkermann auf dem kalkulativen Grundsatz basieren, dass zunächst Wagnis und Gewinn vom Einheitspreis abzuziehen sind und danach die Allgemeinen Geschäftskosten (und Bauzinsen) in Abzug zu bringen sind, um die Herstellkosten zu erhalten. Die restlichen, dann noch verbleibenden Gemeinkosten (sie ergeben sich aus den Herstellkosten abzüglich der EKT), stellen sodann die Baustellengemeinkosten dar.

Drees/Paul stellen detailliert dar, wie eine Aufgliederung des Einheitspreises erfolgen kann, um einzelne Anteile des Einheitspreises herauszurechnen.[81] Der hierfür gewählte Berechnungsweg erscheint recht kompliziert, führt aber betriebswirtschaftlich betrachtet zum gleichen Ergebnis wie die Zusammensetzung des Einheitspreises gemäß Leimböck/Klaus/Hölkermann.

Wie sich die Gemeinkosten des Einheitspreises betragsmäßig zusammensetzen, wird bei Keil/Martinsen/Vahland/ Fricke nicht direkt dargestellt. Aber auch bei ihnen ist eindeutig erkennbar, dass sie nach dem gleichen kalkulatorischen Grundsatz vorgehen wie Leimböck/Klaus/Hölkermann und Drees/Paul.

Auch die Vorgehensweise von Reister entspricht dem gleichen kalkulatorischen Grundsatz, der bei Leimböck/Klaus/ Hölkermann, Drees/Paul und Keil/Martinsen/Vahland/Fricke bereits übereinstimmend festgestellt wurde.[82]

Das BMVBS wendet ebenfalls den zuvor beschriebenen kalkulatorischen Grundsatz an und kommt somit hinsichtlich der Aufgliederung des Einheitspreises zu dem gleichen Ergebnis wie Leimböck/Klaus/Hölkermann, Drees/Paul, Keil/ Martinsen/Vahland/Fricke und Reister. Bei allen diesen Autoren ist die kalkulative Zusammensetzung der Beispielposition demnach wie in Bild 70 dargestellt anzunehmen.

---

[79]   Vgl. Kapellmann/Schiffers: Vergütung, Nachträge und Behinderungsfolgen beim Bauvertrag, 2006, Rdn. 520 ff.
[80]   Vgl. Kapellmann/Schiffers: Vergütung, Nachträge und Behinderungsfolgen beim Bauvertrag, 2006, Rdn. 522.
[81]   Vgl. Drees/Paul: Kalkulation von Baupreisen, 2006, S. 152 f.
[82]   Vgl. Reister: Nachträge beim Bauvertrag, 2007, S. 323 f. bzw. S. 348.

Einzelkosten der Teilleistung	87,20 €/m³
Baustellengemeinkosten	11,31 €/m³
Allgemeine Geschäftskosten	8,12 €/m³
Wagnis und Gewinn	1,62 €/m³
Einheitspreis	108,25 €/m³

Bild 70: Zusammensetzung des Einheitspreises gemäß Leimböck/Klaus/Hölkermann, Drees/Paul, Keil/Martinsen/Vahland/Fricke, Reister und BMVBS

11.3 Untersuchung der Kalkulation von Mehrmengen gemäß § 2 Nr. 3 Abs. 2 VOB/B

11.3.1 Allgemeines

Für eine Mehrmenge von über 110 % der ursprünglich vorgesehenen Menge kann auf Verlangen und unter Berücksichtigung der Mehr- oder Minderkosten ein neuer Einheitspreis vereinbart werden.

Bei den nachfolgenden Analysen beträgt die tatsächlich abzurechnende Ausführungsmenge 200 m³ anstatt der vertraglich vorgesehenen Menge von 170 m³ der Beispielposition aus Abschnitt 11.2.2.

11.3.2 Methode Kapellmann/Schiffers

Als Regelfall gehen Kapellmann/Schiffers davon aus, dass die „Direkten Kosten" – also die Einzelkosten der Teilleistung – konstant bleiben und die Gemeinkosten der Baustelle sich durch eine Mengenerhöhung nicht erhöhen.[83]

Grundsätzlich wird hier dafür plädiert, dass die Gemeinkosten der Baustelle in dem neuen Einheitspreis für die Mehrmenge nicht enthalten sein sollten, anders jedoch die Allgemeinen Geschäftskosten sowie Wagnis und Gewinn, welche weiterhin mit dem entsprechenden Prozentsatz zu beaufschlagen seien.[84]

Für das Beispiel ist der neue Einheitspreis für die über 110 % hinausgehende Menge Kapellmann/Schiffers zufolge wie in Bild 71 dargestellt zu ermitteln.[85]

Nach der Feststellung der „Direkten Kosten" – also der EKT – ist gemäß Kapellmann/Schiffers zunächst die Gemeinkostenumlage des Einheitspreises aufzuschlüsseln. Dieses wird gemäß der im Schlussblatt definierten Gemeinkostenzusammensetzung durchgeführt. Vom ursprünglichen Einheitspreis sind Kapellmann/Schiffers zufolge die Baustellengemeinkosten abzuziehen (vgl. Bild 71). Aus dieser Vorgehensweise ergibt sich, dass sowohl die Allgemeinen Geschäftskosten als auch Wagnis und Gewinn im neuen Einheitspreis für die Mehrmenge in gleicher Höhe (konstanter Betrag pro Mengeneinheit) enthalten sind wie im ursprünglichen Einheitspreis. Es wird also – anders als bei Kapellmann/Schiffers unter Rdn. 559 beschrieben – der absolute Betrag und nicht der prozentuale Zuschlagssatz fortgeschrieben.

Bei der von Kapellmann/Schiffers gewählten Berechnungsmethode enthält der neue Einheitspreis für die Menge über 110 % betriebswirtschaftlich betrachtet folgende Elemente:

- EKT
- AGK auf EKT
- AGK auf BGK
- WuG auf EKT
- WuG auf BGK

[83] Vgl. Kapellmann/Schiffers: Vergütung, Nachträge und Behinderungsfolgen beim Bauvertrag, 2006, Rdn. 557 und 558.
[84] Vgl. Kapellmann/Schiffers: Vergütung, Nachträge und Behinderungsfolgen beim Bauvertrag, 2006, Rdn. 559.
[85] Vgl. Kapellmann/Schiffers: Vergütung, Nachträge und Behinderungsfolgen beim Bauvertrag, 2006, Rdn. 555 ff.

11.0

Direkte Kosten

(1) Lohnkosten		+	23,20 €/m³
(2) Stoffkosten		+	64,00 €/m³

Umlagen

(3) Umlage auf Lohn	49,35 %	+	11,45 €/m³
(4) Umlage auf Stoffkosten	15,00 %	+	9,60 €/m³
(5) Einheitspreis		=	108,25 €/m³

Die Umlage von 108,25 €/m³ enthält:

(6) 58,26 % für Baustellengemeinkosten	* 21,05 €/m³		12,26 €/m³
(7) 34,27 % für allgem. Geschäftskosten	* 21,05 €/m³	+	7,22 €/m³
(8) 7,47 % für Wagnis und Gewinn	* 21,05 €/m³	+	1,57 €/m³
		=	21,06 €/m³

Die Bestandteile des neuen Einheitspreises sind:

(9) **Direkte Kosten** (unverändert)		+	87,20 €/m³
(10) **Umlagen** (einschl. Gewinn):			
(11) Baustellengemeinkosten (abgedeckt durch 100 % der ausgeschriebenen Menge)			-
(12) Allgemeine Geschäftskosten		+	7,22 €/m³
(13) Wagnis und Gewinn		+	1,57 €/m³
(14)		=	95,99 €/m³

Bild 71:   Kalkulation des neuen Einheitspreises bei Mehrmengen über 110 % gemäß Kapellmann/Schiffers

11.3.3   Methode Leimböck/Klaus/Hölkermann

Leimböck/Klaus/Hölkermann interpretieren die im Einheitspreis enthaltenen Baustellengemeinkosten als objektbe-zogene Größe, weshalb diese im Falle von Mehrmengen über 110 % regelmäßig vom neuen Einheitspreis abzuziehen seien. Die Allgemeinen Geschäftskosten, Wagnis und Gewinn werden dagegen als umsatzbezogen eingeordnet, wes-halb der Auftragnehmer diesbezüglich keine Abstriche hinzunehmen habe.[86]

Für die Beispielposition ist der neue Einheitspreis für die über 110 % hinausgehende Menge Leimböck/Klaus/Hölker-mann zufolge wie in den Bildern 72 bis 74 dargestellt zu ermitteln.

Pos. 2.2.02   Beton der Streifenfundamente

    lt. LV: 170 m³

    lt. Aufmaß: 200 m³; Differenz 30 m³

    10 % von 170 m³ = 17 m³

    also Mengenüberschreitung > 10 %

Bild 72:   Darstellung der Mengenmehrung über 110 % gemäß Leimböck/Klaus/Hölkermann

Nachdem (vgl. Bild 72) festgestellt wurde, dass es sich um eine Mengenüberschreitung über 10 % handelt, ist gemäß Leimböck/Klaus/Hölkermann die über 110 % hinausgehende Menge zu berechnen (vgl. Bild 73).

neuer Einheitspreis für:

    200,00 m³ ./.   187,00 m³ =   13,00 m³

Bild 73:   Ermittlung der Menge über 110 % gemäß Leimböck/Klaus/Hölkermann

---

86   Vgl. Leimböck/Klaus/Hölkermann: Baukalkulation und Projektcontrolling, 2007, S. 84.

Da Leimböck/Klaus/Hölkermann davon ausgehen, dass dem Auftragnehmer durch die Mengenmehrungen keine zusätzlichen Kosten bei den Gemeinkosten der Baustelle entstehen, ist der neue Einheitspreis wie in Bild 74 dargestellt zu ermitteln.

Einzelkosten der Position 2.2.02	
Lohnkosten ohne Zuschläge	23,20 EUR
Stoffkosten	64,00 EUR
	87,20 EUR
+ 9,89 % auf Herstellkosten	
= 9,89 % auf 87,20 EUR=	8,62 EUR
Neuer Einheitspreis (E.P.)	95,82 EUR

Bild 74:   Kalkulation des neuen Einheitspreises bei Mehrmengen über 110 % gemäß Leimböck/Klaus/Hölkermann

11.0

Auf die Einzelkosten der Teilleistungen sind Leimböck/Klaus/Hölkermann zufolge die Allgemeinen Geschäftskosten sowie Wagnis und Gewinn zu beaufschlagen. Dieses erfolgt mit dem auf Herstellkostenbasis umgerechneten Zuschlagsfaktoren von 7,5 % für AGK und 1,5 % für WuG (Eigenleistungen).[87]

Bei der von Leimböck/Klaus/Hölkermann gewählten Berechnungsmethode enthält der neue Einheitspreis für die Menge über 110 % betriebswirtschaftlich betrachtet folgende Elemente:

- EKT
- AGK auf EKT
- WuG auf EKT

11.3.4   Methode Drees/Paul

Drees/Paul gehen bei Mehrmengen über 110 % davon aus, dass dem Auftragnehmer neben den Einzelkosten der Teilleistung auch die auf diese bezogenen Allgemeinen Geschäftskosten, Wagnis und Gewinn zustehen.

Für die Beispielposition ist der neue Einheitspreis für die über 110 % hinausgehende Menge demnach wie in den Bildern 75 und 76 dargestellt zu ermitteln.[88]

Alter Einheitspreis der Pos. 2.2.02:			108,25 €/m³
abzüglich enthaltener Zuschlag:			
Lohn:	(43,31 - 29,00 €/m³) €/m³ * 0,80 h/m³	=	11,45 €/m³
Sonstige Kosten:	15,00 % von 64,00 €/m³	=	9,60 €/m³
Gemeinkostenzuschlag insgesamt		=	- 21,05 €/m³
Einzelkosten der Position 2.2.02		=	87,20 €/m³

Bild 75:   Untersuchung der Zusammensetzung des Einheitspreises gemäß Drees/Paul

---

[87]   Die Umrechnung des UGK-Zuschlags von der Basis Angebotssumme auf die Basis Herstellkosten erfolgt mittels folgender Formel:
p_1 = (7,5 + 1,5) * 100 / (100 - (7,5 + 1,5)) = 9,89 %.
[88]   Vgl. Drees/Paul: Kalkulation von Baupreisen, 2006, S. 239 f.

Berücksichtigung von Wagnis und Gewinn:

In der Angebotskalkulation war der auf die Herstellkosten bezogene Prozentsatz für AGK, W+G berechnet worden zu

$$\frac{9*100}{100-9} = 9,8901 \text{ für Eigenleistung}$$

Der neue Einheitspreis der Pos. 2.2.02 ermittelt sich zu:

Einzelkosten Eigenleistung:	0,80 h/m³ * 29,00 €/m³ + 64,00 €/m³ =	87,20 €/m³
AGK, W+G Eigenleistung:	0,0989 * 87,20 €/m³ =	8,62 €/m³
		95,82 €/m³

EP (bis 110 %) - EP (über 110 %) = 108,25 €/m³ - 95,82 €/m³   =   12,43 €/m³

Bild 76:   Kalkulation des neuen Einheitspreises bei Mehrmengen über 110 % gemäß Drees/Paul

Bei der von Drees/Paul gewählten Berechnungsmethode enthält der neue Einheitspreis für die Menge über 110 % betriebswirtschaftlich betrachtet folgende Elemente:

- EKT
- AGK auf EKT
- WuG auf EKT

11.3.5   Methode Keil/Martinsen/Vahland/Fricke

Bei der Kalkulation des neuen Einheitspreises für die über 110 % hinausgehende Menge nehmen Keil/Martinsen/Vahland/Fricke an, dass sich die Gemeinkosten der Baustelle hinsichtlich der „lohnbezogenen Kosten" erhöhen.[89] Deshalb sind gemäß Keil/Martinsen/Vahland/Fricke die Gemeinkosten der Baustelle für die Mehrmenge zwar nicht in der wie im ursprünglichen Einheitspreis enthaltenen Höhe anzusetzen, jedoch bleibt auch für die über 110 % hinausgehende Menge ein Teilbetrag der Baustellengemeinkosten erhalten.

Bei dem Beispiel ist der neue Einheitspreis für die über 110 % hinausgehende Menge gemäß Keil/Martinsen/Vahland/Fricke wie in den Bildern 77 und 78 dargestellt zu ermitteln.[90]

Mengenänderung insgesamt:

200 m³ -   170 m³ = 30 m³   > 10 % von 170 m³

Mehrmenge über 110 % der ausgeschriebenen Menge:

200 m³ - (170 m³ * 1,1)   =   13 m³

Bild 77:   Ermittlung der Menge über 110 % gemäß Keil/Martinsen/Vahland/Fricke

Nach der Feststellung der über 110 % hinausgehenden Menge (vgl. Bild 77) werden zunächst die in der Position enthaltenen Einzelkosten der Teilleistungen ermittelt (vgl. Bild 78). Des Weiteren werden die Lohnbezogenen Gemeinkosten in Bezug auf die enthaltenen Lohnstunden errechnet.[91]

---

[89]   Keil/Martinsen/Vahland/Fricke meinen mit den lohnbezogenen Gemeinkosten offensichtlich jene Baustellengemeinkosten, die vom Lohnumsatz abhängig kalkuliert worden sind (vgl. Keil/Martinsen/Vahland/Fricke: Kostenrechnung für Bauingenieure, 2008, S. 126).

[90]   Vgl. Keil/Martinsen/Vahland/Fricke: Kostenrechnung für Bauingenieure, 2008, S. 166.

[91]   Keil/Martinsen/Vahland/Fricke entnehmen den Ansatz für die lohnbezogenen Gemeinkosten offensichtlich der Ermittlung der einmaligen Baustellengemeinkosten (vgl. Keil/Martinsen/Vahland/Fricke: Kostenrechnung für Bauingenieure, 2008, S. 126). Sie sind für das Beispiel allerdings hier nicht separat anzusetzen, da sie bereits im Kalkulationsmittellohn enthalten sind.

Anschließend werden die Allgemeinen Geschäftskosten, Bauzinsen, Wagnis und Gewinn bezogen auf die EKT und die Lohnbezogenen Gemeinkosten kalkuliert. Die Lohnbezogenen Gemeinkosten werden hier mit 0 % gerechnet, weil diese bei der Beispielposition im Kalkulationsmittellohn enthalten sind.

```
Einzelkosten:
0,8 Std./m³ * 29,00 EUR/Std. +  64,00 EUR/m³        =  87,20 EUR/m³

Lohnbezogene Gemeinkosten
0,00 % von (0,8 Std./m³ * 14,41 EUR/Std.)           =   0,00 EUR/m³

Allg. Geschäftskosten, Bauzinsen, Wagnis und Gewinn:
9,89 % von (87,20 EUR/m³ + 0,00 EUR/m³ )            =   8,62 EUR/m³

Neuer Einheitspreis für Mengen > 110 %:                 95,82 EUR/m³
```

Bild 78:   Kalkulation des neuen Einheitspreises bei Mehrmengen über 110 % gemäß Keil/Martinsen/Vahland/Fricke

11.0

Da die Lohnbezogenen Gemeinkosten auch für die Mehrmenge im Einheitspreis enthalten bleiben, sie jedoch von Keil/Martinsen/Vahland/Fricke unter der Rubrik einmalige Baustellengemeinkosten erfasst wurden, stellt sich hier ein gewisser Widerspruch dar. Ein konkreter Nachweis, dass sich die Baustellengemeinkosten tatsächlich und durch die Mehrmenge bedingt um diesen Betrag erhöhen, wird von Keil/Martinsen/Vahland/Fricke an dieser Stelle nicht gefordert.

Bei der von Keil/Martinsen/Vahland/Fricke gewählten Berechnungsmethode enthält der neue Einheitspreis für die Menge über 110 % betriebswirtschaftlich betrachtet folgende Elemente:[92]

- EKT
- Möglicherweise Teile der einmaligen BGK
- AGK auf EKT
- AGK auf möglichen BGK-Anteil
- WuG auf EKT
- WuG auf möglichen BGK-Anteil

11.3.6   Methode Reister

Im Fall von Mehrmengen über 10 % stellt Reister drei Berechnungsvarianten vor:[93]

- 1. Fall: keine Veränderung der BGK und keine Veränderung der EKT infolge Mehrmengen

- 2. Fall: keine Veränderung der BGK infolge Mehrmengen aber Reduzierung der EKT

- 3. Fall: Erhöhung der BGK und Reduzierung der EKT infolge Mehrmengen

Bei dem Beispiel ist der neue Einheitspreis für die über 110 % hinausgehende Menge gemäß Reister der Fallgestaltung 1 entsprechend zu ermitteln (vgl. Bild 79).

Nach der Feststellung der im ursprünglichen Einheitspreis enthaltenen Elemente wird der Einheitspreis für die Mehrmenge aus den Einzelkosten der Teilleistung und einem in Abhängigkeit von den Einzelkosten der Teilleistungen ermittelten Zuschlag für Allgemeine Geschäftskosten sowie Wagnis und Gewinn ermittelt.[94]

---

[92]   Die Bauzinsen werden hier nicht kalkuliert, da sie auch in dem zugrunde liegenden Beispiel nicht explizit in Ansatz gebracht wurden.
[93]   Vgl. Reister: Nachträge beim Bauvertrag, 2007, S. 323 ff.
[94]   Allgemeine Geschäftskosten sowie Wagnis und Gewinn werden bei Reister als UGK zusammengefasst.

Einzelkosten der Teilleistung (EKT):	87,20 €/m³
Baustellengemeinkosten (BGK):	11,31 €/m³
Herstellkosten (HK):	98,51 €/m³
Umsatzbezogene Gemeinkosten (AGK, W u. G) (entspricht 9 %, bezogen auf den Umsatz)	9,89 % auf HK
Einheitspreis (EP) = 98,51 €/m³ * 1,0989 =	108,25 €/m³
EKT:	87,20 €/m³
BGK:	0,00 €/m³
HK:	87,20 €/m³
zzgl. 9,89 % UGK =	8,62 €/m³
EP neu:	**95,82 €/m³**

Bild 79:   Kalkulation des neuen Einheitspreises bei Mehrmengen über 110 % gemäß Reister

Bei der von Reister gewählten Berechnungsmethode enthält der neue Einheitspreis für die Menge über 110 % betriebswirtschaftlich betrachtet folgende Elemente:

- EKT
- AGK auf EKT
- WuG auf EKT

11.3.7   Methode BMVBS

Die vom BMVBS im Leitfaden dargestellte Ermittlung des neuen Einheitspreises für Mengen über 110 % unterscheidet hinsichtlich der Allgemeinen Geschäftskosten zwei Varianten. Wenn „aus der Kalkulation zum Hauptangebot hervorgeht, dass sie [die Allgemeinen Geschäftskosten, Anm. der Verfasser] auftragsbezogen als fixer Betrag kalkuliert worden sind", sind diese abzuziehen. Andernfalls – also wenn die Allgemeinen Geschäftskosten nicht nachvollziehbar auftragsbezogen als einmaliger Betrag sondern als umsatzbezogene Größe kalkuliert wurden – sind sie auch bei den Mehrmengen zu berücksichtigen.[95]

Da in dem Beispiel die Allgemeinen Geschäftskosten als umsatzbezogene Größe kalkuliert wurden, wird die Möglichkeit, die Allgemeinen Geschäftskosten im Zusammenhang mit Mehrmengen über 110 % als einmaligen Betrag zu behandeln, hier nicht näher betrachtet.

Im Falle von umsatzbezogen kalkulierten Allgemeinen Geschäftskosten ist gemäß BMVBS der neue Einheitspreis für Mehrmengen über 110 % wie in Bild 80 dargestellt zu ermitteln.[96]

Wie Bild 80 zeigt, ist gemäß Leitfaden des BMVBS der BGK-Betrag vom ursprünglichen Einheitspreis abzuziehen, um den neuen Einheitspreis für die Mehrmenge über 110 % zu erhalten.

Der Einheitspreis der Mengen über 110 % enthält somit gemäß des Berechnungsbeispiels des BMVBS (Variante 2 – umsatzbezogene AGK) neben den ursprünglichen Einzelkosten der Teilleistungen auch den ursprünglichen AGK-Betrag und den im ursprünglichen Einheitspreis enthaltenen Betrag für Wagnis und Gewinn. Der im ursprünglichen Einheitspreis enthaltene BGK-Betrag ist dagegen abzuziehen – vorausgesetzt die Baustellengemeinkosten verändern sich aufgrund der Mehrmengen nicht.

Hierbei ist festzustellen, dass die Allgemeinen Geschäftskosten nicht konsequent als umsatzbezogene Größe behandelt werden. Auch Wagnis und Gewinn werden hier nicht auf den Umsatz bezogen behandelt, sondern als fester Betrag fortgeschrieben. Es wäre hier nach Meinung der Verfasser zu berücksichtigen, dass auch der – bezogen auf

---

[95]   Vgl. BMVBS: Leitfaden zur Vergütung bei Nachträgen, 2008, Ziffern 4.7 und 7.2.
[96]   Vgl. BMVBS: Leitfaden zur Vergütung bei Nachträgen, 2008, Ziffer 7.2.2.

die BGK – ermittelte Zuschlag für AGK und WuG vom neuen Einheitspreis abzuziehen ist, wenn von einer Umsatzbezogenheit der AGK sowie von WuG ausgegangen wird.

Beton für Streifenfundamente beauftragt:	170,00 m³
ausgeführt (>110 % der beauftragten Menge):	200,00 m³
Mehrmengen über 110 % [200,00 - (170,00 + 10 %)]:	13,00 m³
bisheriger Einheitspreis [EPalt]:	108,25 €/m³
neuer Einheitspreis [EPneu] für die über 110 % hinausgehende Menge:	
[EPneu] = [EPalt] - anteilige BGK	
[EPneu] = 108,25 €/m³ - 11,31 €/m³ =	96,94 €/m³

Bild 80:   Kalkulation des neuen Einheitspreises bei Mehrmengen über 110 % gemäß BMVBS

11.0

Bei der vom BMVBS gewählten Berechnungsmethode enthält der neue Einheitspreis für die Menge über 110 % betriebswirtschaftlich betrachtet folgende Elemente:

- EKT
- AGK auf EKT
- AGK auf BGK
- WuG auf EKT
- WuG auf BGK

Da die Einzelkosten der Teilleistung auch im neuen Einheitspreis für die Menge über 110 % in ursprünglicher Höhe enthalten sind, ist es als betriebswirtschaftlich korrekt anzusehen, dass auch die in Abhängigkeit hiervon ermittelten Allgemeinen Geschäftskosten, Wagnis und Gewinn umsatzbezogen im neuen Einheitspreis enthalten sind.

Als nicht umsatzbezogen sind dagegen die in Abhängigkeit von den BGK ermittelten AGK und WuG zu interpretieren, da die BGK selbst abgezogen werden. Durch den Entfall des ursprünglichen BGK-Betrags im neuen Einheitspreis wird auch der Umsatz entsprechend um diesen Betrag reduziert. Wenn die ursprünglich in Abhängigkeit zu diesem nun nicht mehr vorhandenen/enthaltenen BGK-Anteil (=Umsatz) kalkulierten AGK- und WuG-Beträge trotzdem im neuen Einheitspreis enthalten sind, werden zwangsläufig die „AGK auf BGK" und „WuG auf BGK" als nicht umsatzbezogene Größe behandelt.

Da sie in diesem Falle auch nicht als einmalige Größe behandelt werden (sonst wären sie ja im neuen Einheitspreis für die Mehrmenge – ebenso wie die BGK – nicht mehr enthalten, da sie ja schon mit der Abrechnung der Menge bis 110 % gedeckt sein müssten), stellt sich die Frage, welche Kosteneigenschaft ihnen aufgrund der vorgenommenen Fortschreibung zu unterstellen ist.

Gemäß des vom BMVBS dargestellten Berechnungsbeispiels werden die im ursprünglichen Einheitspreis enthaltenen Anteile für „AGK auf BGK" und „WuG auf BGK" bei Mehrmengen über 110 % ebenso behandelt wie die ursprünglich im Einheitspreis enthaltenen EKT: als mengenabhängige Größe.

Als zumindest widersprüchlich erscheint die Vorgehensweise, dass unter Ziffer 4.2.2 des Leitfadens festgestellt wird, dass „die in der Preisermittlung des beauftragten Angebots enthaltenen Zuschlagssätze auf Stoffe" „auch für die Berechnung des neuen Preises" gelten.[97] Es ist hierbei nicht nachvollziehbar, inwiefern diese mit den Berechnungsbeispielen des Leitfadens im Widerspruch stehende Vorgabe vorrangig oder nachrangig gelten soll. Sollen die Zuschlagssätze auf Stoffe auch dann für den neuen Preis gelten, wenn hierdurch z. B. im Falle von Mehrmengen die BGK auch für die über 110 % hinausgehende Menge vergütet würden?

Unter Fortschreibung des Zuschlagssatzes auf Stoffe gemäß Ziffer 4.2.2 des Leitfadens wäre demnach der neue Einheitspreis für die Mehrmenge über 110 % wie in Bild 81 dargestellt zu ermitteln.

---

[97]   Vgl. BMVBS: Leitfaden zur Vergütung bei Nachträgen, 2008, Ziffer 4.2.2.

Beton für Streifenfundamente beauftragt:	170,00 m³
ausgeführt (>110 % der beauftragten Menge):	200,00 m³
Mehrmengen über 110 % [200,00 - (170,00 + 10 %)]:	13,00 m³
bisheriger Einheitspreis [EPalt]:	108,25 €/m³
Anteil Stoffkosten (inkl. Zuschlägen) am [EPalt]	73,60 €/m³
Anteil Lohnkosten (inkl. Zuschlägen) am [EPalt]	34,65 €/m³
anteilige BGK auf Lohnkosten	8,33 €/m³
neuer Einheitspreis [EPneu] für die über 110 % hinausgehende Menge:	
[EPneu] = [EPalt] - anteilige BGK auf Lohnkosten	
[EPneu] = 108,25 €/m³ - 8,33 €/m³ =	99,92 €/m³

Bild 81:   Kalkulation des neuen Einheitspreises bei Mehrmengen über 110 % gemäß BMVBS bei Verwendung des ursprünglichen Zuschlagssatzes für Stoffkosten

Da der Zuschlagssatz auf Stoffe auch für den neuen Preis gelten soll, verbleiben auch die auf die Stoffkosten umgelegten Gemeinkosten im neuen Einheitspreis. Lediglich die auf die Lohnkosten umgelegten BGK sind demnach in Abzug zu bringen.

11.3.8   Zusammenfassung zu Mehrmengen gemäß § 2 Nr. 3 Abs. 2 VOB/B

Wie sich den Bildern 82 und 83 entnehmen lässt, gehen Leimböck/Klaus/Hölkermann, Drees/Paul, Keil/Martinsen/Vahland/Fricke und Reister bei der Kalkulation von Mehrmengen über 110 % ähnlich vor.

Auch die Vorgehensweisen von Kapellmann/Schiffers und dem BMVBS sind einander ähnlich. Kapellmann/Schiffers ermitteln jedoch einen anderen Betrag als Einheitspreis, weil sie von einer anderen Zusammensetzung des ursprünglichen Einheitspreises ausgehen (Aufgliederung nach dem Gemeinkostenverhältnis gemäß EFB).

Autoren	kalkulierter Einheitspreis
Kapellmann/Schiffers	95,99 €/m³
Leimböck/Klaus/Hölkermann	95,82 €/m³
Drees/Paul	95,82 €/m³
Keil/Martinsen/Vahland/Fricke	95,82 €/m³
Reister	95,82 €/m³
BMVBS	96,94 €/m³ bzw. 99,92 €/m³

Bild 82:   Vergleichende Betrachtung der Einheitspreise bei Mehrmengen

Der von Keil/Martinsen/Vahland/Fricke ermittelte Einheitspreis für die Mehrmenge entspricht dem Einheitspreis von Leimböck/Klaus/Hölkermann, Drees/Paul und Reister mit dem Unterschied, dass er zusätzlich einen Anteil Baustellengemeinkosten enthält und hierauf bezogen den umsatzbezogenen prozentualen Zuschlag für Allgemeine Geschäftskosten, Wagnis und Gewinn (in diesem speziellen Fall wirkt sich das jedoch nicht aus).

Bild 83 zeigt die sich aus der Einheitspreisermittlung der einzelnen Autoren ergebenden Kosteneigenschaften. Diese Kosteneigenschaften sind als solche i. d. R. nicht explizit von den Autoren bezeichnet worden, sie sind jedoch aufgrund der angewandten Berechnungsmethodik ableitbar.

	EKT	BGK	AGK auf EKT	AGK auf BGK	Wagnis auf EKT	Wagnis auf BGK	Gewinn auf EKT	Gewinn auf BGK	EP in €/m³
(1) Kapellmann/ Schiffers	◺	▭	◺ %	◺	◺ %	◺	◺ %	◺	95,99
(2) Leimböck/ Klaus/ Hölkermann	◺	▭	%	%	%	%	%	%	95,82
(3) Drees/Paul	◺	▭	%	%	%	%	%	%	95,82
(4) Keil/Martinsen/ Vahland/ Fricke	◺	▭ + ◺	%	%	%	%	%	%	95,82
(5) Reister	◺	▭	%	%	%	%	%	%	95,82
(6) BMVBS	◺	▭	◺	◺	◺	◺	◺	◺	96,94

Bild 83: Vergleichende Betrachtung der Kosteneigenschaften bei Mehrmengen

Wie in Bild 83 zu erkennen ist, geht aus der jeweiligen von den Autoren angewandten Berechnungsmethode jedoch nicht immer eindeutig hervor, welche Kosteneigenschaft den einzelnen Einheitspreis-Bestandteilen zugrunde gelegt wurde. In diesem Fall sind in der Übersicht beide Möglichkeiten dargestellt.

Es ist festzustellen, dass – bis auf Keil/Martinsen/Vahland/Fricke – sämtliche zitierte Autoren für die über 110 % hinausgehende Menge keine weiteren BGK vergüten wollen.[98] Die in Abhängigkeit von den EKT ermittelten Allgemeinen Geschäftskosten sowie Wagnis und Gewinn sind bei allen betrachteten Autoren auch für die Mehrmengen über 110 % im Einheitspreis enthalten.

Unterschiede ergeben sich dagegen aus der Behandlung der in Abhängigkeit von den BGK kalkulierten Allgemeinen Geschäftskosten, Wagnis und Gewinn. Diese sind bei Leimböck/Klaus/Hölkermann, Drees/Paul und Reister übereinstimmend nicht im Einheitspreis für die Mehrmenge enthalten. Im Gegensatz dazu werden die in Abhängigkeit von den BGK ermittelten Allgemeinen Geschäftskosten, Wagnis und Gewinn bei Kapellmann/Schiffers und beim BMVBS auch für die Mehrmenge in vollem Umfang vergütet.

Betriebswirtschaftlich betrachtet, stellt dies eine inkonsequente Vorgehensweise dar: Wenn keine BGK im neuen Einheitspreis enthalten sind, müsste folgerichtig auch der Zuschlag auf diese nicht vorhandenen BGK entfallen.[99]

---

[98] Keil/Martinsen/Vahland/Fricke nehmen an, dass sich für die Mehrmengen die Gemeinkosten der Baustelle hinsichtlich der lohnbezogenen Kosten erhöhen.

[99] 0,00 € * Zuschlagssatz = 0,00 €!

Keil/Martinsen/Vahland/Fricke legen eine dritte Variante bei Behandlung der in Bezug auf die BGK kalkulierten Allgemeinen Geschäftskosten, Wagnis und Gewinn zugrunde. Da bei ihnen der Einheitspreis für die Mehrmenge auch BGK-Anteile enthält, werden – insofern betriebswirtschaftlich korrekt – auch für die Mehrmenge AGK sowie WuG bezogen auf die fortgeschriebenen BGK-Anteile vergütet.

11.4 Untersuchung der Kalkulation von Mindermengen gemäß § 2 Nr. 3 Abs. 3 VOB/B

11.4.1 Allgemeines

Die VOB/B sieht vor, dass bei Mengenabweichungen von mehr als 10 % gegenüber dem vertraglich vorgesehenem Umfang ein neuer Preis für die entsprechende Position vereinbart werden kann. So ist gemäß VOB/B, § 2 Nr. 3 für die „über 10 v. H. hinausgehende" Über- bzw. Unterschreitung des Mengenansatzes" auf Verlangen ein neuer Preis [...] zu vereinbaren". Dabei ist zu beachten, dass im Falle einer Mengenminderung, unter Berücksichtigung der ausgleichenden Gemeinkostendeckung aus anderen Positionen, der Einheitspreis für die tatsächlich ausgeführte Menge so zu erhöhen ist, dass auch durch die verringerte Menge die Deckung der Baustelleneinrichtungs- und Baustellengemeinkosten und der Allgemeinen Geschäftskosten gewährleistet ist. Eine Minderung des Einheitspreises, welche sich möglicherweise aus der Kalkulation ergeben könnte, steht dem Auftraggeber jedoch nicht zu. Der neue Einheitspreis ist einheitlich für die gesamte verbleibende Mindermenge zu berechnen.

Bei den nachfolgenden Analysen beträgt für die Beispielposition aus Abschnitt 11.2.2 die tatsächlich abzurechnende Ausführungsmenge 100 m³ anstatt der vertraglich vorgesehenen Menge von 170 m³. Des Weiteren basiert die Untersuchung auf der Annahme, dass sich die Einzelkosten der Teilleistungen für die nicht ausgeführte Menge in dem Beispiel aufgrund der vorhandenen Umstände kurzfristig einsparen lassen.

11.4.2 Methode Kapellmann/Schiffers

Kapellmann/Schiffers gehen generell davon aus, dass sich die Baustellengemeinkosten durch die Reduzierung der Ausführungsmenge nicht verringern, so dass diese dem Auftragnehmer in voller Höhe zu vergüten seien. Neben der Deckung von Baustelleneinrichtungs- und Baustellengemeinkosten, sowie von Allgemeinen Geschäftskosten seien möglicherweise im Einzelfall auch veränderte Direkte Kosten (hier: Einzelkosten der Teilleistung) entsprechend zu berücksichtigen.[100]

Bei Mengenminderungen seien die angefallenen Direkten Kosten – Einzelkosten der Teilleistung – vollständig zu bezahlen.[101] Da die Baustellengemeinkosten nach Kapellmann/Schiffers im Regelfall in unveränderter Höhe anfallen, steht dem Auftragnehmer bei einer Mindermenge eine Erstattung des gesamten Baustellengemeinkosten-Unterdeckungsbetrags zu.[102] Ebenso sei die Deckung des Betrags für Allgemeine Geschäftskosten und für Wagnis und Gewinn sicherzustellen. Eine Berücksichtigung von möglicherweise durch die Mengenminderung verursachten Veränderungen von Baustellengemeinkosten oder von Direkten Kosten anderer Positionen ist nach Kapellmann/Schiffers unter den Direkten Kosten der geminderten Position zu erfassen.[103]

(1) ausgeschriebene Menge	170,00 m³
(2) 90 % der ausgeschriebenen Menge	153,00 m³
(3) abgerechnete Menge	100,00 m³
(4) für den Ausgleich des Deckungsanteils für BGK zu berücksichtigende Mindermenge: Betrag (1) - Betrag (3)	70,00 m³
(5) für die Ausgleichsrechnung zu berücksichtigender Unterdeckungsbetrag: 70,00 m³ * 12,26 €/m³ =	858,20 €

Bild 84:   Ermittlung der infolge der Mindermengen unter 90 % auszugleichenden BGK-Unterdeckung gemäß Kapellmann/Schiffers

---

[100] Vgl. Kapellmann/Schiffers: Vergütung, Nachträge und Behinderungsfolgen beim Bauvertrag, 2006, S. 195 ff.
[101] Vgl. Kapellmann/Schiffers: Vergütung, Nachträge und Behinderungsfolgen beim Bauvertrag, 2006, Rdn. 531.
[102] Vgl. Kapellmann/Schiffers, Vergütung, Nachträge und Behinderungsfolgen beim Bauvertrag, 2006, Rdn. 533.
[103] Vgl. Kapellmann/Schiffers, Vergütung, Nachträge und Behinderungsfolgen beim Bauvertrag, 2006, Rdn. 543 f.

Da dies jedoch bei dieser Beispielposition nicht der Fall sein soll, ist die Ausgangsposition nach Kapellmann/Schiffers somit wie in den Bildern 84 bis 88 dargestellt zu kalkulieren.[104]

(1) ausgeschriebene Menge	170,00 m³
(2) 90 % der ausgeschriebenen Menge	153,00 m³
(3) abgerechnete Menge	100,00 m³
(4) zu berücksichtigende Mindermenge: Betrag (1) - Betrag (3)	70,00 m³
(5) zu berücksichtigender Unterdeckungsanteil für Allgemeine Geschäftskosten: 70,00 m³ * 7,22 €/m³ =	505,40 €

Bild 85: Ermittlung der infolge der Mindermengen unter 90 % auszugleichenden AGK-Unterdeckung gemäß Kapellmann/Schiffers

11.0

(1) gesamtes kalkuliertes Wagnis u. Gewinn	266,90 €
(2) Wagnis u. Gewinn aus abgerechneten Mengen	157,00 €
(3) Differenzbetrag	109,90 €

Bild 86: Ermittlung des infolge der Mindermengen unter 90 % auszugleichenden Wagnisses und Gewinns gemäß Kapellmann/Schiffers

ausgeführte Menge:	100,00 m³	
Einheitspreis:	108,25 €/m³	
ungedeckte Baustellengemeinkosten	+	858,20 €
ungedeckte Allgemeine Geschäftskosten	+	505,40 €
Restdeckungsanteil für Wagnis und Gewinn	+	109,90 €
insgesamt zusätzlich zum Einheitspreis sind abzudecken	=	1.473,50 €

Bild 87: Ermittlung der infolge der Mindermengen unter 90 % auszugleichenden Gemeinkostenunterdeckung gemäß Kapellmann/Schiffers

Dieser Betrag ist der Vergütung gemäß Einheitspreis, nämlich 100,00 m³ * 108,25 €/m³ = 10.825,00 € zuzuschlagen, das ergibt also 12.298,50 € als Gesamtvergütung.

Bild 88: Kalkulation des neuen Einheitspreises bei Mindermengen unter 90 % gemäß Kapellmann/Schiffers

Bei der von Kapellmann/Schiffers gewählten Berechnungsmethode werden auf den neuen Einheitspreis für die Mindermenge betriebswirtschaftlich betrachtet folgende Elemente als Ausgleich für die entfallene Menge umgelegt:

- BGK bezüglich der entfallenen Menge
- AGK auf EKT bezüglich der entfallenen Menge
- AGK auf BGK bezüglich der entfallenen Menge
- WuG auf EKT bezüglich der entfallenen Menge
- WuG auf BGK bezüglich der entfallenen Menge

Generell empfehlen Kapellmann/Schiffers jedoch als Vereinfachung, wegen der ansonsten sehr aufwendigen Berechnung, bei einer Vielzahl von betroffenen Mengenänderungspositionen eine Pauschalierung vorzunehmen, wobei anstelle der separaten Kalkulation jeder Mengenänderungsposition gleich eine Art Kompensationsrechnung über mehrere veränderte Positionen vorgenommen werden soll.[105]

---

[104] Vgl. Kapellmann/Schiffers, Vergütung, Nachträge und Behinderungsfolgen beim Bauvertrag, 2006, Rdn. 532 ff.
[105] Vgl. Kapellmann/Schiffers: Vergütung, Nachträge und Behinderungsfolgen beim Bauvertrag, 2006, S. 205 bzw. S. 252 f.

11.4.3　Methode Leimböck/Klaus/Hölkermann

Für Ausführungsmengen von weniger als 90 % der ausgeschriebenen Menge soll der Auftragnehmer laut Leimböck/Klaus/Hölkermann einen Ausgleich für infolge der Mengenminderung unterdeckte Baustelleneinrichtungs- und Baustellengemeinkosten sowie Allgemeine Geschäftskosten erhalten. Die Baustelleneinrichtungskosten, die Gemeinkosten der Baustelle und die Allgemeinen Geschäftskosten werden dabei als „auf den Gesamtmengenansatz bezogene fixe Kosten" angesehen.[106] Die Ausgangsposition ist somit nach Leimböck/Klaus/Hölkermann wie in den Bildern 89 bis 91 dargestellt zu kalkulieren.

Pos. 2.2.02	Beton der Streifenfundamente
	lt. LV: 170 m³
	lt. Aufmaß: 100 m³; Differenz 70 m³
	10 % von 170 m³ = 17 m³
	also Mengenunterschreitung > 10 %

Bild 89:　Darstellung der Mengenminderung unter 90 % gemäß Leimböck/Klaus/Hölkermann

Nachdem zunächst – wie in Bild 89 dargestellt – festgestellt wurde, dass es sich um eine Mengenabweichung über 10 % handelt, ist Leimböck/Klaus/Hölkermann zufolge zu ermitteln, welche Umlage im alten Einheitspreis enthalten ist (vgl. Bild 90).

Einheitspreis:	108,25 EUR/m³
Einzelkosten der Position 2.2.02	
Lohnkosten ohne Zuschläge	23,20 EUR
Stoffkosten	64,00 EUR
Summe der Einzelkosten	87,20 EUR
Einheitspreis:	108,25 EUR
./. Summe Einzelkosten	87,20 EUR
Umlagebetrag im Einheitspreis	21,05 EUR
Gesamtumlagebetrag für die Pos. 2.2.02 lt. Vertragskalkulation	
170,00 m³ * 21,05 EUR/m³ =	3.578,56 EUR

Bild 90:　Ermittlung des im ursprünglichen Einheitspreis enthaltenen Umlagebetrags gemäß Leimböck/Klaus/Hölkermann

$$\text{Summe der EkdTl Pos. 2.2.02} \quad + \quad \frac{\text{kalk. Umlage}}{\text{erbrachte Leistung}}$$

$$= \text{neuer Einheitspreis der Pos. 2.2.02}$$

$$= 87{,}20 \text{ EUR/m}^3 \quad + \quad \frac{3.578{,}56 \text{ EUR}}{100{,}00 \text{ m}^3}$$

$$= 87{,}20 \text{ EUR/m}^3 \quad + \quad 35{,}79 \text{ EUR/m}^3 \quad = \quad 122{,}99 \text{ EUR/m}^3$$

Bild 91:　Kalkulation des neuen Einheitspreises bei Mindermengen unter 90 % gemäß Leimböck/Klaus/Hölkermann

---

[106]　Vgl. Leimböck/Klaus/Hölkermann: Baukalkulation und Projektcontrolling, 2007, S. 86.

Der in Bild 90 ermittelte ursprüngliche Umlagebetrag ist Leimböck/Klaus/Hölkermann zufolge auf die erbrachte Leistung umzulegen und zu den Einzelkosten der Teilleistungen zu addieren. Der neue Einheitspreis wird somit wie in Bild 91 kalkuliert.

Bei der von Leimböck/Klaus/Hölkermann gewählten Berechnungsmethode werden auf den neuen Einheitspreis für die Mindermenge betriebswirtschaftlich betrachtet folgende Elemente als Ausgleich für die entfallene Menge umgelegt:

- BGK bezüglich der entfallenen Menge
- AGK auf EKT bezüglich der entfallenen Menge
- AGK auf BGK bezüglich der entfallenen Menge
- WuG auf EKT bezüglich der entfallenen Menge
- WuG auf BGK bezüglich der entfallenen Menge

11.0

11.4.4 Methode Drees/Paul

Drees/Paul zufolge sind dem Auftragnehmer die entfallenen Gemeinkosten zu erstatten, wenn kein Ausgleich durch Mehrmengen über 110 %, zusätzliche Leistungen oder geänderte Leistungen gegeben ist. Dabei wird die zusammenfassende Berechnung aller betroffenen Positionen unter Anwendung eines durchschnittlichen Gemeinkostenansatzes von Drees/Paul als unzulässig abgelehnt, insbesondere da eine Vermengung von Mengenänderungen und geänderten Leistungen befürchtet wird.[107]

Der neue Einheitspreis für die Beispielposition ist gemäß Drees/Paul wie in den Bildern 92 bis 94 dargestellt zu ermitteln.[108]

Lt. Kalkulation sind in dieser Position folgende Zuschläge enthalten:		
Lohn: (43,31 - 29,00 €/m³) €/m³ * 0,80 h/m³	=	11,45 €/m³
Soko: 15,00 % von 64,00 €/m³	=	9,60 €/m³
Im Einheitspreis enthaltener Umlagebetrag	=	21,05 €/m³

In den verrechneten Zuschlägen sind anteilig enthalten:
- Gemeinkosten der Baustelle

	Eigenleistung
- Allgemeine Geschäftskosten (AGK)	7,5 % der Angebotssumme
- Wagnis (W)	1,0 % der Angebotssumme
- Gewinn (G)	0,5 % der Angebotssumme
insgesamt	9,0 % der Angebotssumme

Bild 92: Feststellung der im Einheitspreis enthaltenen Gemeinkostenumlage gemäß Drees/Paul

Nachdem zunächst festgestellt wird, welcher Gemeinkostenanteil als Umlagebetrag im Einheitspreis enthalten ist (vgl. Bild 92), wird das auf die EKT bezogene Wagnis ermittelt, für welches der Auftragnehmer keinen Ausgleich erhalten soll. Dieser Wagnisbetrag wird von der insgesamt im Einheitspreis enthaltenen Gemeinkostenumlage abgezogen (vgl. Bild 93). Aus dem verbleibenden Umlagebetrag ohne Wagnisanteil wird dann durch Multiplikation mit der Fehlmenge der Mindererlös errechnet, der dann auf die verbliebene Restmenge umgelegt und zum ursprünglichen Einheitspreis hinzu addiert wird (vgl. Bild 94).

---

[107] Vgl. Drees/Paul: Kalkulation von Baupreisen, 2006, S. 231 ff.
[108] Vgl. Berechnungsbeispiel Drees/Paul: Kalkulation von Baupreisen, 2006, S. 241 f.

Übertrag Umlagebetrag	21,05 €/m³

Berechnung Wagnisanteil aus EkdT (Eigenleistung)

Einheitspreis	108,25 €/m³	
abzügl. Umlagebetrag	-21,05 €/m³	
Einzelkosten der Teilleistung	87,20 €/m³	

Der auf die Eigenleistung bezogene Anteil für Wagnis ermittelt sich zu:

$$\frac{1 * 100}{100 - 9} = 1{,}0989 \%$$

Wagnis aus Einzelkosten der Eigenleistung

$$\frac{1{,}0989}{100} * 87{,}20 \ €/m³ = 0{,}958; \text{gerundet} => \quad -0{,}96 \ €/m³$$

Verbleibender Umlagebetrag ohne Wagnisanteil	20,09 €/m³

Bild 93: Ermittlung der Gemeinkostenumlage ohne Wagnisanteil gemäß Drees/Paul

Mindererlös:

(170,00 m³ - 100,00 m³) * 20,09 €/m³ = 1.406,30 €

Dieser Mindererlös ist ohne Einbehalt zu vergüten, z. B. durch Umlage auf den alten Einheitspreis:

$$\frac{1.406{,}30 \ €}{100{,}00 \ m³} = 14{,}06 \ €/m³$$

Alter Einheitspreis	108,25 €/m³
Neuer Einheitspreis	122,31 €/m³

Bild 94: Kalkulation des neuen Einheitspreises bei Mindermengen unter 90 % gemäß Drees/Paul

Bei der von Drees/Paul gewählten Berechnungsmethode werden auf den neuen Einheitspreis für die Mindermenge betriebswirtschaftlich betrachtet folgende Elemente als Ausgleich für die entfallene Menge umgelegt:

- BGK bezüglich der entfallenen Menge
- AGK auf EKT bezüglich der entfallenen Menge
- AGK auf BGK bezüglich der entfallenen Menge
- W auf BGK bezüglich der entfallenen Menge
- G auf EKT bezüglich der entfallenen Menge
- G auf BGK bezüglich der entfallenen Menge

Als Alternative zu dieser Berechnung schlagen Drees/Paul die Möglichkeit vor, Mehr- oder Mindererlöse, welche sich aus § 2 Nr. 3 VOB/B ergeben, in der Schlussrechnung gegeneinander aufzurechnen. Das von Drees/Paul in diesem Zusammenhang aufgeführte Beispiel birgt jedoch einen gewissen Widerspruch: Die Mehrerlöse aus Mengen über 110 % enthalten – anders als die Mindererlöse infolge Mengen unter 90 % – auch Wagnis auf EKT.[109]

---

[109] Vgl. Drees/Paul: Kalkulation von Baupreisen, 2006, S. 242.

11.4.5 Methode Keil/Martinsen/Vahland/Fricke

Bei der von Keil/Martinsen/Vahland/Fricke durchgeführten Kalkulation des neuen Einheitspreises[110] infolge einer Mindermenge unter 90 % ist zunächst – wie in Bild 95 dargestellt – zu ermitteln, welche in dem beauftragten Einheitspreis enthaltenen Gemeinkosten aufgrund der Mindermenge nicht vergütet werden.

Mengenänderung insgesamt:

170 m³ - 100 m³ = 70 m³ > 10 % von 170 m³

Nicht vergütete, in den Einheitspreisen enthaltene Gemeinkosten aufgrund der Zuschlagssätze:

Anteil Lohn:	70 m³ * 49,35 % * 0,8 Std./m³ * 29,00 EUR/Std. =	801,50 EUR
Anteil sonst. Kosten:	70 m³ * 15,00 % * 64,00 EUR/m³ =	672,00 EUR
Summe nicht vergütete Gemeinkosten		1.473,50 EUR

Bild 95: Feststellung der infolge der Mindermenge nicht vergüteten Gemeinkosten gemäß Keil/Martinsen/Vahland/Fricke

Anschließend stellen Keil/Martinsen/Vahland/Fricke fest, welche EKT infolge der Mindermenge eingespart wurden und wie groß der hierauf bezogene Anteil von Bauzinsen und Wagnis an den ersparten Gemeinkosten ist (vgl. Bild 96). Da dem Auftragnehmer nach Auffassung von Keil/Martinsen/Vahland/Fricke für die Mindermenge kein Ausgleich für Wagnis oder Bauzinsen zusteht, ist ein entsprechender Anteil von dem zuvor errechneten Gemeinkostenunterdeckungsbetrag abzuziehen. Der neue Einheitspreis für die Mindermenge setzt sich Keil/Martinsen/Vahland/Fricke zufolge – wie in Bild 97 dargestellt – aus den EKT und den in Bild 96 ermittelten zu vergütenden Gemeinkosten zusammen.

Eingesparte Einzelkosten:

70 m³ * (0,8 Std./m³ * 29,00 EUR/Std. + 64,00 EUR/m³)	=	6.104,00 EUR
Summe der Zuschläge der umsatzbezogenen Gemeinkosten	=	9,00 %
Darin enthalten für nicht zu beanspruchende Bauzinsen und Wagnis	=	1,00 %

Umrechnung auf die Herstellkosten:

$$x = \frac{1*100}{100-9} = 1,10\ \%$$

Bauzinsen und Wagnis der Einzelkosten:

1,10 % von 6.140,00 EUR	=	67,14 EUR

Zu vergütende Gemeinkosten (Gemeinkostenunterdeckung):

1.473,50 EUR - 67,14 EUR	=	1.406,36 EUR

Bild 96: Ermittlung der Gemeinkostenunterdeckung infolge der Mindermenge gemäß Keil/Martinsen/Vahland/Fricke

Neuer Einheitspreis der Position

(= alter EP + Gemeinkostenunterdeck./tats. Menge):

EP_{neu} = 108,25 EUR/m³ + 1.406,36 EUR / 100 m³ = 122,31 EUR/m³

Bild 97: Kalkulation des neuen Einheitspreises bei Mindermengen unter 90 % gemäß Keil/Martinsen/Vahland/Fricke

Bei der von Keil/Martinsen/Vahland/Fricke gewählten Berechnungsmethode werden auf den neuen Einheitspreis für die Mindermenge betriebswirtschaftlich betrachtet folgende Elemente als Ausgleich für die entfallene Menge umgelegt:

---

[110] Vgl. Keil/Martinsen/Vahland/Fricke: Kostenrechnung für Bauingenieure, 2008, S. 164.

- BGK bezüglich der entfallenen Menge
- AGK auf EKT bezüglich der entfallenen Menge
- AGK auf BGK bezüglich der entfallenen Menge
- Wagnis auf BGK bezüglich der entfallenen Menge
- Gewinn auf EKT bezüglich der entfallenen Menge
- Gewinn auf BGK bezüglich der entfallenen Menge

11.4.6 Methode Reister

Für die beispielhafte Berechnung eines Einheitspreises bei Ausführung von Mindermengen unter 10 % nimmt Reister an, dass „die Mengenänderung keine bauzeitlichen Änderungen zur Folge hat und dass der Unternehmer auch in keiner anderen Weise einen Ausgleich erhält". Die Ausgangsposition ist somit nach Reister wie in Bild 98 dargestellt zu kalkulieren.[111]

Reister zufolge ergibt sich für die Beispielposition ein neuer Einheitspreis in Höhe von 122,99 €/m³.

Aus der vermindert ausgeführten Menge errechnet sich eine fehlende Gemeinkosten-deckung in Höhe von (11,31 €/m³ BGK + 9,74 €/m³ UGK) = 21,05 €/m³

$$70,00 \text{ m}^3 \quad * \quad 21,05 \text{ €/m}^3 \quad = \quad 1.473,50 \text{ €}$$

Insgesamt liegt somit eine positionsbezogene Unterdeckung vor, in Höhe von

$$1.473,50 \text{ €}$$

Der Auftragnehmer verlangt daraufhin auf der Grundlage § 2 Nr. 3 VOB/B einen Preisan-passungsanspruch für die ausgeführten 100 m³ Beton der Streifenfundamente in Höhe von:

$$108,25 \text{ €/m}^3 \quad + \quad 1.473,50 \text{ €} \quad / \quad 100,00 \text{ m}^3 \quad = \quad 122,99 \text{ €/m}^3$$

Unter Annahme konstanter Baustellengemeinkosten errechnen sich bei 100 m³ ausgeführter Menge:

$$11,31 \text{ €/m}^3 \quad * \quad 170,00 \text{ m}^3 \quad / \quad 100,00 \text{ m}^3 \quad = \quad 19,23 \text{ €/m}^3$$

Die umsatzbezogenen Gemeinkosten erhöhen sich ebenfalls durch die Verteilung auf die verringerte Menge wie folgt:

$$9,74 \text{ €/m}^3 \quad * \quad 170,00 \text{ m}^3 \quad / \quad 100,00 \text{ m}^3 \quad = \quad 16,56 \text{ €/m}^3$$

Durch den Preisanpassunganspruch erhöht sich der Einheitspreis somit um 14,74 €/m³.
Zur Abrechnung der Position Beton der Streifenfundamente kommen schließlich:

$$100,00 \text{ m}^3 \quad * \quad 122,99 \text{ €/m}^3 \quad = \quad 12.299,00 \text{ €}.$$

Bild 98:   Kalkulation des neuen Einheitspreises bei Mindermengen unter 90 % gemäß Reister

Bei der von Reister gewählten Berechnungsmethode werden auf den neuen Einheitspreis für die Mindermenge betriebswirtschaftlich betrachtet folgende Elemente als Ausgleich für die entfallene Menge umgelegt:

- BGK bezüglich der entfallenen Menge
- AGK auf EKT bezüglich der entfallenen Menge
- AGK auf BGK bezüglich der entfallenen Menge
- WuG auf EKT bezüglich der entfallenen Menge
- WuG auf BGK bezüglich der entfallenen Menge

---

[111] Vgl. Reister: Nachträge beim Bauvertrag, 2007, S. 326 ff.

11.4.7   Methode BMVBS

Anders als bei Mehrmengen über 110 % wird im Leitfaden des BMVBS bei Mindermengen nicht dahingehend unterschieden, ob die Allgemeinen Geschäftskosten als einmalige oder als umsatzbezogene Größe kalkuliert worden sind.[112]

Die Ermittlung des neuen Einheitspreises im Fall von Mindermengen unter 90 % ist gemäß BMVBS unabhängig davon, ob die AGK der ursprünglichen Leistung auftragsbezogen als einmaliger Betrag oder umsatzbezogen kalkuliert worden sind. Gemäß der Darstellung im Leitfaden zur Vergütung bei Nachträgen ist der neue Einheitspreis für die Mindermenge des Beispiels wie in Bild 99 gezeigt zu ermitteln.

Wie in Bild 99 dargestellt, ist gemäß Leitfaden des BMVBS zunächst festzustellen, welcher Anteil der ursprünglich beauftragten Menge nicht ausgeführt wurde – in dem Beispiel sind das 70 m³.

Beton für Streifenfundamente beauftragt		170,00 m³
ausgeführt (< 90 % der beauftragten Menge):		100,00 m³
Mindermengen		70,00 m³
bisheriger Einheitspreis [EPalt]:		108,25 €/m³
Neuer Gesamtbetrag für tatsächlich ausgeführte Menge:		
ausgeführte Menge * EPalt	(100,00 m³ * 108,25 €/m³) =	10.825,00 €
BGK für die nicht ausgeführte Menge	(70,00 m³ * 11,31 €/m³) =	791,70 €
AGK für die nicht ausgeführte Menge	(70,00 m³ * 8,12 €/m³) =	568,40 €
Gewinn für die nicht ausgeführte Menge (Zusammensetzung W+G: 2/3 Wagnis + 1/3 Gewinn)	(70,00 m³ * 0,54 €/m³) =	37,80 €
	Gesamtbetrag =	12.222,90 €
Neuer Einheitspreis [EPneu] für tatsächlich ausgeführte Menge:		
Gesamtbetrag ./. tatsächlich ausgeführte Menge		
12.222,90 € ./. 100 m³ =	[EPneu]	122,23 €/m³

Bild 99:   Kalkulation des neuen Einheitspreises bei Mindermengen unter 90 % gemäß BMVBS

Neben dem (alten) Einheitspreis für die ausgeführte Menge sind nach den Vorgaben des BMVBS auch die BGK, sowie AGK und Gewinn für die nichtausgeführte Menge zu vergüten. Hierfür sind die im ursprünglichen Einheitspreis enthaltenen und zuvor bereits ermittelten Beträge für BGK, für AGK sowie für den Gewinn mit der entfallenen – also der nichtausgeführten – Menge zu multiplizieren. Dieser sich hieraus ergebende Betrag ist zu dem ohnehin für die ausgeführte Menge zu vergütenden Betrag (ausgeführte Menge mal ursprünglicher Einheitspreis) zu addieren und dann der Gesamtbetrag auf die ausgeführte Menge umzulegen.

Bei der vom BMVBS gewählten Berechnungsmethode werden auf den neuen Einheitspreis für die Mindermenge betriebswirtschaftlich betrachtet folgende Elemente als Ausgleich für die entfallene Menge umgelegt:

- BGK bezüglich der entfallenen Menge
- AGK auf EKT bezüglich der entfallenen Menge
- AGK auf BGK bezüglich der entfallenen Menge
- Gewinn auf EKT bezüglich der entfallenen Menge
- Gewinn auf BGK bezüglich der entfallenen Menge

Da die BGK der nichtausgeführten Menge als Umlage im neuen Einheitspreis enthalten sind, ist es als betriebswirtschaftlich korrekt anzusehen, dass auch die in Abhängigkeit von den BGK ermittelten Allgemeinen Geschäftskosten und Gewinn umsatzbezogen im neuen Einheitspreis enthalten sind.

Weshalb das auf die BGK bezogen ermittelte Wagnis jedoch nicht vergütet wird, kann so nicht nachvollzogen werden. Es wird demzufolge weder umsatzbezogen behandelt (dann wäre es ja entsprechend dem umgelegten BGK-Umsatz

---

[112] Vgl. BMVBS: Leitfaden zur Vergütung bei Nachträgen, 2008, Ziffer 7.3.

ebenfalls als Umlage im neuen Einheitspreis enthalten) noch als einmalige Größe (dann müsste es ja ebenfalls im neuen Einheitspreis umgelegt sein). Das auf die BGK bezogene Wagnis wird in diesem Fall gemäß der Vorgaben des BMVBS genauso behandelt wie die EKT der nichtausgeführten Menge: als mengenabhängige Größe.

Als nicht umsatzbezogen sind die in Abhängigkeit von den EKT ermittelten AGK und der Gewinn zu interpretieren, da die EKT bezüglich der nichtausgeführten Menge entfallen. Durch den Entfall der EKT für die nichtausgeführte Menge wird auch der Umsatz entsprechend um diesen Betrag reduziert. Wenn die ursprünglich in Abhängigkeit zu diesem nicht mehr vorhandenen/enthaltenen EKT kalkulierten AGK- und Gewinn-Beträge trotzdem auf den neuen Einheitspreis umgelegt werden, so werden zwangsläufig die „AGK auf EKT" und „G auf EKT" als nicht umsatzbezogene Größe behandelt. Da sie in diesem Falle jedoch im neuen Einheitspreis auf die verbliebene Ausführungsmenge umgelegt werden, sind sie als einmalige Größe einzuordnen.

Darüber hinaus ist generell festzustellen, dass im Falle einer Mindermenge – anders als bei Mehrmengen – seitens des Leitfadens nicht dahingehend differenziert wird, ob die für die ursprüngliche Leistung kalkulierten Allgemeinen Geschäftskosten als einmalige Größe oder umsatzbezogen ermittelt worden sind.[113]

Wie bereits im Abschnitt 11.3.7 erwähnt, ist auch hier die Regelung, dass „die in der Preisermittlung des beauftragten Angebots enthaltenen Zuschlagssätze auf Stoffe" „auch für die Berechnung des neuen Preises" gelten, inkonsequent.[114]

11.4.8   Zusammenfassung zu Mindermengen gemäß § 2 Nr. 3 Abs. 3 VOB/B

Wie sich auch aus den Bildern 100 und 101 entnehmen lässt, gehen Kapellmann/Schiffers, Leimböck/Klaus/Hölkermann und Reister hinsichtlich der Vergütung im Falle von Mindermengen vergleichbar vor. Alle diese Autoren wollen für die entfallene Menge die kompletten BGK, die kompletten AGK (sowohl die in Bezug auf die EKT als auch die in Bezug auf die BGK ermittelten) sowie komplettes WuG (sowohl den in Bezug auf die EKT als auch den in Bezug auf die BGK ermittelten Ansatz) vergüten. Betriebswirtschaftlich betrachtet ist diese Vorgehensweise als widersprüchlich zu bezeichnen: Wenn keine EKT für die entfallene Menge vergütet werden, müsste folgerichtig auch der umsatzbezogene Zuschlag auf diese nicht vorhandenen EKT entfallen.[115]

Autoren	kalkulierter Einheitspreis
Kapellmann/Schiffers	122,99 €/m³
Leimböck/Klaus/Hölkermann	122,99 €/m³
Drees/Paul	122,31 €/m³
Keil/Martinsen/Vahland/Fricke	122,31 €/m³
Reister	122,99 €/m³
BMVBS	122,23 €/m³

Bild 100: Vergleichende Betrachtung der Einheitspreise bei Mindermengen

Drees/Paul und Keil/Martinsen/Vahland/Fricke gehen – bis auf die Vergütung des auf die EKT bezogenen Wagnisses – analog vor: Auch bei ihnen sollen neben den BGK, die kompletten AGK (sowohl die in Bezug auf die EKT als auch die in Bezug auf die BGK ermittelten) und der komplette Gewinn (sowohl der in Bezug auf die EKT als auch der in Bezug auf die BGK ermittelte) vergütet werden. Lediglich hinsichtlich des Wagnisses unterscheiden Drees/Paul und Keil/

---

[113]   Vgl. BMVBS: Leitfaden zur Vergütung bei Nachträgen, 2008, Ziffern 7.3 und 7.2.
[114]   Vgl. BMVBS: Leitfaden zur Vergütung bei Nachträgen, 2008, Ziffer 4.2.2.
[115]   0,00 € * Zuschlagssatz = 0,00 €!

Martinsen/Vahland/Fricke in den bezogen auf die EKT ermittelten Anteil und den bezogen auf die BGK ermittelten Anteil. Da für die entfallene Menge keine EKT umgesetzt werden, müsse auch das entsprechende Wagnis hierfür entfallen.[116] Dieser Vorgehensweise ist betriebswirtschaftlich zuzustimmen, es bleibt jedoch unklar, weshalb diese Konsequenz hinsichtlich der auf die EKT bezogenen AGK und des Gewinns aufgegeben wird.

	EKT	BGK	AGK auf EKT	AGK auf BGK	Wagnis auf EKT	Wagnis auf BGK	Gewinn auf EKT	Gewinn auf BGK	EP in €/m³
(1) Kapellmann/ Schiffers	◿	□	□	□	□	□	□	□	122,99
(2) Leimböck/ Klaus/ Hölkermann	◿	□	□	□	□	□	□	□	122,99
(3) Drees/Paul	◿	□	□	□	%	□	□	□	122,31
(4) Keil/Martinsen/ Vahland/ Fricke	◿	□	□	□	%	□	□	□	122,31
(5) Reister	◿	□	□	□	□	□	□	□	122,99
(6) BMVBS	◿	□	□	□	◿	◿	□	□	122,23

Bild 101: Vergleichende Betrachtung der Kosteneigenschaften bei Mindermengen

Das BMVBS wählt im Falle von Mindermengen unter 90 % eine ähnliche Vorgehensweise wie Drees/Paul und Keil/ Martinsen/Vahland/Fricke. Auch hier sollen neben den BGK der entfallenen Menge die kompletten AGK (sowohl die in Bezug auf die EKT als auch die in Bezug auf die BGK ermittelten) und der komplette Gewinn (sowohl der in Bezug auf die EKT als auch der in Bezug auf die BGK ermittelte) vergütet werden. Das Wagnis hingegen soll überhaupt nicht vergütet werden. Es entfällt hier also nicht nur der in Bezug auf die EKT ermittelte Ansatz sondern auch der hinsichtlich der BGK kalkulierte Anteil. Auch diese Vorgehensweise ist als betriebswirtschaftlich inkonsequent zu bezeichnen. Es ist betriebswirtschaftlich nicht nachzuvollziehen, weshalb der Zuschlag auf die BGK entfällt, wenn die BGK selbst nicht entfallen.

Des Weiteren ist festzustellen, dass die Vergütung im Falle von Mindermengen nicht mit den Ansätzen im Falle von Mehrmengen übereinstimmt: Wie bereits im Abschnitt 11.3.8 ausgeführt, wollen alle betrachteten Autoren für die Mehrmengen die in Bezug auf die EKT ermittelten Allgemeinen Geschäftskosten, Wagnis und Gewinn vergüten. AGK sowie WuG werden also als umsatzbezogen behandelt. Weshalb die zitierten Autoren diese AGK sowie WuG im Zusammenhang mit Mindermengen nicht mehr umsatzbezogen sondern als einmalige Größe behandeln, bleibt unklar.

Bild 102 zeigt die vergleichende Betrachtung bei Mehr- und bei Mindermengen. Es ist deutlich erkennbar, dass die betrachteten Autoren hinsichtlich der Allgemeinen Geschäftskosten, sowie Wagnis und Gewinn im Fall von Mindermengen eine andere Vorgehensweise und dadurch auch andere Kosteneigenschaften wählen als bei Mehrmengen.

---

[116] EKT = 0,00 € → 0,00 € * Wagnis-Zuschlag = 0,00 €.

	EKT	BGK	AGK auf EKT	AGK auf BGK	Wagnis auf EKT	Wagnis auf BGK	Gewinn auf EKT	Gewinn auf BGK	EP in €/m³
(1) Kapellmann/ Schiffers (Mehrmenge)	◿	▭	◿ %	◿	◿ %	◿	◿ %	◿	95,99
(2) Kapellmann/ Schiffers (Mindermenge)	◿	▭	▭	▭	▭	▭	▭	▭	122,99
(3) Leimböck/ Klaus/ Hölkermann (Mehrmenge)	◿	▭	%	%	%	%	%	%	95,82
(4) Leimböck/ Klaus/ Hölkermann (Mindermenge)	◿	▭	▭	▭	▭	▭	▭	▭	122,99
(5) Drees/Paul (Mehrmenge)	◿	▭	%	%	%	%	%	%	95,82
(6) Drees/Paul (Mindermenge)	◿	▭	▭	▭	%	▭	▭	▭	122,31
(7) Keil/Martinsen/ Vahland/ Fricke (Mehrmenge)	◿	▭ + ◿	%	%	%	%	%	%	95,82
(8) Keil/Martinsen/ Vahland/ Fricke (Mindermenge)	◿	▭	▭	▭	%	▭	▭	▭	122,31
(9) Reister (Mehrmenge)	◿	▭	%	%	%	%	%	%	95,82
(10) Reister (Mindermenge)	◿	▭	▭	▭	▭	▭	▭	▭	122,99
(11) BMVBS (Mehrmenge)	◿	▭	◿	◿	◿	◿	◿	◿	96,94
(12) BMVBS (Mindermenge)	◿	▭	▭	▭	◿	◿	▭	▭	122,23

Bild 102: Vergleichende Betrachtung der Kosteneigenschaften bei Mehr- und Mindermengen

11.5   Untersuchung der Kalkulation von teilgekündigten Leistungen gemäß § 2 Nr. 4 VOB/B

11.5.1   Allgemeines

Die nachfolgende Untersuchung hinsichtlich teilgekündigter Leistungen bezieht sich auf die im Abschnitt 11.2.2 dargestellte Beispielposition, welche als in vollem Umfang durch den Auftraggeber teilgekündigt angenommen wird.

Sämtliche zitierte Autoren zeigen Berechnungsbeispiele anhand der Kalkulationsfortschreibung. Hierbei handelt es sich quasi um ein vereinfachtes Verfahren gegenüber dem Grundsatz „volle Vergütung abzüglich ersparter Aufwendungen sowie anderweitigem Erwerb".

11.5.2   Methode Kapellmann/Schiffers

Kapellmann/Schiffers stellen fest, dass maximal der als Direkte Kosten in der Angebotskalkulation aufgeführte Betrag als ersparte Kosten in Abzug gebracht werden kann. Die Baustellengemeinkosten, Allgemeinen Geschäftskosten, Wagnis und Gewinn sind Kapellmann/Schiffers zufolge in der Regel nicht als ersparte Kosten abzuziehen.[117] Mit diesem Ansatz ist der zu vergütende Betrag im Falle einer Teilkündigung der Beispielposition wie in Bild 103 gezeigt zu ermitteln.[118]

11.0

1. gekündigte Teilleistungen	
Beton der Streifenfundamente, Pos. 2.2.02	108,25 €/m³
2. Angebotskalkulation	
Direkte Kosten (Lohn)	23,20 €/m³
Direkte Kosten (Soko)	64,00 €/m³
Deckungsanteil (49,35 % auf Lohn)	11,45 €/m³
Deckungsanteil (15,0 % auf Soko)	9,60 €/m³
3. Nicht ersparte Preisanteile	
Keine	0,00 €/m³
4. Vergütungsansprüche	
Nicht ersparte Preisanteile	0,00 €/m³
Deckungsanteil (siehe 2.)	21,05 €/m³
Restvergütungsanspruch (3. + 2.)	**21,05 €/m³**

Bild 103: Kalkulation der zu zahlenden Vergütung bei teilgekündigten Leistungen gemäß Kapellmann/Schiffers

Bei der von Kapellmann/Schiffers gewählten Berechnungsmethode werden betriebswirtschaftlich betrachtet folgende Elemente als Ausgleich für die entfallene Leistung vergütet:

- BGK
- AGK auf EKT (auch auf eingesparte EKT)
- AGK auf BGK
- WuG auf EKT (auch auf eingesparte EKT)
- WuG auf BGK

---

[117] Vgl. Kapellmann/Schiffers: Vergütung, Nachträge und Behinderungsfolgen beim Bauvertrag, 2006, S. 532 ff.
[118] Vgl. Kapellmann/Schiffers: Vergütung, Nachträge und Behinderungsfolgen beim Bauvertrag, 2006, S. 534, Abb. 33.

11.5.3   Methode Leimböck/Klaus/Hölkermann

Leimböck/Klaus/Hölkermann zufolge ist der zu vergütende Betrag im Falle einer Teilkündigung der Ausgangsposition wie in Bild 104 gezeigt zu ermitteln.[119]

Einheitspreis der Position 2.2.02	108,25 EUR
abzügl. ersparter EKT	./. 87,20 EUR
neuer Einheitspreis:	21,05 EUR

Bild 104: Kalkulation der zu zahlenden Vergütung bei teilgekündigten Leistungen gemäß Leimböck/Klaus/Hölkermann

Bei der von Leimböck/Klaus/Hölkermann gewählten Berechnungsmethode werden betriebswirtschaftlich betrachtet folgende Elemente als Ausgleich für die entfallene Leistung vergütet:

- BGK
- AGK auf EKT (auch auf eingesparte EKT)
- AGK auf BGK
- WuG auf EKT (auch auf eingesparte EKT)
- WuG auf BGK

11.5.4   Methode Drees/Paul

Mit dem von Drees/Paul vorgetragenem Ansatz ist der zu vergütende Betrag im Falle einer Teilkündigung der Ausgangsposition wie in Bild 105 gezeigt zu ermitteln.[120]

Aus der Kalkulation ist folgende Zusammensetzung des Einheitspreises zu entnehmen:

- Lohn	0,80 h/m³	je 29,00 €/h	23,20 €/m³
- Zuschlag auf Lohnkosten	49,35 % v.	23,20 €/m³	11,45 €/m³
- Stoffkosten			64,00 €/m³
- Zuschlag auf Stoffkosten	15,00 % v.	64,00 €/m³	9,60 €/m³
			108,25 €/m³

Aus der Kalkulation ergeben sich folgende Zuschlagssätze

Allgemeine Geschäftskosten (AGK)	7,5 %	der Angebotssumme
Wagnis (W)	1,0 %	der Angebotssumme
Gewinn (G)	0,5 %	der Angebotssumme
insgesamt	9,0 %	der Angebotssumme

Wagnisanteil an den Einzelkosten (EkdT):

$$\frac{1 * 100}{100 - 9} = 1,0989\ \%$$

Vereinbarter Einheitspreis				108,25 €/m³
./. Lohnkosten			-	23,20 €/m³
./. Wagnisanteil für Lohnkosten	1,0989 % *	23,20 €/m³	-	0,25 €/m³
./. Stoffkosten			-	64,00 €/m³
./. Wagnisanteil für Stoffkosten	1,0989 % *	64,00 €/m³	-	0,70 €/m³
Neuer Einheitspreis				20,10 €/m³

Bild 105: Kalkulation der zu zahlenden Vergütung bei teilgekündigten Leistungen gemäß Drees/Paul

---

[119] Vgl. Leimböck/Klaus/Hölkermann: Baukalkulation und Projektcontrolling, 2007, S. 88.
[120] Vgl. Drees/Paul: Kalkulation von Baupreisen, 2006, S. 238 f.

Nach der Analyse, wie sich der Einheitspreis zusammensetzt, ist das auf die EKT bezogene Wagnis zu ermitteln, welches dem Auftragnehmer Drees/Paul zufolge nicht zu vergüten ist. Vom ursprünglichen Einheitspreis ist neben den ersparten EKT auch das auf diese EKT bezogene Wagnis abzuziehen (vgl. Bild 105).

Bei der von Drees/Paul gewählten Berechnungsmethode werden betriebswirtschaftlich betrachtet folgende Elemente als Ausgleich für die entfallene Leistung vergütet:

- BGK
- AGK auf EKT
- AGK auf BGK
- W auf BGK
- G auf EKT
- G auf BGK

11.5.5   Methode Keil/Martinsen/Vahland/Fricke

Das von Keil/Martinsen/Vahland/Fricke vorgetragene Beispiel für den Vergütungsanspruch bei Kündigung bezieht sich auf eine Nachunternehmerleistung und zeigt sowohl einen Vergütungsanspruch des Nachunternehmers (NU) als auch einen Anspruch des Generalunternehmers. In der folgenden Betrachtung wird – da die Beispielposition eine Eigenleistung ist – auf den Anspruch des ausführenden Unternehmers, also des NU Bezug genommen.

Dementsprechend ist der zu vergütende Betrag im Falle einer Teilkündigung der Ausgangsposition gemäß Keil/Martinsen/Vahland/Fricke wie in Bild 106 gezeigt zu ermitteln.[121]

Aus der vorgelegten Kalkulation ist zu entnehmen:		
Einzelkosten der Teilleistung	=	14.824,00 EUR
Gemeinkosten der Baustelle	=	1.922,70 EUR
Umsatzbezogene Gemeinkosten AGK = 7,5 %, Z = 0 %, W = 1 %, G = 0,5 % (Summe 9 %)	=	1.655,80 EUR
Angebotspreis	=	18.402,50 EUR
Der Unternehmer fordert als Vergütung bei Kündigung:		
Angebotspreis	=	18.402,50 EUR
./. Einzelkosten der Teilleistung	=	-14.824,00 EUR
./. Wagnis (1 %) und Bauzinsen (0 %) Anteil für W + Z = 1 % v. 18.402,50 EUR	=	-184,03 EUR
./. Gemeinkosten der Baustelle (Annahme: 30 % können bei anderen Aufträgen gedeckt werden) 30 % von 1.922,70 EUR (hier nicht umgesetzt)	=	0,00 EUR
Vergütungsanspruch bei Kündigung	=	3.394,47 EUR
Umgelegt auf die beauftragte Menge ergäbe sich so folgender Betrag: 3.394,47 EUR / 170,00 m³	=	19,97 EUR/m³

Bild 106: Kalkulation der zu zahlenden Vergütung bei teilgekündigten Leistungen gemäß Keil/Martinsen/Vahland/Fricke

Keil/Martinsen/Vahland/Fricke zufolge sind im Fall einer teilgekündigten Leistung Wagnis und Bauzinsen als ersparte Kostengröße ebenso von der vereinbarten Vergütung in Abzug zu bringen wie auch die EKT. Unter der pauschalen Annahme, dass 30 % der kalkulierten BGK bei anderen Aufträgen gedeckt werden können, seien auch diese 30 %

---

[121] Vgl. Keil/Martinsen/Vahland/Fricke: Kostenrechnung für Bauingenieure, 2008, S. 167 f.

in Abzug zu bringen. Im betrachteten Beispiel wird dieser Abzug jedoch nicht vorgenommen, um einen Vergleich der Einheitspreise unter den Autoren zu ermöglichen.

Bei der von Keil/Martinsen/Vahland/Fricke gewählten Berechnungsmethode werden betriebswirtschaftlich betrachtet folgende Elemente als Ausgleich für die entfallene Leistung vergütet:

- BGK
- AGK auf EKT
- AGK auf BGK
- Gewinn auf EKT
- Gewinn auf BGK

11.5.6   Methode Reister

Die Berechnung des Vergütungsanspruchs infolge teilgekündigter Leistungen ist gemäß Reister von oben nach unten vorzunehmen, indem vom mit der vereinbarten Menge multiplizierten Einheitspreis/Pauschalpreis („volle Vergütung") die ersparten Kosten und Aufwendungen und der anderweitige Erwerb abgezogen werden. Gemäß dem Berechnungsbeispiel ist der zu vergütende Betrag im Falle einer Teilkündigung der hier betrachteten Ausgangsposition wie in Bild 107 gezeigt zu ermitteln.[122]

+	Einheitspreis	108,25 €/m³
-	ersparte Lohnkosten (0,8 h * 29,00 €/h) =	23,20 €/m³
-	ersparter sonstige Kosten	64,00 €/m³
=	**zu vergüten pro m³**	**21,05 €/m³**

Bild 107: Kalkulation der zu zahlenden Vergütung bei teilgekündigten Leistungen gemäß Reister

Bei der von Reister gewählten Berechnungsmethode werden betriebswirtschaftlich betrachtet folgende Elemente als Ausgleich für die entfallene Leistung vergütet:

- BGK
- AGK auf EKT
- AGK auf BGK
- WuG auf EKT
- WuG auf BGK

11.5.7   Methode BMVBS

Der Leitfaden zur Vergütung von Nachträgen enthält kein direktes Beispiel zur Ermittlung des für eine teilgekündigte Leistung zu vergütenden Betrags.

Aus der in Ziffer 7.6.2 des Leitfadens dargestellten Ausgleichsberechnung auf der Grundlage von Gemeinkosten-Zuschlägen lässt sich jedoch schließen, was beim Wegfall ganzer Positionen (§ 8 Nr. 1 Abs. 2 VOB/B) zunächst als Vergütung anzusetzen ist.

Demnach sind für gekündigte Leistungen die im ursprünglichen Einheitspreis enthaltenen Gemeinkosten abzüglich des Wagnis-Anteils zu vergüten. Diese Ermittlung nach der Methode des BMVBS wird in Bild 108 dargestellt.

Analog zu der Vorgehensweise bei Mindermengen sind nach den Vorgaben des BMVBS bei gekündigten Teilleistungen die BGK, sowie AGK und Gewinn für die nichtausgeführte Menge zu vergüten. Gemäß dem Leitfaden zur Vergütung bei Nachträgen sind hierfür die im ursprünglichen Einheitspreis enthaltenen und zuvor bereits ermittelten Beträge für BGK, für AGK sowie für den Gewinn mit der entfallenen – also der nichtausgeführten – Menge zu multiplizieren.

---

[122] Vgl. Reister: Nachträge beim Bauvertrag, 2007, S. 339 f.

Wegfall folgender Position:

170,00 m³   Beton der Streifenfundamente

Gemeinkosten-Zuschlag

BGK	11,31 €/m³
AGK	8,12 €/m³
W+G	1,62 €/m³
insgesamt:	21,05 €/m³

abzüglich ersparter Anteil für Wagnis

(W+G*2/3):   21,05 - 1,08 €/m³   =   19,97 €/m³

19,97 €/m³ * 170,00 m³ =   3.394,47 €/m³

Bild 108: Kalkulation der zu zahlenden Vergütung bei teilgekündigten Leistungen gemäß BMVBS

11.0

Bei der vom BMVBS gewählten Berechnungsmethode werden betriebswirtschaftlich betrachtet folgende Elemente als Ausgleich für die entfallene Leistung vergütet:

- BGK
- AGK auf EKT
- AGK auf BGK
- Gewinn auf EKT
- Gewinn auf BGK

Da die BGK der nichtausgeführten Leistung zu vergüten sind, ist es als betriebswirtschaftlich korrekt anzusehen, dass auch die in Abhängigkeit von den BGK ermittelten Allgemeinen Geschäftskosten und Gewinn umsatzbezogen vergütet werden sollen.

Weshalb das auf die BGK bezogen ermittelte Wagnis jedoch nicht mit umgelegt wird, kann nicht nachvollzogen werden. Es wird weder umsatzbezogen behandelt (dann wäre es ja entsprechend dem umgelegten BGK-Umsatz ebenfalls als Umlage im neuen Einheitspreis enthalten) noch als einmalige Größe (dann müsste es ebenfalls im neuen Einheitspreis umgelegt sein). Das auf die BGK bezogene Wagnis wird in diesem Fall gemäß der Vorgaben des BMVBS genauso behandelt wie die EKT der nichtausgeführten Menge: als mengenabhängige Größe.

Als nicht umsatzbezogen sind die in Abhängigkeit von den EKT ermittelten AGK und der Gewinn zu interpretieren, da die EKT entfallen. Durch den Entfall der EKT wird auch der Umsatz entsprechend um diesen Betrag reduziert. Wenn die ursprünglich in Abhängigkeit zu diesem nicht mehr vorhandenen/enthaltenen EKT kalkulierten AGK- und Gewinn-Beträge trotzdem auf den neuen Einheitspreis umgelegt werden, so werden zwangsläufig die „AGK auf EKT" und „Gewinn auf EKT" als nicht umsatzbezogene Größe behandelt. Da sie in diesem Falle vergütet werden sollen, sind sie demnach als einmalige Größe einzuordnen.

Es ist festzustellen, dass im Falle einer gekündigten Leistung – anders als z. B. bei Mehrmengen – seitens des Leitfadens nicht dahingehend differenziert wird, ob die für die ursprüngliche Leistung kalkulierten Allgemeinen Geschäftskosten als einmalige Größe oder umsatzbezogen ermittelt worden sind.

Dem so ermittelten Betrag, der dem BMVBS zufolge im Falle von Teilkündigungen zu vergüten ist, sind mittels einer Ausgleichberechnung jene Gemeinkostenbeträge gegenüberzustellen, die durch Mehrmengen über 110 %, geänderte Leistungen, zusätzliche Leistungen bzw. Stundenlohnarbeiten vergütet werden.

Die im Leitfaden im Ziffer 7.6.2 dargestellte Ausgleichsberechnung bezieht sich dabei kumuliert auf Baustellengemeinkosten, Allgemeine Geschäftskosten, Wagnis und Gewinn. Da diese jedoch – je nachdem um welchen Anspruch es sich handelt – in unterschiedlicher Weise fortgeschrieben werden (so enthalten z. B. zusätzliche Leistungen auch einen Ansatz für zusätzliche BGK, bei Mehrmengen über 110 % sind dagegen keine zusätzlichen BGK enthalten) ist eine solche Ausgleichsberechnung als methodisch ungeeignet zu bezeichnen.

So werden die im Zusammenhang mit teilgekündigten Leistungen als einmalige Kosten behandelten AGK jenen umsatzbezogenen bzw. mengenabhängigen AGK aus zusätzlichen Leistungen bzw. Mehrmengen gegenübergestellt. Auch die kumulierte Bilanz über BGK, AGK und WuG ist sehr zweifelhaft. Sollen die einmaligen BGK, die aufgrund einer Teilkündigung entfallen, durch umsatzbezogene AGK und WuG aus Mehrmengen ausgeglichen werden? Eine solche Vorgehensweise ist betriebswirtschaftlich betrachtet wenig sinnvoll, gegebenenfalls unzulässig.

11.5.8   Zusammenfassung zu teilgekündigten Leistungen gemäß § 2 Nr. 4 VOB/B

Es ist festzustellen, dass alle zitierten Autoren bis auf Keil/Martinsen/Vahland/Fricke im Falle von teilgekündigten Leistungen genauso vorgehen wie hinsichtlich Mindermengen unter 90 % (vgl. auch Abschnitt 11.4.8).

Autoren	kalkulierter Einheitspreis
Kapellmann/Schiffers	21,05 €/m³
Leimböck/Klaus/Hölkermann	21,05 €/m³
Drees/Paul	20,10 €/m³
Keil/Martinsen/Vahland/Fricke	19,97 €/m³
Reister	21,05 €/m³
BMVBS	19,97 €/m³

Bild 109: Vergleichende Betrachtung der Einheitspreise bei teilgekündigten Leistungen

Wie sich auch aus den Bildern 109 und 110 entnehmen lässt, kommen Kapellmann/Schiffers, Leimböck/Klaus/Hölkermann und Reister hinsichtlich der Vergütung im Falle von teilgekündigten Leistungen zu den gleichen Ergebnissen. Alle diese Autoren wollen die kompletten BGK, die kompletten AGK (sowohl die in Bezug auf die EKT als auch die in Bezug auf die BGK ermittelten) sowie den kompletten WuG-Anteil (sowohl den in Bezug auf die EKT als auch den in Bezug auf die BGK ermittelten Ansatz) vergüten. Betriebswirtschaftlich betrachtet ist diese Vorgehensweise jedoch als widersprüchlich zu bezeichnen: Wenn keine EKT für die entfallene Menge vergütet werden, müsste folgerichtig auch der umsatzbezogene Zuschlag auf diese nicht vorhandenen EKT eingespart werden, also entfallen.[123]

Diese betriebswirtschaftliche Inkonsequenz ist auch hier – wie bereits zuvor im Zusammenhang mit der Vergütung von Mindermengen – bei allen betrachteten Autoren festzustellen.

Drees/Paul und Keil/Martinsen/Vahland/Fricke unterscheiden sich diesbezüglich von Kapellmann/Schiffers, Leimböck/Klaus/Hölkermann und Reister, da sie das in Bezug auf die EKT ermittelte Wagnis nicht vergüten wollen. Auch untereinander unterscheiden sich die Methoden von Drees/Paul und Keil/Martinsen/Vahland/Fricke. Drees/Paul setzen im Falle von teilgekündigten Leistungen den kompletten ursprünglichen BGK-Betrag an, Keil/Martinsen/Vahland/Fricke dagegen nehmen pauschal an, dass 30 % der BGK bei anderen Aufträgen gedeckt werden können und somit abzuziehen sind.

Das BMVBS wählt im Falle von teilgekündigten Leistungen eine ähnliche Vorgehensweise wie Drees/Paul bzw. Keil/Martinsen/Vahland/Fricke. Auch hier sollen neben den BGK die kompletten AGK (sowohl die in Bezug auf die EKT als auch die in Bezug auf die BGK ermittelten) und der komplette Gewinn (sowohl der in Bezug auf die EKT als auch der in Bezug auf die BGK ermittelte) vergütet werden. Das Wagnis hingegen soll überhaupt nicht vergütet werden. Es entfällt hier also nicht nur der in Bezug auf die EKT ermittelte Ansatz sondern auch der hinsichtlich der BGK kalkulierte Anteil. Auch diese Vorgehensweise ist als betriebswirtschaftlich inkonsequent zu bezeichnen. Es ist betriebswirtschaftlich nicht nachzuvollziehen, weshalb der Zuschlag auf die BGK entfällt, wenn die BGK selbst nicht entfallen sollen.

Des Weiteren ist festzustellen, dass die Vergütung im Falle von teilgekündigten Leistungen zwar mit den Ansätzen im Falle von Mindermengen übereinstimmt, nicht jedoch mit der Vorgehensweise bei Mehrmengen: Wie bereits im

---

[123] 0,00 € * Zuschlagssatz = 0,00 €!

Abschnitt 11.3.8 ausgeführt, wollen alle untersuchten Autoren für die Mehrmengen die in Bezug auf die EKT ermittelten Allgemeinen Geschäftskosten, Wagnis und Gewinn vergüten. AGK sowie WuG werden demnach also als umsatzbezogen behandelt. Weshalb die zitierten Autoren diese AGK sowie WuG im Zusammenhang mit Mindermengen und teilgekündigten Leistungen nicht mehr umsatzbezogen sondern als einmalige Größe behandeln, bleibt unklar.

	EKT	BGK	AGK auf EKT	AGK auf BGK	Wagnis auf EKT	Wagnis auf BGK	Gewinn auf EKT	Gewinn auf BGK	EP in €/m³
(1) Kapellmann/ Schiffers	◿	☐	☐	☐	☐	☐	☐	☐	21,05
(2) Leimböck/ Klaus/ Hölkermann	◿	☐	☐	☐	☐	☐	☐	☐	21,05
(3) Drees/Paul	◿	☐	☐	☐	%	☐	☐	☐	20,10
(4) Keil/Martinsen/ Vahland/ Fricke	◿	☐	☐	☐	◿	◿	☐	☐	19,97
(5) Reister	◿	☐	☐	☐	☐	☐	☐	☐	21,05
(6) BMVBS	◿	☐	☐	☐	◿	◿	☐	☐	19,97

Bild 110: Vergleichende Betrachtung der Kosteneigenschaften bei teilgekündigten Leistungen

11.6 Untersuchung der Kalkulation von geänderten Leistungen gemäß § 2 Nr. 5 VOB/B

11.6.1 Allgemeines (Variation der Beispielposition als Grundlage für die Analyse)

Bei geänderten Leistungen ist gemäß § 2 VOB/B ein neuer Preis unter Berücksichtigung der Mehr- und Minderkosten zu vereinbaren.

Geänderte Leistungen können durch einen Mehraufwand (gegenüber der ursprünglichen Position erhöhte Einzelkosten der Teilleistung) oder einen Minderaufwand (reduzierte Einzelkosten der Teilleistung) gekennzeichnet sein, grundsätzlich ist jedoch eine Abweichung des Bau-Ist vom Bau-Soll festzustellen. Für die nachfolgenden Analysen wird die Beispielposition aus Abschnitt 11.2.2 wie folgt variiert:

1. Geänderte Leistung mit erhöhtem Aufwand: Der Aufwand erhöht sich hinsichtlich der Lohnkosten um 0,2 Stunden/m³ und hinsichtlich des Materials um 4,00 €/m³.

2. Geänderte Leistung mit reduziertem Aufwand: Der Aufwand bleibt hinsichtlich der Lohnkosten unverändert, hinsichtlich des Materials verringert er sich um 6,00 €/m³.

11.6.2   Geänderte Leistung mit erhöhtem Aufwand

11.6.2.1   Methode Kapellmann/Schiffers

Kapellmann/Schiffers haben verschiedene Verfahren entwickelt, wie die Vergütung im Falle von geänderten (oder auch zusätzlichen Leistungen) zu kalkulieren ist. Diese unterschiedlichen Berechnungsmöglichkeiten richten sich nach den vorhandenen Kenntnissen hinsichtlich der Auftragskalkulation: Je nachdem ob eine Auftragskalkulation vorhanden/bekannt ist und je nach Detaillierungsgrad dieser Kalkulation haben Kapellmann/Schiffers sowohl eine schätzende Methode als auch eine konkrete Methode entwickelt.

Da für die zu untersuchende Beispielposition die Kalkulationsdaten bekannt sind, wird nachfolgend die konkrete Berechnungsmethode zugrunde gelegt.

Die Ermittlung des neuen Einheitspreises erfolgt gemäß Kapellmann/Schiffers wie in Bild 111 dargestellt.[124]

---

1. Dokumentation der modifizierten Leistung

    Geänderte Leistung: Beton der Streifenfundamente
                          Beton C 30/37
    Bezugsleistung: Beton der Streifenfundamente, Pos. 2.2.02
                          Beton C 20/25

2. Bewertungsfortschreibung

- Lohnkosten:	Mittellohn nach Angebotskalkulation	1,00 Ph/m³
- Stoffkosten:	Preisliste des Betonlieferanten	68,00 EUR/m³

3. Anpassung an das Vertragspreisniveau

Mit Niveaufaktoren angepasste Bewertung der modifizierten Leistung:

- Lohnkosten:	1,00 Ph/m³
- Stoffkosten:	68,00 EUR/m³

Mehrkosten (gegenüber der Angebotskalkulation):

- Lohnkosten:	(1,0 - 0,8) Ph/m³ * 29,00 EUR/Ph	=	5,80 EUR/m³
- Stoffkosten:	68,00 EUR/m³ - 64,00 EUR/m³	=	4,00 EUR/m³
Mehrpreis insgesamt:			9,80 EUR/m³

4. Anpassung an das Vertragspreisniveau

Zuschlag auf Basis I (Lohnkosten) (Prozentsatz nach Kalkulationsabschlussblatt)	49,35 %	=	2,86 EUR/m³
Zuschlag auf Basis II (Stoffkosten) (Prozentsatz nach Kalkulationsabschlussblatt)	15,00 %	=	0,60 EUR/m³
Einheitspreis			**13,26 EUR/m³**

Bild 111: Kalkulation des neuen Einheitspreises bei geänderten Leistungen mit erhöhtem Aufwand gemäß Kapellmann/Schiffers

Da es sich bei dem so ermittelten Einheitspreis um eine Zulage zum ursprünglichen Einheitspreis handelt, sind beide Preisanteile zu addieren, um eine Vergleichbarkeit herstellen zu können (vgl. Bild 112).

---

[124] Vgl. Kapellmann/Schiffers: Vergütung, Nachträge und Behinderungsfolgen beim Bauvertrag, 2006, S. 434 ff., insbes. S. 507.

> Zusammen mit dem alten EP ergibt sich:
>
> 108,25 EUR/m³ +   13,26 EUR/m³ =   121,51 EUR/m³

Bild 112: Einheitspreis für die geänderte Leistung mit Mehraufwand gemäß Kapellmann/Schiffers

Bei der von Kapellmann/Schiffers gewählten Berechnungsmethode enthält der neue Gesamt-Einheitspreis für die geänderte Leistung betriebswirtschaftlich betrachtet – neben den Elementen des ursprünglichen Einheitspreises – folgende Elemente:

- Zusätzliche EKT infolge Leistungsänderung
- BGK auf die zusätzlichen EKT
- AGK auf die zusätzlichen EKT
- AGK auf die zusätzlichen BGK
- WuG auf die zusätzlichen EKT
- WuG auf die zusätzlichen BGK

11.0

11.6.2.2   Methode Leimböck/Klaus/Hölkermann

Die Neuberechnung der Vergütung infolge einer Änderung des Bauentwurfs erfolgt bei Leimböck/Klaus/Hölkermann als Zulage zur ursprünglichen Position.[125] Auf die zusätzlichen EKT infolge der Änderung (Mehraufwand) sind Leimböck/Klaus/Hölkermann zufolge die AGK sowie WuG zu beaufschlagen. Dieses erfolgt mit dem auf Herstellkostenbasis umgerechneten Zuschlagsfaktoren von 7,5 % für AGK und 1,5 % für WuG (Eigenleistungen).[126]

Die Ermittlung des neuen Einheitspreises erfolgt gemäß Leimböck/Klaus/Hölkermann wie in Bild 113 dargestellt.

> Einheitspreis für die Nachtragsposition 2.2.02 N
> Mehraufwand
>
> Lohnkosten
> 0,20 h/m³ * 29,00 EUR/h =   5,80 EUR/m³
> Gerätekosten   4,00 EUR/m³
>
> Zuschlag für Allgemeine Geschäftskosten, Gewinn und Wagnis
>   (5,80 + 4,00) * 9,89 % =   0,97 EUR/m³
> Einheitspreis für Pos. 2.2.02 N   10,77 EUR/m³

Bild 113: Kalkulation des neuen Einheitspreises bei geänderten Leistungen mit erhöhtem Aufwand gemäß Leimböck/Klaus/Hölkermann

Da es sich bei diesem so ermittelten Einheitspreis um eine Zulage zum ursprünglichen Einheitspreis handelt, sind beide Preisanteile zu addieren, um eine Vergleichbarkeit herstellen zu können.

> Zusammen mit dem alten EP ergibt sich:
>
> 10,77 EUR/m³ +   108,25 EUR/m³ =   119,02 EUR/m³

Bild 114: Einheitspreis für die geänderte Leistung mit Mehraufwand gemäß Leimböck/Klaus/Hölkermann

---

[125] Vgl. Leimböck/Klaus/Hölkermann: Baukalkulation und Projektcontrolling, 2007, S. 92.
[126] Die Umrechnung des UGK-Zuschlags von der Basis Angebotssumme auf die Basis Herstellkosten erfolgt mittels folgender Formel:
$p_1 = (7,5 + 1,5) * 100 / (100 - (7,5 + 1,5)) = 9,89 \%$.

Bei der von Leimböck/Klaus/Hölkermann gewählten Berechnungsmethode enthält der neue Gesamt-Einheitspreis für die geänderte Leistung betriebswirtschaftlich betrachtet – neben den Elementen des ursprünglichen Einheitsprei-ses – folgende Elemente:

- Zusätzliche EKT infolge Leistungsänderung
- AGK auf die zusätzlichen EKT
- WuG auf die zusätzlichen EKT

Leimböck/Klaus/Hölkermann weisen dabei ausdrücklich darauf hin, dass sich ggf. die Baustellengemeinkosten infolge der geänderten Leistung ebenfalls verändern können und diese Veränderung dann entsprechend zu berück-sichtigen wäre.[127]

11.6.2.3   Methode Drees/Paul

Drees/Paul zufolge sind die für die geänderte Leistung zu vergütenden Gemeinkosten durch Multiplikation der EKT mit den kostenartenspezifischen Zuschlagssätzen zu ermitteln. Gemeinsam mit den EKT der veränderten Leistung ergeben sie so den neuen Einheitspreis.[128]

```
Aus der Kalkulation sind folgende Daten zu entnehmen:

Zuschläge:   Verrechnungslohn        43,31 €/h
             Soko                    15,00 %
             Geräte                  15,00 %
             Fremdleistung           10,00 %

             Mittellohn ASL          29,00 €/h


Berechnung des Nachtragspreises für die geänderte Leistung:

Beton:   Lohn       1,00 h/m³ * 43,31 €/h   =    43,31 €/m³
         Soko       68,00 €/m³ * 1,15       =    78,20 €/m³
         Anzubietender Einheitspreis             121,51 €/m³
```

Bild 115: Kalkulation des neuen Einheitspreises bei geänderten Leistungen mit erhöhtem Aufwand gemäß Drees/Paul

Bei der von Drees/Paul gewählten Berechnungsmethode enthält der neue Gesamt-Einheitspreis für die geänderte Leistung betriebswirtschaftlich betrachtet – neben den Elementen des ursprünglichen Einheitspreises – folgende Elemente:

- Zusätzliche EKT infolge Leistungsänderung
- BGK auf die zusätzlichen EKT
- AGK auf die zusätzlichen EKT
- AGK auf die zusätzlichen BGK
- WuG auf die zusätzlichen EKT
- WuG auf die zusätzlichen BGK

---

[127] Vgl. Leimböck/Klaus/Hölkermann: Baukalkulation und Projektcontrolling, 2007, S. 92.
[128] Vgl. Drees/Paul: Kalkulation von Baupreisen, 2006, S. 243 f.

11.6.2.4 Methode Keil/Martinsen/Vahland/Fricke

Keil/Martinsen/Vahland/Fricke kalkulieren die geänderte Leistung mit Mehraufwand als Zulageposition mit den gleichen Zuschlagssätzen wie für die ursprünglich vorgesehene Leistung.[129] [130]

Die Ermittlung des neuen Einheitspreises erfolgt gemäß Keil/Martinsen/Vahland/Fricke wie in Bild 116 dargestellt.

Leistungsbeschreibung Kostenentwicklung	Lohn [Std.]	So.Ko. [EUR]	Geräte [EUR]	Fremdleis-tung [EUR]	Einheitspreis (EP) [EUR]	Gesamtpreis (GP) [EUR]
Beton der Streifenfundamente						
Alter Einheitspreis =					*108,25*	*EUR/m³*
*aus: 0,8 Std./m³ * 29,00 EUR/Std. * 1,4935 + 64,00 EUR/m³ * 1,15*						
Zulage						
*1,0 m³ * (0,2 h/m³ + 4,00 EUR/m³)*	*0,20*	*4,00*				
	0,20	*4,00*				
Zuschläge mit KML = 29,00 EUR/Std.						
Z_L = 49,35 %	*8,66*					
Z_{SK} = 15,00 %		*4,60*		***Mehrpreis:***	*13,26*	*EUR/m³*
	Neuer Einheitspreis für Pos.				*121,51*	*EUR/m³*

Bild 116: Kalkulation von geänderten Leistungen mit erhöhtem Aufwand gemäß Keil/Martinsen/Vahland/Fricke

Bei der von Keil/Martinsen/Vahland/Fricke gewählten Berechnungsmethode enthält der neue Gesamt-Einheitspreis für die geänderte Leistung betriebswirtschaftlich betrachtet neben den Elementen des ursprünglichen Einheitspreises folgende Elemente:

- Zusätzliche EKT infolge Leistungsänderung
- BGK auf die zusätzlichen EKT
- AGK auf die zusätzlichen EKT
- AGK auf die zusätzlichen BGK
- WuG auf die zusätzlichen EKT
- WuG auf die zusätzlichen BGK

11.6.2.5 Methode Reister

Das Berechnungsbeispiel Reisters für die Ermittlung eines neuen Einheitspreises infolge Leistungsänderung nach § 2 Nr. 5 VOB/B enthält gleichzeitig eine Änderung der Abrechnungsmenge. Insgesamt betrachtet führt die Reduzierung der Abrechnungsmenge in seinem Beispiel auch zu einer Reduzierung des Gesamtaufwands. Bezogen auf den Einheitspreis beinhaltet Reisters Beispiel jedoch eine Aufwandserhöhung. Es ist davon auszugehen, dass die Kalkulation des neuen Einheitspreises Reister zufolge sowohl für geänderte Leistungen mit erhöhtem Aufwand als auch für geänderte Leistungen mit reduziertem Aufwand nach der gleichen Berechnungsmethodik erfolgen soll.[131]

Sinngemäß ist der neue Einheitspreises für die Beispielposition bei einer geänderten Leistung mit erhöhtem Aufwand demnach wie in den Bildern 117 und 118 dargestellt zu kalkulieren.

---

[129] Vgl. Keil/Martinsen/Vahland/Fricke: Kostenrechnung für Bauingenieure, 2008, S. 161.

[130] Die Zuschlagssätze sind Keil/Martinsen/Vahland/Fricke zufolge ggf. dann anzupassen, wenn „die damit gedeckten Gemeinkosten sich aufgrund der veränderten Leistung nicht im gleichen Maße ändern" (vgl. Keil/Martinsen/Vahland/Fricke, Kostenrechnung für Bauingenieure, 2008, S. 161).

[131] Vgl. Reister: Nachträge beim Bauvertrag, 2007, S. 348 f.

Zusammensetzung des Einheitspreises:

Lohn	0,8 h * 29,00 €/h (Mittellohn)	=	23,20 €/m³
Lohn-Zuschlag:	0,8 h * 14,31 €/h (Verrechnungssatz = 43,31 €/h)	=	11,45 €/m³
Sonstige Kosten		=	64,00 €/m³
Zuschlag sonst. Kosten:	0,15 % von 64,00 €/m³	=	9,60 €/m³
Summe		=	**108,25 €/m³**
Baustellengemeinkosten (BGK-)Anteil:	11,31 €/m³		
Umsatzbezogene Gemeinkosten (UGK):			
9 % vom Umsatz = 9,89 % auf Herstellkosten (HK) = 9,74 €/m³			

Bild 117: Feststellung der im Einheitspreis der ursprünglichen Leistung enthaltenen Elemente

Nach der Feststellung der im Einheitspreis enthaltenen Elemente (vgl. Bild 117) werden zunächst aus den veränderten EKT und den ursprünglichen BGK die Herstellkosten für die veränderte Leistung ermittelt. Anschließend werden – bezogen auf diese Herstellkosten – AGK sowie Wagnis und Gewinn dazu addiert, so dass sich hieraus der Einheitspreis für die veränderte Leistung ergibt (vgl. Bild 118).

Der neuen Einheitspreis errechnet sich – bei Annahme gleichbleibender Bauzeit – unter Berücksichtigung der Mehr- und Minderkosten wie folgt:

Lohn:	1,0 h * 29,00 €/h	=	29,00 €/m³
Sonstige Kosten		=	68,00 €/m³
Gemeinkosten-Erhöhung:	11,31 €/m³ * 170 m³ / 170 m³	=	11,31 €/m³
Herstellkosten (HK) neu =	29,00 €/m³ + 68,00 €/m³ + 11,31 €/m³	=	108,31 €/m³
Einheitspreis (EP) neu =	108,31 €/m³ * 1,0989	=	**119,02 €/m³**

Bild 118: Kalkulation des neuen Einheitspreises bei geänderten Leistungen mit erhöhtem Aufwand gemäß Reister

Bei der von Reister gewählten Berechnungsmethode enthält der neue Gesamt-Einheitspreis für die geänderte Leistung betriebswirtschaftlich betrachtet – neben den Elementen des ursprünglichen Einheitspreises – folgende Elemente:

- EKT der geänderten Leistung
- AGK auf die geänderten EKT
- WuG auf die geänderten EKT

11.6.2.6   Methode BMVBS

Die vom BMVBS im Leitfaden dargestellte Ermittlung des neuen Einheitspreises für geänderte Leistungen bezieht sich auf eine Leistung mit erhöhtem Aufwand gegenüber der ursprünglichen Leistung.[132]

Der neue Einheitspreis für die geänderte Leistung ist demnach wie in Bild 119 dargestellt zu ermitteln.[133]

Durch die Verwendung der ursprünglichen auf die unterschiedlichen Kostenarten bezogenen Zuschlagssätze werden sämtliche Gemeinkosten umsatzbezogen fortgeschrieben.

---

[132] Vgl. BMVBS: Leitfaden zur Vergütung bei Nachträgen, 2008, Ziffer 7.4.
[133] Vgl. BMVBS: Leitfaden zur Vergütung bei Nachträgen, 2008, Ziffer 7.4.1.

bisheriger Einheitspreis [EPalt]:	108,25	€/m³
bisheriger Zeitansatz:	0,80	h/m³
zusätzlicher Zeitansatz infolge Leistungsänderung:	0,20	h/m³
zusätzliche Stoffkosten infolge Leistungsänderung:	4,00	€/m³
zusätzliche Kosten:		
Lohnkosten (43,31 €/m³ * 0,20 h/m³) =	8,66	€/m³
Stoffkosten (4,00 €/m³ + 15,00 %) =	4,60	€/m³
Gerätekosten fallen nicht zusätzlich an.	---,--- -----	
zusätzliche Kosten insgesamt:	13,26	€/m³
EPalt:	108,25	€/m³
zusätzliche Kosten:	13,26	€/m³
neuer Einheitspreis [EPneu]	121,51	€/m³

Bild 119: Kalkulation des neuen Einheitspreises bei geänderten Leistungen mit erhöhtem Aufwand gemäß BMVBS

Bei der vom BMVBS gewählten Berechnungsmethode enthält der neue Einheitspreis für die geänderte Leistung betriebswirtschaftlich betrachtet – neben den Elementen des ursprünglichen Einheitspreises – folgende Elemente:

- Zusätzliche EKT infolge Leistungsänderung
- Zusätzliche BGK gegenüber den im ursprünglichen EP enthaltenen BGK
- AGK auf die zusätzlichen EKT
- AGK auf die zusätzlichen BGK
- WuG auf die zusätzlichen EKT
- WuG auf die zusätzlichen BGK

Da die aus der Leistungsänderung resultierenden zusätzlichen EKT im neuen Einheitspreis enthalten sind, ist es als betriebswirtschaftlich korrekt anzusehen, dass auch die in Abhängigkeit von den EKT umsatzbezogen ermittelten AGK und WuG Bestandteil des neuen Einheitspreises sind.

Auffällig ist hier jedoch, dass der neue Einheitspreis für die geänderte Leistung – durch die Verwendung des ursprünglichen Zuschlagssatzes für die einzelnen Kostenarten – zusätzliche Baustellengemeinkosten gegenüber dem ursprünglichen Einheitspreis enthält. Im Zusammenhang mit geänderten Leistungen (zumindest bei erhöhtem Leistungsaufwand) werden die Baustellengemeinkosten somit dem BMVBS zufolge – anders als z. B. bei Mehr- oder Mindermengen und entfallenen Leistungen – nicht als einmalige Größe sondern als umsatzbezogenes Element behandelt.

11.6.2.7 Zusammenfassung zu geänderten Leistungen mit erhöhtem Aufwand gemäß § 2 Nr. 5 VOB/B

Wie sich u. a. aus den Bildern 120 und 121 entnehmen lässt, gehen Kapellmann/Schiffers, Drees/Paul, Keil/Martinsen/Vahland/Fricke und das BMVBS bei der Einheitspreisermittlung hinsichtlich einer geänderten Leistung mit Mehraufwand gleich vor. Unter Verwendung der ursprünglichen kostenartspezifischen Zuschlagssätze enthält der neue Einheitspreis bei ihnen höhere Beträge für Baustellengemeinkosten, Allgemeine Geschäftskosten sowie Wagnis und Gewinn als ursprünglich kalkuliert, weil die Basis für die Bezuschlagung größer geworden ist. Mit dem erhöhten Umsatz infolge der EKT-Änderung erhöhen sich auch sämtliche Gemeinkosten. Es ist demnach hier von einer Umsatzbezogenheit auszugehen.

Bei Leimböck/Klaus/Hölkermann und Reister dagegen besteht im Falle einer geänderten Leistung mit Mehraufwand der Einheitspreis aus den geänderten EKT, den ursprünglichen BGK und den davon umsatzabhängig ermittelten Zuschlägen für Allgemeine Geschäftskosten, Wagnis und Gewinn. Die Vorgehensweise von Leimböck/Klaus/Hölkermann und Reister unterscheidet sich von der von Drees/Paul, Keil/Martinsen/Vahland/Fricke, Kapellmann/Schiffers und dem BMVBS zugrunde gelegten Methodik dahingehend, dass bei Leimböck/Klaus/Hölkermann und Reister keine zusätzlichen BGK gegenüber dem ursprünglichen Einheitspreis (und somit auch keine hierauf bezogenen AGK und/oder WuG) vergütet werden.

11.0

Dabei ist festzustellen, dass sich die Einheitspreisermittlung bei Reister auf eine geänderte Leistung bezieht, welche insgesamt einen geringeren Aufwand beinhaltet als die ursprüngliche Leistung. Es kann jedoch davon ausgegangen werden, dass die Vorgehensweise Reisters im Falle einer geänderten Leistung mit Mehraufwand der Vorgehensweise von Leimböck/Klaus/Hölkermann entspricht.

Autoren	kalkulierter Einheitspreis
Kapellmann/Schiffers	121,51 €/m³
Leimböck/Klaus/Hölkermann	119,02 €/m³
Drees/Paul	121,51 €/m³
Keil/Martinsen/Vahland/Fricke	121,51 €/m³
Reister	119,02 €/m³
BMVBS	121,51 €/m³

Bild 120: Vergleichende Betrachtung der Einheitspreise bei geänderten Leistungen mit Mehraufwand

		EKT	BGK	AGK auf EKT	AGK auf BGK	Wagnis auf EKT	Wagnis auf BGK	Gewinn auf EKT	Gewinn auf BGK	EP in €/m³
(1)	Kapellmann/Schiffers	◿	%	%	%	%	%	%	%	121,51
(2)	Leimböck/Klaus/Hölkermann	◿	▭	%	▭ %	%	▭ %	%	▭ %	119,02
(3)	Drees/Paul	◿	%	%	%	%	%	%	%	121,51
(4)	Keil/Martinsen/Vahland/Fricke	◿	%	%	%	%	%	%	%	121,51
(5)	Reister	◿	▭	%	▭ %	%	▭ %	%	▭ %	119,02
(6)	BMVBS	◿	%	%	%	%	%	%	%	121,51

Bild 121: Vergleichende Betrachtung der Kosteneigenschaften bei geänderten Leistungen mit Mehraufwand

Bild 121 zeigt die vergleichende Betrachtung bei geänderten Leistungen mit Mehr- und mit Minderaufwand. Es ist deutlich erkennbar, dass die zitierten Autoren hinsichtlich der Allgemeinen Geschäftskosten, sowie Wagnis und Gewinn eine weitgehend übereinstimmende Vorgehensweise wählen und diese umsatzbezogen fortschreiben. Lediglich Leimböck/Klaus/Hölkermann und Reister weichen durch die Behandlung der BGK als einmaliges Element hiervon ab.

11.6.3   Geänderte Leistung mit reduziertem Aufwand

11.6.3.1   Methode Kapellmann/Schiffers

Ein konkretes Berechnungsbeispiel für die Kalkulation der Vergütung bei einer geänderten Leistung mit reduziertem Aufwand geben Kapellmann/Schiffers nicht, es ist jedoch davon auszugehen, dass sie analog zu der in Abschnitt 11.6.2.1 dargestellten Berechnung – also mittels der veränderten EKT und unter Verwendung der kostenartenspezifischen Zuschlagssätze – erfolgen soll. Es wird daher in diesem Zusammenhang auf die Darstellung in Bild 111 verwiesen.

11.0

Kapellmann/Schiffers vertreten die Auffassung, dem Auftragnehmer sei mindestens der bisherige Deckungsanteil für Allgemeine Geschäftskosten, Wagnis und Gewinn zu vergüten.[134]

11.6.3.2   Methode Leimböck/Klaus/Hölkermann

Ein Berechnungsbeispiel für die Kalkulation der Vergütung bei einer geänderten Leistung mit reduziertem Aufwand geben Leimböck/Klaus/Hölkermann nicht, jedoch weisen sie darauf hin, dass der vom Auftragnehmer in der Urkalkulation angesetzte Gewinn nicht geschmälert werden dürfe.[135]

Ob der Gewinn somit im Fall einer geänderten Leistung mit reduziertem Aufwand als einmalige Größe behandelt werden und als Absolutbetrag erhalten bleiben soll, kann hieraus nicht eindeutig abgeleitet werden. Es ist anzunehmen, dass dem Gewinn im Falle von geänderten Leistungen (mit reduziertem Aufwand) eine einmalige Kosteneigenschaft zugewiesen werden soll und er insofern anders behandelt wird als im Falle von geänderten Leistungen (mit erhöhtem Aufwand). Da diese Einschätzung in Ermangelung eines konkreten Berechnungsbeispiels jedoch nicht zweifelsfrei erfolgen kann, wird sie nachfolgend nicht weiter aufgegriffen.

11.6.3.3   Methode Drees/Paul

Bei Drees/Paul wird die Kalkulation der Vergütung bei einer geänderten Leistung mit reduziertem Aufwand nicht näher erläutert. Es bleibt offen, wie in einem solchen Fall konkret kalkuliert werden soll.

11.6.3.4   Methode Keil/Martinsen/Vahland/Fricke

Bei Keil/Martinsen/Vahland/Fricke wird die Kalkulation der Vergütung bei einer geänderten Leistung mit reduziertem Aufwand nicht näher erläutert. Es bleibt offen, wie in einem solchen Fall konkret kalkuliert werden soll.

11.6.3.5   Methode Reister

Das Berechnungsbeispiel Reisters für die Ermittlung eines neuen Einheitspreises infolge Leistungsänderung nach § 2 Nr. 5 VOB/B enthält gleichzeitig eine Änderung der Abrechnungsmenge. Insgesamt betrachtet führt die Reduzierung der Abrechnungsmenge in seinem Beispiel auch zu einer Reduzierung des Gesamtaufwands.

Da Reisters Beispiel jedoch – bezogen auf den Einheitspreis – eine Aufwandserhöhung beinhaltet, ist die Kalkulation gemäß Reister im Abschnitt 11.6.2.5 im Zusammenhang mit der geänderten Leistung mit erhöhtem Aufwand dargestellt worden. Es ist nicht eindeutig, ob gemäß Reister die Kalkulation des neuen Einheitspreises für geänderte

---

[134] Vgl. Kapellmann/Schiffers: Vergütung, Nachträge und Behinderungsfolgen beim Bauvertrag, 2006, S. 436 ff.
[135] Vgl. Leimböck/Klaus/Hölkermann: Baukalkulation und Projektcontrolling, 2007, S. 91.

Leistungen mit reduziertem Aufwand nach der gleichen Berechnungsmethodik wie für geänderte Leistungen mit erhöhtem Aufwand erfolgen soll.[136]

11.6.3.6   Methode BMVBS

Für geänderte Leistungen mit Minderaufwand gibt es im Leitfaden zur Vergütung bei Nachträgen keine konkreten Berechnungsbeispiele. Es ist unklar, wie der neue Einheitspreis hierfür berechnet werden soll. Dies gilt insbesondere, da dem BMVBS zufolge die Gemeinkostenvergütung im Falle einer Umsatzreduzierung infolge Mengenminderungen oder entfallenen Leistungen anders zu regeln ist als im Falle einer Umsatzerhöhung durch geänderten Leistungen.

11.6.3.7   Zusammenfassung zu geänderten Leistungen mit reduziertem Aufwand gemäß § 2 Nr. 5 VOB/B

Keiner der betrachteten Autoren stellt anhand eines konkreten Berechnungsbeispiels dar, wie eine geänderte Leistung mit Minderaufwand zu kalkulieren sei.

11.7   Untersuchung der Kalkulation von zusätzlichen Leistungen gemäß § 2 Nr. 6 VOB/B

11.7.1   Allgemeines (Variation der Beispielposition als Grundlage für die Analyse)

Für eine im Vertrag nicht vorgesehene Leistung hat der Auftragnehmer Anspruch auf besondere Vergütung. Die Höhe dieser Vergütung richtet sich dabei gemäß § 2 Nr. 6 Abs. 2 VOB/B „nach den Grundlagen der Preisermittlung für die vertragliche Leistung und den besonderen Kosten der geforderten Leistung".

Für die nachfolgenden Analysen wird die Beispielposition dahingehend variiert, dass sie der im Abschnitt 11.6.2 für die Betrachtung einer geänderten Leistung mit Mehraufwand entspricht. Gegenüber der im Abschnitt 11.2.2 dargestellten Position ist hier also hinsichtlich der Lohnkosten von einem Aufwand in Höhe von 1,0 Stunden/m³ und hinsichtlich des Materials von 68,00 €/m³ auszugehen.

11.7.2   Methode Kapellmann/Schiffers

Die Kalkulation von zusätzlichen Leistungen wird bei Kapellmann/Schiffers gemeinsam mit der Kalkulation von geänderten Leistungen unter dem Oberbegriff „Nachtragskalkulation für modifizierte Leistungen" behandelt.[137]

Ein ausdrückliches Berechnungsbeispiel für die Kalkulation der Vergütung bei einer zusätzlichen Leistung mit erhöhtem Aufwand geben Kapellmann/Schiffers zwar nicht, es kann jedoch davon ausgegangen werden, dass sie analog zu der in Abschnitt 11.6.2.1 dargestellten Berechnung – also mittels der veränderten EKT und unter Verwendung der kostenartenspezifischen Zuschlagssätze – erfolgen soll. Die Beispielposition wäre somit wie in Bild 122 dargestellt zu kalkulieren.

Bei der von Kapellmann/Schiffers gewählten Berechnungsmethode enthält der neue Einheitspreis für die zusätzliche Leistung betriebswirtschaftlich betrachtet folgende Elemente:

- EKT der zusätzlichen Leistung
- BGK (zusätzlich gegenüber dem Hauptauftrag)
- AGK auf EKT
- AGK auf BGK
- WuG auf EKT
- WuG auf BGK

---

[136]   Vgl. Reister: Nachträge beim Bauvertrag, 2007, S. 347 f.
[137]   Vgl. Kapellmann/Schiffers: Vergütung, Nachträge und Behinderungsfolgen beim Bauvertrag, 2006, S. 504 ff.

1. Dokumentation der modifizierten Leistung

    Geänderte Leistung: Beton der Streifenfundamente
                           Beton C 30/37
    Bezugsleistung: Beton der Streifenfundamente, Pos. 2.2.02
                           Beton C 20/25

2. Bewertungsfortschreibung

- Lohnkosten:	Mittellohn nach Angebotskalkulation	1,00 Ph/m³
- Stoffkosten:	Preisliste des Betonlieferanten	68,00 EUR/m³

3. Anpassung an das Vertragspreisniveau

Mit Niveaufaktoren angepasste Bewertung der modifizierten Leistung:

- Lohnkosten:	1,00 Ph/m³ * 29,00 EUR/m³	29,00 EUR/m³
- Stoffkosten:		68,00 EUR/m³

4. Anpassung an das Vertragspreisniveau

Zuschlag auf Basis I (Lohnkosten) (Prozentsatz nach Kalkulationsabschlussblatt)	49,35 %	=	14,31 EUR/m³
Zuschlag auf Basis II (Stoffkosten) (Prozentsatz nach Kalkulationsabschlussblatt)	15,00 %	=	10,20 EUR/m³
Einheitspreis			**121,51 EUR/m³**

Bild 122: Kalkulation des neuen Einheitspreises bei zusätzlichen Leistungen gemäß Kapellmann/Schiffers

11.7.3   Methode Leimböck/Klaus/Hölkermann

Anders als bei der geänderten Leistung mit Mehraufwand, welche bei Leimböck/Klaus/Hölkermann als Zulage kalkuliert wurde, sind im Falle von zusätzlichen Leistungen gemäß Leimböck/Klaus/Hölkermann auch automatisch BGK zu vergüten. Die Ermittlung des neuen Einheitspreises für die zusätzliche Leistung erfolgt somit wie in Bild 123 dargestellt.[138]

Durch die Verwendung der ursprünglichen auf die unterschiedlichen Kostenarten bezogenen Zuschlagssätze werden sämtliche Gemeinkosten umsatzbezogen fortgeschrieben.

Bei der von Leimböck/Klaus/Hölkermann gewählten Berechnungsmethode enthält der neue Einheitspreis für die zusätzliche Leistung betriebswirtschaftlich betrachtet folgende Elemente:

- EKT der zusätzlichen Leistung
- BGK (zusätzlich gegenüber dem Hauptauftrag)
- AGK auf EKT
- AGK auf BGK
- WuG auf EKT
- WuG auf BGK

---

[138] Vgl. Leimböck/Klaus/Hölkermann: Baukalkulation und Projektcontrolling, 2007, S. 96.

```
┌─────────────────────────────────────────────────────────────────┐
│ Aus der Ursprungskalkulation (Angebotskalkulation) sind an        │
│ Preisermittlungsgrundlagen entnommen                              │
│ Mittellohn:                                    29,00 EUR/h        │
│ Zuschlag auf Lohn:                                                │
│              (Kalkulationslohn ./. Mittellohn)                    │
│              43,31 ./. 29,00 =                 14,31 EUR          │
│ Zuschlag auf Stoffe:                               15 %           │
│                                                                   │
│ - Einzelkosten der Teilleistungen                                 │
│   Löhne:        1,00 h * 29,00 EUR/h =         29,00 EUR          │
│   Stoffe:                                      68,00 EUR          │
│ - Zuschläge:                                                      │
│   auf Löhne:    14,31 EUR * 1,00 h =           14,31 EUR          │
│   auf Stoffe:   15 % * 68,00 =                 10,20 EUR          │
│ Einheitspreis:                                121,51 EUR          │
└─────────────────────────────────────────────────────────────────┘
```

Bild 123: Kalkulation des neuen Einheitspreises bei zusätzlichen Leistungen gemäß Leimböck/Klaus/Hölkermann

Da die aus der zusätzlichen Leistung resultierenden EKT einen zusätzlichen Umsatz bewirken, ist es als betriebswirtschaftlich korrekt anzusehen, dass auch die in Abhängigkeit von den EKT ermittelten AGK und WuG umsatzbezogen Bestandteil des neuen Einheitspreises sind.

Auffällig ist hier jedoch, dass der Einheitspreis für die zusätzliche Leistung – durch die Verwendung des ursprünglichen Zuschlagssatzes für die einzelnen Kostenarten – auch zusätzliche Baustellengemeinkosten enthält. Im Zusammenhang mit zusätzlichen Leistungen sind die Baustellengemeinkosten somit Leimböck/Klaus/Hölkermann zufolge nicht als einmalige Größe sondern als umsatzbezogenes Element zu behandeln.

11.7.4   Methode Drees/Paul

Für zusätzliche Leistungen gibt es bei Drees/Paul keine konkreten Berechnungsbeispiele.

11.7.5   Methode Keil/Martinsen/Vahland/Fricke

Bei Keil/Martinsen/Vahland/Fricke wird die Kalkulation der Vergütung bei einer zusätzlichen Leistung nicht näher anhand eines Beispiels erläutert. Es bleibt bis auf allgemeine Hinweise offen, wie in einem solchen Fall konkret kalkuliert werden soll.[139]

11.7.6   Methode Reister

Gemäß Reister sind die für die Kalkulation einer zusätzlichen Leistung zugrunde zu legenden Werte der Auftragskalkulation zu entnehmen bzw. die aus der Auftragskalkulation nicht hervorgehenden Werte in Anlehnung an vergleichbare Kalkulationsansätze zu bestimmen.

Ausdrücklich weist Reister auch darauf hin, dass mögliche BGK-Erhöhungen infolge der zusätzlichen Leistung entsprechend zu berücksichtigen sind. Die Ermittlung des neuen Einheitspreises für die zusätzliche Leistung erfolgt somit wie in Bild 124 dargestellt.[140]

Der Einheitspreis für die zusätzliche Leistung ergibt sich Reister zufolge aus den EKT multipliziert mit den kostenartenspezifischen Zuschlagssätzen (vgl. Bild 124).

---

[139] Vgl. Keil/Martinsen/Vahland/Fricke: Kostenrechnung für Bauingenieure, 2008, S. 162.
[140] Vgl. Reister: Nachträge beim Bauvertrag, 2007, S. 355 f.

Lohnaufwand:	1,00 h/m³		
Sonstige Kosten:	68,00 €/m³		
Preisbildung für die gesonderte Vergütung gemäß § 2 Nr. 6 VOB/B:			
Lohn:	1,0 h * 43,31 €/h	=	43,31 €/m³
Sonst. Kosten	(68,00 €/m³) * 1,15	=	78,20 €/m³
Einheitspreis		=	**121,51 €/m³**

Bild 124: Kalkulation des neuen Einheitspreises bei zusätzlichen Leistungen gemäß Reister

Bei der von Reister gewählten Berechnungsmethode enthält der neue Einheitspreis für die zusätzliche Leistung betriebswirtschaftlich betrachtet folgende Elemente:

- EKT der zusätzlichen Leistung
- BGK (zusätzlich gegenüber dem Hauptauftrag)
- AGK auf EKT
- AGK auf BGK
- WuG auf EKT
- WuG auf BGK

11.7.7 Methode BMVBS

Der Leitfaden zur Vergütung von Nachträgen enthält kein eigenes Beispiel zur Ermittlung des für eine zusätzliche Leistung zu vergütenden Einheitspreises, verweist jedoch in diesem Zusammenhang auf die Einheitspreisermittlung bei geänderten Leistungen (mit Mehraufwand).[141]

Der neue Einheitspreis für die zusätzliche Leistung ist demnach wie in Bild 125 dargestellt zu ermitteln.[142]

Durch die Verwendung der ursprünglichen auf die unterschiedlichen Kostenarten bezogenen Zuschlagssätze werden sämtliche Gemeinkosten auch für die zusätzliche Leistung umsatzbezogen fortgeschrieben.

Zeitansatz für die zusätzliche Leistung:		1,00 h/m³	
Stoffkosten für die zusätzliche Leistung:		68,00 €/m³	
Kosten für die zusätzliche Leistung:			
Lohnkosten	(43,31 €/m³ * 1,00 h/m³) =	43,31 €/m³	
Stoffkosten	(68,00 €/m³ + 15,00 %) =	78,20 €/m³	
Kosten insgesamt:		121,51 €/m³	
neuer Einheitspreis [EPneu]		121,51 €/m³	

Bild 125: Kalkulation des neuen Einheitspreises bei zusätzlichen Leistungen gemäß BMVBS

Bei der vom BMVBS gewählten Berechnungsmethode enthält der neue Einheitspreis für die zusätzliche Leistung betriebswirtschaftlich betrachtet somit folgende Elemente:

---

[141] Vgl. BMVBS: Leitfaden zur Vergütung bei Nachträgen, 2008, Ziffer 7.5.
[142] Vgl. BMVBS: Leitfaden zur Vergütung bei Nachträgen, 2008, Ziffer 7.4.1.

- EKT der zusätzlichen Leistung
- BGK (zusätzlich gegenüber dem Hauptauftrag)
- AGK auf EKT
- AGK auf BGK
- WuG auf EKT
- WuG auf BGK

Da die aus der zusätzlichen Leistung resultierenden EKT einen zusätzlichen Umsatz bewirken, ist es als betriebswirtschaftlich korrekt anzusehen, dass auch die in Abhängigkeit von den EKT ermittelten AGK und WuG umsatzbezogen Bestandteil des neuen Einheitspreises sind.

Der Einheitspreis für die zusätzliche Leistung enthält – durch die Verwendung des ursprünglichen Zuschlagssatzes für die einzelnen Kostenarten – auch zusätzliche Baustellengemeinkosten. Im Zusammenhang mit zusätzlichen Leistungen sind die Baustellengemeinkosten somit dem BMVBS zufolge nicht als einmalige Größe sondern als umsatzbezogenes Element zu behandeln.

11.7.8 Zusammenfassung zu zusätzlichen Leistungen gemäß § 2 Nr. 6 VOB/B

Wie den Bildern 126 und 127 entnommen werden kann, gehen Kapellmann/Schiffers, Leimböck/Klaus/Hölkermann, Reister und das BMVBS bei der Einheitspreisermittlung für zusätzliche Leistungen übereinstimmend vor. Der neue Einheitspreis besteht bei ihnen aus den EKT der zusätzlichen Leistung sowie der mit Hilfe der kostenspezifischen Zuschlagssätze ermittelten BGK, AGK und WuG.

Autoren	kalkulierter Einheitspreis
Kapellmann/Schiffers	121,51 €/m³
Leimböck/Klaus/Hölkermann	121,51 €/m³
Drees/Paul	-
Keil/Martinsen/Vahland/Fricke	-
Reister	121,51 €/m³
BMVBS	121,51 €/m³

Bild 126: Vergleichende Betrachtung der Einheitspreise bei zusätzlichen Leistungen

Es ist deutlich erkennbar, dass die betrachteten Autoren, die sich zu der Methodik der Nachtragskalkulation geäußert haben, zum gleichen vorläufigen Ergebnis kommen. Dass eine Gemeinkostenbilanz erstellt werden muss, wird von diesen Autoren gleich gesehen.

Insofern handelt es sich bei dem Ergebnis um eine vorläufige Berechnung, da ohne weiteren Nachweis zusätzliche BGK vergütet werden. Da die BGK bei den Mindermengenberechnungen von den untersuchten Autoren gemäß Bild 101 gleichermaßen als einmalig betrachtet worden sind, stellt sich zu Recht die Frage, weshalb die BGK bei zusätzlichen Leistungen als umsatzbezogen betrachtet werden.

	EKT	BGK	AGK auf EKT	AGK auf BGK	Wagnis auf EKT	Wagnis auf BGK	Gewinn auf EKT	Gewinn auf BGK	EP in €/m³
(1) Kapellmann/ Schiffers	◺	%	%	%	%	%	%	%	121,51
(2) Leimböck/ Klaus/ Hölkermann	◺	%	%	%	%	%	%	%	121,51
(3) Drees/Paul	-	-	-	-	-	-	-	-	-
(4) Keil/Martinsen/ Vahland/ Fricke	-	-	-	-	-	-	-	-	-
(5) Reister	◺	%	%	%	%	%	%	%	121,51
(6) BMVBS	◺	%	%	%	%	%	%	%	121,51

11.0

Bild 127: Vergleichende Betrachtung der Kosteneigenschaften bei zusätzlichen Leistungen

11.8   Untersuchung der Kalkulation von Alternativpositionen

11.8.1   Allgemeines

Durch die Ausschreibung von den – auch Wahlpositionen genannten – Alternativpositionen hat der Auftraggeber die Möglichkeit, zwischen mehreren angebotenen Leistungsvarianten zu wählen, ohne dass dafür eine neue Preisverein- barung getroffen werden muss.

Für die nachfolgenden Analysen wird die Beispielposition aus Abschnitt 11.2.2 wie folgt variiert:

1. Alternativposition mit erhöhtem Aufwand: Hinsichtlich der Lohnkosten ist von einem Aufwand in Höhe von 1,0 Stunden/m³ und hinsichtlich des Materials von 68,00 €/m³ auszugehen.

2. Alternativposition mit reduziertem Aufwand: Hinsichtlich der Lohnkosten ist von einem Aufwand in Höhe von 0,8 Stunden/m³ und hinsichtlich des Materials von 58,00 €/m³ auszugehen.

11.8.2   Kalkulation von Alternativpositionen mit Mehraufwand

11.8.2.1   Methode Kapellmann/Schiffers

Da sich Kapellmann/Schiffers mit der Vergütung von Nachträgen befassen, sind bei ihnen keine Angaben hinsichtlich der Kalkulation von Alternativpositionen zu entnehmen.

11.8.2.2 Methode Leimböck/Klaus/Hölkermann

Der von Leimböck/Klaus/Hölkermann gewählte Rechenweg zur Ermittlung des Einheitspreises einer Alternativposition stellt sich nach Meinung der Verfasser kompliziert dar, führt jedoch – betriebswirtschaftlich betrachtet – zum richtigen Ergebnis. Die Kalkulation der Alternativposition gemäß Leimböck/Klaus/Hölkermann wird nachfolgend in den Bildern 128 bis 134 gezeigt.[143]

Ermittlung der Einzelkosten der Teilleistungen der Alternativposition			
Stunden:	1,00 h/m³		
Löhne:	1,00 h/m³ *	29,00 EUR/h =	29,00 EUR/m³
Stoffe:			68,00 EUR/m³
Einzelkosten der Position:			97,00 EUR/m³
Summe Einzelkosten der Position:			
	170,00 m³ *	97,00 EUR/m³ =	16.490,00 EUR

Bild 128: Ermittlung der EKT der Alternativposition gemäß Leimböck/Klaus/Hölkermann

Zunächst werden – wie in Bild 128 dargestellt – die Einzelkosten der Teilleistungen für die Alternative ermittelt.

Ermittlung der geänderten Herstellkosten für das Angebot		
bisherige Herstellkosten		1.695.928,76 EUR
./. EkdTl Grundposition	(170,00 m³ * 87,20 EUR/m³) =	14.824,00 EUR
+ EkdTl Alternativposition		16.490,00 EUR
geänderte Herstellkosten:		1.697.594,76 EUR

Bild 129: Veränderung der Herstellkosten durch die Alternativposition gemäß Leimböck/Klaus/Hölkermann

Im nächsten Schritt werden die infolge der Alternativposition veränderten Herstellkosten ermittelt (vgl. Bild 129).

Ermittlung des Gesamtzuschlags in EUR auf der Grundlage der geänderten Herstellkosten		
Gesamtzuschlag in % auf die Herstellkosten		
	=	???
1.697.594,76 EUR *	??? =	???

Bild 130: Ermittlung des Gesamtzuschlags auf die Herstellkosten gemäß Leimböck/Klaus/Hölkermann

Anschließend soll der Gesamtzuschlag auf die Herstellkosten ermittelt werden (vgl. Bild 130). Hierbei ergibt sich für das Beispiel jedoch das Problem, dass der Zuschlag für Allgemeine Geschäftskosten nicht auf sämtliche Kostenarten gleich ist. Im betrachteten Beispiel sind – wie dies in der Praxis häufig festzustellen ist – für die Fremdleistungen weniger AGK kalkuliert worden als für Eigenleistungen (5,5 % statt 7,5 %, bezogen auf die AGSN bzw. den EP).

Der in Bild 129 ermittelte geänderte Herstellkostenbetrag kann demnach nicht einfach mit einem Zuschlagssatz multipliziert werden, um die Gesamtumlage zu erhalten. Hierfür müssen zunächst die Herstellkosten dahingehend differenziert werden, welcher Anteil auf Fremdleistungen und welcher auf Eigenleistungen entfällt. Erst danach kann mit dem jeweiligen Zuschlagssatz ermittelt werden, welcher Gesamtzuschlag auf die infolge der Alternativposition geänderten Herstellkosten kalkulativ zu berücksichtigen ist. Hierbei ist jedoch zu beachten, dass Baustellengemeinkosten auch auf die Fremdleistungen umgelegt wurden, so dass auch innerhalb der Fremdleistungs-Herstellkosten nicht von einem einheitlichen Zuschlagssatz für AGK sowie WuG ausgegangen werden kann. Für die in den Fremdleistungen als Umlage enthaltenen BGK müssten 7,5 % (bezogen auf die AGSN bzw. den EP) angesetzt werden, für die Fremdleistungs-EKT dagegen 5,5 % (bezogen auf die AGSN bzw. den EP).

---

[143] Vgl. Leimböck/Klaus/Hölkermann: Baukalkulation und Projektcontrolling, 2007, S. 71.

Um die Einheitspreisberechnung der Alternativposition nicht noch komplexer werden zu lassen, wird der Rechengang zur Trennung der Herstellkosten in Eigen- und Fremdleistungen an dieser Stelle nicht näher dargestellt.

Es ergibt sich hierbei ein zu berücksichtigenden Betrag in Höhe von 1.169.131,07 € für den Eigenleistungsanteil sowie die auf die Fremdleistungen umgelegten BGK. Da sich sowohl die Grundposition als auch die Alternativposition hier ausschließlich auf Eigenleistungen beziehen sollen, ist der Zuschlagssatz von 9 % (7,5 % für AGK und 1,5 % für WuG, bezogen auf die AGSN bzw. den EP) zu verwenden und auf die Basis Herstellkosten umzurechnen. Es ergibt sich hieraus ein anzuwendender Zuschlagssatz von 9,89 %.[144]

Hinsichtlich der Fremdleistungs-EKT ergibt sich ein Betrag in Höhe von 528.463,70 €.[145] Hierfür ist der Zuschlagssatz von 7 % (5,5 % für AGK und 1,5 % für WuG, bezogen auf die AGSN bzw. den EP) zu verwenden. Durch die Umrechnung auf die Basis der Herstellkosten beträgt somit der anzuwendende Zuschlagssatz 7,53 %.[146]

Der Gesamtzuschlag auf die Herstellkosten ist in Bild 131 gezeigt.

Ermittlung des Gesamtzuschlags in EUR auf der Grundlage der geänderten Herstellkosten			
Gesamtzuschlag in % auf die Herstellkosten			
(Fremdleistungen)		=	7,53 %
528.463,70 EUR	* 7,53 %	=	39.776,84 EUR
(Eigenleistungen)		=	9,89 %
1.169.131,07 EUR	* 9,89 %	=	115.628,35 EUR
Gesamtzuschlag			155.405,18 EUR

Bild 131: Ermittlung des Gesamtzuschlags auf die Herstellkosten abgewandelt nach Leimböck/Klaus/Hölkermann

In einem weiteren Schritt ist Leimböck/Klaus/Hölkermann zufolge zu ermitteln, welcher Gesamtzuschlag in der Grundposition enthalten ist, damit dieser dann auf die Alternativposition umgelegt werden kann.

Gesamtpreis Grundposition	(170,00 m³ * 108,25 EUR/m³)	= 18.402,56 EUR
./. EkdTl Grundposition		= 14.824,00 EUR
Gesamtzuschlag Grundposition		3.578,56 EUR

Bild 132: Ermittlung des in der Grundposition enthaltenen Zuschlags

Der Gesamtzuschlag auf die Alternativposition ist Leimböck/Klaus/Hölkermann zufolge als Differenz aus dem Gesamtzuschlag für die veränderten Herstellkosten (vgl. Bild 131) und dem Gesamtzuschlag ohne Grundposition zu berechnen (vgl. Bild 133).

Gesamtzuschlag der Angebotskalkulation ohne die Grundposition		
155.240,42 EUR -	3.578,56 EUR =	151.661,86 EUR
Der Differenzbetrag zwischen diesem Gesamtzuschlag und dem Gesamtzuschlag auf der Grundlage der geänderten Herstellkosten ergibt den Umlagebetrag auf die Alternativposition.		
155.405,18 EUR -	151.661,86 EUR =	3.743,32 EUR

Bild 133: Ermittlung des Gesamtzuschlags ohne die Grundposition und des umzulegenden Gesamtzuschlags auf die Alternativposition

---

[144] (100 * p) / (100 - p) = (100 * 9) / (100 - 9) = 9,89 %.
[145] 1.697.594,76 € (Geänderte Herstellkosten) - 1.169.131,07 € (EKT Eigenleistungen + BGK) = 528.463,70 € (EKT Fremdleistungen).
[146] (100 * p) / (100 - p) = (100 * 7) / (100 - 7) = 7,53 %.

Umgelegt auf die Menge der Alternativposition ergibt sich zzgl. der EKT der Einheitspreis wie in Bild 134 dargestellt.

Berechnung des Einheitspreises der Alternativposition

$$\frac{\text{Umlagebetrag}}{\text{Mengeneinheit}} = \frac{3.743,32 \text{ EUR}}{170,00 \text{ m}^3} = \quad 22,02 \text{ EUR/m}^3$$

Damit ergibt sich der Einheitspreis der Alternativposition:

=   EkdTl   +   Umlagebetrag

=   97,00 EUR/m³ +   22,02 EUR/m³ =   119,02 EUR/m³

Bild 134: Kalkulation des Einheitspreises einer Alternativposition mit Mehraufwand gemäß Leimböck/Klaus/Hölkermann

Der von Methode Leimböck/Klaus/Hölkermann praktizierte Rechenweg stellt sich kompliziert dar, mag allerdings in bestimmten Anwendungsfällen angebracht sein.[147] Das gleiche Ergebnis ließe sich hier auch wie folgt ermitteln (vgl. Bild 135):

$$EP_{\text{Alternativposition}} = \frac{\text{Menge} * EP_{\text{Grundposition}} + \Delta\,EKT + \Delta\,EKT * UGK\text{-}Zuschlag}{\text{Menge}_{\text{Alternativposition}}}$$

$$EP_{\text{Alternativposition}} = \frac{18.402,50 \text{ €} + 1.666,00 \text{ €} + 1.666,00 \text{ €} * 9,89 \text{ \%}}{170,00 \text{ m}^3} = 119,02 \text{ €/m}^3$$

Bild 135: Alternative Kalkulation des Einheitspreises gegenüber der Vorgehensweise von Leimböck/Klaus/Hölkermann

Bei der von Leimböck/Klaus/Hölkermann gewählten Berechnungsmethode enthält der neue Einheitspreis für die Alternativposition betriebswirtschaftlich betrachtet folgende Elemente:

- EKT der Alternative
- BGK der Grundposition
- AGK auf EKT der Alternative
- AGK auf BGK der Grundposition
- WuG auf EKT der Alternative
- WuG auf BGK der Grundposition

11.8.2.3   Methode Drees/Paul

Ein konkretes Berechnungsbeispiel für die Kalkulation der Vergütung bei einer Alternativposition mit Mehraufwand geben Drees/Paul nicht, jedoch weisen sie darauf hin, dass der Einheitspreis einer Alternativposition grundsätzlich wie folgt zu ermitteln ist:[148]

1. Berechnung der Einzelkosten der Alternativposition

2. Berechnung der in der Grundposition enthaltenen Umlage

3. Einheitspreis der Alternative = Einzelkosten der Alternative + Umlage der Grundposition ± AGK, WuG aus dem Einzelkostenunterschied

---

[147]   Wenn sich die Alternative z. B. auf mehrere Positionen oder Teile von Positionen auswirkt.
[148]   Vgl. Drees/Paul: Kalkulation von Baupreisen, 2006, S. 222.

11.8.2.4   Methode Keil/Martinsen/Vahland/Fricke

Bei Keil/Martinsen/Vahland/Fricke wird die Kalkulation der Vergütung bei einer Alternativposition mit Mehraufwand nicht detailliert erläutert. Es ist nicht eindeutig, wie in einem solchen Fall konkret kalkuliert werden soll.[149]

11.8.2.5   Methode Reister

Ein konkretes Berechnungsbeispiel für die Kalkulation einer Alternativposition mit erhöhtem Aufwand gibt Reister nicht. Er weist jedoch darauf hin, dass die Alternative sich nicht nur hinsichtlich des eigentlichen Leistungsinhalts sondern auch hinsichtlich der Ausführungsdauer bzw. hinsichtlich der erforderlichen Baustelleneinrichtung von der Grundposition unterscheiden kann, was Probleme bei der Zuordnung der Zuschläge für Baustellengemeinkosten verursachen könne.[150] Reister gibt in diesem Zusammenhang Hinweise, wie verfahren werden kann, ein durchgängiges Beispiel hierfür fehlt jedoch.

Es bleibt hierbei offen, wie in einem solchen Fall konkret kalkuliert werden soll.

11.0

11.8.2.6   Methode BMVBS

Da sich der Leitfaden zur Vergütung bei Nachträgen mit der Nachtragsvergütung befasst, sind ihm keine Angaben hinsichtlich der Kalkulation von Alternativpositionen zu entnehmen.

11.8.2.7   Zusammenfassung zu Alternativpositionen mit Mehraufwand

Wie auch aus den Bildern 136 und 137 zu erkennen ist, wird einzig bei Leimböck/Klaus/Hölkermann anhand eines konkreten Berechnungsbeispiels dargestellt, wie eine Alternativposition mit Mehraufwand zu kalkulieren sei. Jedoch geben zumindest Drees/Paul und Keil/Martinsen/Vahland/Fricke Berechnungsbeispiele für eine Alternativposition mit Minderaufwand (vgl. Abschnitt 11.8.3). Der Einheitspreis für die Alternativposition setzt sich in diesem Fall aus den EKT der Alternative, den kompletten BGK und den in Bezug darauf ermittelten Allgemeinen Geschäftskosten, Wagnis und Gewinn zusammen.

Autoren	kalkulierter Einheitspreis
Kapellmann/Schiffers	-
Leimböck	119,02 €/m³
Drees/Paul	-
Keil/Martinsen/Vahland/Fricke	-
Reister	-
BMVBS	-

Bild 136: Vergleichende Betrachtung der Einheitspreise bei Alternativpositionen mit Mehraufwand

---

Vgl. Keil/Martinsen/Vahland/Fricke: Kostenrechnung für Bauingenieure, 2008, S. 150.
Vgl. Reister: Nachträge beim Bauvertrag, 2007, S. 181 ff.

	EKT	BGK	AGK auf EKT	AGK auf BGK	Wagnis auf EKT	Wagnis auf BGK	Gewinn auf EKT	Gewinn auf BGK	EP in €/m³
(1) Kapellmann/ Schiffers	-	-	-	-	-	-	-	-	-
(2) Leimböck/ Klaus/ Hölkermann	◺	▭	%	▭ %	%	▭ %	%	▭ %	119,02
(3) Drees/Paul	-	-	-	-	-	-	-	-	-
(4) Keil/Martinsen/ Vahland/ Fricke	-	-	-	-	-	-	-	-	-
(5) Reister	-	-	-	-	-	-	-	-	-
(6) BMVBS	-	-	-	-	-	-	-	-	-

Bild 137: Vergleichende Betrachtung der Kosteneigenschaften bei Alternativpositionen mit Mehraufwand

11.8.3   Kalkulation von Alternativpositionen mit Minderaufwand

11.8.3.1   Methode Kapellmann/Schiffers

Für Alternativpositionen mit Minderaufwand gibt es bei Kapellmann/Schiffers keine konkreten Berechnungsbeispiele. Es ist nicht klar, wie der neue Einheitspreis hierfür berechnet werden soll.

11.8.3.2   Methode Leimböck/Klaus/Hölkermann

Für Alternativpositionen mit Minderaufwand gibt es bei Leimböck/Klaus/Hölkermann keine konkreten Berechnungsbeispiele. Es ist nicht klar, wie der neue Einheitspreis hierfür berechnet werden soll.

11.8.3.3   Methode Drees/Paul

Die Kalkulation der Alternativposition mit einem gegenüber der Grundposition verringerten Aufwand ist Drees/Paul zufolge wie in Bild 138 gezeigt durchzuführen.[151]

---

[151] Vgl. Drees/Paul: Kalkulation von Baupreisen, 2006, S. 221 f.

Der Berechnung der Einheitspreise sind folgende Werte zugrunde gelegt:

Mittellohn ASL:	29,00 €/h
Verrechnungslohn:	43,31 €/h
Zuschlag auf Soko:	15,00 %
AGK, W+G	9,00 % der Angebotssumme

Mit diesen Werten ergeben sich die nachstehend berechneten Einheitspreise:

Grundposition

Lohn:	0,80 h/m³ * 43,31 €/h	34,65 €/m³
Soko:	64,00 €/m³ * 1,15	73,60 €/m³
Einheitspreis		108,25 €/m³
abzüglich Einzelkosten der Teilleistung:		-87,20 €/m³
Umlagebetrag Grundposition		21,05 €/m³
Umlagebetrag Grundpos. gesamt:	21,05 €/m³ * 170 m³ =	3.578,56 €/m³

Alternativposition

Lohn:	0,80 h/m³ * 29,00 €/h	=	23,20 €/m³
Soko:			58,00 €/m³
Einzelkosten			81,20 €/m³
Umlagebetrag Grundpos.	3.578,56 €/m³ / 170 m³	=	21,05 €/m³

AGK, W+G aus geringeren Einzelkosten:

$$\frac{100*9}{100-9}\ \% * (81,20 * 170 - 87,20 * 170)\ € /\ 170\ m³ = -0,59\ €/m³$$

Einheitspreis Alternativposition	**101,66 €/m³**

Bild 138: Kalkulation des Einheitspreises einer Alternativposition mit Minderaufwand gemäß Drees/Paul

Der Einheitspreis der Alternativposition mit Minderaufwand ergibt sich demnach aus den EKT der Alternative und den Gemeinkostenumlagen der Grundposition abzüglich der in Bezug auf die EKT-Verringerung ermittelten AGK sowie WuG.

Bei der von Drees/Paul gewählten Berechnungsmethode enthält der neue Einheitspreis für die Alternativposition betriebswirtschaftlich betrachtet folgende Elemente:

- EKT der Alternative
- BGK der Grundposition
- AGK auf EKT der Alternative
- AGK auf BGK der Grundposition
- WuG auf EKT der Alternative
- WuG auf BGK der Grundposition

11.8.3.4   Methode Keil/Martinsen/Vahland/Fricke

Die Kalkulation der Alternativposition mit einem gegenüber der Grundposition verringerten Aufwand ist Keil/Martinsen/Vahland/Fricke zufolge wie in Bild 139 gezeigt durchzuführen.[152]

Für entfallene Grundposition wurden an Gemeinkosten verrechnet:			
auf Lohn	0,8 Std. * 29,00 EUR/Std. * 49,35 %	=	11,45 EUR/m³
auf sonstige Kosten	64,00 EUR * 15,00 %	=	9,60 EUR/m³
			21,05 EUR/m³
Gemeinkosten:	170 m³ * 21,05 EUR/m³	=	3.578,56 EUR/m³
Diese Gemeinkosten entfallen bei Ausführung der Alternativposition.			
Gemeinkostenverrechnung auf die Alternativpos. bei Anwendung der Zuschlagssätze			
auf Lohn	0,8 Std. * 29,00 EUR/Std. * 49,35 %	=	11,45 EUR/m³
auf sonstige Kosten	58,00 EUR * 15,00 %	=	8,70 EUR/m³
		=	20,15 EUR/m³
Gemeinkosten:	170 m³ * 20,15 EUR/m³	=	3.425,56 EUR/m³
Es entsteht ein Umlagefehlbetrag von:			
3.578,56 EUR/m³ - 3.425,56 EUR/m³		=	153,00 EUR/m³
Dieser enthält auch umsatzbezogene Gemeinkosten für Löhne und Baustoffkosten , die bei Ausführung der Alternativposition zum Teil entfallen:			
Grundpos.	170 m³ * (0,8 * 29,00 + 64,00)	=	14.824,00 EUR/m³
./. Alternativpos.	170 m³ * (0,8 * 29,00 + 58,00)	=	-13.804,00 EUR/m³
EKT-Unterdeckung		=	1.020,00 EUR/m³
Hierauf verrechnete umsatzbezogene Gemeinkosten:			
9,89 % von 1.020,00 EUR/m³		=	100,88 EUR/m³
Der Umlagefehlbetrag verringert sich um diese umsatzbezogenen Gemeinkosten auf			
153,00 EUR - 100,88 EUR = 52,12 EUR/m³			
Dieser Restbetrag ist zusätzlich auf die Mengen der Alternativposition umzulegen.			
Der Einheitspreis beträgt damit:			
Lohnkosten	0,8 Std. * 29,00 EUR/Std. * 149,35 %	=	34,65 EUR/m³
Sonstige Kosten	58,00 EUR * 115,00 %	=	66,70 EUR/m³
Umlagefehlbetrag	52,12 EUR/m³ / 170 m³	=	0,31 EUR/m³
		=	101,66 EUR/m³

Bild 139: Kalkulation des Einheitspreises einer Alternativposition mit Minderaufwand gemäß Keil/Martinsen/Vahland/Fricke

Zunächst sind demnach die in der Grundposition enthaltenen Gemeinkosten zu ermitteln. Diesen Gemeinkosten der Grundposition sind jene Gemeinkosten gegenüberzustellen, welche sich aus den EKT der Alternativposition multipliziert mit den kostenartenspezifischen Zuschlagssätzen ergeben (49,35 % auf Lohn, 15 % auf Sonstige Kosten, etc.). Es ergibt sich hier für das Beispiel ein Betrag in Höhe von 153,00 €. Weiterhin ist zu berechnen, wie sich die EKT-Veränderung[153] auf die UGK auswirkt (hier: 100,88 €). Infolge der geringeren EKT sind gemäß Keil/Martinsen/Vahland/Fricke auch die UGK entsprechend zu reduzieren.

Der Umlagefehlbetrag, der sich aus der Differenz zwischen den Gemeinkosten der Grundposition und den zunächst für die Alternativposition ermittelten Gemeinkosten ergibt, ist somit um jene UGK zu reduzieren, die sich aus den verringerten EKT der Alternative ergeben. Es ergibt sich hierbei für das Beispiel ein Betrag von 52,12 €. Dieser Restbetrag ist Keil/Martinsen/Vahland/Fricke zufolge neben den EKT in den Einheitspreis der Alternative einzubeziehen.

---

[152]   Vgl. Keil/Martinsen/Vahland/Fricke: Kostenrechnung für Bauingenieure, 2008, S. 150 f.
[153]   Niedrigere EKT der Alternativposition im Vergleich zu den EKT der Grundposition.

Der von Methode Keil/Martinsen/Vahland/Fricke praktizierte Rechenweg ist methodisch korrekt. Das gleiche Ergebnis ließe sich auch wie folgt ermitteln (vgl. Bild 140):

$$EP_{Alternativposition} = \frac{(\sum EKT_{Alternativposition} + \sum BGK_{Grundposition})*(1+UGK\text{-}Zuschlag)}{Menge_{Alternativposition}}$$

$$EP_{Alternativposition} = \frac{(13.804,00\ € + 1.922,70\ €)*(109,89\ \%)}{170,00\ m^3} = 101,66\ €/m^3$$

Bild 140: Alternative Kalkulation des Einheitspreises gegenüber der Vorgehensweise von Keil/Martinsen/Vahland/Fricke

Bei der von Keil/Martinsen/Vahland/Fricke gewählten Berechnungsmethode enthält der neue Einheitspreis für die Alternativposition betriebswirtschaftlich betrachtet folgende Elemente:

- EKT der Alternative
- BGK der Grundposition
- AGK auf EKT der Alternative
- AGK auf BGK der Grundposition
- WuG auf EKT der Alternative
- WuG auf BGK der Grundposition

11.8.3.5 Methode Reister

Ein konkretes Berechnungsbeispiel für die Kalkulation einer Alternativposition mit verringertem Aufwand gibt Reister nicht. Er weist jedoch darauf hin, dass die Alternative sich nicht nur hinsichtlich des eigentlichen Leistungsinhalts sondern auch hinsichtlich der Ausführungsdauer bzw. hinsichtlich der erforderlichen Baustelleneinrichtung von der Grundposition unterscheiden kann, was Probleme bei der Zuordnung von den Zuschlägen für Baustellengemeinkosten verursachen könne.[154] Reister gibt in diesem Zusammenhang Hinweise, wie verfahren werden kann, ein durchgängiges Beispiel hierfür fehlt jedoch.

11.8.3.6 Methode BMVBS

Da sich der Leitfaden zur Vergütung bei Nachträgen mit der Nachtragsvergütung befasst, sind ihm keine Angaben hinsichtlich der Kalkulation von Alternativpositionen zu entnehmen.

11.8.3.7 Zusammenfassung zu Alternativpositionen mit Minderaufwand

Es ist gemäß der Bilder 141 und 142 festzustellen, dass Drees/Paul und Keil/Martinsen/Vahland/Fricke hinsichtlich der Kalkulation von Alternativpositionen mit Minderaufwand zum gleichen Ergebnis kommen. In beiden Fällen enthält der Einheitspreis für die Alternativposition neben den EKT der Alternative die BGK der Grundposition sowie die hierauf bezogenen Allgemeinen Geschäftskosten, Wagnis und Gewinn. Die BGK werden bei beiden als einmalige Kostengröße behandelt, AGK und WuG dagegen sind als umsatzbezogen zu interpretieren.

Die Vorgehensweise von Drees/Paul und Keil/Martinsen/Vahland/Fricke hinsichtlich der Kalkulation von Alternativpositionen mit Minderaufwand korrespondiert insofern mit der Vorgehensweise von Leimböck/Klaus/Hölkermann bei Alternativpositionen mit Mehraufwand.

---

[154] Vgl. Reister: Nachträge beim Bauvertrag, 2007, S. 181 ff.

Autoren	kalkulierter Einheitspreis
Kapellmann/Schiffers	-
Leimböck/Klaus/Hölkermann	-
Drees/Paul	101,66 €/m³
Keil/Martinsen/Vahland/Fricke	101,66 €/m³
Reister	-
BMVBS	-

Bild 141: Vergleichende Betrachtung der Einheitspreise bei Alternativpositionen mit Minderaufwand

		EKT	BGK	AGK auf EKT	AGK auf BGK	Wagnis auf EKT	Wagnis auf BGK	Gewinn auf EKT	Gewinn auf BGK	EP in €/m³
(1)	Kapellmann/ Schiffers	-	-	-	-	-	-	-	-	-
(2)	Leimböck/ Klaus/ Hölkermann	-	-	-	-	-	-	-	-	-
(3)	Drees/Paul	◿	▭	%	▭ %	%	▭ %	%	▭ %	101,66
(4)	Keil/Martinsen/ Vahland/ Fricke	◿	▭	%	▭ %	%	▭ %	%	▭ %	101,66
(5)	Reister	-	-	-	-	-	-	-	-	-
(6)	BMVBS	-	-	-	-	-	-	-	-	-

Bild 142: Vergleichende Betrachtung der Kosteneigenschaften bei Alternativpositionen mit Minderaufwand

11.9   Untersuchung der Kalkulation von Eventualpositionen

11.9.1   Variation der Beispielposition als Grundlage für die Analyse

Für die nachfolgenden Analysen wird die Beispielposition dahingehend variiert, dass sie der im Abschnitt 11.6.2 für die Betrachtung einer geänderten Leistung mit Mehraufwand entspricht. Gegenüber der im Abschnitt 11.2.2

dargestellten Position ist hier also hinsichtlich der Lohnkosten von einem Aufwand in Höhe von 1,0 Stunden/m³ und hinsichtlich des Materials von 68,00 €/m³ auszugehen.

11.9.2 Methode Kapellmann/Schiffers

Für Eventualpositionen gibt es bei Leimböck/Klaus/Hölkermann keine konkreten Berechnungsbeispiele.

11.9.3 Methode Leimböck/Klaus/Hölkermann

Da bei einer Eventualposition immer mit einer Nicht-Ausführung gerechnet werden müsse, plädieren Leimböck/Klaus/Hölkermann dafür, keine Gemeinkosten der Baustelle in den Einheitspreis einer Eventualposition einzurechnen, außer wenn die Baustellengemeinkosten besonders für die Erbringung der Eventualposition notwendig seien.[155]

Es sollten zur Berechnung des Einheitspreises der Eventualposition die Einzelkosten der Teilleistung mit den kalkulierten Zuschlagssätzen für Allgemeine Geschäftskosten, Wagnis und Gewinn aus der Angebotskalkulation multipliziert werden. Ausgehend von der Beispielposition berechnet sich der Einheitspreis dann wie in Bild 143 gezeigt.

Einzelkosten der Teilleistung		
= 1,00 h * 29,00 EUR/h + 68,00 EUR/m³	=	97,00 EUR/m³
+ 9,89 % auf 97,00 EUR wegen		
Allgemeine Geschäftskosten und Gewinn und Wagnis	=	9,59 EUR/m³
Einheitspreis der Eventualposition:		106,59 EUR/m³

Bild 143: Kalkulation des Einheitspreises einer Eventualposition gemäß Leimböck/Klaus/Hölkermann

Bei der von Leimböck/Klaus/Hölkermann gewählten Berechnungsmethode enthält der neue Einheitspreis für die Eventualposition betriebswirtschaftlich betrachtet folgende Elemente:

- EKT
- AGK auf EKT
- WuG auf EKT

11.9.4 Methode Drees/Paul

Bei der Einheitspreisermittlung im Falle von Eventualpositionen unterscheiden Drees/Paul zwei Varianten, wie die Gemeinkostenzuschläge angesetzt werden können:[156]

1. Bei der ersten Variante werden die Einzelkosten der Teilleistung mit den gleichen prozentualen Gemeinkostenzuschlägen multipliziert wie die übrigen Ausführungspositionen, wobei jedoch die Einzelkosten der Eventualposition nicht in die Umlagebasis für die Gemeinkosten eingehen.

2. Bei der zweiten Kalkulationsvariante besteht der Einheitspreis aus den Einzelkosten der Teilleistung und einem Zuschlag für Allgemeine Geschäftskosten, Wagnis und Gewinn und gegebenenfalls einem Zuschlag für weitere Gemeinkostenanteile, sofern diese durch die Eventualposition erforderlich werden. Dieser Einheitspreis stellt Drees/Paul zufolge die Preisuntergrenze zur vollen Kostendeckung dar.[157]

Für die Beispielposition wird nachfolgend in Bild 144 dargestellt, wie die Kalkulation der Eventualposition gemäß der ersten Variante von Drees/Paul durchzuführen ist. Die Kalkulation der zweiten Variante entspricht der in Abschnitt 11.9.3 dargestellten Vorgehensweise von Leimböck/Klaus/Hölkermann.

---

[155] Vgl. Leimböck/Klaus/Hölkermann: Baukalkulation und Projektcontrolling, 2007, S. 72.
[156] Vgl. Drees/Paul: Kalkulation von Baupreisen, 2006, S. 219 ff.
[157] Zur genauen Berechnungsmethodik dieser Variante wird auf Drees/Paul: Kalkulation von Baupreisen, 2006, S. 221 verwiesen.

Werden die Einzelkosten mit dem Zuschlag aus der Gemeinkostenumlage
über die Angebotsendsumme beaufschlagt, ergibt sich folgender Einheitspreis:

0,80 h/m³ * 43,31 €/h	=	34,65 €/m³
64,00 €/m³ * 1,15	=	73,60 €/m³
Einheitspreis Eventualposition		108,25 €/m³

Bild 144: Kalkulation des Einheitspreises einer Eventualposition gemäß Drees/Paul

Bei der von Drees/Paul gewählten Berechnungsmethode enthält der neue Einheitspreis für die Eventualposition
betriebswirtschaftlich betrachtet folgende Elemente:

- EKT
- BGK
- AGK auf EKT
- AGK auf BGK
- WuG auf EKT
- WuG auf BGK

11.9.5 Methode Keil/Martinsen/Vahland/Fricke

Bei Keil/Martinsen/Vahland/Fricke gibt es kein Beispiel für die Kalkulation der Vergütung einer Eventualposition.
Generell sei der Einheitspreis einer Eventualposition jedoch mit den gleichen Zuschlägen zu errechnen wie der Preis
für die normalen Positionen, wobei ggf. der Ansatz der anteiligen BGK reduziert werden könne.[158] Es ist nicht eindeutig, wie in einem solchen Fall konkret kalkuliert werden soll.

11.9.6 Methode Reister

Bei Reister gibt es kein Beispiel für die Kalkulation der Vergütung einer Eventualposition. Es ist nicht eindeutig, wie in
einem solchen Fall konkret kalkuliert werden soll.[159]

11.9.7 Methode BMVBS

Da sich der Leitfaden zur Vergütung bei Nachträgen mit der Nachtragsvergütung befasst, sind ihm keine Angaben
hinsichtlich der Kalkulation von Eventualpositionen zu entnehmen.

11.9.8 Zusammenfassung zu Eventualpositionen

Die Vorgehensweise von Leimböck/Klaus/Hölkermann bei der Kalkulation von Eventualpositionen unterscheidet sich
von der von Drees/Paul angewandten Systematik im Wesentlichen durch die Behandlung der BGK. Während bei Leim-
böck/Klaus/Hölkermann grundsätzlich keine Baustellengemeinkosten in der Eventualposition zu kalkulieren sind,
können Drees/Paul zufolge durchaus BGK in dem Einheitspreis einer Eventualposition enthalten sein, nur sollten die
EKT der Eventualposition dabei nicht in die Gesamt-Umlagebasis für die Gemeinkosten eingehen. Drees/Paul sehen
daneben als zweite Berechnungsvariante auch das von Leimböck/Klaus/Hölkermann dargestellte Verfahren als Möglichkeit zur Kalkulation einer Eventualposition.

---

[158] Vgl. Keil/Martinsen/Vahland/Fricke: Kostenrechnung für Bauingenieure, 2008, S. 151.
[159] Vgl. Reister: Nachträge beim Bauvertrag, 2007, S. 173 ff.

Autoren	kalkulierter Einheitspreis
Kapellmann/Schiffers	-
Leimböck/Klaus/Hölkermann	106,59 €/m³
Drees/Paul	108,25 €/m³ bzw. 106,59 €/m³
Keil/Martinsen/Vahland/Fricke	-
Reister	-
BMVBS	-

Bild 145: Vergleichende Betrachtung der Einheitspreise bei Eventualpositionen

		EKT	BGK	AGK auf EKT	AGK auf BGK	Wagnis auf EKT	Wagnis auf BGK	Gewinn auf EKT	Gewinn auf BGK	EP in €/m³
(1)	Kapellmann/ Schiffers	-	-	-	-	-	-	-	-	-
(2)	Leimböck/Klaus/ Hölkermann	◹	▭	%	▭ %	%	▭ %	%	▭ %	106,59
(3)	Drees/Paul (erste Variante)	◹	%	%	%	%	%	%	%	108,25
	(zweite Variante)	◹	▭	%	▭ %	%	▭ %	%	▭ %	106,59
(4)	Keil/Martinsen/ Vahland/ Fricke	-	-	-	-	-	-	-	-	-
(5)	Reister	-	-	-	-	-	-	-	-	-
(6)	BMVBS	-	-	-	-	-	-	-	-	-

Bild 146: Vergleichende Betrachtung der Kosteneigenschaften bei Eventualpositionen

11.0

11.10 Auswertung der Einheitspreiskalkulation der einzelnen Autoren

11.10.1 Allgemeines zur Analyse der Kosteneigenschaften

Die sich aus der Einheitspreisermittlung für die untersuchten Fallgestaltungen ergebenden Kosteneigenschaften sind als solche i. d. R. nicht explizit von den zitierten Autoren bezeichnet worden. Sie sind jedoch aufgrund der angewandten Berechnungsmethodik ableitbar.

Es geht dabei aus der jeweils angewandten Berechnungsmethode nicht immer eindeutig hervor, welche Kosteneigenschaften den einzelnen Einheitspreis-Bestandteilen zugrunde gelegt wurden. In diesen Fällen sind in der Übersicht mehrere Kosteneigenschaften als Möglichkeit dargestellt.

11.10.2 Kapellmann/Schiffers

Bild 147 zeigt die sich aus der Einheitspreisermittlung für die untersuchten Fallgestaltungen ergebenden Kosteneigenschaften.

	EKT	BGK	AGK auf EKT	AGK auf BGK	Wagnis auf EKT	Wagnis auf BGK	Gewinn auf EKT	Gewinn auf BGK	EP in €/m³
Mehr-mengen	△	▭	△ %	△	△ %	△	△ %	△	95,99
Minder-mengen	△	▭	▭	▭	▭	▭	▭	▭	122,99
Gekündigte Leistungen	△	▭	▭	▭	▭	▭	▭	▭	21,05
Geänderte Leistungen (+)	△	%	%	%	%	%	%	%	121,51
Geänderte Leistungen (-)	-	-	-	-	-	-	-	-	-
Zusätzliche Leistungen	△	%	%	%	%	%	%	%	121,51
Alternativ-positionen (+)	-	-	-	-	-	-	-	-	-
Alternativ-positionen (-)	-	-	-	-	-	-	-	-	-
Eventual-positionen	-	-	-	-	-	-	-	-	-

Bild 147: Vergleichende Betrachtung der untersuchten Einheitspreiskalkulationen gemäß Kapellmann/Schiffers

Es lässt sich hinsichtlich der Kosteneigenschaften feststellen, dass Kapellmann/Schiffers bei Mindermengen und teilgekündigten Leistungen eine einheitliche Vorgehensweise wählen. Auch wird im Falle von geänderten Leistungen die gleiche Methode zugrunde gelegt wie im Falle von zusätzlichen Leistungen. Die Vorgehensweise im Fall von Mehrmengen weicht dagegen von den beiden Verfahrensweisen ab.

11.10.3 Leimböck/Klaus/Hölkermann

Bild 148 zeigt die sich aus der Einheitspreisermittlung für die untersuchten Fallgestaltungen ergebenden Kosteneigenschaften.

	EKT	BGK	AGK auf EKT	AGK auf BGK	Wagnis auf EKT	Wagnis auf BGK	Gewinn auf EKT	Gewinn auf BGK	EP in €/m³
Mehrmengen	△	▭	%	%	%	%	%	%	95,82
Mindermengen	△	▭	▭	▭	▭	▭	▭	▭	122,99
Gekündigte Leistungen	△	▭	▭	▭	▭	▭	▭	▭	21,05
Geänderte Leistungen (+)	△	▭	%	▭ %	%	▭ %	%	▭ %	119,02
Geänderte Leistungen (-)	-	-	-	-	-	-	-	-	-
Zusätzliche Leistungen	△	%	%	%	%	%	%	%	121,51
Alternativpositionen (+)	△	▭	%	▭ %	%	▭ %	%	▭ %	119,02
Alternativpositionen (-)	-	-	-	-	-	-	-	-	-
Eventualpositionen	△	▭	%	▭ %	%	▭ %	%	▭ %	106,59

Bild 148: Vergleichende Betrachtung Einheitspreiskalkulation Leimböck/Klaus/Hölkermann

Es lässt sich hinsichtlich der Kosteneigenschaften feststellen, dass Leimböck/Klaus/Hölkermann bei Mehrmengen, geänderten Leistungen (mit erhöhten Aufwand), Alternativpositionen (mit erhöhten Aufwand) und Eventualpositionen eine einheitliche Vorgehensweise wählen. Die Vorgehensweise im Fall von Mindermengen entspricht der Vorgehensweise im Fall von Teilkündigungen, sie weicht jedoch von der bei Mehrmengen etc. zugrunde gelegten Methode ab.

Die im Zusammenhang mit der Kalkulation von zusätzlichen Leistungen festzustellenden Kosteneigenschaften entsprechen weitgehend der für Mehrmengen etc. zugrunde gelegten Methodik, mit dem Unterschied, dass Leimböck/Klaus/Hölkermann zufolge der EP von zusätzlichen Leistungen auch BGK enthält und diese BGK somit – anders als bei Mehrmengen und auch anders als bei Mindermengen – als umsatzbezogen zu interpretieren sind.

Insgesamt betrachtet lässt sich feststellen, dass die von Leimböck/Klaus/Hölkermann indirekt vorgenommene Zuordnung von Kosteneigenschaften zwar nicht für alle untersuchten Fälle nach einheitlichen Kriterien erfolgt, aber grundsätzlich vorhanden ist.

11.10.4 Drees/Paul

Bild 149 zeigt die sich aus der Einheitspreisermittlung für die untersuchten Fallgestaltungen ergebenden Kosteneigenschaften.

	EKT	BGK	AGK auf EKT	AGK auf BGK	Wagnis auf EKT	Wagnis auf BGK	Gewinn auf EKT	Gewinn auf BGK	EP in €/m³
Mehr-mengen	△	▭	%	%	%	%	%	%	95,82
Minder-mengen	△	▭	▭	▭	%	▭	▭	▭	122,31
Gekündigte Leistungen	△	▭	▭	▭	%	▭	▭	▭	20,10
Geänderte Leistungen (+)	△	%	%	%	%	%	%	%	121,51
Geänderte Leistungen (-)	-	-	-	-	-	-	-	-	-
Zusätzliche Leistungen	-	-	-	-	-	-	-	-	-
Alternativ-positionen (+)	-	-	-	-	-	-	-	-	-
Alternativ-positionen (-)	△	▭	%	▭/%	%	▭/%	%	▭/%	101,66
Eventual-positionen (erste Variante)	△	%	%	%	%	%	%	%	108,25
(zweite Variante)	△	▭	%	▭/%	%	▭/%	%	▭/%	106,59

Bild 149: Vergleichende Betrachtung der untersuchten Einheitspreiskalkulationen gemäß Drees/Paul

Es lässt sich hinsichtlich der Kosteneigenschaften feststellen, dass Drees/Paul bei Mehrmengen und Alternativpositionen (mit reduziertem Aufwand) eine einheitliche Vorgehensweise wählen. Die Methodik im Falle von Eventualpositionen entspricht der Methodik bei geänderten Leistungen (Variante 1) bzw. der Methodik bei Mehrmengen und Alternativpositionen (Variante 2). Es bestehen drei verschiedene Vorgehensweisen.

Die im Zusammenhang mit der Kalkulation von Mindermengen festzustellenden Kosteneigenschaften entsprechen weitgehend der für Teilkündigungen zugrunde gelegten Methodik, mit dem Unterschied, dass Drees/Paul zufolge der EP bei Mindermengen auch Wagnis auf EKT enthält und dieses Wagnis somit – anders als bei Teilkündigungen – als einmalig zu interpretieren ist. Insgesamt betrachtet lässt sich feststellen, dass die von Drees/Paul indirekt vorgenommene Zuordnung von Kosteneigenschaften nicht nach einheitlichen Kriterien erfolgt.

11.10.5 Keil/Martinsen/Vahland/Fricke

Bild 150 zeigt die sich aus der Einheitspreisermittlung für die untersuchten Fallgestaltungen ergebenden Kosteneigenschaften.

11.0

	EKT	BGK	AGK auf EKT	AGK auf BGK	Wagnis auf EKT	Wagnis auf BGK	Gewinn auf EKT	Gewinn auf BGK	EP in €/m³
Mehrmengen	◿	□ + ◿	%	%	%	%	%	%	95,82
Mindermengen	◿	□	□	□	%	□	□	□	122,31
Gekündigte Leistungen	◿	□	□	□	◿	◿	□	□	19,97
Geänderte Leistungen (+)	◿	%	%	%	%	%	%	%	121,51
Geänderte Leistungen (-)	-	-	-	-	-	-	-	-	-
Zusätzliche Leistungen	-	-	-	-	-	-	-	-	-
Alternativpositionen (+)	-	-	-	-	-	-	-	-	-
Alternativpositionen (-)	◿	□	%	□ %	%	□ %	%	□ %	101,66
Eventualpositionen	-	-	-	-	-	-	-	-	-

Bild 150: Vergleichende Betrachtung der untersuchten Einheitspreiskalkulationen gemäß Keil/Martinsen/Vahland/Fricke

Es lässt sich hinsichtlich der Kosteneigenschaften feststellen, dass Keil/Martinsen/Vahland/Fricke für jede Berechnung eine unterschiedliche Vorgehensweise wählen. Die Vorgehensweise im Fall von Mindermengen ähnelt der Vorgehensweise im Fall von Teilkündigungen, sie weichen jedoch hinsichtlich der Behandlung des Wagnisses voneinander ab. Insgesamt betrachtet lässt sich feststellen, dass die von Keil/Martinsen/Vahland/Fricke indirekt vorgenommene Zuordnung von Kosteneigenschaften nicht nach einheitlichen Kriterien erfolgt.

11.10.6 Reister

Bild 151 zeigt die sich aus der Einheitspreisermittlung für die untersuchten Fallgestaltungen ergebenden Kosteneigenschaften.

	EKT	BGK	AGK auf EKT	AGK auf BGK	Wagnis auf EKT	Wagnis auf BGK	Gewinn auf EKT	Gewinn auf BGK	EP in €/m³
Mehrmengen	△	▭	%	%	%	%	%	%	95,82
Mindermengen	△	▭	▭	▭	▭	▭	▭	▭	122,99
Gekündigte Leistungen	△	▭	▭	▭	▭	▭	▭	▭	21,05
Geänderte Leistungen (+)	△	▭	%	▭ %	%	▭ %	%	▭ %	119,02
Geänderte Leistungen (-)	-	-	-	-	-	-	-	-	-
Zusätzliche Leistungen	△	%	%	%	%	%	%	%	121,51
Alternativpositionen (+)	-	-	-	-	-	-	-	-	-
Alternativpositionen (-)	-	-	-	-	-	-	-	-	-
Eventualpositionen	-	-	-	-	-	-	-	-	-

Bild 151: Vergleichende Betrachtung der untersuchten Einheitspreiskalkulationen gemäß Reister

Es lässt sich hinsichtlich der Kosteneigenschaften feststellen, dass Reister bei Mehrmengen und geänderter Leistungen (mit erhöhtem Aufwand) eine einheitliche Vorgehensweise wählt. Die Vorgehensweise im Fall von Mindermengen entspricht der Vorgehensweise im Fall von Teilkündigungen, sie weicht jedoch von der bei Mehrmengen etc. zugrunde gelegten Methode ab. Die Vorgehensweise hinsichtlich der zusätzlichen Leistungen stellt eine dritte Variante dar. Es fällt hierbei auf, dass die BGK im Falle von geänderten Leistungen zwar als einmalige Größe behandelt werden, im Falle von zusätzlichen Leistungen jedoch (ohne konkreten Nachweis) zusätzliche BGK über die vertraglich kalkulierten hinaus vergütet werden sollen.

Insgesamt betrachtet lässt sich feststellen, dass die von Reister indirekt vorgenommene Zuordnung von Kosteneigenschaften zwar nicht für alle untersuchten Fälle nach einheitlichen Kriterien erfolgt, aber strukturiert angelegt ist. So plädiert Reister generell dazu, dem AN Unternehmensbezogene Gemeinkosten im Falle von Minderkosten in voller Höhe auszugleichen, während diese bei Mehrkosten grundsätzlich anteilig fortgeschrieben werden sollen.[160]

11.10.7 BMVBS

Bild 152 zeigt die sich aus der Einheitspreisermittlung für die untersuchten Fallgestaltungen ergebenden Kosteneigenschaften.

	EKT	BGK	AGK auf EKT	AGK auf BGK	Wagnis auf EKT	Wagnis auf BGK	Gewinn auf EKT	Gewinn auf BGK	EP in €/m³
Mehrmengen	◿	▭	◿	◿	◿	◿	◿	◿	96,94
Mindermengen	◿	▭	▭	▭	◿	◿	▭	▭	122,23
Gekündigte Leistungen	◿	▭	▭	▭	◿	◿	▭	▭	19,97
Geänderte Leistungen (+)	◿	%	%	%	%	%	%	%	121,51
Geänderte Leistungen (-)	-	-	-	-	-	-	-	-	-
Zusätzliche Leistungen	◿	%	%	%	%	%	%	%	121,51
Alternativpositionen (+)	-	-	-	-	-	-	-	-	-
Alternativpositionen (-)	-	-	-	-	-	-	-	-	-
Eventualpositionen	-	-	-	-	-	-	-	-	-

Bild 152: Vergleichende Betrachtung der untersuchten Einheitspreiskalkulationen gemäß BMVBS

160 Vgl. Reister: Nachträge beim Bauvertrag, 2007, S. 347 f.

Es lässt sich hinsichtlich der Kosteneigenschaften feststellen, dass das BMVBS bei Mindermengen und gekündigten Leistungen vergleichbare Kosteneigenschaften zugrunde legt. Diese entsprechen aber nicht jenen Kosteneigenschaften, die für Mehrmengen zu unterstellen sind und auch nicht den Kosteneigenschaften, welche bei zusätzlichen Leistungen und geänderten Leistungen (mit erhöhtem Aufwand) zugrunde gelegt werden.

Insgesamt betrachtet lässt sich feststellen, dass die vom BMVBS indirekt vorgenommene Zuordnung von Kosteneigenschaften stark variiert.

11.11 Ergebnis der Literaturanalyse

Die Untersuchung beinhaltet eine vergleichende Betrachtung der von den Autoren bei der Fortschreibung verwendeten Kosteneigenschaften. Es hat sich ergeben, dass das Klassifizierungsmerkmal Kosteneigenschaften noch nicht berücksichtigt wird. Es gibt bei keinem Autor eine durchgehende, einheitliche Vorgehensweise.

Die vergleichende Analyse der Nachtragskalkulationen einzelner Autoren weist auf einen grundsätzlichen Ordnungsbedarf hin. Es ist festzustellen, dass die zitierten Autoren zwar teilweise dahingehend übereinstimmen, wie je nach speziellem Anspruchsgrund der Nachtrag zu kalkulieren ist, insgesamt betrachtet fällt jedoch auf, dass bei jedem Autor die Vorgehensweise bei unterschiedlichen Anspruchsgründen variiert. Es liegt bei keinem der betrachteten Autoren eine konsequente und durchgängige Berechnungsgrundlage vor.

Insbesondere unter Berücksichtigung der Tatsache, dass in der Praxis eine eindeutige und zweifelsfreie Abgrenzung der verschiedenen Anspruchsgrundlagen vielfach nicht möglich ist, wäre hier eine strukturierte und für verschiedene Anspruchsgründe gültige Methodik erforderlich. Dieses würde – insbesondere im Hinblick auf mögliche Ausgleichsberechnungen im Sinne einer Kompensation von Gemeinkostenunter- und -überdeckungen – zu einer wesentlichen Vereinfachung der Nachtragskalkulation führen.

12.0 Kompensation der Ansprüche aus § 2 VOB/B (Gemeinkostendeckung)

12.1 Vermeidung einer Doppelvergütung

Im Zuge der Erstellung und Prüfung der Schlussrechnung muss auf der Grundlage einer Gesamtbilanz untersucht werden, ob eine Unter- oder Überdeckung der Gemeinkosten eingetreten ist.

Dieser Grundgedanke ist konkret im § 2 Nr. 3 Abs. (3) VOB/B angelegt:

> „Bei einer über 10 v. H. hinausgehenden Unterschreitung des Mengenansatzes ist auf Verlangen der Einheitspreis für die tatsächlich ausgeführte Menge der Leistung oder Teilleistung zu erhöhen, soweit der Auftragnehmer nicht durch Erhöhung der Mengen bei anderen Ordnungszahlen (Positionen) oder in anderer Weise einen Ausgleich erhält.“

Insbesondere die Formulierung „in anderer Weise einen Ausgleich erhält" beinhaltet den Ausgleichsgedanken dahingehend, dass Erleichterungen und Erschwernisse sowie andere Ansprüche des § 2 VOB/B in die Betrachtung einzubeziehen sind. Bei der folgenden Betrachtung wird davon ausgegangen, dass die Kompensation als solche notwendig ist.

12.0

Die gegebenenfalls auch anders auslegbare Variante, dass die anderen Ansprüche des § 2 VOB/B nicht zum Ausgleich herangezogen werden, schließt der Verfasser als abwegig aus, weil die kausale Abhängigkeit zwischen Nachtrag und Mengenänderungen vernachlässigt würde. Dass Nachträge direkt Mengenänderungen bewirken können, ist klar und wird an einem Beispiel im Folgenden erläutert. Eine Vernachlässigung der Kausalität und eine damit verbundene Doppelvergütung von Gemeinkosten muss ausgeschlossen werden.

12.2 Beispiel Baugrube

12.2.1 Ausgangsdaten

Es sind 50.000 m³ Boden der Bodenklasse 3–5 auszuheben und abzufahren. Diese Position enthält insgesamt einen kalkulierten Deckungsbetrag für Baustellengemeinkosten in Höhe von 50.000,00 € bei einer gesamten Vergütungshöhe von 700.000,00 €. Wie dieser Betrag für Baustellengemeinkosten konkret ermittelt wurde, ist dabei vorerst nicht Gegenstand der Betrachtungen. Während der Bauausführung treten mehrere Leistungsveränderungen auf.

12.2.2 Erste Leistungsänderung: Mindermenge Bodenaushub

Aufgrund einer ungenauen Mengenermittlung ergibt sich eine Mindermenge von 7.000 m³, so dass somit nur noch 43.000 m³ Bodenaushub verbleiben. Daraus resultierend bleiben 7.000,00 € an Baustellengemeinkosten für den Auftragnehmer ungedeckt, weshalb er einen entsprechenden Ausgleich verlangt (vgl. Bild 153).

Geplante Menge:	50.000 m³
Mindermenge:	- 7.000 m³
Ist-Menge:	43.000 m³
→ Gemeinkostendeckung (BGK) :	- 7.000,00 €

Bild 153: Mindermenge Bodenaushub, Beispiel Baugrube

12.2.3 Zweite Leistungsänderung: Angeordnete Baugrubenverkleinerung

Aufgrund einer Anordnung des Auftraggebers soll die Baugrube kleiner als ursprünglich geplant ausgehoben werden (vgl. Bild 154). Diese Leistungsänderung führt zu einer um 6.000 m³ verringerten Aushubmenge und infolge dessen zu einer Unterdeckung der Baustellengemeinkosten in Höhe von 6.000,00 €. Der Auftragnehmer verlangt auch hierfür einen entsprechenden Ausgleich (vgl. Bild 155).

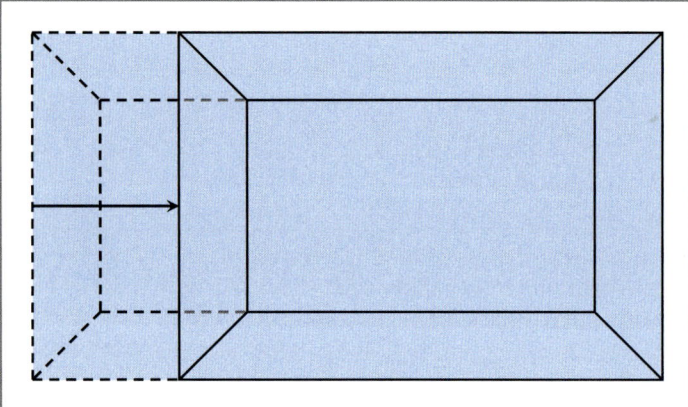

Bild 154: Baugrubenverkleinerung, Beispiel Baugrube

Geplante Menge:	43.000 m³
Mindermenge:	- 6.000 m³
Ist-Menge:	37.000 m³
→ Gemeinkostendeckung (BGK) :	- 6.000,00 €

Bild 155: Baugrubenverkleinerung, Beispiel Baugrube

12.2.4   Dritte Leistungsänderung: Vertiefung der Baugrube

Der Auftraggeber ordnet an, dass zusätzlich ein weiterer Bereich ausgehoben werden soll (vgl. Bild 156). Vom Auftragnehmer werden über diese Leistung zusätzliche Baustellengemeinkosten in Höhe von 5.000,00 € beansprucht (vgl. Bild 157).

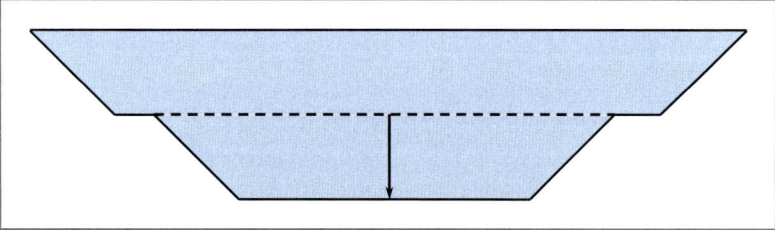

Bild 156: Vertiefung der Baugrube, Beispiel Baugrube

Geplante Menge:	37.000 m³
Mehrleistung:	+ 5.000 m³
Ist-Menge:	42.000 m³
→ Gemeinkostendeckung (BGK) :	+ 5.000,00 €

Bild 157: Vertiefung der Baugrube, Beispiel Baugrube

12.2.5   Vierte Leistungsänderung: Bodenaustausch

In einem Teilbereich muss ein Bodenaustausch vorgenommen werden (vgl. Bild 158). Der Auftragnehmer beansprucht bezüglich dieser zusätzlichen Leistung Baustellengemeinkosten in Höhe von 8.000,00 € (vgl. Bild 159).

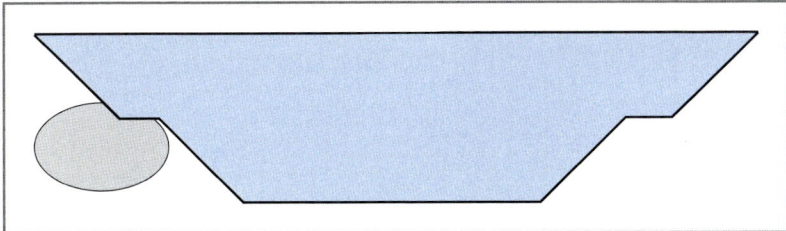

Bild 158: Bodenaustausch, Beispiel Baugrube

Zusätzliche Leistung:	Bodenaustausch
→ Gemeinkostendeckung (BGK) :	+ 8.000,00 €

Bild 159: Bodenaustausch, Beispiel Baugrube

12.0

12.2.6   Fünfte Leistungsänderung: Geänderte Bodenklasse

Im weiteren Verlauf werden in Teilbereichen anstelle der kalkulierten Bodenklasse 3–5 die Bodenklassen 6–7 angetroffen (vgl. Bild 160).

Der Umfang der Bodenklasse 6–7 beträgt 11.000 m³. Der Auftragnehmer beansprucht zusätzlich 15.000,00 € für die Deckung der Baustellengemeinkosten (vgl. Bild 161).

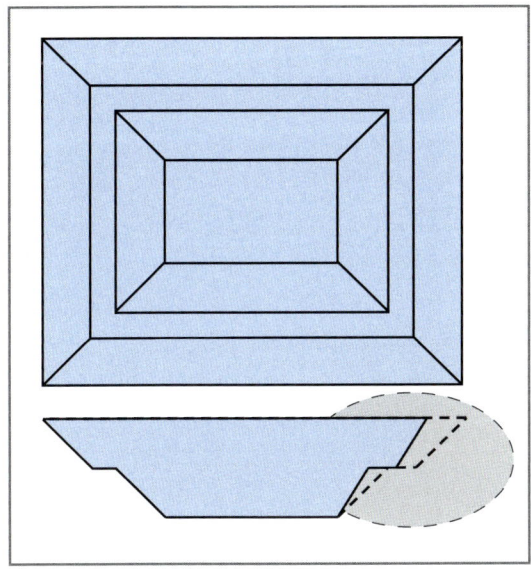

Bild 160: Geänderte Bodenklasse, Beispiel Baugrube

Zusätzlich Bodenklasse 6-7:	+ 11.000 m³
→ Gemeinkostendeckung (BGK) :	+ 15.000,00 €

Bild 161: Zusätzliche Bodenklasse 6 bis 7, Beispiel Baugrube

Aus der teilweise geänderten Bodenklasse ergibt sich für die Bodenklassen 3–5 eine Leistungsreduzierung von 13.000 m³. Dadurch bedingt erhält der Auftragnehmer 13.000,00 € weniger Baustellengemeinkosten (vgl. Bild 162). Da infolge der geänderten Bodenklasse die Baugrubenabböschung steiler als geplant auszuführen ist, ist die Leistungsreduzierung bei der Bodenklasse 3–5 größer als die zusätzlich abzurechnende Menge der Bodenklasse 6–7.

Geplante Menge Bodenklasse 3-5:	42.000 m³
Mindermenge Bodenklasse 3-5:	- 13.000 m³
Ist-Menge Bodenklasse 3-5:	29.000 m³
→ Gemeinkostendeckung (BGK) :	- 13.000,00 €

Bild 162: Reduzierte Bodenklasse 3 bis 5, Beispiel Baugrube

Die Ursache für die Mengenänderung ist eine ändernde Anordnung gemäß § 2 Nr. 5 VOB/B. Bei der Mengenänderung handelt es sich somit um eine Sekundärfolge einer Leistungsänderung. In der Praxis werden derartige kausale Abhängigkeiten häufig nicht erkannt und demzufolge auch Anspruchsgründe nicht richtig zugeordnet.

Da in der Praxis die kausalen Abhängigkeiten häufig nicht berücksichtigt werden, wird im Folgenden keine Trennung in geänderte Bodenklassen und Minderleistungen infolge geänderter Bodenklassen vorgenommen. Hierdurch soll das Fehlerpotential durch Nichtberücksichtigung der Kausalitäten deutlich werden.

12.2.7   Übersicht über die Gemeinkostendeckungen infolge der Veränderungen

Insgesamt führen die geschilderten Leistungsänderungen zu den in Bild 163 dargestellten Über- bzw. Unterdeckungen der Baustellengemeinkosten, wobei zu berücksichtigen ist, dass im Rahmen der Abrechnung des Hauptvertrags dem Auftragnehmer bereits 31.000,00 €[161] an Baustellengemeinkosten vergütet worden sind.

	Unterdeckung BGK	Überdeckung BGK
Mindermenge (1. Veränderung)	7.000,00 €	
Verkleinerte Baugrubenfläche (2. Veränderung)	6.000,00 €	
Tiefere Baugrube (3. Veränderung)		5.000,00 €
Bodenaustausch (4. Veränderung)		8.000,00 €
Geänderte Bodenklasse (5. Veränderung)	13.000,00 €	15.000,00 €
insgesamt	26.000,00 €	28.000,00 €

Bild 163: Tabellarische Übersicht bezüglich der Gemeinkostendeckungen

---

[161] Die in der Abrechnung enthaltenen BGK ergeben sich aus der Analyse der Einheitspreise.

12.2.8　Kompensation der unterdeckten Baustellengemeinkosten mit den zusätzlichen Baustellengemeinkosten

Je nachdem, zu welchem Zeitpunkt und in welcher Reihenfolge die einzelnen Nachträge verhandelt werden und in Abhängigkeit von der gewählten Kompensationsvariante könnte dem Auftragnehmer insgesamt ein Betrag zwischen 50.000,00 € und 85.000,00 €[162] für die Baustellengemeinkosten vergütet werden, wobei es auch in dem dazwischen liegenden Spektrum eine Vielzahl von möglichen und durchaus auch diskutablen Varianten gibt.

In der Literatur ist das Thema Kompensation von Baustellengemeinkosten bislang inhaltlich nicht diskutiert worden. Es wird lediglich darauf verwiesen, dass eine Ausgleichsrechnung notwendig ist.[163]

- Variante I (vgl. Bild 164):
  Es werden zunächst die Nachträge bezüglich der verkleinerten Baugrubenfläche, der tieferen Baugrube, des Bodenaustausches und der zusätzlichen Bodenklasse 6–7 verhandelt. Der Auftragnehmer erhält dafür neben den bereits zuvor über vertragliche Leistungen abgerechneten 31.000,00 € weitere 34.000,00 € Baustellengemeinkosten, also insgesamt 65.000,00 € für die Baustellengemeinkosten. Anschließend beansprucht der Auftragnehmer einen Ausgleich der Gemeinkostenunterdeckungen infolge der Mindermenge und infolge der durch die veränderte Bodenklasse hervorgerufenen Mengenminderung bei der Bodenklasse 3–5. Dieses ist jedoch abzulehnen. Es bleibt bei der Vergütung in Höhe von 65.000,00 €, da die Unterdeckungen bereits durch die aus den Nachträgen erzielten zusätzlichen Deckungen ausgeglichen sind.
  Die zweite Möglichkeit gemäß Bild 164 ist rechtlich nicht zulässig, weil das Wort Unterdeckungen darauf abzielt, dass die im Vertrag kalkulierten Baustellengemeinkosten nicht gedeckt sind. Dies bedeutet, dass die kalkulierte Deckung der Baustellengemeinkosten in Höhe von 50.000,00 € mit der Abrechnung nicht vergütet worden ist und nunmehr durch eine Ausgleichsberechnung die Deckung gewährleistet werden muss. Eine Überdeckung über 50.000,00 € gemäß § 2 Nr. 3 Abs. (3) VOB/B ist nicht gemeint. Bei der zweiten Möglichkeit wird unzulässigerweise die Unterdeckung mit der Überdeckung verglichen.

Für vertragliche Leistungen kalkuliert:				50.000,00 €
Durch Abrechnung über vertragl. Leistungen bereits vergütete BGK:				31.000,00 €
Veränderungen:				
[2] Verkleinerte Baugrubenfläche		6.000,00 €		
[3] Tiefere Baugrube	+	5.000,00 €		
[4] Bodenaustausch	+	8.000,00 €		
[5] Geänderte Bodenklasse	+	15.000,00 €		
	+	34.000,00 €	bereits verhandelt: +	34.000,00 €
Bislang verhandelt und vergütet:				65.000,00 €
Gemeinkostenüberdeckung aus Nachträgen verhindert § 2 Nr. 3 Abs. 2 VOB/B:				
[5] Mindermenge infolge geänd. Bodenklasse	+	13.000,00 €		
[1] Mindermenge	+	7.000,00 €		
	+	20.000,00 €		
1. Möglichkeit:				
keine weitere Vergütung von BGK, da 65.000,00 € > 50.000,00 €				- €
AN erhält insgesamt				**65.000,00 €**
2. Möglichkeit:				
AN hat bisher nur 15.000,00 € mehr erhalten (65.000,00 € - 50.000,00 €), 20.000,00 € Unterdeckung sind noch nicht ausgeglichen --> 20.000,00 € - 15.000,00 € = 5.000,00 €			+	5.000,00 €
AN erhält insgesamt				**70.000,00 €**

Bild 164: Kompensationsvariante I, Beispiel Baugrube

---

[162] Vgl. Bild 170, Tabellarische Übersicht.
[163] Vgl. Kapellmann/Schiffers: Vergütung, Nachträge und Behinderungsfolgen beim Bauvertrag, Bd. 1, 2006, Rdn. 625 ff.

• Variante II (vgl. Bild 165):
Die wohl wahrscheinlichste Möglichkeit ist es, dass zunächst die Nachträge bezüglich der tieferen Baugrube, des Bodenaustausches und der zusätzlichen Bodenklasse 6–7 – nicht jedoch der Nachtrag bezüglich der verkleinerten Baugrubenfläche – verhandelt und vergütet werden. Der Auftragnehmer erhält dann neben den bereits über die vertragliche Leistung vergüteten 31.000,00 € weitere 28.000,00 € zur Deckung der Baustellengemeinkosten, also insgesamt 59.000,00 €. Die Forderung von weiteren 26.000,00 € Baustellengemeinkosten als Unterdeckungsausgleich für die verkleinerte Baugrubenfläche, die ermittlungsbedingte Mindermenge, sowie für die durch die Bodenänderung hervorgerufene Mindermenge würde dann vom Auftraggeber mit der Begründung zurückgewiesen, dass die Unterdeckungen bereits durch die zuvor verhandelten Nachträge ausgeglichen sind.

Für vertragliche Leistungen kalkuliert:				+	50.000,00 €
Durch Abrechnung über vertragl. Leistungen bereits vergütete BGK:				**+**	**31.000,00 €**
Veränderungen:					
[3] Tiefere Baugrube	+	5.000,00 €			
[4] Bodenaustausch	+	8.000,00 €			
[5] Geänderte Bodenklasse	+	15.000,00 €			
	+	28.000,00 €	bereits verhandelt:	+	**28.000,00 €**
Bislang vergütet bzw. verhandelt:					**59.000,00 €**
AN fordert weiterhin als Unterdeckungsausgleich:					
[2] Verkleinerte Baugrubenfläche		6.000,00 €			
[5] Mindermenge infolge geänd. Bodenklasse	+	13.000,00 €			
[1] Mindermenge	+	7.000,00 €			
	+	26.000,00 €			
1. Möglichkeit:					
keine weitere Vergütung von BGK, da 59.000,00 € > 50.000,00 €				-	€
AN erhält insgesamt					**59.000,00 €**

Bild 165: Kompensationsvariante II, Beispiel Baugrube

• Variante III (vgl. Bild 166):
Daneben ist auch denkbar, dass bei Verhandlung der Nachträge bezüglich der tieferen Baugrube, des Bodenaustausches und der zusätzlichen Bodenklasse 6–7 – unter einem vorbehaltlichen Abzug wegen der Mindermenge bei der Bodenklasse 3–5 – zunächst nur 15.000,00 € vergütet werden. Der Auftraggeber reduziert die gesamte Deckung für die Baustellengemeinkosten bezüglich der geänderten Bodenklasse (15.000,00 €) um den Betrag, den der AN aus Mindermengen (13.000,00 €), die als Folge der geänderten Bodenklasse auftreten, später im Zuge der Schlussabrechnung sowieso geltend machen kann. Der Auftragnehmer erhält bei dieser Variante 46.000,00 € Baustellengemeinkosten. Da dem Auftragnehmer mindestens der kalkulierte Betrag an Baustellengemeinkosten – also 50.000,00 € – zusteht, müssen somit noch weitere 4.000,00 € vergütet werden. Eine Vergütung darüber hinaus lehnt der AG mit der Begründung ab, dass keine Unterdeckung vorliegt. Bei der Teilkündigung ist der AN wirtschaftlich so zu stellen, als gäbe es die Teilkündigung nicht. Soweit die verkleinerte Baugrube als Teilkündigung verstanden wird, erhält der Auftragnehmer zusätzliche 6.000,00 € zu den bereits vergüteten 46.000,00 € und dann somit insgesamt 52.000,00 € als Baustellengemeinkosten.[164]

---

[164] Auf die Diskussion weiterer Varianten, z. B. 56.000,00 €, wird hier verzichtet.

Für vertragliche Leistungen kalkuliert:			+	50.000,00 €
Durch Abrechnung über vertragl. Leistungen bereits vergütete BGK:			**+**	**31.000,00 €**

Veränderungen:

[3] Tiefere Baugrube	+	5.000,00 €	
[4] Bodenaustausch	+	8.000,00 €	
[5] Geänderte Bodenklasse	+	2.000,00 €	(Zusätzl. Deckung über jenen Betrag hinaus, den der AN sowieso aus Mindermengen geltend machen kann)
	+	15.000,00 €	bereits verhandelt: + **15.000,00 €**
Bislang vergütet bzw. verhandelt:			**46.000,00 €**

AN fordert weiterhin als Unterdeckungsausgleich:

[2] Verkleinerte Baugrubenfläche	+	6.000,00 €
[5] Mindermenge infolge geänd. Bodenklasse	+	13.000,00 €
[1] Mindermenge	+	7.000,00 €
	+	26.000,00 €

1. Möglichkeit:

AN bekommt 4.000,00 € damit kalkulierte 50.000,00 € gedeckt sind	+	4.000,00 €
AN erhält insgesamt		**50.000,00 €**

2. Möglichkeit:

AN bekommt 6.000,00 € unter der Annahme, dass verkleinerte Baugrubenfläche = Teilkündigung	+	6.000,00 €
AN erhält insgesamt		**52.000,00 €**

Bild 166: Kompensationsvariante III, Beispiel Baugrube

- Variante IV (vgl. Bild 167):
  Als weitere Lösung wäre eine Kompensation von Gemeinkostendeckungen aus Mengenänderungen mit Gemeinkostendeckungen aus geänderten Leistungen denkbar. Bei dieser Variante erhält der Auftragnehmer die Baustellengemeinkosten infolge zusätzlicher Leistungen immer. Die zusätzliche Gemeinkostendeckung aus Ansprüchen gemäß § 2 Nr. 6 VOB/B wird nicht als Kompensationsgröße herangezogen. Neben den über vertragliche Leistungen bereits vergüteten 31.000,00 € Baustellengemeinkosten erhält der Auftragnehmer zunächst 15.000,00 € Baustellengemeinkosten über die geänderte Bodenklasse (geänderte Leistung), sowie 13.000,00 € über die tiefere Baugrube und den Bodenaustausch (zusätzliche Leistungen), also insgesamt zunächst 59.000,00 €. Die Unterdeckungen der Baustellengemeinkosten in Höhe von 26.000,00 € sind dann mit der zusätzlichen Deckung aus der geänderten Bodenklasse in Höhe von 15.000,00 € zu kompensieren, so dass noch eine auszugleichende Unterdeckung in Höhe von 11.000,00 € verbleibt. Dem Auftragnehmer werden bei dieser Variante somit 70.000,00 € Baustellengemeinkosten vergütet.

Für vertragliche Leistungen kalkuliert:				50.000,00 €
Durch Abrechnung über vertragl. Leistungen bereits vergütete BGK:				31.000,00 €
Zusätzliche BGK § 2 Nr. 5 VOB/B:				
[5] Geänderte Bodenklasse	+	15.000,00 €		
Zusätzliche BGK § 2 Nr. 6 VOB/B:				
[3] Tiefere Baugrube	+	5.000,00 €		
[4] Bodenaustausch	+	8.000,00 €		
	+	28.000,00 €	→ Zusätzliche BGK: +	28.000,00 €
Kompensation der Reduzierungen infolge § 2 Nr. 3 u. Leistungserschwernissen gem. § 2 Nr. 5 VOB/B:				
[1] Mindermenge	-	7.000,00 €		
[2] Verkleinerte Baugrubenfläche	-	6.000,00 €		
[5] Mindermenge infolge geänd. Bodenklasse	-	13.000,00 €		
[5] Geänderte Bodenklasse	+	15.000,00 €		
	-	11.000,00 € < 0	→ Auszugleichende Unterdeckung: +	11.000,00 €
AN erhält insgesamt:				**70.000,00 €**

Bild 167: Kompensationsvariante IV, Beispiel Baugrube

- Variante V (vgl. Bild 168):
  Neben den bereits oben vorgestellten Varianten ist es je nach Auslegung des § 2 Nr. 3 Abs. (3) VOB/B denkbar, die Position zu vertreten, dass gar keine Kompensation zwischen Mengenänderungen und Nachträgen vorzunehmen sei. Bei dieser Auffassung wird die Formulierung „in anderer Weise einen Ausgleich erhält" so ausgelegt, dass ein Ausgleich nur innerhalb des Anspruchs des § 2 Nr. 3 VOB/B vorzunehmen sei, z. B. bei einer Verkürzung der Bauzeit infolge der Mindermenge und dadurch reduzierte Baustellengemeinkosten. Infolge dessen erhält der Auftragnehmer neben den bereits über vertragliche Leistungen vergüteten 31.000,00 € zusätzlich 26.000,00 € als Ausgleich für unterdeckte Baustellengemeinkosten, sowie weitere 28.000,00 € an zusätzlichen Baustellengemeinkosten, also insgesamt 85.000,00 €. Diese Variante ist jedoch nach Ansicht des Verfassers als nicht zulässig auszuschließen, weil die kausale Abhängigkeit zwischen Nachträgen und Mehr- und Mindermengen völlig vernachlässigt wird. Bei der geänderten Bodenklasse ist die Sekundärfolge – Mindermenge – dem Anspruch geänderte Bodenklasse zuzuordnen. Es handelt sich nicht um einen Anspruch gemäß § 2 Nr. 3 Abs. (2) VOB/B, sondern um einen Anspruch, der Bestandteil des Nachtrags geänderte Bodenklasse ist. Es muss allerdings darauf hingewiesen werden, dass diese Problematik in der Praxis häufig nicht erkannt wird und daraus systematische Fehler entstehen. Insofern enthält Bild 168 die Berechnung für den Fall der nicht erkannten Kausalität zwischen geänderter Bodenklasse 6–7 und daraus resultierender Mindermenge bei Bodenklasse 3–5. Bei dieser Fallgestaltung werden dem Auftragnehmer bezüglich der veränderten Bodenklasse die Baustellengemeinkosten in Höhe von 13.000,00 € zweimal vergütet: einmal über die 15.000,00 € des Nachtrags und das zweite Mal über die Mindermengenrechnung gemäß § 2 Nr. 3 Abs. (2) VOB/B. Eine Berücksichtigung des Ausgleichsgedankens zwischen Nachtrag und Mengenänderung entfällt.

Für vertragliche Leistungen kalkuliert:				50.000,00 €
Durch Abrechnung über vertragl. Leistungen bereits vergütete BGK:				31.000,00 €
Ausgleich für Unterdeckungen:				
[1] Mindermenge	-	7.000,00 €		
[2] Verkleinerte Baugrubenfläche	-	6.000,00 €		
[5] Mindermenge infolge geänd. Bodenklasse	-	13.000,00 €		
	-	26.000,00 €	→ Auszugleichende Unterdeckung:	+ 26.000,00 €
Zusätzliche Baustellengemeinkosten (BGK):				
[3] Tiefere Baugrube	+	5.000,00 €		
[4] Bodenaustausch	+	8.000,00 €		
[5] Geänderte Bodenklasse	+	15.000,00 €		
	+	28.000,00 €	→ Zusätzliche BGK: +	28.000,00 €
AN erhält insgesamt:				**85.000,00 €**

Bild 168: Kompensationsvariante V a, Beispiel Baugrube

Bild 169 beinhaltet die Berücksichtigung der Kausalität. Es wird bereits hier deutlich, dass eine einheitliche Berechnungsmethode, welche immer zum gleichen Ergebnis führt, auch dann wenn die Kausalität nicht erkannt wird, nur von Vorteil sein kann.

Für vertragliche Leistungen kalkuliert:				50.000,00 €
Durch Abrechnung über vertragl. Leistungen bereits vergütete BGK:				31.000,00 €
Ausgleich für Unterdeckungen:				
[1] Mindermenge	-	7.000,00 €		
[2] Verkleinerte Baugrubenfläche	-	6.000,00 €		
	-	13.000,00 €	→ Auszugleichende Unterdeckung:	+ 13.000,00 €
Zusätzliche Baustellengemeinkosten (BGK):				
[3] Tiefere Baugrube	+	5.000,00 €		
[4] Bodenaustausch	+	8.000,00 €		
[5] Geänderte Bodenklasse (15.000,00 € - 13.000,00 €)	+	2.000,00 €		
	+	15.000,00 €	→ Zusätzliche BGK: +	15.000,00 €
AN erhält insgesamt:				**59.000,00 €**

Bild 169: Kompensationsvariante V b, Beispiel Baugrube

12.2.9 Vergleichende Übersicht der fünf Varianten

Zusammenfassend lässt sich feststellen, dass es bezüglich der Kompensation eine Vielzahl von Varianten gibt (vgl. Bild 170), die je nach Interessenlage mehr oder weniger sachgerecht begründbar und zumindest grundsätzlich vertretbar sind.

		AN erhält folgende BGK
Variante I	1. Möglichkeit	65.000,00 €
	2. Möglichkeit	70.000,00 €
Variante II		59.000,00 €
Variante III	1. Möglichkeit	50.000,00 €
	2. Möglichkeit	52.000,00 €
Variante IV		70.000,00 €
Variante V a		85.000,00 €
Variante V b		59.000,00 €

Bild 170: Tabellarische Übersicht über das Ergebnis der Gemeinkostenanalyse

Es muss darauf hingewiesen werden, dass das Bild 170 bereits eine reduzierte Darstellung beinhaltet, weil für jede Variante unterschiedliche Berechnungsmethoden bzgl. der Ermittlung der Anspruchshöhe vorgetragen werden können.

12.3 Beispiel Grundrissveränderung

Beim vorangegangenen Beispiel Bodenaushub lässt sich die veränderte Leistung bezüglich des Anspruchsgrunds weitgehend eindeutig differenzieren, auch der Umfang der Leistungsänderung ist feststellbar. Alleine die Abgrenzung zwischen § 2 Nr. 5 und 6 VOB/B wird in der Literatur sehr unterschiedlich vertreten. Durch die Rechtsprechung ist diese Frage bislang nicht geklärt.

Folgendes Beispiel soll verdeutlichen, dass in der Praxis viele Fallgestaltungen problematisch sind, weil bereits über den Anspruchsgrund und den zugehörigen Umfang der Leistungsänderung diskutiert werden kann.

Bild 172 zeigt die Veränderung eines Grundrisses im Hochbau. Aufgrund verschiedener Anordnungen des Auftraggebers und infolge der Bauumstände verändert sich der in Bild 171 dargestellte geplante Grundriss eines Hochbaus.

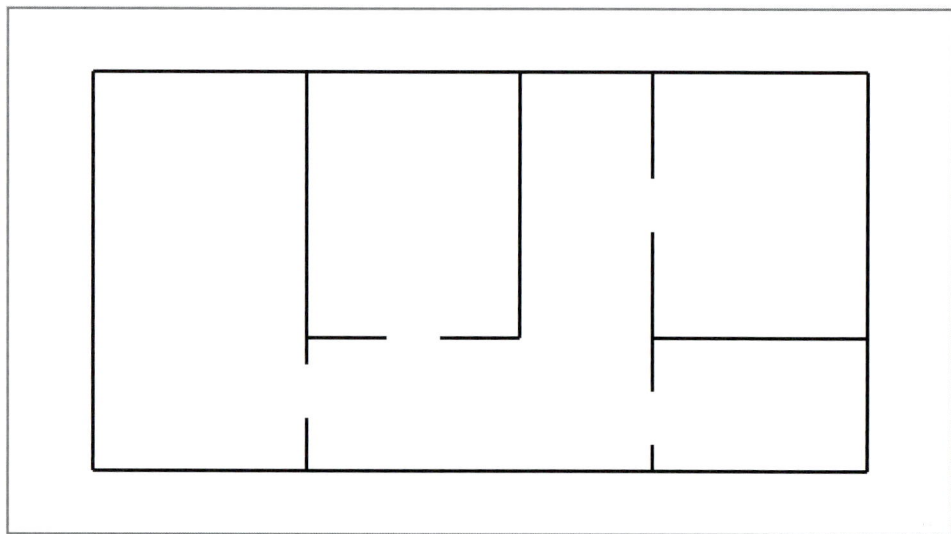

Bild 171: Ursprünglich geplanter Grundriss

- Eine Außenwand wird verschoben, die betroffenen Innenwände müssen daher um ein zusätzliches Stück (der Verschiebung entsprechend) verlängert werden.

- Eine der Außenwände erhält eine größere Wandstärke.

- Eine Innenwand wird etwas verschoben. Eine weitere Innenwand entfällt, es tritt eine neue an einer anderen Stelle hinzu.

- Zusätzlich wird ein weiterer Raum dem Grundriss hinzugefügt. Es ist ein weiterer Wanddurchbruch herzustellen.

- Durch einen Annahmeverzug des Auftraggebers ergibt sich eine Bauzeitverlängerung von zwei Monaten.

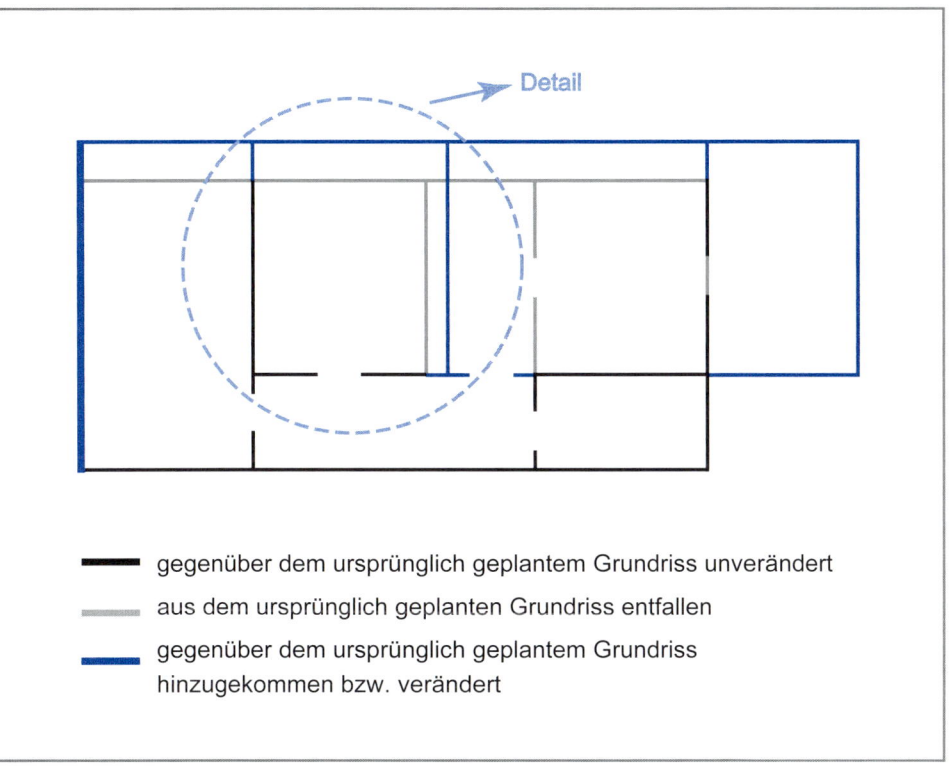

Detail

— gegenüber dem ursprünglich geplantem Grundriss unverändert

— aus dem ursprünglich geplanten Grundriss entfallen

— gegenüber dem ursprünglich geplantem Grundriss hinzugekommen bzw. verändert

Bild 172: Veränderter Grundriss

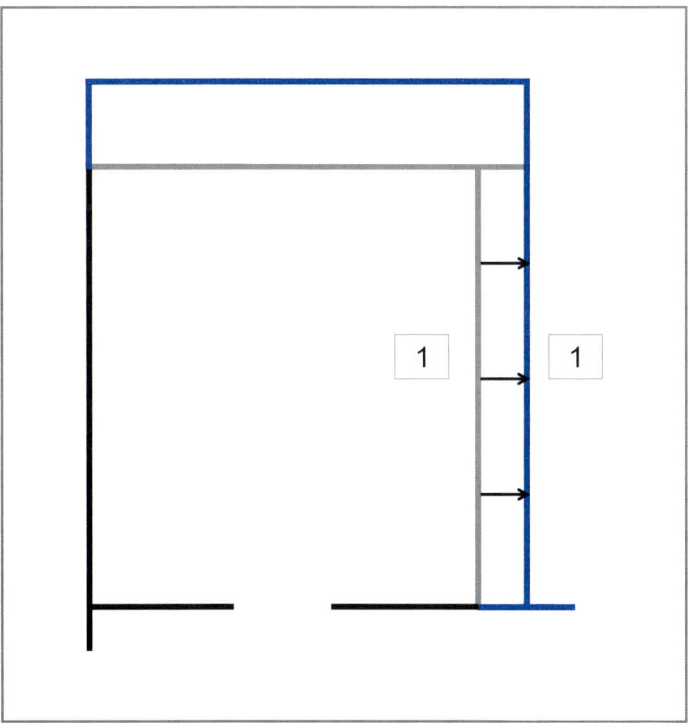

Bild 173: Ausschnitt aus Bild 172, verschobene Wand

12.0

Bei der Analyse der Veränderungen treten folgende zwei wesentliche Fragestellungen auf:

1. Wie sind Mengenänderungen, geänderte, gekündigte und zusätzliche Leistungen voneinander abzugrenzen?

2. Wie sind die Gemeinkostendeckungen, die dem Auftragnehmer infolge der geänderten Leistungen, Mengenänderungen, zusätzlichen Leistungen, gekündigten Leistungen und der Störung des Bauablaufs zustehen, zu ermitteln und gegebenenfalls zu kompensieren?

Bleibt die verschobene Wand 1 eine Hauptvertragsleistung oder nicht? Wenn die verschobene Hauswand 1 Bestandteil des Hauptvertrags bliebe, wäre die Darstellung in Bild 172 falsch. Ist die ursprüngliche Wand 1 entfallen, also ein Fall des § 2 Nr. 4 VOB/B oder ein Fall des § 2 Nr. 5 VOB/B im Sinne eines verminderten Leistungsumfangs? Führt die neue oder verschobene Wand zu einem Anspruch nach § 2 Nr. 6 VOB/B oder § 2 Nr. 5 VOB/B? Jedenfalls wird aus den Fragestellungen, ohne sie beantworten zu wollen, eines deutlich:

Bei dem Grundriss im Hochbau sind eine Zuordnung der Anspruchsgründe und eine Feststellung des veränderten Umfangs der Leistung grundsätzlich nicht möglich bzw. zumindest strittig, wenn sich die Änderungen überschneiden. Während bei dem Baugrubenbeispiel die Anspruchsgründe und der Umfang der veränderten Leistung als weitgehend widerspruchsfrei feststellbar angenommen worden sind, ist dies bei dem veränderten Grundriss im Hochbau objektiv nicht der Fall, zumindest problembehaftet und damit nach Möglichkeit zu vermeiden.

Es muss eine Lösung geben, welche die Diskussion bezüglich der Berechnung der Anspruchshöhe in Abhängigkeit vom Anspruchsgrund weitgehend überflüssig macht. Das Bauen als solches ist das Ziel und nicht die Diskussion der Anspruchsgründe und der Anspruchshöhe.

12.4 Fazit aus den Beispielen Baugrube und Grundrissveränderung

Anhand der Beispiele Baugrube und Grundrissveränderung wird deutlich, dass eine eindeutige Abgrenzung von Mengenänderungen, geänderten Leistungen, zusätzlichen Leistungen und gekündigten Leistungen vielfach nicht möglich ist. Eine schlüssige und unstrittige Kompensation von Gemeinkostendeckungen bzw. -unterdeckungen innerhalb des § 2 VOB/B sowie infolge einer Störung des Bauablaufs, ist daher allgemein als nicht möglich bzw. nur im Einzelfall als nachweisbar zu bewerten.

Da bereits die Durchführung der Kompensation selbst strittig ist, und zu diesem Problem auch die vielfach nicht mögliche Abgrenzung der Anspruchsgründe hinzutritt, muss eine einheitliche Kompensation von Gemeinkostendeckungen aus Leistungsänderungen gemäß § 2 VOB/B gefunden werden.

Dass darüber hinaus eine Kompensation der Gemeinkosten aus Ansprüchen gemäß § 2 VOB/B mit Ansprüchen aus Störungen des Bauablaufs vermieden werden muss, ist naheliegend, da eine Kompensation innerhalb des § 2 VOB/B bereits – wie dargelegt – in sich abgeschlossen vereinheitlicht werden muss.

Daraus lässt sich ableiten, dass bei Nachträgen auf die Deckung von zusätzlichen Baustellengemeinkosten im Sinne eines Automatismus zu verzichten ist. Jedoch besteht die Möglichkeit, im Einzelfall bei einer durch die Leistungsveränderung ursächlich hervorgerufenen Erhöhung von Baustellengemeinkosten diese Erhöhung gegenüber den für die ursprüngliche Situation kalkulierten Kosten nachzuweisen.

Im Falle eines solchen Einzelnachweises sind dann auch für die Nachträge entsprechend nachgewiesene Baustellengemeinkosten zu vergüten. Eigentlich handelt es sich bei den konkret durch eine Leistungsänderung verursachten Baustellengemeinkosten um Einzelkosten der Teilleistungen, weil die Kosten konkret der Teilleistung zugeordnet werden können.

Im Zuge der Schlussrechnung sollte über die Baustellengemeinkosten projektbezogen eine Lösung angestrebt werden. Dies ergibt sich aus der Natur der Baustellengemeinkosten, die grundsätzlich nur projektbezogen entstehen und demzufolge auch nur projektbezogen ermittelt und verhandelt werden können. Die bislang vielfach praktizierte Vergütung der Baustellengemeinkosten innerhalb einzelner Nachträge konnte demzufolge nur eine künstliche Vorgehensweise per Definition sein ohne einen tatsächlichen Hintergrund.

Damit eine Gemeinkostenkompensation baubegleitend nicht erforderlich wird, sollte eine einheitliche Berechnungsmethode für die Kalkulation der neuen Einheitspreise bei Mengenänderungen, gekündigten, geänderten oder zusätzlichen Leistungen zugrunde gelegt werden. Vorgehensweisen, die keinen tatsächlichen Hintergrund haben, sollten nur dann zugelassen werden, wenn die Regelung als solche abschließend und grundsätzlich widerspruchsfrei ist.

13.0 Lösungsansatz – Einheitliche Fortschreibung der Kosteneigenschaften

13.1 Charakteristik

Bei der neuen Berechnungsmethode bestimmen in erster Priorität nicht Rechenrezepte (Algorithmen) die Nachtragsberechnung, sondern vorrangig die Kosteneigenschaften, die der Kalkulator den Kosten in der Auftragskalkulation zuordnet.

Die Fortschreibung der Wettbewerbspreise erfolgt auf der Grundlage der durch die Kalkulation festgelegten Klassifizierung der Kosten als einmalig, mengenabhängig, zeitabhängig oder umsatzabhängig. Mengenabhängige Kosten bleiben mengenabhängig, einmalige Kosten bleiben einmalig, umsatzbezogene Kosten bleiben umsatzbezogen.

Ein Gemeinkostenzuschlag für einmalige, zeitabhängige und mengenabhängige Kosten (z. B. Baustellengemeinkosten) bei Nachträgen entfällt hierdurch. Bei einmaligen, zeitabhängigen und mengenabhängige Kosten ist ein Nachweis erforderlich, dass durch die Leistungsänderungen direkt kausal bedingt auch die Preisermittlungsgrundlage und die Kosteneigenschaften geändert worden sind.

Fehlt ein derartiger kausaler Bezug zwischen Leistungsänderung, Preisermittlungsgrundlage und veränderten Kosten, erfolgt keine veränderte Vergütung, auch nicht über einen Algorithmus. Gibt es einen kausalen Bezug, müssen die veränderten BGK einzeln nachgewiesen werden und werden damit zu EKT des Nachtrags.

Eine solche einheitliche Behandlung sämtlicher Kostenanteile bei der Kalkulation von gegenständlichen und nichtgegenständlichen Nachträgen ermöglicht den Verzicht auf umständliche Kompensationsberechnungen, da Über- bzw. Unterdeckungen von Gemeinkosten von vornherein ausgeschlossen werden können.

Die Rechenalgorithmen dienen erst nach grundsätzlicher Feststellung, ob die Kosteneigenschaft von der Leistungsänderung berührt wird, der Berechnung der Nachtragshöhe. Insofern gilt folgende Rangfolge:

1. Prüfung, ob durch die Leistungsänderung die Preisermittlungsgrundlage und die Kosteneigenschaft berührt werden

2. Berechnung der Anspruchshöhe durch Algorithmen der Auftragskalkulation

Wie und ob veränderte oder zusätzliche Baustellengemeinkosten entstanden sind, kann nur auf der Projektebene diskutiert werden, weil die Baustellengemeinkosten auf der Projektebene entstehen. Deshalb kann erst in der Phase der Erstellung der Schlussrechnung eine Bilanz der Baustellengemeinkosten erfolgen.

Die bislang unnötige Berücksichtigung von nicht umsatzbezogenen Baustellengemeinkosten in einzelnen Nachträgen kann demzufolge unterbleiben.

Bild 174 zeigt den methodischen Lösungsansatz. Die Definition der Kosteneigenschaft umsatzbezogen ist abschließend. Kompensationsberechnungen werden überflüssig. Sämtliche Anspruchsgründe führen zu einem einheitlichen Nachweis bei den Baustellengemeinkosten.

Selbstverständlich besteht die Möglichkeit, die einzelnen Kostenbestandteile auch als einmalig zu definieren. Insofern ist Bild 174 ein Beispiel, welches die zurzeit üblichen Kosteneigenschaften aufzeigt. Die Wahl der Kosteneigenschaften bleibt dem Bieter überlassen.

13.2 Kein Kausalitätsnachweis bzgl. Baustellengemeinkosten bei der Wahl der Kosteneigenschaft „umsatzbezogen"

Dem AN werden allerdings nicht – wie bislang üblich – automatisch über die Zuschlagssätze „nicht umsatzbezogene Gemeinkosten" vergütet. Über die klassische Nachtragsberechnungsmethode – Anwendung der Zuschlagssätze gemäß Block 7 des Schlussblatts gemäß Anlage 4.1 der Besonderen Vertragsbedingungen der DB AG (vgl. Bild 192) – ergab sich eine automatische Vergütung nicht umsatzbezogener Baustellengemeinkosten.

Die neue Systematik besteht demzufolge darin, dass bei Nachträgen keine einmaligen, zeitabhängigen und mengenabhängigen Baustellengemeinkosten ohne kausalen Nachweis vergütet werden. Es werden ausschließlich umsatzbezogene Kosten automatisch bei Mengen- und Leistungsänderungen vergütet.

		EKT	BGK	AGK auf EKT	AGK auf BGK	Wagnis auf EKT	Wagnis auf BGK	Gewinn auf EKT	Gewinn auf BGK
(1)	Mehr-mengen	◿	⟷	%	%	%	%	%	%
(2)	Minder-mengen	◿	⟷	%	%	%	%	%	%
(3)	Gekündigte Leistungen	◿	⟷	%	%	%	%	%	%
(4)	Geänderte Leistungen (+)	◿	⟷	%	%	%	%	%	%
(5)	Geänderte Leistungen (-)	◿	⟷	%	%	%	%	%	%
(6)	Zusätzliche Leistungen	◿	⟷	%	%	%	%	%	%
(7)	Alternativ-positionen (+)	◿	⟷	%	%	%	%	%	%
(8)	Alternativ-positionen (-)	◿	⟷	%	%	%	%	%	%
(9)	Eventual-positionen	◿	⟷	%	%	%	%	%	%

Bild 174: Vergleichende Betrachtung Einheitspreiskalkulation bei Fortschreibung der Kosteneigenschaften

Es ist Sache des Kalkulators zu entscheiden, ob und inwieweit z. B. zeitabhängige Baustellengemeinkosten als umsatzbezogen definiert werden oder nicht. Welche Kosteneigenschaft tatsächlich richtig ist, kann nicht im absoluten Sinne abschließend beurteilt werden. Kosten z. B. der Bauleitung haben zweifellos sowohl zeitabhängige als auch umsatzabhängige Eigenschaften.

Deshalb wäre es auch nicht angemessen vom AG, eine Kosteneigenschaft vorzuschreiben. Dem Kalkulator bleibt somit überlassen, welche Kosteneigenschaft er bei der Kalkulation annimmt.

13.3 Beispiele zu dem kausalen Nachweis einmaliger, zeitabhängiger und mengenabhängiger Baustellengemeinkosten

Einmalige Baustellengemeinkosten:

Der Anlagenband 1 „Ausschreibungs-, Vergabe-, Angebots- und Auftragsunterlagen" zeigt im Kap. 2.2.5 der Angebotsunterlagen die Ermittlung der Baustellengemeinkosten. Aus dem Punkt 1.1 der BGK-Ermittlung ist erkennbar, dass die Verlade- und Transportkosten einmalig kalkuliert worden sind. Soweit ein Nachtrag diese Kosten direkt kausal beeinflusst, entsteht ein Nachtragsanspruch. Dies könnte z. B. der weitere An- und Abtransport von Fremdgeräten sein.

Zeitabhängige Baustellengemeinkosten:

Punkt 5 der oben genannten Anlage 2.2.5 zeigt, dass die Bauleitungskosten zeitabhängig kalkuliert worden sind. Soweit ein Nachtrag veränderte Bauumstände mit einem Anspruch auf Fristverlängerung bewirkt, so entsteht hierfür ein monetärer Nachtragsanspruch. In dem Fall würde dies die Verlängerung der Ausführungsfristen beinhalten und kausal dadurch bedingt höhere bzw. zusätzliche zeitabhängige Baustellengemeinkosten.

Mengenabhängige Baustellengemeinkosten:

Unter Punkt 4.7 der o. a. Anlage 2.2.5 ist erkennbar, dass die Kosten für die Baustoffprüfung als mengenabhängig kalkuliert worden sind. Soweit ein Nachtrag diese Kosten direkt kausal beeinflusst, z. B. in Form von zusätzlich ausgeführten Beton- bzw. Stahlbetonarbeiten, so entsteht hierfür ein Nachtragsanspruch.

13.4 Beispiel: Kalkulation der geänderten Leistung gemäß § 2 Nr. 5 und 6 VOB/B bei Fortschreibung der Kosteneigenschaften

13.4.1 Ausgangsposition

Die folgende Beispielposition soll auf der Grundlage der Fortschreibung der Kosteneigenschaften kalkuliert werden:

- Geänderte Leistung mit erhöhtem Aufwand (vgl. Bild 174, Zeile 4)

- Geänderte Leistung mit reduziertem Aufwand (vgl. Bild 174, Zeile 5)

Menge	ME	Text	EP	GP
100,00	m³	Fertigteil Stahlbetontreppe	824,00 €	82.400,00 €

Bild 175: Beispielposition

Da bzgl. § 2 Nr. 5 und 6 VOB/B grundsätzlich keine unterschiedlichen Anforderungen bzgl. des Nachweises der Höhe bestehen, gilt das Beispiel für beide Ansprüche.

13.0

13.4.2 Geänderte Leistung mit erhöhtem Aufwand

Um zu zeigen, wie mittels der Fortschreibung der Kosteneigenschaften (FdK) geänderte Leistungen kalkuliert werden, soll für die obige Beispielposition ein infolge der Änderung um 120,00 € erhöhter Aufwand angenommen werden. Die kalkulierten Unternehmensbezogenen Gemeinkosten sollen 10 % der Angebotssumme (netto) betragen.[165]

Zunächst ist der Zuschlagssatz von 10 % auf die Basis der Herstellkosten umzurechnen (vgl. Bild 176).

$$\text{Zuschlag} = \frac{100 * P}{100 - P} * \frac{1}{100} = \frac{100 * (6 + 4)}{100 - (6 + 4)} * \frac{1}{100} = 11,11 \%$$

Umrechnung des Zuschlages für UGK auf die Basis Herstellkosten:

Bild 176: Umrechnung des Zuschlagsfaktors auf Herstellkostenbasis, Kalkulation bei Fortschreibung der Kosteneigenschaften

Die Differenz der Einzelkosten der Teilleistungen in Höhe von 120,00 € ist mit dem Faktor 11,11 % für die Unternehmensbezogenen Gemeinkosten zu beaufschlagen. Der sich daraus ergebende Betrag ist zum ursprünglichen Einheitspreis zu addieren, um den neuen Einheitspreis für die geänderte Leistung zu erhalten (vgl. Bild 177).

ursprünglicher Einheitspreis			824,00 €
Erhöhung der EKT			120,00 €
UGK auf Erhöhung EKT	11,11 %*	120,00 € =	13,33 €
Neuer Einheitspreis für geänderte Leistung			957,33 €

Bild 177: Kalkulation von geänderter Leistung mit erhöhtem Aufwand bei Fortschreibung der Kosteneigenschaften

Der Einheitspreis für die geänderte Leistung beträgt somit 957,33 €.

13.4.3 Geänderte Leistung mit reduziertem Aufwand

Im Folgenden soll eine geänderte Leistung mit einem gegenüber der ursprünglichen Leistung um 140,00 € reduzierten Aufwand kalkuliert werden. Der Anteil der Unternehmensbezogenen Gemeinkosten soll dabei wiederum 10 %

---

[165] Es wird dabei bewusst auf die sonst übliche Differenzierung von Wagnis und Gewinn verzichtet, da beide in der Regel als prozentuale Umlage kalkuliert werden und somit die gleichen kalkulatorischen Kosteneigenschaften aufweisen.

betragen.[166] Die Umrechnung des Faktors auf die Basis der Herstellkosten geschieht wie auch bereits in Bild 176 aufgeführt:

Im Anschluss ist die Reduzierung der Einzelkosten der Teilleistung in Höhe von 140,00 € mit dem Faktor 11,11 % für die Unternehmensbezogenen Gemeinkosten zu multiplizieren. Der sich dabei ergebende Betrag ist neben der Reduzierung von 140,00 € ebenfalls vom ursprünglichen Einheitspreis abzuziehen (vgl. Bild 178).

ursprünglicher Einheitspreis			824,00 €
Reduzierung der EKT			- 140,00 €
UGK auf Reduzierung EKT	-11,11 %*	140,00 € =	- 15,56 €
Neuer Einheitspreis für geänderte Leistung			668,44 €

Bild 178: Kalkulation von geänderter Leistung mit reduziertem Aufwand bei Fortschreibung der Kosteneigenschaften

Der Einheitspreis für die geänderte Leistung beträgt somit 668,44 €.

13.4.4 Anwendbarkeit und Praxisfreundlichkeit – Fortschreibung der Kosteneigenschaften

Die Berechnungsmethode FdK weist bei der Kalkulation eine einheitliche Fortschreibung von Kosteneigenschaften sowohl bei Mengenänderungen, geänderten Leistungen, zusätzlichen Leistungen, als auch bei Alternativpositionen und Eventualpositionen auf (vgl. Bild 174). Mengenabhängige Kosten werden mengenabhängig fortgeschrieben, zeitabhängige Kosten zeitabhängig und umsatzabhängige Kosten entsprechend umsatzabhängig. Die Berechnung als solche ist einfach und einheitlich.

Der Grundsatz – Fortschreibung der Kosteneigenschaften – gilt sowohl für Gemeinkosten als auch für die Einzelkosten der Teilleistungen.

13.5 Dogmatischer Ansatz

Da dem Auftragnehmer gemäß VOB/A kein ungewöhnliches Wagnis übertragen werden darf, ist zunächst zu prüfen, ob die der Berechnungsmethode (FdK) zugrunde liegende Festlegung „Fortschreibung von Kosteneigenschaften" ein ungewöhnliches Wagnis darstellt.

Grundsätzlich kann festgestellt werden, dass die VOB/B bezüglich der Fortschreibung von Wettbewerbspreisen immer davon ausgeht, dass keine ungewöhnlichen Wagnisse mit dem Vertrag übertragen worden sind. Insofern ist vorerst die Erkenntnis gesichert, dass bei Nachträgen nur gewöhnliche Wagnisse fortgeschrieben werden müssen und dürfen.[167]

Ob und inwieweit bei individueller Abweichung von diesem Grundsatz – z. B. bei Funktionalverträgen – das Gleiche gilt oder Ausnahmen zulässig sind, wird gesondert zu untersuchen sein. Zurzeit ist demzufolge nicht abgeschlossen diskutiert, ob auch ungewöhnliche Wagnisse, die mit dem Vertrag auf den AN übertragen worden sind, bei Leistungsänderungen fortgeschrieben werden dürfen. Diese Frage wird insbesondere im Zusammenhang mit Funktionalverträgen zu diskutieren sein. Voraussetzung für den dogmatischen Ansatz ist vorerst nur, dass keine ungewöhnlichen Wagnisse mit Vertragsschluss dem AN übertragen worden sind.

Folgerichtig ist bei den Einheitspreisverträgen gemäß § 9 VOB/A zu prüfen, ob die Kosteneigenschaften, die der Bieter den Gemeinkosten und Einzelkosten der Teilleistungen bei der Kalkulation zumisst, als solche ein gewöhnliches oder ungewöhnliches Wagnis beinhalten.

---

[166]   Es wird hier wiederum bewusst auf die sonst übliche Differenzierung von Wagnis und Gewinn verzichtet, da beide als prozentuale Umlage kalkuliert werden und somit die gleichen kalkulatorischen Kosteneigenschaften aufweisen.
[167]   Vgl. Schottke: Die Bedeutung des ungewöhnlichen Wagnisses bei der Nachtragskalkulation, 2005.

Gemäß § 9 Nr. 2 VOB/A ist ein für den Bieter bzw. Auftragnehmer nicht kalkulierbares und nicht beeinflussbares Wagnis ein ungewöhnliches Wagnis. Ein gewöhnliches Wagnis läge somit dann vor, wenn es kalkulierbar und beeinflussbar, nicht kalkulierbar und beeinflussbar oder kalkulierbar und nicht beeinflussbar wäre.[168]

Da der Bieter die Kosteneigenschaften bei der Kalkulation beeinflussen kann, handelt es sich somit bezüglich der Wahl und Annahme der Kosteneigenschaften nicht um ein ungewöhnliches, sondern um ein gewöhnliches Wagnis. Der Bieter kann durch die Wahl der Kosteneigenschaft bei der Kalkulation auch die Fortschreibung der Kosteneigenschaften beeinflussen.

Unabhängig von einer juristischen Würdigung handelt es sich deshalb baubetriebswirtschaftlich bei der Berechnung der Nachtragshöhe, die von dem Grundsatz der Fortschreibung der Kosteneigenschaften ausgeht, um eine konsequente Umsetzung des Grundgedankens der VOB/A.

Die Kosteneigenschaften unterliegen im Hinblick auf die Definition und die größenmäßige Zuordnung der Beeinflussbarkeit des Kalkulators und können demzufolge – auch ohne ein ungewöhnliches Wagnis zu bewirken – fortgeschrieben werden.

Bereits hier sei angemerkt, dass somit alle Veröffentlichungen bzgl. Nachtragskalkulationen als kritisch zu betrachten sind, bei denen Kosteneigenschaften unterstellt und die vom Bieter gewählte Kosteneigenschaft nicht fortgeschrieben werden.

Dann liegt keine Beeinflussung durch den Kalkulator mehr vor und bei der Nachtragskalkulation handelt es sich um ungewöhnliche Wagnisse. Nur die Kenntnis, wie der AG seine Nachtragskalkulation durchführt, wird nicht ausreichen, um das Kriterium der Beeinflussbarkeit zu erfüllen.

13.6   Weitere Gedanken zur Fortschreibung

Neben der Festlegung und Fortschreibung von Kosteneigenschaften wie Einmaligkeit, Umsatzabhängigkeit, Mengenabhängigkeit, Zeitabhängigkeit, sowie kombinierter Mengen- und Zeitabhängigkeit können aus der Kalkulation weitere fortzuschreibende Eigenschaften abgeleitet werden:

- Kosteneigenschaft durch Berechnungsannahmen:
  Der Kalkulationsmittellohn stellt grundsätzlich einen Durchschnittswert dar, der ebenso wie Einarbeitungseffekte, welche als proportionale Umlage kalkuliert sind, bei der Kalkulation von Leistungsänderungen fortzuschreiben ist. Der Einheitspreis als solcher ist eine vereinfachende Annahme, dass die Kosten sich gegenüber der Ausführungsmenge proportional verhalten.[169] Die Proportionalität ist eine Kosteneigenschaft im Sinne einer Berechnungseigenschaft. Die Bindung an die Kosten- und Berechnungseigenschaft muss demnach sehr weitreichend sein.

- Kosteneigenschaft durch Zuordnung:
  Auch die aus taktischen Gründen und ohne Zwang erfolgte Zuordnung von eigentlich mengenabhängigen Kostenelementen in eine Pauschale kann als die Festlegung der Kosteneigenschaft Einmaligkeit durch Zuordnung gewertet werden, wenn die Eigenart mengenabhängig nicht eindeutig erhalten bleibt. Die Kosteneigenschaft einmalig, die durch Zuordnung ohne Zwang erfolgt ist, ist dann entsprechend fortzuschreiben. Eine Spekulation bzw. eine falsche Zuordnung hat durch diese Vorgehensweise direkte sich aus der Vorgehensweise ergebende Konsequenzen.

Aus den vorgenannten weiterführenden Gedanken wird auch deutlich, dass der dogmatische Ansatz – Fortschreibung von Kosteneigenschaften – wesentlich weitreichender ist, als auf den ersten Blick erkennbar ist.

13.7   Ergebnis – Lösungsansatz

Unter Anwendung des dogmatischen Grundsatzes der Fortschreibung von Kosteneigenschaften kann die Berücksichtigung von einmaligen, mengenabhängigen und zeitabhängigen Gemeinkosten bei der Nachtragsberechnung

---

[168] Vgl. Schottke: VOB-gerechte Leistungsbeschreibung für den allgemeinen Tunnelvortrieb unter Berücksichtigung einer angemessenen Vergütung, 1993, S. 69 ff.

[169] Vgl. Schottke: VOB-gerechte Leistungsbeschreibung für den allgemeinen Tunnelvortrieb unter Berücksichtigung einer angemessenen Vergütung, 1993, S. 83 ff.

entfallen. Lediglich die umsatzbezogenen Gemeinkosten werden bei Nachträgen automatisch fortgeschrieben. Eine bilanzielle Betrachtung der nicht umsatzbezogenen Gemeinkosten erfolgt im Zuge der Schlussrechnung.

Umsatzbezogene Gemeinkosten werden immer nur umsatzbezogen behandelt, so dass sich eine Gesamtbilanz bezüglich der umsatzbezogenen Gemeinkosten erübrigt.

Um die Fortschreibung der Kosteneigenschaften vertraglich festzulegen, wurden für die Deutsche Bahn AG Vertragsbedingungen entwickelt, welche die Festlegung von Kosteneigenschaften durch die Kalkulation definieren und die Art und Weise der Fortschreibung von Wettbewerbspreisen regeln. Des Weiteren wurden die Modalitäten bezüglich der zu übergebenden Bestandteile einer Auftragskalkulation geklärt. Die Auftragskalkulation ist auf Vollständigkeit und hinsichtlich der definierten Kosteneigenschaften zu prüfen.

Die Fortschreibung von definierten Kosteneigenschaften ermöglicht einen nachvollziehbaren und homogenen Nachweis der Anspruchshöhe gegenständlicher Nachträge aus § 2 VOB/B und ist auch bei Nachträgen bezüglich Störungen des Bauablaufs sowie bei Kündigungen widerspruchsfrei anwendbar.

Die homogene Auslegung und Fortschreibung von Kosteneigenschaften ermöglicht zudem den Verzicht auf komplexe, langwierige und wenig praktikable Kompensationsberechnungen. Hieraus ergibt sich eine wesentliche Reduzierung des Prüfaufwands von Nachträgen und darüber hinaus eine Beschleunigung der Prüfung und Beauftragung der Nachträge.

Insbesondere dadurch bedingt lässt sich – bundesweit hochgerechnet – ein großes Einsparungspotential erkennen. Bei jährlich ca. 30 Milliarden € Nachtragsvolumen in der Bauwirtschaft und einem dadurch entstehenden Arbeitsaufwand von ca. 3 % bis 4 % – also 900 bis 1.200 Millionen € – für die Nachtragsbearbeitung bewirken effiziente Verfahren bezüglich der Nachtragsbearbeitung erhebliche Einsparungen.

13.8   Anwendungsorientierte Umsetzung des Lösungsansatzes

Seit 01.07.2005 hat die Deutsche Bahn AG den hier vorgestellten Lösungsansatz verwirklicht.

Die nachfolgenden Leitlinien bestehen aus der prozessorientierten Beschreibung der einzelnen Arbeitsschritte und der bei den Prozessschritten zu verwendenden Vordrucke.

Die folgende Fassung ist eine Zwischenversion, die in gleicher Form bereits im 6. Tagungsbericht der Interdisziplinären Norddeutschen Tagung für Baubetriebswirtschaft und Baurecht veröffentlicht worden ist.[170] Es wird aber darauf hingewiesen, dass die abgebildeten Formblätter (Kap. 14.13) nicht deckungsgleich denen im o. a. Tagungsband entsprechen, sondern in der gemäß den Leitlinien der Deutschen Bahn AG aktuellsten Form abgebildet wurden.

---

[170] Vgl. Schottke/Weikert: Leitfaden zur „Einheitlichen Auftrags- und Nachtragskalkulation" bei der Deutschen Bahn AG, 2006, S. 140 ff.

14.0 Beispiel für die anwendungsorientierte Umsetzung des Lösungsansatzes

14.1 Leitlinien der Deutsche Bahn AG für die Einheitliche Auftrags- und Nachtragskalkulation

Da in der Vergangenheit bzgl. grundlegender kalkulativer Begriffe häufig Missverständnisse entstanden sind, werden zu Beginn die Kalkulationsbegriffe und daran anschließend geklärt, welche einzelnen Elemente bzgl. der Einheitlichen Auftrags- und Nachtragskalkulation inhaltlich von wesentlicher Bedeutung sind.

Das in diesen Leitlinien vorgestellte Verfahren der ANKE wird von der Deutsche Bahn AG bei der Vergabe von Bauleistungen ab einem Vergabewert von 1,0 Mio. € und ausschließlich bei Einheitspreisverträgen angewendet.

14.2 Definition der anwendungsorientierten Kalkulationsbegriffe

14.2.1 Angebotskalkulation

Die Angebotskalkulation ist die Kalkulation, die der Bieter dem AG übersendet und an die er bis zum Ende der Bindefrist gebunden ist. Insofern stellt die Angebotskalkulation das Ergebnis der Kalkulation des Bieters zum Zeitpunkt der Angebotsabgabe dar.

Da im privaten – also nichtöffentlichen Bereich – während der Wettbewerbsphase Verhandlungen bzgl. der Preise und der Leistungsinhalte üblich sind, werden die Angebote häufig zwischen Angebotszeitpunkt und Vertragsschluss überarbeitet. Insofern kann es mehrere modifizierte Angebotskalkulationen geben.

14.0

14.2.2 Auftrags- oder Vertragskalkulation

Die Auftragskalkulation ist die Kalkulation, die die Zusammensetzung der vertraglich vereinbarten Preise des von den Vertragspartnern geschlossenen Vertrags beinhaltet.

Wenn die Verhandlungen beendet sind und das Schuldverhältnis geschlossen ist, gibt es nicht nur eine Äquivalenz zwischen Leistung und Vergütung, sondern auch eine Äquivalenz zwischen Vergütung und Auftragskalkulation.

Der Begriff der Auftragskalkulation ist somit identisch mit dem häufig in der Praxis verwendeten Begriff der Urkalkulation. Zwischen der Angebotskalkulation und der Auftragskalkulation muss deshalb begrifflich unterschieden werden, weil die in dem Zeitraum zwischen Angebotsabgabe und Vertragsschluss – wenn der AG kein öffentlicher AG ist – vollzogenen Vertragsverhandlungen, z. B. Nachlässe, zusätzliche und veränderte Leistungen, Entscheidungen über Nebenangebote – also Änderungen des Schuldverhältnisses – berücksichtigt werden müssen.

Zwangsläufig muss die Angebotskalkulation an die veränderte Leistung und die veränderte Vergütung angepasst werden.

Das Ergebnis des Anpassungsprozesses der Angebotskalkulation an die vertraglich vereinbarte Vergütung ist die Auftrags- oder Vertragskalkulation, die somit die Zusammensetzung der Vertragspreise widerspiegeln muss. Erfüllt sie diese Anforderungen nicht, ist sie fehlerhaft.

Unter Aufrechterhaltung der von den Leistungsänderungen nicht betroffenen unveränderten Kalkulationselemente der Angebotskalkulation sowie der Berücksichtigung der veränderten Kalkulationselemente ist ein neuer EDV-Ausdruck zu erstellen.

14.2.3 Nachtragskalkulation

Der AG hat das Recht, gemäß § 1 Nr. 3 und 4 VOB/B Leistungsänderungen anzuordnen. Bei VOB-Verträgen gilt der Grundsatz, dass die Vergütung für die veränderte Leistung aus den vertraglich vereinbarten Preisen abzuleiten, also fortzuschreiben ist. Deshalb hat die Auftragskalkulation für den korrekten Nachweis der Höhe von Nachträgen eine besondere Bedeutung.

Der AG kann vom AN den Nachweis verlangen, dass die Auftragskalkulation mit der Rechentechnik, den angenommenen Wertansätzen und Kosteneigenschaften der Auftragskalkulation fortgeschrieben worden ist. Wenn der AN dem AG keine prüfbare Fortschreibung der Auftragskalkulation vorlegt, braucht der AG bis zur Vorlage des prüfbaren

Nachtrags keine Zahlung vorzunehmen, weil erst mit der Prüfbarkeit und der erbrachten mangelfreien Leistung auch die Voraussetzung für die Fälligkeit gegeben ist.

Da der AG sowohl die Angebotskalkulation als auch die Auftragskalkulation und die Nachtragskalkulation einsehen darf, werden diese Kalkulationsbegriffe als externe Kalkulationen bezeichnet (vgl. Bild 180).

14.2.4   Ausführungskalkulation

Wenn der AN den Auftrag erhalten hat, ist die Auftragskalkulation in Verbindung mit dem Leistungsverzeichnis nicht bzw. nur begrenzt geeignet, den Bauablauf zu steuern, sowie Wirtschaftlichkeitskontrollen und Prognosen durchzuführen.

Zur Durchsetzung interner Zielsetzungen kann der AN die Auftragskalkulation nach seinen Belangen verändern. Die Ausführungskalkulation ist insofern ein internes Instrument des AN, seine Zielsetzungen bzgl. Wirtschaftlichkeitskontrollen und Projekt-Management zu verfolgen.

Der Begriff der Arbeitskalkulation ist identisch mit dem Begriff der Ausführungskalkulation. Die Unterscheidung der Ausführungskalkulationen in zeitlicher Hinsicht kann durch Nummerierungen z. B. Ausführungskalkulation 1 bis n erfolgen.

Unterschiedliche Vorgehensweisen bei der Aufstellung der Ausführungskalkulation sind wiederum eine methodische Frage und keine der Begriffsdefinition.

14.2.5   Nachkalkulation

Die Nachkalkulation ist die Kalkulation, die dazu dient, über Kennzahlen das betriebliche Geschehen zu dokumentieren und für zukünftige Aufgaben die Erfahrungen ausgeführter Objekte zur Verfügung zu stellen.

Dieser Bereich gewinnt zunehmend an Bedeutung, da die Dokumentation als solche durch die EDV wesentlich vereinfacht ist.

14.3   Zeitliche und inhaltliche Abfolge (Prozessorientierung) bei der Erstellung der Angebots-, Auftrags- und Nachtragskalkulation

Der zeitliche Zusammenhang zwischen Angebotskalkulation, Auftragskalkulation und Nachtragskalkulation ist in Bild 179 dargestellt. In der Praxis wird bei Nachtragsverhandlungen häufig auf einen Vorläufer der Auftragskalkulation argumentativ verwiesen, z. B. auf die erste Fassung der Angebotskalkulation, die dann als Urkalkulation bezeichnet wird.

Da der Begriff der Urkalkulation in unterschiedlichen Varianten verwendet wird und eine Ursache für Missverständnisse sein kann, ist dieser Begriff durch den Begriff Auftragskalkulation zu ersetzen.

Bei Nachtragskalkulationen ist ausschließlich der Bezug zur Auftragskalkulation entscheidend. Weitere Vorstufen der Kalkulation können lediglich einer Klarstellung im Sinne der Konkretisierung oder Erläuterung der Auftragskalkulation dienen, aber nicht mehr Grundlage für die Nachtragskalkulation sein.

In Bild 179 entspricht die so genannte Urkalkulation der Angebotskalkulation 1. Es handelt sich um die erste Fassung der Angebotskalkulation.

Im Folgenden wird lediglich der Begriff Auftragskalkulation verwendet, weil der Begriff Urkalkulation widersprüchlich ist.

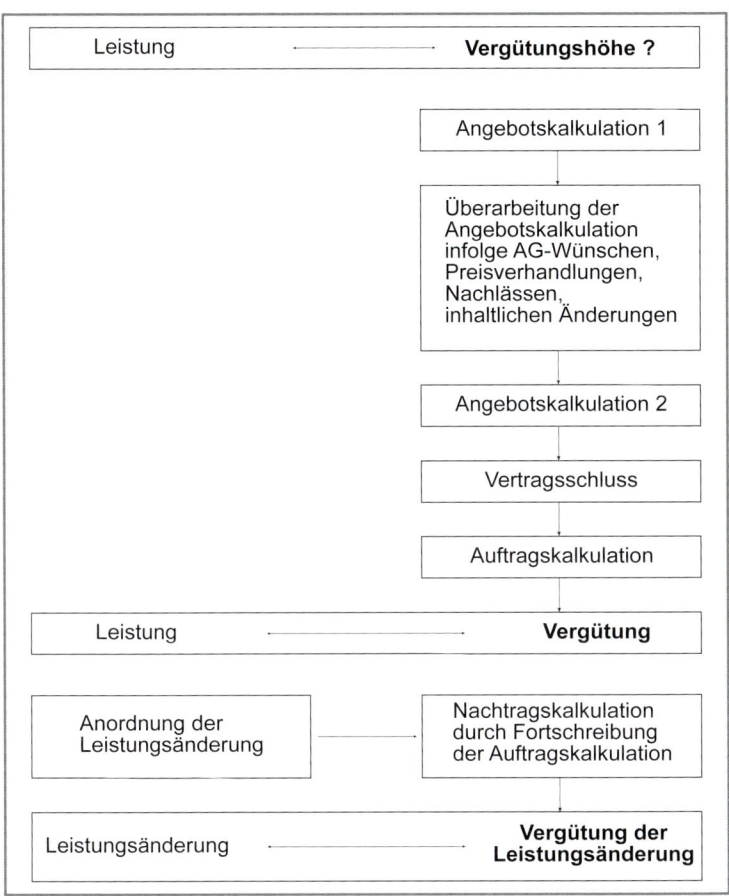

Bild 179: Prozessdarstellung der zeitlichen Abfolge bei den externen Kalkulationsmethoden

14.4 Zuordnung der Kalkulationsbegriffe zu den Vertragsphasen

Bild 180 zeigt zusammenfassend die einzelnen Kalkulationen abhängig von der Zeitachse und den der Zeitachse zugeordneten Vertragsphasen. Ferner ist die Unterscheidung in die externe und die interne Kalkulation erkennbar. Bzgl. der externen Kalkulationen hat der AG ein Einsichtsrecht, bzgl. der internen Kalkulationen hat er dieses nicht.

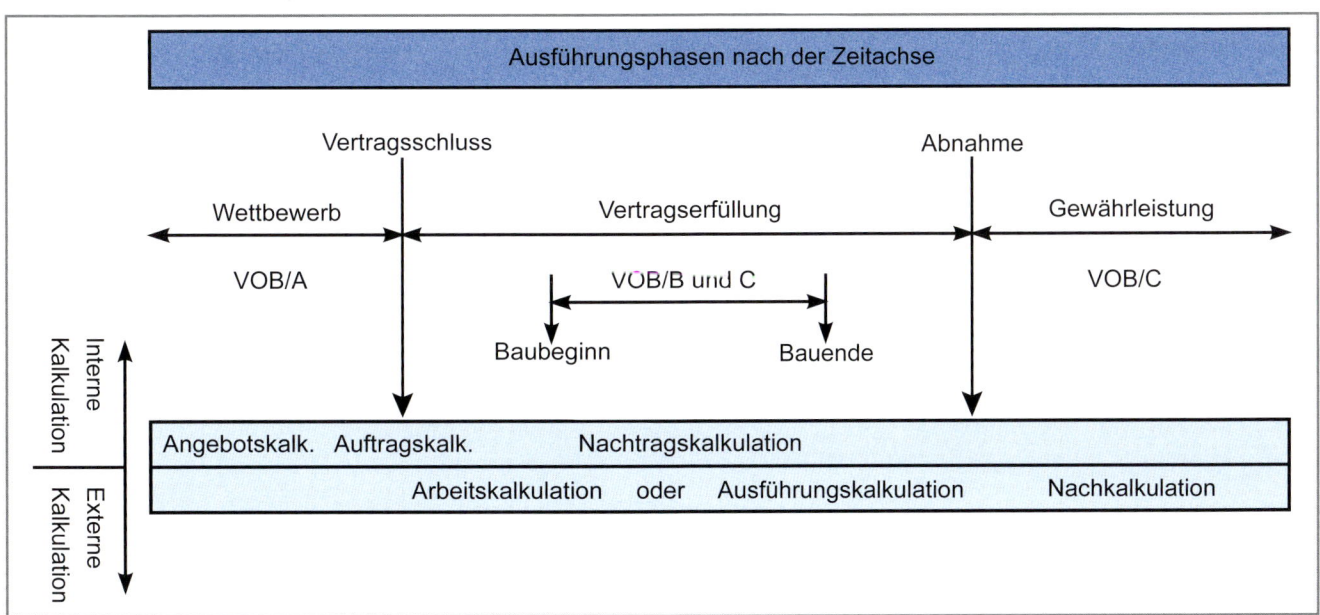

Bild 180: Kalkulationsarten und deren Ausführungsphasen

14.5   Elemente der einheitlichen Angebots- und Nachtragsprüfung

Bild 181 zeigt die einzelnen Elemente, die bzgl. der einheitlichen Angebots- und Nachtragsprüfung geregelt sein müssen bzw. notwendig sind, um die Prüfung vornehmen zu können.

Es ergeben sich hinsichtlich der Problemlösung gemäß Bild 181 drei wesentliche Aspekte:

1. Die Zusammensetzung der Wettbewerbspreise muss bekannt sein.

2. Die Art der Fortschreibung muss vertraglich definiert sein.

3. Die Nachtragsberechnungsmethode muss definiert sein.

Für die praktische Umsetzung dieser drei Aspekte sind Bewerbungs-, und Vertragsbedingungen definiert worden, die die Beteiligten bzgl. der Vorgehensweisen entsprechend binden. Die Inhalte der einzelnen Vertragsbedingungen können den Bewerbungsbedingungen und der entsprechenden Besonderen Vertragsbedingung entnommen werden.[171]

Im Folgenden wird die Vorgehensweise in einzelnen Prozessschritten erläutert. Durch die prozessorientierte Erläuterung der Vorgehensweise orientieren sich die Leitlinien an der Tätigkeitsabfolge, die tatsächlich bei der praktischen Abwicklung vom Beginn des Vergabeverfahrens bis zur Schlussrechnung zu beachten ist.

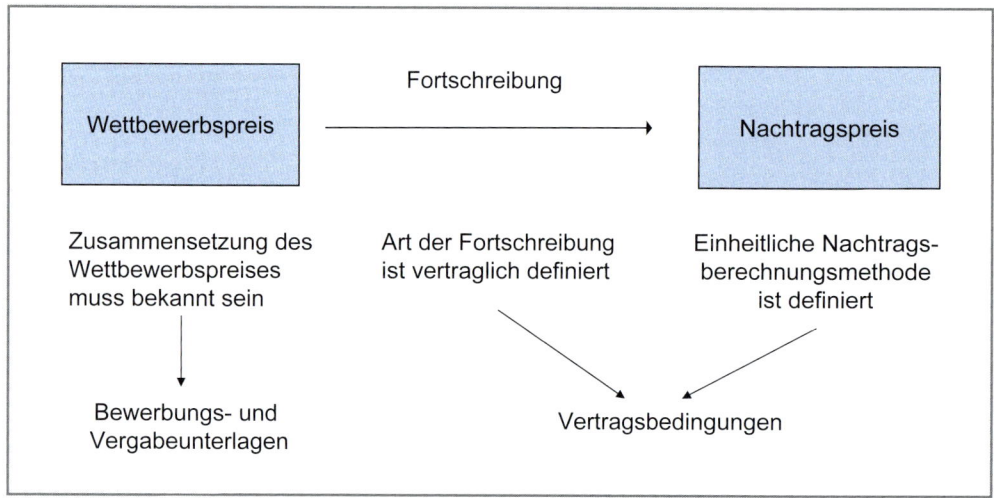

Bild 181: Elemente der Einheitlichen Angebots- und Nachtragskalkulation

14.6   Prozessschritte

Der gesamte Nachtragsprüfungsprozess erfolgt in fünf einzelnen Schritten:

1. Verwendung der Bewerbungs- und Vertragsbedingungen

2. Prüfung und Vervollständigung der Angebotskalkulationen der Bieter bis zur Vorlage der Auftragskalkulation

3. Prüfung und Vervollständigung der Auftragskalkulationen der Nachunternehmer

4. Prüfung der Anspruchshöhe der Nachträge

5. Schlussrechnungsprüfung

Bild 182 zeigt die Zuordnung zu den einzelnen Vertragsphasen. Bzgl. des Ausmaßes der von den Bietern zu verlangenden Kalkulationsunterlagen soll nach Objektgröße unterschieden werden.

---

[171] Vgl. Schottke/Strehlke: Ausschreibungs-, Vergabe-, Angebots- und Auftragsunterlagen – Anlagenband 1, 2009, Kap. 1.2.

14.0

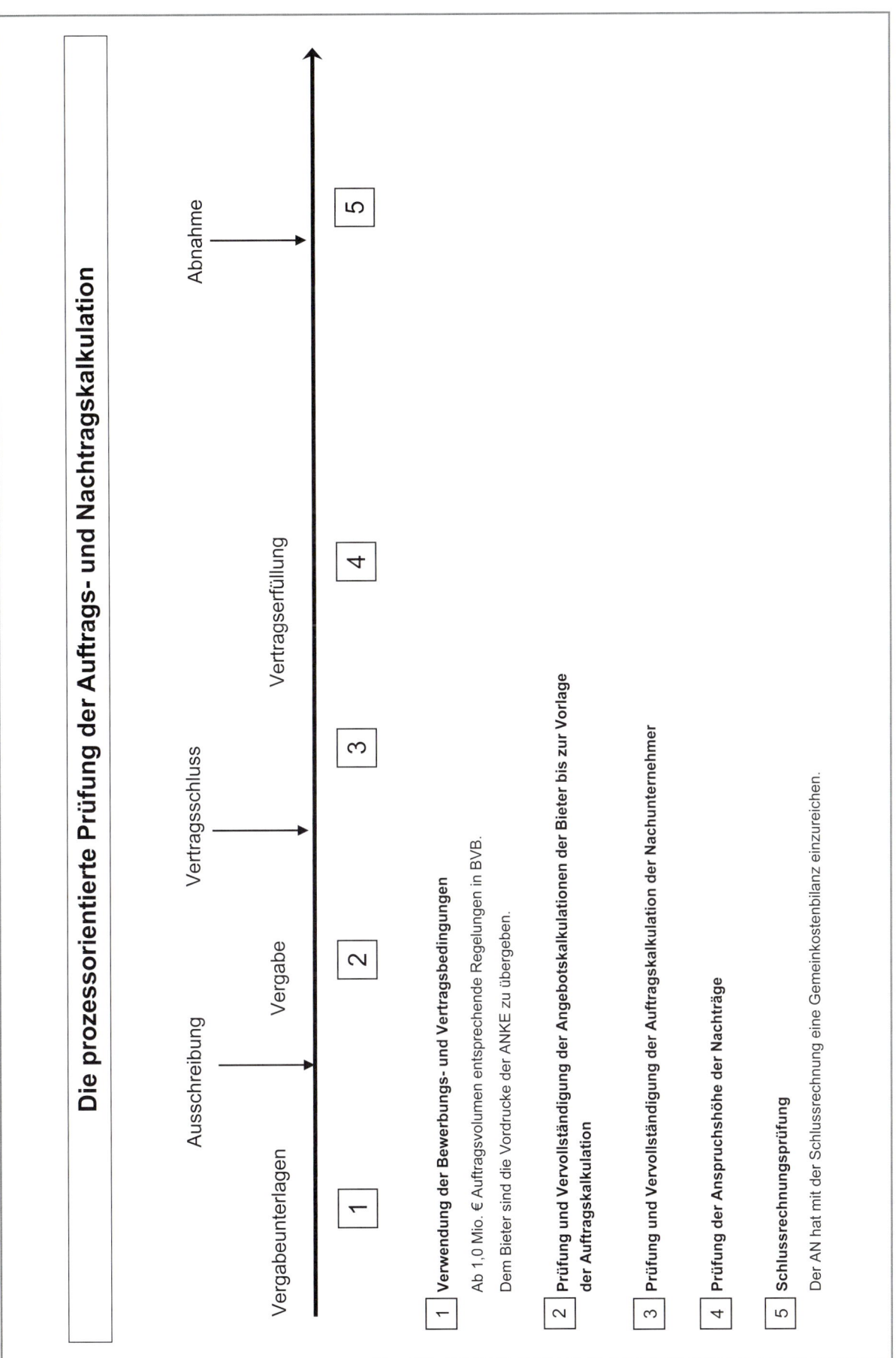

Bild 182: Zusammenhang zwischen den Prozessschritten

14.7   Prozessschritt 1: Verwendung der Bewerbungs- und Vertragsbedingungen

14.7.1   Allgemeines

Die im Zuge der Vertragserfüllung durchzuführende Nachtragsprüfung setzt voraus, dass dem AG die Auftragskalkulation möglichst detailliert vorliegt. Deshalb sind durch die Bewerbungsbedingungen die Anforderungen an die Qualität der Kalkulationsunterlagen, die von den Bietern mit dem Angebot vorzulegen sind, geregelt worden.

Da die Anforderungen an die Kalkulationsunterlagen in den Bewerbungsbedingungen und die Art der Nachprüfung in den Vertragsbedingungen definiert sind, heißt der 1. Prozessschritt „Verwendung der Bewerbungs- und Vertragsbedingungen".

Bild 182 enthält eine kurze Erläuterung der Prozessschritte.

Die vom Bieter mit dem Angebot abzugebenden Kalkulationsunterlagen müssen grundsätzlich hinsichtlich zweier Eigenschaften unterschieden werden. Es handelt sich um Unterlagen, die nicht im verschlossenen Umschlag übergeben werden und Unterlagen, die im verschlossenen Umschlag übergeben werden müssen, weil die Vertraulichkeit dies gebietet.

Bei den Unterlagen, die einer vertraulichen Behandlung bedürfen, handelt es sich um das Kalkulationsschlussblatt, die Aufgliederung der Einheitspreise, Kalkulationsmittellohn, die Gerätelisten und das Nachunternehmerverzeichnis.

Der wesentliche Unterschied der hier vorgestellten Vordrucke zu den EFB des Bundes besteht darin, dass bei den EFB des Bundes nach den Kalkulationsmethoden unterschieden worden ist und dass die Kosten nur in fünf Kostenarten (Lohn, Stoffe, Geräte, Nachunternehmerleistungen, Sonstige) gegliedert werden können. Da heutzutage jedoch viele Bieter ihre Kalkulation mit komplexen EDV-Programmen vornehmen und dabei mehr als nur diese fünf Kostenarten verwenden, ist eine transparente Zuordnung der kalkulierten Kosten zu den fünf in den EFB des Bundes vorgegebenen Kostenarten nicht gegeben.

Die für die DB AG neu entwickelten Vordrucke „Kalkulationsschlussblatt" und „Aufgliederung der Einheitspreise" sind für Kalkulationen mit einer beliebigen Anzahl von Kostenarten geeignet. Die Kostenartengruppen können vom Bieter – entsprechend seiner Kalkulation – frei gewählt und aus dem EDV-System unverändert übernommen werden.

14.7.2   Neu entwickelte Vordrucke

Das „Kalkulationsschlussblatt" (vgl. Bild 192) ist im Wesentlichen ein verkürztes Schlussblatt mit den Zuschlagssätzen auf die EKT. Aus diesem Vordruck wird außerdem ersichtlich, welche BGK in EKT umgewandelt worden sind und wie sich die in der Angebotssumme enthaltenen BGK in Kostenarten aufgliedern bzw. welche Kosteneigenschaften sie aufweisen. Ebenso sind die in der Angebotsleistung enthaltenen Gesamtstunden für Eigenleistungen ausgewiesen. Der Vordruck „Kalkulationsschlussblatt" gilt sowohl bei Kalkulationen über die Endsumme als auch bei Kalkulationen mit vorausbestimmten Zuschlägen.

Der Vordruck „Aufgliederung der Einheitspreise" (vgl. Bild 193) beinhaltet die Aufgliederung der einzelnen Einheitspreise. In Verbindung mit dem Kalkulationsschlussblatt ist eine Analyse der Einheitspreise bis zu den einzelnen Kostenarten möglich. Damit ist lediglich das Grobgerüst der Kalkulation bekannt. Deshalb hat der Bieter darüber hinaus die Anforderungen gemäß Anlage 4.0 (vgl. Bild 190) zu erfüllen.

Im Vordruck „Kalkulationsmittellohn" (vgl. Bild 194) ist der der Kalkulation zugrunde liegende Kalkulationsmittellohn hinsichtlich seiner einzelnen Bestandteile und der Zusammensetzung aufzugliedern und zu erläutern. Soweit der Bieter nicht mit einer fiktiven Kolonne kalkuliert hat, sondern mit tatsächlichen Durchschnittswerten aus der Betriebsabrechnung, können die Angaben in Block 1 entfallen.

Im Vordruck „Geräteliste für die wesentlichen Leistungsgeräte" (vgl. Bild 195) sind vom Bieter die wesentlichen Leistungsgeräte, welche für die Erbringung der angebotenen Leistung kalkuliert wurden, anzugeben und hinsichtlich der kalkulierten Kosten für Abschreibung und Verzinsung, Reparaturen, Auf- und Abbau, Transporte sowie Betriebsstoffe aufzuschlüsseln. Ebenso sind die Leistung, das Gewicht und die kalkulierte Einsatzdauer anzugeben.

Der Vordruck „Geräteliste für die Bereitstellungsgeräte" (vgl. Bild 196) entspricht im Wesentlichen der Anlage 4.6. Hier sind für die wesentlichen Bereitstellungsgeräte Angaben hinsichtlich der kalkulierten Kosten für Abschreibung und Verzinsung, Reparaturen, Auf- und Abbau, Transporte, Betriebsstoffe und der Vorhaltedauer einzutragen.

Im Vordruck „Nachunternehmerverzeichnis" (vgl. Bild 191) sind vom Bieter Angaben hinsichtlich des kalkulierten Nachunternehmereinsatzes zu machen. Es sind dabei gewerkeweise die Nachunternehmer zu benennen und der jeweilige Anteil der Nachunternehmerleistung an der Gesamtangebotssumme zu beziffern. Die Abgrenzung von Nachunternehmern und Lieferanten ist in vielen Fällen nicht eindeutig. Es besteht diesbezüglich noch Klärungsbedarf hinsichtlich der Zuordnung als Nachunternehmer.

Der Vordruck „Gemeinkostendeckung" (vgl. Bild 207) beinhaltet eine Gemeinkostenbilanz.

14.7.3 Anforderungen an die Angebotskalkulation

In Ergänzung zu den Vordrucken ist die Anlage 4.0 „Anforderungen an die Angebotskalkulation" (vgl. Bild 190) entwickelt worden, die alle qualitativen Anforderungen definiert, die vom Bieter bzgl. der Angebotskalkulation zu erfüllen sind.

Bzgl. der Fremdleistungen wird die Detailkalkulation als solche zwar abverlangt, aber es wird der Fall berücksichtigt, dass zum Zeitpunkt der Angebotsabgabe gegebenenfalls keine qualifizierten Nachunternehmerangebote vorliegen, der Bieter selbst im Sinne der Randkalkulation vorgegangen ist und demzufolge die gestellten Anforderungen an die Angebotskalkulation vom Bieter erst nach Vertragsschluss erfüllt werden können, also zu dem Zeitpunkt, an dem die Vergabe an den Nachunternehmer vollzogen ist.

Die Prüfung der Nachunternehmerkalkulation erfolgt nach den gleichen Grundsätzen wie bei den Eigenleistungen.

14.0

14.7.4 Bewerbungsbedingungen

Die BVB regeln, welche Unterlagen vom Bieter vorzulegen sind.

14.7.5 Vertragsbedingungen

Anlage 4.5 (vgl. Bilder 197 bis 206) zu den Vergabeunterlagen enthält Berechnungsbeispiele für sieben Fallgestaltungen, mit denen alle Formen der Leistungsänderungen bzgl. Ansprüchen aus § 2 Nr. 3, 4, 5 und 6 VOB/B einheitlich bewertbar werden.

Juristische Abgrenzungsfragen der einzelnen Ansprüche sind vorerst unbedeutend, weil alle Ansprüche systematisch gleich gerechnet werden. Auch bei unterschiedlicher Zuordnung zu den Ansprüchen ergibt sich das gleiche Ergebnis.

Baubetriebswirtschaftlich sind verschiedene Sonderfallgestaltungen durchgeprüft worden. Die Sonderfallgestaltungen sind bislang alle über die Systematik lösbar. Auf die Berechnungsmethode als solche wird im Prozessschritt 4 eingegangen.

14.8 Prozessschritt 2: Prüfung und Vervollständigung der Angebotskalkulationen der Bieter bis zur Vorlage der Auftragskalkulation

Soweit sich im Zuge der Prüfung der Kalkulationsunterlagen herausstellt, dass Unterlagen fehlen oder zusätzlich anzufordern sind, wird dies im Rahmen der Prüfung vollzogen. Gegebenenfalls erfolgt eine Aufklärung gemäß § 24 VOB/A.

14.9 Prozessschritt 3: Prüfung und Vervollständigung der Auftragskalkulationen der Nachunternehmer

Die Prüfung und Vervollständigung der Auftragskalkulation der Nachunternehmer erfolgt – soweit nicht bereits im Zuge der Prüfung der Vergabeunterlagen vollzogen – im Zuge der Beauftragung der Nachunternehmer durch den Auftragnehmer. Die Qualitätsansprüche entsprechen grundsätzlich den gleichen wie bei der Eigenleistung.

Im Zweifelsfall muss gemäß § 315 BGB die angemessene Höhe der Vergütung im Sinne der Plausibilität geschätzt werden.

14.10   Prozessschritt 4: Prüfung der Anspruchshöhe der Nachträge

14.10.1   Allgemeines

Die Berechnung/Prüfung der Anspruchshöhe ist in Anlage 4.5 (vgl. Bilder 197 bis 206) der Vergabeunterlagen darge-stellt. Sie besteht aus drei einzelnen Abschnitten:

1.0   Beispielhafte Teilleistung mit zugehöriger Auftragskalkulation sowie Begriffsdefinitionen

2.0 Überblick über die Leistungsänderungen gemäß § 2 VOB/B

3.0 Beispielberechnungen zu § 2 VOB/B

Die Vorgehensweise bei der Prüfung der Anspruchshöhe gilt sowohl für Eigenleistungen als auch für Fremdleistun-gen.

14.10.2   Beispielhafte Teilleistung mit zugehöriger Auftragskalkulation sowie Begriffsdefinitionen

Die Auftragskalkulation (vgl. Bild 198, Anlage 4.5) bedarf in folgenden Punkten der Erläuterung. Der Anteil der UGK am Einheitspreis ist so berechnet, dass die UGK tatsächlich als umsatzbezogen proportional zum Einheitspreis ange-nommen werden. Dieses ist die einfachste Variante.

Bieter können allerdings durchaus die UGK-Zuschläge kostenartenbezogen kalkulieren. Die Berechnung ist etwas komplizierter, aber ebenfalls widerspruchsfrei möglich. Die UGK verhalten sich dann nicht mehr proportional zu den Einheitspreisen, sondern proportional zu den Kostenarten.

Ein Sonderfall liegt vor, wenn die Bieter zwar im Schlussblatt die UGK umsatzbezogen kalkulieren, aber die UGK block-weise auf die Einheitspreise verteilen. Die in dem Einheitspreis enthaltenen UGK sind dann nicht proportional zum Umsatz und auch nicht proportional zu den Kostenarten. Eine derartige Vorgehensweise führt zu einem Widerspruch zwischen Schlussblatt und Einheitspreis mit der Folge, dass der AG diesen Widerspruch im Zuge der Nachtragsprü-fung auflösen muss.

14.10.3   Widersprüche in der Auftragskalkulation

Es ist sachgerecht, wenn der AG bei Widersprüchen in der Auftragskalkulation die für ihn bessere widerspruchsfreie Variante als gegeben bewertet.

Insofern ergibt sich folgender Leitsatz: Widersprüche in der Auftragskalkulation bewirken ein Wahlrecht des AG bzgl. der Interpretation der Auftragskalkulation.

Dementsprechend löst sich das vorgenannte Problem dahingehend auf, dass der AG bezüglich des Gesamtprojekts zwischen einmaligen und umsatzbezogenen Charakter wählen kann, wenn die Angaben des AN widersprüchlich sind.

14.10.4   Überblick über die Leistungsänderungen (vgl. Bild 200 Anlage 4.5)

14.10.4.1   Abgrenzung zwischen Mengen- und Leistungsänderungen

Grundsätzlich müssen folgende zwei Ansprüche getrennt betrachtet werden:

1. Mengenänderungen gemäß § 2 Nr. 3 VOB/B

2. Leistungsänderungen gemäß § 2 Nr. 4, 5 und 6 VOB/B

Mengenänderungen ergeben sich aus dem Verschätzen bei der Mengenermittlung des Leistungsverzeichnisses ohne qualitative Änderung der Leistung. Soweit der AG die Leistung qualitativ ändert, handelt es sich um Ansprüche gemäß § 2 Nr. 4, 5 und 6 VOB/B.

14.10.4.2 Mengenänderungen gemäß § 2 Nr. 3 VOB/B

Für den § 2 Nr. 3 VOB/B gibt es die zwei Fallgestaltungen: Mehrmengen über 110 % gemäß § 2 Nr. 3 Abs. 2 VOB/B und Mindermengen unter 90 % gemäß § 2 Nr. 3 Abs. 3 VOB/B.

Innerhalb der Mehr- und Mindermengen sind wiederum die Fallgestaltungen dahingehend zu unterscheiden, in welcher Art sich die EKT verändert haben. Für die Veränderung der EKT gibt es drei Fallgestaltungen: die EKT-Erhöhung, EKT ohne Veränderung und die EKT-Verringerung.

Aus dieser Unterscheidung entstehen die sechs Fälle A bis F gemäß Bild 200 (Anlage 4.5, S. 4, Bild 1). Die Berechnungen A bis F beinhalten die EKT-Änderungen und den positionsbezogenen Ausgleich der nicht umsatzbezogenen Gemeinkosten.

Tabelle 4 der Anlage 4.5 (vgl. Bild 200) zeigt die einzelnen Anspruchsgründe und die Zuordnung der einzelnen Beispielberechnungen zu den Anspruchsgründen.

14.10.4.3 Leistungsänderungen gemäß § 2 Nr. 4, 5 und 6 VOB/B

Bzgl. der Berechnungsmethode der Anspruchshöhe bei Leistungsänderungen wird grundsätzlich nicht in § 2 Nr. 4, 5 und 6 VOB/B unterschieden. Damit wird eine Anwendung des § 8 Nr. 1 VOB/B nicht unterbunden, sondern als Einzelfall zugelassen. Aus Bild 200 (Anlage 4.5) wird deutlich, dass grundsätzlich bei einer Leistungsänderung in den vergrößerten, verringerten und gleichen Leistungsumfang quantitativ unterschieden werden kann. Bei gleichem Leistungsumfang, bei vergrößertem und bei verringertem Leistungsumfang kann sich aber die Qualität verändern. Insofern werden aus den genannten Fallgestaltungen hinsichtlich der Berechnungsvarianten eine Vielzahl von Varianten. Es können Zulagen und eigenständige Positionen für die Kalkulation der Nachträge definiert werden.

Während für die Berechnung der neuen Einheitspreise gemäß § 2 Nr. 3 VOB/B ein einfaches Rechenrezept entwickelt worden ist, kann für die Ansprüche aus § 2 Nr. 4, 5 und 6 VOB/B vorerst kein allgemeingültiges Rechenrezept vorgegeben werden, weil die Varianten zu vielschichtig sind.

Die Bilder 201 bis 205 (Tabellen 5 bis 10 der Anlage 4.5) enthalten die jeweiligen Berechnungsbeispiele für Mehr- und Mindermengen und Bild 206 (Tabelle 11) eine Liste, die ein Schema für die Strukturierung der Nachträge gemäß § 2 Nr. 4, 5 und 6 VOB/B vorgibt. Die zahlreichen möglichen Varianten bei der Art der Berechnung der Anspruchshöhe der Nachträge gemäß § 2 Nr. 4, 5 und 6 VOB/B erlauben lediglich eine Ergebnisdarstellung.

14.10.5 Berechnung der Anspruchshöhe

14.10.5.1 Mehr- und Mindermengen

Die in den Bildern 201 bis 205 (Tabellen 5 bis 10) aufgeführte Systematik sieht im Falle von Mehrmengen vor, dass sich der neue Einheitspreis für die Abrechnung der Leistungen ab 110 % aus dem alten Einheitspreis unter Abzug der darin enthaltenen nicht umsatzbezogenen Gemeinkosten und der auf diese Gemeinkosten bezogenen umsatzabhängigen Gemeinkosten bildet.

Bei damit einhergehenden EKT-Änderungen ist der Differenzbetrag der EKT ebenso wie die darauf anfallenden umsatzbezogenen Gemeinkosten zu berücksichtigen.

Im Falle von Mindermengen unter 90 % werden die im Einheitspreis enthaltenen nicht umsatzbezogenen Gemeinkosten der nicht realisierten Ausführungsmenge auf die verbliebene Ausführungsmenge umgelegt.

Bei damit einhergehenden EKT-Änderungen ist der Differenzbetrag der EKT ebenso wie die darauf anfallenden umsatzbezogenen Gemeinkosten zu berücksichtigen, analog zur Berechnung des neuen Einheitspreises bei Mehrmengen.

14.10.5.2 Leistungsänderungen

Aus Bild 206 (Tabelle 11 in Anlage 4.5) wird deutlich, dass die Nachträge lediglich die EKT enthalten sowie einen Zuschlag für umsatzbezogene Gemeinkosten auf EKT. Eine Deckung der Gemeinkosten, die nicht umsatzbezogen sind, entfällt. Die in Bild 206 (Tabelle 11) aufgeführten BGK (drittletzte Spalte) entsprechen jenen nicht umsatzbezogenen Gemeinkosten, die durch entfallene Grundpositionen vom AN nicht abgerechnet werden können. Wenn demzufolge der Nachtrag Grundpositionen ersetzt, kann der AN diese Beträge im Zusammenhang mit dem Nachtrag, der die Mindermengen ausgelöst hat, vorläufig abrechnen.

Es handelt sich nicht um eine Vergütung zusätzlicher Gemeinkosten über die kalkulierten Ansätze des Hauptvertrags hinaus.

Im Zusammenhang mit der Schlussrechnung werden diese Beträge in einer gesamten Gemeinkostenbilanz berücksichtigt. Die Gemeinkostenbilanz (vgl. Bild 207, Anlage 4.8 der Vergabeunterlagen) ist vom AN aufzustellen und mit der Schlussrechnung einzureichen.

Soweit die Leistungsänderung direkt Gemeinkosten auslöst, gehören derartige Gemeinkosten zum Nachtrag. Bzgl. der Einzelkosten der Teilleistungen hat sich der Berechnungsmodus nicht geändert. Es tritt zu der klassischen Berechnungsart die Fortschreibung von Kosteneigenschaften hinzu.

Soweit die behandelte Nachtragsteilleistung die Baustellengemeinkosten derartig berührt, dass nachweisbar konkrete Elemente der BGK betroffen sind, z. B. eine zusätzliche Planungsleistung zu erbringen ist, sind diese Kosten immer EKT des Nachtragspreises. Dies gilt auch für Bauzeitverlängerungen, die nachweislich einer Teilleistung oder auch einer Gruppe von Teilleistungen zugeordnet werden können. Es handelt sich dann um EKT des Nachtrags.

Diese infolge der Leistungsänderung geänderten BGK sind den EKT zuzuordnen und in Bild 206 (Tabelle 11) in der Spalte „EKT infolge BGK-Änderung" gesondert auszuweisen. Die umsatzbezogenen Gemeinkosten werden entsprechend auf die im Einheitspreis enthaltenen EKT als auch auf die enthaltenen BGK berechnet.

Bei Anwendung der verbindlich vorgeschriebenen Berechnungsmethode enthält kein Nachtrag mehr Baustellengemeinkosten, die nicht umsatzbezogen sind. Die Berechnung der Nachtragseinheitspreise bei veränderten EKT ist bei allen Ansprüchen gemäß § 2 Nr. 3–6 VOB/B identisch.

14.10.6 Alternative Lösung – Kalkulation mit üblichen Preisen

14.10.6.1 Grundsatz

Soweit der AN keinen schlüssigen Vortrag bzgl. der Fortschreibung der Wettbewerbspreise liefert oder sich aus der Art der Leistung ergibt, dass eine sinnvolle Fortschreibung der Einheitspreise nicht möglich ist, hat der AG selbst nach billigem Ermessen eine Prüfung vorzunehmen. Als Grundsatz hierbei gilt, dass in derartigen Fällen auf der Basis von üblichen Preisen zu prüfen ist. Soweit der AN seinem Nachtrag eingereichte Rechnungen bzw. Kostennachweise zugrunde legt, sind auch diese Nachweise auf Üblichkeit zu prüfen.

14.10.6.2 Alternativlösung wegen Unverhältnismäßigkeit zwischen Erstellungs- und Prüfungsaufwand zur beurteilenden Größe

Die Alternativlösung – Prüfung auf der Grundlage üblicher Preise – kann ebenfalls aus wirtschaftlichen Gründen notwendig werden, wenn der Erstellungs- und Prüfaufwand für die Nachträge in keinem Verhältnis mehr zu dem zu prüfenden Betrag steht.

14.10.6.3 Fortschreibung der Wettbewerbspreise auf der Grundlage von Ist-Kosten des Lieferanten

Wenn die bauliche Situation einen neuen, vom Auftraggeber angeordneten durchzuführenden Wettbewerb bzgl. Lieferanten erfordert, entfällt die Bindung an den alten Wettbewerbspreis. Das Ergebnis des neuen Wettbewerbs sind die Ist-Kosten. Ein vergleichbarer Fall liegt vor, wenn ad hoc vom Auftragnehmer reagiert werden muss und kein bereits gebundener Lieferant zur Verfügung steht. Dann muss gegebenenfalls unabhängig von einem Wettbewerb gehandelt werden und auch akzeptiert werden, dass Ist-Kosten entstehen, welche über den üblichen Kosten liegen. Ein weiterer vergleichbarer Fall ergibt sich, wenn ein Lieferant aus Gründen gekündigt hat, die ursächlich aus dem AG-Bereich stammen, und wenn nunmehr im Rahmen eines Wettbewerbs ein neuer Lieferant gesucht werden muss.

Der AN wird bei diesen Fallgestaltungen allerdings den Grund für den Wegfall der Bindung an den Wettbewerbspreis überzeugend darlegen müssen.

14.10.7 Fremdleistungen

14.10.7.1 Allgemeines zur Systematik

Grundsätzlich ist davon auszugehen, dass die Anspruchshöhe bzgl. der Fremdleistungen in der gleichen Qualität nachzuweisen ist, wie die Eigenleistungen des Auftragnehmers.

Hinsichtlich des Nachunternehmers sind drei Preise zu bewerten:

- Preis 1: Vertragspreis des AN

- Preis 2: Kalkulierte NU-Kosten für die Fremdleistung (ANN)

- Preis 3: Tatsächlich vertraglich vereinbarter Preis des AN für die Fremdleistung mit dem Nachunternehmer (ANN)

Bei dem Verhältnis zwischen Preis 1 und 2 ist der vom AN kalkulierte Zuschlagssatz für UGK auf die Fremdleistung maßgebend. Dieser Zuschlag ist problemlos aus dem Schlussblatt der Kalkulation des AN erkennbar. Problematischer ist bereits der Faktor für die Berechnung des Verhältnisses zwischen den Preisen 2 und 3.

Bei den Fremdleistungen ergibt sich ein spezielles Problem, wenn die Nachunternehmer-Preise eine andere Größe und Zusammensetzung haben als die Eigenleistungen. Da in der Praxis nahezu immer die Vergabeverhandlungen mit den Nachunternehmern nach Vertragsschluss durchgeführt werden, hat dieses Spezialproblem grundsätzlichen Charakter und wird den Regelfall darstellen.

Je nach Vertragsgestaltung ergeben sich drei Fallgestaltungen:

1. Die Teilleistung des Nachunternehmervertrags ist identisch mit der Teilleistung des zu betrachtenden Vertragsverhältnisses.

2. Die Teilleistungen des NU-Vertrags sind nicht identisch mit den Teilleistungen des AN. Fs können keine Teillelstungen, sondern nur Gruppen von Positionen oder Titel vom Leistungsbild verglichen werden.

3. Es kann nur das Leistungsbild des Gesamtnachunternehmervertrags mit dem betrachteten Vertragsverhältnis verglichen werden.

Je nach vorliegender Fallgestaltung ergibt sich bzgl. der Faktorbildung ein konkreter Berechnungsmodus oder nur eine Faktorbildung im Sinne der Plausibilität.

Bild 183 zeigt das System. Für die jeweilige Ebene AN, ANN, ANNN usw. können die vorgenannten drei Preise ermittelt werden. Theoretisch können demnach die Preise bis in das letzte Glied des ANNN, der die Leistung als Eigenleistung erbringt, zerlegt werden. Bei mehr als drei Ebenen wird diese Vorgehensweise nur in Ausnahmefällen realisierbar sein. Bild 184 zeigt für drei Ebenen die Angabe der entsprechenden Zuschlagssätze.

14.10.7.2 Die Berechnung der Faktoren für die Preisanpassung

14.10.7.2.1 Teilleistungen des NU-Vertrags sind identisch mit den Teilleistungen des AN

Die Fortschreibung der Wettbewerbspreise erfolgt konkret für jeden Einheitspreis oder jede Teilpauschale. Bild 185 zeigt die Vorgehensweise. Bei Nachunternehmern erfolgt die Fortschreibung der Wettbewerbspreise auf der Grundlage des tatsächlich vergebenen Nachunternehmerpreises.

Der Nachunternehmer muss im Rahmen seines Nachtragsangebots ebenfalls den Nachtragspreis aus seinem Wettbewerbspreis ableiten.

Der Nachtragspreis des Nachunternehmers muss daran anschließend über den Faktor aus Schritt 2 an den Preis des AN angepasst werden und mit den kalkulierten Zuschlagssätzen für umsatzbezogene Kosten beaufschlagt werden.

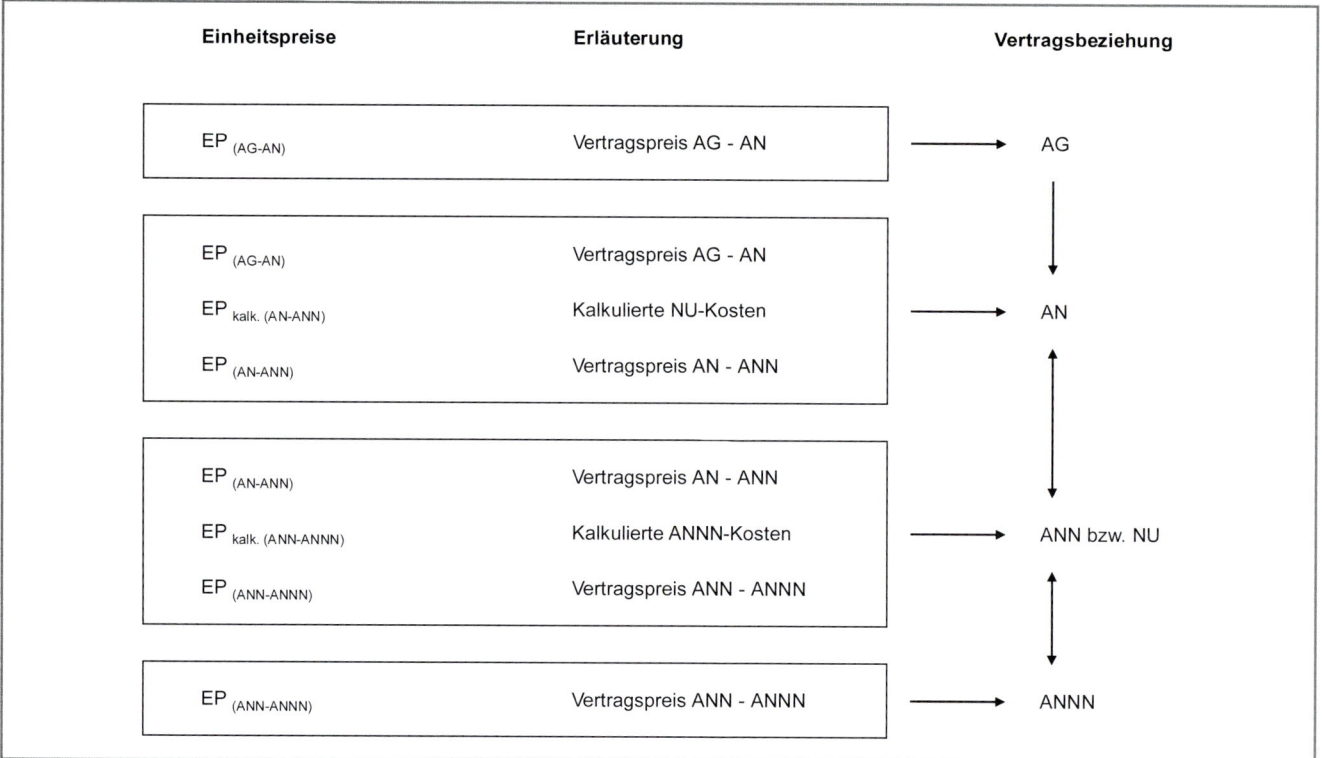

Bild 183: Das System

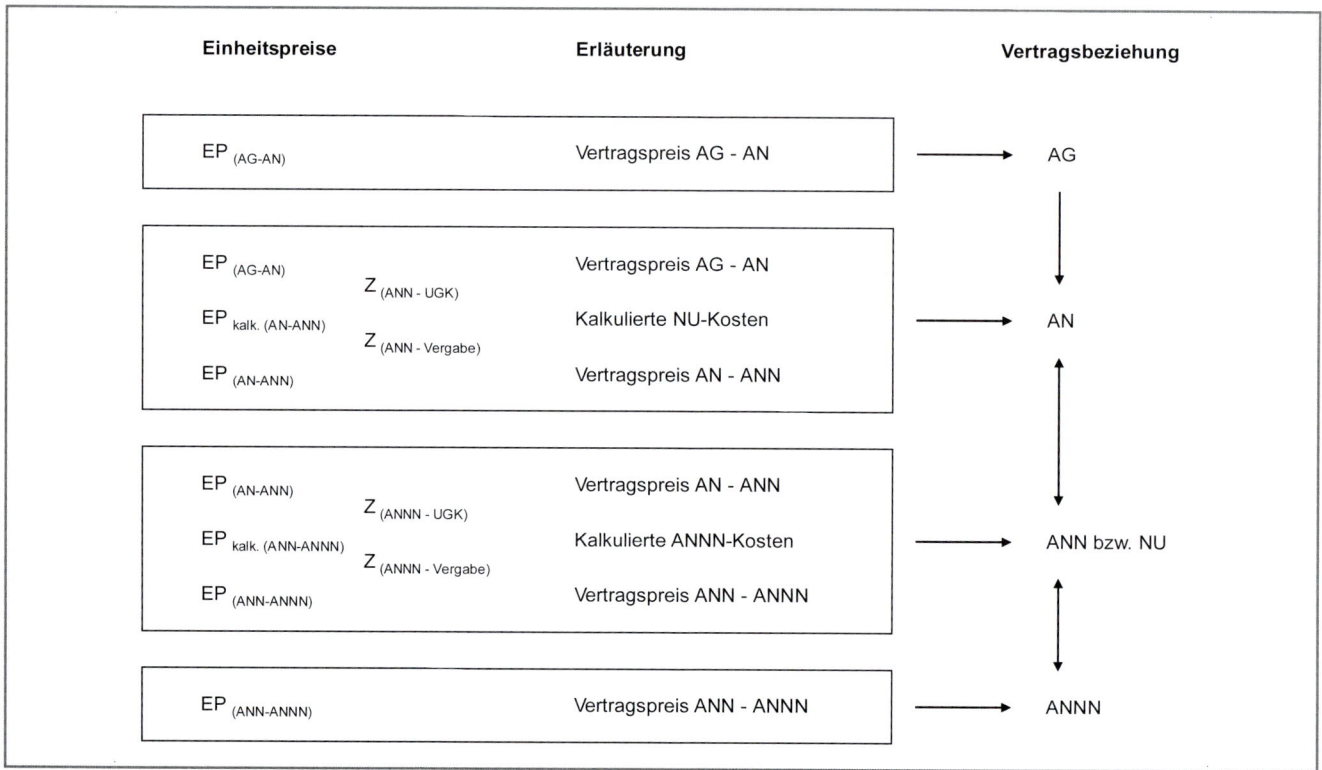

Bild 184: Systematik der Berechnung

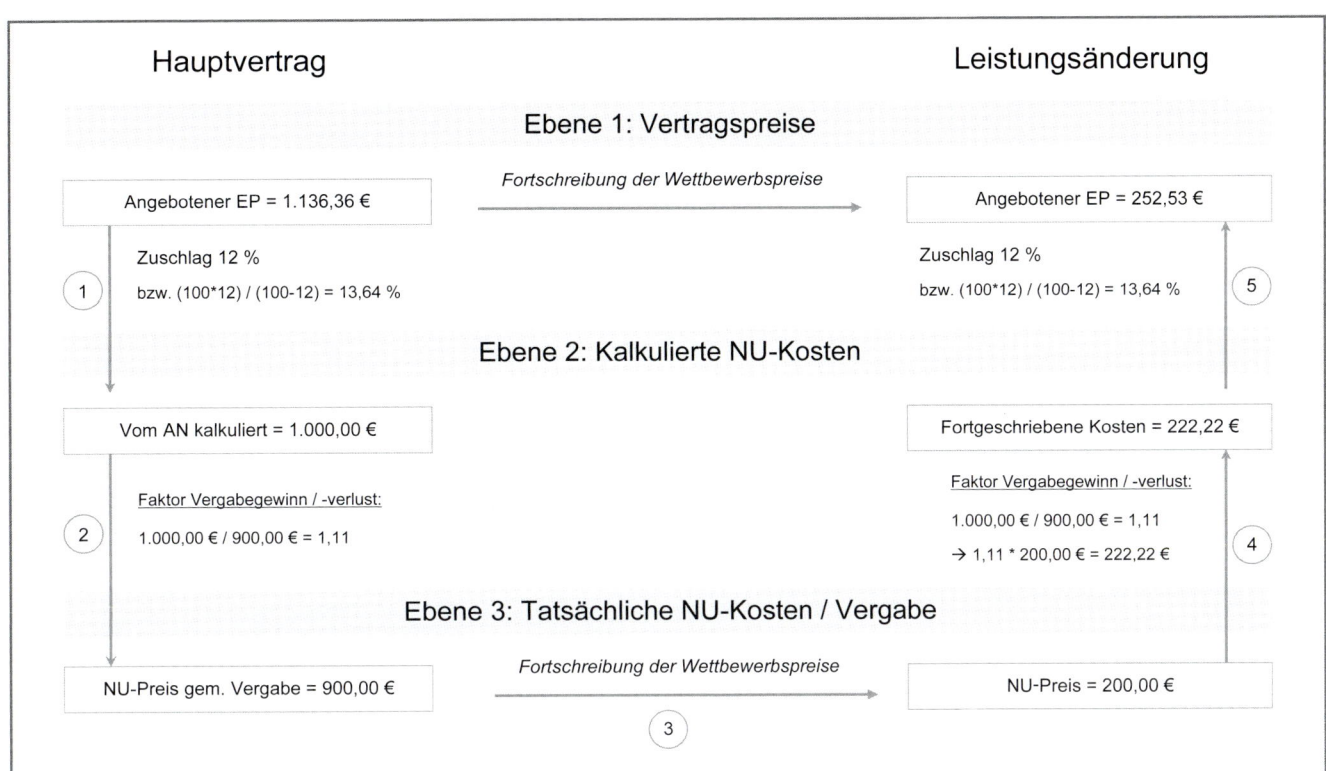

Bild 185: Positionsweise Berücksichtigung des Vergabegewinns/-verlusts

Bild 186: Globale Berücksichtigung des Vergabegewinns/-verlusts

14.10.7.2.2 Die Teilleistungen des NU-Vertrags sind nicht identisch mit den Teilleistungen des AN

Wenn aufgrund des Nachunternehmervertrags die positionsweise Ableitung des Faktors aus Schritt 2 nicht möglich ist, müssen Leistungsbereiche oder der gesamte Vertrag für die Ermittlung des Faktors gewählt werden (vgl. Bild 186).

Wenn für die veränderte Leistung keine vergleichbare Leistung im Hauptvertrag und damit keine Bezugspositionen im Hauptleistungsverzeichnis enthalten sind, muss der Nachunternehmer genauso wie der AN auf die Elemente seiner Kalkulation zurückgreifen (z. B. den Kalkulationsmittellohn, Gerätekosten usw.).

14.10.7.3 Wechsel von Eigen- auf Fremdleistung

In der Praxis tritt häufig der Fall auf, dass ein Wechsel von Eigen- auf Fremdleistung erfolgt. Dieser Fall wird genauso behandelt, wie der Fall, dass bereits bei Angebotsabgabe eine Fremdleistung vorgesehen war. Soweit allerdings der Nachunternehmerpreis erkennbar spekulativ im Verhältnis zu der Kalkulation der Eigenleistung ist, weil bereits Kenntnisse vorhanden sind, die bei der Angebotsabgabe noch nicht vorhanden waren, ist dies bei der Preisprüfung zu berücksichtigen.

14.10.7.4 Wechsel von Fremd- auf Eigenleistung

Der AN ist gegenüber dem AG mitteilungspflichtig im Sinne von § 4 Nr. 8 VOB/B, wenn er den Wechsel vornimmt und verpflichtet, die Kalkulation für die nunmehr in Eigenleistung ausgeführten Leistungen nachzureichen.

Soweit allerdings der Preis für die Eigenleistung erkennbar spekulativ im Verhältnis zu der Kalkulation der Nachunternehmerleistung ist, weil bereits Kenntnisse vorhanden sind, die bei Angebotsabgabe noch nicht vorhanden waren, ist dies bei der Preisprüfung zu berücksichtigen.

14.10.7.5 Unvollständiger oder falscher Nachweis des AN

Der unvollständige Nachweis des AN bewirkt die Notwendigkeit von Ersatzlösungen.

Ursachen für die Ersatzlösung sind folgende:

1. Der AN hat nicht sachgerecht den Vertragspreis fortgeschrieben, also nicht den Grundsatz der kalkulativen Fortschreibung des Preises aus dem Wettbewerbspreis befolgt.

2. Es handelt sich um den Fall, dass eine Subunternehmerkette mit mehreren Nachunternehmern besteht, es sich quasi um einen Systemanbieter handelt. Bei Systemanbietern können sowohl die Vertragspreise als auch die Nachtragspreise nicht mehr in die einzelnen Kostenarten zerlegt werden. Das klassische System der Nachtragskalkulation versagt.

Zwar wird bei diesem System der Faktor ermittelt, aber die Fortschreibung als solche ist unterblieben.

Damit eine zeit- und sachgerechte Lösung herbeigeführt wird, muss der AG nunmehr auf der Grundlage der Unterlagen selbst eine sachgerechte Nachtragskalkulation erstellen oder auf übliche Preise abstellen.

14.10.7.6 Alternative Lösung – Kalkulation mit üblichen Preisen

Wenn aufgrund der speziellen Situation der beschriebene Nachweis nicht möglich bzw. sinnvoll ist, kann vom AG bzgl. des Nachweises – wie bei Eigenleistungen – auf übliche Preise ausgewichen werden (vgl. Bild 187).

Die an den Nachunternehmer vergebenen Preise werden auf Üblichkeit geprüft, soweit notwendig, wenn der NU-Preis nicht üblich ist, wird ein Faktor abgeleitet, durch den der übliche Preis an den kalkulierten NU-Preis angepasst werden kann.

Dieses Verfahren funktioniert immer und verhindert, dass im Nachunternehmerbereich überhöhte Preise, die durch nicht nachvollziehbare Fortschreibung ermittelt werden, vom AN durchgesetzt werden können.

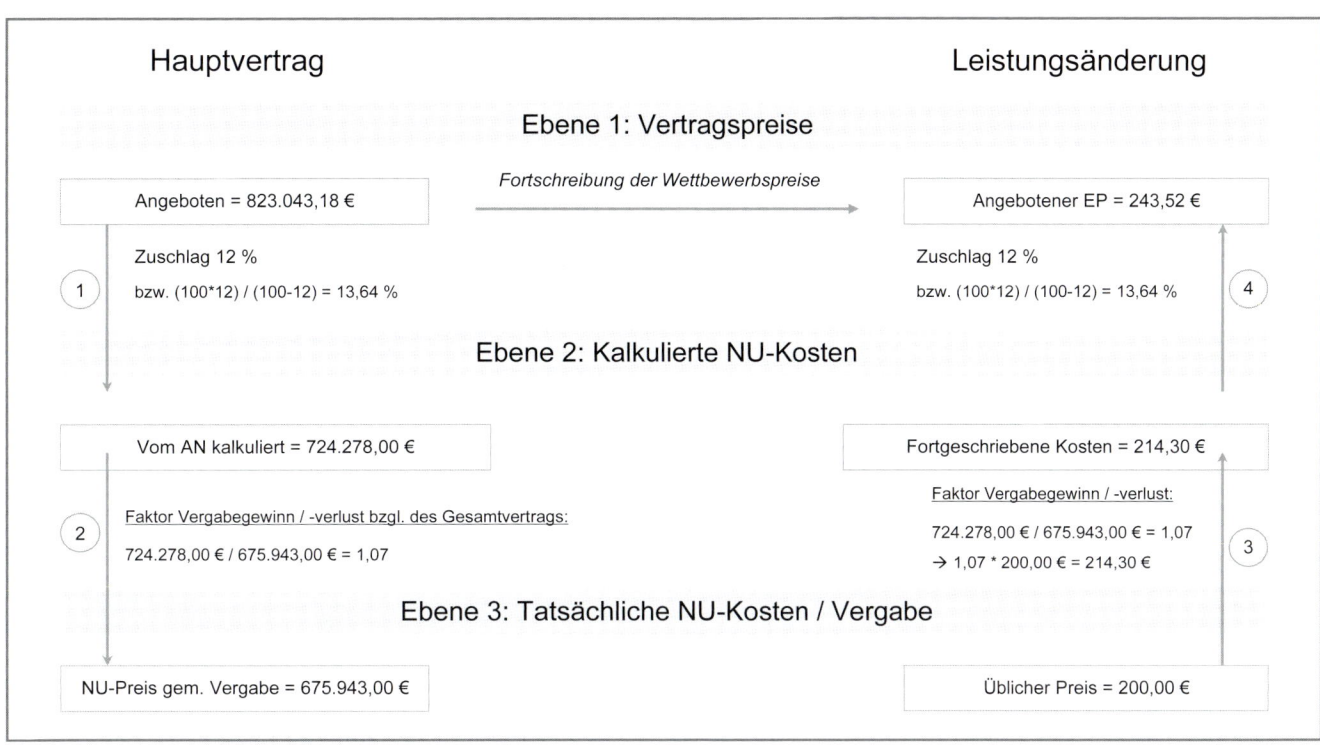

Bild 187: Fortschreibung auf der Grundlage von üblichen Preisen

14.10.7.7 Ersatzlösung wegen Unverhältnismäßigkeit zwischen Erstellungs- und Prüfaufwand zur beurteilenden Größe

Die Ersatzlösung – Prüfung auf der Grundlage üblicher Preise – kann ebenfalls wie bei den Eigenleistungen aus wirtschaftlichen Gründen notwendig werden, wenn der Erstellungs- und Prüfaufwand für die Nachträge in keinem Verhältnis mehr zu dem zu prüfenden Betrag steht.

14.10.7.8 Fortschreibung der Wettbewerbspreise auf der Grundlage von Ist-Kosten des Nachunternehmers

Für Fremdleistungen gelten die gleichen Regelungen wie für Lieferanten (vgl. Kap. 14.10.6.3).

Bild 188 zeigt die Nachweisart. Die Ist-Kosten sind auf Üblichkeit zu prüfen.

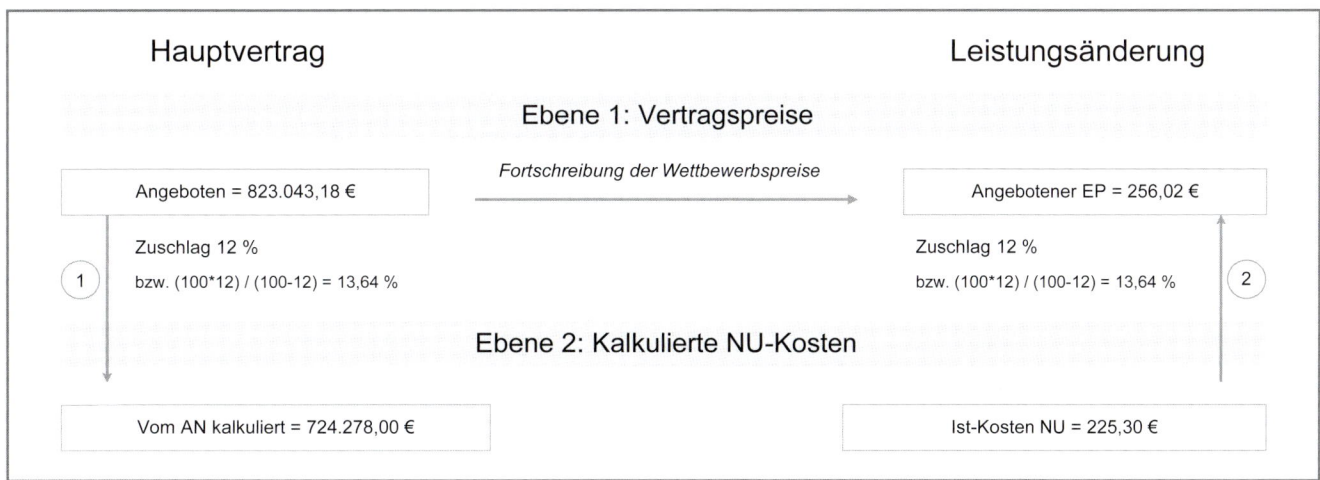

Bild 188: Fortschreibung auf der Grundlage von Ist-Kosten des Nachunternehmers

14.11 Prozessschritt 5: Schlussrechnungsprüfung

14.11.1 Allgemeines

Hinsichtlich der Gemeinkostenkontrolle im Zuge der Schlussrechnungserstellung und -prüfung sind zwei wesentliche Aspekte vorerst getrennt zu betrachten:

1) Gemeinkostenbilanz (formalistisch): Der AN soll die Gemeinkosten vergütet bekommen, die in der Auftragskalkulation kalkuliert worden sind. Die Unternehmensbezogenen Gemeinkosten werden, soweit diese auch so kalkulativ berechnet worden sind, umsatzbezogen vergütet. Hinsichtlich der nicht umsatzbezogenen Gemeinkosten hat eine Anpassung im Zuge der Schlussrechnungsprüfung zu erfolgen, wenn durch die Abrechnung eine Verzerrung entstanden ist. Bei der Vorgehensweise handelt es sich um einen Formalismus.

2) Veränderte Gemeinkosten: In Ergänzung zu der formalistischen Gemeinkostenbilanz kann eine Veränderung der im Hauptauftrag kalkulierten Gemeinkosten erforderlich werden. Soweit die Leistungsänderungen in Gesamtheit die GK berühren oder Störungen des Bauablaufs vom AG verursacht worden sind, kann im Zuge der Schlussrechnungsprüfung eine Anpassung der Gemeinkosten vom AN verlangt werden. Ein derartiges Verlangen wird üblicherweise im Zuge der Erstellung der Schlussrechnung gestellt, weil erst dann alle Nachtragsforderungen und die terminlichen Randbedingungen bekannt sind, auf deren Grundlage eine Anpassung der Gemeinkosten erfolgen kann. Bei dieser Anpassung handelt es sich um einen situativen objektbezogenen Aspekt, der im Einzelfall zu prüfen ist.

Die formalistische Gemeinkostenbilanz muss immer durchgeführt werden, wenn bei der Abrechnung Mehr- und Mindermengen eingetreten sind und aufgrund der veränderten Mengen davon auszugehen ist, dass zu viel Gemeinkosten vergütet worden sind. Die Ausgleichsberechnung hat auf der Grundlage des § 2 Nr. 3 VOB/B zu erfolgen.

Eine Veränderung der nicht umsatzbezogenen Gemeinkosten gemäß Punkt 2 ist im Einzelfall zu prüfen.

14.11.2 Gemeinkostenbilanz

Die Bilanz im Zuge der Schlussrechnungsprüfung ist bezüglich sämtlicher Gemeinkosten zu erstellen. Die über die Abrechnung der hauptvertraglichen Leistungen vergüteten Gemeinkosten werden gemäß Bild 189 linker Teil mittels Excel-Listen oder Vergleichbarem ermittelt. Ferner werden gemäß Bild 189 rechter Teil die in den Nachträgen enthaltenen Gemeinkosten mit in die Bilanz einbezogen.

Gemäß Bild 189 sind in den Nachträgen direkt nur umsatzbezogene Gemeinkosten und grundsätzlich keine einmaligen und zeitabhängigen Gemeinkosten enthalten. Bei den Gemeinkosten der Nachträge – Bild 189 rechter Teil – handelt es sich nur um die Gemeinkosten, die durch Wegfall von Hauptpositionen, also kausal durch die Leistungsänderungen bedingt, nicht abgerechnet werden konnten. Damit keine Unterdeckung der im Hauptvertrag kalkulierten Gemeinkosten eintritt, kann der AN diese Gemeinkosten vorläufig bis zur Schlussrechnungsbilanz in die Nachträge aufnehmen und abrechnen.

Gemäß Bild 189 sind im Hauptauftrag 300.000 € nicht umsatzbezogene Gemeinkosten kalkuliert worden. Es sind aber nur 200.000 € ausgehend von der Abrechnung ohne Anpassung der Einheitspreise gemäß § 2 Nr. 3 VOB/B abgerechnet worden. Die infolge der tatsächlich ausgeführten Leistung abgerechneten nicht umsatzbezogenen Gemeinkosten sind jenen nicht umsatzbezogenen Gemeinkosten gegenüberzustellen, welche gemäß der ursprünglichen Beauftragung in dem Hauptauftrag enthalten waren.

Die Nachträge enthalten eine Deckung der nicht umsatzbezogenen Gemeinkosten in Höhe von 80.000 €. Insofern ergibt sich insgesamt eine Unterdeckung der nicht umsatzbezogenen Gemeinkosten in Höhe von 20.000 €.

Bei der Baustellengemeinkostenbilanz handelt es sich somit um eine formalistische Berechnung, die gewährleistet, dass der AN in Summe die nicht umsatzbezogenen Gemeinkosten erhält, die im Hauptauftrag als nicht umsatzbezogene Gemeinkosten ausgewiesen sind.

Die umsatzbezogenen Gemeinkosten, die aufgrund des tatsächlich abzurechnenden Umsatzes dem AN zustehen, machen keine Anpassung erforderlich, da sie bei ordnungsgemäßer Kalkulation und Anwendung des Rechenalgorithmus der Berechnungsbeispiele gemäß Anlage 4.5 umsatzbezogen vergütet werden.

Abrechnung Hauptvertrag

Pos.	EKT	nicht umsatzabh. GK	umsatz-bezogene GK
01.01.001			
01.01.002			
02.01.001			
02.01.002			
02.01.003			
02.02.001			
02.02.002			
02.02.003			
02.02.004			
...			
SUMME	2.000.000,00 €	200.000,00 €	100.000,00 €

Im Hauptauftrag enthaltene Gemeinkosten -	300.000 €	
Über Abrechnung von hauptauftraglichen Leistungen vergütete Gemeinkosten	200.000 €	
Über Abrechnung von Nachträgen vergütete Gemeinkosten	80.000 €	
Gemeinkostenüber- bzw. -unterdeckung: -	**20.000 €**	

Gegenständliche Nachträge

Nachtrag Nr.	Bezeichnung	EKT	nicht umsatzabh. GK	umsatz-bezogene GK
1	zusätzl. Kabelkanäle			
2	Handschachtung			
3	Bodenaustausch			
4	Schotterauf-bereitung			
5	Schotterent-sorgung			
6	...			
7	...			
...				
	SUMME	800.000,00 €	80.000,00 €	40.000,00 €

14.0

Bild 189: Beispiel für eine Schlussbilanz hinsichtlich der Vergütung von einmaligen Gemeinkosten

Soweit sich der Umsatz des Hauptauftrags erhöht hat, hat der AN demzufolge eine proportional höhere Deckung der umsatzbezogenen Gemeinkosten und bei Verringerung eine proportional geringere Deckung der umsatzbezogenen Gemeinkosten.

Der Nachweis bzgl. der Gemeinkostenbilanz ist von dem Auftragnehmer im Rahmen der Schlussrechnung zu führen. Das Ergebnis ist in der Gemeinkostenbilanz mit der Schlussrechnung einzureichen.

Soweit die Mehr- und Mindermengenberechnung gemäß Anlage 4.5 durchgeführt wird, entsteht keine Gemeinkosten-über- oder -unterdeckung.

14.11.3 Veränderte Gemeinkosten

Im Zuge der Schlussrechnungsprüfung muss bei veränderten Bauumständen überprüft werden, ob diese veränderten Bauumstände eine Anpassung der nicht umsatzbezogenen Gemeinkosten erforderlich werden lässt. Bei den Leistungsänderungen kann in folgende Typen unterschieden werden:

- Fallgestaltung 1: Leistungsänderungen berühren nicht die Bauzeit.

- Fallgestaltung 2: Einzelne Leistungsänderungen berühren die Bauzeit. Die Bauzeitfolgen sind konkret feststellbar.

- Fallgestaltung 3: Leistungsänderungen berühren die Bauzeit. Die Bauzeitfolgen sind nicht konkret feststellbar.

Bei Fallgestaltung 2 handelt es sich bzgl. der Bauzeitfolgen um Einzelkosten der Teilleistungen des konkreten Nachtrags. Bei Fallgestaltung 3 sind Plausibilitätsüberprüfungen und objektspezifische Gesamtbetrachtungen erforderlich.

14.12 Anlagen 4.0 bis 4.8 der Vergabeunterlagen

14.12.1 Überblick

Die Anlagen 4.0 bis 4.8 sind dem Bewerber zusammen mit den Vergabeunterlagen zur Verfügung zu stellen.

14.12.2 Kalkulationsschlussblatt

14.12.2.1 Aufbau und Verwendung

Das Kalkulationsschlussblatt ist dem Bieter zur Verfügung zu stellen, es handelt sich um einen verbindlichen Vordruck, ein Ersatz durch ein gleichwertiges Formular ist vorläufig nicht zulässig.

Das Kalkulationsschlussblatt Bild 192 ist in sieben Abfrageblöcke unterteilt:

- Abfrageblock 1: Zusammensetzung bzw. Kostengliederung der angebotenen Leistung

- Abfrageblock 2: In der angebotenen Leistung enthaltene kalkulierte Gesamtstunden für Eigenleistungen

- Abfrageblock 3: In der angebotenen Leistung enthaltene Zuschläge für Konzernleistungen, technische oder kaufmännische Federführung innerhalb einer Arge, etc.

- Abfrageblock 4: Bedarfspositionen

- Abfrageblock 5: Angebotssumme

- Abfrageblock 6: Aufgliederung der Baustellengemeinkosten nach Kosteneigenschaften

- Abfrageblock 7: Zuschläge

14.12.2.2 Abfrageblock 1

In Abfrageblock 1, der die Zeilen 1 bis 12 umfasst, sind die vom Bieter gewählten und in der angebotenen Leistung enthaltenen Kostenarten (z. B. Lohnkosten, Gerätekosten, Stoffkosten, etc.) hinsichtlich ihrer Zusammensetzung in Einzelkosten der Teilleistungen (Spalte 2), Baustellengemeinkosten (Spalten 3 bis 5) und Unternehmensbezogene Gemeinkosten (Spalten 7 bis 10) aufzuschlüsseln.

Wenn der Bieter Teile der kalkulierten Baustellengemeinkosten nicht über eine allgemeine Umlage, sondern direkt in bestimmte Positionen übernommen hat, so ist der entsprechende Betrag in der Spalte 4 einzutragen und ebenfalls in der Spalte 2 bei den EKT zu berücksichtigen. Die zur Umlage verbliebenen BGK (Spalte 5) reduzieren sich entsprechend um den in der Spalte 4 aufgeführten Betrag.

In der Spalte 6 sind die Herstellkosten, die sich aus den EKT und den BGK zusammensetzen und welche die Basis für die Ermittlung der Unternehmensbezogenen Gemeinkosten bilden, einzutragen.

In den Spalten 7 bis 9 sind die Zuschlagssätze für die Unternehmensbezogenen Gemeinkosten (Allgemeine Geschäftskosten, Wagnis und Gewinn) einzutragen. Falls der Bieter diese Kostenelemente nicht komplett umsatzbezogen kalkuliert hat, so ist der umsatzbezogene Anteil bzw. der nicht umsatzbezogene Anteil auszuweisen und entsprechend zu erläutern.

Sollte der Bieter innerhalb der jeweiligen Kostenarten keine einheitlichen Zuschlagssätze verwendet haben, so ist dies vom Bieter zu kennzeichnen und zu erläutern. Bei Addition der in den Spalten 7, 8 und 9 ausgewiesenen Zuschlagssätze und Multiplikation mit dem Betrag der Spalte 6 (Summe EKT + BGK), ergibt sich der in der Spalte 10 (Summe UGK) aufgeführte Betrag. Die Spalte 11 ergibt sich aus der Addition der Spalten 6 und 10.

14.12.2.3 Abfrageblock 2

Im Abfrageblock 2 ist die Anzahl der für die Eigenleistung kalkulierten Stunden, sowie der Kalkulationsmittellohn anzugeben und zu multiplizieren (Ergebnis in Spalte 4).

Sollte der Bieter die kalkulierten Lohnkosten (Eigenleistungen) als eine eigene Kostenart definiert haben, so sollte der im Abfrageblock 2 in der Spalte 4 enthaltene Betrag dem Betrag entsprechen, welcher für die Kostenart Lohn im Abfrageblock 1 (Spalte 2 abzüglich Spalte 4) enthalten ist.

14.12.2.4 Abfrageblock 3

Im Abfrageblock 3 sind die im Angebot enthaltenen Zuschläge für Konzernleistungen, kaufmännische oder technische Federführung innerhalb einer Arbeitsgemeinschaft etc. anzugeben und hinsichtlich ihrer Ermittlung und Kosteneigenschaften zu erläutern.

14.12.2.5 Abfrageblock 4

Im Abfrageblock 4 sind die im Angebot enthaltenen Bedarfspositionen – getrennt nach Stundenlohnarbeiten und nach Teilleistungen – anzugeben.

14.12.2.6 Abfrageblock 5

Im Abfrageblock 5 ist die Angebotssumme netto, welche sich aus den im Abfrageblock 1 und Abfrageblock 4 jeweils in der Spalte 11 der letzen Zeile angegebenen Beträgen zusammensetzt, sowie die darauf anfallende Umsatzsteuer und die Angebotssumme brutto anzugeben.

14.12.2.7 Abfrageblock 6

Im Abfrageblock 6 sind die im Abfrageblock 1 angegebenen Baustellengemeinkosten hinsichtlich ihrer Kosteneigenschaften zu erläutern. Die im Abfrageblock 1 in der Spalte 3 enthaltenen Beträge (entspricht Spalte 2 im Abfrageblock 6) sind hinsichtlich ihrer Zusammensetzung in einmalige Kostenanteile (Spalte 3), mengenabhängige Kostenanteile (Spalte 4), zeitabhängige Kostenanteile (Spalte 5) und umsatzbezogene Kostenanteile (Spalte 6) aufzuschlüsseln.

Soweit ein Bieter mit vorausbestimmten Zuschlagssätzen kalkuliert hat, kann der Block 6 nicht im Detail objektspezifisch aufgeschlüsselt werden. Die Kosteneigenschaften für die Baustellengemeinkosten sind in einem solchen Fall abzufragen. Insbesondere bei der Angabe des Bieters, es handele sich um einmalige und zeitabhängige Größen ohne klare Angabe zu den Anteilen, ist abzufragen, welcher Anteil als zeitabhängig zu werten ist, damit dem späteren AN nicht die Möglichkeit verbleibt, sich die Anteile nach Kenntnis der Leistungsänderungen zu überlegen.

14.12.2.8 Abfrageblock 7

Im Abfrageblock 7 sind in der Spalte 9 die für die jeweiligen Kostenarten zur Umlage der Gemeinkosten verwendeten Zuschlagssätze, die sich auf die kalkulierten EKT beziehen, anzugeben (z. B. 15 % auf die Kostenart Stoffkosten). Ebenso ist der auf die jeweilige Kostenart umgelegte Gemeinkostenbetrag auszuweisen (Spalte 11).

Der im Abfrageblock 7 in der Spalte 11 ausgewiesene Betrag entspricht jenem Betrag, welcher sich aus den im Abfrageblock 1 aus Spalte 2 ergebenden Betrag, multipliziert mit dem Zuschlagssatz aus Abfrageblock 7, Spalte 9 ergibt.

14.12.3 Aufgliederung der Einheitspreise

Der Vordruck „Aufgliederung der Einheitspreise" ist dem Bewerber zur Verfügung zu stellen. Er ist kein verbindliches Formular, ein Ersatz durch ein gleichwertiges Formular ist zulässig.

Im Vordruck sind für sämtliche vom AG vorgegebene Positionen die angebotenen Einheitspreise hinsichtlich ihrer Zusammensetzung in EKT und Gemeinkostenumlagen aufzuschlüsseln. Dies ist für jede Kostenart getrennt vorzunehmen.

Sollte der Bieter einheitliche Zuschlagssätze innerhalb der jeweiligen Kostenarten verwendet haben, so stehen in der Spalte 6 dementsprechend bei sämtlichen Positionen bei Kostenart 1 immer die gleichen Zuschlagssätze, ebenso bei Kostenart 2, Kostenart 3 usw. (z. B. Kostenart 1 immer 15 %, Kostenart 2 immer 30 % etc.). Bei Verwendung einheitlicher Zuschlagssätze sollten die in der Spalte 6 des Vordrucks ausgewiesenen Prozentsätze, jenen Zuschlagssätzen entsprechen, die im Kalkulationsschlussblatt im Abfrageblock 6 ausgewiesen sind.

14.0

In der Spalte 7 sind die im Einheitspreis enthaltenen Einzelkosten der Teilleistungen, einschließlich der aus den BGK übernommenen Beträge ausgewiesen, der aus den BGK übernommene Betrag ist in der Spalte 8 deutlich zu machen.

Die Spalte 9 enthält die Gemeinkostenumlagen, welche über Zuschläge in dem angebotenen Einheitspreis enthalten sind. Der Betrag in der Spalte 9 kann durch Multiplikation des in der Spalte 6 angegebenen Zuschlagssatzes mit dem in der Spalte 7 ausgewiesenen Betrag kontrolliert werden.

Für jede der Positionen ist die jeweilige Summe der im Einheitspreis enthaltenen Teilkosten ohne Zuschläge, der aus den BGK übernommenen Beträge und der Zuschläge anzugeben. Diese drei Beträge zusammen entsprechen dem in der Spalte 10 ausgewiesenen angebotenen Einheitspreis.

Ohne Kennzeichnung der aus BGK übernommenen Beträge sind andere Unterlagen nicht gleichwertig.

14.12.4 Kalkulationsmittellohn

14.12.4.1 Überblick

Der Vordruck „Kalkulationsmittellohn" ist dem Bieter zur Verfügung zu stellen, es handelt sich um ein verbindliches Formular, ein Ersatz durch ein gleichwertiges Formular ist nicht zulässig.

Im Vordruck ist der vom Bieter verwendete Kalkulationsmittellohn zu erläutern. Sollte der Bieter mit verschiedenen Mittellöhnen kalkuliert haben, so ist der Vordruck entsprechend für jeden der verwendeten Mittellöhne getrennt auszufüllen.

Der Vordruck besteht aus sechs Abfrageblöcken:

- Abfrageblock 1: Grundmittellohn (P)

- Abfrageblock 2: Erhöhung des Lohns (E)

- Abfrageblock 3: Lohnbedingte Zuschläge (L)

- Abfrageblock 4: Sozialkosten (S)

- Abfrageblock 5: Nebenkosten (N)

- Abfrageblock 6: Umlagen (U)

14.12.4.2 Abfrageblock 1

Im Abfrageblock 1 sind Angaben hinsichtlich der kalkulierten Kolonnenzusammensetzung sowie des Grundlohns zu machen. Für die jeweiligen Tarifgruppen sind die Anzahl der kalkulierten Arbeitskräfte bzw. Aufsichten sowie die Höhe des kalkulierten Stundenlohns und der sich daraus ergebende Gesamtlohn anzugeben.

14.12.4.3 Abfrageblock 2

Im Abfrageblock 2 sind Angaben bezüglich der kalkulierten Lohnerhöhungen zu machen. Sollte der Bieter Lohnerhöhungen abweichend von der im Block 2 dargestellten Berechnung kalkuliert haben, so ist die tatsächlich vorgenommene Berechnung zu erläutern.

Die Lohnerhöhungen und der im Abfrageblock 1 ermittelte Grundmittellohn GML (P) ergeben zusammen den Grundmittellohn GML (PE).

14.12.4.4 Abfrageblock 3

Im Abfrageblock 3 sind die einkalkulierten Lohnbedingten Zuschläge anzugeben.

Dazu ist der jeweilige Zuschlagssatz in Abhängigkeit von dem im Block 2 ermittelten Grundmittellohn GML (PE) und unter Angabe der betroffenen Stunden auszuweisen. Der Gesamtbetrag ergibt sich aus der Multiplikation des jeweiligen Zuschlagssatzes mit dem Grundmittellohn und dem Anteil der betroffenen Stunden bzw. bei einer Erschwerniszulage oder Vermögenswirksamen Leistungen auch unter Einbeziehung konkreter Beträge je Stunde.

Die Lohnbedingten Zuschläge ergeben zusammen mit dem im Abfrageblock 2 ermittelten Grundmittellohn GML (PE) den Mittellohn ML (PEL).

14.12.4.5 Abfrageblock 4

Im Abfrageblock 4 sind Angaben bezüglich der Sozialkosten bzw. der Lohngebundenen Zuschläge zu machen. Der entsprechend kalkulierte Zuschlagssatz für die Sozialkosten ist mit dem im Abfrageblock 3 berechneten Mittellohn ML (PEL) zu multiplizieren. Dieser Betrag ergibt zusammen mit dem im Abfrageblock 3 berechneten Mittellohn ML (PEL) den Mittellohn ML (PELS).

14.12.4.6 Abfrageblock 5

Im Abfrageblock 5 sind die kalkulierten Nebenkosten anzugeben und auf die Arbeitsstunden umzulegen. Auf die Nebenkosten kalkulierte Zuschläge für die Sozialkosten sind ebenfalls darzulegen. Die so ermittelten Nebenkosten zuzüglich der Sozialkosten ergeben zusammen mit dem im Abfrageblock 4 ermittelten Mittellohn ML (PELS) den Mittellohn ML (PELSN).

14.12.4.7 Abfrageblock 6

Im Abfrageblock 6 sind die im Kalkulationsmittellohn kalkulierten Umlagen aufzuschlüsseln. Dazu ist jeweils der auf den Mittellohn ML (PEL) bezogene Zuschlagssatz, sowie der sich daraus ergebende Umlagebetrag für die einzelnen Umlagen anzugeben.

Die Summe dieser Umlagen ergibt zusammen mit dem im Abfrageblock 5 berechneten Mittellohn ML (PELSN) den Kalkulationsmittellohn KML (PELSNU).

14.12.5 Geräteliste für die wesentlichen Leistungsgeräte

Der Vordruck „Geräteliste für die wesentlichen Leistungsgeräte" ist dem Bewerber zur Verfügung zu stellen, es handelt sich um ein verbindliches Formular, ein Ersatz durch ein gleichwertiges Formular ist nicht zulässig.

Im Vordruck sind für die wesentlichen Leistungsgeräte, welche der Bieter für seine angebotene Leistung einkalkuliert hat (inkl. angemieteter Geräte), Angaben hinsichtlich des Gerätetyps und der Geräteleistung, der kalkulierten Einsatzdauer und der kalkulierten Kosten vorzunehmen.

Dazu sind in der Spalte 1 zunächst sämtliche Positionen zu nennen, in welchen das jeweilige Gerät kalkuliert wurde. Die Angaben einer BGL-Nr. (Spalte 2), der Bezeichnung (Spalte 3) und der Leistung (Spalte 4) dienen ggf. später als Vergleichsgröße. In den Spalten 6 und 7 ist das Gewicht der jeweiligen Geräte anzugeben, in Spalte 8 die kalkulierte Einsatzdauer. In den Spalten 9 bis 12 sind die kalkulierten Kosten für Abschreibung und Verzinsung, sowie für Reparaturen anzugeben. Die Angabe der Relation zur BGL in den Spalten 10 und 12 dient ggf. später als Vergleichsgröße. In den Spalten 13 und 14 sind die kalkulierten Stunden und die daraus resultierenden Kosten für den Auf- und Abbau des jeweiligen Geräts anzugeben, in den Spalten 15 und 16 die kalkulierten Transportkosten, sowie die kalkulierten Betriebsstoffkosten.

Wenn mehrere gleiche Geräte kalkuliert worden sind (z. B. der Einsatz von fünf LKW), sind die Angaben in den Spalten 7 bis 16 für die Gesamtzahl der Geräte vorzunehmen (z. B. für fünf LKW, nicht nur für einen LKW).

14.12.6 Geräteliste für die Bereitstellungsgeräte

Der Vordruck „Geräteliste für die Bereitstellungsgräte" ist dem Bewerber zur Verfügung zu stellen, es handelt sich um ein verbindliches Formular, ein Ersatz durch ein gleichwertiges Formular ist nicht zulässig.

14.0

Im Vordruck sind für die Bereitstellungsgeräte, welche der Bieter für seine angebotenen Leistung einkalkuliert hat, Angaben hinsichtlich des Gerätetyps und der Geräteleistung, der kalkulierten Einsatzdauer und der kalkulierten Kosten zu machen.

Dazu sind zunächst in den Spalten 1 bis 3 Angaben bezüglich der BGL-Nr., der Bezeichnung und der Leistung vorzunehmen, welche analog zum Vordruck „Geräteliste für die wesentlichen Leistungsgeräte" ggf. später als Vergleichsgröße dienen.

In den Spalten 5 und 6 ist das Gewicht der jeweiligen Geräte anzugeben, in Spalte 7 die kalkulierte Vorhaltedauer. In den Spalten 8 bis 11 sind die kalkulierten Kosten für Abschreibung und Verzinsung, sowie für Reparaturen anzugeben. Die Angabe der Relation zur BGL in den Spalten 9 und 11 dient ggf. später als Vergleichsgröße.

In den Spalten 12 und 13 sind die kalkulierten Stunden und die daraus resultierenden Kosten für den Auf- und Abbau des jeweiligen Geräts anzugeben, in den Spalten 14 und 15 die kalkulierten Transportkosten, sowie die kalkulierten Betriebsstoffkosten.

Wenn mehrere gleiche Geräte kalkuliert worden sind (z. B. der Einsatz von zwei Kranen), sind die Angaben in den Spalten 6 bis 15 für die Gesamtzahl der Geräte vorzunehmen (z. B. für zwei Krane).

14.12.7 Nachunternehmerverzeichnis

Der Vordruck „Nachunternehmerverzeichnis" (vgl. Bild 191, Anlage 2.7 der Vergabeunterlagen) ist dem Bewerber zur Verfügung zu stellen, es handelt sich um ein verbindliches Formular, ein Ersatz durch ein gleichwertiges Formular ist nicht zulässig.

In dem Vordruck sind für geplante Nachunternehmereinsätze das jeweilige Gewerk und der Nachunternehmer mit Anschrift zu benennen. Des Weiteren ist für jedes dieser Gewerke betragsmäßig oder prozentual anzugeben, welchen Anteil die Nachunternehmerleistung an der Gesamtangebotssumme hat.

Hinsichtlich der Nachunternehmer ist zu beachten, dass diese gemäß den BVB ebenfalls die Anlagen 4.1 bis 4.4 und 4.6 bis 4.7 sowie Anlage 2.7 der Vergabeunterlagen auszufüllen haben.

14.12.8 Gemeinkostendeckung

Der Vordruck „Gemeinkostendeckung" (vgl. Bild 207) ist – anders als die bisher beschriebenen Vordrucke – erst nach der Ausführung der Arbeiten durch den AN im Rahmen der Schlussrechnungsstellung auszufüllen und zusammen mit der Schlussrechnung einzureichen.

Der Vordruck dient der Prüfung, ob eine Über- oder Unterdeckung der nicht umsatzbezogenen Gemeinkosten eingetreten ist. Ausgangspunkt sind die in der Auftragskalkulation enthaltenen nicht umsatzbezogenen Gemeinkosten. Gemäß Punkt 1 sind die entsprechenden Angaben aus dem Kalkulationsschlussblatt in den Vordruck „Gemeinkostendeckung" zu übernehmen. Die sich tatsächlich durch die Abrechnung der Hauptauftragspositionen ergebende nicht umsatzbezogene Gemeinkostendeckung ist unter Punkt 2 aufzuführen.

Punkt 3 des Vordrucks enthält die vorläufig mit den Nachträgen abgerechneten nicht umsatzbezogenen Gemeinkosten. Aus Punkt 4 ist schließlich erkennbar, welche Über- oder Unterdeckung der Gemeinkosten gegenüber dem Kalkulationsschlussblatt eingetreten ist.

14.13 Formblätter der DB AG

14.13.1 Auftragskalkulation

14.13.1.1 Anlage 4.0 – Anforderungen an die zu übergebende Angebotskalkulation – Prozessschritte 1–3

Richtlinie	**Die Bahn** $\boxed{\text{DB}}$
Kaufmännische Angelegenheiten	Einkauf Bauleistungen
Bauleistungen einkaufen;	202.0302A23
Anforderungen an die Angebotskalkulation	Seite 1

> Anlage 4.0
>
> # Anforderungen an die zu übergebende Angebotskalkulation

Der Bieter hat mit seinem Angebot einzureichen:

1) Im verschlossenem Umschlag die den Verdingungsunter-lagen beigefügten Vordrucke, die vollständig und in sich schlüssig auszufüllen sind, und die Angebotskalkulation, die darüber hinaus u.a. folgende Informationen enthalten muss:
   - Aufschlüsselung der Einzelkosten der Teilleistungen aller LV-Positionen
   - Aufschlüsselung der Gemeinkosten der Baustelle
   - Verwendete Kosteneigenschaften;
2) Die Nachunternehmer-Kalkulation in vergleichbarer Quali-tät, wie diejenige bei Eigenleistungen, soweit nicht ein Ausnahmefall zum Vorlagezeitpunkt der Ziffer 5.4 der Bewerbungsbedingungen vorliegt;
3) Eine kurze Darstellung, aus der sich die Realisierbarkeit des Terminplanes nachvollziehbar ableiten lässt (u.a. mit Bezug zu den Kalkulationsansätzen, zur Kapazitätspla-nung und ggf. zu vereinbarten Leistungswerten);
4) Eine kurze Darstellung der nachvollziehbaren Zuordnung der kalkulierten Kosten der Einrichtung, der Vorhaltung und Räumung der Baustelle sowie der Zuordnung der kalkulierten Baustellengemeinkosten zu den LV-Positionen.

Anlagen:

Vordruck 202.0302V80	Nachunternehmerliste
Vordruck 202.0302V95	Kalkulationsschlussblatt
Vordruck 202.0302V100	Aufgliederung der Einheitspreise
Vordruck 202.0302V105	Planungsleistungen
Vordruck 202.0302V110	Kalkulationsmittellohn
Vordruck 202.0302V115	Geräteliste (Leistungs-geräte)
Vordruck 202.0302V120	Geräteliste (Beistellungs-geräte)

Der Vordruck 202.0302V100 kann durch ein gleichwertiges For-mular ersetzt werden, alle anderen Vordrucke sind verbindlich.

Gültig ab: 01.04.2006

Bild 190: Anlage 4.0 – Anforderungen an die zu übergebende Angebotskalkulation

14.13.1.2 Anlage 2.7 – Nachunternehmerverzeichnis

Nachunternehmerverzeichnis

Der Auftragnehmer verpflichtet sich bei der Weitergabe von Bauleistungen an
Nachunternehmer den Bauvertrag § 11, die VOB/B, die VOB/C sowie die Besonderen
Vertragsbedingungen zu beachten.

Teilleistungen	Nachunternehmer	Summe der Teilleistungen ca. T€ oder in %

202.0302V80   Einsatz von Nachunternehmern   Seite 1

Gültig ab: 01.01.2006

Bild 191: Anlage 2.7 – Nachunternehmerverzeichnis

14.13.1.3 Anlage 4.1 – Kalkulationsschlussblatt

Projekt: Bieter: Anlage 4.1

Kalkulations-Schlussblatt

Z			Spalte (1)	(2)	(3)	(4)	(5)	(6)	(7)	(8)	(9)	(10)	(11)
			Kostengliederung [1]	EKT (inkl. aus BGK übernommene Beträge)	BGK			Summe EKT + BGK [2] Spalten (2)+(5)	UGK [3]				Summe EKT+BGK+UGK Spalten (6) + (10)
					Summe BGK	von BGK in EKT übernommen	zur Umlage verbliebene BGK		Zuschlagssatz für AGK[4]	Zuschlagssatz für Wagnis[4]	Zuschlagssatz für Gewinn[4]	Summe UGK	
(1)	1	Zusammensetzung	Kostenart 1	€	€	€	€	€	%	%	%	€	€
(2)			Kostenart 2	€	€	€	€	€	%	%	%	€	€
(3)			Kostenart 3	€	€	€	€	€	%	%	%	€	€
(4)			Kostenart 4	€	€	€	€	€	%	%	%	€	€
(5)			Kostenart 5	€	€	€	€	€	%	%	%	€	€
(6)			Kostenart 6	€	€	€	€	€	%	%	%	€	€
(7)			Kostenart 7	€	€	€	€	€	%	%	%	€	€
(8)			Kostenart 8	€	€	€	€	€	%	%	%	€	€
(9)			...	€	€	€	€	€	%	%	%	€	€
(10)			Summe Eigenleistungen:	€	€	€	€	€				€	€
(11)			Summe Fremdleistungen:	€	€	€	€	€				€	€
(12)			Gesamtsumme:	€	€	€	€	€				€	€

Z				
(13)	2	Std.	Enthaltene Gesamtstunden Eigenleistung (EKT):	
(14)			h * KML (PELSNU)	€
(15)				

Sind für die jeweiligen Kostenarten bei alle Positionen einheitliche Zuschlagssätze verwendet worden?

Ja ☐

Nein ☐

4	Bedarfs-posi-tionen	Stundenlohnarbeiten	€
		Teilleistungen	€
		Summe Bedarfspositionen	€

Z						
(16)	3	Konzern-leist. etc.	Konzernleistungen [5]	%	bzw.	€
(17)			Arge-Zuschlag [5]	%	bzw.	€
(18)			... [5]	%	bzw.	€

5	AGSN Angebotssumme netto	€
	Umsatzsteuer	€
	Angebotssumme brutto	€

Z				Summe BGK [6]	davon einmalige Kosten	davon mengenabhängige Kosten	davon zeitabhängige Kosten	davon umsatzabhängige Kosten
(19)	6	Aufgliederung der BGK nach Kosteneigenschaften						
(20)								
(21)			Kostenart 1	€	€	€	€	€
(22)			Kostenart 2	€	€	€	€	€
(23)			Kostenart 3	€	€	€	€	€
(24)			Kostenart 4	€	€	€	€	€
(25)			Kostenart 5	€	€	€	€	€
(26)			Kostenart 6	€	€	€	€	€
(27)			Kostenart 7	€	€	€	€	€
(28)			Kostenart 8	€	€	€	€	€
(29)			...	€	€	€	€	€
(30)			Summe:	€	€	€	€	€

			Zuschlagssatz für Umlage (BGK u. UGK)	Betrag für Umlage (BGK u. UGK)
7	Zuschläge	Kostenart 1	%	€
		Kostenart 2	%	€
		Kostenart 3	%	€
		Kostenart 4	%	€
		Kostenart 5	%	€
		Kostenart 6	%	€
		Kostenart 7	%	€
		Kostenart 8	%	€
		...	%	€
			Summe:	€

[1] Die Bezeichnung der jeweiligen Kostenart ist mit anzugeben.

[2] Herstellkosten.

[3] Soweit die UGK 12 % überschreiten, ist mit dem Formblatt 1 eine gesonderte Erläuterung der Zusammensetzung abzugeben.

[4] Falls nicht (komplett) umsatzbezogen kalkuliert, ist der Betrag vom Bieter entsprechend aufzugliedern u. hinsichtlich der Kosteneigenschaften zu erläutern.

[5] Ermittlung und Kosteneigenschaften sind zu erläutern.

[6] Aus Block 1, Spalte (3) übernehmen.

Gültig ab: 01.01.2006

202.0302V95 Kalkulationsschlussblatt

Bild 192: Anlage 4.1 – Kalkulationsschlussblatt

14.13.1.4 Anlage 4.2 – Aufgliederung der Einheitspreise

| Projekt: | | Bieter: | | | | | | | Anlage 4.2 |

Angaben zur Preisermittlung | Aufgliederung der Einheitspreise

Z	Pos.-Nr.	Kurzbezeichnung der Teilleistung	Mengen-einheit	Pro Mengen-einheit ent-haltene Lohn-stunden	Kostenart	Zuschlags-satz [%]	Teilkosten ohne Zuschläge u. ohne Umsatzsteuer je Mengeneinheit u. Kostenart [€]	Davon aus BGK in EKT übernommen [€]	Zuschläge [€]	Angebotener Einheitspreis [€]
	1	2	3	4	5	6	7	8	9	10
1					Kostenart 1					
					Kostenart 2					
					Kostenart 3					
					Kostenart 4					
					Kostenart 5					
					Kostenart 6					
					Kostenart 7					
					Kostenart 8					
					...					
					...					
					...					
					...					
					...					
					Summe					
2					Kostenart 1					
					Kostenart 2					
					Kostenart 3					
					Kostenart 4					
					Kostenart 5					
					Kostenart 6					
					Kostenart 7					
					Kostenart 8					
					...					
					...					
					...					
					...					
					...					
					Summe					
3					Kostenart 1					
					Kostenart 2					
					Kostenart 3					
					Kostenart 4					
					Kostenart 5					
					Kostenart 6					
					Kostenart 7					
					Kostenart 8					
					...					
					...					
					...					
					...					
					...					
					Summe					
4					Kostenart 1					
					Kostenart 2					
					Kostenart 3					
					Kostenart 4					
					Kostenart 5					
					Kostenart 6					
					Kostenart 7					
					Kostenart 8					
					...					
					...					
					...					
					...					
					...					
					Summe					

202.0302V100 Angaben zur Preisermittlung

Bild 193: Anlage 4.2 – Aufgliederung der Einheitspreise

14.13.1.5 Anlage 4.4 – Kalkulationsmittellohn

Projekt:

Bieter:

Anlage 4.4

Kalkulationsmittellohn[1]

1 – Grundmittellohn (P)

	Tarifgruppen	Anzahl	Stundenlohn €/h	Gesamtlohn €/h
Aufsichten	Gehaltsgruppe A III			
	...			
Arbeitskräfte	Lohngruppe 6			
	Lohngruppe 5			
	Lohngruppe 4			
	Lohngruppe 3			
	Lohngruppe 2			
	Lohngruppe 1			
	...			

Summe AK (ohne Aufsichten) — Summe Löhne

$$\text{Grundmittellohn GML (P)} = \frac{\text{Sum. Löhne}}{\text{Summe AK}} =$$

2 – Erhöhung des Lohns (E)

$$\text{Lohnerh.}^{2)} = \frac{\text{Bauzeit nach Lohnerhöhung}}{\text{Gesamtbauzeit}} \cdot \% \text{ Lohnerh.} \cdot \text{GML(P)} =$$

Grundmittellohn GML (PE) = Grundmittellohn GML (P) + Lohnerhöhung =

3 – Lohnbedingte Zuschläge (L)

Mehrarbeits-zuschläge	Überstunden	% d. Std.	*	* GML (PE)
	Nachtstunden	% d. Std.	*	* GML (PE)
	Sonntagsstunden	% d. Std.	*	* GML (PE)
	Feiertagsstunden	% d. Std.	*	* GML (PE)
Sonstige Zuschläge	Erschwerniszulage			€/h
	Leistungszulage	% d. Std.	*	* GML (PE)
	Stammarbeiterzulage	% d. Std.	*	* GML (PE)
	Vermögensbildung	% d. AK	*	€/h
	...		*	

Summe der lohnbedingten Zuschläge =

Mittellohn ML (PEL) = GML (PE) + Summe der lohnbedingten Zuschläge =

4 – Sozialkosten (S)

Sozialkosten (Lohngebundene Zuschläge):
gesetzliche, tarifliche u. freiwillige Zuschläge   * ML (PEL)

Mittellohn ML (PELS) = ML (PEL) + Sozialkosten

5 – Nebenkosten (N)

	Art	Anz.	€/AK u. Tag	€/Tag
Lohnnebenkosten				
mit Auslösung	Auslösung			
	Reisegeld			
	Reisezeitvergütung			
ohne Auslösung	Fahrtkosten			
	Verpflegungszuschl.			

Nebenkosten

$$\text{Nebenkosten/h} = \frac{\text{Summe Nebenkosten}}{\text{Summe AK} \cdot \text{h/Tag}} = \quad \% \text{ v.} \quad \% =$$

Sozialkosten für lohnst.-pfl. Lohnnebenkosten: % v. * %

Mittellohn ML (PELSN) = ML (PELS) + NK + Sozialkosten. für lohnst.-pfl. NK

6 – Umlagen (U)

Kostenart	% v. ML (PEL)	€/h
Kleingerät und Werkzeug		
Nebenstoffe und Nebenfrachten		
Sonstige allgemeine Baukosten		
...		
Summe der Umlagen		
Kalkulationsmittellohn KML (PELSNU) = ML (PELSN) + Σ Umlagen		

Gültig ab: 01.01.2006

[1] Falls mit verschiedenen Mittellöhnen kalkuliert, dieses Formblatt bitte entsprechend mehrfach ausfüllen.
[2] Falls andere Berechnung verwendet, diese bitte erläutern.

202.0302V110 Kalkulationsmittellohn

14.0

Bild 194: Anlage 4.4 – Kalkulationsmittellohn

14.13.1.6   Anlage 4.6 – Geräteliste für die wesentlichen Leistungsgeräte

Projekt:

Bieter:

Anlage 4.6

Geräteliste für die wesentlichen Leistungsgeräte [1) 2)]

Pos.-Nr. [3)]	BGL-Nr.	Bezeichnung	Leistung	Anzahl	Gewicht je Gerät	Gewicht Gesamt	Einsatzdauer	A+V Gesamt	A+V Relation zu BGL [4)]	Reparaturansätze Gesamt	Reparaturansätze Relation zu BGL [4)]	Auf- und Abbau	Auf- und Abbau	Transporte	Betriebsstoffe
			[kW]		[t]	[t]	[h]	[€/h]	[%]	[€/h]	[%]	[h]	[€]	[€]	[€/h]
(1)	(2)	(3)	(4)	(5)	(6)	(7) = (5)*(6)	(8)	(9)	(10)	(11)	(12)	(13)	(14)	(15)	(16)
Summen															

1) Inkl. aller Anbauteile.
2) Ab Spalte 7 ist die Gesamtmenge anzugeben.
3) Sämtliche Positionen sind zu nennen.
4) Mindestsatz

202.0302V115   Geräteliste (Leistungsgeräte)

Seite 1

Gültig ab: 01.01.2006

Bild 195: Anlage 4.6 – Geräteliste für die wesentlichen Leistungsgeräte

14.0

14.13.1.7 Anlage 4.7 – Geräteliste für die wesentlichen Bereitstellungsgeräte

Projekt:

Bieter:

Anlage 4.7

Geräteliste für die Bereitstellungsgeräte [1) 2)]

BGL-Nr.	Bezeichnung	Leistung	Anzahl	Gewicht		Vorhaltedauer	A+V		Reparaturansätze		Auf- und Abbau [3)]		Transporte	Betriebsstoffe
				je Gerät	Gesamt		Gesamt	Relation zu BGL [3)]	Gesamt	Relation zu BGL [3)]				
		[kW]		[t]	[t]	[Monate]	[€/Mon.]	[%]	[€/Mon.]	[%]	[h]	[€]	[€]	[€/Mon.]
(1)	(2)	(3)	(4)	(5)	(6) = (4)*(5)	(7)	(8)	(9)	(10)	(11)	(12)	(13)	(14)	(15)

Summen

[1)] Inkl. aller Anbauteile
[2)] Ab Spalte 6 ist die Gesamtmenge anzugeben
[3)] Mindestsatz

202.0302V120   Geräteliste (Bereitstellungsgeräte)

Seite 1

Gültig ab: 01.01.2006

Bild 196: Anlage 4.7 – Geräteliste für die wesentlichen Bereitstellungsgeräte

14.13.2 Nachtragsprüfung: Anlage 4.5 mit Berechnungsbeispielen – Prozessschritt 4

Richtlinie	**Die Bahn** [DB]
Kaufmännische Angelegenheiten	**Einkauf Bauleistungen**
Bauleistungen einkaufen;	**202.0302A25**
Beispiele für die Berechnung neuer Einheitspreise	**Seite 1**

Anlage 4.5

Berechnungsbeispiele für die Berechnung der Einheitspreise bei Ansprüchen gemäß § 2 Nr. 3 bis 6 VOB/B

1.0   Vertragliche Leistung und Auftragskalkulation
1.1.   Teilleistung
1.2.   Begriffe
1.3.   Größenangaben zur beispielhaften Auftragskalkulation
1.4.   Gewählte Kosteneigenschaften
1.5.   Kalkulation

2.0   Leistungsänderungen und Überblick über die zugehörigen Beispielberechnungen

3.0   Beispielberechnungen
3.1.   Nachtragskalkulation einer Mehrmenge gemäß § 2 Nr. 3 Abs. 2 VOB/B über 110 %
3.1.1   Berechnungsmethode A: Neuberechnung infolge EKT-Erhöhung
3.1.2   Berechnungsmethode B: Neuberechnung der Gemeinkostendeckung bei gleich bleibenden Einzelkosten der Teilleistung
3.1.3   Berechnungsmethode C: Neuberechnung infolge EKT-Verringerung
3.2.   Nachtragskalkulation einer Mindermenge gemäß § 2 Nr. 3 Abs. 3 VOB/B unter 90 % (Mengenänderung von 100 m³ auf 40 m³)
3.2.1   Berechnungsmethode D: Neuberechnung infolge EKT-Erhöhung
3.2.2   Berechnungsmethode E: Neuberechnung der Gemeinkostendeckung bei gleich bleibenden Einzelkosten der Teilleistung
3.2.3   Berechnungsmethode F: Neuberechnung infolge EKT-Verringerung
3.3.   Nachtragskalkulation bei einem verringertem Leistungsumfang (§ 2 Nr. 4 und 5 VOB/B), bei einem vergrößerten Leistungsumfang (§ 2 Nr. 5 VOB/B) oder bei zusätzlichem Leistungsumfang (§ 2 Nr. 6 VOB/B)

Gültig ab: 01.01.2006

Bild 197: Anlage 4.5 – Beispiele für die Berechnung des EP (S. 1)

1.0 Vertragliche Leistung und Auftragskalkulation

1.1. Teilleistung

Menge	ME		EP	GP
100,00	m³	Text	824,00 €	82.400,00 €

Tabelle 1: Ausgangsposition

Die Beispielberechnung erfolgt auf der Grundlage der Aufgliederung der Einzelkosten der Teil-leistungen in Kostenarten (vgl. Formblatt 2).

1.2. Begriffe

Einzelkosten der Teilleistung	EKT
Baustellengemeinkosten	BGK
Umsatzbezogen kalkulierte Gemeinkosten	UGK
Wagnis	W
Gewinn	G
Allgemeine Geschäftskosten	AGK
Herstellkosten	HK = EKT + BGK
Gemeinkosten	GK = BGK + UGK
Einheitspreis	EP

1.3. Größenangaben zur beispielhaften Auftragskalkulation

Wagnis	2 %
Gewinn	2 %
AGK	6 %
UGK	10 % (bezogen auf die Endsumme)
UGK	11,11 % (bezogen auf die Herstellkosten)

Zuschlagsfaktor (AGK + WuG) für neue Basis (EKT + BGK) berechnen:
= (p * 100) / (100 - p)   = (10% * 100) / (100% - 10%)   =   11,11%

Tabelle 2: Umrechnung des Zuschlagsfaktors auf die Basis Herstellkosten

Zuschläge auf die Einzelkosten der Teilleistungen (EKT):

Lohnkosten	60 %
Sonstige Kosten	10 %
Gerätekosten	10 %
Fremdleistungen	10 %.

...

Bild 198: Anlage 4.5 – Beispiele für die Berechnung des EP (S. 2)

14.0

1.4. Gewählte Kosteneigenschaften

Baustellengemeinkosten:	einmalig
Allgemeine Geschäftskosten:	umsatzbezogen
Wagnis:	umsatzbezogen
Gewinn:	umsatzbezogen

1.5. Kalkulation

1. Einzelkosten der Teilleistung: (Ergebnis der detaillierten EKT-Ermittlung)

Lohnkosten		350,00 €
Gerätekosten		80,00 €
Sonstige Kosten		130,00 €
Fremdleistungen		30,00 €
EKT	Σ	590,00 €

2. Gemeinkosten:

Lohnkosten	350,00 €	*	60,00%	=	210,00 €
Gerätekosten	80,00 €	*	10,00%	=	8,00 €
Sonstige Kosten	130,00 €	*	10,00%	=	13,00 €
Fremdleistungen	30,00 €	*	10,00%	=	3,00 €
GK					234,00 €

3. Einheitspreis:

EKT		590,00 €
GK		234,00 €
EP	Σ	824,00 €

4. Umsatzbezogene Gemeinkosten:

AGK	6,00%	*	824,00 €	=	49,44 €
WuG	4,00%	*	824,00 €	=	32,96 €
UGK				Σ	82,40 €

5. Baustellengemeinkosten:

GK		234,00 €
UGK	-	82,40 €
BGK	Σ	151,60 €

Tabelle 3:   Kalkulation der Teilleistung

Bild 199: Anlage 4.5 – Beispiele für die Berechnung des EP (S. 3)

2.0 Leistungsänderungen und Überblick über die zugehörigen Beispielberechnungen

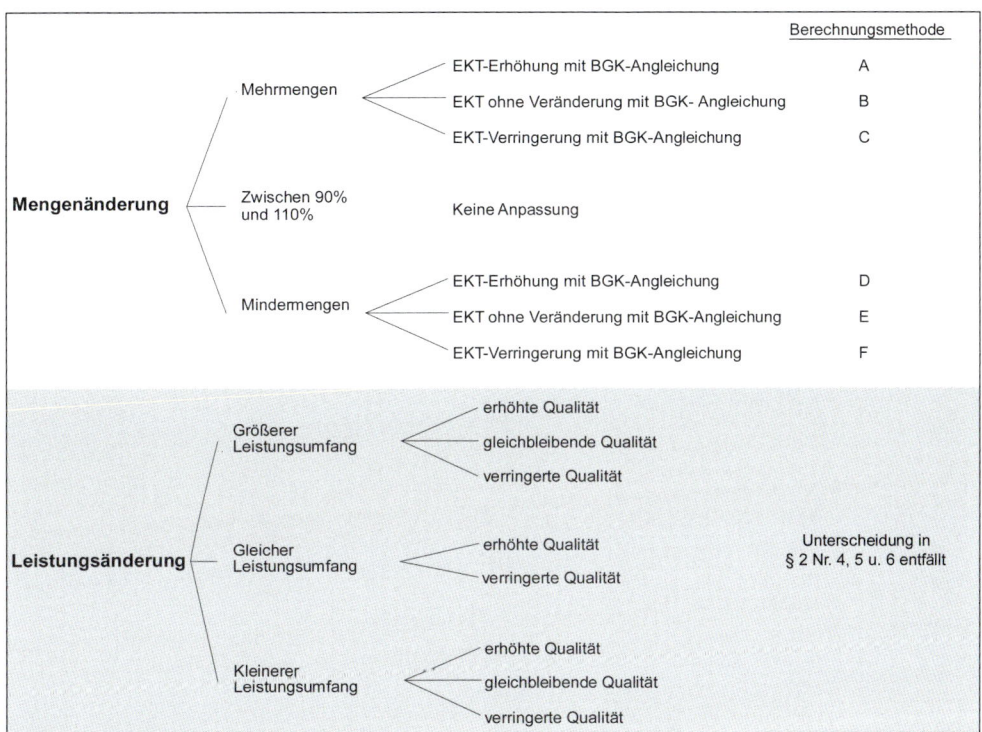

Bild 1: Systematik

Anspruchsgrundlage	Berechnungs-methode	Leistungsumfang	EKT	
§ 2 Nr. 3 Abs. 2 VOB/B	A	größer	erhöht	3.1.1
§ 2 Nr. 3 Abs. 2 VOB/B	B	größer	gleich	3.1.2
§ 2 Nr. 3 Abs. 2 VOB/B	C	größer	verringert	3.1.3
§ 2 Nr. 3 Abs. 3 VOB/B	D	kleiner	erhöht	3.2.1
§ 2 Nr. 3 Abs. 3 VOB/B	E	kleiner	gleich	3.2.2
§ 2 Nr. 3 Abs. 3 VOB/B	F	kleiner	verringert	3.2.3
§ 2 Nr. 4, 5 u. 6 VOB/B				3.3

Tabelle 4: Leistungsänderungen und zugehörige Beispielberechnungen

Bild 200: Anlage 4.5 – Beispiele für die Berechnung des EP (S. 4)

3.0   Beispielberechnungen

3.1.   Nachtragskalkulation einer Mehrmenge gemäß § 2 Nr. 3 Abs. 2 VOB/B über 110 %

3.1.1 Berechnungsmethode A: Neuberechnung infolge EKT-Erhöhung

Lohnkosten		350,00 €	40,00 €
Gerätekosten		80,00 €	50,00 €
Sonstige Kosten		130,00 €	30,00 €
Fremdleistungen		30,00 €	
EKT	Σ	590,00 €	120,00 €

Zuschlag für UGK auf BGK:
= 151,60 € * 11,11%   =   16,84 €

Zuschlag für UGK auf Δ EKT:
= 120,00 € * 11,11%   =   13,33 €

neuer EP:
alter EP		824,00 €
BGK	-	151,60 €
Zuschlag UGK auf BGK	-	16,84 €
Δ EKT		120,00 €
Zuschlag UGK auf Δ EKT		13,33 €
EP	Σ	788,89 €

Tabelle 5:   Nachtragskalkulation einer Mehrmenge gemäß § 2 Nr. 3 Abs. 2 VOB/B über 110 % bei Vergrößerung der EKT – Berechnungsmethode A

Bild 201: Anlage 4.5 – Beispiele für die Berechnung des EP (S. 5)

3.1.2 Berechnungsmethode B: Neuberechnung der Gemeinkostendeckung bei gleich bleibenden Einzelkosten der Teilleistung

Lohnkosten		350,00 €
Gerätekosten		80,00 €
Sonstige Kosten		130,00 €
Fremdleistungen		30,00 €
EKT	Σ	590,00 €
Zuschlag für UGK auf BGK:		
= 151,60 € * 11,11% =		16,84 €
neuer EP:		
alter EP		824,00 €
BGK	-	151,60 €
Zuschlag UGK auf BGK	-	16,84 €
EP	Σ	655,56 €

Tabelle 6: Nachtragskalkulation einer Mehrmenge gemäß § 2 Nr. 3 Abs. 2 VOB/B über 110 % – Berechnungsmethode B

3.1.3 Berechnungsmethode C: Neuberechnung infolge EKT-Verringerung

Lohnkosten		350,00 €	- 80,00 €
Gerätekosten		80,00 €	- 20,00 €
Sonstige Kosten		130,00 €	- 40,00 €
Fremdleistungen		30,00 €	
EKT	Σ	590,00 €	- 140,00 €
Zuschlag für UGK auf BGK:			
= 151,60 € * 11,11% =		16,84 €	
Zuschlag für UGK auf Δ EKT:			
= 140,00 € * 11,11% =		15,56 €	
neuer EP:			
alter EP		824,00 €	
BGK	-	151,60 €	
Zuschlag UGK auf BGK	-	16,84 €	
Δ EKT	-	140,00 €	
Zuschlag UGK auf Δ EKT	-	15,56 €	
EP	Σ	500,00 €	

Tabelle 7: Nachtragskalkulation einer Mehrmenge gemäß § 2 Nr. 3 Abs. 2 VOB/B über 110 % bei Verringerung der EKT – Berechnungsmethode C

Bild 202: Anlage 4.5 – Beispiele für die Berechnung des EP (S. 6)

3.2. Nachtragskalkulation einer Mindermenge gemäß § 2 Nr. 3 Abs. 3 VOB/B unter 90 % (Mengenänderung von 100 m³ auf 40 m³)

3.2.1 Berechnungsmethode D: Neuberechnung infolge EKT-Erhöhung

Lohnkosten		350,00 €	40,00 €
Gerätekosten		80,00 €	50,00 €
Sonstige Kosten		130,00 €	30,00 €
Fremdleistungen		30,00 €	
EKT	Σ	590,00 €	120,00 €
BGK		151,60 €	

Unterdeckung der BGK:
(100 m³ - 40 m³) * 151,60 €   =   9.096,00 €

Verteilung der BGK auf verbleibende 40 m³:
9.096,00 € / 40 m³   =   227,40 €

UGK auf unterdeckte GK:
11,11 % * 227,40 €   =   25,27 €

Zuschlag für UGK auf Δ EKT:
= 120,00 € * 11,11%   =   13,33 €

neuer EP:		
alter EP		824,00 €
Unterdeckte BGK		227,40 €
UGK auf unterdeckte BGK		25,27 €
Δ EKT		120,00 €
Zuschlag für UGK auf Δ EKT		13,33 €
EP	Σ	1.210,00 €

Tabelle 8:   Nachtragskalkulation einer Mindermenge gemäß § 2 Nr. 3 Abs. 3 VOB/B unter 90 % bei Vergrößerung der EKT – Berechnungsmethode D

Bild 203: Anlage 4.5 – Beispiele für die Berechnung des EP (S. 7)

3.2.2 Berechnungsmethode E: Neuberechnung der Gemeinkostendeckung bei gleich bleibenden Einzelkosten der Teilleistung

Lohnkosten		350,00 €
Gerätekosten		80,00 €
Sonstige Kosten		130,00 €
Fremdleistungen		30,00 €
EKT	Σ	590,00 €
BGK		151,60 €

Unterdeckung der BGK:
$(100 \text{ m}^3 - 40 \text{ m}^3) * 151,60 € = 9.096,00 €$

Verteilung der BGK auf verbleibende 40 m³:
$9.096,00 € / 40 \text{ m}^3 = 227,40 €$

UGK auf unterdeckte BGK:
$11,11 \% * 227,40 € = 25,27 €$

neuer EP:

alter EP		824,00 €
Unterdeckte BGK		227,40 €
UGK auf unterdeckte BGK		25,27 €
EP	Σ	1.076,67 €

Tabelle 9:   Nachtragskalkulation einer Mindermenge gemäß § 2 Nr. 3 Abs. 3 VOB/B unter 90 % – Berechnungsmethode E

Bild 204: Anlage 4.5 – Beispiele für die Berechnung des EP (S. 8)

3.2.3 Berechnungsmethode F: Neuberechnung infolge EKT-Verringerung

Lohnkosten		350,00 €	- 80,00 €
Gerätekosten		80,00 €	- 20,00 €
Sonstige Kosten		130,00 €	- 40,00 €
Fremdleistungen		30,00 €	
EKT	Σ	590,00 €	- 140,00 €
BGK		151,60 €	

Unterdeckung der BGK:
(100 m³ - 40 m³) * 151,60 € = 9.096,00 €

Verteilung der BGK auf verbleibende 40 m³:
9.096,00 € / 40 m³ = 227,40 €

UGK auf unterdeckte BGK:
11,11 % * 227,40 € = 25,27 €

Zuschlag für UGK auf Δ EKT:
= 140,00 € * 11,11% = 15,56 €

neuer EP:

alter EP		824,00 €
Unterdeckte BGK		227,40 €
UGK auf unterdeckte BGK		25,27 €
Δ EKT	-	140,00 €
Zuschlag für UGK auf Δ EKT	-	15,56 €
EP	Σ	921,11 €

Tabelle 10: Nachtragskalkulation einer Mindermenge gemäß § 2 Nr. 3 Abs. 3 VOB/B unter 90 % bei Verringerung der EKT – Berechnungsmethode F

Bild 205: Anlage 4.5 – Beispiele für die Berechnung des EP (S. 9)

3.3. Nachtragskalkulation bei einem verringertem Leistungsumfang (§ 2 Nr. 4 und 5 VOB/B), bei einem vergrößerten Leistungsumfang (§ 2 Nr. 5 VOB/B) oder bei zusätzlichem Leistungsumfang (§ 2 Nr. 6 VOB/B)

Pos.	Text	Menge	EKT	EKT infolge BGK-Änderung	BGK[1]	UGK	EP neu
X	verringerte Qualität	100	450,00 €	0,00 €	151,60 €	66,84 €	668,44 €
Y	erhöhte Qualität	100	710,00 €	0,00 €	151,60 €	95,73 €	957,33 €
	zusätzl. Leistung	100	120,00 €	12,00 €	0,00 €	14,67 €	146,67 €
	...						
	...						
	...						
	Summen:		1.280,00 €	12,00 €	303,20 €	177,24 €	1.772,44 €

1) aus entfallenen Grundpositionen

Tabelle 11: Nachtragskalkulation bei Leistungsänderungen gemäß § 2 Nr. 4, 5 und 6 VOB/B

Erläuterung:

Soweit der Auftragnehmer oder Auftraggeber dies verlangt, sind bei einem Anspruch gemäß § 2 Nr. 4 VOB/B die Regelungen des § 8 Nr. 1 Abs. 2 VOB/B anzuwenden. Die eingesparten Kosten sind dann nicht aus den Wettbewerbspreisen, sondern aus den tatsächlichen Kosten nachzuweisen.

Bild 206: Anlage 4.5 – Beispiele für die Berechnung des EP (S. 10)

14.13.3 Gemeinkostenbilanz – Anlage 4.8 – Gemeinkostendeckung – Prozessschritt 5

Anlage 4.8

Gemeinkostendeckung

Projekt:

AN:

	Z

1) Im Hauptauftrag enthaltene Gemeinkosten gemäß Anlage 4.1, Block 6

Summe einmaliger BGK (gem. Anlage 4.1, Block 6, Spalte 3)		(1)
Summe mengenabhängiger BGK (gem. Anlage 4.1, Block 6, Spalte 4)		(2)
Summe zeitabhängiger BGK (gem. Anlage 4.1, Block 6, Spalte 5)		(3)
Summe sonstiger nicht umsatzabhängiger GK (gem. Anlage 4.1)		(4)
SUMME:	0,00 €	(5)

2) Über Abrechnung von hauptauftraglichen Leistungen vergütete Gemeinkosten

Summe einmaliger BGK (gem. beigefügter Aufstellung des AN)		(6)
Summe mengenabhängiger BGK (gem. beigefügter Aufstellung des AN)		(7)
Summe zeitabhängiger BGK (gem. beigefügter Aufstellung des AN)		(8)
Summe sonstiger nicht umsatzabhängiger GK (gem. beigefügter Aufstellung des AN)		(9)
SUMME:	0,00 €	(10)

3) Über Abrechnung von Nachträgen vergütete Gemeinkosten

Summe einmaliger BGK (gem. beigefügter Aufstellung des AN)		(11)
Summe mengenabhängiger BGK (gem. beigefügter Liste)		(12)
Summe zeitabhängiger BGK (gem. beigefügter Aufstellung des AN)		(13)
Summe sonstiger nicht umsatzabhängiger GK (gem. beigefügter Aufstellung des AN)		(14)
SUMME:	0,00 €	(15)

4) Gesamtüber- bzw. -unterdeckung von Gemeinkosten gegenüber Anlage 4.1

Gemeinkostendeckung gem. Hauptvertrag	0,00 €	(16)
Gemeinkostendeckung aus Abrechnung hauptvertraglicher Leistungen	0,00 €	(17)
Gemeinkostendeckung aus Nachträgen	0,00 €	(18)
SUMME:	0,00 €	(19)

202.0302V125   Gemeinkostendeckung   Seite 1
                                                                Gültig ab: 01.01.2006

Bild 207: Anlage 4.8 – Gemeinkostendeckung

14.14 Erläuterung der Beispielpositionen gemäß Kap. 14.13.2

14.14.1 Allgemeines

In den – in den Tabellen 5 bis 10 (vgl. Kap. 14.2) der Anlage 4.5 der Vergabeunterlagen dargestellten – Systematiken sind die möglichen Berechnungsfälle A bis F bei Mengenänderungen gemäß § 2 Nr. 3 VOB/B dargestellt worden. Zur weiteren Veranschaulichung der Charakteristik des Lösungsansatzes werden im Folgenden die Berechnungsvarianten für Leistungsänderungen gemäß § 2 Nr. 4, 5 und 6 VOB/B und für Alternativ- und Eventualpositionen (vgl. Bild 174, Sp. 7 bis 9) behandelt.

Die folgende Beispielposition soll zur Veranschaulichung der angegebenen Berechnungsmethoden auf der Grundlage der Fortschreibung der Kosteneigenschaften für nachfolgende Fallgestaltungen kalkuliert werden:

Menge	ME	Text	EP	GP
100,00	m³	Fertigteil Stahlbetontreppe	824,00 €	82.400,00 €

Bild 208: Beispielposition

Die Berechnungsvarianten der Leistungsänderungen gemäß § 2 Nr. 4, 5 und 6 VOB/B sind in Anlehnung an das in Kap. 14.13.2 der abgebildeten Anlage 4.5, S. 4 (vgl. Bild 200) vorgestellte Organigramm zur Systematik der Berechnungsmethoden und -varianten erstellt worden.

14.0

```
1. Einzelkosten der Teilleistung:        (Ergebnis der detaillierten EKT-Ermittlung)
   Lohnkosten            350,00 €
   Gerätekosten           80,00 €
   Sonstige Kosten       130,00 €
   Fremdleistungen        30,00 €
   EKT              Σ    590,00 €

2. Gemeinkosten:
   Lohnkosten            350,00 €   *   60,00 %   =   210,00 €
   Gerätekosten           80,00 €   *   10,00 %   =     8,00 €
   Sonstige Kosten       130,00 €   *   10,00 %   =    13,00 €
   Fremdleistungen        30,00 €   *   10,00 %   =     3,00 €
   GK                                                 234,00 €

3. Einheitspreis:
   EKT                   590,00 €
   GK                    234,00 €
   EP               Σ    824,00 €

4. Umsatzbezogene Gemeinkosten:
   AGK            6,00 %   *   824,00 €   =   49,44 €
   WuG            4,00 %   *   824,00 €   =   32,96 €
   UGK                             Σ          82,40 €

5. Baustellengemeinkosten:
   GK                    234,00 €
   UGK            -       82,40 €
   BGK              Σ    151,60 €
```

Bild 209: Auftragskalkulation der Teilleistung

Für folgende Ansprüche wird die Berechnung vorgestellt:

- Gekündigte Leistung (vgl. Bild 174, Zeile 3)

- Geänderte Leistung mit erhöhtem Aufwand (vgl. Bild 174, Zeile 4)

- Geänderte Leistung mit reduziertem Aufwand (vgl. Bild 174, Zeile 5)

- Zusätzliche Leistung (vgl. Bild 174, Zeile 6)

- Alternativpositionen mit erhöhtem Aufwand (vgl. Bild 174, Zeile 7)

- Alternativpositionen mit verringertem Aufwand (vgl. Bild 174, Zeile 8)

- Eventualpositionen (vgl. Bild 174, Zeile 9)

Die Berechnungen für den Anspruch aus § 2 Nr. 3 VOB/B kann Anlage 4.5 des Anlagenbands 1 entnommen werden.[172]

Die Größenangaben der Zuschlagssätze für UGK und BGK sind der Auftragskalkulation des Berechnungsbeispiels aus der Anlage 4.5 (vgl. Kap. 14.13.2) zu entnehmen. Analog hierzu ergibt sich für die Beispielposition folgende Auftragskalkulation (vgl. Bild 209):

Die BGK in einer Größenordnung von 151,60 € sind nicht umsatzbezogen.

14.14.2 Beispiel: Gekündigte Leistung

Gemeint ist ein Vergütungsanspruch gemäß § 2 Nr. 4 VOB/B. Dies setzt jedoch eine Selbstübernahme der Leistung durch den Besteller voraus. Der Sachverhalt des Wegfalls von Leistungen oder Teilleistungen oder eine Leistungsübertragung an Dritte ist als Teilkündigung gemäß § 8 Nr. 1 VOB/B zu werten.

Grundlegende Ausführungen zu Voraussetzungen bzgl. der jeweiligen Anwendung beider Anspruchsgründe, Unterscheidungsmerkmalen und dem Nachweis der Vergütungshöhe sind bereits in Kap. 8.3 erfolgt. An dieser Stelle wird daher lediglich auf das genannte Kapitel verwiesen. Es kann jedoch rückblickend nach näherer Betrachtung festgestellt werden, dass Fälle des § 2 Nr. 4 VOB/B seltener vorkommen, als allgemein vermutet wird.

Die in der Praxis häufig vorkommende Nullmenge wird ebenfalls nach allgemeiner Auffassung als Teilkündigung betrachtet. Nach Meinung des Verfassers handelt es sich dabei aber um eine Mindermenge gemäß § 2 Nr. 3 Abs. (3) VOB/B. Auf diese Problematik wird noch ausführlich in dem Folgeband zu „Vergütungsanspruch und Nachtragskalkulation gemäß §§ 1 und 2 VOB/B" eingegangen, der im Zeitraum 2009/2010 erscheinen wird.

Abschließend kann bereits hier festgestellt werden, dass die Abgrenzung zwischen Mindermenge, Eigenübernahme, Teilkündigung und verminderter Leistung immer noch Schwierigkeiten bereitet und oft nicht eindeutig möglich ist.

Analog zur Darstellung der unterschiedlichen Fallgestaltungen in Kap. 14.13.2 (vgl. Bild 200) von Leistungs- und Mengenänderungen und des grundsätzlichen Charakters und gewollten Effekts des Lösungsansatzes, soll aber eine zwanghafte, i. Allg. zur Berechnung der Anspruchshöhe notwendig erklärte, Unterscheidung in Anspruchsgründe nach § 2 Nr. 4, 5 und 6 VOB/B entfallen.

In diesem Wegfall der Unterscheidung von Anspruchsgründen liegt ein wesentlicher Grundgedanke und Vorteil des Lösungsansatzes. Der Sachverhalt einer gekündigten Leistung kann demnach baubetriebswirtschaftlich als Leistungsänderung mit vermindertem Leistungsumfang oder als Mindermenge gemäß § 2 Nr. 3 Abs. (3) VOB/B behandelt werden.

Durch die vorgenommene Vereinheitlichung der Berechnungsmethoden wird auf der baubetriebswirtschaftlichen Ebene eine praxisgerechte Lösung gewährleistet. Durch diese Vorgehensweise wird dem AN nicht die Möglichkeit genommen, einen Nachweis der Höhe gemäß § 8 Nr. 1 VOB/B zu verlangen und zu führen.

---

[172] Vgl. Schottke/Strehlke: Ausschreibungs-, Vergabe-, Angebots- und Auftragsunterlagen – Anlagenband 1, 2009, Kap. 1.2.4.

14.14.3 Beispiel: Geänderte Leistung mit erhöhtem Aufwand

Um zu zeigen, wie mittels der Fortschreibung der Kosteneigenschaft geänderte Leistungen kalkuliert werden, soll für die obige Beispielposition ein infolge der Änderung um 120,00 € erhöhter Aufwand angenommen werden. Die kalkulierten Unternehmensbezogenen Gemeinkosten sollen 10 % der Angebotssumme (netto) betragen.[173]

Zunächst ist der Zuschlagssatz von 10 % auf die Basis der Herstellkosten umzurechnen (vgl. Bild 210).

$$\text{Umrechnung des Zuschlages für UGK auf die Basis Herstellkosten:}$$

$$\text{Zuschlag} = \frac{100 * P}{100 - P} * \frac{1}{100} = \frac{100 * (6 + 4)}{100 - (6 + 4)} * \frac{1}{100} = 11,11\,\%$$

Bild 210: Umrechnung des Zuschlagsfaktors auf Herstellkostenbasis

Nun ist die Differenz der Einzelkosten der Teilleistungen in Höhe von 120,00 € mit dem Faktor 11,11 % für die Unternehmensbezogenen Gemeinkosten zu beaufschlagen. Der sich daraus ergebende Betrag ist zum ursprünglichen Einheitspreis zu addieren, um den neuen Einheitspreis für die geänderte Leistung zu erhalten (vgl. Bild 211).

ursprünglicher Einheitspreis			824,00 €
Erhöhung der EKT			120,00 €
UGK auf Erhöhung EKT	11,11 %*	120,00 € =	13,33 €
Neuer Einheitspreis für geänderte Leistung			957,33 €

Bild 211: Kalkulation von geänderter Leistung mit erhöhtem Aufwand bei Fortschreibung der Kosteneigenschaften

Der Einheitspreis für die geänderte Leistung beträgt somit bei Kalkulation unter Fortschreibung der Kosteneigenschaften 957,33 €.

14.14.4 Beispiel: Geänderte Leistung mit reduziertem Aufwand

Im Folgenden soll eine geänderte Leistung mit einem gegenüber der ursprünglichen Leistung um 140,00 € reduzierten Aufwand mittels der Berechnungsmethode FdK kalkuliert werden. Der Anteil der Unternehmensbezogenen Gemeinkosten soll dabei wiederum 10 % betragen.[174] Die Umrechnung des Faktors auf die Basis der Herstellkosten geschieht wie auch bereits in Bild 210 aufgeführt.

ursprünglicher Einheitspreis			824,00 €
Reduzierung der EKT			- 140,00 €
UGK auf Reduzierung EKT	-11,11 % *	140,00 € = -	15,56 €
Neuer Einheitspreis für geänderte Leistung			668,44 €

Bild 212: Kalkulation von geänderter Leistung mit reduziertem Aufwand bei Fortschreibung der Kosteneigenschaften

Im Anschluss ist die Reduzierung der Einzelkosten der Teilleistung in Höhe von 140,00 € mit dem Faktor 11,11 % für die Unternehmensbezogenen Gemeinkosten zu multiplizieren. Der sich dabei ergebende Betrag ist neben der Reduzierung von 140,00 € ebenfalls vom ursprünglichen Einheitspreis abzuziehen (vgl. Bild 212).

Der Einheitspreis für die geänderte Leistung beträgt somit bei der Nachtragskalkulation auf der Grundlage der Fortschreibung der Kosteneigenschaften 668,44 €.

---

[173] Es wird dabei bewusst auf die sonst übliche Differenzierung von Wagnis und Gewinn verzichtet, da beide in der Regel als prozentuale Umlage kalkuliert werden und somit die gleichen kalkulatorischen Kosteneigenschaften aufweisen.

[174] Es wird hier wiederum bewusst auf die sonst übliche Differenzierung von Wagnis und Gewinn verzichtet, da beide als prozentuale Umlage kalkuliert werden und somit die gleichen kalkulatorischen Kosteneigenschaften aufweisen.

14.14.5 Beispiel: Zusätzliche Leistung

Im Folgenden soll eine zusätzlich beauftragte Leistung mittels der Berechnungsmethode FdK kalkuliert werden. Es wird hierbei, bezogen auf Bild 198 (Anlage 4.5) von einer Leistungsänderung mit größerem Leistungsumfang ausgegangen.

Der Anteil der Unternehmensbezogenen Gemeinkosten soll dabei wiederum 10 % betragen. Die Umrechnung des Faktors auf die Basis der Herstellkosten geschieht wie auch bereits in Bild 210 aufgeführt.

Die Höhe der zusätzlichen Einzelkosten der Teilleistung betragen 500,00 €.

Nun sind die Einzelkosten der Teilleistungen der zusätzlichen Leistung (größerer Leistungsumfang) in Höhe von 500,00 € mit dem Faktor 11,11 % für die Unternehmensbezogenen Gemeinkosten zu beaufschlagen. Eine Beaufschlagung der EKT mit BGK-Anteilen erfolgt nicht, da dies eine Überdeckung von BGK zur Folge hätte.

Der Einheitspreis für die zusätzliche (größere) Leistung beträgt somit bei der Nachtragskalkulation auf der Grundlage der Fortschreibung der Kosteneigenschaften 555,56 € (vgl. Bild 213).

```
Lohnkosten                          350,00 €
Gerätekosten                         50,00 €
Sonstige Kosten                     100,00 €
zusätzliche EKT                     500,00 €


Zuschlagsfaktor (AGK + WuG) für neue Basis (EKT) berechnen:
= (p * 100) / (100 - p)      = (10 % * 100) / (100 % - 10 %)      11,11 %


Zuschlag für AGK + WuG auf EKT:
= 500,00 € * 11,11 %      =           55,56 €


neuer EP:
EKT                                 500,00 €
AGK + WuG auf EKT                    55,56 €
EP                                  555,56 €
```

Bild 213: Kalkulation von zusätzlicher Leistung (größerer Leistungsumfang) bei Fortschreibung der Kosteneigenschaften

14.14.6 Beispiel: Alternativposition mit erhöhtem Aufwand

Durch die Ausschreibung von Alternativpositionen, auch Wahlpositionen genannt, hat der Auftraggeber die Möglichkeit, zwischen mehreren angebotenen Leistungsvarianten zu wählen, ohne dass dafür eine neue Preisvereinbarung getroffen werden muss.

Es wird hier sowohl eine Alternativposition mit um 120,00 € erhöhten Einzelkosten, als auch eine mit um 140,00 € reduzierten Einzelkosten untersucht.

Die hier zu betrachtende Alternativposition weist gegenüber der Grundposition um 120,00 € höhere Einzelkosten der Teilleistung auf.

Die Berechnung des neuen EP ist hierbei analog zur geänderten Leistung mit erhöhtem Aufwand (vgl. Kap. 14.14.3) zu führen und weist ebenfalls einen neuen EP von 957,33 € für die Alternativposition aus (vgl. Bild 214). Die Charakteristik des Lösungsansatzes mit einer übereinstimmenden Vorgehensweise bei der Berechnungsmethode unter Fortschreibung der Kosteneigenschaften wird hier deutlich.

Lohnkosten	350,00 €
Gerätekosten	80,00 €
Sonstige Kosten	160,00 €
Erhöhung der EKTs	120,00 €
EKT	710,00 €
BGK	151,60 €

Zuschlagsfaktor (AGK + WuG) für Basis (EKT + BGK) berechnen:
$= (p * 100) / (100 - p)$ $= (10\ \% * 100) / (100\ \% - 10\ \%)$ 11,11 %

Zuschlag für AGK + WuG:

EKT * 11,11 %	=	78,89 €
BGK * 11,11 %	=	16,84 €
AGK + WuG		95,73 €

neuer EP:

EKT	710,00 €
BGK	151,60 €
AGK + WuG	95,73 €
EP	957,33 €

Bild 214: Kalkulation von Alternativpositionen mit erhöhtem Aufwand bei Fortschreibung der Kosteneigenschaften

14.14.7 Beispiel: Alternativposition mit reduziertem Aufwand

Die hier zu betrachtende Alternativposition weist gegenüber der Grundposition um 140,00 € reduzierte Einzelkosten der Teilleistung auf.

Der Vorgang zur Berechnung des neuen EP für die Alternativposition mit reduziertem Aufwand wird hier wiederum analog zur EP-Berechnung für eine geänderte Leistung (vgl. Kap. 14.14.4) durchgeführt und weist dieselbe Höhe des neuen EP von 668,44 € auf (vgl. Bild 215). Die einheitliche Charakteristik des Lösungsansatzes wird hier ebenso deutlich, wie in den vorangegangenen Beispielen.

Lohnkosten		350,00 €
Gerätekosten		80,00 €
Sonstige Kosten		160,00 €
<u>Verringerung der EKTs</u>	-	<u>140,00 €</u>
EKT		450,00 €
BGK		151,60 €

<u>Zuschlagsfaktor (AGK + WuG) für neue Basis (EKT + BGK) berechnen:</u>

= (p * 100) / (100 - p)   = (10 % * 100) / (100 % - 10 %)   <u>11,11 %</u>

<u>Zuschlag für AGK + WuG:</u>

EKT * 11,11 %	=	50,00 €
<u>BGK * 11,11 %</u>	=	<u>16,84 €</u>
AGK + WuG		66,84 €

<u>neuer EP:</u>

EKT	450,00 €
BGK	151,60 €
<u>AGK + WuG</u>	<u>66,84 €</u>
<u>EP</u>	<u>668,44 €</u>

Bild 215: Kalkulation von Alternativpositionen mit reduziertem Aufwand bei Fortschreibung der Kosteneigenschaften

14.14.8 Beispiel: Eventualposition

Eventualpositionen sind zum Zeitpunkt der Ausschreibung noch kein fester Bestandteil der Hauptvertragsleistung und kommen nur auf Anordnung des AG zur Ausführung. Da bei einer Eventualposition immer mit einer Nicht-Ausführung gerechnet werden muss, werden diese nicht zur Berechnung der Gemeinkostenumlage herangezogen. Es erfolgt daher keine Beaufschlagung der EKT mit einem BGK-Anteil, da die Nichtausführung der betreffenden Position eine Unterdeckung der BGK zur Folge hätte.

EKT	590,00 €

<u>Zuschlagsfaktor (AGK + WuG) für neue Basis (EKT) berechnen:</u>

= (p * 100) / (100 - p)   = (10 % * 100) / (100 % - 10 %)   <u>11,11 %</u>

<u>Zuschlag für AGK + WuG auf EKTs:</u>

= 590,00 € * 11,11 %   =   65,56 €

<u>neuer EP:</u>

EKT	590,00 €
<u>AGK + WuG auf EKT</u>	<u>65,56 €</u>
<u>EP</u>	<u>655,56 €</u>

Bild 216: Kalkulation von Eventualpositionen bei Fortschreibung der Kosteneigenschaft

Der EP setzt sich demnach aus den EKT der Eventualposition und einem Zuschlag für UGK (AGK und WuG) zusammen (vgl. Bild 216). Der Lösungsansatz unter Fortschreibung der Kosteneigenschaften ist auch hier widerspruchsfrei anwendbar.

14.14.9 Zusammenfassung der Beispiele

Abschließend ist in Bild 217 eine Zusammenfassung der in den vorherigen Kapiteln vorgestellten Berechnungsbeispiele erfolgt. Bild 217 enthält der Vollständigkeit halber ebenfalls die 6 Fallgestaltungen bzgl. Mehr- und Mindermengen (Zeilen 1–6).

	§ VOB/B	Berechnungsbeispiel	EKT gem. AK	veränderte EKT +	veränderte EKT -	BGK gem. AK (auf EKT)	BGK-Deckung +	BGK-Deckung -	UGK gem. AK (auf EKT + BGK)	veränderte UGK +	veränderte UGK -	EP "alt"	EP "neu"
			(1)	(2)	(3)	(4)	(5)	(6)	(7)	(8)	(9)	(10)	(11)
1	2.3	Mehrmenge mit EKT-Erhöhung (+)	590,00 €	120,00 €		151,60 €			65,56 €	13,33 €		824,00 €	788,89 €
2	2.3	Mehrmenge ohne EKT-Veränderung	590,00 €			151,60 €			65,56 €			824,00 €	655,56 €
3	2.3	Mehrmenge mit EKT-Verringerung (-)	590,00 €		-140,00 €	151,60 €			65,56 €		-15,56 €	824,00 €	500,00 €
4	2.3	Mindermenge mit EKT-Erhöhung (+)	590,00 €	120,00 €		151,60 €	227,40 €		82,40 €	38,60 €		824,00 €	1.210,00 €
5	2.3	Mindermenge ohne EKT-Veränderung	590,00 €			151,60 €	227,40 €		82,40 €	25,27 €		824,00 €	1.076,67 €
6	2.3	Mindermenge mit EKT-Verringerung (-)	590,00 €		-140,00 €	151,60 €	227,40 €		82,40 €	25,27 €	-15,56 €	824,00 €	921,11 €
7	2.4	Gekündigte Leistung	590,00 €		-590,00 €	151,60 €			16,84 €			824,00 €	168,44 €
8	2.5	Geänderte Leistung mit erhöhtem Aufwand (+)	590,00 €	120,00 €		151,60 €			82,40 €	13,33 €		824,00 €	957,33 €
9	2.5	Geänderte Leistung mit reduziertem Aufwand (-)	590,00 €		-140,00 €	151,60 €			82,40 €		-15,56 €	824,00 €	668,44 €
10	2.6	Zusätzliche Leistung		500,00 €					55,56 €				555,56 €
11		Alternativposition mit erhöhtem Aufwand (+)	590,00 €	120,00 €		151,60 €			82,40 €	13,33 €			957,33 €
12		Alternativposition mit reduziertem Aufwand (-)	590,00 €		-140,00 €	151,60 €			82,40 €		-15,56 €		668,44 €
13		Eventualposition	590,00 €						65,56 €				655,56 €

Bild 217: Zusammenfassung der Berechnungsbeispiele

Die übereinstimmende Höhe und Zusammensetzung der neuen EP der geänderten Leistung mit erhöhtem Aufwand (Zeile 8) und Alternativposition mit erhöhtem Aufwand (Zeile 11) ist eindeutig erkennbar. Analog hierzu ist die Höhe und Zusammensetzung der neuen EP der geänderten Leistung mit reduziertem Aufwand und der Alternativposition mit reduziertem Aufwand ebenfalls übereinstimmend (Zeilen 9 und 12). Bei der Mehrmenge ohne EKT-Veränderung (Zeile 2) stimmt der Einheitspreis mit dem der Eventualposition (Zeile 13) überein. Die Charakteristik des vorgestellten Lösungsansatzes wird hier nochmals deutlich veranschaulicht.

Die Bildung und Zusammensetzung der EP der zusätzlichen Leistung und Eventualposition aus den jeweiligen EKT bezuschlagt mit UGK auf EKT, um eine Überdeckung bzw. Unterdeckung bei Nichtausführung von BGK und somit auch die erforderliche Einbeziehung/Berücksichtigung in eine abschließende Gemeinkostenbilanz zu vermeiden, gibt ebenfalls die konsequente Charakteristik des Lösungsansatzes wieder.

Ein Beispiel zu einer gekündigten Leistung kann Bild 217, Zeile 7 entnommen werden. Der Sachverhalt einer gekündigten Leistung kann baubetriebswirtschaftlich als Leistungsänderung mit vermindertem Leistungsumfang oder als Mindermenge gemäß § 2 Nr. 3 Abs. (3) VOB/B behandelt und somit auch gleichermaßen rechentechnisch erfasst werden. Ergänzend hierzu wird auf die Erläuterungen in Kap. 14.14.2 verwiesen.

15.0   Berechnung des Zuschlagssatzes für die Nachtragsberechnung und Führung einer Nachtragsliste

15.1   Vorgehensweise

Bei den im vorherigen Kapitel dargestellten Beispielen handelt es sich um die Einzelbeispiele aus dem Leitfaden der Deutschen Bahn AG, der im Kap. 14.1 vorgestellt worden ist. Diese vereinfachten Beispiele dienen alleine der Erläuterung der Berechnungssystematik und haben keinen Bezug zum vollständigen Beispielprojekt. Die Zuschlagssätze entsprechen daher nicht dem Beispiel gemäß Anlagenband 1.[175]

Im Folgenden wird erläutert, wie die Zuschlagssätze des Beispielprojekts für Nachträge fortzuschreiben sind. Grundlage ist das Schlussblatt aus dem durchgängigen Beispiel. Dieses Schlussblatt ist bereits in Kap. 14.12.2 und Kap. 14.13.1.3 (vgl. Bild 192) vorgestellt worden und nochmals in Bild 218 vollständig ausgefüllt dargestellt.

Des Weiteren wird beispielhaft eine Nachtragsliste als Voraussetzung für die sachgerechte Aufstellung von Nachtragsforderungen vorgestellt.

15.2   Inhalt der neuen Zuschlagssätze

Die gewählten Zuschlagssätze gemäß Block 7, Zeilen 21 bis 24, im Kalkulationsschlussblatt gemäß Bild 218 sind nicht automatisch Grundlagen der Nachtragsberechnungen, weil in ihnen „nicht umsatzbezogene" Baustellengemeinkostenanteile enthalten sein können. Weiterhin besteht die Möglichkeit, dass ein Bieter im Rahmen seiner Kalkulation die Zuschlagssätze dahingehend manipulativ gewählt hat, dass eine Kostenart mit „abgeminderten Prozentsätzen" beaufschlagt wurde, bei der keine Nachträge erwartet werden. Im Gegenzug wurden gegebenenfalls bei Kostenarten mit hoher Nachtragswahrscheinlichkeit manipulativ „erhöhte" Zuschlagssätze ausgewiesen.

Diese Manipulationsmöglichkeit wird für die Nachträge aufgelöst, indem die tatsächlich kalkulierten UGK (Block 1, Spalten 7 bis 9 in Bild 218) der einzelnen Kostenarten als Grundlage für die Zuschlagsberechnung der Nachträge verwendet werden und die umsatzbezogen kalkulierten Baustellengemeinkosten (Block 6 Spalte 6 in Bild 218) gleichmäßig (Normvariante) auf alle Kostenarten umgelegt werden.

Die neu zu berechnenden Zuschlagssätze sollen demnach enthalten:

1.   UGK gemäß Kalkulation

2.   Umlage der umsatzbezogenen BGK gemäß Kalkulation

Für die Berechnung der neuen Zuschlagssätze gibt es verschiedene Varianten und rechentechnische Möglichkeiten. Folgend werden einige ausgewählte Fallgestaltungen und Berechnungsmöglichkeiten vorgestellt.

Grundsätzlich ist zu unterscheiden, ob die Umlage der umsatzbezogenen BGK gleichmäßig auf alle Kostenarten erfolgt oder eine gezielte, nicht gleichmäßige Verteilung vorgenommen wird. Der Verfasser ist der Ansicht, dass die Normvariante eine gleichmäßige Verteilung der umsatzbezogenen BGK beinhaltet, um nachträglichen Manipulationen vorzubeugen. In begründeten und eindeutig nachvollziehbaren Fällen ist aber eine nicht gleichmäßige Verteilung möglich. Hierauf wird im folgenden Kapitel eingegangen. Es muss dem Bieter freigestellt sein, auch bzgl. einzelner Kostenansätze unterschiedliche Zuschlagssätze für umsatzbezogene Kosten zu verwenden.

15.3   Analyse eines Schlussblatts als Vorbereitung für die Neuberechnung der Zuschlagssätze

Bild 218 zeigt das Schlussblatt mit den vom Bieter definierten umsatzbezogenen Kosten. Bild 218 entspricht Bild 192 (Anlage 4.1 der Besonderen Vertragsbedingungen der Deutschen Bahn AG) und ist mit den Kalkulationsdaten des Beispielprojekts ausgefüllt worden.

Aus dem Schlussblatt gemäß Bild 218 (dort Block 6 „Aufgliederung der BGK nach Kosteneigenschaften") ist zu entnehmen, dass der Auftragnehmer 17.850 € als umsatzbezogene Baustellengemeinkosten kalkuliert hat. Die Kosteneigenschaft „umsatzbezogen" ist damit festgelegt und bleibt auch für die Berechnung der angemessenen Nachtragshöhe erhalten.

---

[175]   Vgl. Schottke/Strehlke: Ausschreibungs-, Vergabe-, Angebots- und Auftragsunterlagen – Anlagenband 1, 2009.

Projekt:　　　　　　　　　　　　　　**Bieter:**　　　　　　　　　　　　Anlage 4.1

Kalkulations-Schlussblatt

Spalte	(1)	(2)	(3)	(4)	(5)	(6)	(7)	(8)	(9)	(10)	(11)
		EKT (inkl. aus BGK übernommene Beträge)	**BGK**			Summe EKT + BGK [2] Spalten (2)+(5)	**UGK** [3]				Summe EKT+BGK+UGK Spalten (6) + (10)
z	Kostengliederung [1]		Summe BGK	von BGK in EKT übernommen	zur Umlage verbliebene BGK		Zuschlagssatz für AGK [4]	Zuschlagssatz für Wagnis [4]	Zuschlagssatz für Gewinn [4]	Summe UGK	
(1)	Lohn	513.651,70	84.259,50	82.809,50	1.450,00	515.101,70	7,50%	1,00%	0,50%	50.944,12	566.045,82
(2)	sonstige Kosten	229.652,44	246.148,06	30.911,00	215.237,06	444.889,50	7,50%	1,00%	0,50%	44.000,06	488.889,56
(3)	Gerätekosten	207.473,87	123.750,90	123.750,90	-	207.473,87	7,50%	1,00%	0,50%	20.519,39	227.993,27
(4)	Fremdleistung	528.463,70	-	-	-	528.463,70	5,50%	1,00%	0,50%	39.776,84	568.240,53
(5)											
(6)											
(7)											
(8)											
(9)											
(10)	Summe Eigenleistungen:	950.778,01	454.158,46	237.471,40	216.687,06	1.167.465,07				115.463,58	1.282.928,65
(11)	Summe Fremdleistungen:	528.463,70	-	-	-	528.463,70				39.776,84	568.240,53
(12)	Gesamtsumme:	1.479.241,70	454.158,46	237.471,40	216.687,06	1.695.928,76				155.240,42	1.851.169,18

(Zeilen 1–12 unter „Zusammensetzung")

Std.	Enthaltene Gesamtstunden Eigenleistung (EKT):			
(13)	14.856,63 h * KML (PELSNU)	29,00 €	430.842,20	
(14)				
(15)				

Sind für die jeweiligen Kostenarten bei alle Positionen einheitliche Zuschlagssätze verwendet worden?

Ja ☒　　Nein ☐

	Bedarfspositionen	
4	Stundenlohnarbeiten	23,98
	Teilleistungen	
	Summe Bedarfspositionen	23,98

	Konzernleist. etc.			
(16)	Konzernleistungen [5]	%	bzw.	€
(17)	Arge-Zuschlag [5]	%	bzw.	€
(18)	... [5]	%	bzw.	€

5		
	AGSN Angebotssumme netto	1.851.169,18
	Umsatzsteuer	351.722,14
	Angebotssumme brutto	2.202.891,32

	Aufgliederung der BGK nach Kosteneigenschaften	Summe BGK [6]	davon einmalige Kosten	davon mengenabhängige Kosten	davon zeitabhängige Kosten	davon umsatzabhängige Kosten
(19)						
(20)						
(21)	Lohn	84.259,50	29.449,50	-	54.810,00	-
(22)	sonstige Kosten	246.148,06	30.041,00	5.750,00	192.507,06	17.850,00
(23)	Gerätekosten	123.750,90	25.020,00	-	98.730,90	-
(24)	Fremdleistung	-	-	-	-	-
(25)						
(26)						
(27)						
(28)						
(29)						
(30)	Summe:	454.158,46	84.510,50	5.750,00	346.047,96	17.850,00

7	Zuschläge	Zuschlagssatz für Umlage (BGK u. UGK)	Betrag für Umlage (BGK u. UGK)
	Lohn	49,35%	253.512,16
	sonstige Kosten	15,00%	34.447,87
	Gerätekosten	15,00%	31.121,08
	Fremdleistung	10,00%	52.846,37
		Summe:	371.927,48

[1] Die Bezeichnung der jeweiligen Kostenart ist mit anzugeben.
[2] Herstellkosten.
[3] Soweit die UGK 12 % überschreiten, ist mit dem Formblatt 1 eine gesonderte Erläuterung der Zusammensetzung abzugeben.
[4] Falls nicht (komplett) umsatzbezogen kalkuliert, ist der Betrag vom Bieter entsprechend aufzugliedern u. hinsichtlich der Kosteneigenschaften zu erläutern.
[5] Bitte Ermittlung und Kosteneigenschaften erläutern.
[6] Aus Block 1, Spalte (3) übernehmen.

Bild 218:　Schlussblatt des Beispielprojekts

15.0

Bild 219 zeigt die Datenstruktur des Kalkulationsschlussblatts vor der Berechnung des neuen Zuschlagssatzes für die Nachtragsberechnung. Dabei werden die EKT und nicht umsatzbezogenen BGK in Spalte 2 zusammengefasst. Spalte 3 zeigt die umsatzabhängigen bzw. umsatzbezogenen BGK.

	1	2	3	4	5	6	7
		EKT + BGK (nicht umsatzabhängig)	BKG (umsatzabhängig)	HK	UGK		HK + UGK
		[€]	[€]	[€]	[%] von AS	[%] auf HK	[€]
1	KOA 1	515.101,70	0,00	515.101,70	9,00	9,890110	566.045,82
2	KOA 2	427.039,50	17.850,00	444.889,50	9,00	9,890110	488.889,56
3	KOA 3	207.473,87	0,00	207.473,87	9,00	9,890110	227.993,26
4	KOA 4	528.463,70	0,00	528.463,70	7,00	7,526882	568.240,54
5	Summe	1.678.078,77	17.850,00	1.695.928,77		AS =	1.851.169,18

Bild 219: Kurzfassung des Kalkulationsschlussblatts vor Umwandlung der umsatzabhängigen Baustellengemeinkosten in eine prozentuale Bezuschlagung

Mit den Daten des Schlussblatts wird quasi eine Neuberechnung der Angebotssumme nachgestellt, bei der die umsatzbezogenen BGK in uGK umgewandelt werden. Mit den daraus resultierenden neuen Prozentsätzen werden die Nachtragsberechnungen durchgeführt.

15.4   Umsortierung der BGK und UGK der Vollkostenrechnung nach den Kosteneigenschaften umsatzbezogen und nicht umsatzbezogen

Bild 220 zeigt den Zusammenhang zwischen den Begriffen der Vollkostenrechnung und der Begriffsbildung unter Berücksichtigung der Kosteneigenschaften der BGK und UGK. Es ist erkennbar, dass die BGK und UGK je nach der Definition „nicht umsatzbezogen" oder „umsatzbezogen" zugeordnet werden müssen. Dieses ist Voraussetzung für die BGK-Bilanz und die Nachtragsberechnung.

Die Abkürzung uGK beinhaltet die in der Auftragskalkulation enthaltenen umsatzbezogenen Gemeinkosten. Die uGK können sowohl BGK als auch UGK enthalten. Dieses hängt von der Definition der Kosteneigenschaften ab. Das gleiche gilt für die nuGK.

Bzgl. der BGK ist zu unterscheiden in nicht umsatzbezogene BGK und umsatzbezogene BGK. Die Abkürzung nuBGK steht für nicht umsatzbezogene Baustellengemeinkosten.

Folgende bildhafte Darstellung zeigt den Zusammenhang zwischen der Vollkostenkalkulation und der Zuordnung der Gemeinkosten nach Kosteneigenschaften.

Der Vollständigkeit halber sei darauf hingewiesen, dass eine derartige Zuordnung auch nach fixen und variablen Kosten erfolgen kann. Auf die Definition der fixen und variablen Kosten wird ausführlich in dem Band „Einführung in das Rechnungswesen und Rohbaukalkulation" eingegangen, der noch in Vorbereitung ist und 2009 erscheint.

In Bild 220 sind den einzelnen Begriffen Zahlen zugeordnet. Die Zahlen sind dem Schlussblatt gemäß Bild 218 entnommen. Auf der Grundlage des Schlussblatts in Bild 218 ergeben sich die umsatzbezogen definierten BGK und UGK. Im Folgenden wird dargestellt, wie sich die Zuschlagssätze für die Nachtragsberechnung ermitteln lassen.

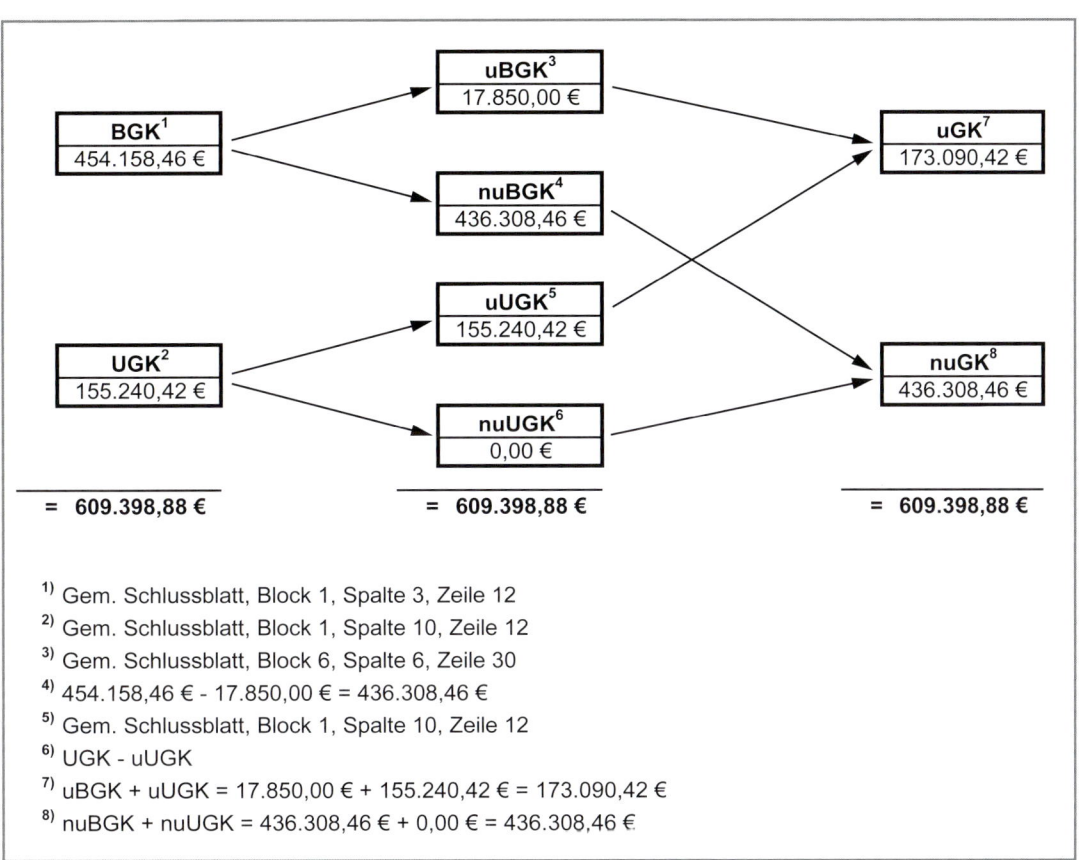

Bild 220: Zusammenhang zwischen Vollkostenkalkulation und Kosteneigenschaften

15.5 Berechnungsmethoden für den Zuschlagssatz (gleichmäßige Verteilung der umsatzbezogenen Baustellengemeinkosten)

15.5.1 Vereinfachtes Verfahren

Ein für die meisten Fälle in der Praxis ausreichendes Verfahren besteht aus einer vereinfachten Berechnung der Zuschlagssätze. Dabei werden die umsatzbezogenen Baustellengemeinkosten im Verhältnis zur Angebotssumme als Prozentsatz ausgewiesen. Der damit ermittelte Prozentsatz wird zu den Prozentsätzen der UGK hinzuaddiert.

Für das Beispiel gemäß Bild 218 ergibt sich folgende Berechnung:

17.850 € / 1.851.169,18 € * 100 % = 0,964255 %.

Der oben berechnete Prozentsatz wird zu den UGK gemäß Kalkulation hinzuaddiert. Für die Kostenart 1 (vgl. Bild 219, Zeile 1) werden zu dem Prozentsatz in Höhe von 9 % (Spalte 5) die 0,964255 % hinzuaddiert. Die sich daraus ergebenen 9,964255 % werden auf die Herstellkosten bezogen:

(100 * 9,964255) / (100 – 9,964255) = 11,067 %.

Mit diesem Prozentsatz werden alle Nachtragsleistungen aus dem Bereich der Kostenarten 1 bis 3 beaufschlagt. Analog hierzu wird die Kostenart 4 mit 8,653 % berechnet.

Bild 221 zeigt in Spalte 6 das Ergebnis für alle vier Kostenarten.

Bild 221 zeigt in Spalte 6 die Zuschlagssätze für die uGK nach Umwandlung der umsatzbezogenen Baustellengemeinkosten in einen Prozentsatz.

Ein Vergleich mit den ursprünglichen Kalkulationsdaten (vgl. Bild 219) zeigt, dass die Angebotssumme (AS) nach der Neuberechnung 132,25 € niedriger ist:

1.851.169,18 € (vgl. Bild 219; Zeile 5 Spalte 7) – 1.851.036,93 € (vgl. Bild 221; Zeile 5 Spalte 7) = 132,25 €.

		1	2	3	4	5	6	7
		EKT + BGK (nicht umsatzabhängig)	BKG (umsatzabhängig)		HK	UGK		HK + UGK
		[€]	[€]		[€]	[%] von AS	[%] auf HK	[€]
1	KOA 1	515.101,70	0,00		515.101,70	9,964255	11,066999	572.108,00
2	KOA 2	427.039,50	0,00		427.039,50	9,964255	11,066999	474.299,96
3	KOA 3	207.473,87	0,00		207.473,87	9,964255	11,066999	230.435,00
4	KOA 4	528.463,70	0,00		528.463,70	7,964255	8,653437	574.193,97
5	Summe	1.678.078,77	0,00		1.678.078,77		AS =	1.851.036,93

Bild 221: Modifiziertes Schlussblatt für die Nachtragsberechnung, vereinfachtes Verfahren

Der Grund hierfür ist, dass ein Anteil der ursprünglich in Kostenart 2 mit 9 % UGK kalkulierten BGK auf die Kostenart 4 (ursprünglich mit 7 % UGK kalkuliert) verlagert wird.

Die Auswirkung ist jedoch gering. In vorliegendem Fall würde dieses bedeuten, dass der AN bei einem Nachtragsvolumen in Höhe von 1.851 Mio. € (bei gleicher Kostenstruktur wie Hauptauftrag) eine Unterdeckung in Höhe von 132,25 € (weniger als 0,01 %) aus der Fortschreibung der umsatzbezogenen BGK erhalten würde. Bei anderen Konstellationen der Zuschlagssätze sind ggf. Überdeckungen möglich.

Für Kalkulationen mit gleichem UGK-Zuschlagssatz für alle Kostenarten stellt das vereinfachte Verfahren zugleich die exakte Lösung dar. Bei geringen Unterschieden in den ursprünglich kalkulierten UGK-Zuschlagssätzen bietet das vereinfachte Verfahren eine praxisnahe Lösung.

Auf genaue Berechnungsansätze wird ab Kap. 15.5.3 eingegangen.

15.5.2   Varianten abhängig von der unterschiedlichen Definition der Kosteneigenschaften der BGK

Bild 222 zeigt drei Fallbeispiele (Varianten A, B, C) für unterschiedliche Definitionen von umsatzbezogenen Gemeinkosten. Die umsatzbezogenen Gemeinkosten ergeben sich nach dem vereinfachten Verfahren wie in Bild 222 dargestellt.

Auf den folgenden Seiten zeigen die Bilder 223 bis 225 die zur jeweiligen Variante zugehörigen Schlussblätter. Variante B entspricht dem vollständigen Beispiel in den Anlagenbänden.

Varianten der Schlussblätter bzgl. umsatzbezogene Gemeinkosten

Variante A: in den BGK sind **keine** umsatzbezogenen Kosten enthalten.

Variante B: in den BGK sind **teilweise** umsatzbezogene Kosten enthalten.

Variante C: in den zur Umlage verbliebenen BGK sind **nur** umsatzbezogene Kosten enthalten.

Berechnung des prozentualen Anteils der umsatzbezogenen Gemeinkosten

Variante A: Summe der UGK $_{Eigen}$:   9,00% bezogen auf die AGSN, 9,89% bezogen auf die HK. [1]

Summe der UGK $_{Fremd}$:   7,00% bezogen auf die AGSN, 7,53% bezogen auf die HK. [2]

Variante B: Summe der UGK $_{Eigen}$:   9,00%

Summe der UGK $_{Fremd}$:   7,00%

zzgl. der umsatzbezogenen BGK
umsatzbez. BGK: 17.850,00 € zzgl. UGK,
bezogen auf die AGSN: 1.851.169,18 €

entspricht: 0,96% [3]

Gesamt UGK
Summe der nuGK $_{Eigen}$:   9,96% bezogen auf die AGSN, 11,07% bezogen auf die HK. [4]
Summe der nuGK $_{Fremd}$:   7,96% bezogen auf die AGSN, 8,65% bezogen auf die HK. [5]

Variante C: Summe der UGK $_{Eigen}$:   9,00%

Summe der UGK $_{Fremd}$:   7,00%

zzgl. der umsatzbezogenen BGK
umsatzbez. BGK: 216.687,06 €
bezogen auf die AGSN: 1.851.169,18 €

entspricht: 11,71% [6]

Gesamt UGK
Summe der nuGK $_{Eigen}$:   20,71% bezogen auf die AGSN, 26,11% bezogen auf die HK. [7]
Summe der nuGK $_{Fremd}$:   18,71% bezogen auf die AGSN, 23,01% bezogen auf die HK. [8]

15.0

---

[1] (9,00 % * 100) / (100 - 9,00 %) = 9,89 %
[2] (7,00 % * 100) / (100 - 7,00 %) = 7,53 %
[3] 17.850,00 * 100 / 1.851.169,18 = 0,96 %
[4] (9,96 % * 100) / (100 - 9,96 %) = 11,07 %
[5] (7,96 % * 100) / (100 - 7,96 %) = 8,65 %
[6] 216.687,06 * 100 / 1.851.169,18 = 11,71 %
[7] (20,71 % * 100) / (100 - 20,71 %) = 26,11 %
[8] (18,71 % * 100) / (100 - 18,71 %) = 23,01 %

Bild 222: Fallbeispiele A, B und C zur Zuschlagssatzberechnung für umsatzbezogene Gemeinkosten

Variante A

Projekt:

Bieter:

Kalkulations-Schlussblatt

Spalte	(1)	(2)	(3)	(4)	(5)	(6)	(7)	(8)	(9)	(10)	(11)
		EKT (inkl. aus BGK übernommene Beträge)	BGK			Summe EKT + BGK [2] Spalten (2)+(5)	UGK [3]				Summe EKT+BGK+UGK Spalten (6) + (10)
Z	Kostengliederung [1]		Summe BGK	von BGK in EKT übernommen	zur Umlage verbliebene BGK		Zuschlagssatz für AGK [4]	Zuschlagssatz für Wagnis [4]	Zuschlagssatz für Gewinn [4]	Summe UGK	
(1)	Lohn	513.651,70	84.259,50	82.809,50	1.450,00	515.101,70	7,50%	1,00%	0,50%	50.944,12	566.045,82
(2)	sonstige Kosten	229.652,44	246.148,06	30.911,00	215.237,06	444.889,50	7,50%	1,00%	0,50%	44.000,06	488.889,56
(3)	Gerätekosten	207.473,87	123.750,90	123.750,90	-	207.473,87	7,50%	1,00%	0,50%	20.519,39	227.993,27
(4)	Fremdleistung	528.463,70	-	-	-	528.463,70	5,50%	1,00%	0,50%	39.776,84	568.240,53
(5)											
(6)											
(7)											
(8)											
(9)											
(10)	Summe Eigenleistungen:	950.778,01	454.158,46	237.471,40	216.687,06	1.167.465,07				115.463,58	1.282.928,65
(11)	Summe Fremdleistungen:	528.463,70	-	-	-	528.463,70				39.776,84	568.240,53
(12)	Gesamtsumme:	1.479.241,70	454.158,46	237.471,40	216.687,06	1.695.928,76				155.240,42	1.851.169,18

Zusammensetzung

(13)	Enthaltene Gesamtstunden Eigenleistung (EKT):		
(14)	17.712,13 h * KML (PELSNU)	513.651,70	
(15)	29,00 €		

Std.

(16)	Konzernleistungen [5]	%	bzw.	€
(17)	Arge-Zuschlag [5]	%	bzw.	€
(18)	... [5]	%	bzw.	€

Konzern-leist. etc.

Aufgliederung der BGK nach Kosteneigenschaften

		Summe BGK [6]	davon einmalige Kosten	davon mengenabhängige Kosten	davon zeitabhängige Kosten	davon umsatzabhängige Kosten
(19)						
(20)						
(21)	Lohn	84.259,50	29.449,50	-	54.810,00	-
(22)	sonstige Kosten	246.148,06	47.891,00	5.750,00	192.507,06	-
(23)	Gerätekosten	123.750,90	25.020,00	-	98.730,90	-
(24)	Fremdleistung	-	-	-	-	-
(25)						
(26)						
(27)						
(28)						
(29)						
(30)	Summe:	454.158,46	102.360,50	5.750,00	346.047,96	-

Sind für die jeweiligen Kostenarten bei alle Positionen einheitliche Zuschlagssätze verwendet worden?

Ja ☒   Nein ☐

4	Stundenlohnarbeiten	
	Teilleistungen	
	Summe Bedarfspositionen	23,98

Bedarfs-positionen

5	AGSN Angebotssumme netto	1.851.169,18
	Umsatzsteuer	351.722,14
	Angebotssumme brutto	2.202.891,32

		Zuschlagssatz für Umlage (BGK u. UGK)	Betrag für Umlage (BGK u. UGK)
7	Lohn	49,35%	253.512,16
	sonstige Kosten	15,00%	34.447,87
	Gerätekosten	15,00%	31.121,08
	Fremdleistung	10,00%	52.846,37
		Summe:	371.927,48

Zuschläge

[1] Die Bezeichnung der jeweiligen Kostenart ist mit anzugeben.
[2] Herstellkosten.
[3] Soweit die UGK 12 % überschreiten, ist mit dem Formblatt 1 eine gesonderte Erläuterung der Zusammensetzung abzugeben.
[4] Falls nicht (komplett) umsatzbezogen kalkuliert, ist der Betrag vom Bieter entsprechend aufzugliedern u. hinsichtlich der Kosteneigenschaften zu erläutern.
[5] Bitte Ermittlung und Kosteneigenschaften erläutern.
[6] Aus Block 1, Spalte (3) übernehmen.

Bild 223: Kalkulationsschlussblatt, Variante A

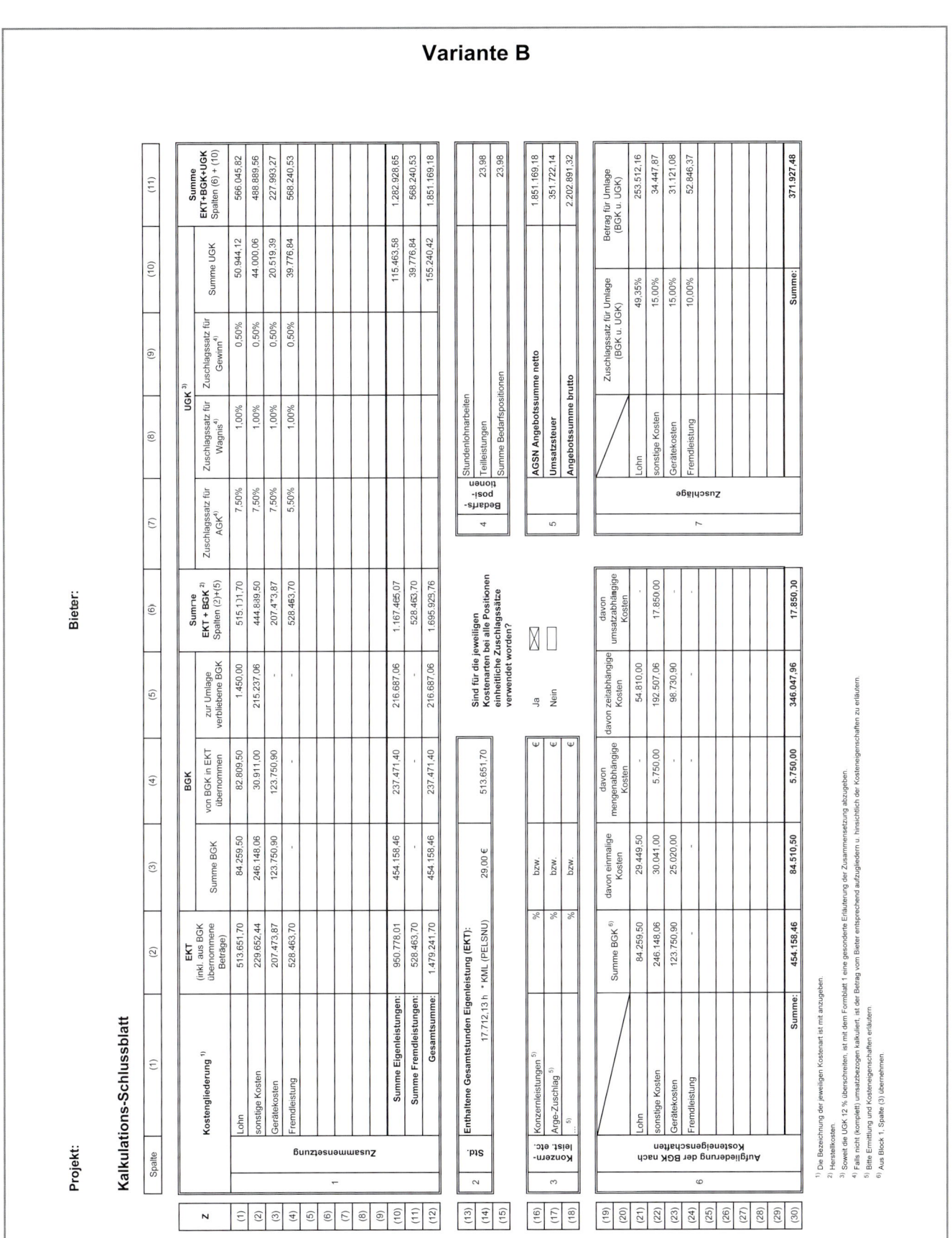

Bild 224: Kalkulationsschlussblatt, Variante B

Variante C

Projekt:

Bieter:

Kalkulations-Schlussblatt

Spalte	(1)	(2)	(3)	(4)	(5)	(6)	(7)	(8)	(9)	(10)	(11)
			BGK				UGK[3]				
Z	Kostengliederung[1]	EKT (inkl. aus BGK übernommene Beträge)	Summe BGK	von BGK in EKT übernommen	zur Umlage verbliebene BGK	Summe EKT + BGK[2] Spalten (2)+(5)	Zuschlagssatz für AGK[4]	Zuschlagssatz für Wagnis[4]	Zuschlagssatz für Gewinn[4]	Summe UGK	Summe EKT+BGK+UGK Spalten (6) + (10)
(1)	Lohn	513.651,70	84.259,50	82.809,50	1.450,00	515.101,70	7,50%	1,00%	0,50%	50.944,12	566.045,82
(2)	sonstige Kosten	229.652,44	246.148,06	30.911,00	215.237,06	444.889,50	7,50%	1,00%	0,50%	44.000,06	488.889,56
(3)	Gerätekosten	207.473,87	123.750,90	123.750,90	-	207.473,87	7,50%	1,00%	0,50%	20.519,39	227.993,27
(4)	Fremdleistung	528.463,70	-	-	-	528.463,70	5,50%	1,00%	0,50%	39.776,84	568.240,53
(5)											
(6)											
(7)											
(8)											
(9)											
(10)	Summe Eigenleistungen:	950.778,01	454.158,46	237.471,40	216.687,06	1.167.465,07				115.463,58	1.282.928,65
(11)	Summe Fremdleistungen:	528.463,70	528.463,70	-	-	528.463,70				39.776,84	568.240,53
(12)	Gesamtsumme:	1.479.241,70	454.158,46	237.471,40	216.687,06	1.695.928,76				155.240,42	1.851.169,18

Zusammensetzung

Enthaltene Gesamtstunden Eigenleistung (EKT):

(13)	Std.	17.712,13 h	* KML (PELSNU)	29,00 €	=	513.651,70 €
(14)						
(15)						

Konzernleist. etc.

(16)	Konzernleistungen 5)	%	bzw.	€
(17)	Arge-Zuschlag 5)	%	bzw.	€
(18)	... 5)	%	bzw.	€

Bedarfspositionen

	Stundenlohnarbeiten	23,98
4	Teilleistungen	23,98
	Summe Bedarfspositionen	

Sind für die jeweiligen Kostenarten bei alle Positionen einheitliche Zuschlagssätze verwendet worden?

Ja [X]
Nein [ ]

5	AGSN Angebotssumme netto	1.851.169,18
	Umsatzsteuer	351.722,14
	Angebotssumme brutto	2.202.891,32

Aufgliederung der BGK nach Kosteneigenschaften

Z	Summe BGK 6)	davon einmalige Kosten	davon mengenabhängige Kosten	davon zeitabhängige Kosten	davon umsatzabhängige Kosten
(19)					
(20)					
(21) Lohn	84.259,50	29.449,50	-	53.360,00	1.450,00
(22) sonstige Kosten	246.148,06	30.041,00	-	870,00	215.237,06
(23) Gerätekosten	123.750,90	25.020,00	-	98.730,90	-
(24) Fremdleistung	-	-	-	-	-
(25)					
(26)					
(27)					
(28)					
(29)					
(30) Summe:	454.158,46	84.510,50	-	152.960,90	216.687,06

Zuschläge

7	Betrag für Umlage (BGK u. UGK)	Zuschlagssatz für Umlage (BGK u. UGK)
Lohn	253.512,16	49,35%
sonstige Kosten	34.447,87	15,00%
Gerätekosten	31.121,08	15,00%
Fremdleistung	52.846,37	10,00%
Summe:	371.927,48	

1) Die Bezeichnung der jeweiligen Kostenart ist mit anzugeben.
2) Herstellkosten.
3) Soweit die UGK 12 % überschreiten, ist mit dem Formblatt 1 eine gesonderte Erläuterung der Zusammensetzung abzugeben.
4) Falls nicht (komplett) umsatzbezogen kalkuliert, ist der Betrag vom Bieter entsprechend aufzugliedern u. hinsichtlich der Kosteneigenschaften zu erläutern.
5) Bitte Ermittlung und Kosteneigenschaften erläutern.
6) Aus Block 1, Spalte (3) übernehmen.

Bild 225: Kalkulationsschlussblatt, Variante C

15.5.3 Genaues Verfahren zur Ermittlung der prozentualen Zuschläge

15.5.3.1 Verfahren mit Berücksichtigung des Fehldeckungsbetrags

Folgend wird durch Einführung eines Korrekturfaktors auf Basis des vereinfachten Verfahrens eine exakte Lösung ermittelt.

Im vorherigen Kapitel ist festgestellt worden, dass das vereinfachte Verfahren zu ungenauen Lösungen führt, wenn für verschiedene Kostenarten (KOA) auch verschiedene Zuschlagssätze bzgl. der UGK gewählt wurden. Es ist deshalb notwendig, Korrekturfaktoren einzuführen.

In einem ersten Schritt werden die umsatzbezogenen BGK einschl. der Bezuschlagung aus UGK ermittelt (vgl. Bild 226, Zeile 1). Im vorliegenden Beispiel handelt es sich um 19.615,38 € (Zeile 1, Spalte 6).[176]

		1	2	3	4	5	6	7	8
	Schritt 1: umsatzabhängige BGK einschl. Bezuschlagung								
		BGK (umsatzabhängig)		**UGK**			**Deckung**	**Fehldeckungsfaktor**	**Zuschlag neu**
		[€]	**[%] von AS**	**[%] von AS**	**[%] auf HK**		**[€]**	**[-]**	**[%] von AS**
1	**aus KOA 2**	17.850,00		9,00	9,890110		19.615,38		
	Schritt 2: Korrekturfaktoren und Zuschlagssätze								
2	**KOA 1**	17.850,00	0,964255	9,00	9,890110		19.615,38	1,00000000	9,964255
3	**KOA 2**	17.850,00	0,964255	9,00	9,890110		19.615,38	1,00000000	9,964255
4	**KOA 3**	17.850,00	0,964255	9,00	9,890110		19.615,38	1,00000000	9,964255
5	**KOA 4**	17.850,00	0,964255	7,00	7,526882		19.193,55	1,02197770	7,985447

Bild 226: Ermittlung der neuen prozentualen Zuschläge bei verschieden hohen UGK-Zuschlägen

In einem zweiten Schritt werden die neuen Zuschlagssätze unter Berücksichtigung eines Fehldeckungsfaktors ermittelt (vgl. Bild 226, Zeilen 2 bis 5). Spalte 2 zeigt die umsatzbezogenen BGK als Betrag. Spalte 3 zeigt den Prozentsatz der umsatzbezogenen BGK in Abhängigkeit von der Angebotssumme. Bis hierhin handelt es sich um Rechenschritte, die auch beim vereinfachten Verfahren durchgeführt werden. Die Spalten 4 und 5 zeigen die ursprünglichen Zuschlagssätze für UGK.

Anders als beim vereinfachten Verfahren werden in den Spalten 6 bis 8 die „neuen" Zuschlagssätze unter Berücksichtigung eines Korrekturfaktors (Fehldeckungsfaktor aus Spalte 7) ermittelt. Spalte 6 zeigt den Betrag, der sich ergibt, wenn die umsatzbezogenen BGK mit den kostenartenabhängigen UGK beaufschlagt werden. Dabei wird deutlich, dass im vorliegenden Beispiel bei der Kostenart 4 eine Fehldeckung vorliegt (19.193,55 € zu 19.615,38 €). Diese Fehldeckung wird in Spalte 7 als Faktor dargestellt:

19.615,38 € / 19.193,55 € = 1,02197770.

Dieser Faktor wird bei der Berücksichtigung des neuen Zuschlagssatzes (Spalte 7) verwendet.

Beispiel für KOA 4 (vgl. Bild 226, Zeile 5, Spalte 8): 7 % + (0,964255 % * 1,0219777) = 7,985447 %.

Mit diesen Prozentsätzen wird wiederum die Angebotssumme nachvollzogen, dabei sind die Prozentsätze in Spalte 5 die gerundeten Werte aus Bild 226 Spalte 8.

Bild 227 zeigt die modifizierten Kalkulationsdaten. Dabei fällt auf, dass sich die Summe der Herstellkosten bzgl. KOA 2 (vgl. Bild 227, Zeile 2, Spalte 4) gegenüber dem Bild 224 (Zeile 2, Spalte 6) um die 17.850,00 € umsatzbezogene BGK verringert haben.[177] Diese 17.850,00 € sind Bestandteil der Zuschlagssätze gemäß Spalte 6 in Bild 227.

---

[176] 17.850,00 € * 1,0989011 = 19.615,38 €.
[177] 444.889,00 € - 17850,00 € = 427.039,00 €.

Die Angebotssumme stimmt exakt mit der ursprünglichen Kalkulation (vgl. Bild 219) überein. Es handelt sich um ein exaktes Berechnungsverfahren.

		1	2	3	4	5	6	7
			EKT + BGK (nicht umsatzabhängig)	BKG (umsatzabhängig)	HK	UGK		HK + UGK
			[€]	[€]	[€]	[%] von AS	[%] auf HK	[€]
1	KOA 1		515.101,70	0,00	515.101,70	9,96	11,066999	572.108,00
2	KOA 2		427.039,50	0,00	427.039,50	9,96	11,066999	474.299,96
3	KOA 3		207.473,87	0,00	207.473,87	9,96	11,066999	230.435,00
4	KOA 4		528.463,70	0,00	528.463,70	7,99	8,678461	574.326,22
5	Summe		1.678.078,77	0,00	1.678.078,77		AS =	1.851.169,18

Bild 227: Modifizierte Ermittlung der Angebotssumme nach Umwandlung der umsatzabhängigen BGK in prozentuale Zuschläge

15.5.3.2 Verfahren mit Faktorenbildung

Alternativ können die Zuschlagssätze gleich mit Faktoren bestimmt werden. Bei der Berechnung mit Faktorenbildung werden die neu zu ermittelnden Zuschlagssätze über Faktoren berücksichtigt, die auf die ursprünglichen Zuschlagssätze der UGK und der umsatzbezogenen BGK zurückzuführen sind.

Bild 228 zeigt die Faktorenbildung und die Auswirkung auf die modifizierte Kalkulation. In Spalte 2 werden nach Kostenarten sortiert die EKT und die nicht umsatzbezogenen BGK dargestellt. In den Faktoren gemäß Spalte 3 ist der ursprüngliche Zuschlagssatz der UGK enthalten. Spalte 4 zeigt als „Zwischensumme" die Multiplikation der Spalten 2 und 3.

		1	2	3	4	5	6	7
			EKT + BGK (nicht umsatzabhängig)	Faktor 1	Zwischensumme	Faktor 2	Faktor 3	Spalte 2 * Spalte 6
			[€]	[-]	[€]	[-]	[-]	[€]
1	KOA 1		515.101,70	1,09890110	566.045,82	1,01070969	1,11066999	572.108,00
2	KOA 2		427.039,50	1,09890110	469.274,18	1,01070969	1,11066999	474.299,96
3	KOA 3		207.473,87	1,09890110	227.993,26	1,01070969	1,11066999	230.435,00
4	KOA 4		528.463,70	1,07526882	568.240,54	1,01070969	1,08678462	574.326,22
5	Summe		1.678.078,77		1.831.553,80		AS =	1.851.169,18
	Berechnung Faktor 2:							
			BGK umsatzabhängig	Faktor 1	Soll-Deckung	Faktor 2		
			[€]	[-]	[€]	[-]		
6	aus KOA 2		17.850,00	1,09890110	19.615,38	1,01070969		

Bild 228: Berechnung der Zuschlagssätze über Faktorenbildung

In Zeile 5, Spalte 4 werden die EKT und die nicht umsatzbezogenen BGK einschließlich der dazugehörigen UGK addiert. Die Unterdeckung zur Auftragssumme (Differenz zur Soll-Deckung) besteht aus den nicht umsatzbezogenen BGK einschließlich der dazugehörigen UGK (dargestellt unter „Berechnung Faktor 2"; Zeile 6, Spalte 4).

Die Berechnung des Faktors 2 (vgl. Bild 228, Zeile 6, Spalte 5) im Detail:

Faktor 2 = (1 + (19.615,38 €[178] / 1.831.553,80 €[179])) = 1,01070969.

Durch Multiplikation der Faktoren 1 und 2 wird der resultierende Faktor 3 in Spalte 6 ermittelt. Die Multiplikation der Spalten 2 und 6 ergibt nach Aufsummierung schließlich die ursprüngliche Auftragssumme. Die Nachtragsfortschreibung erfolgt auf Basis der kalkulierten Kosten und deren Multiplikation mit dem Faktor 3.

Bei der Faktorenbildung handelt es sich ebenfalls um eine exakte Lösung.

15.5.3.3   Nicht gleichmäßige Verteilung der umsatzabhängigen Baustellengemeinkosten

In begründeten Fällen kann eine nicht gleichmäßige Verteilung der BGK in Betracht kommen. Dieses kann z. B. zutreffend sein, wenn der AN Versicherungen umsatzabhängig kalkuliert hat, diese aber einer bestimmten Kostenart verursachungsgerecht zugeordnet werden müssen (z. B. Haftpflichtversicherungen für eigene Arbeitnehmer).

Unabhängig davon, ob eine solche Vorgehensweise bei der Kalkulation sinnvoll ist (es hätte bei vorliegendem Beispiel auch bereits eine Berücksichtigung bei den Lohnkosten erfolgen können), wird an dieser Stelle die Rechentechnik zur Zuschlagsermittlung vorgestellt.

Bild 229 zeigt die Zuschlagsverteilung für dieses Beispiel mit der Methode der Faktorenbildung. Im Unterschied zur Berechnung des Faktors 2 bei der gleichmäßigen Verteilung der umsatzbezogenen Baustellengemeinkosten wird der Faktor 2 nun nur auf die KOA 1 (Zeile 1, Spalte 4) bezogen.

		1	2	3	4	5	6	7
			EKT + BGK (nicht umsatzabhängig)	Faktor 1	Zwischensumme	Faktor 2	Faktor 3	Spalte 2 * Spalte 6
			[€]	[-]	[€]	[-]	[-]	[€]
1	KOA 1		515.101,70	1,09890110	566.045,82	1,03465334	1,13698169	585.661,20
2	KOA 2		427.039,50	1,09890110	469.274,18	1,00000000	1,09890110	469.274,18
3	KOA 3		207.473,87	1,09890110	227.993,26	1,00000000	1,09890110	227.993,26
4	KOA 4		528.463,70	1,07526882	568.240,54	1,00000000	1,07526882	568.240,54
5	Summe		1.678.078,77		1.831.553,80		AS =	1.851.169,18
	Berechnung Faktor 2:							
			BGK umsatzabhängig	Faktor 1	Soll-Deckung	Faktor 2		
			[€]	[-]	[€]	[-]		
6	aus KOA 2		17.850,00	1,09890110	19.615,38	1,03465334		

Bild 229: Zuschlagsfaktoren bei ungleichmäßiger Verteilung der umsatzabhängigen Baustellengemeinkosten

Die Berechnung (Faktor 2 in Zeile 6, Spalte 5) lautet:

Faktor 2 = (1 + (19.615,38 € / 566.045,82 €)) = 1,03465334.

---

[178]   17.850,00 € * 1,0989011 = 19.615,38 €.
[179]   1.851.169,18 € - 19.615,38 € = 1.831.553,80 €.

Durch Multiplikation der Faktoren 1 und 2 wird der resultierende Faktor 3 in Spalte 6 ermittelt. Die Multiplikation der Spalten 2 und 6 ergibt nach Aufsummierung schließlich die ursprüngliche Auftragssumme. Die Nachtragsfortschreibung erfolgt auf Basis der kalkulierten Kosten und deren Multiplikation mit dem Faktor 3.

In der Praxis hat dieses zur Auswirkung, dass es auch nur bei Nachträgen aus der KOA 1 eine Fortschreibung der umsatzbezogenen Baustellengemeinkosten gibt. Der Verfasser geht davon aus, dass es sich bei der ungleichmäßigen Verteilung der umsatzbezogenen Baustellengemeinkosten um einen Sonderfall handelt. Die Notwendigkeit einer solchen Verteilung muss sich widerspruchslos aus der ursprünglichen Kalkulation ergeben.

15.5.4   Zusammenfassung bzgl. der Zuschlagssätze

Grundsätzlich muss die Kalkulation als solche nach dem Kriterium der Kosteneigenschaften betrachtet werden. Die Zuschlagssätze auf Nachträge enthalten ausschließlich umsatzbezogene Gemeinkosten. Die Berechnung der Zuschlagssätze muss deshalb nach den zwei Kriterien „umsatzbezogene" und „nicht umsatzbezogene" Gemeinkosten unterschieden werden.

Die Unterscheidung ist erforderlich, weil auch bei Nachtragsleistungen oder bei Mengenänderungen dem größer oder kleiner werdenden Umsatz entsprechend die umsatzbezogenen Gemeinkosten zu vergüten sind. Deshalb ist ein Zuschlagsfaktor zu berechnen, der den gemäß Auftragskalkulation kalkulierten uGK entspricht.

Bzgl. der nicht umsatzbezogenen Gemeinkosten ist vom AN ein jeweiliger kausaler Nachweis für jeden Nachtrag zu erbringen, dass diese Kosten von einer ändernden Anordnung des AG berührt werden. Es handelt sich demzufolge um Einzelnachweise.

Der Bieter kann demzufolge selbst entscheiden, ob er den Automatismus wählt oder den Einzelnachweis. Hinsichtlich der Berechnung der Zuschlagssätze sind folgende Rechenschritte zu vollziehen:

1. Umsortierung der BGK und UGK des Schlussblatts in uGK und nuGK

2. Unterscheidung in die verschiedenen Verfahren der Zuschlagsberechnung

3. Ermittlung des bzw. der Zuschlagssätze für die Nachtragskalkulation und die Mehr- und Mindermengenberechnung gemäß der vorgestellten Verfahren

Der Verfasser dieser Veröffentlichung geht davon aus, dass die gleichmäßige Verteilung der uBGK auf alle Kostenarten die richtige Lösung ist, weil hierdurch eine willkürliche Verteilung auf die Kostenarten nicht möglich ist. Diese Frage kann aber sicherlich diskutiert werden. Insofern sollte die Art der Verteilung vertraglich festgelegt werden.

Bzgl. der verhandelten Nachträge ist eine Nachtragsliste zu führen und insbesondere zu kennzeichnen, wenn vorläufig nuGK von Grundpositionen abgerechnet worden sind, damit während der Vertragserfüllung keine Unterdeckung der nuGK eintritt. Ferner sind die GK zu kennzeichnen, die zusätzlich zu den in der Auftragskalkulation enthaltenen GK direkt mit dem Nachtrag beauftragt worden sind.

15.6   Führung einer Nachtragsliste

15.6.1   Erforderliche Inhalte gemäß Formularen der Deutschen Bahn AG

Eine Möglichkeit der Darstellung von Nachträgen und den darin enthaltenen EKT, BGK aus kausal durch den Nachtrag entfallenen Grundpositionen sowie den darauf entfallenden UGK zeigt die in Kap. 14.13.2 dargestellte Tabelle 11 der Anlage 4.5 der Besonderen Vertragsbedingungen der Deutschen Bahn AG. Bild 230 zeigt die Tabelle der Anlage 4.5.

15.6.2   Beispiel für eine allgemeine Nachtragsliste

Eine allgemeingültige Möglichkeit zur Führung einer Nachtragsliste zeigt das Bild 231. Sie stellt im Zusammenhang mit dem Projekt- und Nachtragsmanagement des AG, aber auch des AN, einen Überblick über die nötige Budgetkontrolle im Zusammenhang mit dem Nachtragscontrolling dar. Die Tabelle dient der Übersicht über den Status der Nachtragsbearbeitung.

Pos.	Text	Menge	EKT	EKT infolge BGK-Änderung	BGK[1)]	UGK	EP neu
X	verringerte Qualität	100	450,00 €	0,00 €	151,60 €	66,84 €	668,44 €
Y	erhöhte Qualität	100	710,00 €	0,00 €	151,60 €	95,73 €	957,33 €
Z	zusätzl. Leistung	100	120,00 €	12,00 €	0,00 €	14,67 €	146,67 €
	...						
	...						
	...						
	Summen:		**1.280,00 €**	**12,00 €**	**303,20 €**	**177,24 €**	**1.772,44 €**

1) aus entfallenen Grundpositionen

Bild 230: Nachtragsliste gemäß Formularen der Deutschen Bahn AG (vgl. Tab. 11, Anlage 4.5 der Besonderen Vertragsbedingungen der Deutschen Bahn AG)

Da die Tabelle in Bild 231 keine Gemeinkostenanteile enthält, das Wissen über die Anteilshöhe pro Nachtrag aber zur Berechnung der Gemeinkostendeckung im Zuge der Gemeinkostenbilanz unerlässlich ist, ist eine Erweiterung der Tabelle in Bild 231 zur Angabe der Gemeinkostenanteile oder eine Kombination mit der Tabelle 11 der Anlage 4.5 der Besonderen Vertragsbedingungen der DB AG bzw. einer dementsprechenden Variante erforderlich.

Bild 232 enthält dementsprechend in den Spalten 10 bis 13 die Aufteilung der Nachtragspreise in die einzelnen Bestandteile (EKT, uGK, nuGK auf entfallene Grundpositionen).

Für die endgültige Gemeinkostenbilanz, die mit der Schlussrechnung zu erstellen ist, sind die Voraussetzungen gegeben. Im Kap. 17.0 „Anwendung des § 2 Nr. 3 VOB/B bei der Einheitlichen Auftrags- und Nachtragskalkulation" wird die Thematik wieder aufgegriffen und weitergehend behandelt.

15.7 Vorläufige Abrechnung von Baustellengemeinkostendeckung bei Entfall von Grundpositionsmengen infolge Nachträgen

Bei Nachträgen werden ausschließlich die Einzelkosten der Teilleistungen und die umsatzbezogenen Gemeinkosten vergütet.

Wenn Grundpositionen durch den Nachtrag ersetzt werden, ergibt sich eine Unterdeckung bzgl. der Vergütung der nuBGK und der zu den BGK zugehörigen uGK bis zur Schlussrechnung, weil erst im Zuge der Schlussrechnung eine BGK-Bilanz erstellt wird und damit eine Unterdeckung ausgeglichen wird. Es besteht demzufolge die Notwendigkeit, eine temporäre Unterzahlung des AN bis zur Schlussrechnung zu verhindern.

Können mit dem Nachtrag darüber hinaus vorläufig auch nicht umsatzbezogene Gemeinkosten vergütet werden? Ein entsprechender Hinweis ist in der Anlage 4.5 der Deutschen Bahn AG enthalten.[180] Durch diese Vorgehensweise erhält der AN immer die Vergütung der nicht umsatzbezogenen Gemeinkosten, die er in der Auftragskalkulation zugrunde gelegt hat. Die Tabelle in Bild 232 enthält dementsprechend in Spalte 12 die Möglichkeit, die nuBGK vorläufig geltend zu machen.

Eine Unterzahlung des AN ist durch die Beibehaltung der nicht umsatzbezogenen Gemeinkosten in den Abschlagsrechnungen ausgeschlossen.

Das durch die Abrechnung und die Nachträge entstandene Ungleichgewicht bzgl. der Baustellengemeinkosten-Deckung gegenüber der Auftragskalkulation muss im Zuge der Schlussrechnungsstellung und -prüfung ausgeglichen werden.

15.0

---

[180] Vgl. Kap. 14.13.2: Formblätter DB AG, Nachtragsprüfung – Anlage 4.5 mit Berechnungsbeispielen.

15.7.1   Beispiel für eine Nachtragsliste

Nachtragsliste ohne Kostenbestandteile (alle Beträge netto in €)

Bauvorhaben:
Name: Verwaltungshochhaus
Strasse: Beispielstrasse 01
Ort: 99999 Musterstadt

Stand: xx.xx.200x

0	1	2	3	4	5	6	7	8	9	10	11	12	13	14
											Prüffähigkeit			Bearbeitung
lfd. Nr.	Titel/Bezeichnung	eingereicht (Datum)	beauftragt (Datum)	eingereichte Summe (Soll)	beauftragte Summe (Soll)	nicht beauftragte bzw. abgelehnte Summe	Abrechnungssumme (Ist) lt. Aufmass	Abrechnungssumme (Ist), geprüft	davon bezahlte Summe	offene Summe	ja	nein	in Teilen	Datum/Name
1														
2														
3														
4														
5														
6														
7														
8														
9														
10														
11														
12														
13														
14	Summe Nachträge:			0,00 €	0,00 €	0,00 €	0,00 €	0,00 €	0,00 €	0,00 €				
15	Summe Hauptvertrag:			0,00 €	0,00 €	0,00 €	0,00 €	0,00 €	0,00 €	0,00 €				
16	Gesamtauftragssumme:			0,00 €	0,00 €	0,00 €	0,00 €	0,00 €	0,00 €	0,00 €				

Bild 231: Nachtragsliste mit Informationen zu einzelnen Nachträgen

15.7.2 Spezielle Nachtragsliste mit Kostenbestandteilen

Nachtragsliste incl. Kostenbestandteile (alle Beträge netto in €)

Stand: xx.xx.200x

Bauvorhaben:
Name: Verwaltungshochhaus
Strasse: Beispielstrasse 01
Ort: 99999 Musterstadt

lfd. Nr.	Titel/Bezeichnung	eingereicht (Datum)	beauftragt (Datum)	eingereichte Summe (Soll)	beauftragte Summe (Soll)	Abrechnungs-summe (Ist), lt. Aufmass	Abrechnungs-summe (Ist), geprüft	davon bezahlte Summe	offene Summe	EKT	EKT infolge BGK-Änderung	BGK-Anteil aus entfallenen GP (nuBGK)	uGK	Prüffähigkeit ja	nein	in Teilen	Bearbeitung Datum/ Name
0	1	2	3	4	5	6	7	8	9	10	11	12	13	14	15	16	17
1																	
2																	
3																	
4																	
5																	
6																	
7																	
8																	
9																	
10																	
11																	
12																	
13																	
14	Summe Nachträge:			0,00 €	0,00 €	0,00 €	0,00 €	0,00 €	0,00 €	0,00 €	0,00 €	0,00 €	0,00 €				
15	Summe Hauptvertrag:			0,00 €	0,00 €	0,00 €	0,00 €	0,00 €	0,00 €	0,00 €	0,00 €	0,00 €	0,00 €				
16	Gesamtauftragssumme:			0,00 €	0,00 €	0,00 €	0,00 €	0,00 €	0,00 €	0,00 €	0,00 €	0,00 €	0,00 €				

Kostenbestandteile (Nachtrag) gem. Summe Spalte 6

15.0

Bild 232: Nachtragsliste mit Kostenbestandteilen der einzelnen Nachträge

15.8   Zusammenfassung und weitere Vorgehensweise

Die in dem Kap. 11.0 durchgeführte Literaturanalyse hat ergeben, dass erheblicher Klärungsbedarf bzgl. der Nachtragskalkulation besteht. Im Kap. 13.0 ist schließlich ein allgemeingültiger Lösungsansatz vorgestellt worden, der eine durchgängige einheitliche Nachtragskalkulation gemäß § 2 VOB/B ermöglicht. Im Kap. 14.0 ist die anwendungsorientierte Umsetzung des allgemeingültigen Lösungsansatzes bei der Deutschen Bahn AG (ANKE) vorgestellt und erläutert worden. Dieses Kapitel hat der Ermittlung der Zuschlagssätze für die Nachträge und der Mehr- und Mindermengenberechnung gedient.

Im folgenden Kap. 16.0 wird ein Nachtrag exemplarisch vorgestellt. Im Kap. 17.0 wird erläutert, wie die Berechnung der neuen Einheitspreise gemäß § 2 Nr. 3 VOB/B und die Gemeinkostenbilanz vorgenommen werden muss. Im Kap. 18.0 erfolgt ein Vergleich der Nachtragsberechnung gemäß § 2 Nr. 3 VOB/B zwischen ANKE und der Berechnung des Bundes (BMVBS). Im Kap. 19.0 wird die Abgrenzung zwischen Hauptvertrag und Nachtrag behandelt. Kap. 20.0 enthält die Abschlussbilanz und die Schlussrechnung. Im Kap. 21.0 erfolgt eine Zusammenfassung.

16.0   Nachtragsbeispiel N 4 Offene Wasserhaltung für das Beispiel gemäß Anlagenband 2

16.1   Allgemeines

Im folgenden Kapitel wird anhand eines konkreten Beispiels die Nachtragskalkulation unter Anwendung der Einheitlichen Auftrags- und Nachtragskalkulation erläutert. Der Begriff der Prüfbarkeit und die sich daraus ergebenden inhaltlichen und strukturellen Erfordernisse bzgl. der Erstellung eines ordnungsgemäßen Nachtragsangebots werden in dem o. g. Nachfolgeband behandelt.

Der als Beispiel gewählte gegenständliche Nachtrag beinhaltet als Nachtragsleistung das Vorhalten einer Offenen Wasserhaltung für den Bereich der Baugrube. Die zusätzliche Errichtung der Wasserhaltung wird aufgrund des unvermuteten Vorkommens von erhöhtem Grundwasser erforderlich.

Die Auswahl dieses Nachtrags eignet sich als gutes Lehrbeispiel, da neben der erwähnten gegenständlichen Leistungsänderung auch eine Störung des Bauablaufs als Folge des Nachtrags eingetreten ist und somit auch als einführendes Beispiel in dem Band „Störung des Bauablaufs" der Lehrbuchreihe behandelt werden kann.

Die durch den Nachtrag Wasserhaltung bedingte sekundäre Leistungsänderung (vergrößerter Baugrubenaushub) dient der Erörterung der Abgrenzungs- und Abrechnungsproblematik zwischen Hauptvertrags- und Nachtragsleistung. Grundsätze und eine beispielhafte Anwendung werden im Kap. 19.0 vorgestellt.

Bzgl. des Nachtragsbeispiels werden der eingetretene Sachverhalt und die daraus resultierenden Maßnahmen bzw. Nachtragsleistungen kurz erläutert. Daran anschließend wird die Kalkulation einiger ausgewählter Positionen des Nachtragsbeispiels vorgestellt.

16.0

16.2   Kurzfassung Sachverhalt

Die Arbeiten bzgl. des Baugrubenaushubs sind ohne nennenswerte Beeinträchtigungen nach den vorgegebenen Zeichnungen begonnen worden.

Im Verlauf der Erdbauarbeiten sollen die Fundamentgräben ausgehoben werden. Am Morgen des 27.04.2007 wird kurz nach Beginn der Arbeiten festgestellt, dass ca. 15 cm unterhalb der Unterkante (UK) Kellersohle Wasser ansteht, welches in die Fundamentgräben einsickert. Die Bauarbeiten werden daraufhin sofort gestoppt und der Auftraggeber wird durch den Auftragnehmer über den Sachverhalt informiert.

Beide Parteien treffen sich umgehend zu einer Besprechung auf der Baustelle. Im Verlauf der Besprechung werden der vorgefundene Sachverhalt sowie Lösungsmöglichkeiten erörtert. Beide Parteien einigen sich auf die kostengünstigste Variante, die Herstellung einer Offenen Wasserhaltung.

Der AN teilt dem AG daraufhin vorerst mündlich mit, dass er hierfür eine zusätzliche Vergütung gemäß § 2 Nr. 6 VOB/B geltend machen wird und meldet eine Behinderung gemäß § 6 Nr. 1 VOB/B an. Der AN begründet dies damit, dass gemäß vorliegendem Bodengutachten nicht mit Grundwasser in dieser Höhe gerechnet werden musste, sondern erst ab ca. 1,00 m unter der Baugrubensohle.

Weiter schlägt der AN vor, mit der Erstellung und Vorhaltung der Offenen Wasserhaltung einen Nachunternehmer (NU) zu beauftragen. Der AG stimmt dem zu. Nach kurzer Rücksprache mit einem dem AN bekannten NU und dem Bodengutachter wird vereinbart, dass sich alle vier Parteien am Nachmittag desselben Tags auf der Baustelle zu einer Planungsbesprechung treffen.

16.3   Planungsergebnis aus der Baubesprechung mit Maßnahmenkatalog

Folgende Maßnahmen werden in der Baubesprechung vom 27.04.2007 festgelegt:

Geotechnische Grundlagen

Einholung einer wasserrechtlichen Erlaubnis nach § 10 des NWG (Niedersächsisches Wassergesetz) bei der unteren Wasserbehörde.

Erstellung einer wassertechnischen Berechnung (Nachweis des Absenktrichters, Auswirkung der Absenkung auf Baukörper und Bepflanzung im Absenkbereich) mit Darstellung der Absenkung in einem zeichnerischen Schnitt der Baugrube in Abstimmung mit dem Baugrundgutachter des AG.

Planerische Umsetzung der Wasserhaltung

Das bis ca. 0,15 m unterhalb der UK Kellersohlplatte auftretende Wasser muss mittels eines rund um die Baugrube laufenden Sickergraben gesammelt und durch Abpumpen in die Kanalisation entsorgt werden.

Der Sickergraben hat zur optimalen Ausführung der Drainageleitung bzw. Ableitung des Sickerwassers eine Breite von 0,50 m und eine Tiefe von 1,50 m ab UK Kellersohlplatte (ca. 0,50 m unter Fundamentunterkante). Die Länge ergibt sich aus der Herstellung rund um die Baugrube und wird durch örtliches Aufmass festgestellt. Die ungefähre Lage des Sickergrabens kann dem dargestellten Lageplan der Baumaßnahme (Bild 233) entnommen werden.

Das gesammelte Wasser wird zwei Pumpensümpfen zugeleitet und von dort mit Hilfe eines Rohrsystems der öffentlichen Kanalisation zugeführt. Der Wasserspiegel im Pumpensumpf muss so weit abgesenkt werden, dass die Gründungsfläche der Fundamente trocken bleibt.

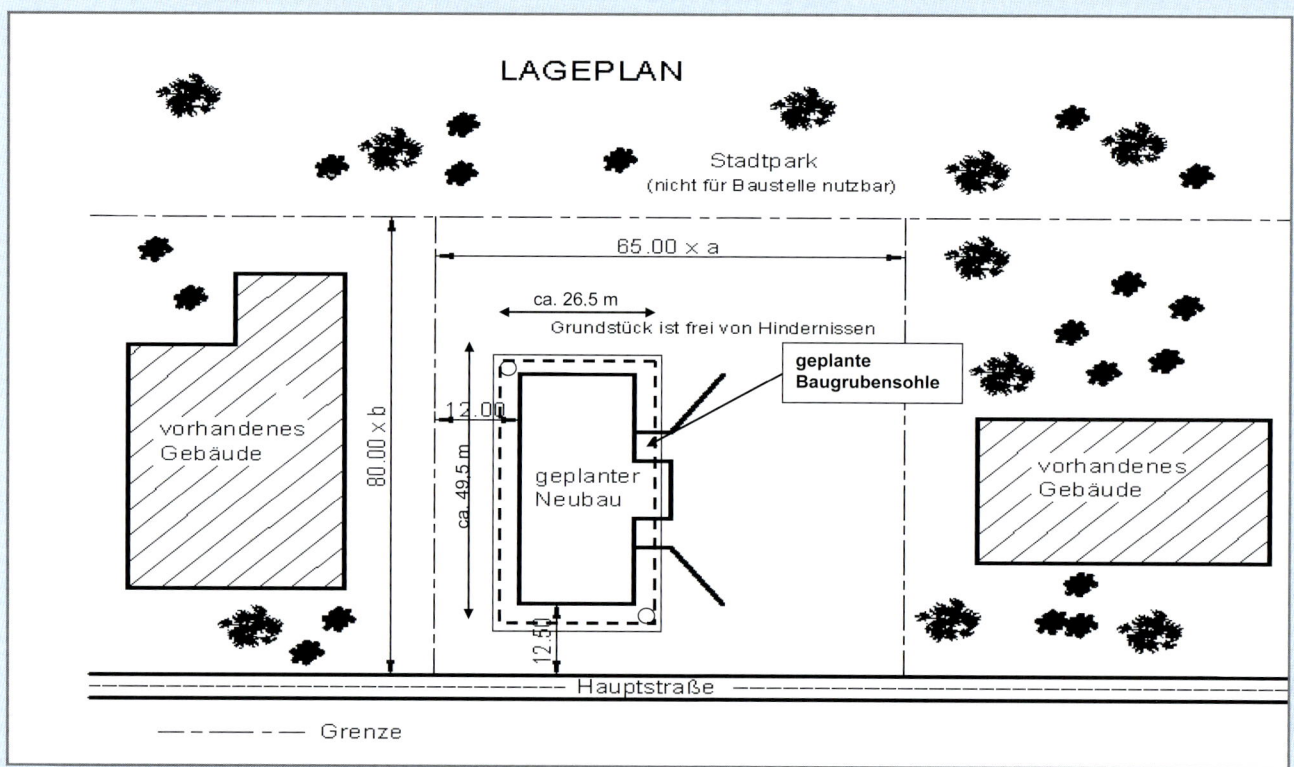

Bild 233: Lageplan mit Sickerleitung und Pumpensümpfen

Die Pumpensümpfe sind mit einem Durchmesser von ca. 1,00 m auszuführen, aus denen mittels Pumpen das aus den Drainrohren angespülte Wasser in die Vorflut abgepumpt wird. Die Seitenwände werden mit Betonbrunnenringen ausgeführt, damit das durch den Sog der Pumpe aufgewirbelte Wasser nicht zum Ausfließen und Erodieren des anstehenden Bodens und somit zur Verschlammung oder zum Einsturz des Pumpensumpfs führt.

Die Abmessung des Sickergrabens wird gemäß Absprache mit dem Baugrundgutachter des AG auf 0,50 m * 1,50 m i. M. dimensioniert. Das Gefälle der Grabensohle soll ca. 2 % betragen. Die Sickergräben werden mit einem Drainagerohr DN 100 versehen und mit Filterkies verfüllt.

Die endgültige Ausschachtung der Fundamentgräben erfolgt sukzessive nach der Herstellung der Sickergräben.

Sekundärfolgen aus dem Nachtrag Wasserhaltung

Um ein Durchweichen der Oberfläche der Baugrubensohle durch Befahren mit Baugeräten während der Baumaßnahmen zu verhindern, sind weitere geeignete Maßnahmen zu treffen. Diese werden nach Absprache mit allen Beteiligten wie folgt festgelegt:

Die lt. Bauvertrag auszuführende Sauberkeitsschicht der Pos. 2.2.01 wird anstatt 0,05 m in 0,10 m Stärke ausgeführt (plus 0,05 m). Die Sauberkeitsschicht wird unmittelbar nach dem Restaushub bereichsweise ausgeführt.

Da der Pumpbetrieb während der Errichtung des Grundbauwerks aufrechterhalten wird, müssen zu diesem Zweck die Sickergräben außerhalb des zu errichtenden Bauwerks angelegt werden. Aus diesem Grund wird die Baugrube um 1,50 m umlaufend erweitert.

Baubetriebliche Besonderheiten

Nach Erfordernis ist bei der Ausführung vor Ort nach Rücksprache mit dem Baugrundgutachter des AG ein mehrstufiger Aushub der Sickergräben vorzunehmen.

Die Baugrubenerweiterung entspricht aufgrund der örtlichen Situation (Geländebeschaffenheit und Gerätevorhaltung) und der gewählten Verfahrensweise der hauptvertraglichen Leistung.

Die o. a. Baugrubenerweiterung verursacht eine zusätzliche Verfüllung von Baugrubenvolumen.

Zur Herstellung der Sickergräben sind der Einsatz und die Vorhaltung einer Grabenschaufel (0,6 m³) als Zusatzgerät für den bereits vorhandenen Hydraulikbagger notwendig.

16.0

Wie bereits eingangs beschrieben, dient dieser von allen Beteiligten genehmigte Maßnahmenkatalog als Planungsgrundlage für ein von dem AN bzw. dessen NU zu erstellendes Nachtragsleistungsverzeichnis (vgl. Kap. 16.2).

Aus dem Maßnahmenkatalog wird bereits deutlich, dass die Wasserhaltung weitere Sekundärfolgen nach sich zieht. Die terminlichen Auswirkungen werden vorerst zurückgestellt.

Die Wasserhaltung als solches bewirkt einen veränderten Baugrubenaushub, eine geänderte Ausführung der Sauberkeitsschicht und ein zusätzliches Volumen bei dem Aushub und der Verfüllung der Baugrube.

16.4   Nachtrags-Leistungsverzeichnis

Dem AG wird im Zusammenhang mit dem vorliegenden Nachtragsbeispiel als Ergebnis der Baubesprechung vom 27.04.2007 von dem AN ein Nachtragsleistungsverzeichnis übersandt (vgl. Bild 234).

Ob und inwieweit die Erstellung des Leistungsverzeichnisses vergütungsfähig ist oder nicht, wird in dem Folgeband zu „Vergütungsanspruch und Nachtragskalkulation gemäß §§ 1 und 2 VOB/B" ausführlich behandelt.

Nach Meinung des Verfassers hat der AG bei Einheitspreisverträgen gemäß § 9 VOB/A die Pflicht, das Nachtragsleistungsverzeichnis zu erstellen. Diese Frage bedarf jedoch noch einer abschließenden juristischen Klärung.

Insofern besteht grundsätzlich ein Vergütungsanspruch, wenn der AN das LV erstellt.

16.5   Mengenermittlung der Positionen 2.1.03 und 2.1.04

Die Mengenermittlung bzgl. der Soll-Menge für die Nachtragspositionen „N 4.01 Baugrubenerweiterung" und „N 4.02 Verfüllung der Baugrubenerweiterung" ist nach der Simpsonscher Formel erfolgt (Abmessungen „Pos. 2.1.03 Baugrubenaushub", vgl. Anlagenband 2 „Nachtragsbeispiele, Mengenermittlung und Gemeinkostenbilanz", Kap. 8). Deshalb ergibt sich im Leistungsverzeichnis eine Zahl mit einer bzw. zwei Stellen hinter dem Komma. Es ist bei der Nachtragserstellung eine Einschätzung der erwarteten Mengen durchgeführt worden.

Pos.	Text	Menge	Einheit [Eh]	Einheitspreis [€/Eh]	Gesamtpreis [€]
	Nachtrag N 4: Offene Wasserhaltung				
N 4.01	Boden Bkl. 3 der Baugrubenerweiterung ausheben, profilgerecht lösen und auf Halde zwischenlagern Aushub für Baugrubenerweiterung gem. Zeichnung wie Pos. 2.1.03	618,39	m³	6,80	4.205,05
N 4.02	Verfüllung der Baugrubenerweiterung einbauen und verdichten wie Pos. 2.1.04	618,39	m³	29,08	17.982,78
N 4.03	Boden Bkl. 3 für Sickergräben ausheben, lösen und auf Halde zwischenlagern Aushub für Sickergräben 0,50 * 1,50 m Aushub innerhalb vorhandener Baugrube	100,55	m³	21,99	2.211,09
N 4.04	Drainagerohr DN 100 liefern und fachgerecht verlegen in Filterkiesschicht der Sickergräben mit ausreichendem Gefälle gem. Zeichnung	134,06	lfdm	4,15	556,35
N 4.05	Filterkies liefern und einbauen in Sickergräben 0,50 * 1,50 m	100,55	m³	37,35	3.755,54
N 4.06	Verstärkung Sauberkeitsschicht C 12/15, auf d = 0,10 m als Zulage zu Pos. 2.2.01	800,00	m²	7,68	6.144,00
N 4.07	2 Pumpensümpfe herstellen, incl. Ein- und Ausbau der Pumpen, Ein- und Ausbau Schnellkupplungsrohre incl. Schachtringe	1,00	psch	1.188,85	1.188,85
N 4.08	Betreiben und Überwachen d. Wasserhaltung (bis 4,0 l/sec.), Pumpen, Rohre, etc. Überwachung 1 Std./Tag einschl. Stromversorgung	60,00	Tage	58,37	3.502,20
N 4.09	Entsorgen des abgepumpten Wassers in die Kanalisation incl. Wasserentnahmegebühr (Entrichtung an Landkreis)	12.960,00	m³	0,96	12.441,60
N 4.10	Wasserrechtliche Erlaubnis gem. § 10 NWG, gem. Anlage XXX	1,00	psch	199,93	199,93
	Gesamtsumme N 4:				52.187,39

Bild 234: Nachtrags-Leistungsverzeichnis N 4

Die Abrechnung erfolgt bei diesem Beispiel getrennt nach Nachtragsleistung und Hauptvertrag. Die Abrechnung derartiger zusätzlicher Leistungen ohne getrennte Mengenermittlung im Rahmen des Hauptleistungsverzeichnisses ist gängige Praxis und gemäß § 14 Nr. 1 VOB/B zulässig. Eine Ausnahme hiervon liegt vor, wenn der AG eine getrennte Abrechnung verlangt. Das Beispiel basiert darauf, dass der AG eine getrennte Abrechnung verlangt hat.

Auf die Besonderheiten und Problematiken bezüglich der Abrechnung von Nachtragspositionen im Hauptleistungsverzeichnis wird allgemeingültig und mittels eines ausführlichen Berechnungsbeispiel mit verschiedenen Varianten in dem Kap. 19.0 „Abgrenzung zwischen Hauptvertrags- und Nachtragsleistungen" eingegangen.

16.6 Anspruchsbegründung

Für die Nachtragsforderung N 4 Offene Wasserhaltung trägt der AN eine Anspruchsbegründung gemäß § 2 Nr. 6 VOB/B in Kombination mit § 2 Nr. 5 VOB/B vor. Bei der Offenen Wasserhaltung handelt es sich um eine zusätzliche, nicht vorgesehene Leistung nach VOB/B, für die der Auftragnehmer Anspruch auf besondere Vergütung geltend macht.[181]

Die Abgrenzung zur veränderten Leistung gemäß § 2 Nr. 5 VOB/B ist in diesem Fall schwierig. Die veränderte Ausführung des Baugrubenaushubs kann auch als geänderte Leistung im Sinne des § 2 Nr. 5 angesehen werden. Insofern kommen beide Paragraphen als Anspruchsgrundlage in Betracht.

Bzgl. der Abgrenzungsproblematik zwischen § 2 Nr. 5 und 6 VOB/B wird auf § 1 Nr. 3 und 4 VOB/B verwiesen. Im Kap. 3.0 ist das einseitige Leistungsänderungsrecht ausführlich behandelt worden. Solange die Abgrenzung zwischen § 1 Nr. 3 und 4 VOB/B nicht eindeutig geklärt ist, wird es auch keine Klärung bzgl. der Abgrenzung zwischen § 2 Nr. 5 und 6 VOB/B geben können.

16.0

16.7 Inhaltliche Erläuterung ausgewählter Nachtragspositionen

Position N 4.01 gemäß Bild 234:

Um den Pumpbetrieb der Wasserhaltung auch während der Errichtung des Grundbauwerks zu gewährleisten, mussten die Gräben außerhalb des zu errichtenden Bauwerks angelegt werden. Hierzu musste die Baugrube abweichend von der ursprünglich geplanten Ausführung umlaufend um 1,50 m erweitert werden.

Zusätzlich ist zur Verhinderung des Aufweichens der Baugrubensohle während der Erstellung der Wasserhaltung und des Aushebens und Betonierens der Fundamente die Ausführung einer um 0,05 m verstärkten Sauberkeitsschicht über die gesamte Fläche der Baugrubensohle erforderlich (Position 4.06 gemäß Bild 234). Der zusätzliche Baugrubenaushub hierfür wird unter der Pos. N 4.01 erfasst.

Die Position N 4.01 entspricht der Position 2.1.03 der Hauptvertragsleistung. In der Praxis wird eine solche zusätzliche Leistung oftmals gemeinsam mit den Grundpositionen abgerechnet. Um dem AG eine Möglichkeit zur Budgetkontrolle zu geben, ist es jedoch erforderlich, diese Leistung im Nachtragsangebot aufzuführen. Nur hierdurch ist eine Budgetkontrolle möglich.

Position N 4.02 gemäß Bild 234:

Die Baugrubenerweiterung infolge der Sickergräben macht eine zusätzliche Verfüllung des erhöhten Baugrubenvolumens erforderlich. Auch hier wird in der Praxis die Leistung oftmals mit den Grundpositionen abgerechnet. Diese Position wird analog zu Pos. N 4.01 ebenfalls zur Budgetkontrolle im Nachtragsangebot aufgeführt.

Position N 4.03 gemäß Bild 234:

Hierbei handelt es sich um die für die geplante Form der Wasserhaltung notwendigen Sickergräben. In diese werden die zur Sickerwasserabführung erforderlichen Drainagerohre verlegt. Die angegebene Menge ergibt sich aus der Anordnung der Sickergräben rund um die Baugrube, mit einer Gesamtlänge von 134,06 m multipliziert mit dem erforderlichen Grabenquerschnitt von 0,50 m * 1,50 m.

---

[181] Vgl. § 2 Nr. 6 VOB/B.

Position N 4.04 gemäß Bild 234:

Um das Abführen des auftretenden Sickerwassers in die Vorflut zu gewährleisten, werden im Bereich rund um die Baugrube Sickergräben angelegt (siehe Pos. N 4.03). Diese werden mit o. a. Drainagerohr DN 100 versehen und mit Filterkies verfüllt, um ein Versanden der Rohre zu unterbinden. Die Rohre sind nach der zu erwartenden Wassermenge bemessen. Das gesammelte Wasser wird zwei Pumpensümpfen zugeleitet. Die Menge entspricht dabei der in Pos. N 4.03 angegebenen Länge der ausgehobenen Sickergräben.

16.8   Nachtragskalkulation ausgewählter Nachtragspositionen

16.8.1   Feststellung der durch die Leistungsänderung veränderten oder zusätzlichen Ressourcen und deren Kalkulationsansätze

Nachfolgend ist ein Ausschnitt aus der Erläuterung der baubetriebswirtschaftlichen Folgen der durch die Leistungsänderung veränderten Ressourcen und Kalkulationsansätze dargestellt.

- Durch die Behinderung konnte der Baugrubenaushub nicht wie geplant fortgesetzt werden. Die Fortsetzung der Hauptvertragsleistung verzögerte sich durch die Erstellung der Offenen Wasserhaltung und durch die fehlende Einleitungsgenehmigung um 25 AT. Der genaue Nachweis der Störungsfolgen erfolgt in einem gesonderten Nachtrag.

- Der Einsatz von sieben LKW einschließlich Bediener (Fahrer) wurde für das Abtransportieren des Baugrubenaushubs der Pos. 2.1.03 ursprünglich kalkuliert (vgl. Anlagenband 1, Kap. 2.2.4). Aufgrund der geringeren Leistung des Hydraulikbaggers war für den Zeitraum der Erstellung der Wasserhaltung der Einsatz von zwei LKW ausreichend um den Bodenaushub abzutransportieren. Die ursprünglich lt. Auftragskalkulation somit verbleibenden 5 LKW konnten kurzfristig anders eingesetzt werden und sind nicht in der Nachtragskalkulation enthalten.

- Zur Herstellung der Sickergräben sind der Einsatz und die Vorhaltung einer Grabenschaufel (0,6 m³) als Zusatzgerät für den bereits vorhandenen Hydraulikbagger notwendig. Es war der An- und Abtransport des Zusatzgeräts Grabenschaufel notwendig. Hierfür wurde eine Kostenpauschale von 200,00 € berechnet.

- Die Notwendigkeit bzw. Wahl zum Austausch des Tieflöffels für den Grabenlöffel ergibt sich aus folgenden Gründen:
  - Kleineres Volumen des Grabenlöffels (0,6 m³) gegenüber Tieflöffel (1,5 m³).
  - Der Aushub und das Verfüllen der 0,50 m breiten und 1,50 m tiefen Sickergräben ist erst durch die Verwendung eines Grabenlöffels effizient zu gestalten, da der für den Baugrubenaushub ursprünglich verwendete Tieflöffel durch sein Volumen von 1,5 m³ und seine Form zur Erstellung der Sickergräben unbrauchbar war.

- Der Aushub wird mit einem verminderten Leistungsansatz von 20 m³/Std. kalkuliert.

Die vorgenannten baubetrieblichen Folgen sind der Nachtragskalkulation zugrunde gelegt worden. Die Problematik der Kausalitätsnachweise wird an dieser Stelle nicht ausführlich erläutert.

16.8.2   Nachtragsposition N 4.01 „Bodenaushub der Baugrubenerweiterung"

Die Nachtragsposition N 4.01 wird aufgrund der Leistungsübereinstimmung nach dem EP der hauptvertraglichen Leistung der Position 2.1.03 abgerechnet. Gemäß Leistungsverzeichnis in Bild 234 wird für die Position N 4.01 ein Einheitspreis von 6,80 €/m³ angegeben. Tatsächlich beauftragt worden ist aber ein Einheitspreis in Höhe von 7,71 €/m³. Es stellt sich somit die Frage, weshalb trotz unverändertem Leistungsbild der Nachtragsleistung im Vergleich zum Hauptvertrag, die Nachtragsposition eine andere Größenordnung hat, als die Grundposition.

Die Begründung hierfür besteht darin, dass die nicht umsatzbezogenen Gemeinkosten von dem Einheitspreis des Hauptvertrags bei dem Nachtragsangebot abzuziehen sind, bzw. nicht in dem Zuschlagssatz enthalten sein dürfen.

Im Kap. 15.0 ist die Berechnung des neuen Zuschlagssatzes, der nur uGK berücksichtigt, ausführlich behandelt worden. Auch vom Leistungsbild gleichgebliebene Grundpositionen müssen demzufolge um die nuGK reduziert werden. Nur dann, wenn die Nachtragsleistung kausal nuGK auslöst, dürfen in der Nachtragskalkulation nuGK enthalten sein.

Bild 235 enthält die Nachtragskalkulation für die Grundposition. Es wird gemäß Bild 221 mit den Zuschlagssätzen 11,07 % für Eigenleistung und 8,65 % für Fremdleistung kalkuliert und nicht mit den Zuschlagssätzen der Auftragskalkulation (vgl. Bild 218 „Formblatt 4.1", Block 7 unten rechts und Anlagenband 1, z. B. Kap. 2.2.2).

Bild 235 zeigt die gegenüber der Auftragskalkulation veränderten Zuschlagssätze.

Pos.Nr.	Menge / Leistungsbeschreibung / Kurztext	Lohn [Std.]	[€]	SoKo [€]	Geräte [€]	Fremd [€]
N 4.01 2.1.03	618,39 m³					
	Baugrubenaushub Bkl. 3 der Baugrubenerweiterung ausheben, profilgerecht lösen und zwischenlagern					
	Leistungsgerät: Hydraulikbagger 160 KW Leistungsansatz: 146 m³/Std. KML= 29,00 €/Std.					
	Lohn (1,1 Std./146 m³/Std.)	0,0075	0,22			
	Betriebsstoffe (25,46 / 146 m³/Std.)			0,17		
	Geräteansatz (55,61 / 146 m³/Std.)				0,38	
	Leistungsgerät: LKW, Anzahl: 7					
	Lohn (7,7 Std. / 146 m³/Std.)	0,05274	1,53			
	Betriebsstoffe (32,82 * 7 / 146 m³/Std.)			1,57		
	Geräteansatz (42,77 * 7 / 146 m³/Std.)				2,05	
	1 Hilfskraft (1,0 Std. / 146 m³/Std.)	0,00685	0,20			
	Summen ohne Zuschläge	**0,067**	**1,95**	**1,75**	**2,43**	**0,00**
	Zuschlagsfaktor Nachtragskalkulation		1,1107	1,1107	1,1107	1,0865
	Summen einschl. Zuschläge		**2,17**	**1,93**	**2,70**	**0,00**

$$EP = \underline{\qquad 6,80\ €}$$
$$GP = \underline{\qquad 4.205,05\ €}$$

Bild 235: Nachtragskalkulation der Grundposition 2.1.03

16.8.3 Nachtragsposition N 4.02 „Verfüllung der Baugrubenerweiterung"

Die Nachtragsposition N 4.02 wird, wie die vorhergehende Nachtragsposition, nach dem EP der hauptvertraglichen Leistung der Position 2.1.04 abgerechnet. Bild 236 zeigt die unveränderten EKT und den veränderten Zuschlagssatz.

16.8.4 Nachtragsposition N 4.03 „Aushub von Sickergräben"

Bild 237 zeigt als praktisches Beispiel die Nachtragskalkulation der Position N 4.03.

Der Aushub der Sickergräben durch das Leistungsgerät Hydraulikbagger (160 kW) mit dem Zusatzgerät Grabenschaufel (0,6 m³) erfolgt mit einem verminderten Leistungswert in Höhe von 20 m³/Std. gegenüber dem in der Auftragskalkulation kalkulierten Leistungswert von 146 m³/Std.

Es war der An- und Abtransport des Zusatzgeräts Grabenschaufel notwendig. Hierfür wurde eine Kostenpauschale von 200,00 € berechnet, die auf die Menge umgelegt worden ist.

Der Einsatz von sieben LKW einschließlich Bediener (Fahrer) wurde für das Abtransportieren des Baugrubenaushubs ursprünglich kalkuliert (vgl. Kap. 16.8.1). Aufgrund der geringeren Leistung des Hydraulikbaggers war während des Aushebens der Sickergräben der Einsatz von zwei LKW ausreichend, um den Bodenaushub abzutransportieren.

Während des Aushebens der Sickergräben konnten die überschüssigen fünf LKW anderweitig eingesetzt werden und gingen daher nicht in die Nachtragskalkulation ein (anderweitiger Erwerb).

Pos.Nr.	Menge / Leistungsbeschreibung / Kurztext	Lohn [Std.]	[€]	SoKo [€]	Geräte [€]	Fremd [€]
N 4.02 2.1.04	618,39 m³					
	Verfüllung der Baugrubenerweiterung auffülen und verdichten					
	Leistungsgerät: Mobilbagger Leistungsansatz: 10 m³ / Std. KML= 29,00 € / Std.					
	Lohn (1,1 Std. / 10 m³/Std.)	0,11	3,19			
	Betriebsstoffe (9,55 / 10 m³/Std.)			0,96		
	Geräteansatz (27,42 / 10 m³/Std.)				2,74	
	Leistungsgerät: Flächenrüttler, Anzahl: 2					
	Lohn (2,0 Std. / 10 m³/Std.)	0,2	5,80			
	Betriebsstoffe (0,95 * 2 / 10 m³/Std.)			0,19		
	Geräteansatz (3,09 * 2 / 10 m³/Std.)				0,62	
	1 Hilfskraft (1,0 Std. / 10 m³/Std.)	0,1	2,90			
	NU-Erdbauarbeiten (Anlieferung)					10,00
	Summen ohne Zuschläge	**0,410**	**11,89**	**1,15**	**3,36**	**10,00**
	Zuschlagsfaktor Nachtragskalkulation		1,1107	1,1107	1,1107	1,0865
	Summen einschl. Zuschläge		**13,21**	**1,27**	**3,73**	**10,87**

	EP =	29,08 €
	GP =	17.982,78 €

Bild 236: Nachtragskalkulation der Grundposition 2.1.04

Pos.Nr.	Menge / Leistungsbeschreibung / Kurztext	Lohn [Std.]	[€]	SoKo [€]	Geräte [€]	Fremd [€]
N 4.03	100,55 m³					
	Boden Bkl. 3 für Sickergräben ausheben, laden und abtransportieren					
	Leistungsgerät: Hydraulikbagger 160 KW verringerter Leistungsansatz: 20 m³/Std. KML= 29,00 €/Std.					
	Lohn (1,1 Std. / 20 m³/Std.)	0,055	1,6			
	Betriebsstoffe (25,46 / 20 m³/Std.)			1,27		
	Geräteansatz (54,82 / 20 m³/Std.)		0		2,74	
	An-/Abtransport (200,- psch. / 100,55 m³)			1,99		
	Leistungsgerät: LKW, Anzahl: 2					
	Lohn (2,2 Std. / 20 m³/Std.)	0,11	3,19			
	Betriebsstoffe (32,82 * 2 / 20 m³/Std.)		0	3,28		
	Geräteansatz (42,77 * 2 / 20 m³/Std.)		0		4,28	
	1 Hilfskraft (1,0 Std. / 20 m³/Std.)	0,05	1,45			
	Summen ohne Zuschläge	**0,215**	**6,235**	**6,540**	**7,020**	**0,000**
	Zuschlagsfaktor Nachtragskalkulation		1,1107	1,1107	1,1107	1,0865
	Summen einschl. Zuschläge		**6,93**	**7,26**	**7,80**	**0,00**

	EP =	21,99 €
	GP =	2.211,09 €

Bild 237: Nachtragsangebot N 4 – Nachtragskalkulation Position N 4.03

16.8.5   Nachtragsposition N 4.04 „Verlegung von Drainagerohren"

Bild 238 zeigt als weiteres praktisches Beispiel für den Lösungsansatz die Nachtragskalkulation der Position N 4.04.

Die Drainagerohre werden in die zuvor ausgehobenen Gräben von drei Arbeitskräften mit einer Leistung von 50 m/Std. verlegt. Die Materialkosten für die einzubauenden Rohre sind mit 2,00 €/m kalkuliert.

Pos.Nr.	Menge / Leistungsbeschreibung / Kurztext	Lohn [Std.]	[€]	SoKo [€]	Geräte [€]	Fremd [€]
N 4.04	**134,06 m** **Drainagerohr DN 100 verlegen** Leistungsansatz: 50 m/Std. (3 AK) KML= 29,00 €/Std.					
	Verlegen (3 Arbeitskräfte / (50 m/Std.)	0,06	1,74			
	Materialkosten			2,00		
	Summen ohne Zuschläge	**0,060**	**1,740**	**2,000**	**0,000**	**0,000**
	Zuschlagsfaktor Nachtragskalkulation		1,1107	1,1107	1,1107	1,0865
	Summen einschl. Zuschläge		**1,93**	**2,22**	**0,00**	**0,00**

EP =   4,15 €
GP =   556,35 €

Bild 238: Nachtragsangebot N 4 – Nachtragskalkulation Position N 4.04

16.0

16.9   Kommentar zu dem Nachtragsangebot und dessen Struktur

Es handelt sich um einen gegenständlichen Nachtrag mit Sekundärfolgen bzgl. anderer Teilleistungen. Die Erstellung und Vorhaltung der Wasserhaltung ist ein gegenständlicher Nachtrag. Die zusätzliche Sauberkeitsschicht, der vergrößerte Baugrubenaushub und dessen Verfüllung können als Sekundärfolgen bezeichnet werden.

Weitere Sekundärfolgen betreffen die Bauumstände und die Bauzeit. Diese Sekundärfolgen sind vorerst ausgeklammert worden.

16.10   Zusammenfassung

Der in diesem Kapitel beispielhaft vorgestellte Nachtrag beinhaltet eine Wasserhaltung, die während des Erdaushubs notwendig geworden ist, weil der Grundwasserstand höher war, als in dem Baugrundgutachten angegeben. Als Folge der Wasserhaltung muss die Baugrube vergrößert werden. Die Abrechnung der vergrößerten Baugrube erfolgt nach einer Grundposition des Hauptleistungsverzeichnisses.

In dem Nachtragsangebot muss der Zuschlagssatz für die Gemeinkostendeckung des Einheitspreises der Grundposition dahingehend geändert werden, dass nur noch umsatzbezogene Gemeinkosten in dem Einheitspreis enthalten sind.

Zwar enthält das Nachtragsangebot die geschätzten Mengen infolge der Baugrubenvergrößerung, die Abrechnung wird aber üblicherweise für die gesamte Baugrube erstellt. Da der vergrößerte Teil der Baugrube zweifelsfrei eine geänderte bzw. zusätzliche Leistung ist, werden Nachtragsleistungen nunmehr abrechnungstechnisch so behandelt wie eine Mengenänderung. Auf diese Abgrenzungsproblematik wird noch allgemeingültig sowie beispielhaft im Kap. 19.0 eingegangen.

17.0   Anwendung des § 2 Nr. 3 VOB/B bei der Einheitlichen Auftrags- und Nachtragskalkulation

17.1   Ausgangsvoraussetzungen für die Anwendung

Bevor mit der Anwendung des § 2 Nr. 3 VOB/B begonnen werden kann, müssen bzgl. des Leistungsverzeichnisses und der vorliegenden Auftragskalkulation folgende Fragen geklärt werden:

- Enthält das Leistungsverzeichnis eindeutig definierte Grund-, Alternativ- und Bedarfspositionen?

- Liegt eine schlüssige Auftragskalkulation vor, mittels derer die Aufgliederung aller Einheitspreise in EKT, BGK und UGK möglich ist?

- Ist eine Aufschlüsselung der Gemeinkosten in nuGK und uGK erfolgt?

Es handelt sich bei den vorgenannten Prüfungsschritten um Ausgangsvoraussetzungen für den Nachweis von Mehr- oder Minderkosten gemäß § 2 Nr. 3 VOB/B. Soweit diese drei Punkte nicht vom Auftragnehmer geklärt worden sind, muss der Nachweis baubetriebswirtschaftlich als nicht prüfbar eingestuft werden, weil für den Auftraggeber kein möglicher Einstieg in die Prüfung gegeben ist. Die Kontroll- und Informationsinteressen des AG sind nicht gewahrt.

17.2   Berücksichtigung von Alternativ- und Eventualpositionen bei fehlender Eindeutigkeit im Leistungsverzeichnis oder fehlerhafter Abrechnung

Alternativpositionen ersetzen Grundpositionen dahingehend, dass Grundpositionen entfallen. Dementsprechend wird die Deckung der nicht umsatzbezogenen Gemeinkosten aus den Grundpositionen durch die der Alternativpositionen ersetzt. Wenn nunmehr baubegleitend Alternativpositionen nur partiell als Ersatz für Grundpositionen abgerechnet werden, entfällt somit nur ein Teil der Mengen der Grundpositionen.

Diese parallele Abrechnung von Grundpositionen/Alternativpositionen bewirkt, dass bei der Anwendung des § 2 Nr. 3 VOB/B der AN sowohl die unterdeckten nuGK der Grundposition bis 100 % der Soll-Mengen als auch bis 100 % der Soll-Mengen der Alternativposition vergütet bekommt.

Der AN erhält bei einer derartigen Anwendung des § 2 Nr. 3 VOB/B mehr nuGK vergütet, als ihm gemäß Auftragskalkulation zustehen. Die nuGK-Unterdeckung der Grundpositionen und der Alternativpositionen werden beide – also doppelt – abgerechnet.

Der gleiche Fall liegt vor, wenn die Klärung fehlt, welche Grundpositionen überhaupt von welcher Alternativposition ersetzt werden. Der Fall der fehlenden Abgrenzung zwischen Eventual- und Alternativpositionen führt ebenfalls zu Doppelberechnungen.

Ob im Zusammenhang mit Eventualpositionen Doppelberechnungen erfolgen, hängt davon ab, ob nuGK in den Eventualpositionen enthalten sind. Dies ist im Einzelfall zu prüfen.

Eine derartige fehlerhafte Anwendung des § 2 Nr. 3 VOB/B kann nur ausgeschlossen werden, wenn Grundpositionen immer gänzlich durch Alternativpositionen ersetzt werden. Die Grundposition verschwindet durch die Wahl der Alternativposition, darf eben nicht mehr in der Abrechnung verwendet werden. Diese Auffassung ist übrigens bereits durch die Rechtsprechung bestätigt worden.[182]

Damit ist allerdings nicht die Frage geklärt, ob die doppelte nuGK-Deckung bei paralleler Abrechnung von Grund- und Alternativpositionen infolge falscher Leistungsbeschreibung zulässig ist.

Hintergrund ist bei allen Fallgestaltungen, dass der AG durch ein fehlerhaftes Leistungsverzeichnis dieses Problem auslöst. Grundsätzlich bleibt demzufolge die Frage zu klären, ob ein AG, der bei der Wahl von Alternativpositionen in Ausschreibungen nicht klärt, in welcher Art Grundpositionen ersetzt werden, sich bei der Berechnung der Gemeinkostenüber- oder -unterdeckung noch auf für ihn vorteilhafte Verfahren berufen darf.

Der Verfasser ist nach mehreren gutachtlichen Stellungnahmen und konkreten Berechnungen bzgl. dieser Problematik zu der Überzeugung gekommen, dass bei nicht bestimmter Klärung, welche Grundpositionen durch welche Alternativpositionen ersetzt werden, die Alternativpositionen so behandelt werden, als wären sie Grundpositionen.

---

[182] Vgl. BGH Bs. v. 11.12.2003, VII ZR 7/03 bzw. KG, Urt. v. 21.11.2002, 4 U 7233/00, BauR 2004, S. 1779; vgl. auch Kapellmann/Messerschmidt: VOB Teile A und B, 2007, § 2 VOB/B, Rdn. 160.

Das Gleiche gilt für nicht klar bezeichnete Eventualpositionen. Diese Vorgehensweise bewirkt, dass der AN mehr nuGK erhält, als er kalkuliert hat. Diese nachteiligen Folgen sind zulässig, wenn der AG selbst durch ein fehlerhaftes Leistungsverzeichnis bzw. durch eine fehlerhafte Abrechnung eine eindeutige Klärung versäumt hat.

Es ist interessengerecht, wenn der AG durch eine derartige Behandlung von Eventual- und Alternativpositionen – so bleibt zu hoffen – zukünftig motiviert ist, eindeutige Ausschreibungen anzufertigen.

17.3 Voraussetzungen bzgl. der Auftragskalkulation

17.3.1 Ordnungsgemäße Auftragskalkulation

Eine Kalkulation kann durch folgende vier Prüfschritte darauf geprüft werden, ob sie ordnungsgemäß aufgestellt worden ist.

1. Schlüssigkeit – Prüfung, ob die vorgelegte Kalkulation hinsichtlich des Rechenalgorithmus richtig ist

2. Vollständigkeit – Prüfung, ob die Auftragskalkulation vollständig ist

3. Zuordnung – Prüfung, ob in der Kalkulation die Kosten den richtigen Leistungen zugeordnet worden sind

4. Angemessene Höhe – Prüfung, ob in der Kalkulation angemessene Kalkulationsansätze gewählt worden sind

Die genannten vier Kriterien sind insgesamt wichtig für die Wertung von Auftragskalkulationen im Rahmen der Angebotsbewertung gemäß VOB/A. Für die Anwendung des § 2 Nr. 3 VOB/B brauchen nicht alle Kriterien erfüllt zu werden.

Eine beispielhafte Darstellung und Herleitung der vorgenannten Prüfkriterien kann dem 8. Tagungsbericht der Interdisziplinären Tagung für Baubetriebswirtschaft und Baurecht entnommen werden.[183]

17.0

17.3.2 Eignung der Auftragskalkulation für die Anwendung des § 2 Nr. 3 VOB/B

Für die Anwendung des § 2 Nr. 3 VOB/B im Rahmen einer Gemeinkostenbilanz reicht es aus, wenn der Punkt 1 „Schlüssigkeit" gänzlich und der Punkt 2 „Vollständigkeit" teilweise erfüllt sind. Hinsichtlich der Vollständigkeit gemäß Punkt 2 gilt, dass die Aufgliederung aller Einheitspreise des Leistungsverzeichnisses widerspruchsfrei der Auftragskalkulation entnommen werden können muss. Die Aufgliederung muss eine rechentechnisch widerspruchsfreie Zerlegung aller Einheitspreise in die Bestandteile EKT, BGK und UGK ermöglichen.

Auch eine Auftragskalkulation, die bzgl. der EKT nicht in ausreichender Tiefe aufgeschlüsselt ist, genügt den Anforderungen, eine Gemeinkostenbilanz erstellen zu können, weil es nur auf die Feststellung der gesamten EKT eines Einheitspreises und der einzelnen Kostenartensummen innerhalb des Einheitspreis ankommt.

Insofern sind die Anforderungen für eine Gemeinkostenbilanz gemäß § 2 Nr. 3 VOB/B erfüllt, aber gegebenenfalls nicht für eine Nachtragskalkulation gemäß § 2 Nr. 4, 5 und 6 VOB/B.

Für eine Anwendung des in dieser Veröffentlichung vorgestellten Lösungsansatzes müssen bei einem Nachweis gemäß § 2 Nr. 3 VOB/B die Kosteneigenschafen der Gemeinkosten aus der Auftragskalkulation abgeleitet werden können, also eine Zuordnung zu uGK und nuGK möglich sein.

17.3.3 Nullmengen

Die Problematik der Nullmengen ist bereits in Kap. 8.2.7 behandelt worden.

Das Ergebnis besteht darin, dass die Nullmengen wie Mindermengen auf Null behandelt werden. Soweit der AN oder der AG sich darauf berufen, dass bei Nullmengen ein Anspruch gemäß § 2 Nr. 4 VOB/B (Teilkündigung) besteht, muss dieser Nachweis separat und isoliert behandelt werden.

---

[183] Vgl. Strehlke: Mischkalkulationen – eine baubetriebswirtschaftlich-juristische Analyse (baubetriebswirtschaftlicher Teil), 2007, S. 120 ff.

17.4   Prozessorientierter Ablauf eines Nachweises gemäß § 2 Nr. 3 VOB/B

- Prozessschritt 1: Prüfung des Leistungsverzeichnisses dahingehend, ob Alternativpositionen und zugehörige Grundpositionen gleichzeitig abgerechnet worden sind. Herausfiltern der Eventualpositionen.

- Prozessschritt 2: Prüfung der Auftragskalkulation auf Schlüssigkeit und Vollständigkeit. Die Kosteneigenschaften bzgl. der Gemeinkosten müssen geklärt sein. Gliederung der GK in nuGK und uGK.

- Prozessschritt 3: Herausfiltern aller Positionen, die über 110 % und unter 90 % der Soll-Mengen gemäß Hauptleistungsverzeichnis abgerechnet worden sind.

- Prozessschritt 4: Übernahme der Kalkulationsstruktur aus der Auftragskalkulation für alle Einheitspreise.

- Prozessschritt 5: Berechnung der Gemeinkostenunter- und -überdeckung für alle Positionen mit Nullmengen, Mindermengen und Mehrmengen.

- Prozessschritt 6: Einheitspreisneuberechnung.

17.5   Berechnungsbeispiel – Prozessschritte 1 bis 3

17.5.1   Prozessschritt 1 – Alternativ- und Grundpositionen

Die Grund- und Alternativpositionen sind bei dem Beispielfall eindeutig definiert. Alternativpositionen kommen nicht vor.

17.5.2   Prozessschritt 2 – Auftragskalkulation

17.5.2.1   Anteilige umsatzbezogene und nicht umsatzbezogene Gemeinkosten gemäß Schlussblatt

Im Kap. 15.4 ist erläutert worden, dass die Gemeinkosten hinsichtlich der Kosteneigenschaften in umsatzbezogene und nicht umsatzbezogene Gemeinkosten umsortiert werden müssen.

Die Zerlegung der Gemeinkostendeckung eines jeden Einheitspreises kann unterschiedlich vorgenommen werden.

Im Ergebnis sind für das Beispiel folgende kostenartenbezogene uGK festgestellt worden:

- Lohnkosten: 11,07 %

- Sonstige Kosten: 11,07 %

- Gerätekosten: 11,07 %

- Fremdleistungskosten 1: 8,65 %

- Fremdleistungskosten 2: 8,65 %

17.5.2.2   Methodik bei der Einheitlichen Auftrags- und Nachtragskalkulation

Die Grundüberlegung bzgl. der Methodik bei der Fortschreibung von Kosteneigenschaften besteht darin, dass die umsatzbezogenen Gemeinkosten mit der Abrechnung des Hautauftrags und der Nachträge bereits angemessen vergütet werden. Deshalb erübrigt sich eine Gemeinkostenbilanz bzgl. der uGK im Zuge der Schlussrechnung. Die Zuschlagssätze für die Nachträge werden direkt so berechnet, dass nur die EKT und die uGK vergütet werden.

Bzgl. des Hauptauftrags erfolgt systemimmanent mit der Schlussrechnung eine Anwendung des § 2 Nr. 3 VOB/B. Bei der Anwendung des § 2 Nr. 3 VOB/B muss nunmehr der in der Auftragskalkulation enthaltene Betrag für nuGK vergütet werden und gleichermaßen die uGK auf die nuGK.

Diese Überlegung ist nur umsetzbar, wenn jeder Einheitspreis hinsichtlich der Gemeinkostendeckung so in die Anteile uGK und nuGK zerlegt wird, dass die uGK der Position betragsmäßig bezogen auf die EKT genau den Anteilen an dem Gesamtauftrag entsprechen.

Hierdurch ist gewährleistet, dass bei der Abrechnung nach den tatsächlichen Mengen die uGK proportional zum Umsatz angemessen vergütet werden.

Es sei hier darauf hingewiesen, dass dieser Grundgedanke von allen zitierten Autoren so gesehen wird. Lediglich Kapellmann/Schiffers nehmen eine andere Aufteilung der Gemeinkosten vor.

17.5.2.3   Tauglichkeit der vorliegenden Auftragskalkulation

Die Auftragskalkulation des Beispiels (Anlagenband 1) erfüllt die formulierten Kriterien. Hinsichtlich der Übernahme der Daten ist ein Kontrollschritt dahingehend durchgeführt worden, dass bei 100 % der Mengen die nicht umsatzbezogen definierten Gemeinkosten und die umsatzbezogen definierten Gemeinkosten summarisch mit dem Schlussblatt verglichen worden sind.

Es konnte eine Übereinstimmung festgestellt werden. Dieser Berechnungsschritt ist bei teilweise umsatzbezogen definierten BGK nur mit Excel-Listen möglich (vgl. Anlagenband 1, Kap. 2.2.5). Die zurzeit auf dem Markt erhältlichen EDV-Programme sind noch nicht in der Lage, diese Berechnungsschritte zu vollziehen, weil eine programmtechnische Unterscheidung in uGK und nuGK fehlt.

17.5.3   Prozessschritt 3 – Mehr- und Mindermengen über 110 % und unter 90 % des Beispielprojekts

Die durch Aufmaß der ausgeführten Mengen ermittelten Ist-Mengen werden den Soll-Mengen des Hauptleistungsverzeichnisses (HLV) gegenübergestellt. Hierdurch wird die prozentuale Mengenabweichung festgestellt. Daraus ergeben sich die Positionen, für die aufgrund ihrer mehr als 10-prozentigen Abweichungen vom Soll neue Einheitspreise zu ermitteln sind.

Für das Beispielprojekt ist ein Aufmaß mit Mengenermittlung aller ausgeführten Leistungen erstellt worden.[184]

Aus diesem Aufmaß ergaben sich 15 Positionen mit relevanten Mengenabweichungen über 10 %, für die ein neuer EP zu vereinbaren ist. Bild 239 zeigt die 15 Positionen. Die Abweichungen schwanken zwischen -43 % und +73 %.

	Pos.	Beschreibung	Soll-Menge	Ist-Menge	Differenz Soll-Ist	Differenz Soll-Ist [%]	Menge > 110 %	Menge < 100 %
	1	2	3	4	5 = 4-3	6 = 5/3*100	7 = 4-3*110 %	8 = 5
1	2.1.01	Oberboden entfernen	900,00 m³	1.560,00 m³	660,00 m³	73,33	570,00 m³	
2	2.1.03	Baugrubenaushub	6.000,00 m³	4.316,97 m³	-1.683,03 m³	-28,05		-1683,03 m³
3	2.1.04	Verfüllung	2.100,00 m³	1.205,51 m³	-894,49 m³	-42,59		-894,49 m³
4	2.1.05	Schottertragschicht	20,00 m³	17,86 m³	-2,14 m³	-10,70		-2,14 m³
5	2.2.41	Beton der Treppenpodeste	22,00 m²	33,39 m²	11,39 m²	51,77	9,19 m²	
6	2.2.42	Beton der aufgesattelten Stufen	160,00 Stck.	125,00 Stck.	-35,00 Stck.	-21,88		-35,00 Stck.
7	2.2.43	Schalung der Treppen u. Zwischenpodeste	140,00 m²	194,32 m²	54,32 m²	38,80	40,32 m²	
8	2.2.46	Beton der Kernwände Dachaufbau, d=20	106,00 m²	94,18 m²	-11,82 m²	-11,15		-11,82 m²
9	2.2.52	Liefern und Verlegen von Mattenstahl	90.000,00 kg	148.775,24 kg	58.775,24 kg	65,31	49.775,24 kg	
10	2.3.01	Winkelstützwände	14,00 Stck.	12,00 Stck.	-2,00 Stck.	-14,29		-2,00 Stck.
11	3.1.01	Gipskartonwände, d= 12,5 cm	1.310,00 m²	918,75 m²	-391,25 m²	-29,87		-391,25 m²
12	3.1.02	Bürowandsystem	767,50 m²	904,35 m²	136,85 m²	17,83	60,10 m²	
13	3.1.04	MF-Decke	1.070,00 m²	1.238,09 m²	168,09 m²	15,71	61,09 m²	
14	3.1.06	Deckensystem Metallic	970,00 m²	1.121,28 m²	151,28 m²	15,60	54,28 m²	
15	3.1.07	GK-Decke, einlagig	330,00 m²	293,96 m²	-36,04 m²	-10,92		-36,04 m²

Bild 239: Mehr- und Mindermengen gemäß § 2 Nr. 3 VOB/B

Der vollständige Soll/Ist-Mengenvergleich für alle Positionen des Beispielprojekts befindet sich in dem Anlagenband 2 „Nachtragsbeispiele, Mengenermittlung und Gemeinkostenbilanz".[185]

---

[184] Vgl. Schottke/Strehlke: Nachtragsbeispiele, Mengenermittlung und Gemeinkostenbilanz – Anlagenband 2, Kap. 8.0.
[185] Vgl. Schottke/Strehlke: Nachtragsbeispiele, Mengenermittlung und Gemeinkostenbilanz – Anlagenband 2, Kap. 9.0.

Anmerkung:

Die tatsächlichen Ausführungsmengen der unter den Pos. 2.1.03 „Baugrubenaushub" und 2.1.04 „Verfüllung" abgerechneten Mengen ergeben sich teilweise aus Änderungen bzw. ändernden Anordnungen des AG hinsichtlich der hauptvertraglichen Leistung und stehen in einem kausalem Zusammenhang mit dem Nachtrag N 4 „Offene Wasserhaltung".

Die infolge der Leistungsänderung aufgetretenen Mengen der Positionen 2.1.03 und 2.1.04 sind bereits mit dem Nachtrag N 4 unter Ansatz der EKT und darauf entfallender uGK angeboten worden. Die Abrechnung ist demgegenüber aber insgesamt für die Baugrube erstellt worden. Die Mengen werden praxisgerecht als ausgeführte Leistung ohne Leistungsänderung abgerechnet. Demzufolge werden Nachtragsleistungen im Zusammenhang mit Mehr- und Mindermengen gemäß § 2 Nr. 3 VOB/B berücksichtigt.

Auf die bestehende Abgrenzungsproblematik zwischen echten Mengenänderungen und unechten Mengenänderungen als Folge eines Nachtrags wird an dieser Stelle nochmals hingewiesen (Anmerkungen hierzu siehe Kap. 16.5 und Kap. 19.0 „Abgrenzung zwischen hauptvertraglichen Leistungen und Nachtragsleistungen" sowie Kap. 20.0 „Schlussrechnungsstellung gemäß § 16 VOB/B").

17.6   Systematik der Berechnung

17.6.1   Vorgehensweise

Bevor die einzelnen Prozessschritte 4 bis 7 weiter behandelt werden, wird allgemeingültig und beispielhaft die Systematik der Berechnung gemäß § 2 Nr. 3 VOB/B auf der Grundlage des in diesem Buch vorgestellten Lösungsansatzes vorgestellt (vgl. Kap. 14.0 Beispiel für die anwendungsorientierte Umsetzung des Lösungsansatzes).

Die aus der Auftragskalkulation hervorgehende Definition der Baustellengemeinkosten als einmalige, mengenabhängige bzw. zeitabhängige Kosten und die rein umsatzabhängige Betrachtung der umsatzbezogenen Gemeinkosten bewirkt eine Fortschreibung unter Beibehaltung der in der Auftragskalkulation definierten Kosteneigenschaften.

Dies hat den Vorteil, dass eine Kompensation der uGK im Zuge der Gemeinkostenbilanz überflüssig ist, da keine Über- oder Unterdeckung eintreten kann (vgl. Kap. 13.0).

Erhöht sich der Umsatz infolge von Leistungs- oder Mengenänderungen, erfolgt auch eine höhere Deckung der umsatzbezogenen Gemeinkosten und umgekehrt. Diese Vorgehensweise ist widerspruchsfrei und konsequent, da die umsatzbezogen definierten GK in der Auftragskalkulation eben automatisch über die Abrechnung angemessen vergütet werden.

Die folgenden Berechnungen werden mit einer höheren Genauigkeit gegenüber den dargestellten Nachkommastellen durchgeführt. Es ergeben sich dennoch Rundungsungenauigkeiten.

17.6.2   Berechnung einer Mehrmenge (§ 2 Nr. 3 Abs. (2) VOB/B) gemäß der Systematik „Einheitliche Auftrags- und Nachtragskalkulation"

Aus Bild 240 wird deutlich, dass die Gemeinkosten eines Einheitspreises aus folgenden drei Elementen bestehen:

1.   nicht umsatzbezogene Gemeinkosten – nuGK

2.   umsatzbezogene Gemeinkosten auf die Einzelkosten der Teilleistungen – uGK auf EKT

3.   umsatzbezogene Gemeinkosten auf nicht umsatzbezogene Gemeinkosten – uGK auf nuGK

Die Berechnungsmethode sieht vor, dass sich der neue EP ab der ausgeführten Menge von 110 % aus dem alten Einheitspreis abzüglich der darin enthaltenen nicht umsatzbezogenen Gemeinkosten und der auf die nuGK entfallenden umsatzbezogenen Gemeinkosten ergibt.

Durch diesen methodischen Ansatz wird vermieden, dass der AN durch die Abrechnung mehr nuGK erhält, als er kalkuliert hat.

Bild 240 zeigt die Umsetzung des methodischen Ansatzes. Bei der Berechnung der Einheitspreise über 110 % werden keine nuGK und keine uGK auf die nuGK vergütet. Es verbleibt eine Vergütung der EKT und der auf die EKT anfallenden uGK.

Es wird grundsätzlich bei einer Anpassung der Einheitspreise gemäß § 2 Nr. 3 VOB/B darin unterschieden, ob eine Veränderung der EKT z. B. durch Änderung von Material- oder Gerätekosten eintritt oder eine Gemeinkostenbilanz oder beides durchgeführt wird. Ändern sich auch die EKT, wird der vergrößerte bzw. verminderte EKT-Anteil inkl. darauf entfallende uGK in der EP-Berechnung mit berücksichtigt (vgl. Kap. 14.13.2, Bilder 201 und 202).

In diesem Kapitel erfolgt ausschließlich die Erläuterung, wie eine Gemeinkostenbilanz durchgeführt wird. Es wird davon ausgegangen, dass sich die EKT nicht verändern. Bild 241 zeigt als Beispiel die Berechnung des neuen EP für die Ist-Menge über 110 % der Position 2.2.41 „Beton der Treppenpodeste".

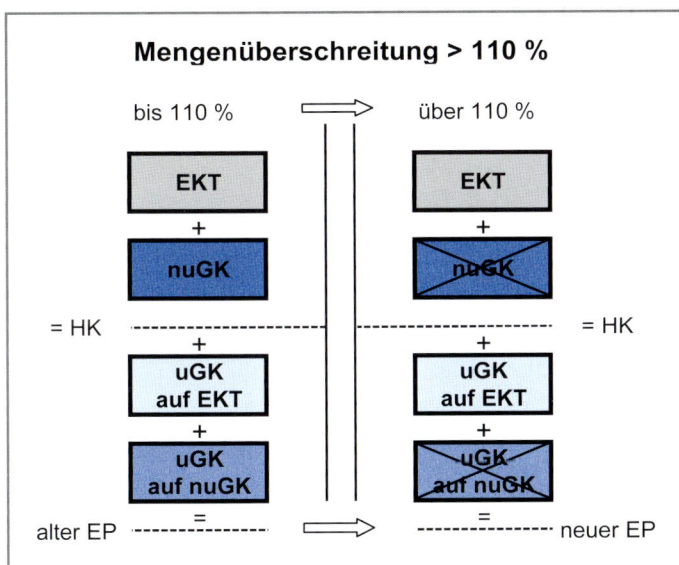

Bild 240: Berechnungsmethode der Mehrmenge über 110 % gemäß Einheitlicher Auftrags- und Nachtragskalkulation

---

Pos. 2.2.41 Beton der Treppenpodeste

Lohnkosten	13,05 €
Sonstige Kosten	11,52 €
Gerätekosten	0,00 €
Fremdleistung	0,00 €
EKT Summe	**24,57 €**

EP lt. HV	**32,74 €**	
Gemeinkostendeckung	**8,17 €**	(EP - EKT)
davon nuGK	**4,91 €**	(GK - uGK)
davon uGK	**3,26 €**	(EP * Zuschlagfaktor uGK 9,96 %)

Zuschlag für uGK auf nuGK

nuGK * Zuschlagsfaktor uGK[1] = **0,54 €**

neuer EP für die über 110 % hinausgehende Menge:

alter EP	32,74 €	
abzgl. nuGK	4,91 €	(GK - uGK)
abzgl. Zuschlag für uGK auf nuGK	0,54 €	(nuGK * 11,07 %)
neuer EP	**27,29 €**	

[1] Zuschlagsfaktor uGK berechnen:

(p * 100 / 100 - p) = (9,96 % * 100) / (100 - 9,96 %) = 11,07 %

Bild 241: Kalkulation des neuen EP bei Mehrmengen gemäß Einheitlicher Auftrags- und Nachtragskalkulation

Die Berechnung aller neuen Einheitspreise und jeweiligen Gemeinkostenüberdeckung der relevanten Positionen des Beispielprojekts mit Mengenüberschreitungen können dem Anlagenband 2 „Nachtragsbeispiele, Mengenermittlung und Gemeinkostenbilanz" entnommen werden.[186]

17.6.3   Berechnung einer Mindermenge gemäß § 2 Nr. 3 Abs. (3) VOB/B und einheitlicher Auftrags- und Nachtragskalkulation

Bei der Berechnung des erhöhten EP ab einer Unterschreitung < 90 % der Soll-Menge werden die nuGK und die darauf entfallenden uGK der nicht realisierten Ausführungsmenge auf die verbleibende Menge umgelegt. Bild 242 zeigt den methodischen Ansatz.

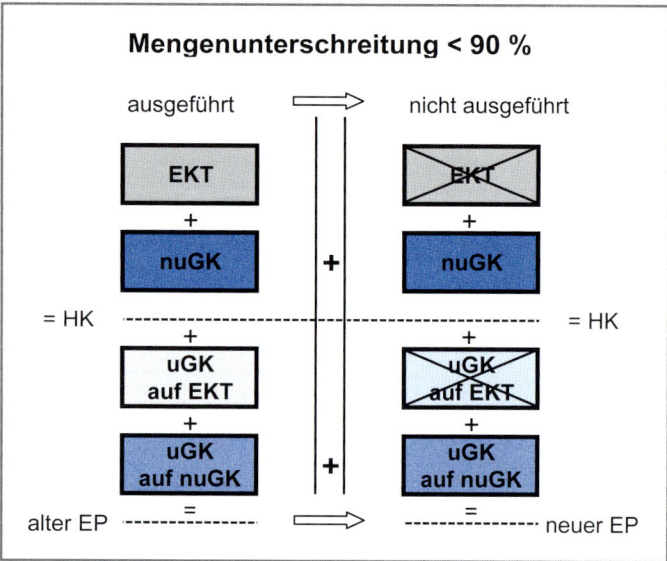

Bild 242: Berechnungsmethode der Mindermengen gemäß Einheitlicher Auftrags- und Nachtragskalkulation

Soweit eine Mengenunterschreitung vorliegt, hat der AN keinen Anspruch auf Erstattung der EKT und der auf die EKT anfallenden uGK bzgl. der entfallenen Mengen. Dementsprechend sind in Bild 242 die EKT und uGK auf EKT gestrichen worden. Bzgl. der Mindermengen erfolgt eine Vergütung der nuGK und uGK auf nuGK. Bild 243 zeigt als Beispiel die Berechnung des erhöhten EP der Position 2.2.42 „Beton der aufgesattelten Stufen".

Die ausgeschriebenen Mengen (160 m²) haben sich auf 125 m² reduziert (vgl. Bild 239, Zeile 6, Spalten 3 und 5).

Die Berechnung aller erhöhten Einheitspreise und der jeweiligen Gemeinkostenunterdeckungen der relevanten Positionen des Beispielprojekts mit Mengenunterschreitungen können dem Anlagenband 2 „Nachtragsbeispiele, Mengenermittlung und Gemeinkostenbilanz" entnommen werden.[187]

17.6.4   Zusammenfassung zur EP-Anpassung bei Mengenänderungen gemäß § 2 Nr. 3 VOB/B

Bild 244 (Mehrmengen) und Bild 245 (Mindermengen) zeigen zusammenfassend die methodische Vorgehensweise der Berechnung gemäß § 2 Nr. 3 VOB/B auf der Grundlage der Einheitlichen Auftrags- und Nachtragskalkulation.

---

[186] Vgl. Schottke/Strehlke: Nachtragsbeispiele, Mengenermittlung und Gemeinkostenbilanz – Anlagenband 2, Kap. 9.0.
[187] Vgl. Schottke/Strehlke: Nachtragsbeispiele, Mengenermittlung und Gemeinkostenbilanz – Anlagenband 2, Kap. 9.0.

Pos. 2.2.42. Beton der aufgesattelten Stufen

Lohnkosten	2,14 €	
Sonstige Kosten	1,58 €	
Gerätekosten	0,00 €	
Fremdleistung	0,00 €	
EKT Summe	**3,72 €**	

EP lt. HV	**5,01 €**	
Gemeinkostendeckung	**1,29 €**	(EP - EKT)
davon nuGK	**0,79 €**	(GK - uGK)
davon uGK	**0,50 €**	(EP * Zuschlagsfaktor uGK 9,96 %)

Unterdeckung der nuGK

(160 m² - 125 m²) * nuGK =   27,50 €[1]

Unterdeckte GK

(Unterdeckte nuGK * 0,1107[2]) + Unterdeckte nuGK   30,00 €[1]

Verteilung der GK auf verbleibende Menge:

Unterdeckung / verbleibende Menge =
27,50 € / 125 m²   0,22 €

uGK auf unterdeckte nuGK:

nuGK * Zuschlagsfaktor uGK =   0,02 €

neuer EP:

EP lt. HV	5,01 €
Unterdeckte nuGK	0,22 €
uGK auf unterdeckte nuGK	0,02 €
neuer EP	**5,25 €**

[1] Die Beträge entstammen der Schlussbilanz des Anlagenbandes 2 dieser Lehrbuchreihe. Eine positionsweise Vorwärtsrechnung kann zu geringfügig anderen Ergebnissen führen.

[2] Zuschlagsfaktor uGK berechnen:
(p * 100 / 100 - p) = (9,96 % * 100) / (100 - 9,96 %) = 11,07 %

Bild 243: Kalkulation des erhöhten EP bei Mindermengen gemäß Lösungsansatz zur Nachtragskalkulation

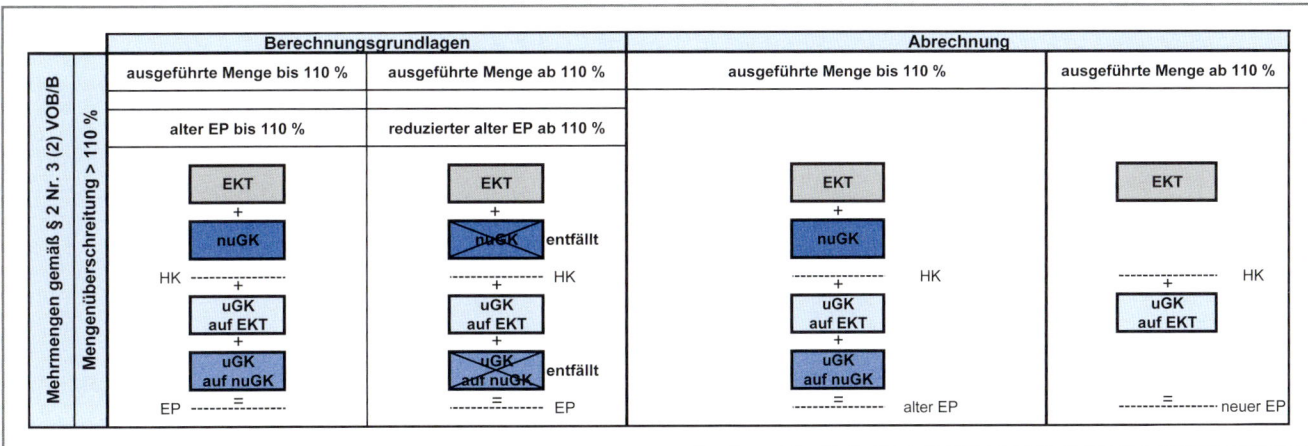

Bild 244: Methodik zur EP-Anpassung bei Mehrmengen gemäß § 2 Nr. 3 Abs. (2) VOB/B

17.0

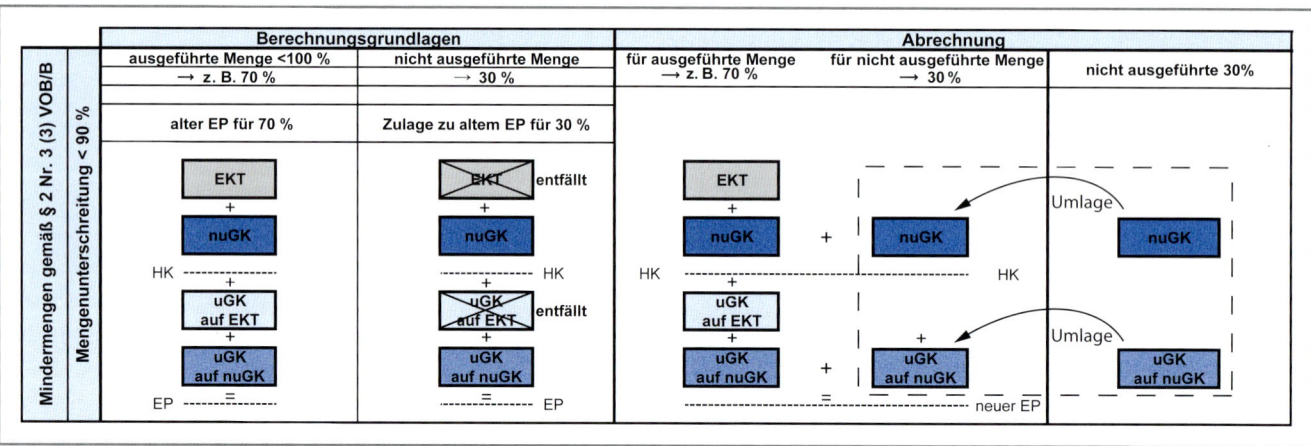

Bild 245: Methodik zur EP-Anpassung bei Mindermengen gemäß § 2 Nr. 3 Abs. (3) VOB/B

17.7 Prozessschritt 4, 5 und 6 – Ausgleichsberechnung/Gemeinkostenbilanz für Mehr- und Mindermengen des Beispielprojekts

Ausgehend von den in Kap. 17.6.2 und Kap. 17.6.3 genannten Methoden wurde für das Beispielprojekt der mögliche Vergütungsanspruch des AN bzw. Rückvergütungsanspruch des AG bzgl. der nuGK und darauf entfallender uGK ermittelt (vgl. Bilder 246 und 247).

Der Prozessschritt 4 – Übernahme der Auftragskalkulationsstruktur – wird hier nicht mehr separat behandelt.

Anhand der durchgeführten Gemeinkostenbilanz für Mehr- und Mindermengen gemäß § 2 Nr. 3 VOB/B lässt sich für das Beispielprojekt abschließend folgendes Ergebnis darstellen (vgl. Bild 247).

Es ergibt sich somit für den Nachtrag N 6 „Mehr- und Mindermengen/Gemeinkostenbilanz" ein Vergütungsanspruch des AN für unterdeckte Gemeinkosten (nuGK) infolge Mehr- und Mindermengen gemäß § 2 Nr. 3 VOB/B in Höhe von 3.454,92 € (3.831,17 € zzgl. uGK auf nuGK). Durch die Neuberechnung der Einheitspreise wird diese Unterdeckung vergütet.

17.8 Zusammenfassung zu der Mengenberechnung gemäß § 2 Nr. 3 VOB/B

Für die Gemeinkostenbilanz muss folgende Ausgangsvoraussetzung geklärt sein:

- Liegt ein Verlangen vor, Nullmengen wie eine Teilkündigung zu behandeln? Soweit dies nicht der Fall ist, werden Nullmengen wie Mindermengen behandelt?

Soweit diese Ausgangsvoraussetzung geklärt ist, erfolgt der Nachweis nach folgenden 6 Prozessschritten:

- Prozessschritt 1: Prüfung des Leistungsverzeichnisses dahingehend, ob Alternativpositionen und zugehörige Grundpositionen gleichzeitig abgerechnet worden sind. Herausfiltern der Eventualpositionen.

- Prozessschritt 2: Prüfung der Auftragskalkulation auf Schlüssigkeit und Vollständigkeit. Die Kosteneigenschaften bzgl. der GK müssen geklärt sein. Gliederung der GK in nuGK und uGK.

- Prozessschritt 3: Herausfiltern aller Positionen, die über 110 % und unter 90 % der Soll-Mengen gemäß Hauptleistungsverzeichnis abgerechnet worden sind.

- Prozessschritt 4: Übernahme der Kalkulationsstruktur aus der Auftragskalkulation für alle Einheitspreise.

- Prozessschritt 5: Berechnung der Gemeinkostenunter- und -überdeckung für alle Positionen mit Nullmengen, Mindermengen und Mehrmengen.

- Prozessschritt 6: Einheitspreisneuberechnung.

											GK-Unterdeckung		GK-Überdeckung	
Pos.	Beschreibung	Soll-Menge	Ist-Menge	Differenz Soll / Ist	Zu bilanzierende Menge	alter EP	davon EKT	davon GK	davon nuGK¹	davon uGK	Unterdeckung (nuGK)¹	Unterdeckung (nuGK zzgl. uGK auf nuGK)¹	Überdeckung (nuGK)¹	Überdeckung (nuGK zzgl. uGK auf nuGK)¹
1	2	3	4	5 = 4-3	6	7	8	9 = 7-8	10 = 9-11	11 = 7*uGK %	12 = 6*10	13 = 12+12*uGK %	14 = 6*10	15 = 14+14*uGK %
1 2.1.01	Oberboden entfernen	900,00 m³	1.560,00 m³	660,00 m³	570,00 m³	11,17 €	9,46 €	1,71 €	0,74 €	0,97 €			420,31 €	467,16 €
2 2.1.03	Baugrubenaushub	6.000,00 m³	4.316,97 m³	-1.683,03 m³	-1.683,03 m³	7,71 €	6,13 €	1,58 €	0,81 €	0,77 €	1.381,43 €	1.510,94 €		
3 2.1.04	Verfüllung	2.100,00 m³	1.205,51 m³	-894,49 m³	-894,49 m³	33,94 €	26,39 €	7,55 €	4,39 €	3,16 €	3.917,91 €	4.351,89 €		
4 2.1.05	Schottertragschicht	20,00 m³	17,86 m³	-2,14 m³	-2,14 m³	43,42 €	34,62 €	8,80 €	4,92 €	3,88 €	10,52 €	11,59 €		
5 2.2.41	Beton der Treppenpodeste	22,00 m²	33,39 m²	11,39 m²	9,19 m²	32,74 €	24,57 €	8,17 €	4,91 €	3,26 €			45,10 €	50,09 €
6 2.2.42	Beton der aufgesattelten Stufen	160,00 Stck.	125,00 Stck.	-35,00 Stck.	-35,00 Stck.	5,01 €	3,72 €	1,29 €	0,79 €	0,50 €	27,50 €	30,00 €		
7 2.2.43	Schalung der Treppen u. Zwischenpodest	140,00 m²	194,32 m²	54,32 m²	40,32 m²	121,50 €	84,00 €	37,50 €	25,39 €	12,11 €			1.023,86 €	1.137,16 €
8 2.2.46	Beton der Kernwände Dachaufbau, d=20	106,00 m²	94,18 m²	-11,82 m²	-11,82 m²	25,55 €	20,05 €	5,50 €	2,96 €	2,54 €	34,85 €	38,61 €		
9 2.2.52	Liefern und Verlegen von Mattenstahl	90.000,00 kg	148.775,24 kg	58.775,24 kg	49.775,24 kg	0,99 €	0,90 €	0,09 €	0,01 €	0,08 €			555,19 €	594,83 €
10 2.3.01	Winkelstützwände	14,00 Stck.	12,00 Stck.	-2,00 Stck.	-2,00 Stck.	629,54 €	553,88 €	75,66 €	22,80 €	52,86 €	45,60 €	50,40 €		
11 3.1.01	Gipskartonwände, d= 12,5 cm	1.310,00 m²	918,75 m²	-391,25 m²	-391,25 m²	184,20 €	167,45 €	16,75 €	2,08 €	14,67 €	248,06 €	266,44 €		
12 3.1.02	Bürowandsystem	767,50 m²	904,35 m²	136,85 m²	60,10 m²	54,74 €	45,76 €	4,98 €	0,62 €	4,36 €			125,00 €	135,82 €
13 3.1.04	MF-Decke	1.070,00 m²	1.238,09 m²	168,09 m²	61,09 m²	27,63 €	25,12 €	2,51 €	0,31 €	2,20 €			18,91 €	20,77 €
14 3.1.06	Deckensystem Metallic	970,00 m²	1.121,28 m²	151,28 m²	54,28 m²	61,19 €	55,63 €	5,56 €	0,69 €	4,87 €			37,27 €	40,51 €
15 3.1.07	GK-Decke, einlagig	330,00 m²	293,96 m²	-36,04 m²	-36,04 m²	36,74 €	33,40 €	3,34 €	0,41 €	2,93 €	14,70 €	17,65 €		
										Summen GK-Unterdeckungen:	5.680,56 €	6.277,52 €		
										Summen GK-Überdeckungen:			2.225,64 €	2.446,34 €

¹⁾ inklusive Abweichungen infolge Rundungsroutinen

Bilanz Über- und Unterdeckung:

Summe Unterdeckungen nuGK (Spalte 12):	5.680,56 €
Summe Überdeckungen nuGK (Spalte 14):	2.225,64 €
Auszugleichende nuGK-Unterdeckung:	3.454,92 €
zzgl. uGK auf nuGK:	3.831,18 €

17.0

Bild 246: Ausgleichsberechnung/Gemeinkostenbilanz Mehr- und Mindermengen

Bilanz Über- und Unterdeckung:	
Summe Unterdeckungen nuGK (Spalte 12):	5.680,56 €
Summe Überdeckungen nuGK (Spalte 14):	2.225,64 €
Auszugleichende nuGK-Unterdeckung:	3.454,92 €
zzgl. uGK auf nuGK:	3.831,18 €

Bild 247: Ergebnisübersicht aus Bild 246 Gemeinkostenbilanz Mehr- und Mindermengen gemäß Einheitlicher Auftrags- und Nachtragskalkulation

Der allgemeingültige Grundsatz bzgl. der Durchführung der Prozessschritte besteht darin, dass die vom Bieter in der Auftragskalkulation festgelegten Kosteneigenschaften bei der Nachtragskalkulation zu berücksichtigen sind. Die sich hieraus ergebende Systematik ist in diesem Kapitel grundsätzlich und beispielhaft vorgestellt worden.

18.0   Vergleichsweise Betrachtung der Anwendung des § 2 Nr. 3 VOB/B (BMVBS und ANKE)

18.1   Grundlage des Vergleichs

Wie in Kap. 11.0 „Literaturvergleich" beschrieben, sind nicht nur für den § 2 Nr. 3 VOB/B sondern auch für weitere Anspruchsgründe gemäß § 2 VOB/B teilweise Rechenalgorithmen durch das BMVBS festgelegt worden.

In diesem Kapitel soll beispielhaft eine Betrachtung der unterschiedlichen Vorgehensweisen bei Ansprüchen gemäß § 2 Nr. 3 VOB/B erfolgen. Es wird der in dieser Veröffentlichung vorgestellte Lösungsansatz (Einheitliche Auftrags- und Nachtragskalkulation, bei der Deutschen Bahn AG als ANKE bezeichnet) mit dem Lösungsansatz im Leitfaden des Bundes (BMVBS[188]) verglichen.[189]

Es kann festgestellt werden, dass bei der Vergütungsberechnung von Mehr- und Mindermengen und Nachträgen gemäß „Leitfaden zur Vergütung bei Nachträgen" des BMVBS keine konsequente einheitliche Zuordnung und Fortschreibung der Kosteneigenschaften durchgeführt wird.

Bei dem Leitfaden des BMVBS haben bzgl. der AGK die tatsächlich kalkulierten Kosteneigenschaften seit 01.11.2006 Eingang in die Berechnung gefunden. Damit sind erste Ansätze vergleichbar mit ANKE vorhanden.

Auf diesen Widerspruch ist bereits in der Literaturanalyse unter Punkt 11.3.8 hingewiesen worden. Der nun folgende Vergleich soll im Detail die Unterschiede der Vorgehensweise deutlich machen.

18.2   Gemeinkostenbestandteile der Grundposition

Bevor auf die Mehr- und Mindermengen eingegangen wird, muss die Zusammensetzung der Grundposition geklärt werden.

Die Wahl verschiedener Zuschlagssätze auf einzelne Kostenarten bewirkt, dass jede Position prozentual gesehen einen unterschiedlichen Anteil an Gemeinkostendeckung beinhaltet. Dieser Grundsatz ist in Bild 42 dargestellt. Durch die klassische Umlagekalkulation ist demzufolge lediglich bekannt, welcher Gesamtbetrag an Gemeinkostendeckung von einer Position erbracht wird.

Wie sich dieser Gemeinkostendeckungsbeitrag in BGK und UGK bzw. uGK und nuGK aufteilt, ergibt sich nicht aus der Auftragskalkulation, sondern muss als Ausgangsvoraussetzung für die sachgerechte Fortschreibung des Wettbewerbspreises allgemeingültig festgelegt werden. Grundsätzlich müsste dies zivilrechtlich im konkreten Vertrag geregelt werden.

Die Berechnungssysteme BMVBS und ANKE nehmen die Aufteilung prinzipiell gleich vor. Da es bzgl. dieser Fragestellung insofern nur zwei Varianten gibt – BMVBS und ANKE oder Kapellmann/Schiffers – werden diese beiden Varianten hier vorgestellt.

Bild 248 zeigt die Zusammensetzung des Angebotspreises und eines Einheitspreises im Vergleich. Das Angebotsvolumen beträgt 1 Mio. € und setzt sich aus 100.000,00 € UGK – also 10 % bezogen auf das Angebotsvolumen – und 100.000,00 € BGK – ebenfalls 10 % – zusammen.

Der Einheitspreis hat eine Größenordnung von 12,00 € und setzt sich aus 10,00 € EKT und 2,00 € Gemeinkostendeckung zusammen. Kapellmann/Schiffers legen die Zusammensetzung der Gemeinkostendeckung des Einheitspreises so fest, dass dem Verhältnis von 1:1 (Verhältnis UGK 100.000,00 € und BGK 100.000,00 € des gesamten Angebotspreises) entsprechend, ebenfalls die Gemeinkostendeckung des Einheitspreises je 1,00 € UGK zu 1,00 € BGK festgelegt wird.[190]

Im Leitfaden des Bundes und bei ANKE wird der UGK-Anteil demgegenüber mit dem tatsächlichen umsatzbezogenen Wert berechnet.[191] Gemäß Bild 248 ergeben sich 1,20 € bei 10 % UGK für die Position mit einem Einheitspreis von 12,00 €.

---

[188]   Eingeführt durch Erlass des BMVBW (Bundesministerium für Verkehr-, Bau- und Wohnungswesen); inzwischen umbenannt in Bundesministerium für Verkehr, Bau und Stadtentwicklung.
[189]   Vgl. BMVBS: Leitfaden zur Vergütung bei Nachträgen, 2008, Ziffer 7.
[190]   Sinngemäß nach Kapellmann/Schiffers: Vergütung, Nachträge und Behinderungsfolgen beim Bauvertrag, Bd. 1, 2006, Rdn. 522.
[191]   Vgl. BMVBS: Leitfaden zur Vergütung bei Nachträgen, 2008, Ziffer 7.

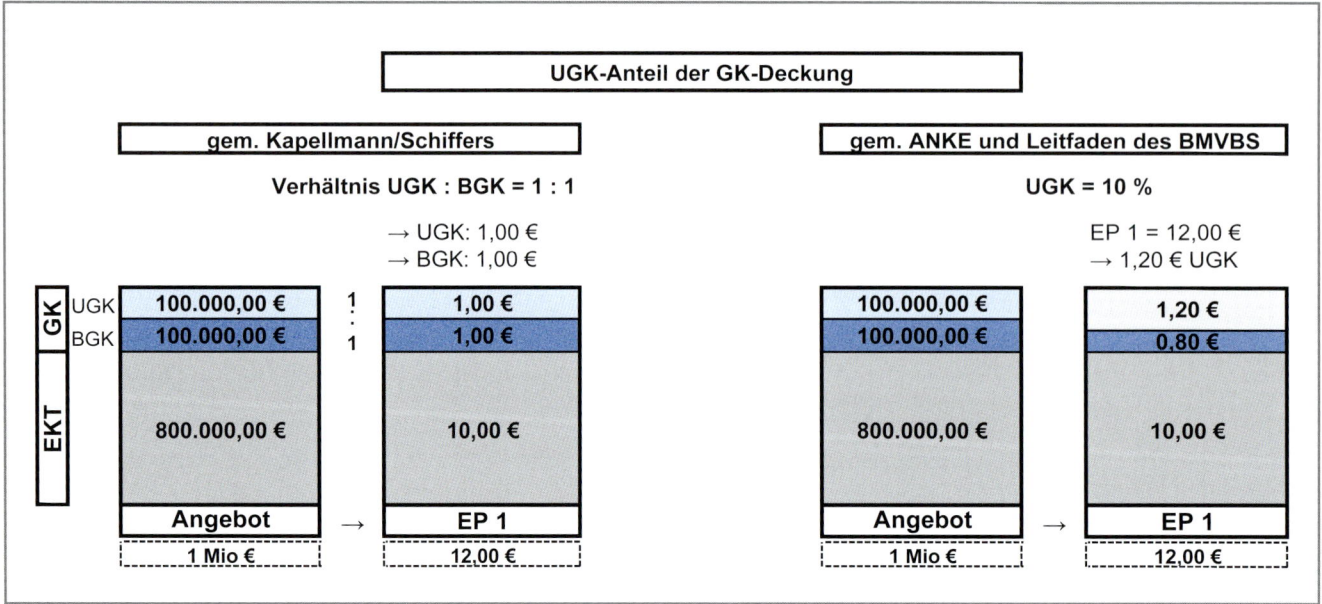

Bild 248: UGK-Anteil der GK-Deckung nach Schiffers im Vergleich zum Leitfaden des Bundes

18.3　Beurteilung der Gemeinkostengliederung der Grundposition

Die Vorgehensweise von Kapellmann/Schiffers, die Gemeinkosten einer Position nach dem Größenverhältnis im Schlussblatt aufzuteilen, ist zwar eine mögliche Lösung, aber nach Meinung des Verfassers nicht sinnvoll. Durch eine derartige Vorgehensweise entspricht der GK-Anteil einer Position für UGK bzw. uGK betragsmäßig nicht dem Anteil, der tatsächlich von der Position zu decken ist.

Es ist erkennbar, dass bei Kapellmann/Schiffers und dem BMVBS damit unterschiedliche Ausgangsvoraussetzungen für die Mehr- und Mindermengenberechnungen bzgl. § 2 Nr. 3 VOB/B vorliegen. Die Berechnungsweise Kapellmann/Schiffers widerspricht der Berechnungsweise des Bundes und ANKE (Deutsche Bahn AG). Bei der Variante ANKE und BMVBS steigen und fallen die Gemeinkostendeckungen bzgl. der UGK bzw. uGK proportional mit dem Umsatz.

Der Nachteil bei der Berechnung von Kapellmann/Schiffers zeigt sich darin, dass die UGK – jedenfalls bei Mindermengen – nicht umsatzbezogen vergütet werden und damit auch eine Abschlussbilanz bzgl. der UGK zu erstellen ist.

Die Berechnung ist aufwendig und muss zusätzlich erstellt werden. Warum werden die umsatzbezogenen Kosten erst nicht umsatzbezogen vergütet und dann im Zuge der Schlussrechnung nochmals umsatzbezogen bewertet?

Der Weg, der im Leitfaden des BMVBS und bei ANKE gewählt worden ist, ist weniger aufwendig.

18.4　Wesentliche Unterschiede der Nachtragskalkulation bei den Systemen BMVBS und ANKE

Auf den zentralen Unterschied der Berechnungsweise ANKE gegenüber BMVBS muss nochmals hingewiesen werden. Bei ANKE werden die vom Bieter tatsächlich in der Auftragskalkulation gewählten Kosteneigenschaften zugrunde gelegt. Deshalb sind die Begriffe nicht umsatzbezogene Gemeinkosten nuGK und umsatzbezogene Gemeinkosten uGK eingeführt worden.

Insofern ist zwar die methodische Vorgehensweise bei ANKE und dem BMVBS grundsätzlich identisch, das Ergebnis würde aber nur dann größenmäßig übereinstimmen, wenn die BGK keine umsatzbezogenen Anteile enthalten und demzufolge die nuGK genau so groß wie die BGK und die UGK genauso groß wie die uGK wären.

Da bei dem Leitfaden des BMVBS der Grundsatz, dass Kosteneigenschaften fortgeschrieben werden, nicht konsequent umgesetzt wird, kann bei der Durchführung der Gemeinkostenbilanzen nicht das gleiche Ergebnis wie bei ANKE herauskommen. Trotz gleicher Ausgangsvoraussetzungen bzgl. der Grundposition und trotz methodisch gleicher Ansätze ist das größenmäßige Ergebnis unterschiedlich.

18.5   Vergleichendes Berechnungsbeispiel der Mehr- und Mindermengenproblematik einer Position (BMVBS und ANKE)

18.5.1   Mehrmenge gemäß § 2 Nr. 3 Abs. (3) VOB/B

18.5.1.1   Zwei Varianten bei dem System des BMVBS

Die Anlage zur Richtlinie zu § 2 VOB/B enthält unter Punkt 7.2.1 und 7.2.2 zwei Varianten für die Berechnung einer Mehrmenge über 110 %. Diese haben den Ursprung darin, dass bzgl. der AGK von zwei verschiedenen Varianten bzgl. der Kosteneigenschaften ausgegangen wird.

Gemäß der Fußnote 1 auf der S. 16 des Leitfadens sind die AGK „abzuziehen, wenn aus der Kalkulation zum Hauptangebot hervorgeht, dass sie auftragsbezogen als fixer Betrag kalkuliert worden sind". Gemäß der Fußnote 2 auf der S. 16 des Leitfadens sind die AGK „nicht abzuziehen, wenn der AN anhand seiner Kalkulation zum Hauptangebot nachweist, dass sie in Bezug auf die erbrachte Jahresleistung bzw. den Umsatz ermittelt worden sind".

Aus der Fußnote 2 als Erläuterung der Berechnung gemäß 7.2.2 ergibt sich, dass die Berechnung für umsatzbezogene AGK gelten soll. Berechnet werden allerdings mengenabhängige AGK, da die AGK trotz des Entfalls der BGK konstant über 110 % vergütet werden sollen. Deshalb sind im Bild 249 (rechter Teil) beide Möglichkeiten – mengenabhängig oder umsatzbezogen – für die AGK dargestellt worden.

Berechnungsbeispiel Abschnitt 7.2.1		Berechnungsbeispiel Abschnitt 7.2.2	
BGK = ▭	Einmalige Kosten	BGK = ▭	Einmalige Kosten
AGK auf EKT = ▭	Einmalige Kosten	AGK auf EKT = ◿	Mengenabhängige Kosten
AGK auf BGK = ▭	Einmalige Kosten	AGK auf BGK = ◿	Mengenabhängige Kosten
WuG auf EKT = ◿	Mengenabhängige Kosten	WuG auf EKT = ◿	Mengenabhängige Kosten
		%	Umsatzabhängige Kosten
WuG auf BGK = %	Umsatzabhängige Kosten	WuG auf BGK = ◿	Mengenabhängige Kosten
		%	Umsatzabhängige Kosten

Bild 249: Kosteneigenschaften gemäß der Berechnungsbeispiele 7.2.1 und 7.2.2 des BMVBS

Bei der Variante gemäß Punkt 7.2.1 wird der Begriff fixer Betrag[192] verwendet. In dieser Veröffentlichung wird der Begriff einmalig verwendet, weil der Begriff fix eine unternehmensbezogene Sichtweise darstellt. Alle Beispiele dieser Veröffentlichung und auch des Leitfadens beinhalten eine projektbezogene Vollkostenrechnung. Deshalb sollten grundsätzlich nur die projektbezogenen Begriffe einmalig, mengenabhängig, zeitabhängig und umsatzabhängig verwendet werden.

In dem Band der Lehrbuchreihe „Rohbaukalkulation und Einführung in das Rechnungswesen" erfolgt eine ausführliche Abgrenzung der unternehmensbezogenen und projektbezogenen Begriffe und damit auch eine Definition von fixen und variablen Kosten. Bzgl. des Berechnungsbeispiels ändert sich trotz widersprüchlicher Begriffe vorerst nichts.

Jedenfalls unterscheiden sich die beiden Beispiele 7.2.1 und 7.2.2 darin, dass die AGK bei 7.2.1 als einmalig und bei 7.2.2 als mengenabhängig oder umsatzbezogen behandelt werden. Auffällig ist hierbei, dass die anderen Gemeinkostenbestandteile (BGK, WuG auf EKT und WuG auf BGK) im Leitfaden festgelegt werden und nicht an die tatsächliche Auftragskalkulation des AN angepasst werden. Zumindest lässt sich dies aus der Berechnungsweise ableiten. Es wird auch nicht geklärt, wie mit einer zeitabhängigen Definition der AGK in der Auftragskalkulation umgegangen werden soll.

18.5.1.2   Vergleich der Systematik BMVBS (Variante 7.2.1) und ANKE

Bild 250 zeigt die Systematik bei der Berechnung nach dem System BMVBS und ANKE. Im linken Teil des Bild 250 ist die Berechnung gemäß Punkt 7.2.1 des Leitfadens des BMVBS für die Mehrmengen über 110% dargestellt.

---

[192] Vgl. BMVBS: Leitfaden zur Vergütung bei Nachträgen, 2008, Ziffer 7.2.1, Fußnote 1.

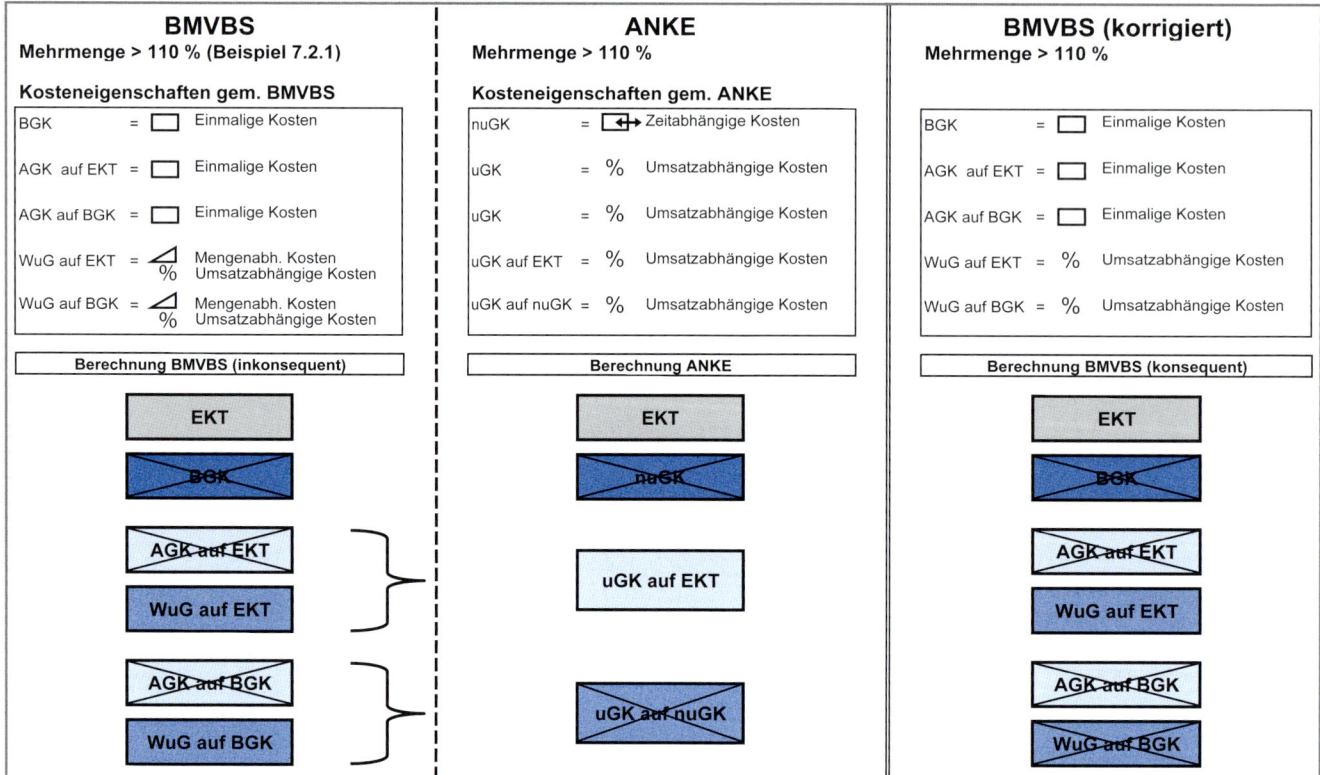

Bild 250: Berechnungsmethode der Mehrmenge nach BMVBS, Punkt 7.2.1

Bei dem Leitfaden des BMVBS gemäß Punkt 7.2.1 sind die BGK und die AGK als einmalig definiert. Dieses ist daran erkennbar, dass über 110 % keine AGK und BGK vergütet werden. Wagnis und Gewinn sind mengenabhängig vorgesehen.

Die mit ANKE überschriebene Variante beinhaltet auf der Basis der Begrifflichkeit nuGK und uGK den Lösungsansatz dieser Veröffentlichung für Mehrmengen über 110% und alle Nachtragstypen. Die nuGK und uGK werden nach dem Prinzip von Bild 220 umsortiert. Die tatsächlichen Kosteneigenschaften, die der Bieter der Kalkulation zugrunde gelegt hat, werden bei der Nachtragskalkulation verwendet.

Dementsprechend ist die im mittleren Teil (ANKE) des Bild 250 dargestellte Systematik nicht vergleichbar mit dem linken Teil (BMVBS). Bei ANKE können die UGK sowohl als umsatzbezogen, einmalig, zeitabhängig oder mengenabhängig definiert werden und somit sowohl bei den uGK und nuGK enthalten sein. Dieses hängt von der Definition des Kalkulators ab. Da bei dem Beispiel die UGK umsatzbezogen definiert worden sind, kann kein vergleichendes Berechnungsbeispiel vorgestellt werden.

Im rechten Teil von Bild 250 ist der methodische Ansatz des BMVBS bzgl. Wagnis und Gewinn auf die BGK korrigiert worden. Insofern handelt es sich im rechten Teil des Bild 250 um die von dem Verfasser korrigierte Fassung des BMVBS. Wagnis und Gewinn auf BGK werden nicht vergütet, weil die BGK entfallen und davon ausgegangen wird, dass die Variante umsatzbezogen gilt.

18.5.1.3   Vergleich der Systematik BMVBS (Variante 7.2.2) und ANKE

Der Leitfaden des BMVBS sieht – wie bereits erläutert – vor, dass der Bieter die AGK im Zusammenhang mit Mehrmengen entweder auftragsbezogen als einmaligen Betrag oder mengenabhängig kalkulieren kann. Ob und inwieweit auch eine umsatzbezogene Variante bzgl. der BGK zulässig ist, ist nicht eindeutig geregelt.

Da in dem hier zugrundeliegendem durchgängigen Beispiel die AGK nicht auftragsbezogen als einmalige Größe kalkuliert worden sind, ist für den Vergleich die vom BMVBS unter Punkt 7.2.2 des Leitfadens vorgestellte Berechnung zu verwenden.

Die Formulierungen bzgl. der geänderten BGK unter Punkt 4.6.2 und der Fußnote 2 S. 19 des Leitfadens lauten wie folgt:

Punkt 4.6.2 des Leitfadens

„[...] Eine Änderung der Baustellengemeinkosten kommt nur in Betracht, wenn durch Mengenänderungen, geänderte oder zusätzliche Leistungen bzw. Bauzeitenveränderung auch die Höhe dieser Gemeinkosten beeinflusst wird, z. B. wenn eine Änderung der Baustelleneinrichtung erforderlich wird.“

Fußnote 2 auf S. 19 des Leitfadens

„Die BGK sind abzuziehen, vorausgesetzt sie verändern sich aufgrund der Mehrmengen nicht. [...]“

Offensichtlich soll gemäß BMVBS nur dann eine Änderung der BGK zulässig sein, wenn ein Kausalitätsnachweis erfolgt. Eine umsatzbezogene Definition soll nicht möglich sein.

Bild 251 zeigt die Systematik bzgl. der Berechnung. Im linken Teil des Bilds ist die Systematik des BMVBS dargestellt. Es ist erkennbar, dass lediglich die BGK entfallen sind. Die AGK und Wagnis und Gewinn auf entfallene BGK sollen vergütet werden.

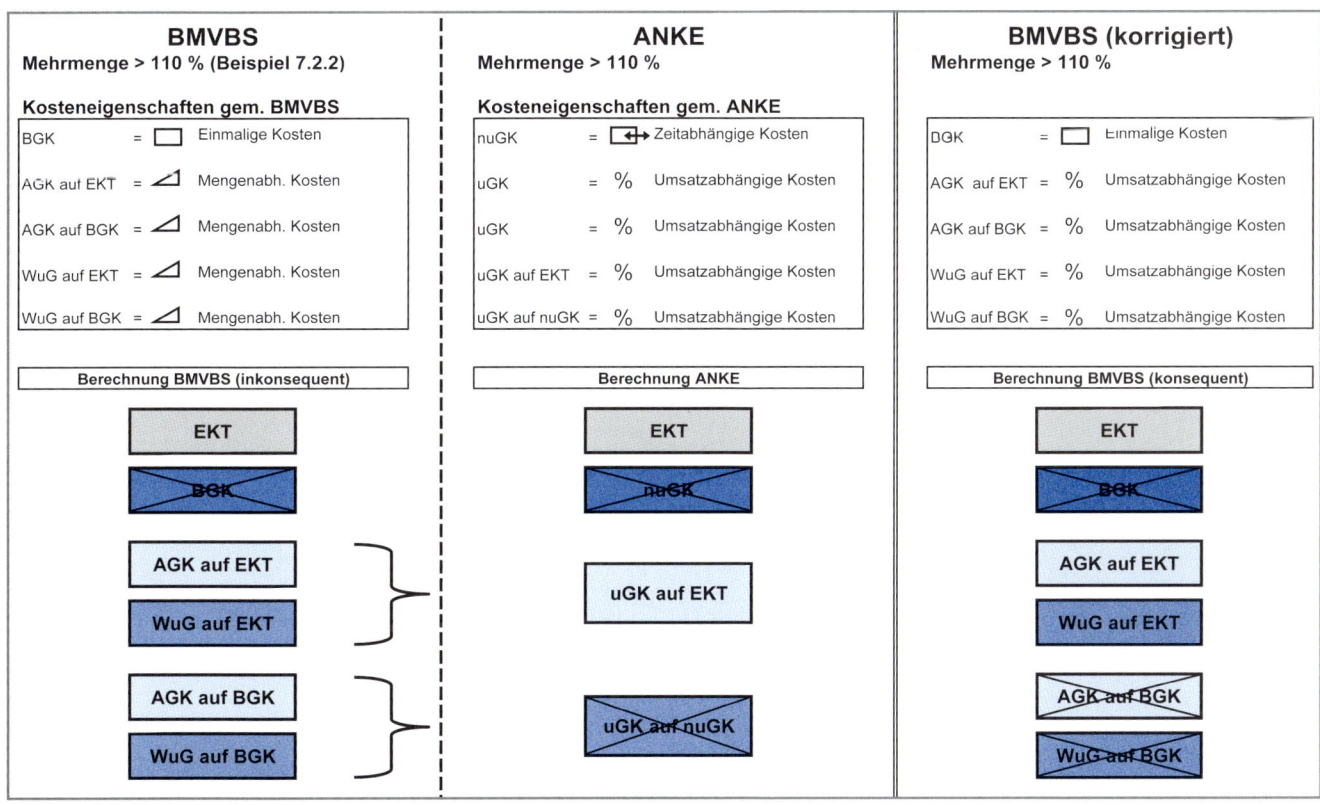

Bild 251: Berechnungsmethode der Mehrmenge nach BMVBS Punkt 7.2.2

Im mittleren Teil von Bild 251 ist der Lösungsansatz ANKE dargestellt. Die umsatzbezogenen Gemeinkosten auf entfallene nicht umsatzbezogene Gemeinkosten werden konsequent gestrichen, weil kein Umsatz mehr erfolgt. Der Bieter kann seine Kosteneigenschaften so wählen, wie er möchte.

Der Verfasser ist bei der Variante rechts im Bild 251 davon ausgegangen, dass AGK sowie WuG umsatzbezogen sein sollen. Dann entfallen AGK und WuG auf BGK, während AGK und WuG auf EKT zu vergüten sind. Die mengenabhängige Variante wird hier nicht mehr diskutiert.

18.5.2   Mindermenge gemäß § 2 Nr. 3 Abs. (3) VOB/B

18.5.2.1   Systematik

Bei der Neuberechnung des erhöhten EP für die ausgeführten Mengen der Hauptvertragsleistung werden die durch die Mindermenge unterdeckten Gemeinkostenanteile auf die verbleibende Menge umgelegt.

Gemäß Ziffer 7.3 des Leitfadens wird von folgenden Kosteneigenschaften ausgegangen (vgl. Bild 252):

Bei der Definition der Kosteneigenschaften zeigen sich Widersprüche. Der Gewinn auf entfallene Leistungen – also die Mindermengen – soll vergütet werden. Dieses widerspricht dem Vorgehen bei einer Mehrmenge. Der Gewinn wird bei der Mehrmenge als umsatzbezogen oder mengenabhängig und bei der Mindermenge als einmalig bewertet.

Der Wagnisanteil (W) wird als mengenabhängig deklariert.[193] Diese Vorgehensweise ist konsequent, weil das Wagnis bei der Mehrmenge auch mengenabhängig vergütet worden ist. Allerdings liegt ein Rechenfehler vor, weil nicht in den Wagnisanteil auf EKT und BGK unterschieden wird. Dass für die entfallenen EKT und damit verbunden bei einem niedrigeren Umsatz auch der Wagnisanteil entfällt, ist prinzipiell möglich, dass aber die BGK vergütet werden und der Wagnisanteil auf BGK nicht, ist methodisch und rechnerisch nicht richtig.

Bild 252: Kosteneigenschaften gemäß Berechnungsbeispiel 7.3 des BMVBS[194]

Im Bild 253 ist versucht worden, das Modell des BMVBS anzupassen. Soweit davon ausgegangen wird, dass das Wagnis umsatzbezogen gemeint ist und alle anderen Gemeinkosten als einmalig bewertet werden sollen, gilt die korrigierte Fassung (rechts) in Bild 253.

18.5.2.2   Konkretes vergleichendes Berechnungsbeispiel (BMVBS Variante 7.3 und ANKE)

Analog zu Kap. 17.6.3 ergibt sich hieraus die in Bild 254 vergleichsweise dargestellte Berechnungsmethode für Pos. 2.2.42 „Beton der aufgesattelten Stufen" unter Zugrundelegung der in dem Leitfaden des BMVBS vorgestellten Beurteilung der Preisbestandteile und des Berechnungsbeispiels Mindermenge (7.3).[195]

Im Kap. 17.0 ist eine grundlegende Analyse der Beurteilung der Preisbestandteile und der Vorgehensweise zur Berechnung neuer Einheitspreise gemäß § 2 Nr. 3 VOB/B erfolgt.

18.6   Zusammenfassung zu dem Vergleich (Mehr- und Mindermengen BMVBS und ANKE)

18.6.1   Allgemeines

Eine zusammenfassende bildhafte Darstellung ist zwar möglich, aber zu unübersichtlich. Deshalb wird der Vergleich punktuell sprachlich behandelt:

1. Bzgl. der Zusammensetzung der Gemeinkosten der Grundposition sind die Lösungsansätze BMVBS und ANKE identisch.

---

[193] Vgl. BMVBS: Leitfaden zur Vergütung bei Nachträgen, 2008, Ziffer 4 und Ziffer 7.3.
[194] Vgl. hierzu auch Kap. 11.4.7, Literaturanalyse.
[195] Vgl. BMVBS: Leitfaden zur Vergütung bei Nachträgen, 2008, Ziffer 4 und Ziffer 7.3.

2. Im Gegensatz zu ANKE lässt das System BMVBS keine Wahl des Bieters bzgl. der Kosteneigenschaften zu. Zwar ist in dem System des BMVBS seit November 2006 die Möglichkeit eröffnet, bzgl. der AGK zwischen einmalig und umsatzabhängig (eigentlich mengenabhängig) zu wählen. Die Wahlmöglichkeit ist aber auf die AGK beschränkt und wird nur im Zusammenhang mit Mehrmengen erwähnt. Ferner gibt es keine Möglichkeit, bzgl. der AGK die Kosteneigenschaft zeitabhängig zu wählen.

3. Bei dem System des BMVBS sollen umsatzbezogene Größen vergütet werden, obwohl der Umsatz nicht anfällt.

4. Bei dem System des BMVBS werden für Mehrmengen andere Kosteneigenschaften angenommen als bei Minder-mengen.

Der wesentlichste Kritikpunkt besteht wohl darin, dass dem Bieter bzgl. der Nachtragskalkulation eine Kosteneigen-schaft vorgeschrieben wird, die er gegebenenfalls nicht in seiner Auftragskalkulation gewählt hat. Dieses ist nicht verträglich mit den Grundsätzen der „Fortschreibung von Wettbewerbspreisen".

Der Verweis unter Punkt 4.7 in dem Leitfaden des BMVBS auf den Rechtsgedanken gemäß § 649 BGB ist zwar ver-ständlich, bewirkt aber einen eindeutigen Widerspruch zu dem Grundsatz, dass Wettbewerbspreise fortzuschreiben sind. Bei Mindermengen wird hierdurch der Gewinn auf entgangene Leistungen als einmalig und bei Mehrmengen als mengenabhängig vergütet. Ein Nachtrag, der Mindermengen bewirkt, verursacht damit eine Doppeltvergütung des Gewinns.

Der Rechtsgedanke, der dem § 649 BGB zugrunde liegt, den AN bei Kündigung wirtschaftlich so zu stellen, als habe er ausgeführt, ist durchaus auf Vergütungsansprüche übertragbar. Auch bei einer Kündigung muss die gekündigte Leistung auf den tatsächlichen Umsatz ohne Kündigung abgestellt werden. Bei der Anwendung der vorgestellten Grundsätze ergibt sich daraus keine Veränderung der Kosteneigenschaften.

Die Fortschreibungsmethodik von Wettbewerbspreisen bei Mehr- und Minderleistungen muss aber bei Erschwernis-sen und Erleichterungen gleich sein (vgl. Kap. 5.5.2). Die Anwendung des Rechtsgedankens des § 649 BGB sollte deshalb Ausnahmefall für die Kündigung bleiben. Vergütungsansprüche folgen einer anderen Systematik.

18.0

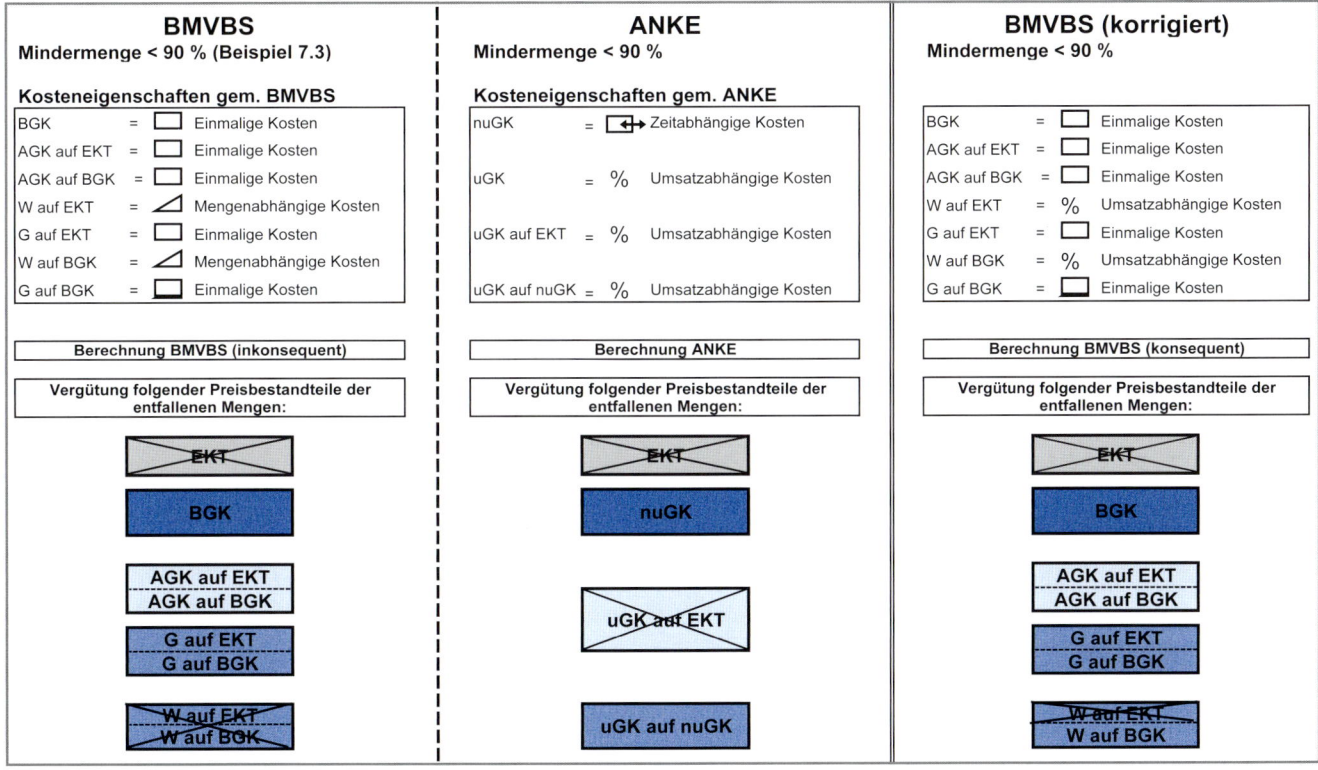

Bild 253: Berechnungsmethode Mindermenge nach BMVBS und ANKE

Pos. 2.2.42. Beton der aufgesattelten Stufen (BMVBS)

Lohnkosten	2,14 €
Sonstige Kosten	1,58 €
Gerätekosten	0,00 €
Fremdleistung	0,00 €
EKT Summe	**3,72 €**
EP lt. HV	5,01 €
Gemeinkostendeckung	1,29 €
davon BGK	0,84 €
davon UGK	0,45 €
Aufteilung UGK	
AGK (EP * 0,075)	0,38 €
Wagnis (EP * 0,01)	0,05 €
Gewinn (EP * 0,005)	0,03 €
Unterdeckung der GK	
(160 Stck. - 125 Stck.) * BGK =	29,37 €[1]
(160 Stck. - 125 Stck.) * AGK =	13,15 €[1]
(160 Stck. - 125 Stck.) * Gewinn =	0,88 €[1]
Summe	43,40 €
Verteilung der GK auf verbleibende Menge:	
Unterdeckung / verbleibende Menge =	
43,40 € / 125 Stck.	0,35 €
neuer EP:	
EP lt. HV	5,01 €
Unterdeckte GK	0,35 €
EP	**5,36 €**

1) Die Beträge basieren auf einer Berechnung ohne Rundung der GK-Bestandteile.

Pos. 2.2.42. Beton der aufgesattelten Stufen (ANKE)

Lohnkosten	2,14 €	
Sonstige Kosten	1,58 €	
Gerätekosten	0,00 €	
Fremdleistung	0,00 €	
EKT Summe	**3,72 €**	
EP lt. HV	5,01 €	
Gemeinkostendeckung	1,29 €	(EP-EKT)
davon nuGK	0,79 €	(GK - uGK)
davon uGK	0,50 €	(EP * Zuschlagsfaktor uGK 9,96 %)
Unterdeckung der nuGK		
(160 Stck. - 125 Stck.) * nuGK =	27,50 €[1]	
Unterdeckte GK		
(Unterdeckte nuGK * 0,1107[2]) + Unterdeckte nuGK	30,00 €[1]	
Verteilung der GK auf verbleibende Menge:		
Unterdeckung / verbleibende Menge =		
27,50 € / 125 Stck.	0,22 €	
uGK auf unterdeckte nuGK:		
nuGK * Zuschlagsfaktor uGK =	0,02 €	
neuer EP:		
EP lt. HV	5,01 €	
Unterdeckte nuGK	0,22 €	
uGK auf unterdeckte nuGK	0,02 €	
EP	**5,25 €**	

1) Die Beträge entstammen der Schlussbilanz des Anlagenbandes 2 dieser Lehrbuchreihe. Eine positionsweise Vorwärtsrechnung kann zu geringfügig anderen Ergebnissen führen.
2) Zuschlagsfaktor uGK berechnen:
(p * 100 / 100 - p) = (9,96 % * 100) / (100 - 9,96 %) = 11,07 %

Pos. 2.2.42. Beton der aufgesattelten Stufen (BMVBS, korrigiert)

Lohnkosten	2,14 €
Sonstige Kosten	1,58 €
Gerätekosten	0,00 €
Fremdleistung	0,00 €
EKT Summe	**3,72 €**
EP lt. HV	5,01 €
Gemeinkostendeckung	1,29 €
davon BGK	0,84 €
davon UGK (9,0 %)	0,45 €
Aufteilung UGK	
AGK (EP * 0,075)	0,38 €
Wagnis (EP * 0,01)	0,05 €
-davon auf BGK (BGK * 0,01)	0,01 €
Gewinn (EP * 0,005)	0,03 €
Unterdeckung der GK	
(160 Stck. - 125 Stck.) * BGK =	29,37 €[1]
(160 Stck. - 125 Stck.) * AGK =	13,15 €[1]
(160 Stck. - 125 Stck.) * Wagnis auf BGK =	0,29 €[1]
(160 Stck. - 125 Stck.) * Gewinn =	0,88 €[1]
Summe	43,69 €
Verteilung der GK auf verbleibende Menge:	
Unterdeckung / verbleibende Menge =	
43,69 € / 125 Stck.	0,35 €
neuer EP:	
EP lt. HV	5,01 €
Unterdeckte GK	0,35 €
EP	**5,36 €**

1) Die Beträge basieren auf einer Berechnung ohne Rundung der GK-Bestandteile.

Bild 254: Gegenüberstellung der Kalkulation des erhöhten EP bei Mindermengen (BMVBS (Punkt 7.3 und Punkt 7.3, korrigiert) und ANKE)

18.6.2   Gemeinkostenbilanz inkl. Nachträgen

Gemäß Leitfaden des BMVBS ist „zu jeder leistungs- oder vergütungsbeeinflussenden Vertragsänderung und […] zur erfolgten vergütungsneutralen Mengen- bzw. Leistungsänderung eine Vergütungszuordnung und -berechnung vorzunehmen".[196]

Zur Feststellung, ob diese zu erforderlichen Preisanpassungen führen, kann eine Ausgleichsberechnung auf Basis bestimmter Einzelkosten – wie z. B. AGK und BGK oder Wagnis und Gewinn – erfolgen.

Der Vorgabe einer Wahlmöglichkeit zur Durchführung der Ausgleichsberechnung über die Gesamtpreise oder über die Gemeinkosten (s. o.) kann hierbei aus Sicht des Verfassers nicht gefolgt werden. Eine überschlägige Ausgleichsberechnung über die Gesamtpreise ist nicht sinnvoll und auch mathematisch nicht korrekt.[197]

Wird eine (abschließende) Ausgleichsberechnung durchgeführt, so muss diese auch genau durchgeführt werden. Eine überschlägige Ausgleichsberechnung ist ggf. als projektbegleitendes Controlling-Instrument anwendbar, nicht aber zur abschließenden Klarstellung von berechtigten Vergütungsanpassungen. Das Ziel, die Gemeinkostenbilanz im Zuge der Schlussrechnung per Knopfdruck zu erstellen, sollte nicht aufgegeben werden. Voraussetzung für die EDV-Lösung sind eindeutige Rechenalgorithmen.

In die Ausgleichsberechnung sind gemäß BMVBS neben Mengenänderungen nach § 2 Nr. 3 VOB/B auch alle anderen Vergütungsansprüche gemäß § 2 VOB/B und alle sonstigen üblichen Vergütungsansprüche nach VOB/B bzw. nach BGB einzubeziehen. Ausgenommen hiervon sind z. B. Schadensersatz- und Entschädigungsansprüche nach VOB/B und BGB.[198]

Diesem Grundsatz kann gefolgt werden. Diese Vorgehensweise bzw. die Konsequenzen aus der Vorgehensweise bei dem Leitfaden des BMVBS können wie folgt zusammengefasst werden:

1. Die Nachtragsleistungen werden mit den Zuschlagssätzen des Schlussblatts bezuschlagt. Die Nachträge enthalten demzufolge nicht umsatzbezogene BGK und umsatzbezogene BGK sowie UGK. Es ist daher notwendig, jeden Nachtrag in seine Gemeinkostenbestandteile zu zerlegen und eine BGK- und UGK-Bilanz anzufertigen.

2. Da der Gewinn bei Nachträgen umsatzbezogen und bei Mindermengen einmalig bewertet wird, ist ebenfalls in Ergänzung zu der BGK und UGK-Bilanz bei der Methode des BMVBS eine Gewinnbilanz zu erstellen, wenn Doppelvergütungen ausgeschlossen werden sollen.

3. Derartige Bilanzen werden aber im Leitfaden des BMVBS nicht vorgestellt. Wie die Gemeinkostenabschlussbilanz konkret durchzuführen ist, ist zwar anhand einer Beispielberechnung im Leitfaden des BMVBS behandelt worden, die Darstellung ist aber nicht schlüssig. Es erfolgt keine isolierte Analyse der einzelnen Gemeinkostenbestandteile.

4. Da Nachträge und Mehr- und Mindermengenberechnungen bei dem Leitfaden gemäß BMVBS unterschiedlich gerechnet werden, muss für sämtliche Nachträge geklärt werden, welche Mehr- und Mindermengen kausal von der Leistungsänderung ausgelöst worden sind. Dieses ist aber in der Praxis nicht immer möglich.

5. Da die Abgrenzung zwischen Mengenänderungen und Leistungsänderungen bei dem Leitfaden gemäß BMVBS erforderlich aber grundsätzlich nicht möglich ist, ist der Leitfaden in der veröffentlichten Form auch dann nicht umsetzbar, wenn die einzelnen Bilanzen geregelt werden würden.

Demgegenüber bietet die Einheitliche Auftrags- und Nachtragskalkulation folgende Lösungsansätze:

1. Die tatsächlich vom Bieter gewählten Kosteneigenschaften werden für alle Vergütungsansprüche gemäß § 2 VOB/B bei der Nachtragskalkulation zugrunde gelegt.

2. Die umsatzbezogenen Gemeinkosten werden bei ANKE bei der Abrechnung des Hauptleistungsverzeichnisses und der Nachträge dem Umsatz entsprechend vergütet. Die Berücksichtigung der kalkulierten umsatzbezogenen Kosten verhindert, dass eine Über- oder Unterdeckung von umsatzbezogenen Gemeinkosten bei der Abrechnung eintritt. Ein, wie in obiger Methode des „Leitfaden zur Vergütung bei Nachträgen" des BMVBS erforderliches, „Umlegen auf Restmengen" oder „Kompensieren von AGK und WuG" ist unnötig, denn die umsatzbezogenen

---

[196] Vgl. BMVBS: Leitfaden zur Vergütung bei Nachträgen, 2008, Ziffer 6.

[197] Vgl. BMVBS: Leitfaden zur Vergütung bei Nachträgen, 2008, Ziffer 7.6.

[198] Vgl. BMVBS: Leitfaden zur Vergütung bei Nachträgen, 2008, Ziffer 6.

Gemeinkosten werden gar nicht erst in die Kompensation mit einbezogen, da deren Vergütung sich nach dem tatsächlich erzielten Umsatz richtet.

3. Es werden demnach nur anteilige nuGK und darauf entfallende uGK in der Schlussbilanz betrachtet. Es gibt nur eine Abschlussbilanz für die nicht umsatzbezogenen Gemeinkosten gemäß Hauptauftrag.

18.6.3   Schlussfolgerungen

Die Methodik des Leitfadens des BMVBS muss als unzulässig eingestuft werden, weil die Auftragskalkulation des AN bzgl. der Kosteneigenschaften nicht konsequent fortgeschrieben wird. Es wird dem AN vorgeschrieben, welche Kosteneigenschaft er bei der Nachtragskalkulation zu verwenden hat. Diese Vorgehensweise ist dann unzulässig, wenn der Bieter tatsächlich eine andere Kosteneigenschaft in der Auftragskalkulation verwendet hat.

Der Grundsatz, dass Wettbewerbspreise fortgeschrieben werden, ist damit nicht erfüllt und das Verfahren des BMVBS als baubetriebswirtschaftlich unzulässig einzustufen.

Durch die Notwendigkeit, bei dem Leitfaden des BMVBS die von den Leistungsänderungen kausal bedingten Mengenänderungen immer festzustellen, obwohl dies nicht möglich ist, ist die Methodik des Leitfadens nicht umsetzbar.

19.0 Abgrenzung zwischen Hauptvertrags- und Nachtragsleistungen

19.1 Grundsätzliches zur Abgrenzung zwischen Hauptvertrags- und Nachtragsleistungen

19.1.1 Abrechnung von Grundpositionen bei Nachtragsleistungen oder im Hauptvertrag

Die im Kap. 16.0 bei dem Beispiel Wasserhaltung notwendige Baugrubenvergrößerung ist bzgl. des Baugrubenaushubs nach den Grundpositionen „Bodenaushub für Baugrubenerweiterung" und „Verfüllung der Baugrubenerweiterung" (Pos. 2.1.03 und Pos. 2.1.04) abgerechnet worden, weil das Leistungsbild der Grundposition identisch ist mit dem Leistungsbild der Nachtragsleistung.

Auch wenn die zusätzliche Leistung vom Leistungsinhalt völlig identisch ist mit der Grundposition des Leistungsverzeichnisses und auch deshalb unter der Grundposition des Leistungsverzeichnisses abgerechnet wird, handelt es sich dennoch nicht um eine Menge der hauptvertraglichen Position, weil die Baugrubenerweiterung eben nicht vertraglich vereinbart war, sondern zusätzlich dazugekommen ist.

Sofern die zu erbringende Nachtragsleistung aufgrund ihres Leistungsbilds und ihrer Qualität, also im Hinblick auf die Äquivalenz zwischen Leistung und Vergütung mit der hauptvertraglichen Leistung übereinstimmt, werden die in der Grundposition kalkulierten EKT mit dem zugehörigen Zuschlagssatz für uGK in das Nachtragsangebot übernommen.

Die Übernahme von Teilleistungen des Hauptvertrags in Nachtragsleistungsverzeichnisse entspringt dem Grundsatz, dass Wettbewerbspreise fortzuschreiben sind. Wenn eben im Leistungsverzeichnis bereits Preise vorhanden sind, die den Nachtragsleistungen entsprechen, sind diese in das Nachtragsleistungsverzeichnis zu übernehmen. Dieses ist bei den Positionen 2.1.03 und 2.1.04 geschehen. Es ist allerdings erforderlich, die Einheitspreise bzgl. der Gemeinkosten anzupassen.

Im vorliegenden Fall ist bereits im Kap. 16.0 geklärt worden, dass bei dem Beispiel diese beiden Positionen unter der Hauptvertragsposition und nicht im Nachtrag abgerechnet werden, weil gemäß § 14 Nr. 1 VOB/B eine getrennte Abrechnung von Nachtrags- und Hauptvertragsleistungen nur dann zu erfolgen hat, wenn dies vom AG verlangt wird. Im Regelfall wird dies nicht verlangt und ist auch teilweise nicht möglich.

Deshalb ist hier von dem Normalfall ausgegangen worden. Dieser Normalfall wird in diesem Kapitel beispielhaft mit dem Spezialfall „Abrechnung der Grundposition im Nachtrag" verglichen.

19.0

19.1.2 Mengenannahme in dem Nachtragsangebot als Voraussetzung für die Budgetkontrolle

Die Aufnahme der Positionen 2.1.03 und 2.1.04 im Rahmen der Nachtragserstellung in das Nachtrags-LV bzw. die Nachtragsmengenermittlung musste erfolgen, weil der AG Kenntnis darüber haben muss, um welchen Betrag sich das Auftragsvolumen insgesamt erhöht. Dieser Erhöhungsbetrag kann nur festgestellt werden, wenn auch die mit der Nachtragsleistung einhergehenden im Hauptvertrag abzurechnenden Positionen mit angegeben und mengenmäßig eingeschätzt werden.

Der Ersteller der Nachtragsleistungsverzeichnisse ist der AG.[199] Der AG muss derartige Angaben in seinen Nachtragsleistungsverzeichnissen vorsehen. Soweit der AN die Leistungsverzeichnisse erstellt, muss der AG die Leistungsverzeichnisse in dieser Hinsicht überprüfen. Unterlässt der AG dies, wird eine korrekte Budgetkontrolle für den AG schwierig bzw. nahezu unmöglich.

19.1.3 Kenntlichmachung von Nachtragsleistungen, die unter Grundpositionen abgerechnet werden

Auf eine Besonderheit hinsichtlich der Abrechnung gemäß § 14 Nr. 1 VOB/B sei an dieser Stelle hingewiesen:

Gemäß § 14 Nr. 1 VOB/B kann der AG eine Kenntlichmachung bzw. getrennte Abrechnung der Nachtragsleistung verlangen. Das bedeutet, der AN muss sowohl bei seinem Nachtragsangebot als auch bei seiner Abrechnung kenntlich machen, welche Mengen der Hauptvertragsposition aus Nachträgen resultieren und welche Leistungen Hauptvertragsleistungen sind. Die Nachtragsleistung der Offenen Wasserhaltung muss der AN deshalb getrennt und baubetriebswirtschaftlich prüfbar abrechnen, wenn der AG dieses verlangt.

---

[199] Vgl. Schottke: Prüfbarkeit des Angebots bei einem gegenständlichen Nachtrag und einem Nachtrag infolge Störungen des Bauablaufs, 2003, S. 118 f.

In der Praxis ergibt sich zwangsläufig, dass der AN die mit der Hauptvertragsposition übereinstimmende Nachtragsleistung als Grundposition abrechnet, weil er die tatsächlich erstellte Baugrube aufmessen und abrechnen wird, ohne bei der Mengenermittlung Nachtrag und Hauptvertragsleistung zu trennen. Eine Unterscheidung in zwei Mengenermittlungen wird von dem AN im Regelfall nicht erfolgen.

Die Formulierung im § 14 Nr. 1 VOB/B zwingt den AN auch nur zu einer „Kenntlichmachung" des Nachtrags, getrennt abrechnen muss der AN nur bei Verlangen des AG. Was mit dem Wort Kenntlichmachung gemeint ist, bleibt etwas unklar. Grundsätzlich ist davon auszugehen, dass der AN die Forderung der Kenntlichmachung erfüllt hat, wenn er einen Abrechnungsplan beifügt, in dem kenntlich gemacht worden ist, welche Leistungen hinzugetreten sind, oder sich verändert haben bzw. weggefallen sind. Eine Mengenermittlung für den kenntlich gemachten Bereich schuldet der AN nicht automatisch, sondern nur dann, wenn der AG dieses verlangt und eine Mengenermittlung möglich ist. Dieses Verlangen löst nach Meinung des Verfassers einen zusätzlichen Vergütungsanspruch aus, weil es sich um eine zusätzliche Leistung handelt und im Regelfall nicht als Bagatelle bezeichnet werden kann.

Aus der Abrechnung im Hauptauftrag ergibt sich für den AG ein Controlling-Problem. Der AG kann bzgl. der Nachtragsleistungen, die im Hauptvertrag abgerechnet werden, gegebenenfalls keine Budgetkontrolle mehr durchführen, weil er nicht weiß, ob die geschätzten Mengen im Nachtragsleistungsverzeichnis tatsächlich eingetreten sind.

19.1.4   Grundposition im Nachtrag ohne nuGK

Hinsichtlich der Höhe der Grundposition ist im Nachtragsangebot eine Korrektur vorzunehmen. Der Einheitspreis wird lediglich mit den Einzelkosten der Teilleistung zzgl. der darauf entfallenden umsatzbezogenen Gemeinkosten in das Nachtragsleistungsverzeichnis übernommen. Die nicht umsatzbezogenen Gemeinkosten dürfen nicht automatisch mit dem Nachtrag abgerechnet werden.

Dieses ist im vorliegenden Fall bzgl. des Nachtragsleistungsverzeichnisses mit Einheitspreisen im Kap. 15.4 bereits umgesetzt worden. Die Einheitspreise für die Positionen 2.1.03 und 2.1.04 sind bereits angepasst worden. Die Tabelle in Bild 255 zeigt die zwei Möglichkeiten.

Pos.	Beschreibung	EKT aus EP	nuGK[1] aus EP	uGK[1] aus EP	EP "N 4"	EP "HV"
(1)	(2)	(3)	(4)	(5)	(6)	(7)
N 4.01	Boden Bkl. 3 der Baugrubenverbreiterung ausheben, laden, abtransportieren	6,13 €		0,67 €	**6,80 €**	
2.1.03	Baugrubenaushub Bkl. 3	6,13 €	0,81 €	0,77 €		**7,71 €**
N 4.02	Verfüllung der Baugrubenerweiterung	26,40 €		2,68 €	**29,08 €**	
2.1.04	Verfüllung	26,40 €	4,39 €	3,16 €		**33,94 €**
	[1] inklusive Rundungsdifferenzen					

Bild 255: Gegenüberstellung der Einheitspreise der Grundpositionen 2.1.03 und 2.1.04 mit und ohne nuGK

Es ist erkennbar, dass die Nachtragspositionen N 4.01 und N 4.02 in Spalte 4 keine nuGK enthalten.

19.1.5   Varianten bzgl. der Abrechnung von Nachtragsleistungen, die Grundpositionen entsprechen

Die Voraussetzung für die folgenden Varianten besteht darin, dass vom Leistungsbild her die Nachtragsleistung identisch ist mit den Grundpositionen. Ob der AG immer verlangen kann, dass der AN alle Nachtragsleistungen getrennt abrechnet, also aufwendige getrennte Mengenermittlungen durchführen muss, ist bereits im Kap. 12.4 diskutiert worden. In zahlreichen praktischen Fällen ist eine getrennte Abrechnung nicht möglich. Sicherlich darf der AG zwar theoretisch unmögliche Nachweise verlangen, der AN wird aber nicht verpflichtet sein, die Nachweise zu erbringen. Hinsichtlich der Mengenermittlung für den Nachtrag gibt es demzufolge zwei übergeordnete Varianten:

1. Eine konkrete Ist-Mengenermittlung für Nachtragspositionen, die Grundpositionen sind, ist möglich.
    a) Es erfolgt eine Abrechnung des Nachtrags getrennt nach Hauptauftrag und Nachtrag, weil der AG dieses verlangt hat.
    b) Es erfolgt eine Abrechnung des Nachtrags kombiniert mit Grundpositionen ohne Zuordnung zum Nachtrag. Diese Vorgehensweise bewirkt eine Mengenmehrung oder Mengenminderung.

2. Eine konkrete Ist-Mengenermittlung für Nachtragspositionen, die Grundpositionen sind, ist nicht möglich. Die Mengenermittlung erfolgt deshalb kombiniert mit den Grundpositionen ohne Zuordnung zum Nachtrag. Diese Vorgehensweise bewirkt eine Mengenmehrung oder Mengenminderung.

Bei Fallgestaltung 1a) ist die Nachtragsposition um die nuGK zu reduzieren. Der Nachtragseinheitspreis muss demzufolge wie eine Mehrmenge über 110 % bzw. wie eine neue Nachtragsposition ermittelt werden.

Bei den Fallgestaltungen 1b) und 2 kann die Grundposition vorerst problemlos mit dem vertraglichen EP abgerechnet werden. Im Zuge der Schlussrechnung erfolgt sowieso eine Herausnahme der nuGK durch Anwendung des § 2 Nr. 3 VOB/B.

Die Unerheblichkeit ob Fall 1 oder 2 gewählt wird, hat die Ursache darin, dass bei der Einheitlichen Auftrags- und Nachtragskalkulation in beiden Fällen der neue EP gleich gerechnet wird. Die Abrechnung als Mehrmenge oder als Nachtragsleistung hat keine Auswirkungen, da dieselbe Berechnungsmethodik zugrunde gelegt wird. Bild 256 zeigt die Systematik der identischen Vorgehensweise bei der Nachtragsberechnung bzgl. Mindermengen, Mehrmengen und der Nachtragsvergütung.

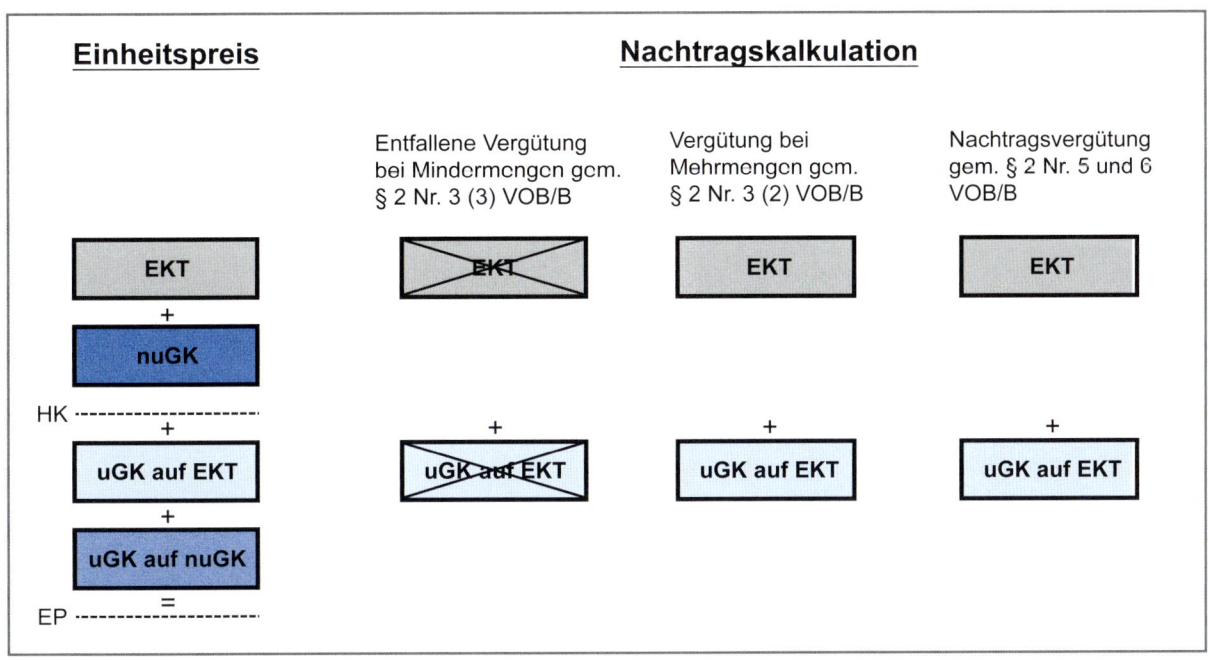

Bild 256: Entfallene Vergütung bei Mindermengen entspricht Vergütung bei Leistungsänderungen

Dieses ist bei keinem anderen Berechnungsverfahren gemäß Kap. 11.0 gegeben. Bei einer unterschiedlichen Vorgehensweise in der Methodik fällt die Problematik weitaus gravierender aus, da, je nachdem welche Berechnungsmethode- bzw. Anspruchsgrundlage mit den entsprechend definierten Kosteneigenschaften der Gemeinkostenanteile zugrunde gelegt wird, ein in der Höhe unterschiedliches Ergebnis die Folge sein muss. Hieraus entsteht auch Streitpotential.

Bei der Anwendung der Einheitlichen Auftrags- und Nachtragskalkulation ist die Nachtragskalkulation für Mehrmengen und Erschwernisse sowie Mindermengen und Leistungsreduzierungen identisch bzw. kompatibel.

19.1.6   Nachträge bewirken kausal Mehr- und Mindermengen

Die fehlende Möglichkeit der isolierten Mengenberechnung für eine Nachtragsposition bzw. die Einigkeit der Vertragspartner, auf eine isolierte Mengenberechnung zu verzichten, bewirkt, dass Nachträge „quasi falsch" unter Grundpositionen abgerechnet und als Mengenänderungen gemäß § 2 Nr. 3 VOB/B behandelt werden.

Bzgl. der bereits unter Punkt 19.1.2 angesprochenen Budgetkontrolle ergibt sich aus der vorgestellten praxisnäheren bzw. nahezu unvermeidlichen Vorgehensweise der gemeinsamen Abrechnung von Nachtrags- und Hauptvertragsleistung mit dem ursprünglichen vereinbarten EP die weitere Problematik, dass der AN in aller Regel erst mit der Abrechnung der kompletten Position eines LV erkennen kann, ob sich eine Mehr- oder Mindermenge gemäß § 2 Nr. 3 VOB/B ergeben hat.

Es darf nicht übersehen werden, dass Nachtragsleistungen sehr häufig auch Mindermengen bewirken. Dieses ist immer dann der Fall, wenn eine Vertragsleistung durch eine geänderte Leistung ersetzt wird.

Bei dem Beispiel für den Bereich „Erdarbeiten" wird diese Problematik noch nicht deutlich, weil die Erdarbeiten relativ zügig fertig sind und damit die Mengen ermittelt werden können. Problematischer wird es bei Gewerken, die über den Zeitraum der gesamten Vertragserfüllung abzuleisten sind.

Beispielsweise kann die Mengenermittlung der Pos. 2.2.43 „Schalung der Treppen und Zwischenpodeste" (vgl. Anlagenband 1, Kap. 1.1.3) erst abschließend nach Ausführung im 4. OG durchgeführt werden.

Bei allen Leistungen, die über die gesamte Baumaßnahme verteilt geleistet werden, z. B. „Pos. 2.2.39 Randschalung Deckenplatte EG – 4. OG", wird eine frühzeitige und abschließende Ausweisung der Abrechnungsmengen nicht, oder nur begrenzt, möglich sein.

Eine zeitnahe Mengenkontrolle für derartige Positionen wäre nur möglich, wenn bereits die Mengenermittlung nach Bauteilen getrennt erfolgt und die Abrechnung der Mengen ebenfalls nach den gleichen Bauteilen durchgeführt wird.

19.2   Beispiel zur Abgrenzung zwischen hauptvertraglichen Leistungen und Nachtragsleistungen

19.2.1   Allgemeines zum Berechnungsbeispiel und Vorgehensweise

Im folgenden Kapitel werden für die Positionen 2.1.03 und 2.1.04 die Folgen bzgl. der Gemeinkostendeckung bei Abrechnung der Nachtragsleistung als Grundposition im Vergleich zu der Abrechnung im Nachtrag dargestellt.

Wie im Kap. 16.0 Nachtragsbeispiel N 4 Offene Wasserhaltung bereits erläutert wurde, ist eine einwandfreie und somit widerspruchslose Abgrenzung von Hauptvertrags- zu Nachtragsleistung in der Praxis oft nicht möglich.

Um Konflikten bei der abschließenden Berechnung der Gemeinkostendeckung im Zuge der Schlussrechnung bzw. umständlichen Ausgleichsberechnungen vorzubeugen, bedarf es daher einer einfachen, widerspruchsfreien und pragmatischen Lösung, welche die Schwierigkeiten bei der Abgrenzung von Leistungen und deren Berechnung auf ein Minimum reduziert.

Die Grundvoraussetzung für eine ganzheitliche Lösung kann nur darin bestehen, dass die Nachtragskalkulation gemäß § 2 Nr. 5 und 6 VOB/B und § 2 Nr. 3 VOB/B identisch ist.

Da die Einheitliche Auftrags- und Nachtragskalkulation diese Voraussetzung erfüllt, ist es grundsätzlich belanglos, ob ein Nachtrag unter einer Grundposition oder im Nachtrag abgerechnet wird.

Hiervon gibt es eine Ausnahme: Obwohl bei der Einheitlichen Auftrags- und Nachtragskalkulation die Berechnung der Nachtragsleistungen und für Mengenänderungen über 110 % und unter 90 % identisch ist, verbleibt das Problem, dass bei der Abrechnung von Nachtragsleistungen unter Grundpositionen dann ein Fehler auftritt, wenn die Ist-Mengen inkl. Berücksichtigung der Nachtragsleistungen zwischen 90 und 110 % liegen. Dieses Problem wird im Kap. 19.3 behandelt.

19.2.2 Nachweis bzgl. der identischen Abrechnungssumme bei Abrechnung als Grundposition oder Nachtrag

Durch die Regelung, dass bei Mengenabweichungen zwischen 90 und 110 % die Einheitspreise unverändert bleiben müssen, kann die Abrechnung eines Nachtrags bei der Hauptvertragsleistung zu unterschiedlichen Anspruchshöhen bei der Berechnung der Preisanpassung gemäß § 2 Nr. 3 VOB/B führen.

Im folgenden Kapitel wird für die Pos. N 4.01 und N 4.02 eine derartige Berechnung für das konkrete Beispiel vorgestellt.

Die Vorgehensweise ist in Bild 257 dargestellt. Bild 257 zeigt die tatsächlichen Abrechnungsmengen (Spalte 2) und die für die Abrechnung anzusetzenden Einheitspreise (Spalte 3) nach Anpassung gemäß § 2 Nr. 3 VOB/B. Die Gesamtabrechnungssumme muss bei beiden Varianten gleich groß sein.

Grundposition

mit Nachtragsleistung:

	(1)	Menge [m³] (2)		"EP" [€] (3)		Abrechnung [€] (4)
(1)	2.1.03 Baugrubenaushub	4.935,36	*		=	
(2)	2.1.04 Verfüllung	1.823,90	*		=	
(3)	**Nachtrag N 4:**	0,00			=	
(4)					Σ	

ohne Nachtragsleistung:

	(1)	Menge [m³] (2)		"EP" [€] (3)		Abrechnung [€] (4)
(5)	2.1.03 Baugrubenaushub	4.316,97	*		=	
(6)	2.1.04 Verfüllung	1.205,51	*		=	
	Nachtrag N 4:					
(7)	N 4.01 Zusätzlicher Baugrubenaushub	618,39	*		=	
(8)	N 4.02 Zusätzliche Verfüllung	618,39	*		=	
(9)					Σ	
(10)		Δ aus Zeile (4) und (9)			=	**0,00**

Bild 257: Abrechnung der Nachtragsleistung im Hauptvertrag oder im Nachtrag

In einem ersten Schritt werden die Einheitspreise und die Mengen gemäß Spalten 2 und 3 erläutert. Parallel zu der Prüfung bzgl. der Gesamtabrechnungssumme erfolgt ein Vergleich der Deckungssummen der nuGK je nach Abrechnungsart. Im Folgenden werden die einzelnen Nachtragspreise ermittelt.

19.2.3 Kalkulationsgrundlage

Bild 258 zeigt die Kalkulation der Nachtragsposition N 4.01 und Bild 259 die Kalkulation der Pos. N 4.02 als Leistungsänderung gemäß § 2 Nr. 5 bzw. 6 VOB/B. Die Herleitungen können Kap. 16.8 entnommen werden.

Pos.Nr.	Menge / Leistungsbeschreibung / Kurztext	Lohn [Std.]	[€]	SoKo [€]	Geräte [€]	Fremd [€]
N 4.01 2.1.03	**618,39 m³** **Baugrubenaushub Bkl. 3 der Baugrubenerweiterung ausheben, profilgerecht lösen und zwischenlagern** Leistungsgerät: Hydraulikbagger 160 KW Leistungsansatz: 146 m³ / Std. KML= 29,00 €/Std.					
	Lohn (1,1 Std. / 146 m³/Std.)	0,0075	0,22			
	Betriebsstoffe (25,46 / 146 m³/Std.)			0,17		
	Geräteansatz (55,61 / 146 m³/Std.)				0,38	
	Leistungsgerät: LKW, Anzahl: 7					
	Lohn (7,7 Std. / 146 m³/Std.)	0,05274	1,53			
	Betriebsstoffe (32,82 * 7 / 146 m³/Std.)			1,57		
	Geräteansatz (42,77 * 7 / 146 m³/Std.)				2,05	
	1 Hilfskraft (1,0 Std. / 146 m³/Std.)	0,00685	0,20			
	Summen ohne Zuschläge	**0,067**	**1,95**	**1,75**	**2,43**	**0,00**
	Zuschlagsfaktor Nachtragskalkulation		1,1107	1,1107	1,1107	1,0865
	Summen einschl. Zuschläge		**2,17**	**1,93**	**2,70**	**0,00**
	EP = 6,80 € **GP =** 4.205,05 €					

Bild 258: Kalkulation der Nachtragsposition N 4.01 als Leistungsänderung gemäß § 2 Nr. 5 bzw. 6 VOB/B

Pos.Nr.	Menge / Leistungsbeschreibung / Kurztext	Lohn [Std.]	[€]	SoKo [€]	Geräte [€]	Fremd [€]
N 4.02 2.1.04	**618,39 m³** **Verfüllung der Baugrubenerweiterung auffüllen und verdichten** Leistungsgerät: Mobilbagger Leistungsansatz: 10 m³/Std. KML= 29,00 €/Std.					
	Lohn (1,1 Std. / 10 m³/Std.)	0,11	3,19			
	Betriebsstoffe (9,55 / 10 m³/Std.)			0,96		
	Geräteansatz (27,42 / 10 m³/Std.)				2,74	
	Leistungsgerät: Flächenrüttler, Anzahl: 2					
	Lohn (2,0 Std. / 10 m³/Std.)	0,2	5,80			
	Betriebsstoffe (0,95 * 2 / 10 m³/Std.)			0,19		
	Geräteansatz (3,09 * 2 / 10 m³/Std.)				0,62	
	1 Hilfskraft (1,0 Std. / 10 m³/Std.)	0,1	2,90			
	NU-Erdbauarbeiten (Anlieferung)					10,00
	Summen ohne Zuschläge	**0,410**	**11,89**	**1,15**	**3,36**	**10,00**
	Zuschlagsfaktor Nachtragskalkulation		1,1107	1,1107	1,1107	1,0865
	Summen einschl. Zuschläge		**13,21**	**1,27**	**3,73**	**10,87**
	EP = 29,08 € **GP =** 17.982,78 €					

Bild 259: Kalkulation der Nachtragsposition N 4.02 als Leistungsänderung gemäß § 2 Nr. 5 bzw. 6 VOB/B

19.2.4 Abrechnungsvariante bzgl. der Pos. N.4.01 und N 4.02 als Hauptvertragsleistung

19.2.4.1 Zugrunde zu legende Mengenansätze

Die Tabelle in Bild 260 enthält die Soll- und die Ist-Mengen. Es existiert bei dieser Variante keine Aufteilung der Ist-Mengen in Hauptvertragsleistungen und Nachtragsleistungen. Es ergeben sich trotz Baugrubenerweiterung Minder-mengen. Die Mengen in Bild 260 Spalte 4 entsprechen den Mengen in Bild 257 (Zeilen 1 und 2, Spalte 2).

Pos.	Leistungsbeschreibung	Soll-Menge Vertragsposition	Ist-Menge Gesamtabrechnung	Soll/Ist-Abweichung		Soll/Ist-Abweichung [%]
(1)	(2)	(3)	(4)	(5)	(6)	(7)
				(3)-(4)		(5)/(3)/100
2	**Rohbauarbeiten**					
2.1	**Erdarbeiten**					
2.1.03	Baugrubenaushub	6.000,00	4.935,36	-1.064,64	m³	-17,74
2.1.04	Verfüllung	2.100,00	1.823,90	-276,10	m³	-13,15

Bild 260: Soll/Ist-Vergleich für die Pos. 2.1.03 und 2.1.04

Demzufolge ist bei Unterschreitung der ausgeführten Mengen unter 90 % der vertraglichen Soll-Mengen für die ver-bliebenen Mengen ein neuer Einheitspreis unter Berücksichtigung der Mehr- und Minderkosten zu bilden.

Die diesem Beispiel zugrunde gelegten Mengen können dem Anlagenband 2 „Nachtragsbeispiele, Mengenermittlung und Gemeinkostenbilanz" Kap. 8.0 entnommen werden.

Bei „Addition" der „theoretisch" ermittelten Ausführungsmengen der Pos. N 4.01 und N 4.02 des Nachtrags N 4 (618,39 m³) mit den ausgeführten Mengen der Grundpositionen 2.1.03 und 2.1.04 des Hauptvertrags (4.316,97 m³, vgl. Bild 257), ergibt sich die Ist-Menge zu 4.935,36 m³.[200] Diese Ist-Menge entspricht den tatsächlich ausgeführten und durch ein Gesamtaufmaß ermittelten Mengen (vgl. Bild 260, Spalte 4).

19.0

19.2.4.2 Nachtragskalkulation der Einheitspreise

Die Bilder 261 und 262 zeigen die Ermittlung der neuen Einheitspreise unter Berücksichtigung der Anpassung gemäß § 2 Nr. 3 VOB/B.

Grundlage der Mindermengenberechnung sind die Soll-Mengen gemäß Vertrag und die gesamten Ist-Mengen.

---

[200] Vgl. Schottke/Strehlke: Nachtragsbeispiele, Mengenermittlung und Gemeinkostenbilanz – Anlagenband 2, Kap. 9.0.

Pos. 2.1.03 Baugrubenaushub

Grundposition:

Lohnkosten	1,95 €
Sonstige Kosten	1,75 €
Gerätekosten	2,43 €
Fremdleistung	0,00 €
EKT Summe	**6,13 €**

EP lt. HV	7,71 €
Gemeinkostendeckung	1,58 €
davon nuGK	**0,81 €**
davon uGK	**0,77 €**

nuGK:

Unterdeckung der nuGK

(6.000m³ - 4.935,36m³) * alte nuGK =   **862,36 €**

Zuschlagsfaktor uGK berechnen:

(p * 100 / 100 - p) =   (9,96 % * 100) / (100 - 9,96 %) =   **11,07%**

Unterdeckte GK

(Unterdeckte nuGK * 0,1107) + Unterdeckte nuGK =   **957,82 €**

Verteilung der nuGK auf verbleibende Menge:

Unterdeckung / verbleibende Menge =   862,36 € / 4.935,36 m³ =   **0,17 €**

uGK auf unterdeckte nuGK:

nuGK * Zuschlagsfaktor uGK =   862,36 € / 4.935,36 m³ * 11,07%   **0,019 €**

Neuer EP:

EP lt. HV	7,71 €
Unterdeckte nuGK gesamt	0,17 €
uGK auf unterdeckte nuGK	0,02 €
EP	**7,90 €**

Bild 261: Ermittlung des neuen EP für die Pos. 2.1.03 gemäß § 2 Nr. 3 Abs. (3) VOB/B

Pos. 2.1.04 Verfüllung

Grundposition:

Lohnkosten	11,89 €
Sonstige Kosten	1,15 €
Gerätekosten	3,36 €
Fremdleistung	10,00 €
EKT Summe	**26,40 €**

	Eigenleistung	Fremdleistung	Gesamt
EP lt. HV	22,94 €	11,00 €	33,94 €
Gemeinkostendeckung	6,54 €	1,00 €	7,54 €
davon nuGK	**4,26 €**	**0,12 €**	**4,38 €**
davon uGK	**2,28 €**	**0,88 €**	**3,16 €**

nuGK:

Eigenleistung:

Unterdeckung der nuGK (Eigenleistung)

(2.100 m³ - 1.823,90 m³) * alte nuGK = **1.174,85 €**

Zuschlagsfaktor uGK (Eigenleistung) berechnen:

(p * 100 / 100 - p) = (9,96 % * 100) / (100 - 9,96 %) = **11,07%**

Unterdeckte GK (Eigenleistung)

(Unterdeckte nuGK * 0,1107) + Unterdeckte nuGK = **1.304,91 €**

Fremdleistung:

Unterdeckung der nuGK (Fremdleistung)

(2.100 m³ - 1.823,90 m³) * alte nuGK = **34,35 €**

Zuschlagsfaktor uGK (Eigenleistung) berechnen:

(p * 100 / 100 - p) = (7,96 % * 100) / (100 - 7,96%) = **8,65%**

Unterdeckte GK (Fremdleistung)

(Unterdeckte nuGK * 0,0865) + Unterdeckte nuGK = **37,32 €**

Unterdeckung nuGK gesamt: **1.209,20 €**

Unterdeckung GK gesamt: **1.342,23 €**

Verteilung der nuGK (Eigenleistung) auf verbleibende Menge:

Unterdeckung / verbleibende Menge = 1.174,85 € / 1.823,40 m³ = **0,64 €**

Verteilung der nuGK (Fremdleistung) auf verbleibende Menge:

Unterdeckung / verbleibende Menge = 34,35 € / 1.823,40 m³ = **0,02 €**

uGK auf unterdeckte nuGK:

Eigenleistung:

uGK auf unterdeckte nuGK (Eigenleistung):

nuGK * Zuschlagsfaktor uGK = 1.174,85 € / 1.823,40 m³ * 11,07% = **0,07 €**

Fremdleistung:

uGK auf unterdeckte BGK (Fremdleistung):

nuGK * Zuschlagsfaktor uGK = 34,35 € / 1.823,40 m³ * 8,65% = **0,0016 €**

	nuGK	uGk auf nuGK	Summe
Eigenleistung:	0,64 €	0,07 €	0,71 €
Fremdleistung:	0,02 €	0,0016 €	0,02 €
Summe:	0,66 €	0,07 €	0,73 €

Neuer EP:

EP lt. HV	33,94 €
Unterdeckte nuGK gesamt	0,66 €
uGK auf unterdeckte nuGK	0,07 €
EP	**34,67 €**

Bild 262: Ermittlung des neuen EP für die Pos. 2.1.04 gemäß § 2 Nr. 3 Abs. (3) VOB/B

19.0

19.2.5   Abrechnungsvariante bzgl. der Pos. N.4.01 und N 4.02 als Nachtragsleistung

Der Mehr- und Mindermengenberechnung wird dementsprechend nicht die tatsächliche Ist-Menge in Höhe 4.936 m³ zugrunde gelegt, sondern die um 618 m³ reduzierte Ist-Menge in Höhe von 4.316 m³.

Pos.	Leistungsbeschreibung	Soll-Menge Vertragsposition	Ist-Menge Vertragsposition	Ist-Menge Nachtragsleistung	Ist-Menge Gesamtabrechnung	Soll/Ist- Abweichung		Soll/Ist- Abweichung [%]
(1)	(2)	(3)	(4)	(5)	(6)	(7)	(8)	(9)
					(4)+(5)	(4)-(3)		(3)/(7)/100
2	Rohbauarbeiten							
2.1	Erdarbeiten							
2.1.03	Baugrubenaushub	6.000,00	4.316,97	618,39	4.935,36	-1.683,03	m³	-28,05
2.1.04	Verfüllung	2.100,00	1.205,51	618,39	1.823,90	-894,49	m³	-42,59

Bild 263: Soll/Ist-Vergleich für die Pos. 2.1.03 und 2.1.04

Die Bilder 264 und 265 zeigen die Ermittlung der neuen Einheitspreise ohne Berücksichtigung der Mengen aus dem Nachtrag.

Pos. 2.1.03 Baugrubenaushub

Grundposition:

Lohnkosten	1,95 €
Sonstige Kosten	1,75 €
Gerätekosten	2,43 €
Fremdleistung	0,00 €
EKT Summe	**6,13 €**

EP lt. HV	7,71 €
Gemeinkostendeckung	1,58 €
davon nuGK	**0,81 €**
davon uGK	**0,77 €**

nuGK:
Unterdeckung der nuGK
(6.000m³ - 4.316,97m³) * alte nuGK =   **1.381,43 €**

Zuschlagsfaktor uGK berechnen:
(p * 100 / 100 - p) =   (9,96 % * 100) / (100 - 9,96 %) =   **11,07%**

Unterdeckte GK
(Unterdeckte nuGK * 0,1107) + Unterdeckte nuGK =   **1.534,94 €**

Verteilung der nuGK auf verbleibende Menge:
Unterdeckung / verbleibende Menge =   1.381,43 € / 4.316,97 m³ =   **0,32 €**

uGK auf unterdeckte nuGK:
nuGK * Zuschlagsfaktor uGK =   1.3681,43 € / 4.316,97 m³ * 11,07'   **0,04 €**

Neuer EP:

EP lt. HV	7,71 €
Unterdeckte nuGK gesamt	0,32 €
uGK auf unterdeckte nuGK	0,04 €
EP[1]	**8,06 €**

[1] Die Differenz der Summe der drei Einzelzeilen ergibt sich aus Rundungsungenauigkeiten.
Den exakten Wert gibt der EP mit 8,06/m³ wieder.

Bild 264: Ermittlung des neuen EP für die Pos. 2.1.03 gemäß § 2 Nr. 3 Abs. (3) VOB/B ohne Nachtragsleistung

Pos. 2.1.04 Verfüllung

Grundposition:

Lohnkosten	11,89 €	
Sonstige Kosten	1,15 €	
Gerätekosten	3,36 €	
Fremdleistung	10,00 €	
EKT Summe	**26,40 €**	

	Eigenleistung	Fremdleistung	Gesamt
EP lt. HV	22,94 €	11,00 €	33,94 €
Gemeinkostendeckung	6,54 €	1,00 €	7,54 €
davon nuGK	**4,26 €**	**0,12 €**	**4,38 €**
davon uGK	**2,28 €**	**0,88 €**	**3,16 €**

nuGK:

Eigenleistung:
Unterdeckung der nuGK (Eigenleistung)
(2.100 m³ - 1.205,51 m³) * alte nuGK =   **3.806,64 €**

Zuschlagsfaktor uGK (Eigenleistung) berechnen:
(p * 100 / 100 - p) =   (9,96 % * 100) / (100 - 9,96 %) =   **11,07%**

Unterdeckte GK (Eigenleistung)
(Unterdeckte nuGK * 0,1107) + Unterdeckte nuGK =   **4.230,99 €**

Fremdleistung:
Unterdeckung der nuGK (Fremdleistung)
(2.100 m³ - 1.205,51 m³) * alte nuGK =   **111,27 €**

Zuschlagsfaktor uGK (Eigenleistung) berechnen:
(p * 100 / 100 - p) =   (7,96 % * 100) / (100 - 7,96%) =   **8,65%**

Unterdeckte GK (Fremdleistung)
(Unterdeckte nuGK * 0,0865) + Unterdeckte nuGK =   **120,90 €**

Unterdeckung nuGK gesamt: **3.917,91 €**

Unterdeckung GK gesamt: **4.351,89 €**

Verteilung der nuGK (Eigenleistung) auf verbleibende Menge:
Unterdeckung / verbleibende Menge =   3.806,64 € / 1.205,51 m³ =   **3,16 €**

Verteilung der nuGK (Fremdleistung) auf verbleibende Menge:
Unterdeckung / verbleibende Menge =   111,27 € / 1.205,51 m³ =   **0,09 €**

uGK auf unterdeckte nuGK:

Eigenleistung:
uGK auf unterdeckte nuGK (Eigenleistung):
nuGK * Zuschlagsfaktor uGK =   3.806,64 € / 1.205,51 m³ * 11,07% =   **0,35 €**

Fremdleistung:
uGK auf unterdeckte BGK (Fremdleistung):
nuGK * Zuschlagsfaktor uGK =   111,27 € / 1.205,51 m³ * 8,65% =   **0,0080 €**

	nuGK	uGk auf nuGK	Summe
Eigenleistung:	3,16 €	0,35 €	3,51 €
Fremdleistung:	0,09 €	0,0080 €	0,10 €
Summe:	3,25 €	0,36 €	3,61 €

Neuer EP:

EP lt. HV	33,94 €	
Unterdeckte nuGK gesamt	3,25 €	
uGK auf unterdeckte nuGK	0,36 €	
EP	**37,55 €**	

Bild 265: Ermittlung des neuen EP für die Pos. 2.1.04 gemäß § 2 Nr. 3 Abs. (3) VOB/B ohne Nachtragsleistung

19.0

19.2.6 Vergleichende Betrachtung der beiden Varianten bzgl. der Abrechnungssummen

Bild 266 zeigt auf der Grundlage der ermittelten Mengen und Einheitspreise die Abrechnung. Bis auf Rundungsdifferenzen (Zeile 10) ist erkennbar, dass das Abrechnungsergebnis identisch ist. Es ist unbedeutend, ob die Grundpositionen innerhalb des Hauptvertrags oder im Nachtrag abgerechnet werden.

Grundposition

mit Nachtragsleistung:

		Menge [m³]		"EP" [€]		Abrechnung [€]
	(1)	(2)		(3)		(4)
(1)	2.1.03 Baugrubenaushub	4.935,36	*	7,90	=	39.009,43
(2)	2.1.04 Verfüllung	1.823,90	*	34,67	=	63.242,40
(3)	**Nachtrag N 4:**	0,00	*	0,00	=	0,00
(4)					∑	**102.251,83**

ohne Nachtragsleistung:

		Menge [m³]		"EP" [€]		Abrechnung [€]
	(1)	(2)		(3)		(4)
(5)	2.1.03 Baugrubenaushub	4.316,97	*	8,06	=	34.797,98
(6)	2.1.04 Verfüllung	1.205,51	*	37,55	=	45.263,39
	Nachtrag N 4:					
(7)	N 4.01 Zusätzlicher Baugrubenaushub	618,39	*	6,80	=	4.205,05
(8)	N 4.02 Zusätzliche Verfüllung	618,39	*	29,08	=	17.982,78
(9)					∑	102.249,20
(10)			Δ aus Zeile (4) und (9)			=	2,63

Bild 266: Abrechnung der Nachtragsleistung im Hauptvertrag oder im Nachtrag (vgl. Bild 257)

19.2.7 Vergleichende Betrachtung der beiden Varianten bzgl. der nuGK

Soweit lediglich die nuGK verglichen werden, ergibt sich gemäß Bild 267 ebenfalls kein bemerkenswerter Unterschied. Der Betrag von 0,60 € ergibt sich dabei aus Rundungsungenauigkeiten bei der Berechnung und bewegt sich in Relation zu der Abrechnungssumme von ca. 14.000 € in einem akzeptablem Bereich.

Aus Bild 267 ist erkennbar, dass die Abrechnung der Grundpositionen im Nachtrag zu keiner zusätzlichen Vergütung von nuGK führt und die Bilanz stimmig bleibt. Die Ursache hierfür ist darin begründet, dass die Nachtragspositionen eben keine nuGK-Deckung beinhalten.

Bei einer Abrechnung der Hauptvertragsleistung mit oder ohne Berücksichtigung der Nachtragsleistung ergibt sich bei Anwendung des § 2 Nr. 3 Abs. (3) VOB/B eine identische Vergütung von nuGK und zwangsläufig auch eine gleiche Abrechnungssumme. Allerdings muss bereits hier darauf hingewiesen werden, dass das identische Berechnungsergebnis nicht eintreten kann, wenn der Nachtrag die Abrechnungsmenge auf eine Zahl zwischen 90 und 110 % der Soll-Menge erhöht oder reduziert. Bei einem derartigen Fall erhält der AN zu viel oder zu wenig nuGK. Diese Fälle werden im folgenden Kapitel vorgestellt.

Pos.	Beschreibung	neuer EP	abzurechnende Menge	Einheit	Summe nuBGK[1]	uGK auf nuBGK[1]	vergütete nuGK-Anteile gesamt
(1)	(2)	(3)	(4)	(5)	(6)	(7)	(8)
							(4) * (6)
	Mengenminderung gem. § 2 Nr. 3 (3) VOB/B mit Nachtragsleistung						
2.1.03	Baugrubenaushub	7,90 €	4.935,36	m³	0,9847 €	0,7893 €	4.860,00 €
2.1.04	Verfüllung	34,67 €	1.823,90	m³	5,0432 €	3,2329 €	9.198,21 €
						Summe:	14.058,21 €
	Mengenminderung gem. § 2 Nr. 3 (3) VOB/B ohne Nachtragsleistung						
2.1.03	Baugrubenaushub	8,06 €	4.316,97	m³	1,1258 €	0,8049 €	4.860,00 €
2.1.04	Verfüllung	37,55 €	1.205,51	m³	7,6296 €	3,5172 €	9.197,61 €
						Summe:	14.057,61 €
					Differenz:		**0,60 €**

[1] Berechnung wurde durchgeführt mit 8 Nachkommastellen

Bild 267: Gemeinkostendeckung (nuGK) der Hauptvertragsleistungspositionen 2.1.03 und 2.1.04

19.3 Varianten bzgl. des Fehlers durch Abrechnung der Nachträge als Menge der Grundposition

19.3.1 Übersicht über Mehrmengenprobleme

Es können bei der Abrechnung zwischen 90 und 110 % folgende Fallgestaltungen auftreten, die unter Anwendung der § 2 Nr. 2 und 3 VOB/B zu unterschiedlichen Gemeinkostendeckungen führen (vgl. Bild 268).

19.0

Aus dem Bild 268 wird deutlich, dass bei einer kumulierten Abrechnung von Hauptvertrags- und Nachtragsleistung sich immer dann falsche Abrechnungen ergeben, wenn der Nachtrag selbst Mengen auf 90 bis 110 % erhöht bzw. die Ist-Menge ohne Nachtrag zwischen 90 und 110 % liegt.

Aus den Spalten 3 und 7 in Bild 268 wird deutlich, dass die quasi falsche Abrechnung der Nachtragsleistung auch einen unterschiedlichen Anspruchsgrund bewirkt.

19.3.2 Einschätzung der Fehlergröße

Die mögliche Fehlergröße soll mittels eines Rechenbeispiels verdeutlicht werden. Es wird der Einfachheit halber von einem Einheitspreis in einer Größenordnung von 10,00 € und einem nuGK-Anteil innerhalb des Einheitspreises von 1,10 € ausgegangen.

Die Spalten 4 und 7 in Bild 269 entsprechen den Spalten 8 und 11 in Bild 268. Die Spalte 8 in Bild 269 beinhaltet den Fehler als €-Betrag.

In der Sensitivitätsanalyse wird der Fehler gemäß Spalte 8 mit dem Abrechnungsbetrag in Spalte 6 verglichen. Es ergeben sich für das Beispiel Fehler in einer Größenordnung von 0,58 % und 1,8 %. Die maximale Größenordnung des Fehlers beträgt ca. 1–2 % bezogen auf die betroffenen Positionen.

Bezogen auf das gesamte Abrechnungsvolumen sind die Auswirkungen sehr gering und vernachlässigbar klein. Es handelt sich nicht um ein einseitiges Risiko sondern um ein beiderseitiges Risiko der Vertragspartner. I. d. R. wird über die Abrechnung der Baumaßnahme ein ausgleichender Charakter eintreten.

Vorraussetzung: Leistungsbild und die Preisermittlungsgrundlage von Hauptvertrags- und Nachtragsleistung stimmen überein, sind aber nicht eindeutig getrennt ermittelbar.

	Hauptvertragsleistung (HVL)				Nachtragsleistung (NL)		Gesamtabrechnung			Zusätzliche oder verminderte nuGK durch Nachtragsleistung	
Soll-Leistung	Ist-Leistung	Abrechnung/ Anwendung nach VOB/B	Deckung nuGK [%]	Soll/Ist-Abweichung nuGK [%]	Ist-Leistung	Abrechnung/ Anwendung nach VOB/B	Gesamt-abrechnung HVL + NL	Deckung nuGK [%]	Soll/Ist-Abweichung nuGK, bezogen auf 100 [%]		
(1)	(2)	(3)	(4)	(5)	(6)	(7)	(8)	(9)	(10)	(11)	(12)
1	100 m³	50 m³	§ 2 Nr. 3 (3)	100%	+/- 0 %	30 m³	§ 2 Nr. 3 (3)	80 m³	100%	+/- 0 %	+/- 0%	
2	100 m³	65 m³	§ 2 Nr. 3 (3)	100%	+/- 0 %	30 m³	§ 2 Nr. 2	95 m³	95%	- 5 % (95% bis 100%)	- 5%	(95% bis 100%)
3	100 m³	80 m³	§ 2 Nr. 3 (3)	100%	+/- 0 %	30 m³	§ 2 Nr. 2	110 m³	110%	+ 10 % (100% bis 110%)	+ 10%	(100% bis 110%)
4	100 m³	92 m³	§ 2 Nr. 2	92%	- 8 %	30 m³	§ 2 Nr. 3 (2)	122 m³	110%	+ 10 % (100% bis 110%)	+ 18%	(92% bis 110%)
5	100 m³	100 m³	§ 2 Nr. 2	100%	+/- 0 %	30 m³	§ 2 Nr. 3 (2)	130 m³	110%	+ 10 % (100% bis 110%)	+ 10%	(100% bis 110%)
6	100 m³	105 m³	§ 2 Nr. 2	105%	+ 5 %	30 m³	§ 2 Nr. 3 (2)	135 m³	110%	+ 10 % (100% bis 110%)	+ 5%	(105% bis 110%)
7	100 m³	115 m³	§ 2 Nr. 3 (2)	110%	+ 10 %	30 m³	§ 2 Nr. 3 (2)	145 m³	110%	+ 10 %	+/- 0%	

Erläuterung der Spalten 11 und 12 der Fallgestaltungen:

Zeile 1 (Spalte 11 und 12): Es entfallen für die Abrechnung von 80 m³ (50 m³ + 30 m³) keine nuGK, da bei Anwendung des § 2 Nr. 3 VOB/B die kompletten 100 % nuGK für 100 m³ vergütet werden. Insofern liegt keine Unterdeckung von nuGK gem. Spalte 11 durch die Nachtragsleistung vor.

Zeile 2 (Spalte 11 und 12): Es entfallen 5 % der ursprünglich kalkulierten nuGK (95 % bis 100 %) für die nicht ausgeführte Menge von 95 m³ bis 100 m³. Insofern liegt eine Unterdeckung von nuGK gem. Spalte 11 in Höhe von 5 % durch die Nachtragsleistung bei Anwendung des § 2 Nr. (3) VOB/B ein Ausgleich von nuGK bis 100 m³, also zu 100 %, erfolgt wäre.

Zeile 3 (Spalte 11 und 12): Es werden 10 % mehr nuGK für die Menge von 100 m³ bis 110 m³ vergütet. Insofern liegt eine Überdeckung von nuGK gem. Spalte 11 in Höhe von 10 % durch die Nachtragsleistung bei Anwendung des § 2 Nr. (3) VOB/B ein Ausgleich von nuGK bis 100 m³, also zu 100 %, erfolgt wäre.

Zeile 4 (Spalte 11 und 12): Es werden 18 % mehr nuGK für die Menge von 92 m³ bis 110 m³ vergütet. Insofern liegt eine Überdeckung von nuGK gem. Spalte 11 in Höhe von 18 % durch die Nachtragsleistung vor, weil ohne Nachtrag nur 92 m³ abgerechnet worden wären. Eine Anwendung des § 2 Nr. 3 (3) VOB/B entfällt.

Zeile 5 (Spalte 11 und 12): Es werden 10 % mehr nuGK für die Menge von 100 m³ bis 110 m³ vergütet. Insofern liegt eine Überdeckung von nuGK gem. Spalte 11 in Höhe von 10 % durch die Nachtragsleistung vor, weil ohne Nachtrag nur 100 m³, also 100 % nuGK, abgerechnet werden und nunmehr mit Nachtrag 110 % nuGK abgedeckt werden.

Zeile 6 (Spalte 11 und 12): Es werden 5 % mehr nuGK für die Menge von 105 m³ bis 110 m³ vergütet. Insofern liegt eine Überdeckung von nuGK gem. Spalte 11 in Höhe von 5 % durch die Nachtragsleistung vor, weil ohne Nachtrag nur 105 m³, also 105 % nuGK, abgerechnet worden wären. Nunmehr sind mit dem Nachtrag 110 % nuGK abgedeckt.

Zeile 7 (Spalte 11 und 12): Es werden keine zusätzlichen nuGK für die Menge über 110 m³ vergütet. Insofern liegt weder eine Überdeckung noch eine Unterdeckung von nuGK gem. Spalte 11 durch die Nachtragsleistung vor.

Bild 268: nuGK-Deckung bei kumulierter Abrechnung von Hauptvertrags- und Nachtragsleistung

EP   = 10,00 €/m³
davon nuGK =   1,10 €/m³

	Soll-Abrechnung			Ist-Abrechnung (mit Nachtrag)			Δ nuGK-Deckung [%] durch Nachtragsleistung gem. Bild 268, Zeile (11)	Δ nuGK [€]
	Menge [m³]	EP [€]	Summe [€]	Menge [m³]	EP [€]	Summe [€]		
	(1)	(2)	(3)=(1) * (2)	(4)	(5)	(6)=(4) * (5)	(7)	(8)=(7) * 1,1 €/m³
1	100,00 *	10,00 =	1.000,00	80,00 *	10,00 =	800,00	0,00	0,00
2	100,00 *	10,00 =	1.000,00	95,00 *	10,00 =	950,00	-5,00	-5,50
3	100,00 *	10,00 =	1.000,00	110,00 *	10,00 =	1.100,00	10,00	11,00
4	100,00 *	10,00 =	1.000,00	122,00 *	10,00 =	1.220,00	18,00	19,80
5	100,00 *	10,00 =	1.000,00	130,00 *	10,00 =	1.300,00	10,00	11,00
6	100,00 *	10,00 =	1.000,00	135,00 *	10,00 =	1.350,00	5,00	5,50
7	100,00 *	10,00 =	1.000,00	145,00 *	10,00 =	1.450,00	0,00	0,00

Sensitivitätsanalyse
Randbedingungen:

EP [€/m³]	nuGK [€/EP]	Δ nuGK [€]
10,00	1,10	5,5 - 19,80

(1): 5,50 € / 950,00 € =   0,58%

(2): 19,80 € / 1.220,00 € =   1,80%

→ Δ **nuGK= 0,58 % - 1,80 % der Angebotssumme (bzgl. Abrechnungsvarianten des Beispiels)**

Bild 269: Extrembetrachtung bzgl. des Fehlers

19.0

19.4   Zusammenfassung zu der Abgrenzungsproblematik

- Nachträge müssen gemäß § 14 Nr. 1 VOB/B bei der Abrechnung in Abgrenzung zum Hauptvertrag nur kenntlich gemacht werden. Nur auf Verlangen des AG hat eine getrennte Abrechnung zu erfolgen.

- Eine getrennte Abrechnung ist nicht immer möglich.

- Wenn eine getrennte Abrechnung trotz Verlangen des AG nicht möglich ist, muss der Nachtrag unter einer Hauptvertragsposition abgerechnet werden, bzw. es bleibt unbekannt, welche Menge der Grundposition durch eine Leistungsänderung ersetzt worden ist.

- Für die Fälle der nicht möglichen Trennung der Abrechnung der Nachträge von dem Hauptvertrag muss gewährleistet sein, dass eine ordnungsgemäße Abrechnung erfolgt.

- Bei dem Lösungsansatz ANKE werden Mehrmengen, veränderte Leistungen mit erhöhtem Aufwand, und zusätzliche Leistungen bzgl. der Nachtragshöhe identisch berechnet.

- Es verbleibt lediglich ein Fehler durch Verschiebung der Mengen auf 90 bis 110 % infolge der Nachträge. Dieser Fehler kann nicht verhindert werden und ist vernachlässigbar klein.

20.0   Schlussrechnungsstellung unter Berücksichtigung der Gemeinkostenbilanz

20.1   Allgemeines

§ 16 VOB/B regelt im Wesentlichen die Zahlungsmodalitäten und die entsprechenden Rechtsfolgen, während sich der § 14 VOB/B mit der Art und Weise, d. h. den Anforderungen an die Abrechnung befasst.

Die Schlussrechnungsstellung bzw. die Schlusszahlung ist im Bauvertragsrecht ein eigener Terminus technicus, der außerhalb der VOB/B nicht gebräuchlich ist.[201] Es handelt sich um die endgültige Begleichung der Vergütungsansprüche des Auftragnehmers.[202] Mit dieser abschließenden Zahlung bringt der Auftraggeber zum Ausdruck, dass er keine weiteren Zahlungen leisten wird.[203]

Hierbei ist nicht entscheidend, ob der gezahlte Betrag dem geforderten Betrag des AN entspricht. Ebenfalls nicht zwingend erforderlich ist die im Zusammenhang mit der Zahlung zu tätigende Verwendung des Wortes „Schlussrechnung". Es muss lediglich der klare Wille des AG erkennbar sein, mit der Zahlung die Forderungen aus der Abrechnung des AN abschließend zu begleichen.[204] Dem steht nach § 16 Nr. 3 Abs. (3) VOB/B gleich, wenn der AG unter Hinweis auf bereits geleistete Zahlungen weitere Zahlungen endgültig und schriftlich ablehnt.[205]

Die in § 16 Nr. 1 und 2 VOB/B genannten Regelungen zu Abschlags- und Vorauszahlungen sollen an dieser Stelle nicht einer näheren Betrachtung unterzogen werden, da es im behandelten Beispiel im Wesentlichen um den Vorgang der Schlussrechnungsstellung und um die praxisnahe Darstellung der damit zusammenhängenden einzelnen Prozessschritte geht. Eine rechtliche Würdigung soll hier nicht erfolgen.

Im Hinblick auf die Erläuterung der einzelnen Modalitäten von Abschlags- und Vorauszahlung sei auf den Band „Grundlagen der Baubetriebswirtschaft und des privaten Baurechts" der Lehrbuchreihe verwiesen, der im Jahr 2010 erscheinen wird.

20.2   Übergeordnete Bestandteile der Schlussrechnung – Anwendung des § 2 Nr. 3 VOB/B

Die Schlussrechnung muss folgende wesentlichen Elemente enthalten:

1. Abrechnung des gesamten Hauptvertrags ohne Anwendung des § 2 Nr. 3 VOB/B

2. Abrechnung des gesamten Hauptvertrags mit Anwendung des § 2 Nr. 3 VOB/B

3. Abrechnung der Nachträge
    - Beauftragte Nachträge
    - Strittige aber noch vom AN beanspruchte Nachträge

Ob und inwieweit eine Gemeinkostenbilanz überhaupt durchgeführt wird, hängt davon ab, ob einer der Vertragspartner die Anwendung des § 2 Nr. 3 VOB/B verlangt hat.

20.3   Umsetzung bei der Deutschen Bahn AG – Anwendung des § 2 Nr. 3 VOB/B systemimmanent

Bei dem im Kap. 14.0 vorgestellten Beispiel der Deutschen Bahn AG ist die Anwendung der Gemeinkostenbilanz vertraglich vorgeschrieben und damit systemimmanenter Bestandteil der Abrechnung.

Demzufolge muss bei jedem Bauobjekt, das den Kriterien der ANKE unterliegt, eine derartige Gemeinkostenbilanz durchgeführt werden. Erst mit dem Verlangen und der Umsetzung des Verlangens ist eine angemessene Vergütung der nuGK gewährleistet.

Hierzu wird in diesem Zusammenhang auf die Anlage 4.8 „Gemeinkostendeckung" der Besonderen Vertragsbedingungen der Deutschen Bahn AG (Leitlinien der DB AG für die einheitliche Auftrags- und Nachtragskalkulation) verwiesen, welches als verbindliches Formular im Rahmen der o. a. Vertragsbedingungen eingeführt wurde.

---

[201] Vgl. BGH, Urt. v. 02.12.1982, VII ZR 63/82, NJW 1983, S. 816; vgl. auch Heiermann/Riedl/Rusam: Handkommentar zur VOB, Teile A und B, 2003, § 16 VOB/B Rdn. 74.
[202] Vgl. Vygen: Bauvertragsrecht nach VOB, 2007, S. 213 ff.
[203] Vgl. BGH, Urt. v. 16.04.1970, VII ZR 40/69, BauR 1970, S. 240; vgl. auch Locher: Das private Baurecht, 2005, Rdn. 336.
[204] Vgl. Heiermann/Riedl/Rusam: Handkommentar zur VOB, Teile A und B, 2003, § 16 VOB/B Rdn. 75.
[205] Vgl. Jacob/Ring/Wolf: Freiberger Handbuch zum Baurecht, 2001, § 1, Abschnitt A, Teil 4, Kap. 2c) aa) Rdn. 196.

Analog zu dem bereits in Kap. 14.11 vorgestellten Prozessschritt 5 „Schlussrechnungsprüfung", bei dem eine Kontrolle bzgl. einer möglichen Unter- oder Überdeckung von Gemeinkosten in Form einer formalistischen Gemeinkostenbilanz durchgeführt worden ist, soll hier die Gesamtabrechnung unter Einbeziehung der Nachträge anhand des behandelten Beispielprojekts vorgestellt werden.

Die in den abgerechneten Hauptvertragsleistungen und Nachträgen enthaltenen nuGK und uGK werden mittels Excel-Listen ermittelt, weil es bislang kein EDV-Programm gibt, das die in diesem Buch vorgestellten Grundsätze beinhaltet. Die einzelnen Berechnungen können dem Anlagenband 2 (vgl. Kap. 10.0) entnommen werden.

20.4 Beispielhafte Schlussbilanz unter Berücksichtigung hauptvertraglicher Leistungen und Nachtragsleistungen

20.4.1 Abrechnung des gesamten Hauptvertrags und Anwendung des § 2 Nr. 3 VOB/B auf die Hauptvertragspositionen

Bild 272 zeigt die Abrechnung des Gesamtauftrags in Höhe von 1.901.733,53 €. Die beauftragte Summe von 1.851.492,68 € gemäß Bild 271 ist dementsprechend um 50.240,85 € in der Abrechnung übertroffen worden. Die erhöhte Abrechnungssumme ist auf Mehrmengen und Nachtragsleistungen, die unter Hauptvertragspositionen abgerechnet worden sind, zurückzuführen (vgl. Kap. 19.0).

Nach Anwendung des § 2 Nr. 3 VOB/B ergibt sich gemäß Bild 273 eine um 3.831,17 € erhöhte Abrechnungssumme in Höhe von 1.905.564,70 €. Die Ermittlung der Unterdeckung der nuGK in Höhe von 3.831,17 € kann Kap. 17.7 (vgl. Bilder 247 und 270) entnommen werden.

Bild 270 zeigt die Zusammensetzung der unterdeckten Gemeinkosten.

Vergleich Abrechnungssummen und Gemeinkostendeckung	
Δ ASN (Bild 273, Sp. 9 - Bild 272, Sp. 9):	3.831,17 €
nuGK zzgl. uGK (Bild 273, Sp. 8 - Bild 272, Sp. 8):	3.831,16 €
davon uGK auf nuGK (Bild 273, Sp. 7 - Bild 272, Sp. 7):	376,24 €
Unterdeckte nuGK (Bild 273, Sp. 6 - Bild 272, Sp. 6):	3.454,92 €

Bild 270: Gemeinkostenunterdeckung (nuGK) nach Schlussabrechnung des Beispielprojekts

Um die Übersichtlichkeit zu gewährleisten, werden in diesem Kapitel nur die ermittelten Abrechnungssummen und Preisbestandteile abgebildet. Eine vollständige Abrechnung mit der Darstellung aller Hauptvertrags- und Nachtragsleistungen ist in dem Anlagenband 2, Kap. 10.0 enthalten.

Soweit die Abrechnung der Hauptvertragsleistungen nach Leistungsverzeichnis (vgl. Bild 271) mit der Angebotssumme netto aus dem Schlussblatt des Beispielprojekts (vgl. z. B. Kap. 15.5.2, Bild 224) verglichen wird, ergibt sich mit 1.851.492,68 € eine um 323,50 € erhöhte Angebotssumme. Durch die Berechnung der Zuschlagssätze und der Multiplikation der Soll-Mengen mit den Einheitspreisen ergeben sich die Rundungsdifferenzen in Höhe von 323,50 €. Für die weiteren Berechnungen ist der Kalkulations-Zwischenschritt Schlussblatt nicht entscheidend. Es werden die tatsächlich vertraglich vereinbarten Einheitspreise in die einzelnen Bestandteile zerlegt.

Bild 273 zeigt dieselbe Tabelle und die Abrechnung der Hauptvertragsleistungen nach der Anwendung der Regelungen des § 2 Nr. 3 VOB/B. Es zeigt sich, dass sich die Abrechnungssumme um die 3.831,17 € erhöht hat.

20.0

Pos.	Text	Soll-Menge	EP vor Anwendung § 2 Nr. 3 VOB/B	Kostenanteile Soll:				
				EKT	BGK-Anteil aus GP (nuGK)	uGK	Summe nuGK zzgl. uGK	Abrechnungs-summe Soll:
(1)	(2)	(3)	(4)	(5)	(6)	(7)	(8) = (6) + (7)	(9) = (3) * (4)
	Hauptvertragsleistungen:							
	Pos. 1.1.01 bis 3.1.08			1.479.260,30 €	199.481,61 €	172.750,77 €		
			Summen:	1.479.260,30 €	199.481,61 €	172.750,77 €	372.232,38 €	1.851.492,68 €

Bild 271: „Abrechnung" der Hauptvertragsleistungen des Beispielprojekts nach Soll-Mengen und nach vereinbarten Einheitspreisen (inkl. Gesamtrundungsdifferenzen)

Pos.	Text	Ist-Menge	EP vor Anwendung § 2 Nr. 3 VOB/B	Kostenanteile Ist (vor Anwendung § 2 Nr. 3 VOB/B):				
				EKT	BGK - Anteil aus GP (nuGK)	uGK	Summe nuGK zzgl. uGK	Ist-Abrechnungs-summe vor Anwendung § 2 Nr. 3 VOB/B:
(1)	(2)	(3)	(4)	(5)	(6)	(7)	(8) = (6) + (7)	(9) = (3) * (4)
	Hauptvertragsleistungen:							
	Pos. 1.1.01 bis 3.1.08							
			Summen:	1.528.157,00 €	197.224,02 €	176.352,52 €	373.576,54 €	1.901.733,53 €

Bild 272: Abrechnung der Hauptvertragsleistungen des Beispielprojekts vor Anwendung des § 2 Nr. 3 VOB/B

Pos.	Text	Ist-Menge	EP nach Anwendung § 2 Nr. 3 VOB/B	Kostenanteile Ist (nach Anwendung § 2 Nr. 3 VOB/B):				
				EKT	BGK - Anteil aus GP (nuGK)	uGK	Summe nuGK zzgl. uGK	Ist-Abrechnungs-summe nach Anwendung § 2 Nr. 3 VOB/B:
(1)	(2)	(3)	(4)	(5)	(6)	(7)	(8) = (6) + (7)	(9) = (3) * (4)
	Hauptvertragsleistungen:							
	Pos. 1.1.01 bis 3.1.08							
			Summen:	1.528.157,00 €	200.678,94 €	176.728,76 €	377.407,70 €	1.905.564,70 €

Bild 273: Abrechnung der Hauptvertragsleistungen des Beispielprojekts nach Anwendung des § 2 Nr. 3 VOB/B

20.4.2   Einbeziehung der Nachträge

Soweit in Nachträgen nuGK enthalten sind, weil durch Nachträge Grundpositionen ersetzt worden sind und dem-entsprechend die in den entfallenen Grundpositionen enthaltenen nuGK vorläufig in den Nachträgen abgerechnet worden sind, müssen diese nuGK in den Nachträgen vorläufig in den Abschlagsrechnungen vergütet werden. Bei der Schlussbilanz müssen diese vorläufig abgerechneten nuGK wieder auf Null gesetzt werden, weil durch die Anwen-dung des § 2 Nr. 3 VOB/B die nuGK des Hauptvertrags vertragsgemäß vergütet sind.

Im vorliegenden Fall sind in den Nachträgen keine vorläufigen nuGK enthalten (vgl. Spalte 5 in Bild 274).

20.4.3   Schlussrechnungssumme gegliedert in EKT und GK

Aus Bild 275 kann das Abrechnungsvolumen im Vergleich zu der Beauftragung mit zugehörigen nuGK entnommen werden.

Pos.	Text	EKT	EKT infolge BGK-Änderung	BGK-Anteil aus GP (nuGK)	uGK	nuGK zzgl. uGK	Abrechnungs-summe
(1)	(2)	(3)	(4)	(5)	(6)	(7) = (5) + (6)	(8) = (3) + (7)
N 1	Findlinge im Baugrubenbereich						
N 1.01	Zulageposition zu Pos. 2.1.03	3.466,24 €	0,00 €	0,00 €	383,68 €	383,68 €	3.849,92 €
N 2	Veränderte Bodenklasse						
N 2.01	Zulageposition zu Pos. 2.1.03	1.577,25 €	0,00 €	0,00 €	173,25 €	173,25 €	1.750,50 €
N 4	Offene Wasserhaltung						
N 4.01-02	EKT (gem. Pos. 2.1.03 und 2.1.04) + uGK	20.116,23 €			2.071,60 €	2.071,60 €	22.187,83 €
N 4.03-10		26.957,22 €	0,00 €	0,00 €	3.042,34 €	3.042,34 €	29.999,56 €
N 5	Veränderte Betongüte Wände KG						
	Zulageposition zu Pos. 2.2.10	1.450,00 €	0,00 €	0,00 €	159,50 €	159,50 €	1.609,50 €
	Summen:	53.566,94 €	0,00 €	0,00 €	5.830,37 €	5.830,37 €	59.397,31 €

Bild 274: Abzurechnende Nachtragssummen

		Abrechnung				Beauftragung		
		Summe	davon EKT	davon nuGK	davon uGK	Summe	davon nuGK	davon uGK
		(1) = (2)+(3)+(4)	(2)	(3)	(4)	(5)	(6)	(7)
A	Hauptauftrag	1.905.564,70 €	1.528.157,00 €	200.678,94 €	176.728,76 €	1.851.492,68 €	199.481,61 €	172.750,77 €
B	Beauftragte Nachträge	59.397,31 €	53.566,94 €	0,00 €	5.830,37 €			
C	Strittige aber noch vom AN	0,00 €	0,00 €	0,00 €	0,00 €			
	beanspruchte Nachträge							
	Gesamtabrechnungssumme:	1.964.962,01 €	1.581.723,94 €	200.678,94 €	182.559,13 €			

Bild 275: Übersicht über die Beauftragung und die Abrechnung.

Theoretisch wäre die Gemeinkostendeckung der nuGK (vgl. Spalte 3, Bild 275) des Hauptauftrags und gemäß Beauftragung (vgl. Spalte 6, Bild 275) identisch, wenn es nicht die Regelung des § 2 Nr. 3 VOB/B gäbe, dass die Einheitspreise zwischen 90 % und 110 % unverändert bleiben. Folgende Entwicklung zeigt, dass es sich um Rundungsfehler handelt bzw. um die Konsequenzen, die sich aus der Abrechnung der Mengen zwischen 90 % und 110 % ergeben (vgl. Bild 276):

Der Unterschied der Angebotssumme zwischen Spalte 5 der Zeilen 1 und 2 in Höhe von 323,50 €[206] ist ein normaler Rundungsfehler, der programmtechnisch bedingt ist.

Die Differenz der Abrechnungssumme zwischen Zeilen 5 und 3 Spalte 5 in Höhe von 3.831,17 € (Zeile 4, 3.454,92 € nuGK zzgl. 376,25 € uGK auf nuGK) ergibt sich aus der Regelung des § 2 Nr. 3 VOB/B.

Zeile 6 in Bild 276 weist eine Differenz von 1.197,33 € aus, die sich trotz Anwendung des § 2 Nr. 3 VOB/B ergeben hat. Es hat sich zwar die Abrechnungssumme um 50.240,85 € gegenüber der Auftragssumme erhöht (vgl. Bild 276, Spalte 5, Zeile 3 abzügl. Zeile 2), aus dieser Abrechnungssumme lässt sich eine derartig hohe Differenz bzgl. der nuGK allerdings nicht erklären.

Die Ursache für diese Differenz ist die Nichtanpassung der Preise bei Mengen zwischen 90 und 110 %. Die Vorschrift des § 2 Nr. 3 VOB/B untersagt in diesem Bereich eine Anpassung der Einheitspreise. Hierdurch muss zwangsläufig eine Verzerrung der nuGK-Deckung eintreten.

Im Kap. 8.2.6.6.2 ist die vorgenannte Abweichung bzgl. der nuGK-Deckung berechnet worden und beträgt 1.182,96 € (vgl. Bild 47). Der Unterschied beträgt gemäß Bild 276, insgesamt 1.197,33 € (Spalte 2, Zeile 6) ohne uGK auf die nuGK. Bei der Differenz zwischen diesen beiden Werten in einer Größenordnung von 14,37 € handelt es sich um auftretende Rundungsdifferenzen, die sich aus der um 50.240,85 € erhöhten Abrechnungssumme ergeben.

20.0

---

[206] 1.851.492,68 – 1.851.169,18 = 323,50 €.

Insofern hat sich das Berechnungssystem im Sinne einer induktiven Vorgehensweise als in sich schlüssig erwiesen. Demzufolge kann von einem wissenschaftlichen Nachweis der Richtigkeit der Methodik und der Berechnungssystematik ausgegangen werden.

		EKT	nuGK	uGK	nuGK zzgl. uGK	Angebots-/Abrechnungssumme
		(1)	(2)	(3)	(4)	(5)
1	Gem. Schlussblatt	1.479.241,70 €	216.687,06 €	155.240,42 €	371.927,48 €	1.851.169,18 €
	abzgl. umsatzabhängig kalkulierte nuGK:		-17.850,00 €			
	über Umlage zu vergütende nuGK:		198.837,06 €			
2	Gem. EP-Berechnung	1.479.260,30 €	199.481,61 €	172.750,77 €	372.232,38 €	1.851.492,68 €
3	Abrechnung ohne Anwendung § 2 Nr. 3 VOB/B	1.528.157,00 €	197.224,02 €	176.352,52 €	373.576,54 €	1.901.733,53 €
4	unterdeckte GK (Zeile 5 - Zeile 3)		3.454,92 €	376,25 €	3.831,17 €	3.831,17 €
5	Abrechnung nach Anwendung § 2 Nr. 3 VOB/B	1.528.157,00 €	200.678,94 €	176.728,76 €	377.407,70 €	1.905.564,70 €
6	veränderte nuGK - Deckung durch Ausführungsmengen 90 % - 110 % (Zeile 5 - Zeile 2)		1.197,33 €			

Bild 276: Gemeinkostendeckungen

20.5 Zusammenfassung

Im Rahmen dieses Kapitels ist überprüft worden, ob die Deckung der nuGK insgesamt schlüssig ist. Durch die systemimmanente Anwendung des § 2 Nr. 3 VOB/B werden die nuGK gemäß Hauptvertrag ordnungsgemäß vergütet. Abgesehen von Rundungsfehlern stimmen Abrechnung und nuGK Bilanz überein, wenn die Vergütung der unveränderten Preise für die Mengen zwischen 90 und 110 % berücksichtigt wird.

Eine Bilanz für die uGK ist nicht erforderlich, weil die uGK gemäß tatsächlichem Umsatz vergütet werden.

Die Abrechnung stellt sich wie folgt dar:

- Abrechnung des gesamten Hauptvertrags ohne Anwendung des § 2 Nr. 3 VOB/B: 1.901.734 €

- Abrechnung des gesamten Hauptvertrags mit Anwendung des § 2 Nr. 3 VOB/B: 1.905.565 €

- Nachträge: 59.397 €

- Schlussrechnungssumme (1.905.565 € + 59.397 €):   1.964.962 € netto

Soweit die Anwendung des § 2 Nr. 3 VOB/B programmtechnisch von den Softwareanbietern gelöst wird, ergibt sich automatisch mit der Abrechnung eine ordnungsgemäße Vergütung der Gemeinkosten. Die Nachträge enthalten keine nuGK mehr, es sei denn der Nachtrag selbst hat nuGK ausgelöst. Derartige nuGK müssen sowieso zusätzlich zu den nuGK des Hauptauftrags vergütet werden.

Eine Methode mit einem schlüssigen Rechenalgorithmus ist Voraussetzung für eine programmtechnische Umsetzung. Dieser Schritt ist damit vollzogen.

21.0 Zusammenfassung und Ausblick

21.1 Anspruchsgrund

21.1.1 Abgrenzung BGB und VOB/B

Bzgl. des einseitigen Anordnungsrechts gemäß § 1 Nr. 3 und 4 VOB/B ist eine Klärung im Zusammenhang mit § 315 BGB erforderlich. Soweit gemäß BGB der AG ein einseitiges Anordnungsrecht hat und vergessene Leistungen, die für die Funktion und Vertragserfüllung erforderlich sind, vom AN verlangen kann, beschränkt sich die weitergehende Anordnungsbefugnis der § 1 Nr. 3 und 4 VOB/B auf leistungsabhängige Gestaltungsänderungen.

Ausgehend von der Klärung des BGB kann erst festgelegt werden, welche Erweiterung der einseitigen Anordnungsbefugnis sich aus den § 1 Nr. 3 und 4 VOB/B ergibt bzw. ergeben darf. Entscheidend für die Zulässigkeit und Notwendigkeit der Erweiterung der Anordnungsbefugnis aus § 1 Nr. 3 und 4 VOB/B gegenüber dem BGB werden baubetriebswirtschaftliche Randbedingungen und Zusammenhänge sein.

21.1.2 Preisermittlungsgrundlage als Voraussetzung für die Beurteilung einer Leistungs- und Vergütungsänderung

Der Begriff der Preisermittlungsgrundlage ist einer der zentralen verbindenden Elemente zwischen geschuldeter Leistung und deren Vergütung. Jeder Anspruch des § 2 VOB/B hat als Grundlage die Feststellung der Preisermittlungsgrundlage der Vertragsleistung.

Der Begriff ist in dieser Veröffentlichung definiert und der Zusammenhang zwischen Leistungsänderung und Nachtragskalkulation hergestellt worden.

21.1.3 Vergütungsansprüche gemäß § 2 VOB/B

Die vier Vergütungsansprüche des § 2 VOB/B (Mengenänderungen, Teilkündigung, veränderte Leistungen und zusätzliche Leistungen) sind mit den wesentlichen Randbedingungen vorgestellt worden. Wichtig ist die Feststellung, dass der Anspruch gemäß § 2 Nr. 3 VOB/B bereits auf die veränderte Preisermittlungsgrundlage und die Kosteneigenschaften der kalkulierten Leistung abstellt.

Der Pauschalvertrag ist ebenfalls mit den wesentlichen Randbedingungen dargestellt worden. Das Verständnis bzgl. der vier wesentlichen Anspruchstypen und die Kenntnis des Pauschalvertrags und dessen Änderungsmöglichkeiten sind Voraussetzung für das Verständnis der Nachtragskalkulation und der Gemeinkostenbilanz.

21.1.4 Andere Anordnung gemäß § 2 Nr. 5 VOB/B

Auch wenn für die schlüssige Darstellung des in dieser Veröffentlichung vorgestellten Lösungsansatzes die andere Anordnung gemäß § 2 Nr. 5 VOB/B nicht ausführlich hätte erläutert werden müssen, war es ein Anliegen, die Grundlagen im Kontext des gesamten § 2 klarzustellen.

Erst mit der Klärung der Nachtragskalkulation und der Bauumstände sind auch die Themenbereiche bzgl. Störungen des Bauablaufs einer grundlegenden Lösung zugänglich.

21.2 Anspruchshöhe

21.2.1 Schlechter Preis bleibt schlechter Preis und guter Preis bleibt guter Preis

Bei VOB-Verträgen ist die Auftragskalkulation als Ausgangspunkt für die Fortschreibung von Wettbewerbspreisen zu verwenden. Dieser Grundsatz ist durch die Rechtsprechung gefestigt und wird in der juristischen und baubetriebswirtschaftlichen Literatur unwidersprochen vertreten.

Dass die Methodik „Fortschreibung von Wettbewerbspreisen" die einzig mögliche und richtige Methodik der Nachtragskalkulation ist, ist in dieser Veröffentlichung im Kap. 5.0 hergeleitet worden. Die Herleitung beinhaltet insbesondere eine Begründung dafür, dass bei Erleichterungen zwangsläufig die gleiche Nachweissystematik erforderlich ist, wie bei Erschwernissen.

21.0

Direkt daraus ableitbar ist die Schlussfolgerung, dass auch der Nachweis der Höhe bei Mindermengen und Mehrmengen gleich zu erfolgen hat. Die konsequente Einhaltung dieses Grundsatzes ist Voraussetzung für eine strukturierte einheitliche Lösung.

21.2.2 Keine weitergehenden tragfähigen Leitsätze für die Nachtragskalkulation als die Definition „Fortschreibung von Wettbewerbspreisen"

Die Rechtsprechung und die Baubetriebswirtschaftslehre haben bei Leistungsänderungen bislang keine über den Leitsatz der Fortschreibung von Vertragspreisen hinausgehenden, tragfähigen Grundsätze entwickelt. Es gibt keine detaillierten Regelungen für den Nachweis der Höhe von Nachträgen aus § 2 VOB/B.

Die in der Literatur von den verschiedensten Autoren beschriebenen Berechnungsmethoden zum Nachweis der Höhe variieren dementsprechend in vielerlei Hinsicht.

Die vorgenannte Problematik wird davon überlagert, dass die verschiedensten Möglichkeiten bestehen, einen Leistungsbeschrieb und dessen Vergütungsäquivalent zu vereinbaren. Diese Veröffentlichung beschränkt sich bezüglich der Lösungsansätze vorerst auf Einheitspreisverträge gemäß § 9 VOB/A.

21.3 Widersprüchliche Ermittlung der Anspruchshöhe bezüglich Gemeinkosten bei Nachträgen

21.3.1 Allgemeine Problemstellung dargestellt an einem Beispiel

Anhand eines Beispiels ist aufgezeigt worden, dass die Anspruchshöhe bei Nachträgen abhängig von der Berechnungsmethode variiert. Der Anspruchsgrund bei dem Beispiel ist eine Mindermenge gemäß § 2 Nr. 3 Abs. (3) VOB/B. Es geht ausschließlich um die Berechnungsart. Da für das grundlegende Verständnis der Problematik das Beispiel wichtig ist, wird das Beispiel hier in der Zusammenfassung nochmals wiederholt.

Ein Auftragsvolumen in Höhe von 1.000.000,00 € reduziert sich infolge Mindermengen auf 800.000,00 €. Der Auftragnehmer trägt vor, dass eine Unterdeckung der Gemeinkosten vorliege. In der Angebotssumme (netto) sind 10 % Unternehmensbezogene Kosten sowie 15 % Baustellengemeinkosten enthalten.

Welchen Anspruch hat der Auftragnehmer infolge der Reduzierung?

Eine eindeutige Beantwortung dieser Frage ist nur dann möglich, wenn die Berechnungsmethode bezüglich der Gemeinkosten eindeutig definiert und festgelegt ist. In der Literatur bestehen sehr unterschiedliche Auffassungen bezüglich der zu verwendenden Berechnungsmethode. Insbesondere die Fragestellung, ob die Unternehmensbezogenen Gemeinkosten die Kosteneigenschaft einmalig oder umsatzbezogen haben, ist für die Anspruchshöhe entscheidend.

Die folgenden Lösungsvarianten sind Gesamtbetrachtungen, die juristisch und baubetriebswirtschaftlich nicht als Nachweis gelten, da hierfür Einzelnachweise bis in die einzelnen Positionen erforderlich wären. Es handelt sich um die Vorstellung prinzipieller Vorgehensweisen.

21.3.2 Lösungsvariante I

Die gesamten kalkulierten Gemeinkosten bei einer solchen Fallgestaltung als einmalig anzusehen und entsprechend zu berechnen, ist weit verbreitet. Dem Auftragnehmer stünden dann 25 % der verringerten Leistung als Unterdeckungsausgleich für die Umsatzgebundenen Gemeinkosten und für die Baustellengemeinkosten zu. Er hätte dementsprechend einen Anspruch auf 50.000,00 €.[207]

21.3.3 Lösungsvariante II

Die Anspruchshöhe des Auftragnehmers infolge der Minderung lässt sich auch unter Beachtung der Kosteneigenschaften ermitteln. Unternehmensbezogene Gemeinkosten wären dann nicht als einmalige Kosten, sondern umsatz-

---

[207]   1.000.000,00 € - 800.000,00 € = 200.000,00 € Reduzierung; 25 % * 200.000,00 € = 50.000,00 € (Gemeinkosten).

bezogen zu behandeln. Die Baustellengemeinkosten werden somit als einmalig, die Unternehmensbezogenen Gemeinkosten als umsatzbezogen betrachtet.

Dem Auftragnehmer stünden dann als Ausgleich für die einmaligen Baustellengemeinkosten 15 %[208] der reduzierten 200.000,00 €[209] zu, also 30.000,00 €.[210] Daneben hätte der Auftragnehmer einen Anspruch, die Unternehmensbezogenen Gemeinkosten (11,11 %)[211] auf die Leistungserhöhung von 30.000,00 €, also 3.333,33 € zu erhalten.[212] Im Ganzen erhielte der Auftragnehmer bei dieser Berechnungsmethode demnach 33.333,33 € als Ausgleich für die Minderung und somit 16.666,67 € weniger als bei der zuvor genannten Variante. Dieses ist auf die tatsächlich umsatzbezogene Behandlung der Umsatzbezogenen bzw. Unternehmensbezogenen Gemeinkosten zurückzuführen.

An diesem Beispiel wird bereits das Problem deutlich:

Bei der Berechnung der Varianten I und II wird von unterschiedlichen Kosteneigenschaften bei der Fortschreibung der Wettbewerbspreise ausgegangen. Hintergrund bzw. Ursache dieser unterschiedlichen Vorgehensweisen ist die traditionelle Orientierung an juristischen Sichtweisen und baubetriebswirtschaftlichen Rechenalgorithmen.

Im Kap. 11.0 ist ein Literaturvergleich bzgl. der Ermittlungsmethode bei Mehr- und Mindermengen und über alle Ansprüche des § 2 VOB/B vorgestellt worden. Aus dem Literaturvergleich ist erkennbar, dass die Kosteneigenschaften bislang nicht als maßgebende Orientierungs- und Klassifizierungsgröße für die Nachtragskalkulation erkannt worden sind.

21.4   Literaturanalyse

21.4.1   Verschiedene Arten von Kosteneigenschaften

Der Vergleich ist auf der Grundlage von Kosteneigenschaften erfolgt, welche die betrachteten Autoren bei der Berechnung der Nachtragshöhe zugrunde gelegt haben. Die vier wesentlichen Kosteneigenschaften können wie folgt definiert werden:

21.0

     Einmalige Kosten

fallen nur einmal bezogen auf das Projekt an und stehen unabhängig von Umsatz, Ausführungsmenge oder Bauzeit des Projekts in ihrer Höhe fest, wie z. B. Transportkosten oder Kosten für das Aufstellen von Baucontainern.

Mengenabhängige Kosten

erhöhen bzw. verringern sich mit der Ausführungsmenge, sind aber nicht direkt vom Umsatz oder der Bauzeit beeinflusst, sie sind also in Bezug auf die Mengeneinheit konstant kalkuliert. Es handelt sich somit um einmalige Kosten je Mengeneinheit.

Mengen- und zeitabhängige Kosten

sind sowohl von der Ausführungsmenge als auch von der Ausführungszeit direkt abhängig. So wachsen sie mit zunehmender Ausführungszeit, wie auch mit zunehmender Ausführungsmenge, wie z. B. Vorhaltekosten der Schalung. Durch die Zuordnung der eigentlich naturgemäß zeitabhängigen Kosten zu den EKT eines Einheitspreises wird den zeitabhängigen Kosten die vorrangige Eigenschaft mengenabhängig zu eigen. Bei einer Vorhalteposition mit der Mengeneinheit Monate oder Stunden sind die Kosteneigenschaften – mengenabhängig und zeitabhängig – gleichgeschaltet.

     Zeitabhängige Kosten

sind ausschließlich von der Ausführungszeit direkt abhängig, nicht jedoch von der Ausführungsmenge oder vom Umsatz, wie z. B. Vorhaltekosten für die Baustelleneinrichtung oder die Kosten für einen Bauleiter, haben aber bezüglich der unveränderten Bauzeit einmaligen Charakter. Die Eigenschaft zeitabhängig

---

[208]   15 % also 150.000 € sind als Gemeinkosten der Baustelle bei 1 Mio. € Auftragsvolumen kalkuliert worden.
[209]   1 Mio. € Auftragsvolumen - 800.000 € Abrechnungsvolumen = 200.000 € Mindermengenvolumen.
[210]   15 % * 200.000,00 € = 30.000,00 €.
[211]   Da sich die 10 % auf die Basis Angebotssumme (netto) beziehen, sind diese zunächst auf die Herstellkostenbasis umzurechnen: 10 % / (1 - 10 %) = 11,11 %.
[212]   11,11 % * 30.000,00 € = 3.333,33 €.

tritt vorerst solange hinter der Eigenschaft einmalig zurück, bis die Eigenschaft zeitabhängig durch konkrete Anspruchsgründe betroffen ist. Ohne Bauzeitänderung bleibt die Eigenschaft einmalig erhalten. Die Eigenschaft einmalig ergibt sich aus dem Rechenalgorithmus. Erst durch die Veränderung der Bauzeit tritt die Eigenschaft zeitabhängig in Erscheinung und ist als solche auch zu berücksichtigen.

%   Umsatzbezogene Kosten

variieren je nachdem ob mehr oder weniger Umsatz erzielt wurde. Sie sind auf den Umsatz bezogen und von diesem direkt abhängig kalkuliert. Es besteht kein rechentechnischer Bezug zu der Ausführungsmenge oder der Ausführungszeit. Die Umsatzabhängigkeit ist keine Kosteneigenschaft, die den Kosten naturgemäß per Entstehung anhaftet, sondern eine Eigenschaft, die per Definition festgelegt wird.

Es gibt Mischformen, die mehrere Kosteneigenschaften kombiniert enthalten. Ferner kann noch in weitere Kosteneigenschaften unterschieden werden, z. B. „Durchschnittswert". Bei dem Kalkulationsmittellohn handelt es sich um einen Durchschnittspreis für eine produktive Stunde, der auch auf die Nachtragskalkulation anzuwenden ist. Wann und unter welchen Voraussetzungen darf vom Durchschnittspreis abgewichen werden? Derartige Fragen werden im Folgeband zu „Vergütungsanspruch und Nachtragskalkulation gemäß §§ 1 und 2 VOB/B" behandelt.

21.4.2   Literaturvergleich bezüglich der Berechnungsmethoden und Ordnungsbedarf

Bild 277 zeigt beispielhaft für die Kalkulation bei Mengenänderungen eine Übersicht, die nicht die Rechenergebnisse gegenüberstellt, sondern die Kosteneigenschaften, welche die einzelnen Autoren bei der Berechnung zugrunde legen. Die vergleichende Betrachtung zeigt die unterschiedlichen Vorgehensweisen.

Auffällig ist, dass keiner der zitierten Autoren bzgl. der Gemeinkosten eine einheitliche Kosteneigenschaft annimmt. Zum einen werden Wagnis und Gewinn unterschiedlich gehandhabt und nahezu ausnahmslos wird bei der Mengenminderung von einer anderen Kosteneigenschaft als bei der Mengenmehrung ausgegangen.

Einheitlich wird der Gewinn bei der Mindermenge als einmalig angesehen, in dem Sinne, dass dem Auftragnehmer immer der kalkulierte Gewinn zusteht, wenn sich Mengen ändern. Es ist zwar im Einzelfall – insbesondere juristisch – durchaus begründbar, dass der Gewinn als einmalig definiert wird, weil die auftragsbezogene Sichtweise dominiert. Die Sichtweise entspringt dem Kündigungsgedanken. In diesem Punkt sind sich alle zitierten Autoren bis auf den Verfasser dieser Veröffentlichung einig.

Wenn ein Bieter den Gewinn als umsatzbezogen kalkuliert hat, besteht kein Anlass, den Gewinn als einmalig festzulegen. Diese Auffassung steht im Widerspruch zu dem Grundsatz, dass Wettbewerbspreise fortzuschreiben sind. Die Kündigung hat nichts mit dem Vergütungsanspruch zu tun. Eine Leistungsreduzierung als Folge einer Mengenänderung oder eine Leistungsänderung als Folge einer ändernden Anordnung lösen einen Vergütungsanspruch aus und keinen Kündigungsanspruch. Im Übrigen lässt sich auch trefflich diskutieren, ob im Falle der Kündigung der Gewinn anders behandelt werden darf, als kalkuliert.

Durch die Verwendung unterschiedlicher Kosteneigenschaften entsteht ferner ein weiteres Problem: Soweit ein Nachtrag eine Mindermenge auslöst, würde der Gewinn gegebenenfalls zweimal vergütet, einmal über den Nachtrag und ein zweites Mal über die Mindermenge.

Offensichtlich soll nach Auffassung zahlreicher Autoren der Gewinn bei Mindermengen immer vergütet werden und darüber hinaus bei Mehrmengen und Nachträgen zusätzlich, da bei Umsatzerhöhung dem Gewinn umsatzbezogene Eigenschaften zugeordnet werden.

Warum die betrachteten Autoren allgemeingültig andere Kosteneigenschaften zuordnen, als die Kalkulationen hergeben, wird in der Literatur nicht diskutiert. Der Gewinn ist eindeutig in den Schlussblättern den Umsatzbezogenen bzw. Unternehmensbezogenen Gemeinkosten zugeordnet. Warum wird diese Kosteneigenschaft dogmatisch geändert, obwohl der Kalkulator diese Absicht nicht deutlich gemacht hat?

Die vorliegende Vielfalt der unterschiedlichen Auffassungen ist wohl darin begründet, dass die Kosteneigenschaft als oberstes Klassifizierungsmerkmal für die Nachtragskalkulation noch nicht erkannt worden ist.

	EKT	BGK	AGK auf EKT	AGK auf BGK	Wagnis auf EKT	Wagnis auf BGK	Gewinn auf EKT	Gewinn auf BGK	EP in €/m³
(1) Kapellmann / Schiffers (Mehrmenge)	◺	▭	◺ %	◺	◺ %	◺	◺ %	◺	95,99
(2) Kapellmann / Schiffers (Mindermenge)	◺	▭	▭	▭	▭	▭	▭	▭	122,99
(3) Leimböck / Klaus / Hölkermann (Mehrmenge)	◺	▭	%	%	%	%	%	%	95,82
(4) Leimböck / Klaus / Hölkermann (Mindermenge)	◺	▭	▭	▭	▭	▭	▭	▭	122,99
(5) Drees / Paul (Mehrmenge)	◺	▭	%	%	%	%	%	%	95,82
(6) Drees / Paul (Mindermenge)	◺	▭	▭	▭	%	▭	▭	▭	122,31
(7) Keil / Martinsen / Vahland / Fricke (Mehrmenge)	◺	▭ + ◺	%	%	%	%	%	%	95,82
(8) Keil / Martinsen / Vahland / Fricke (Mindermenge)	◺	▭	▭	▭	%	▭	▭	▭	122,31
(9) Reister (Mehrmenge)	◺	▭	%	%	%	%	%	%	95,82
(10) Reister (Mindermenge)	◺	▭	▭	▭	▭	▭	▭	▭	122,99
(11) BMVBS (Mehrmenge)	◺	▭	◺	◺	◺	◺	◺	◺	96,94
(12) BMVBS (Mindermenge)	◺	▭	▭	▭	◺	◺	▭	▭	122,23

Bild 277: Vergleichende Betrachtung der Kosteneigenschaften bei der Kalkulation von Mehr- und Mindermengen

21.0

21.4.3   Bewertung der Vorgehensweise „Die Kosteigenschaften der Auftragskalkulation werden nicht fortgeschrieben"

Es gilt der Grundsatz, dass Wettbewerbspreise fortgeschrieben werden müssen. Eine Auftragskalkulation ist von folgenden fünf Eigenschaften geprägt:

1. Es gibt konkrete Kalkulationsgrößen für einzelne Leistungselemente.

2. Die Kalkulationsgrößen sind zugeordnet: den Teilleistungen (EKT), dem Projekt (BGK), der Unternehmung (UGK).

3. Die Kalkulationsgrößen sind der Art des Güterverbrauchs zugeordnet (Kostenarten, z. B. Lohn, Sokos, Gerätekosten, Fremdleistungen).

4. Die Kalkulationsgrößen haben eine Kosteigenschaft (z. B. einmalig, mengenabhängig, zeitabhängig, umsatzabhängig).

5. Die Kalkulationsgrößen sind durch Rechenalgorithmen miteinander verknüpft.

Die Eigenschaften 1, 2, 3 und 5 sind bekannt und werden auch bei der Nachtragskalkulation berücksichtigt. Die Eigenschaft 4, die der Kalkulator den Kosten beimisst, wird von allen zitierten Autoren bei der Nachtragskalkulation nicht berücksichtigt.

Es stellt sich nunmehr die entscheidende Frage, ob die Nichtberücksichtigung der Kosteneigenschaft bei der Nachtragskalkulation einen Verstoß gegen den Grundsatz „Fortschreibung der Wettbewerbspreise" darstellt.

Der Verfasser dieses Buchs ist der Auffassung, dass dieses so ist. Eine ordnungsgemäße Fortschreibung von Wettbewerbspreisen kann nur dadurch erfolgen, dass die Kosteneigenschaften der Kalkulationsansätze bei der Nachtragskalkulation fortgeschrieben werden. Eine andere Vorgehensweise bewirkt, dass mit der Nachtragskalkulation ungewöhnliche Wagnisse übertragen werden, weil der Kalkulator die Kosteneigenschaften, die fortgeschrieben werden, nicht mehr beeinflussen kann.

21.5   Abgrenzung zwischen Hauptvertrags- und Nachtragsleistungen

Die Notwendigkeit, Nachträge auf Verlangen in der Abrechnung gemäß § 14 Nr. 1 VOB/B kenntlich zu machen, bewirkt die Prüfung, ob eine Trennung zwischen Hauptvertrag und Nachtrag immer möglich ist. Im Kap. 12.0 ist untersucht und festgestellt worden, dass sowohl zwischen Hauptvertrags- und Nachtragsleistungen sowie bei Nachtragsleistungen untereinander nicht immer eine eindeutige Trennung vorgenommen werden kann.

Die Folge hieraus besteht darin, dass Nachträge unter Grundpositionen abgerechnet werden müssen. Eine separate Mengenermittlung für Nachträge und Hauptvertragsleistungen erfolgt nicht. Insofern gibt es hinsichtlich der Abgrenzungsmöglichkeiten zwischen Hauptvertrags- und Nachtragsleistungen folgende Möglichkeiten:

1. Eine konkrete Ist-Mengenermittlung für Nachtragspositionen, die mit hauptvertraglichen Leistungspositionen vergleichbar sind, ist möglich.
    a) Es erfolgt eine Abrechnung der Grundposition mit dem Nachtrag, weil der AG dieses verlangt hat.
    b) Es erfolgt eine Abrechnung der Grundposition kombiniert mit Grundpositionen ohne Zuordnung zum Nachtrag. Diese Vorgehensweise bewirkt eine Mengenänderung.

2. Eine konkrete Ist-Mengenermittlung für Nachtragspositionen, die mit hauptvertraglichen Leistungspositionen vergleichbar sind und deshalb dort abrechenbar sind, ist nicht möglich. Die Mengenermittlung erfolgt deshalb kombiniert mit den Hauptvertragspositionen ohne Zuordnung zum Nachtrag. Diese Vorgehensweise bewirkt eine Mengenänderung.

Die fehlende Möglichkeit der isolierten Mengenberechnung für eine Nachtragsposition bzw. die Einigkeit der Vertragspartner, auf eine isolierte Mengenberechnung zu verzichten, bewirkt, dass Nachträge „quasi falsch" unter Grundpositionen abgerechnet und als Mengenänderungen gemäß § 2 Nr. 3 VOB/B behandelt werden.

Damit liegt keine Abgrenzung zwischen Hauptvertrags- und Nachtragsleistungen vor. Allein aus diesem Gesichtspunkt verbieten sich unterschiedliche Berechnungsmethoden bzgl. Nachträgen und Mehr- und Mindermengen.

21.6 Allgemeiner Ordnungsbedarf bezüglich des Nachweises der Anspruchshöhe bei VOB-Verträgen

Die fehlende Leitlinie bezüglich des Nachweises der Anspruchshöhe führt zwangsläufig zu der Erkenntnis, dass Ordnungsbedarf besteht. Die Ausübung von Kritik an Vorgehensweisen, die eine Systematik vermissen lassen, ist allerdings immer einfacher, als einen Lösungsansatz zu entwickeln, welcher allgemeingültig verwendbar ist.

Der Lösungsansatz muss vier Bedingungen erfüllen:

1. Der Lösungsansatz muss einfach sein und von den Praktikern verstanden und gelebt werden können.

2. Der Lösungsansatz muss mit rechtlichen Grundgedanken vereinbar sein, also sowohl einem baubetriebswirtschaftlichen als auch baurechtlich begründbaren dogmatischen Ansatz folgen.

3. Eine Trennung in Nachträge und Hauptvertragsleistungen darf nicht erforderlich sein.

4. Der Lösungsansatz muss so tragfähig sein, dass der dogmatische Ansatz auf alle Anspruchsgrundlagen anwendbar ist.

21.7 Charakteristik des Lösungsansatzes

21.7.1 Berücksichtigung der Kosteneigenschaften bei der Nachtragskalkulation

Bei der neuen Berechnungsmethode bestimmen in erster Linie nicht Rechenrezepte (Algorithmen) die Nachtragsberechnung, sondern vorrangig die Kosteneigenschaften, die der Kalkulator den Kosten in der Auftragskalkulation beimisst. Der Rechenalgorithmus bleibt nachrangig. Die Fortschreibung der Wettbewerbspreise erfolgt auf der Grundlage der durch die Kalkulation festgelegten Klassifizierung der Kosten als einmalig, mengenabhängig, zeitabhängig oder umsatzabhängig. Mengenabhängige Kosten bleiben somit mengenabhängig, einmalige Kosten bleiben einmalig, umsatzbezogene Kosten bleiben umsatzbezogen.

Wenn die Baustellengemeinkosten als einmalig kalkuliert werden, sind sie dementsprechend als einmalig fortzuschreiben. Soweit die BGK gänzlich oder teilweise umsatzbezogen definiert worden sind, werden sie der Definition entsprechend fortgeschrieben. Die gegebenenfalls hinter der Eigenschaft einmalig schwebende Eigenschaft der Zeitabhängigkeit wird erst wirksam, wenn ein Nachtrag die Fristen bauzeitverlängernd berührt.

21.0

21.7.2 Umsortierung der in der Auftragskalkulation enthaltenen Kosten nach den Kosteneigenschaften

Bild 278 zeigt die Umsortierung der kalkulierten Gemeinkosten nach dem Kriterium nicht umsatzbezogene und umsatzbezogene Gemeinkosten. Die nicht umsatzbezogenen Gemeinkosten beinhalten einen Oberbegriff für die einmaligen, mengenabhängigen und zeitbezogenen Kosten. Soweit der AN bei der Nachtragskalkulation bzgl. der nicht umsatzbezogenen Gemeinkosten Nachträge durchsetzen will, muss er darlegen, dass die Leistungsänderung, die Kosten und deren Kosteneigenschaft berührt.

21.7.3 Nachtragskalkulation

Ein Gemeinkostenzuschlag für nicht umsatzbezogene Gemeinkosten bei Nachträgen entfällt vorerst, da nicht umsatzbezogene Kosten sich nicht automatisch durch Leistungsänderungen kausal bedingt ändern müssen. Fehlt ein derartiger kausaler Bezug zwischen Leistungsänderung und veränderten nicht umsatzbezogenen Gemeinkosten, erfolgt auch keine veränderte Vergütung der Gemeinkosten, auch nicht über einen Rechenalgorithmus. Gibt es einen kausalen Bezug, müssen die veränderten nuGK einzeln nachgewiesen werden und werden damit zu Einzelkosten der Teilleistungen.

Eine solche einheitliche Behandlung sämtlicher Kostenanteile bei der Kalkulation von gegenständlichen und nichtgegenständlichen Nachträgen ermöglicht den Verzicht auf umständliche Kompensationsberechnungen, da Über- bzw. Unterdeckungen von umsatzbezogenen Gemeinkosten von vornherein ausgeschlossen werden können.

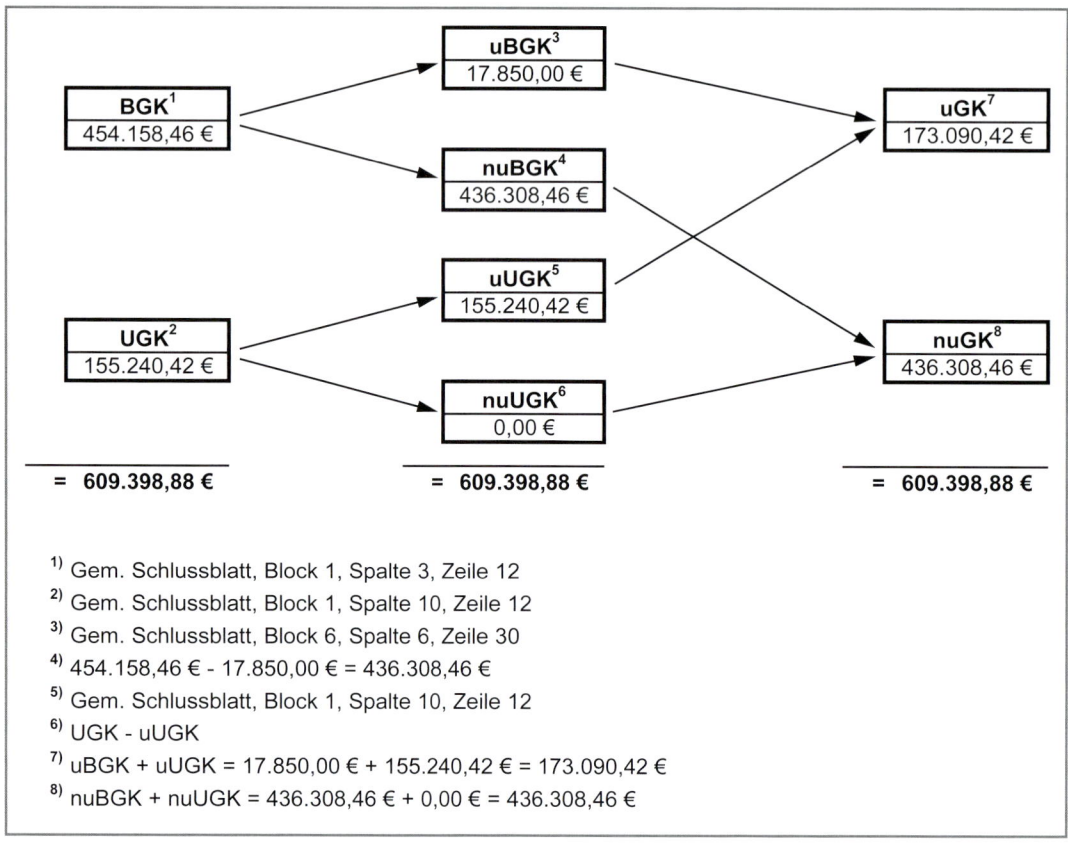

Bild 278: Zusammenhang zwischen Kalkulation und Kosteneigenschaften

Die Rechenalgorithmen dienen erst nach grundsätzlicher Feststellung, ob die Kosten und deren Kosteneigenschaft von der Leistungsänderung berührt wird, der Berechnung der Nachtragshöhe. Insofern gilt folgende Rangfolge:

1. Prüfung, ob durch die Leistungsänderung die Eigenschaft der kalkulierten Kosten berührt wird

2. Berechnung der Anspruchshöhe durch Rechenalgorithmen der Auftragskalkulation

Wie und ob veränderte nuGK entstanden sind, kann nur auf der Projektebene diskutiert werden, weil die Gemeinkosten auf der Projektebene entstehen. Deshalb kann erst in der Phase der Erstellung der Schlussrechnung eine endgültige Bilanz der Baustellengemeinkosten erfolgen. Die bislang unnötige Berechnung von Baustellengemeinkosten in einzelne Nachträge kann demzufolge unterbleiben.

Bild 279 zeigt den methodischen Lösungsansatz. Die Definition der Kosteneigenschaft „umsatzbezogen", welche vom Bieter vorgenommen worden ist, ist abschließend. Kompensationsberechnungen werden überflüssig. Sämtliche Anspruchsgründe führen zu einem einheitlichen Nachweis bei den Baustellengemeinkosten. Selbstverständlich besteht die Möglichkeit, den Gewinn auch als einmalig zu definieren. Insofern sind die in Bild 279 dargestellten Kosteneigenschaften als ein Beispiel zu werten, welches die zurzeit allgemein üblichen Kosteneigenschaften aufzeigt. Die Wahl der Kosteneigenschaften ist Sache des Bieters.

Bild 280 (identisch mit Bild 217) zeigt die rechentechnische Umsetzung der beschriebenen Methodik.

21.7.4   Anwendbarkeit und Praxisfreundlichkeit – Fortschreibung der Kosteneigenschaften

Der Grundsatz FdK weist bei der Kalkulation eine einheitliche Fortschreibung von Kosteneigenschaften sowohl bei Mengenänderungen, geänderten Leistungen, zusätzlichen Leistungen, als auch bei Alternativpositionen und Eventualpositionen auf (vgl. Bild 279). Mengenabhängige Kosten werden mengenabhängig fortgeschrieben, zeitabhängige Kosten zeitabhängig und umsatzabhängige Kosten entsprechend umsatzabhängig. Die Berechnung als solche ist sehr einfach und einheitlich.

		EKT	nuGK	uGK						
				AGK auf EKT	AGK auf BGK	Wagnis auf EKT	Wagnis auf BGK	Gewinn auf EKT	Gewinn auf BGK
		EKT	BGK						
(1)	Mehr-mengen	◿	◻↔	%	%	%	%	%	%
(2)	Minder-mengen	◿	◻↔	%	%	%	%	%	%
(3)	Gekündigte Leistungen	◿	◻↔	%	%	%	%	%	%
(4)	Geänderte Leistungen (+)	◿	◻↔	%	%	%	%	%	%
(5)	Geänderte Leistungen (-)	◿	◻↔	%	%	%	%	%	%
(6)	Zusätzliche Leistungen	◿	◻↔	%	%	%	%	%	%
(7)	Alternativ-positionen (+)	◿	◻↔	%	%	%	%	%	%
(8)	Alternativ-positionen (-)	◿	◻↔	%	%	%	%	%	%
(9)	Eventual-positionen	◿	◻↔	%	%	%	%	%	%

Bild 279: Vergleichende Betrachtung der Einheitspreiskalkulation bei Fortschreibung der Kosteneigenschaften

21.0

	§ VOB/B	Berechnungsbeispiel	EKT gem. AK	EKT veränderte EKT +	EKT veränderte EKT -	nuGK gem. AK (auf EKT)	nuGK-Deckung +	nuGK-Deckung -	uGK gem. AK (auf EKT + nuGK)	uGK veränderte uGK +	uGK veränderte uGK -	EP "alt"	EP "neu"
			(1)	(2)	(3)	(4)	(5)	(6)	(7)	(8)	(9)	(10)	(11)
1	2.3	Mehrmenge mit EKT-Erhöhung (+)	590,00 €	120,00 €		151,60 €			65,56 €	13,33 €		824,00 €	788,89 €
2	2.3	Mehrmenge ohne EKT-Veränderung	590,00 €			151,60 €			65,56 €			824,00 €	655,56 €
3	2.3	Mehrmenge mit EKT-Verringerung (-)	590,00 €		-140,00 €	151,60 €			65,56 €		-15,56 €	824,00 €	500,00 €
4	2.3	Mindermenge mit EKT-Erhöhung (+)	590,00 €	120,00 €		151,60 €	227,40 €		82,40 €	38,60 €		824,00 €	1.210,00 €
5	2.3	Mindermenge ohne EKT-Veränderung	590,00 €			151,60 €	227,40 €		82,40 €	25,27 €		824,00 €	1.076,67 €
6	2.3	Mindermenge mit EKT-Verringerung (-)	590,00 €		-140,00 €	151,60 €	227,40 €		82,40 €	25,27 €	-15,56 €	824,00 €	921,11 €
7	2.4	Gekündigte Leistung	590,00 €		-590,00 €	151,60 €			16,84 €			824,00 €	168,44 €
8	2.5	Geänderte Leistung mit erhöhtem Aufwand (+)	590,00 €	120,00 €		151,60 €			82,40 €	13,33 €		824,00 €	957,33 €
9	2.5	Geänderte Leistung mit reduziertem Aufwand (-)	590,00 €		-140,00 €	151,60 €			82,40 €		-15,56 €	824,00 €	668,44 €
10	2.6	Zusätzliche Leistung		500,00 €						55,56 €			555,56 €
11		Alternativposition mit erhöhtem Aufwand (+)	590,00 €	120,00 €		151,60 €			82,40 €	13,33 €			957,33 €
12		Alternativposition mit reduziertem Aufwand (-)	590,00 €		-140,00 €	151,60 €			82,40 €		-15,56 €		668,44 €
13		Eventualposition	590,00 €						65,56 €				655,56 €

Bild 280: Rechentechnische Umsetzung der beschriebenen Methodik

21.7.5 Dogmatische Begründung für den Lösungsansatz

Da dem Auftragnehmer gemäß VOB/A kein ungewöhnliches Wagnis übertragen werden darf, ist zunächst zu prüfen, ob die der Berechnungsmethode zugrundeliegende Festlegung „Fortschreibung von Kosteneigenschaften" ein ungewöhnliches Wagnis darstellt.

Grundsätzlich kann festgestellt werden, dass die VOB/B bezüglich der Fortschreibung von Wettbewerbspreisen immer davon ausgeht, dass keine ungewöhnlichen Wagnisse mit dem Vertrag übertragen worden sind. Insofern ist vorerst die Erkenntnis gesichert, dass bei Nachträgen nur gewöhnliche Wagnisse fortgeschrieben werden müssen und dürfen.

Ob und inwieweit bei individueller Abweichung von diesem Grundsatz z. B. bei Funktionalverträgen das Gleiche gilt oder Ausnahmen zulässig sind, wird gesondert zu untersuchen sein. Zurzeit ist demzufolge nicht abgeschlossen diskutiert, ob auch ungewöhnliche Wagnisse, die mit dem Vertrag auf den AN übergegangen sind, bei Leistungsänderungen fortgeschrieben werden dürfen.[213] Diese Frage wird im Zusammenhang mit Funktionalverträgen zu diskutieren sein. Voraussetzung für den dogmatischen Ansatz ist vorerst deshalb nur, dass keine ungewöhnlichen Wagnisse mit Vertragsschluss dem AN übertragen worden sind.

Folgerichtig ist bei den Einheitspreisverträgen gemäß § 9 VOB/A zu prüfen, ob die Kosteneigenschaften, die der Bieter den Kosten bei der Kalkulation zumisst, als solche ein gewöhnliches oder ungewöhnliches Wagnis beinhalten.

Gemäß § 9 Nr. 2 VOB/A ist ein für den Bieter bzw. Auftragnehmer nicht kalkulierbares und nicht beeinflussbares Wagnis ein ungewöhnliches Wagnis. Ein gewöhnliches Wagnis läge somit dann vor, wenn es kalkulierbar und beeinflussbar, nicht kalkulierbar und beeinflussbar oder kalkulierbar und nicht beeinflussbar wäre.[214]

Da der Bieter die Kosteneigenschaften bei der Kalkulation beeinflussen kann, handelt es sich somit bezüglich der Wahl und Annahme der Kosteneigenschaften nicht um ein ungewöhnliches, sondern um ein gewöhnliches Wagnis. Der Bieter kann durch die Wahl der Kosteneigenschaft bei der Kalkulation auch die Fortschreibung der Kosteneigenschaften bestimmen.

Unabhängig von einer juristischen Würdigung handelt es sich deshalb baubetriebswirtschaftlich bei der Berechnung der Nachtragshöhe, die von dem Grundsatz der Fortschreibung der Kosteneigenschaften ausgeht, um eine konsequente Umsetzung des Grundgedankens der VOB/A.

Die Kosteneigenschaften unterliegen im Hinblick auf die Definition und die größenmäßige Zuordnung der Beeinflussbarkeit des Kalkulators und können demzufolge – auch ohne ein ungewöhnliches Wagnis zu bewirken – fortgeschrieben werden.

21.7.6 Ergebnis – Lösungsansatz

Unter Anwendung des dogmatischen Grundsatzes der Fortschreibung von Kosteneigenschaften kann die Berücksichtigung von nicht umsatzbezogenen Gemeinkosten bei der Nachtragsberechnung entfallen. Eine bilanzielle Betrachtung der nuGK erfolgt im Zuge der Schlussrechnung.

Umsatzbezogene Gemeinkosten werden immer nur umsatzbezogen behandelt, so dass sich eine Gesamtbilanz bezüglich der umsatzbezogenen Gemeinkosten erübrigt.

Das Berechnungsverfahren (FdK) ermöglicht durch die Fortschreibung von definierten Kosteneigenschaften einen nachvollziehbaren und homogenen Nachweis der Anspruchshöhe gegenständlicher Nachträge aus § 2 VOB/B und ist auch bei Nachträgen bezüglich Störungen des Bauablaufs sowie bei Kündigungen widerspruchsfrei anwendbar.

Die homogene Auslegung und Fortschreibung von Kosteneigenschaften ermöglicht zudem den Verzicht auf komplexe, langwierige und wenig praktikable Kompensationsberechnungen. Hieraus ergibt sich eine wesentliche Reduzierung des Prüfaufwands von Nachträgen und darüber hinaus eine Beschleunigung der Prüfung und Beauftragung der Nachträge.

---

[213] Vgl. Schottke: Die Bedeutung des ungewöhnlichen Wagnisses bei der Nachtragskalkulation, 2005.
[214] Vgl. Schottke: VOB-gerechte Leistungsbeschreibung für den allgemeinen Tunnelvortrieb unter Berücksichtigung einer angemessenen Vergütung, 1993, S. 69 ff.

Um die Anwendung der Berechnungsmethode (FdK) vertraglich festzulegen, sind Vertragsbedingungen für die Deutsche Bahn AG entwickelt worden, welche die Festlegung von Kosteneigenschaften durch die Kalkulation definieren und die Art und Weise der Fortschreibung von Wettbewerbspreisen regeln.

Der Anlass und das Prinzip der Fortschreibung von Kosteneigenschaften, welches als Grundlage für den einheitlichen Nachweis der Anspruchshöhe bei Nachträgen dient, wurde im Rahmen der 6. Interdisziplinären Norddeutschen Tagung für Baubetriebswirtschaft und Baurecht vorgestellt und näher erläutert.[215] Der Leitfaden entspricht dem Kap. 14.0 dieser Veröffentlichung.

Der Lösungsansatz beschränkt sich nicht auf die BGK und UGK. Selbstverständlich müssen auch die Einzelkosten der Teilleistungen nach den Kosteneigenschaften fortgeschrieben werden. Der § 2 Nr. 3 VOB/B beinhaltet bereits eine derartige Anwendung auf die EKT.

Der Gemeinkostenbereich war aber gegenüber dem EKT-Bereich vorrangiger zu behandeln, weil Automatismen möglich sind. Im Bereich der Einzelnachweise bei den EKT lassen sich zwar Grundsätze entwickeln, dieser Bereich entzieht sich aufgrund seiner Individualität allerdings allgemeingültigen rechentechnischen Vorgehensweisen.

21.8 Anwendungsorientierte Umsetzung bei der Deutschen Bahn AG

Die Deutsche Bahn AG hat mit Wirkung zum 01.07.2005 diesen Lösungsansatz umgesetzt. Die Umsetzung wird bahnintern als Einheitliche Auftrags- und Nachtragskalkulation (ANKE) bezeichnet. Folgende Schritte mussten für die Umsetzung vollzogen werden:

1. Inhaltliche Verbreitung innerhalb der Deutschen Bahn AG

2. Umsetzung bzgl. der handelnden Elemente, also Bewältigung der Schnittstellenproblematik zwischen Controlling, Bauüberwachung, Projektleitung und Einkauf

3. Sicherheit im Umgang mit der neuen Sichtweise

Die Umsetzung ist noch nicht abgeschlossen. Sowohl die Deutsche Bahn AG als auch die Auftragnehmer müssen sich an die neue Sichtweise gewöhnen. Dieses Buch soll dazu dienen, mehr Klarheit zu schaffen.

21.0

21.9 Ausblick

An der Schnittstelle zwischen Bau- und Umwelttechnik, Baubetriebswirtschaft und Baurecht entsteht ein neues Fach mit transdisziplinären wissenschaftlichen Aspekten. Dieses überrascht keineswegs, weil in keiner anderen Branche am Ort der späteren Nutzung produziert werden muss und es sich gleichermaßen um Individualprodukte handelt.

Die Tatsache, dass es bei diesen Randbedingungen Systematiken geben muss, mittels derer die notwendigen Leistungsänderungen während der Vertragserfüllung hinsichtlich der Vergütung geregelt werden, liegt in der Natur der Sache. Der Blick zu den Wirtschaftswissenschaftlern hilft hierbei nicht, da die Wirtschaftswissenschaften bislang für derartige branchenspezifische Probleme keine Lösungsansätze entwickelt haben.

Zwar sind die Wirtschaftswissenschaften sehr hilfreich für die Entwicklung der Lösungsansätze, konnten aber bislang keine fertigen Lösungskonzepte liefern. Es wird zukünftig eine wissenschaftliche und anwendungsorientierte transdisziplinäre Zusammenarbeit zwischen Wirtschaftswissenschaftlern, Baujuristen und Baubetrieblern geben müssen.

---

[215] Vgl. Schottke/Weikert: Leitfaden zur „Einheitlichen Auftrags- und Nachtragskalkulation" bei der Deutschen Bahn AG; 2006, S. 140 ff.

Stichwortverzeichnis

Raum für Notizen